"十二五"普通高等教育本科国家级规划教材

高等院校电子信息类专业"互联网+"创新规划教材

物理光学理论与应用
（第3版）

宋贵才　全　薇　编著

内 容 简 介

本书从光的电磁理论出发，系统、深入地讨论了光在介质中传播时发生的基本现象和遵循的基本规律。全书内容共分6章：光在各向同性介质中的传播规律与应用；光在各向异性介质中的传播规律与应用；光与物质相互作用的理论与应用；光的干涉理论与应用；光的衍射理论与应用；光的偏振理论与应用。

本着厚基础、重应用，使读者学以致用的理念，本书全面、系统地讲述了光学现象的物理实质和光学原理在工业、农业、国防和科学研究等方面的应用。

本书可作为光电信息科学与工程专业、应用物理专业、电子科学与技术专业、测控技术与仪器专业以及光学工程专业本科生的专业基础教材，也可供从事与光学学科相关专业学习和研究的师生以及科技人员参考。

图书在版编目(CIP)数据

物理光学理论与应用/宋贵才，全薇编著. —3版. —北京：北京大学出版社，2019.4
高等院校电子信息类专业“互联网+”创新规划教材
ISBN 978-7-301-29712-4

Ⅰ.①物… Ⅱ.①宋…②全… Ⅲ.①物理光学—高等学校—教材 Ⅳ.①O436

中国版本图书馆CIP数据核字(2018)第165312号

书　　名　物理光学理论与应用（第3版）
WULI GUANGXUE LILUN YU YINGYONG(DI-SAN BAN)
著作责任者　宋贵才　全　薇　编著
策 划 编 辑　程志强
责 任 编 辑　李婷婷
数 字 编 辑　刘　蓉
标 准 书 号　ISBN 978-7-301-29712-4
出 版 发 行　北京大学出版社
地　　址　北京市海淀区成府路205号　100871
网　　址　http://www.pup.cn　新浪微博：@北京大学出版社
电 子 信 箱　pup_6@163.com
电　　话　邮购部010-62752015　发行部010-62750672　编辑部010-62750667
印 刷 者　天津中印联印务有限公司
经 销 者　新华书店
787毫米×1092毫米　16开本　20.75印张　473千字
2010年3月第1版　2015年9月第2版
2019年4月第3版　2022年12月第2次印刷
定　　价　56.00元

第 3 版前言

本书于 2014 年入选“十二五”普通高等教育本科国家级规划教材，本书第 2 版于 2015 年 9 月出版，第 2 版深受广大读者的喜爱和好评，并于 2017 年获得第六届兵工高校优秀教材一等奖。

本书第 2 版出版以来，我们根据读者的意见以及课程教学的需要，在吸收学科专业发展成果的同时，不断对有关内容进行修改和完善。在本书准备新版之际，我们参考专家及读者意见，全面审视了第 2 版的内容，对部分章节进行了增减，特别是拓展了一些课外阅读内容。读者通过扫描书中的二维码，就可以阅读有关的知识，从而加强对课本知识的理解和掌握。本次修订增加拓展阅读内容 80 处。

另外，本次修订对全书的文字、公式、图表等进行了全面审阅，改正了容易使人产生误解的阐述和讲解不当之处。

因水平所限，本次修订难免会有不足之处，恳请读者包涵，并能一如既往地提出宝贵意见，使本书通过不断修订，趋于完善。

编　者

2019 年 1 月

【资源索引】

第 2 版前言

《物理光学理论与应用》一书深受广大读者的喜爱和好评。2011 年获得“长春理工大学优秀教材”称号，并获得第三届兵工高校优秀教材二等奖，2014 年入选“十二五”普通高等教育本科国家级规划教材。

《物理光学理论与应用》自 2010 年 3 月出版以来，编者不断对其进行修改和完善，在准备新版之际，编者参考专家及读者意见，全面审视了原版内容，对部分章节进行了修订。

本次修订改动较多的章节有 1.6 节“复色光波”、1.9 节“菲涅耳公式”、2.2 节“光在晶体中传播的基本规律”、2.6 节“波矢折射率曲面方程与光线折射率曲面方程”、2.7 节“波矢曲面方程与光线曲面方程”、2.9 节“光在晶体表面的反射与折射”、3.1 节“光与物质相互作用的经典理论”、4.3 节“等倾干涉”、4.9 节“单层光学薄膜”、5.1 节“惠更斯-菲涅耳原理”、5.2 节“基尔霍夫衍射理论”、5.4 节“用傅里叶变换和有关函数处理衍射”和 6.4 节“偏振光与偏振光学元件的矩阵表示”。

另外，本次修订对全书的图表以及例题和习题进行了完善。

感谢一些读者告知书中易使人产生误解的阐述和讲解不当之处。

因水平所限，本次修订工作难免会有不足之处，恳请读者包涵，并能一如既往地提出宝贵意见，使本书通过不断打磨，臻于完善。

编　者

2015 年 2 月

第 1 版前言

本书着重讲解光在介质中传播时遵循的基本规律及光与介质相互作用的基本理论；干涉、衍射、偏振等光学现象的物理实质；光学理论和光学仪器在微距、小角度、物质成分和含量、表面检测等方面的应用。

本书的教学时数为 80 学时。全书共分 6 章：第 1 章，从光的电磁理论出发，着重讨论光在各向同性介质中的传播规律，以及光在介质表面的反射和折射规律；第 2 章，在介绍晶体基本特性的基础上，重点讨论光在单轴晶体和双轴晶体中传播时的基本规律以及光在晶体表面上的反射和折射规律；第 3 章，在介绍光与物质相互作用的经典理论基础上，讨论介质对光的吸收、色散和散射现象的本质和所遵循的基本规律，并介绍它们在物质成分、含量和浓度分析与检测等方面的应用；第 4 章，在分析产生干涉的条件基础上，主要讨论双光束干涉、多光束干涉、干涉仪器及干涉在光学薄膜设计中的应用；第 5 章，在介绍惠更斯-菲涅耳衍射理论的基础上，详细讨论基尔霍夫标量衍射理论，并用傅里叶变换的方法来处理夫琅禾费衍射，介绍衍射理论在光谱分析等方面的应用；第 6 章，在介绍自然光和偏振光特点的基础上，着重研究偏振光的产生、偏振光和偏振器件的琼斯矩阵表示、偏振光的干涉及偏振光的应用。

本书前后连贯，逻辑性强，便于学习和记忆。本书图表丰富，推演过程详细，便于理解和掌握。本书各节都有要点总结，便于对重点知识的把握。本书各章后面有小结和应用实例，并附有与讲述内容联系紧密并且实用性强的习题，便于学以致用。

本书由宋贵才编写第 2、5、6 章，全薇编写第 3、4 章，王新编写第 1 章。宋贵才统编全稿，解辉、钟亮对全书进行了校订，并由梁柱主审。本书在编写过程中得到了张喜和、金光勇、马文联的大力支持，也得到了赵振明、李昌立、吕彦飞和雷建国的帮助，在此向他们表示诚挚的感谢！

由于编者水平有限，书中难免存在不足之处，殷切期望广大读者批评指正。

编　者

2010 年 1 月

目　　录

绪　论

【人物简介】

人们都知道，没有光，人和动植物将不能生存。那么，光是什么？这个问题一直是科学家们研究和探讨的，至今为止，人们对光的本质的认识仍然在继续。

经过漫长的发展过程，在 17 世纪下半叶，对光的认识有了两种针锋相对的观点：一种是以牛顿(Newton，1643—1727)为代表的微粒说，另一种是以惠更斯(Christiaan Huygens，1629—1695)为代表的波动说。微粒说认为，光是由光源飞出来的微粒流，光在介质中传播时，光速的变化是介质对微粒产生引力的结果，并预言光在密度大的介质中的传播速度大于光在密度小的介质中的传播速度。波动说则认为，光是类似于水波、声波在"以太"中传播的弹性波，并认为光在密度大的介质中的传播速度小于光在密度小的介质中的传播速度。无论是微粒说，还是波动说，都对光的反射、折射等现象进行了解释，但在折射定律的解释上却存在明显的分歧。微粒说认为，光偏折是由于碰撞引起的，而波动说则认为是由于散射引起的。由于当时牛顿威望很高，多数人都接受了牛顿的观点，因而 18 世纪微粒说占主导地位。

到了 19 世纪，托马斯·杨(Thomas Young，1773—1829)和菲涅耳(Augustin-Jean Fresnel，1788—1827)对波动说的发展起到了决定性作用。1801 年，托马斯·杨做了双缝干涉实验，并第一次成功地测定了光的波长。1815 年，菲涅耳用杨氏干涉原理补充了惠更斯原理，形成了惠更斯-菲涅耳原理。运用这个原理不仅可以解释光在均匀介质中的直线传播，而且能解释光通过障碍时所发生的衍射现象，因此，它是波动光学的一个重要原理。1808 年，马吕斯(Etienne Louis Malus，1775—1812)发现了光在两种介质的界面上反射时的偏振现象，随后菲涅耳和阿喇果(Arago，1768—1853)对光的偏振现象和偏振光的产生进行了研究。为了解释这些现象，托马斯·杨在 1817 年提出了光波是横波的假设。横波的假设很好地解释了光的偏振现象。但这时仍然把光波看作是在"以太"中传播的弹性波，至于"以太"是什么，仍难自圆其说，这样，波动理论存在的问题也就显露出来。

1845 年，法拉第(Michael Faraday，1791—1867)发现了光的振动面在强磁场中的旋转，揭示了光学现象和电磁现象的内在联系。1856 年，韦伯(Weber，1804—1891)和柯尔劳斯(Kohlrausch，1809—1858)在做电学实验时，发现电荷的电磁单位和静电单位的比值等于光在真空中的传播速度。从这些现象中人们得到启示，即在研究光学现象时，必须和其他物理现象联系起来考虑。

对光波动的完整理论描述是在 19 世纪中叶，1865 年，麦克斯韦(James Clerk Maxwell，1831—1879)在总结前人研究工作的基础上，建立了电磁理论，预言了电磁波的存在，指出光也是一种电磁波。通过解波动方程，得到 $n=\sqrt{\varepsilon_r\mu_r}$ 的麦克斯韦关系式。这表明，介质的光学常数与电学常数和磁学常数有着内在的联系。1888 年，光的电磁理论被赫兹(Hertz，1857—1894)的实验证实，并测定了电磁波的速度恰好等于光的速度。从此，光的电磁理

论被人们普遍承认，麦克斯韦的电磁理论不仅是无线电技术的启明星，而且在人们认识光的本性方面向前迈进了一大步。但是，麦克斯韦的电磁理论无法解释当时实验证实的介质的折射率随着波长变化的色散现象。直到 1896 年，洛伦兹(Hendrik Antoon Lorentz，1853—1928)创立了电子论，这一问题才得到解决。洛伦兹认为，在电场力的作用下，电子做受迫振动而产生光的辐射。当光通过介质时，介质中电子的固有频率和外场的频率相同时，则束缚电子便成为较显著的光的吸收体。这样，利用洛伦兹的电子论不仅可以解释物质发射和吸收光的现象，而且可以解释光在介质中传播时光的色散现象。

在此期间，人们还用多种方法对光的传播速度进行了测量。1849 年，斐索(Fizeau，1819—1896)运用旋转齿轮法进行光速测量。1862 年，傅科(Foucault，1819—1868)利用旋转镜法测量了光在不同介质中的传播速度，并得到了与波动说相同的结论。1887 年，迈克尔逊(Albert Abrahan Michelson，1852—1931)进行光速测量时发现，顺着地球自转方向和逆着地球自转方向测量出来的光速相同，这就否定了当时人们公认的静止“以太”的存在，进一步确立了光的电磁理论学说。

19 世纪末到 20 世纪初，光学的研究深入至光的产生、光与物质相互作用的微观结构中。光的电磁理论的主要困难是不能解释光和物质相互作用的某些现象，例如，黑体辐射中能量按波长分布的问题、光电效应问题等。1900 年，普朗克(Max Karl Ernst Ludwig Planck，1858—1947)提出了辐射的量子理论，认为各种频率的电磁波只能以一定的能量子方式从振子发射，能量子是不连续的，其大小只能是电磁波的频率 ν 与普朗克常数(Planck's constant) h 的乘积的整数倍，即 $E=nh\nu$ ($h=6.6255916\times10^{-34}\,\text{J}\cdot\text{s}$)，从而成功地解释了黑体辐射问题。1905 年，爱因斯坦(Albert Einstein，1879—1955)发展了普朗克的能量子理论，将量子论贯穿整个辐射和吸收过程中，提出了光量子(光子)理论，圆满解释了光电效应问题，并被后来的康普顿(Arthur Holly Compton，1892—1962)效应所证实。但是，这里所说的光子不同于牛顿微粒说中的粒子，光子是和光的频率联系着的，光同时具有微粒和波动两种特性，即波粒二象性(wave particle duality)。

至此，人们从光的干涉、衍射和偏振等现象证实了光的波动性；从黑体辐射、光电效应和康普顿效应等又证实了光的粒子性。对于如何将有关光的本性的两个完全不同的概念统一起来，人们进行了大量的探索工作。

1924 年，德布罗意(Louis Victor de Broglie，1892—1987)创立了物质波学说，提出每一种物质的粒子都和一定的波相联系的假设，并把粒子和波通过关系式：$E=h\nu=\hbar\omega$ 和 $\boldsymbol{P}=\hbar\boldsymbol{k}$ 联系起来，其中，$\hbar=h/2\pi$。这一假设在 1927 年被戴维森(Davisson，1881—1958)和革末(Germer，1896—1971)的电子束衍射实验所证实。后来的一些实验进一步证实原子、分子、原子核、基本粒子等也都具有波粒二象性。

1926 年，薛定谔(Erwin Schrodinger，1887—1961)建立了物质波所满足的方程，提出了波函数的概念，认为光子的个体是微粒量子，其运动符合波函数，作为光子统计的集合表现出波动性。这一观点使人们对光的本质有了进一步的认识。

1959 年，马科斯 • 波恩(Max Born，1882—1970)与沃尔夫合著了《光学原理》，到 2001 年已出至第七版，成为光的电磁理论方面的一部公认经典著作。

20 世纪 60 年代激光问世以后，光学又开始了一个新的发展时期，出现了许多新兴光学学科，例如，傅里叶光学、薄膜光学、集成光学、非线性光学、纤维光学和全息光学等。应当指出的是，人们对光的本性的认识还远远没有完结，随着科学技术的不断发展，人们对光的本性的认识会更加深入、更加完善。

第1章 光在各向同性介质中的传播规律与应用

教学目的与要求

- 掌握交变电磁场中积分形式和微分形式的麦克斯韦方程组
- 掌握电磁场的波动方程和亥姆霍兹方程
- 掌握平面波及其基本性质
- 了解球面波和柱面波的基本特点
- 掌握光波的叠加方法
- 了解电磁场的边值关系
- 了解光在介质表面的反射和折射规律
- 掌握菲涅耳公式和斯托克斯倒逆关系
- 了解全反射及其应用
- 了解光在金属表面的反射和透射特点

本章引言

光波在诸如空气、水和玻璃等介质中传播时，其传播规律与光的传播方向无关，这类介质称为各向同性介质。

【光纤】

当光波在各向同性介质中传播时，需要分析和讨论光波随着时空变化的情况，从而掌握光波随时间和空间变化的基本规律；当光波遇到两种介质的交界面时，需要分析和讨论光波在两种介质的交界面处所满足的边值关系，从而掌握入射波、反射波和透射波之间的振幅、能量、位相和偏振等关系。

【光通信】

在实际中，可以利用光在各向同性介质中的传播规律，解决光波振幅、强度、位相、频率、波长以及速度等随着时间和空间的变化问题；还可以解决介质的折射率、反射率和透射率等问题。光在光纤中传输就是利用了全反射的原理，从而实现了光通信，图1.0为适用于光通信的光缆示意图。

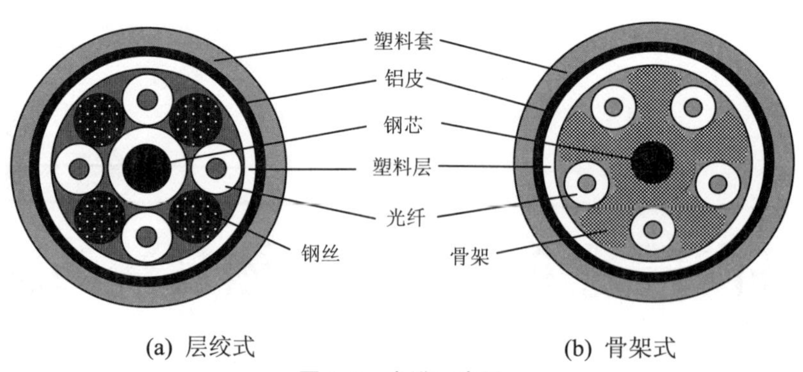

图 1.0　光缆示意图

本章围绕光在各向同性介质中和交界面处所遵循的基本规律而展开讨论。首先，利用微分形式的麦克斯韦方程组推导出光波电磁场的波动方程和亥姆霍兹方程，通过在直角坐标系、球坐标系和柱坐标系下解波动方程，得到平面波、球面波和柱面波随时间和空间变化的规律。其次，利用积分形式的麦克斯韦方程组推导出光波电磁场的边值关系，通过电磁场的边值关系得到光波在两种介质的交界处满足的反射、折射定律和菲涅耳公式。再次，通过对全反射以及光在金属表面的反射和透射的分析，加深对光波在各向同性介质中传播规律的理解和掌握。

1.1　麦克斯韦方程组

在电磁学和电动力学中，电磁场的普遍规律最终被总结为麦克斯韦方程组。通常情况下，光在介质中传播时麦克斯韦方程组可以写成积分和微分两种形式。从麦克斯韦方程组出发，结合具体的边界条件，可以定性、定量地分析和研究在给定条件下发生的光学现象，如光的反射、折射、干涉、衍射等。本节将讨论积分和微分形式的麦克斯韦方程组，并介绍电磁场中的常用公式。

1.1.1　积分形式的麦克斯韦方程组

在稳恒电磁场中，电磁现象的基本规律可以概括为以下 4 个基本方程，称它们为积分形式的麦克斯韦方程组：

$$\begin{cases} \oiint \boldsymbol{D}\cdot \mathrm{d}\boldsymbol{s}=\sum q_i = Q \\ \oiint \boldsymbol{B}\cdot \mathrm{d}\boldsymbol{s}=0 \\ \oint \boldsymbol{E}\cdot \mathrm{d}\boldsymbol{l}=0 \\ \oint \boldsymbol{H}\cdot \mathrm{d}\boldsymbol{l}=\sum I_i = I \end{cases} \tag{1.1-1}$$

式中，$\boldsymbol{D}$、$\boldsymbol{B}$、$\boldsymbol{E}$、$\boldsymbol{H}$ 分别表示电感应强度(电位移矢量)、磁感应强度、电场强度和磁场强度；对 $\mathrm{d}\boldsymbol{s}$ 和 $\mathrm{d}\boldsymbol{l}$ 的积分分别表示电磁场中任意闭合曲面和闭合环路上的积分；$\sum q_i$ 表示闭

合曲面内包含的电荷的总和，即总电量 Q；$\sum I_i$ 表示闭合环路包围的传导电流的总和 I。

式(1.1-1)中，第一式称为电场的高斯(Gauss)定理，它表示任意的静电场中通过任意封闭曲面的电感强度通量等于该曲面内包含的总电量；第二式称为磁场的高斯定理，它表示通过任意封闭曲面的磁感应强度通量为零；第三式称为静电场的环路定理，它表示静电场中电场强度沿任意闭合环路的线积分恒等于零；第四式称为磁场安培(Ampere)环路定理，它表示磁场强度沿任意闭合环路的线积分等于该闭合环路所包围的传导电流的总和。

上述方程仅适合于稳恒电磁场情况，对于交变电磁场，麦克斯韦利用法拉第电磁感应定律和位移电流的概念，对式(1.1-1)中的第三式和第四式进行了修改。

1. 对第三式的修改

根据法拉第电磁感应定律，当一个闭合线圈处在变化的磁场中时，就会在闭合线圈中产生感应电动势，感应电动势的大小与磁感应强度通量 ϕ_B 随时间的变化率成比例，其方向由左手定则决定，可以表示为

$$U=-\frac{\mathrm{d}\phi_B}{\mathrm{d}t}=-\frac{\mathrm{d}}{\mathrm{d}t}\iint \boldsymbol{B}\cdot\mathrm{d}\boldsymbol{s}=-\iint\frac{\partial \boldsymbol{B}}{\partial t}\cdot\mathrm{d}\boldsymbol{s} \tag{1.1-2}$$

麦克斯韦认为，感应电动势的产生是电场对线圈中自由电荷作用的结果。这种电场由变化的磁场产生，与静电场不同，它是涡旋电场。这种电场的存在不依赖于线圈，即使没有线圈，只要在空间某一区域磁场发生变化，就会有涡旋电场产生。所以，法拉第电磁感应定律实质上表示变化磁场和电场联系的普遍规律。

由于感应电动势等于涡旋电场沿闭合线圈移动单位正电荷一周时所做的功，即

$$U=\oint \boldsymbol{E}\cdot\mathrm{d}\boldsymbol{l} \tag{1.1-3}$$

因而，将式(1.1-3)代入式(1.1-2)，可以得到修改后的第三式为

$$\oint \boldsymbol{E}\cdot\mathrm{d}\boldsymbol{l}=-\iint\frac{\partial \boldsymbol{B}}{\partial t}\cdot\mathrm{d}\boldsymbol{s} \tag{1.1-4}$$

2. 对第四式的修改

麦克斯韦进一步认为，不仅变化的磁场能够产生电场，而且变化的电场也能够产生磁场，在激发磁场这一点上，电场的变化相当于电流，这种电流被称为“位移电流”。电场中通过任一截面的位移电流强度等于通过该截面的电感应强度通量 ϕ_D 的时间变化率，即

$$I_D=\frac{\mathrm{d}\phi_D}{\mathrm{d}t}=\frac{\mathrm{d}}{\mathrm{d}t}\iint \boldsymbol{D}\cdot\mathrm{d}\boldsymbol{s}=\iint\frac{\partial \boldsymbol{D}}{\partial t}\cdot\mathrm{d}\boldsymbol{s} \tag{1.1-5}$$

由于 $I_D=\iint \boldsymbol{j}_D\cdot\mathrm{d}\boldsymbol{s}$，式中，$\boldsymbol{j}_D$ 为位移电流密度，所以由式(1.1-5)得到位移电流密度为

$$\boldsymbol{j}_D=\frac{\partial \boldsymbol{D}}{\partial t} \tag{1.1-6}$$

因此，在交变电磁场的情况下，磁场既包括传导电流产生的磁场，也包括位移电流产生的磁场。这样，可以得到修改后的第四式为

$$\oint \boldsymbol{H}\cdot\mathrm{d}\boldsymbol{l}=\sum I_i+\iint\frac{\partial \boldsymbol{D}}{\partial t}\cdot\mathrm{d}\boldsymbol{s} \tag{1.1-7}$$

归纳起来，交变电磁场情况下积分形式的麦克斯韦方程组可以写成

$$\begin{cases} \oiint \boldsymbol{D}\cdot \mathrm{d}\boldsymbol{s}=\sum q_i = Q \\ \oiint \boldsymbol{B}\cdot \mathrm{d}\boldsymbol{s}=0 \\ \oint \boldsymbol{E}\cdot \mathrm{d}\boldsymbol{l}=-\iint \dfrac{\partial \boldsymbol{B}}{\partial t}\cdot \mathrm{d}\boldsymbol{s} \\ \oint \boldsymbol{H}\cdot \mathrm{d}\boldsymbol{l}=\sum I_i+\iint \dfrac{\partial \boldsymbol{D}}{\partial t}\cdot \mathrm{d}\boldsymbol{s} \end{cases} \tag{1.1-8}$$

1.1.2 微分形式的麦克斯韦方程组

积分形式的麦克斯韦方程组一般用于在两种介质的分界面处求解从一种介质到另一种介质时电磁场各个矢量之间的关系。对于求解同种介质中给定点的电磁场随着时空变化的问题，通常使用微分形式的麦克斯韦方程组。可以利用数学中的高斯定理和斯托克斯(Stokes)定理将积分形式的麦克斯韦方程组变成微分形式的麦克斯韦方程组。

数学中的高斯定理为

$$\iint \boldsymbol{A}\cdot \mathrm{d}\boldsymbol{s}=\iiint \nabla\cdot \boldsymbol{A}\mathrm{dv} \tag{1.1-9}$$

式中，$\nabla=(\partial/\partial x)\boldsymbol{x}_0+(\partial/\partial y)\boldsymbol{y}_0+(\partial/\partial z)\boldsymbol{z}_0$，称为哈密顿算符(Hamilton operator)，是一个矢量。$\nabla\cdot\boldsymbol{A}=\partial A_x/\partial x+\partial A_y/\partial y+\partial A_z/\partial z$，表示 $\boldsymbol{A}$ 的散度，也记为 div$\boldsymbol{A}$。

对于式(1.1-8)中的第一式，如果闭合曲面积分域内包含的电荷密度(charge density)为 ρ，则

$$\oiint \boldsymbol{D}\cdot \mathrm{d}\boldsymbol{s}=\sum q_i = Q=\iiint \rho\mathrm{dv} \tag{1.1-10}$$

对照式(1.1-9)，可以得到

$$\nabla\cdot\boldsymbol{D}=\rho \tag{1.1-11}$$

式(1.1-8)中的第二式和第一式类似，因此又可以得到

$$\nabla\cdot\boldsymbol{B}=0 \tag{1.1-12}$$

数学中的斯托克斯定理为

$$\int \boldsymbol{A}\cdot \mathrm{d}\boldsymbol{l}=\iint (\nabla\times\boldsymbol{A})\cdot \mathrm{d}\boldsymbol{s} \tag{1.1-13}$$

式中，$\nabla\times\boldsymbol{A}=\left(\dfrac{\partial A_z}{\partial y}-\dfrac{\partial A_y}{\partial z}\right)\boldsymbol{x}_0+\left(\dfrac{\partial A_x}{\partial z}-\dfrac{\partial A_z}{\partial x}\right)\boldsymbol{y}_0+\left(\dfrac{\partial A_y}{\partial x}-\dfrac{\partial A_x}{\partial y}\right)\boldsymbol{z}_0$，表示 $\boldsymbol{A}$ 的旋度，也记为 rot$\boldsymbol{A}$。

对于式(1.1-8)中的第四式，如果闭合环路包围的传导电流密度为 $\boldsymbol{j}$，则

$$\sum I_i=\iint \boldsymbol{j}\cdot \mathrm{d}\boldsymbol{s} \tag{1.1-14}$$

因此式(1.1-8)中的第四式可以写成

$$\oint \boldsymbol{H}\cdot \mathrm{d}\boldsymbol{l}=\iint \boldsymbol{j}\cdot \mathrm{d}\boldsymbol{s}+\iint \frac{\partial \boldsymbol{D}}{\partial t}\cdot \mathrm{d}\boldsymbol{s} \tag{1.1-15}$$

对照式(1.1-13)，可以得到

$$\nabla \times \boldsymbol{H} = \boldsymbol{j} + \frac{\partial \boldsymbol{D}}{\partial t} \tag{1.1-16}$$

式(1.1-8)中的第三式和第四式类似，因此又可以得到

$$\nabla \times \boldsymbol{E} = -\frac{\partial \boldsymbol{B}}{\partial t} \tag{1.1-17}$$

因此，微分形式的麦克斯韦方程组为

$$\begin{cases} \nabla \cdot \boldsymbol{D} = \rho \\ \nabla \cdot \boldsymbol{B} = 0 \\ \nabla \times \boldsymbol{E} = -\dfrac{\partial \boldsymbol{B}}{\partial t} \\ \nabla \times \boldsymbol{H} = \boldsymbol{j} + \dfrac{\partial \boldsymbol{D}}{\partial t} \end{cases} \tag{1.1-18}$$

1.1.3　电磁场常用公式

在均匀介质中，$\boldsymbol{D}$ 和 $\boldsymbol{E}$、$\boldsymbol{B}$ 和 $\boldsymbol{H}$ 存在如下简单的关系：

$$\boldsymbol{D} = \varepsilon \boldsymbol{E} \tag{1.1-19}$$

$$\boldsymbol{B} = \mu \boldsymbol{H} \tag{1.1-20}$$

式中，ε和μ是两个标量，分别称为介电常数和磁导率(permeability)。

在导电物质中还有欧姆(Ohm)定律：

$$\boldsymbol{j} = \sigma \boldsymbol{E} \tag{1.1-21}$$

式中，σ 为电导率，单位为$(\Omega \cdot \mathrm{m})^{-1}$。式(1.1-19)、式(1.1-20)和式(1.1-21)称为物质方程。

当物质在电磁场作用下产生电极化和磁极化时，有

$$\boldsymbol{D} = \varepsilon_0 \boldsymbol{E} + \boldsymbol{P} \tag{1.1-22}$$

$$\boldsymbol{B} = \mu_0 \boldsymbol{H} + \mu_0 \boldsymbol{M} \tag{1.1-23}$$

式中，$\boldsymbol{P}$和$\boldsymbol{M}$分别称为电极化强度和磁极化强度；$\varepsilon_0 = 8.8542 \times 10^{-12} \mathrm{C}^2/(\mathrm{N} \cdot \mathrm{m}^2)$(法拉/米)，称为真空中的介电常数；$\mu_0 = 4\pi \times 10^{-7} \mathrm{N} \cdot \mathrm{s}^2/\mathrm{C}^3$ (亨利/米)，称为真空中的磁导率。电极化强度与电场强度之间的关系为

$$\boldsymbol{P} = \chi_\mathrm{e} \varepsilon_0 \boldsymbol{E} \tag{1.1-24}$$

式中，χ_e为介质的电极化率。引入相对介电常数ε_r，则有

$$\varepsilon = \varepsilon_\mathrm{r} \varepsilon_0, \quad \varepsilon_\mathrm{r} = 1 + \chi_\mathrm{e} \tag{1.1-25}$$

磁极化强度与磁场强度之间的关系为

$$\boldsymbol{M} = \chi_\mathrm{m} \boldsymbol{H} \tag{1.1-26}$$

式中，χ_m为介质的磁极化率。引入相对磁导率μ_r，则有

$$\mu = \mu_\mathrm{r} \mu_0, \quad \mu_\mathrm{r} = 1 + \chi_\mathrm{m} \tag{1.1-27}$$

对于非磁性介质，$\mu \approx \mu_0$，即$\mu_\mathrm{r} = 1$。

在研究辐射场强度和光能流以及场与粒子相互作用时，还将用到以下公式：

$$\boldsymbol{S} = \boldsymbol{E} \times \boldsymbol{H} \tag{1.1-28}$$

$$w_{em}=\frac{1}{2}(\boldsymbol{E}\cdot\boldsymbol{D}+\boldsymbol{H}\cdot\boldsymbol{B}) \tag{1.1-29}$$

$$\boldsymbol{F}=q(\boldsymbol{E}+\boldsymbol{\upsilon}\times\boldsymbol{B}) \tag{1.1-30}$$

式中，$\boldsymbol{S}$ 称为辐射场强度矢量，又称坡印亭矢量(Poynting vector)，表示单位时间垂直通过单位面积的能量；w_{em} 称为电磁场能量密度，表示单位体积内电磁场的能量；$\boldsymbol{F}$ 称为洛伦兹力；$q\boldsymbol{E}$ 表示电场力；$q\boldsymbol{\upsilon}\times\boldsymbol{B}$ 表示磁场力。

本节讨论了积分和微分形式的麦克斯韦方程组，并回顾了电磁场中的常用重要公式。本节要点见表 1-1。

表 1-1　麦克斯韦方程组及常用公式

电磁类型	积分形式	微分形式	物质方程和常用公式
稳恒电磁场	$\oiint\boldsymbol{D}\cdot\mathrm{d}\boldsymbol{s}=\sum q_i=Q$ $\oiint\boldsymbol{B}\cdot\mathrm{d}\boldsymbol{s}=0$ $\oint\boldsymbol{E}\cdot\mathrm{d}\boldsymbol{l}=0$ $\oint\boldsymbol{H}\cdot\mathrm{d}\boldsymbol{l}=\sum I_i=I$	$\nabla\cdot\boldsymbol{D}=\rho$ $\nabla\cdot\boldsymbol{B}=0$ $\nabla\times\boldsymbol{E}=0$ $\nabla\times\boldsymbol{H}=\boldsymbol{j}$	$\boldsymbol{D}=\varepsilon\boldsymbol{E}$ $\boldsymbol{B}=\mu\boldsymbol{H}$ $\boldsymbol{j}=\sigma\boldsymbol{E}$ $\boldsymbol{D}=\varepsilon_0\boldsymbol{E}+\boldsymbol{p}$ $\boldsymbol{P}=\chi_e\varepsilon_0\boldsymbol{E}$ $\varepsilon=\varepsilon_r\varepsilon_0$ $\varepsilon_r=1+\chi_e$ $\boldsymbol{S}=\boldsymbol{E}\times\boldsymbol{H}$
交变电磁场	$\oiint\boldsymbol{D}\cdot\mathrm{d}\boldsymbol{s}=\sum q_i=Q$ $\oiint\boldsymbol{B}\cdot\mathrm{d}\boldsymbol{s}=0$ $\oint\boldsymbol{E}\cdot\mathrm{d}\boldsymbol{l}=-\iint\frac{\partial\boldsymbol{B}}{\partial t}\cdot\mathrm{d}\boldsymbol{s}$ $\oint\boldsymbol{H}\cdot\mathrm{d}\boldsymbol{l}=\sum I_i+\iint\frac{\partial\boldsymbol{D}}{\partial t}\cdot\mathrm{d}\boldsymbol{s}$	$\nabla\cdot\boldsymbol{D}=\rho$ $\nabla\cdot\boldsymbol{B}=0$ $\nabla\times\boldsymbol{E}=-\frac{\partial\boldsymbol{B}}{\partial t}$ $\nabla\times\boldsymbol{H}=\boldsymbol{j}+\frac{\partial\boldsymbol{D}}{\partial t}$	

1.2　电磁场的波动方程

【电磁场】

【电磁波】

从微分形式的麦克斯韦方程组式(1.1-18)的第三式和第四式可以得出两个基本结论：一是任何随时间变化的磁场都会在其周围空间产生电场，这种电场具有涡旋性质，电场的方向可以由左手定则决定；二是任何随时间变化的电场会在周围空间产生磁场，这种磁场也具有涡旋性质，磁场的方向可以由右手定则决定。因此，电场与磁场是紧密相关的，其中一个发生变化时，另一个随即就会发生变化。换句话说，如果在空间某区域内的电场发生变化，那么在邻近区域内就会引起随时间变化的磁场，而这种变化的磁场又会在较远区域引起新的随时间变化的电场，接着这个新的变化的电场又会在更远处引起新的随时间变化的磁场，这样，交替变化的电场和磁场相互激发就形成了统一的场——电磁场。这个电磁场以一定的速度由近及远传播，从而形成电磁波。本节将讨论电磁场所满足的波动方程以及电磁波。

1.2.1　波动方程

在微分形式的麦克斯韦方程组中，分别消去磁场和电场，就可以推导出电场和磁场随着时间和空间变化的方程，即电磁场的波动方程。为简单起见，假设电磁场在无限大的各向同性介质中传播，此时介电常数和磁导率都等于常数，并且介质中不存在自由电荷和传导电流，即 $\rho=0$，$\boldsymbol{j}=0$，利用物质方程，微分形式的麦克斯韦方程组式(1.1-18)可以简化为

$$\begin{cases}\nabla\cdot\boldsymbol{E}=0\\ \nabla\cdot\boldsymbol{H}=0\\ \nabla\times\boldsymbol{E}=-\mu\dfrac{\partial\boldsymbol{H}}{\partial t}\\ \nabla\times\boldsymbol{H}=\varepsilon\dfrac{\partial\boldsymbol{E}}{\partial t}\end{cases} \tag{1.2-1}$$

对上式中的第三式取旋度后，将第四式代入其中，就可以消去磁场，从而得到

$$\nabla\times(\nabla\times\boldsymbol{E})=-\mu\frac{\partial}{\partial t}(\nabla\times\boldsymbol{H})=-\mu\varepsilon\frac{\partial^2\boldsymbol{E}}{\partial t^2} \tag{1.2-2}$$

利用场论公式可以得到

$$\nabla\times(\nabla\times\boldsymbol{A})=\nabla(\nabla\cdot\boldsymbol{A})-\nabla^2\boldsymbol{A} \tag{1.2-3}$$

并结合式(1.2-1)中的第一式，式(1.2-2)左边可以写成

$$\nabla\times(\nabla\times\boldsymbol{E})=\nabla(\nabla\cdot\boldsymbol{E})-\nabla^2\boldsymbol{E}=-\nabla^2\boldsymbol{E} \tag{1.2-4}$$

因此，式(1.2-2)可以改写为

$$\nabla^2\boldsymbol{E}-\varepsilon\mu\frac{\partial^2\boldsymbol{E}}{\partial t^2}=0 \tag{1.2-5}$$

同样，式(1.2-1)中消去电场，也可以得到磁场所满足的方程：

$$\nabla^2\boldsymbol{H}-\varepsilon\mu\frac{\partial^2\boldsymbol{H}}{\partial t^2}=0 \tag{1.2-6}$$

若令

$$\upsilon=\frac{1}{\sqrt{\varepsilon\mu}} \tag{1.2-7}$$

则电场和磁场所满足的方程化为

$$\nabla^2\boldsymbol{E}-\frac{1}{\upsilon^2}\frac{\partial^2\boldsymbol{E}}{\partial t^2}=0 \tag{1.2-8}$$

$$\nabla^2\boldsymbol{H}-\frac{1}{\upsilon^2}\frac{\partial^2\boldsymbol{H}}{\partial t^2}=0 \tag{1.2-9}$$

式中，υ 是电场和磁场在介质中的传播速度；$\nabla^2=\partial^2/\partial x^2+\partial^2/\partial y^2+\partial^2/\partial z^2$，称为拉普拉斯算符(Laplacian operator)，表示对空间求二阶导数，它是一个标量。式(1.2-8)和式(1.2-9)分别称为电场和磁场的波动方程，通过解波动方程就可以得到各种形式的电磁波。

1.2.2 电磁波

现在人们已经知道，除了可见光波和无线电波外，X 射线、γ 射线也都是电磁波。通常所说的光学区或光学频谱，包括紫外线、可见光和红外线，波长为 10nm～1mm。可见光是人眼可以感觉到的各种颜色的光波。在真空中，可见光的波长为 380～760nm，频率为 7.89×10^{14}～3.95×10^{14}Hz。由于光波的频率较高，一般用波长来表示某一个或某一段频率的光波。红外线、可见光和紫外线又可以细分为

$$\text{红外线}(1\text{mm}\sim0.76\mu\text{m})\begin{cases}\text{远红外}\quad(1\text{mm}\sim20\mu\text{m})\\ \text{中红外}\quad(20\mu\text{m}\sim1.5\mu\text{m})\\ \text{近红外}\quad(1.5\mu\text{m}\sim0.76\mu\text{m})\end{cases}$$

$$\text{可见光}(760\text{nm}\sim380\text{nm})\begin{cases}\text{红色}\quad(760\text{nm}\sim620\text{nm})\\ \text{橙色}\quad(620\text{nm}\sim590\text{nm})\\ \text{黄色}\quad(590\text{nm}\sim570\text{nm})\\ \text{绿色}\quad(570\text{nm}\sim490\text{nm})\\ \text{青色}\quad(490\text{nm}\sim460\text{nm})\\ \text{蓝色}\quad(460\text{nm}\sim430\text{nm})\\ \text{紫色}\quad(430\text{nm}\sim380\text{nm})\end{cases}$$

$$\text{紫外线}(380\text{nm}\sim10\text{nm})\begin{cases}\text{近紫外}\quad(380\text{nm}\sim300\text{nm})\\ \text{中紫外}\quad(300\text{nm}\sim200\text{nm})\\ \text{远紫外}\quad(200\text{nm}\sim10\text{nm})\end{cases}$$

式(1.2-7)给出了电磁波在介质中的传播速度，因此，电磁波在真空中的传播速度为

$$c=\frac{1}{\sqrt{\mu_0\varepsilon_0}} \tag{1.2-10}$$

电磁波在真空中的传播速度与其在介质中的传播速度之比称为绝对折射率(absolute index of refraction)，即

$$n=\frac{c}{\upsilon} \tag{1.2-11}$$

由式(1.2-7)和式(1.2-10)可得

$$n=\sqrt{\frac{\varepsilon\mu}{\varepsilon_0\mu_0}}=\sqrt{\varepsilon_{\rm r}\mu_{\rm r}} \tag{1.2-12}$$

式(1.2-12)将光学常数、电学常数和磁学常数联系在一起，表明了光的电磁性质。由于非磁性物质的磁导率近似等于真空中的磁导率，因而得到

$$n=\sqrt{\varepsilon_{\rm r}} \tag{1.2-13}$$

式(1.2-12)或式(1.2-13)又称为麦克斯韦关系式。利用麦克斯韦关系式可以对各种物质的折射率进行计算。计算得到的数值与实验数值相比，对于一些化学结构简单的气体，两者符合得很好。但对于许多液体和固体，两者相差却很大。这是因为折射率 n 实际上与频率有关，即物质一般具有色散特性。对于简单气体，其色散较小，而液体和固体的色散则较大，关于物质的色散将在 3.3 节中进行讨论。

本节讨论了电磁场所满足的波动方程和电磁波，要点见表 1-2。

表 1-2　波动方程和电磁波

电　磁　场	真　空　中	介　质　中	麦克斯韦关系式
电　　场	$\nabla^2 \boldsymbol{E} - \frac{1}{c^2}\frac{\partial^2 \boldsymbol{E}}{\partial t^2} = 0$	$\nabla^2 \boldsymbol{E} - \frac{1}{\upsilon^2}\frac{\partial^2 \boldsymbol{E}}{\partial t^2} = 0$	$n = \sqrt{\varepsilon_{\mathrm{r}}\mu_{\mathrm{r}}}$
磁　　场	$\nabla^2 \boldsymbol{H} - \frac{1}{c^2}\frac{\partial^2 \boldsymbol{H}}{\partial t^2} = 0$	$\nabla^2 \boldsymbol{H} - \frac{1}{\upsilon^2}\frac{\partial^2 \boldsymbol{H}}{\partial t^2} = 0$	

1.3　平面电磁波

通过解式(1.2-8)和式(1.2-9)这两个波动方程，可以得到很多形式的电场和磁场的解，如平面波、球面波和柱面波。要确定解的具体形式，必须根据电场和磁场所满足的边界条件和初始条件求解方程。本节将通过波动方程求解平面电磁波的解；给出平面电磁波的表示方法；并讨论平面电磁波的性质和平面电磁波的叠加。

1.3.1　平面电磁波的解

波源发出的振动在介质中传播经相同时间所到达的各点组成的面称为波阵面，简称波面，也称波前。对于同一阵面上各点来说，它们的振动位相相同。平面波是指波面是平面的光波。在直角坐标系(coordinate system)中解波动方程便可以解出平面电磁波的具体表达形式，先不考虑电场和磁场的方向，仅考虑其数值表达形式，对于电场有

$$\nabla^2 E - \frac{1}{\upsilon^2}\frac{\partial^2 E}{\partial t^2} = 0 \tag{1.3-1}$$

因为电场是时空函数，而且时间变量和空间变量是独立的，所以，电场总可以表达为时间函数和空间函数的乘积，则

$$E(r,t) = E(r)E(t) \tag{1.3-2}$$

将式(1.3-2)代入式(1.3-1)中，可以得到

$$E(t)\nabla^2 E(r) - \frac{1}{\upsilon^2}E(r)\frac{\partial^2 E(t)}{\partial t^2} = 0 \tag{1.3-3}$$

或者

$$\frac{\nabla^2 E(r)}{E(r)} = \frac{1}{\upsilon^2 E(t)}\frac{\partial^2 E(t)}{\partial t^2} \tag{1.3-4}$$

式(1.3-4)中比例系数可能为正也可能为负，如果取正，将得到电场随传输距离增加而增大的结果，这显然是不合理的，因此，比例系数只能取负。若令比例系数为$-k^2$，则可以得到

$$\frac{\mathrm{d}^2 E(t)}{\mathrm{d}t^2} + k^2\upsilon^2 E(t) = 0 \tag{1.3-5}$$

$$\nabla^2 E(r) + k^2 E(r) = 0 \tag{1.3-6}$$

式(1.3-5)是关于时间的二阶常系数线性齐次微分方程；式(1.3-6)是关于空间的二阶常

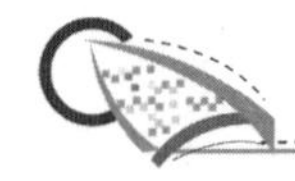

系数线性齐次微分方程，它表示场随着空间的变化，该方程又称亥姆霍兹(Helmholtz)方程。令

$$k^2\upsilon^2=\omega^2 \tag{1.3-7}$$

则式(1.3-5)变为

$$\frac{\mathrm{d}^2E(t)}{\mathrm{d}t^2}+\omega^2E(t)=0 \tag{1.3-8}$$

根据二阶常系数线性齐次微分方程的解法，式(1.3-8)的通解为

$$E(t)=B_1\exp(\mathrm{i}\omega t)+B_2\exp(-\mathrm{i}\omega t) \tag{1.3-9}$$

因为式(1.3-6)与式(1.3-8)具有相同的形式，因此式(1.3-6)的通解可以写为

$$E(r)=C_1\exp(\mathrm{i}kr)+C_2\exp(-\mathrm{i}kr) \tag{1.3-10}$$

式(1.3-9)和式(1.3-10)中的 B_1、B_2、C_1、C_2 都是待定常数，ω 和 k 都具有角频率(angular frequency)的意义，分别称为时间角频率和空间角频率。k 本来是以比例系数的形式引进的，但对于确定的波动方程有确定的 k，因此，k 可以看作是波的特征量，将它定义为波数。根据式(1.3-7)可以得到 $k=\omega/\upsilon=2\pi\nu/(\lambda\nu)=2\pi/\lambda$，在前面解方程时是把电场看作标量，并没有考虑它的传播方向。现在引进一个矢量 $\boldsymbol{k}$，称其为波矢量(wave vector)，简称波矢，其数值等于 k，而它的方向与波的传播方向一致，即 $\boldsymbol{k}=k\boldsymbol{k}_0$，$\boldsymbol{k}_0$ 为传播方向上的单位波矢。因此，电场的空间函数可以写为

$$E(r)=C_1\exp(\mathrm{i}\boldsymbol{k}\cdot\boldsymbol{r})+C_2\exp(-\mathrm{i}\boldsymbol{k}\cdot\boldsymbol{r}) \tag{1.3-11}$$

将式(1.3-9)和式(1.3-11)代入式(1.3-2)中可以得到 4 项，不考虑位相共轭项，则可以得到

$$E(\boldsymbol{r},t)=B_2C_1\exp[-\mathrm{i}(\omega t-\boldsymbol{k}\cdot\boldsymbol{r})]+B_2C_2\exp[-\mathrm{i}(\omega t+\boldsymbol{k}\cdot\boldsymbol{r})] \tag{1.3-12}$$

式中，B_2C_1和B_2C_2 称为振幅，ωt 称为时间位相，$\boldsymbol{k}\cdot\boldsymbol{r}$ 为空间位相，$\omega t\mp\boldsymbol{k}\cdot\boldsymbol{r}$ 为总位相。当波矢量与观察方向一致时，总位相为 $\omega t\mp kr$。如果位相恒定，即总位相 $\omega t\mp kr$ 为常数，取微分，可得

$$\omega\mathrm{d}t=\pm k\mathrm{d}r \tag{1.3-13}$$

或者

$$\frac{\mathrm{d}r}{\mathrm{d}t}=\pm\frac{\omega}{k}=\pm\upsilon \tag{1.3-14}$$

因此，波动方程中最初定义的 $\upsilon=1/\sqrt{\varepsilon\mu}$ 有了确切的物理意义，即它表示等位相面传播的速度，通常称为相速度(phase velocity)。速度为正表示正向传播的光波，速度为负表示反向传播的光波。因为正、反两个光波实际是同一光波的两个传播方向，因此，在讨论中只要研究正向光波即可。也就是把式(1.3-12)所表示的光波写成如下形式

$$E(\boldsymbol{r},t)=E_0\exp[-\mathrm{i}(\omega t-\boldsymbol{k}\cdot\boldsymbol{r})] \tag{1.3-15}$$

式中，$E_0=B_2C_1$。如果考虑电场是矢量，在表示式中矢量必然表现在振幅中，则有

$$\boldsymbol{E}(\boldsymbol{r},t)=\boldsymbol{E}_0\exp[-\mathrm{i}(\omega t-\boldsymbol{k}\cdot\boldsymbol{r})] \tag{1.3-16}$$

此外，在解方程时，若在解的指数中加上一个常数，其解仍然满足方程，所以在解的形式中还应包括一个常位相因子 δ_0，通常称为初位相，最后把光波表示成如下波函数：

$$\boldsymbol{E}(\boldsymbol{r},t)=\boldsymbol{E}_0\exp[-\mathrm{i}(\omega t-\boldsymbol{k}\cdot\boldsymbol{r}+\delta_0)] \tag{1.3-17}$$

同样，对磁场的波动方程求解可以得到

$$\boldsymbol{H}(\boldsymbol{r},t)=\boldsymbol{H}_0\exp[-\mathrm{i}(\omega t-\boldsymbol{k}\cdot\boldsymbol{r}+\delta_0)] \tag{1.3-18}$$

在许多光学问题中要求光的强度，由于光强度与振幅的平方成正比，因此，利用式(1.3-17)可以很方便地求出光的强度为：$I=\boldsymbol{E}\cdot\boldsymbol{E}^*$。

1.3.2　平面电磁波的表示方法

1. 复振幅形式

由复数形式的波函数式(1.3-17)可见，其位相因子包括空间位相因子和时间位相因子两部分，可以把它们分开写为

$$\boldsymbol{E}(\boldsymbol{r},t)=\boldsymbol{E}_0\exp[\mathrm{i}(\boldsymbol{k}\cdot\boldsymbol{r}-\delta_0)]\exp(-\mathrm{i}\omega t) \tag{1.3-19}$$

如果把振幅和空间位相因子部分写为

$$\tilde{\boldsymbol{E}}(\boldsymbol{r})=\boldsymbol{E}_0\exp[\mathrm{i}(\boldsymbol{k}\cdot\boldsymbol{r}-\delta_0)] \tag{1.3-20}$$

式中，$\tilde{\boldsymbol{E}}(\boldsymbol{r})$称为复振幅。这样，波函数就等于复振幅$\tilde{\boldsymbol{E}}(\boldsymbol{r})$和时间位相因子$\exp(-\mathrm{i}\omega t)$的乘积。复振幅表示场振动随空间的变化，时间位相因子表示场振动随时间的变化。显然，对于简谐波传播到的空间各点，场振动的时间位相因子都相同，因此，在只关心光波电场在空间的强度分布时，例如，讨论光的干涉和衍射的强度分布时，时间位相因子通常可以略去不写，而只用复振幅来表示一个简谐波。

2. 实数形式

取式(1.3-17)的实部便可得到波函数的实数形式为

$$\boldsymbol{E}(\boldsymbol{r},t)=\boldsymbol{E}_0\cos(\omega t-\boldsymbol{k}\cdot\boldsymbol{r}+\delta_0) \tag{1.3-21}$$

如果初位相为零，并且光波沿着$\boldsymbol{r}$方向传播，则实数形式为

$$\boldsymbol{E}(\boldsymbol{r},t)=\boldsymbol{E}_0\cos(\omega t-\boldsymbol{k}\cdot\boldsymbol{r})=\boldsymbol{E}_0\cos(\boldsymbol{k}\cdot\boldsymbol{r}-\omega t) \tag{1.3-22}$$

当波矢 $\boldsymbol{k}$ 的方向为任意时，并且它的方向余弦(即$\boldsymbol{k}_0$在 x、y、z 坐标轴上的投影)为$\cos\alpha$、$\cos\beta$、$\cos\gamma$，任意一点P的坐标为(x，y，z)，那么式(1.3-22)可以写为

$$\boldsymbol{E}(\boldsymbol{r},t)=\boldsymbol{E}_0\cos[k(x\cos\alpha+y\cos\beta+z\cos\gamma)-\omega t] \tag{1.3-23}$$

当波矢$\boldsymbol{k}$在xOz平面内，并沿着与z轴夹角为θ的方向传播时，实数形式为

$$\boldsymbol{E}(x,z,t)=\boldsymbol{E}_0\cos[k(x\sin\theta+z\cos\theta)-\omega t] \tag{1.3-24}$$

当波矢$\boldsymbol{k}$沿着z轴方向时，实数形式为

$$\boldsymbol{E}(z,t)=\boldsymbol{E}_0\cos(kz-\omega t) \tag{1.3-25}$$

1.3.3　平面电磁波的性质

1. 电磁波是横波

取式(1.3-17)的散度，可以得到

$$\nabla\cdot\boldsymbol{E}=\nabla\cdot\boldsymbol{E}_0\exp[-\mathrm{i}(\omega t-\boldsymbol{k}\cdot\boldsymbol{r}+\delta_0)]=\mathrm{i}\boldsymbol{k}\cdot\boldsymbol{E}_0\exp[-\mathrm{i}(\omega t-\boldsymbol{k}\cdot\boldsymbol{r}+\delta_0)]=\mathrm{i}\boldsymbol{k}\cdot\boldsymbol{E} \tag{1.3-26}$$

因为麦克斯韦方程组中 $\nabla\cdot\boldsymbol{E}=0$，因此有

$$\mathrm{i}\boldsymbol{k}\cdot\boldsymbol{E}=0 \tag{1.3-27}$$

式(1.3-27)表明，电场波动是横波，即电矢量的振动方向恒垂直于波的传播方向。同样，取式(1.3-18)的散度可以得到

$$\mathrm{i}\boldsymbol{k}\cdot\boldsymbol{H}=0 \tag{1.3-28}$$

式(1.3-28)表明，磁场波动也是横波，磁矢量的振动方向也恒垂直于波的传播方向。

2. ***E*** 和 ***H*** 相互垂直

由麦克斯韦方程组可知

$$\nabla\times\boldsymbol{E}=-\mu_0\frac{\partial\boldsymbol{H}}{\partial t} \tag{1.3-29}$$

将式(1.3-17)和式(1.3-18)代入式(1.3-29)，得到

$$\mathrm{i}\boldsymbol{k}\times\boldsymbol{E}=\mathrm{i}\omega\mu_0\boldsymbol{H} \tag{1.3-30}$$

因此，***E*** 和 ***H*** 相互垂直。

3. ***E*** 和 ***B*** 同位相

由式(1.3-30)，可以得到

$$\boldsymbol{B}=\frac{1}{\omega}\boldsymbol{k}\times\boldsymbol{E}=\frac{k}{\omega}\boldsymbol{k}_0\times\boldsymbol{E}=\frac{1}{\upsilon}\boldsymbol{k}_0\times\boldsymbol{E}=\sqrt{\varepsilon\mu}\boldsymbol{k}_0\times\boldsymbol{E}=\sqrt{\varepsilon\mu}\,k_0E\sin\left(\frac{\pi}{2}\right)\boldsymbol{b} \tag{1.3-31}$$

式中，$\boldsymbol{b}$ 为 $\boldsymbol{B}$ 方向上的单位矢量。因此有

$$\frac{\boldsymbol{E}}{\boldsymbol{B}}=\upsilon \tag{1.3-32}$$

在真空中，$\dfrac{\boldsymbol{E}}{\boldsymbol{B}}=c$，即 ***E*** 和 ***B*** 同位相，表明电磁波传播时电场和磁场同步变化。

综合以上几点，沿 z 轴方向传播、电矢量(electric vector)在 xOz 平面振动的平面波如图 1.1 所示。

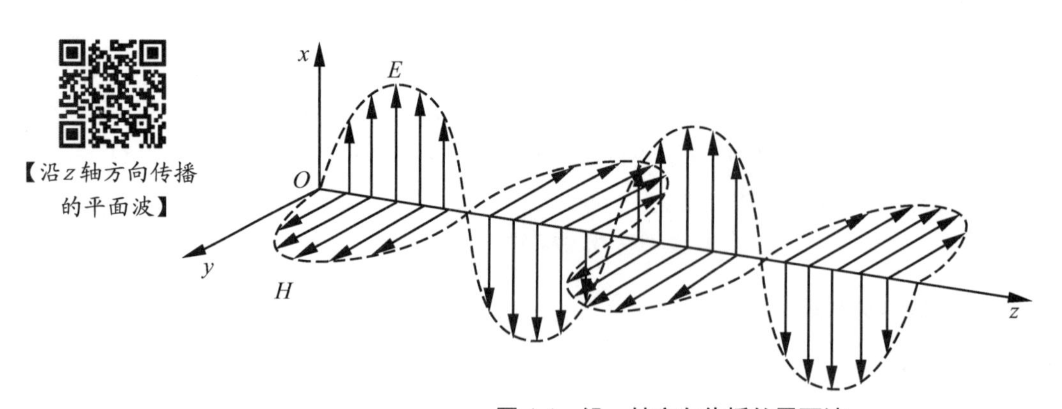

图 1.1　沿 z 轴方向传播的平面波

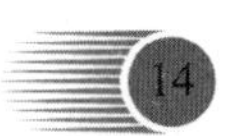

1.3.4　平面电磁波的叠加

当两个以上光波在空间相遇时，在重叠区域内将发生光波的叠加问题。但有两点需要引起注意：一是几个波相遇后，仍保持它们原有的特性(频率、波长、振幅、振动方向和传播方向等)不变，并按照原来的方向继续前进，即各波互不干扰，这是波传播的独立性；二是在相遇区域内，任一点的振动为几个波单独存在时在该点所引起的振动的矢量和，这是波的矢量叠加原理。因此，当相遇光波的频率、振幅和位相都不相同时，光波的叠加是相当复杂的，如图 1.2 所示。以下只讨论两个频率相同、传播方向也相同的单色光波的叠加。

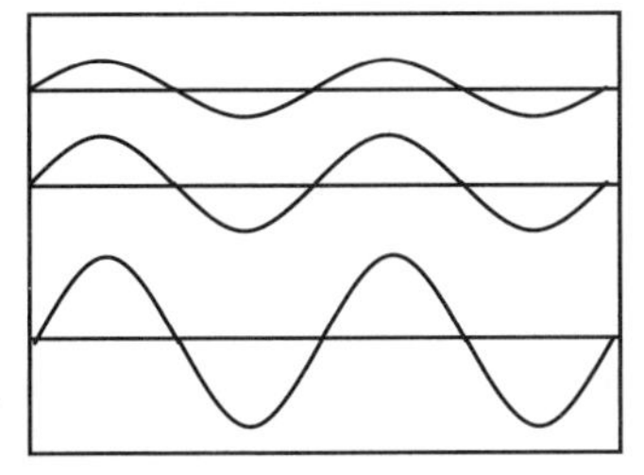

(a) 同频率不同振幅的两个波的叠加

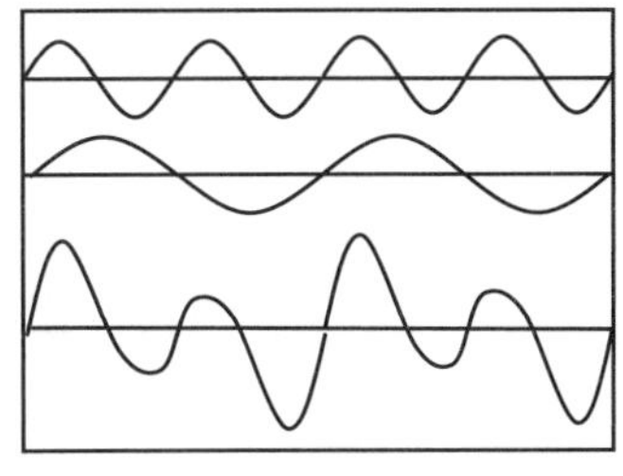

(b) 频率比为 2:1 的两个等幅波的叠加

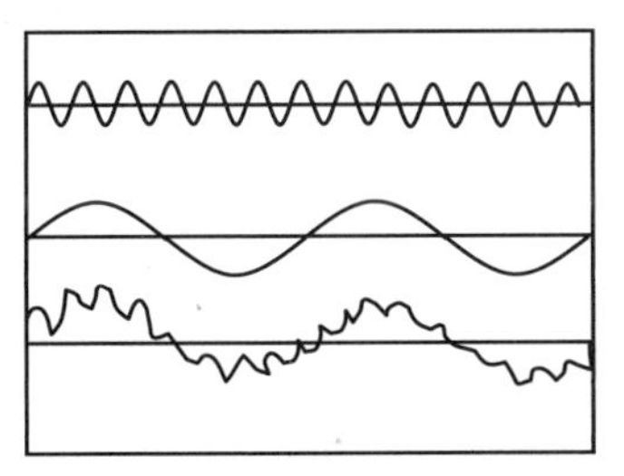

(c) 一个高频波和一个低频波的叠加

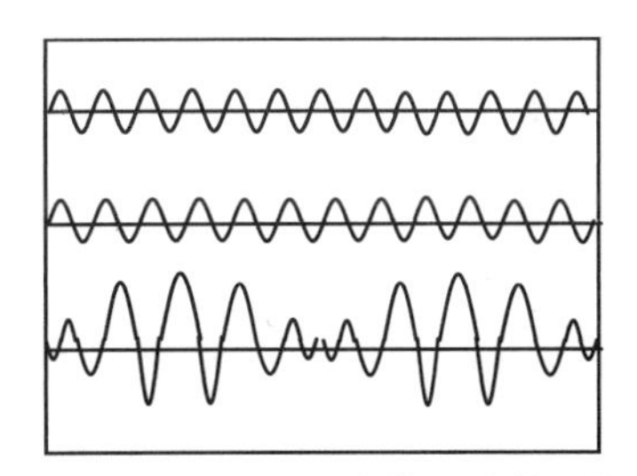

(d) 频率相近的两个等幅波的叠加

图 1.2　两个振动方向相同的同方向传播的波动的叠加

1. 代数加法

如果从光源 S_1 和 S_2 发出的两个光波的频率都为 ω，振动方向都在 x 方向，两个光波相交点 P 到 S_1 和 S_2 的距离分别为 r_1 和 r_2，则两个光波各自在 P 点产生的光振动分布函数可以写为

$$E_1 = E_{10}\cos(kr_1 - \omega t) \tag{1.3-33}$$

$$E_2 = E_{20}\cos(kr_2 - \omega t) \tag{1.3-34}$$

式中，E_{10}和E_{20}分别是两个光波在 P 点处的振幅，则在 P 点的合振动分布函数为

$$E = E_1 + E_2 = E_{10}\cos(kr_1 - \omega t) + E_{20}\cos(kr_2 - \omega t) \tag{1.3-35}$$

令 $\alpha_1 = kr_1$，$\alpha_2 = kr_2$，式(1.3-35)化为

$$E = E_{10}\cos(\alpha_1 - \omega t) + E_{20}\cos(\alpha_2 - \omega t) \tag{1.3-36}$$

由三角函数两角差的余弦公式，式(1.3-36)可以展开为

$$\begin{aligned} E &= E_{10}\cos\omega t\cos\alpha_1 + E_{10}\sin\omega t\sin\alpha_1 + E_{20}\cos\omega t\cos\alpha_2 + E_{20}\sin\omega t\sin\alpha_2 \\ &= (E_{10}\cos\alpha_1 + E_{20}\cos\alpha_2)\cos\omega t + (E_{10}\sin\alpha_1 + E_{20}\sin\alpha_2)\sin\omega t \end{aligned} \tag{1.3-37}$$

因为 E_{10}、E_{20} 和 α_1、α_2 都是常数，所以可令

$$(E_{10}\cos\alpha_1 + E_{20}\cos\alpha_2) = E_0\cos\alpha \tag{1.3-38}$$

$$(E_{10}\sin\alpha_1 + E_{20}\sin\alpha_2) = E_0\sin\alpha \tag{1.3-39}$$

因此，在 P 点的合振动可以写为

$$E = E_0\cos(\alpha - \omega t) \tag{1.3-40}$$

式(1.3-40)中，E_0 和 α 为待定常数。把式(1.3-38)和式(1.3-39)两式平方相加，可以得到

$$\begin{aligned} I = E_0^2 &= E_{10}^2 + E_{20}^2 + 2E_{10}E_{20}(\cos\alpha_1\cos\alpha_2 + \sin\alpha_1\sin\alpha_2) \\ &= E_{10}^2 + E_{20}^2 + 2E_{10}E_{20}\cos(\alpha_2 - \alpha_1) \end{aligned} \tag{1.3-41}$$

式中，I 称为相对强度(详见 1.9 节)。把式(1.3-38)和式(1.3-39)两式相除，可以得到

$$\tan\alpha = \frac{E_{10}\sin\alpha_1 + E_{20}\sin\alpha_2}{E_{10}\cos\alpha_1 + E_{20}\cos\alpha_2} \tag{1.3-42}$$

应当注意，如果两个光波的初位相不为零，则

$$E_1 = E_{10}\cos(kr_1 - \omega t + \delta_1) \tag{1.3-43}$$

$$E_2 = E_{20}\cos(kr_2 - \omega t + \delta_2) \tag{1.3-44}$$

此时可令

$$\begin{cases} \alpha_1 = kr_1 + \delta_1 \\ \alpha_2 = kr_2 + \delta_2 \end{cases} \tag{1.3-45}$$

2. *复数加法*

采用复数表达式时，光源 S_1 和 S_2 在 P 点产生的光振动可以写为

$$E_1 = E_{10}\exp[\mathrm{i}(kr_1 - \omega t)] \tag{1.3-46}$$

$$E_2 = E_{20}\exp[\mathrm{i}(kr_2 - \omega t)] \tag{1.3-47}$$

同样，若令 $\alpha_1 = kr_1$，$\alpha_2 = kr_2$，则在 P 点的合振动为

$$\begin{aligned} E = E_1 + E_2 &= E_{10}\exp[\mathrm{i}(\alpha_1 - \omega t)] + E_{20}\exp[\mathrm{i}(\alpha_2 - \omega t)] \\ &= [E_{10}\exp(\mathrm{i}\alpha_1) + E_{20}\exp(\mathrm{i}\alpha_2)]\exp(-\mathrm{i}\omega t) \end{aligned} \tag{1.3-48}$$

式(1.3-48)括号内两复数之和仍然是一个复数，可以设为

$$E_0\exp(\mathrm{i}\alpha) = E_{10}\exp(\mathrm{i}\alpha_1) + E_{20}\exp(\mathrm{i}\alpha_2) \tag{1.3-49}$$

将式(1.3-49)代入式(1.3-48)，得到 P 点的合振动为

$$E = E_0\exp[\mathrm{i}(\alpha - \omega t)] \tag{1.3-50}$$

这一结果与式(1.3-40)相对应。根据复数运算规则，P 点处的光强为

$$\begin{aligned} I &= [E_0\exp(\mathrm{i}\alpha)][E_0\exp(\mathrm{i}\alpha)]^* \\ &= [E_{10}\exp(\mathrm{i}\alpha_1) + E_{20}\exp(\mathrm{i}\alpha_2)][E_{10}\exp(\mathrm{i}\alpha_1) + E_{20}\exp(\mathrm{i}\alpha_2)]^* \\ &= E_{10}^2 + E_{20}^2 + E_{10}E_{20}\{\exp[\mathrm{i}(\alpha_2 - \alpha_1)] + \exp[-\mathrm{i}(\alpha_2 - \alpha_1)]\} \\ &= E_{10}^2 + E_{20}^2 + 2E_{10}E_{20}\cos(\alpha_2 - \alpha_1) \end{aligned} \tag{1.3-51}$$

将式(1.3-49)等号右边的复数展开为三角函数形式，可以得到

$$E_0\exp(\mathrm{i}\alpha) = E_{10}\cos\alpha_1 + E_{20}\cos\alpha_2 + \mathrm{i}(E_{10}\sin\alpha_1 + E_{20}\sin\alpha_2) \tag{1.3-52}$$

根据复数的性质，得到

$$\tan\alpha = \frac{E_{10}\sin\alpha_1 + E_{20}\sin\alpha_2}{E_{10}\cos\alpha_1 + E_{20}\cos\alpha_2} \tag{1.3-53}$$

可见，复数加法与代数加法得到的结果完全相同。

本节通过对波动方程的求解给出了平面电磁波的表示方法，并讨论了平面电磁波的性质和平面电磁波的叠加，要点见表 1-3。

表 1-3　平面电磁波及其性质

表达形式	实数表达式	$\boldsymbol{E}(\boldsymbol{r},t)=\boldsymbol{E}_0\cos(\omega t-\boldsymbol{k}\cdot\boldsymbol{r}+\delta_0)$
	复数表达式	$\boldsymbol{E}(\boldsymbol{r},t)=\boldsymbol{E}_0\exp[\mathrm{i}(\boldsymbol{k}\cdot\boldsymbol{r}-\delta_0)]\exp(-\mathrm{i}\omega t)$
基本性质	平面波是横波	$\boldsymbol{E}\perp\boldsymbol{k}$，$\boldsymbol{H}\perp\boldsymbol{k}$
	$\boldsymbol{E}$ 和 $\boldsymbol{B}$ 同位相	$\boldsymbol{E}/\boldsymbol{B}=\upsilon$
	$\boldsymbol{E}$ 和 $\boldsymbol{H}$ 正交	$\boldsymbol{E}\perp\boldsymbol{H}$
频率相同、传播方向也相同的平面波叠加	合成波	$E=E_0\cos(\alpha-\omega t)$或$E=E_0\exp[\mathrm{i}(\alpha-\omega t)]$
	振幅	$E_0=\sqrt{E_{10}^2+E_{20}^2+2E_{10}E_{20}\cos(\alpha_2-\alpha_1)}$
	位相	$\tan\alpha=(E_{10}\sin\alpha_1+E_{20}\sin\alpha_2)/(E_{10}\cos\alpha_1+E_{20}\cos\alpha_2)$

1.4　球面波和柱面波

除了平面波以外，球面波和柱面波也是两种常见的光波，在各向同性介质中，它们分别由点光源和线光源产生。本节将讨论球面波和柱面波的特点和表示方式。

1.4.1　球面波

如果在真空或均匀介质中的 O 点放一个点光源，那么从 O 点发出的光波将以相同的速度向各个方向传播，经过一定时间以后，电磁振动所达到的各点将构成一个以 O 点为中心的球面，即波前是球面，称这种光波为球面波，如图 1.3 所示。

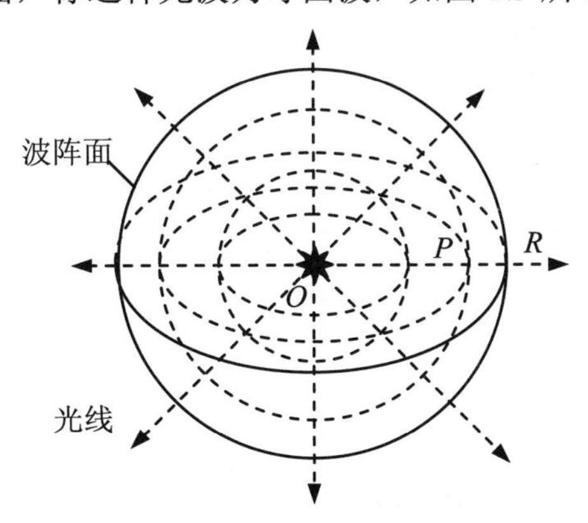

图 1.3　点光源产生球面波示意图

球面波所满足的波动方程仍然是1.2节的式(1.2-8)和式(1.2-9)，与解平面波相类似，球面波仍然可以表示为

$$E(r,t)=E(r)E(t) \tag{1.4-1}$$

因此，仍然可以得到

$$E(t)=B_1\exp(\mathrm{i}\omega t)+B_2\exp(-\mathrm{i}\omega t) \tag{1.4-2}$$

由于$E(r)$只与r有关，因此，亥姆霍兹方程$\nabla^2E(r)+k^2E(r)=0$需要在球坐标下求解，在球坐标下拉普拉斯算符为

$$\nabla^2=\frac{\partial^2}{\partial r^2}+\frac{2}{r}\frac{\partial}{\partial r} \tag{1.4-3}$$

1. 式(1.4-3)的证明

因为$r=\sqrt{x^2+y^2+z^2}$，所以有

$$\frac{\partial}{\partial x}=\frac{\partial}{\partial r}\frac{\partial r}{\partial x}=\frac{\partial}{\partial r}\frac{x}{r} \tag{1.4-4}$$

因此，得到

$$\begin{aligned}\frac{\partial^2}{\partial x^2}&=\frac{\partial}{\partial x}\left(\frac{\partial}{\partial r}\frac{x}{r}\right)=\frac{\partial^2}{\partial x\partial r}\frac{x}{r}+\frac{\partial}{\partial r}\frac{\partial(x/r)}{\partial x}=\frac{\partial^2}{\partial x\partial r}\frac{x}{r}+\frac{\partial}{\partial r}\left[\frac{r-x(\partial r/\partial x)}{r^2}\right]\\&=\frac{\partial^2}{\partial r^2}\frac{x^2}{r^2}+\frac{\partial}{\partial r}\left[\frac{r-x(x/r)}{r^2}\right]=\frac{\partial^2}{\partial r^2}\frac{x^2}{r^2}+\frac{\partial}{\partial r}\left[\frac{1}{r}-\frac{x^2}{r^3}\right]\end{aligned} \tag{1.4-5}$$

同理，可得

$$\frac{\partial^2}{\partial y^2}=\frac{\partial^2}{\partial r^2}\frac{y^2}{r^2}+\frac{\partial}{\partial r}\left[\frac{1}{r}-\frac{y^2}{r^3}\right] \tag{1.4-6}$$

$$\frac{\partial^2}{\partial z^2}=\frac{\partial^2}{\partial r^2}\frac{z^2}{r^2}+\frac{\partial}{\partial r}\left[\frac{1}{r}-\frac{z^2}{r^3}\right] \tag{1.4-7}$$

由$\nabla^2=\frac{\partial^2}{\partial x^2}+\frac{\partial^2}{\partial y^2}+\frac{\partial^2}{\partial z^2}$可以得到在球坐标下拉普拉斯算符为

$$\nabla^2=\frac{\partial^2}{\partial r^2}+\frac{2}{r}\frac{\partial}{\partial r}$$

因此，球坐标下亥姆霍兹方程为

$$\frac{\partial^2E(r)}{\partial r^2}+\frac{2}{r}\frac{\partial E(r)}{\partial r}+k^2E(r)=0 \tag{1.4-8}$$

因为

$$\frac{1}{r}\frac{\partial^2}{\partial r^2}[rE(r)]=\frac{\partial^2E(r)}{\partial r^2}+\frac{2}{r}\frac{\partial E(r)}{\partial r} \tag{1.4-9}$$

2. 式(1.4-9)的证明

$$\frac{1}{r}\frac{\partial^2}{\partial r^2}\left[rE(r)\right]=\frac{1}{r}\frac{\partial}{\partial r}\frac{\partial}{\partial r}\left[rE(r)\right]=\frac{1}{r}\frac{\partial}{\partial r}\left[E(r)+r\frac{\partial E(r)}{\partial r}\right]$$

$$=\frac{1}{r}\frac{\partial E(r)}{\partial r}+\frac{1}{r}\frac{\partial E(r)}{\partial r}+\frac{\partial^2 E(r)}{\partial r^2}=\frac{\partial^2 E(r)}{\partial r^2}+\frac{2}{r}\frac{\partial E(r)}{\partial r}$$

因此，式(1.4-8)可以改写为

$$\frac{\partial^2}{\partial r^2}\left[rE(r)\right]+k^2\left[rE(r)\right]=0 \tag{1.4-10}$$

由此可以得到

$$rE(r)=C_1\exp(\mathrm{i}kr)+C_2\exp(-\mathrm{i}kr) \tag{1.4-11}$$

将式(1.4-2)和式(1.4-11)代入式(1.4-1)中可以得到 4 项，不考虑位相共轭项则可以得到

$$E(r,t)=\frac{E_1}{r}\exp\left[-\mathrm{i}(\omega t-kr)\right]+\frac{E_2}{r}\exp\left[-\mathrm{i}(\omega t+kr)\right] \tag{1.4-12}$$

可见，球面波的振幅随着传播距离的增加而减小。如果位相恒定，即总位相 $\omega t\mp kr$ 为常数。取微分，可得

$$\omega \mathrm{d}t=\pm k\mathrm{d}r \tag{1.4-13}$$

或者

$$\frac{\mathrm{d}r}{\mathrm{d}t}=\pm\frac{\omega}{k}=\pm\upsilon \tag{1.4-14}$$

速度为正表示发散球面波，速度为负表示会聚球面波。在实际中，经常讨论的是点光源发出的发散球面波，也就是把球面波写成如下形式：

$$\boldsymbol{E}(r,t)=\frac{\boldsymbol{E}}{r}\exp\left[-\mathrm{i}(\omega t-kr)\right] \tag{1.4-15}$$

1.4.2　柱面波

一个各向同性的无限长线光源，向外发射的光波是柱面波，其等相面是以线光源为中心，随着距离的增大而逐渐展开的同轴圆柱面，即波前是柱面，如图 1.4 所示，称这种光波为柱面波。

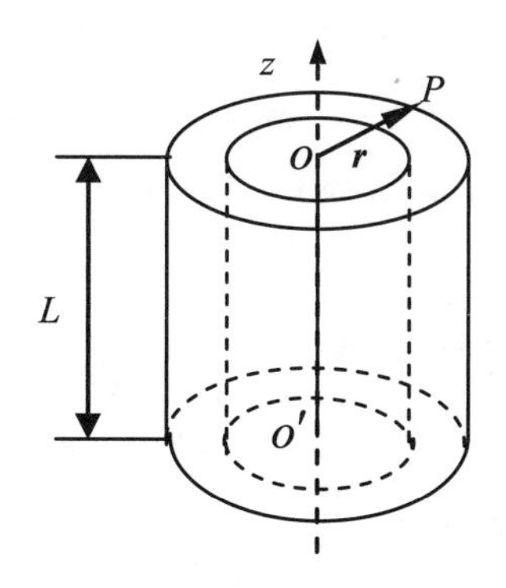

图 1.4　线光源产生柱面波示意图

柱面波所满足的波动方程仍然是 1.2 节的式(1.2-8)和式(1.2-9)，与解球面波相类似，在圆柱坐标下求解，柱面波也可以表示为

$$E(r,t)=E(r)E(t) \tag{1.4-16}$$

因此，仍然可以得到

$$E(t)=B_1\exp(\mathrm{i}\omega t)+B_2\exp(-\mathrm{i}\omega t) \tag{1.4-17}$$

由于 $E(r)$ 是 r 的函数，因此，亥姆霍兹方程 $\nabla^2E(r)+k^2E(r)=0$ 需要在柱坐标下求解。根据 $r=\sqrt{x^2+y^2}$ ，可以得到柱坐标下拉普拉斯算符为

$$\nabla^2=\frac{\partial^2}{\partial r^2}+\frac{1}{r}\frac{\partial}{\partial r} \tag{1.4-18}$$

式(1.4-18)的证明与式(1.4-3)类似。因此，柱坐标下亥姆霍兹方程为

$$\frac{\partial^2E(r)}{\partial r^2}+\frac{1}{r}\frac{\partial E(r)}{\partial r}+k^2E(r)=0 \tag{1.4-19}$$

注意到

$$\frac{1}{\sqrt{r}}\frac{\partial^2}{\partial r^2}\left[\sqrt{r}E(r)\right]=\frac{\partial^2E(r)}{\partial r^2}+\frac{1}{r}\frac{\partial E(r)}{\partial r}-\frac{E(r)}{4r^2} \tag{1.4-20}$$

式(1.4-20)证明：

$$\begin{aligned}\frac{1}{\sqrt{r}}\frac{\partial^2}{\partial r^2}\left[\sqrt{r}E(r)\right]&=\frac{1}{\sqrt{r}}\frac{\partial}{\partial r}\frac{\partial}{\partial r}\left[\sqrt{r}E(r)\right]=\frac{1}{\sqrt{r}}\frac{\partial}{\partial r}\left[\frac{1}{2\sqrt{r}}E(r)+\sqrt{r}\frac{\partial E(r)}{\partial r}\right]\\&=\frac{1}{\sqrt{r}}\left[-\frac{1}{4}\frac{E(r)}{r\sqrt{r}}+\frac{1}{2\sqrt{r}}\frac{\partial E(r)}{\partial r}+\frac{1}{2\sqrt{r}}\frac{\partial E(r)}{\partial r}+\sqrt{r}\frac{\partial^2E(r)}{\partial r^2}\right]\\&=\frac{\partial^2E(r)}{\partial r^2}+\frac{1}{r}\frac{\partial E(r)}{\partial r}-\frac{1}{4}\frac{E(r)}{r^2}\end{aligned} \tag{1.4-21}$$

因此，式(1.4-19)可以改写为

$$\frac{\partial^2}{\partial r^2}\left[\sqrt{r}E(r)\right]+\left(k^2+\frac{1}{4r^2}\right)\left[\sqrt{r}E(r)\right]=0 \tag{1.4-22}$$

由于 $k^2\gg 1/(4r^2)$，因此，式(1.4-22)又可以改写为

$$\frac{\partial^2}{\partial r^2}\left[\sqrt{r}E(r)\right]+k^2\left[\sqrt{r}E(r)\right]=0 \tag{1.4-23}$$

因此得到

$$\sqrt{r}E(r)=C_1\exp(\mathrm{i}kr)+C_2\exp(-\mathrm{i}kr) \tag{1.4-24}$$

将式(1.4-17)和式(1.4-24)代入式(1.4-16)可以得到 4 项。同样，不考虑位相共轭项，则可以得到

$$E(r,t)=\frac{E_1}{\sqrt{r}}\exp\left[-\mathrm{i}(\omega t-kr)\right]+\frac{E_2}{\sqrt{r}}\exp\left[-\mathrm{i}(\omega t+kr)\right] \tag{1.4-25}$$

可见，柱面波的振幅也随着传播距离的增加而减小。对于发散柱面波可以表示为

$$\boldsymbol{E}(r,t)=\frac{\boldsymbol{E}}{\sqrt{r}}\exp\left[-\mathrm{i}(\omega t-kr)\right] \tag{1.4-26}$$

1.4.3　球面波和柱面波的近似求法

由图 1.3 所示的球面波的空间对称性可以知道，只要研究 OR 方向上各点的电磁场的变化规律，就可以了解整个空间电磁场的情况。

考虑波动沿 OR 方向传播，显然距离点光源 O 为 r 的 P 点的位相为 $(kr-\omega t)$。若 P 点振幅用 E_r 表示，则 P 点电场振动可以表示为

$$\boldsymbol{E}=\boldsymbol{E}_r\exp\left[\mathrm{i}(kr-\omega t)\right] \tag{1.4-27}$$

对于球面波来说，其振幅 E_r 是随距离 r 变化的，设距离点光源单位距离的 P_1 点和与点光源的距离为 r 的 P 点的光强分别为 I_1 和 I_P，则有

$$I_1\times 4\pi=I_P\times 4\pi r^2$$

因此

$$I_1/I_P=r^2 \tag{1.4-28}$$

由于光强度与振幅的平方成正比，所以

$$I_1/I_P=E_1^2/E_r^2 \tag{1.4-29}$$

从而得到

$$E_r=\frac{E_1}{r}$$

因此，得到球面波的表达式为

$$\boldsymbol{E}=\frac{\boldsymbol{E}_1}{r}\exp\left[\mathrm{i}(kr-\omega t)\right] \tag{1.4-30}$$

容易看出，球面波的振幅不再是常数，它与离开波源的距离 r 成反比；球面波的等相面是“$r=$常量”的球面。

由图 1.4 所示的柱面波的空间对称性可以知道，只要研究 $\boldsymbol{r}$ 方向上各点的电磁场的变化规律，就可以了解整个空间电磁场的情况。

考虑波动沿 $\boldsymbol{r}$ 方向传播，显然距离线光源 OO' 为 r 的 P 点的位相为 $(kr-\omega t)$。若 P 点振幅用 E_r 表示，则 P 点电场振动可以表示为

$$\boldsymbol{E}=\boldsymbol{E}_r\exp\left[\mathrm{i}(kr-\omega t)\right] \tag{1.4-31}$$

对于柱面波来说，其振幅 E_r 是随距离 r 变化的，设距离线光源单位距离的 P_1 点和距离线光源为 r 的 P 点的光强分别为 I_1 和 I_P，则有

$$I_1 2\pi L=I_P 2\pi rL$$

因此

$$I_1/I_P=r \tag{1.4-32}$$

由于光强度与振幅的平方成正比，所以

$$I_1/I_P=E_1^2/E_r^2 \tag{1.4-33}$$

从而得到

$$E_r=\frac{E_1}{\sqrt{r}}$$

因此，得到柱面波的表达式为

$$\boldsymbol{E}=\frac{\boldsymbol{E}_1}{\sqrt{r}}\exp\left[\mathrm{i}(kr-\omega t)\right] \tag{1.4-34}$$

不难看出，柱面波的振幅也不再是常数，它与离开波源的距离$\sqrt{r}$成反比；柱面波的等相面是“$r=$常量”的柱面。

由 1.3 节和 1.4 节的讨论可以知道，平面波、球面波和柱面波存在的主要差异有 3 个方面：一是平面波、球面波和柱面波表达式的坐标不同，分别采用的是直角坐标系、球坐标系和柱坐标系；二是振幅的表现形式不同，平面波的振幅是恒定的，球面波和柱面波的振幅随着传播距离的增加而减小，且球面波衰减得更快；三是“$\boldsymbol{k}\cdot\boldsymbol{r}=$常数”所表示的意义不同，在平面波中表示平面，在球面波中表示球面，在柱面波中表示柱面。

本节讨论了球面波和柱面波的特点和表示方式，要点见表 1-4。

表 1-4　平面波、球面波和柱面波

光波的种类	光　源	波 阵 面	表 达 式
平面波	光源位于无限远处或透镜焦点上	平面	$\boldsymbol{E}=\boldsymbol{E}_0\exp\left[\mathrm{i}(\boldsymbol{k}\cdot\boldsymbol{r}-\omega t)\right]$
球面波	点光源	球面	$\boldsymbol{E}=\frac{\boldsymbol{E}_0}{r}\exp\left[\mathrm{i}(kr-\omega t)\right]$
柱面波	线光源	柱面	$\boldsymbol{E}=\frac{\boldsymbol{E}_0}{\sqrt{r}}\exp\left[\mathrm{i}(kr-\omega t)\right]$

1.5 光 驻 波

在 1.3 节中讨论了两个频率、振动方向和传播方向都相同的单色光波的叠加，本节将讨论两个频率相同、振动方向相同而传播方向相反的单色光波叠加以后所产生的光驻波。

1.5.1　波节与波腹

假设反射面是$z=0$的平面，z的正方向指向入射波所在的介质，介质折射率为n_1；反射面后面的介质折射率为n_2，如图 1.5 所示。

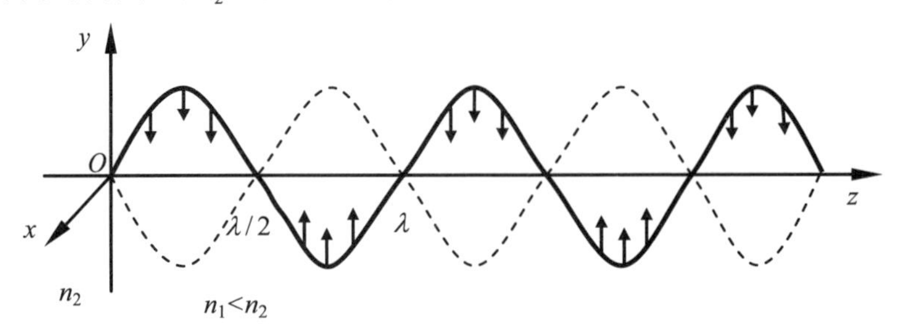

图 1.5　光驻波示意图

为了简化问题的讨论，假定两种介质分界面的反射率很高，可以认为反射波和入射波的振幅相等。这样可以把入射波和反射波写为

$$E_1 = E_0 \cos(kz + \omega t) \tag{1.5-1}$$

$$E_1' = E_0 \cos(kz - \omega t + \delta) \tag{1.5-2}$$

式中，δ 是反射时的位相变化。入射波和反射波叠加以后所产生的光驻波为

$$E = E_1 + E_1' = 2E_0 \cos\left(kz + \frac{\delta}{2}\right)\cos\left(\omega t - \frac{\delta}{2}\right) \tag{1.5-3}$$

式(1.5-3)表明，驻波在 z 方向上每一点的振动仍然是频率为 ω 的简谐振动，振动的振幅为

$$E_0' = 2E_0 \cos\left(kz + \frac{\delta}{2}\right) \tag{1.5-4}$$

可见，振幅随着 z 的变化而变化，即不同 z 值的点将有不同的振幅。振幅为零的点称为波节(standing wave node)。在相邻的两个波节之间的中点是振幅最大点，称为波腹(standing wave loop)。由式(1.5-4)可知，波节的位置由下式决定，即

$$\cos\left(kz + \frac{\delta}{2}\right) = 0\text{，或者}\quad kz + \frac{\delta}{2} = n\frac{\pi}{2}\ (n = 1,\ 3,\ 5,\cdots) \tag{1.5-5}$$

而波腹的位置由下式决定，即

$$\left|\cos\left(kz + \frac{\delta}{2}\right)\right| = 1\text{，或者}\quad kz + \frac{\delta}{2} = n\frac{\pi}{2}\ (n = 2,\ 4,\ 6,\cdots) \tag{1.5-6}$$

由式(1.5-5)可知，当 $z = 0$ 时，$n = 1$，因此，$\delta = \pi$。也就是说 $z = 0$ 的点形成的是波节，而且，入射波和反射波的位相差 $\delta = \pi$。相邻两个波节或波腹之间的距离可由 $k\Delta z = \Delta n\dfrac{\pi}{2}$ 求得，$\Delta z = \lambda/2$，并且波节与最靠近的波腹之间的距离为 $\lambda/4$。

由于位相因子 $\cos\left(\omega t - \dfrac{\delta}{2}\right)$ 与 z 无关，因此，式(1.5-3)所表示的光波不会沿着 z 方向传播，所以，该光波称为驻波。相应地，沿着某一方向传播的光波则称为行波。另外，由于振幅因子 $\cos\left(kz + \dfrac{\delta}{2}\right)$ 在波节处经零值改变符号，所以，在每一个波节两边的点的振动位相是相反的。

应当注意，如果两介质分界面上的反射率不是 1，则入射波与反射波的振幅不等，这时合成波除了驻波外还有一个行波，因此，波节处的振幅不再等于零，并且由于包含行波，将有能量的传播。

1.5.2　光驻波实验

维纳(Wiener)在 1890 年首先做了光驻波实验，如图 1.6 所示。M 为平面镜，前表面镀了银，由一束准单色平行光垂直照射。F 是透明照相乳胶膜，涂在玻璃板 G 的平表面上，厚度不超过波长的 1/20。

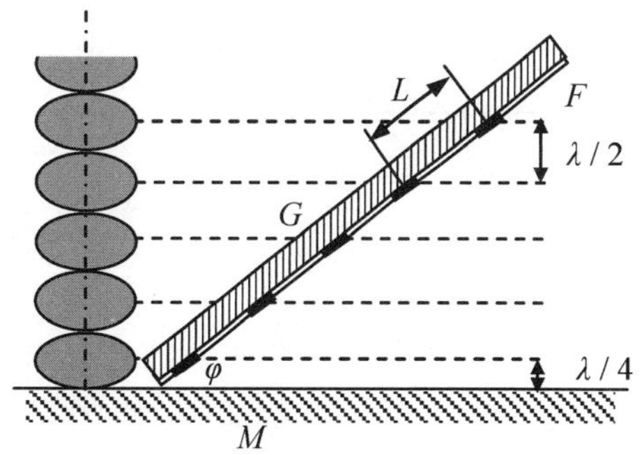

图 1.6　维纳光驻波实验装置示意图

涂有乳胶膜的玻璃板 G 放在镜 M 之前，与 M 有一个很小的倾角。准单色的平行光在平面镜上反射与入射光形成光驻波，在波腹处使乳胶感光，因此显影后这些地方变黑，而在波节处感光乳胶不起变化。由图 1.6 可知，乳胶膜上黑纹之间的距离为

$$L = \frac{\lambda}{2\sin\varphi} \tag{1.5-7}$$

维纳的实验，一方面证实了光驻波的存在，另一方面也证实了光波中对乳胶起感光作用的主要是电矢量而不是磁矢量。通过前面的讨论知道，光在光疏介质到光密介质分界面上反射时，电矢量有位相跃变π，但是磁矢量没有位相跃变，如图 1.7 所示。所以，电场反射后形成的光驻波在分界面上是波节，而磁场反射后形成的光驻波在分界面上是波腹，如图 1.8 所示。

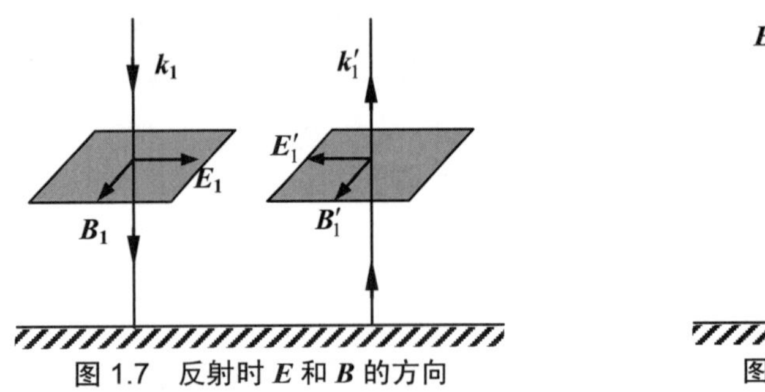

图 1.7　反射时 E 和 B 的方向

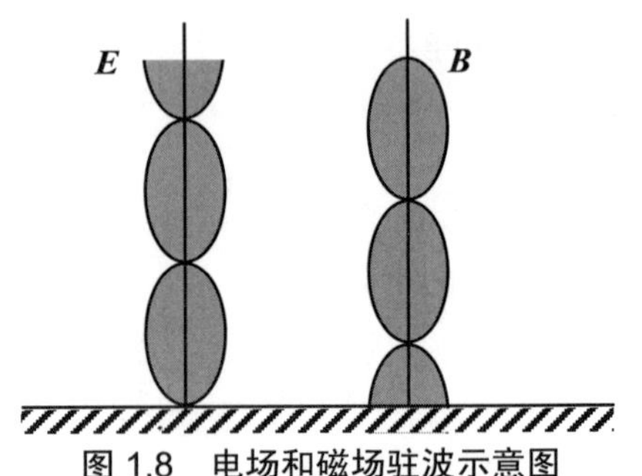

图 1.8　电场和磁场驻波示意图

实验结果证明，乳胶膜上第一条黑纹不与镜面重合，它在距离镜面 1/4 波长的地方，说明是电场驻波的波腹对乳胶感光，即乳胶感光主要是电场起作用。维纳做了进一步实验，把涂了乳胶的平板压在一个凸球面反射镜上，结果发现接触镜面地方的乳胶没有变黑，而这个地方是磁场波腹。因此，变黑的位置对应于电场的波腹，也就是说，光化学作用直接与电矢量有关，而与磁矢量无关。

本节讨论了光驻波及其验证实验，本节要点见表 1-5。

表 1-5　光驻波

光驻波表达式	波腹条件	波节条件	相邻波腹/波节间距
$E = 2E_0\cos\left(kz+\frac{\delta}{2}\right)\cos\left(\omega t-\frac{\delta}{2}\right)$	$\left\|\cos\left(kz+\frac{\delta}{2}\right)\right\|=1$	$\cos\left(kz+\frac{\delta}{2}\right)=0$	$\lambda/2$

1.6　复色光波

无论多少个频率相同而有任意振幅和位相的单色波叠加，所得到的合成波仍然是单色光波。但是，若把两个频率不同的单色波叠加起来，其结果就不再是单色波，而是一个包含多个频率的复色波。本节将讨论传播方向、振动方向相同，振幅相等而频率

相差很小的两个单色光波叠加后形成的复色光波；复色光波的相速度和群速度。

1.6.1　光学拍

设振幅同为 E_{00}，角频率分别为 ω_1 和 ω_2 的两个单色波沿着 z 的方向传播，它们的实数形式的波函数为

$$E_1 = E_{00}\cos(k_1 z - \omega_1 t) \tag{1.6-1}$$

$$E_2 = E_{00}\cos(k_2 z - \omega_2 t) \tag{1.6-2}$$

这两个光波叠加得到

$$E = E_1 + E_2 = E_{00}\left[\cos(k_1 z - \omega_1 t) + \cos(k_2 z - \omega_2 t)\right] \tag{1.6-3}$$

应用三角函数公式：$\cos\alpha + \cos\beta = 2\cos\left(\dfrac{\alpha+\beta}{2}\right)\cos\left(\dfrac{\alpha-\beta}{2}\right)$，合成波可以写为

$$E = 2E_{00}\cos\left[\frac{(k_1+k_2)z-(\omega_1+\omega_2)t}{2}\right]\cos\left[\frac{(k_1-k_2)z-(\omega_1-\omega_2)t}{2}\right] \tag{1.6-4}$$

引入平均角频率、平均波数、调制角频率和调制波数：

$$\bar{\omega} = \frac{\omega_1+\omega_2}{2};\quad \bar{k} = \frac{k_1+k_2}{2};\quad \omega_{\mathrm{m}} = \frac{\omega_1-\omega_2}{2};\quad k_{\mathrm{m}} = \frac{k_1-k_2}{2}$$

则式(1.6-4)可以简化为

$$E = 2E_{00}\cos(k_{\mathrm{m}}z - \omega_{\mathrm{m}}t)\cos(\bar{k}z - \bar{\omega}t) \tag{1.6-5}$$

若令 $E_0 = 2E_{00}\cos(k_{\mathrm{m}}z - \omega_{\mathrm{m}}t)$，式(1.6-5)又可以写为

$$E = E_0\cos(\bar{k}z - \bar{\omega}t) \tag{1.6-6}$$

此式表示合成波可以看作是一个频率为 $\bar{\omega}$，而振幅受到调制的波。

如果用复数表示，则两个光波可以写为

$$E_1 = E_{00}\exp\left[\mathrm{i}\left(k_1 z - \omega_1 t\right)\right] \tag{1.6-7}$$

$$E_2 = E_{00}\exp\left[\mathrm{i}\left(k_2 z - \omega_2 t\right)\right] \tag{1.6-8}$$

这两个光波叠加得到

$$E = E_1 + E_2 = E_{00}\exp\left\{\left[\mathrm{i}(k_1 z - \omega_1 t)\right] + \exp\left[\mathrm{i}(k_2 z - \omega_2 t)\right]\right\} \tag{1.6-9}$$

利用

$$\exp(\mathrm{i}\alpha) + \exp(\mathrm{i}\beta) = \exp\left(\mathrm{i}\frac{\alpha+\beta}{2}\right)\left\{\exp\left[-\mathrm{i}\frac{\beta-\alpha}{2}\right] + \exp\left[\mathrm{i}\frac{\beta-\alpha}{2}\right]\right\}$$

则合成波可以写为

$$E = 2E_{00}\exp\left[\mathrm{i}\frac{(k_1+k_2)z-(\omega_1+\omega_2)t}{2}\right]\cos\left[\frac{(k_1-k_2)z-(\omega_1-\omega_2)t}{2}\right] \tag{1.6-10}$$

引入平均角频率和平均波数，以及调制角频率和调制波数可以得到

$$E = 2E_{00}\cos(k_{\mathrm{m}}z-\omega_{\mathrm{m}}t)\exp\left[\mathrm{i}(\bar{k}z-\bar{\omega}t)\right] \tag{1.6-11}$$

同样，若令 $E_0 = 2E_{00}\cos(k_{\mathrm{m}}z-\omega_{\mathrm{m}}t)$，式(1.6-11)又可以写为

$$E = E_0\exp\left[\mathrm{i}(\bar{k}z-\bar{\omega}t)\right] \tag{1.6-12}$$

图 1.9 表示了这样两个光波的叠加情况，其中图 1.9(a)表示两个单色波，图 1.9(b)是合成波，图 1.9(c)是合成波振幅的变化曲线，图 1.9(d)是合成波强度的变化曲线。

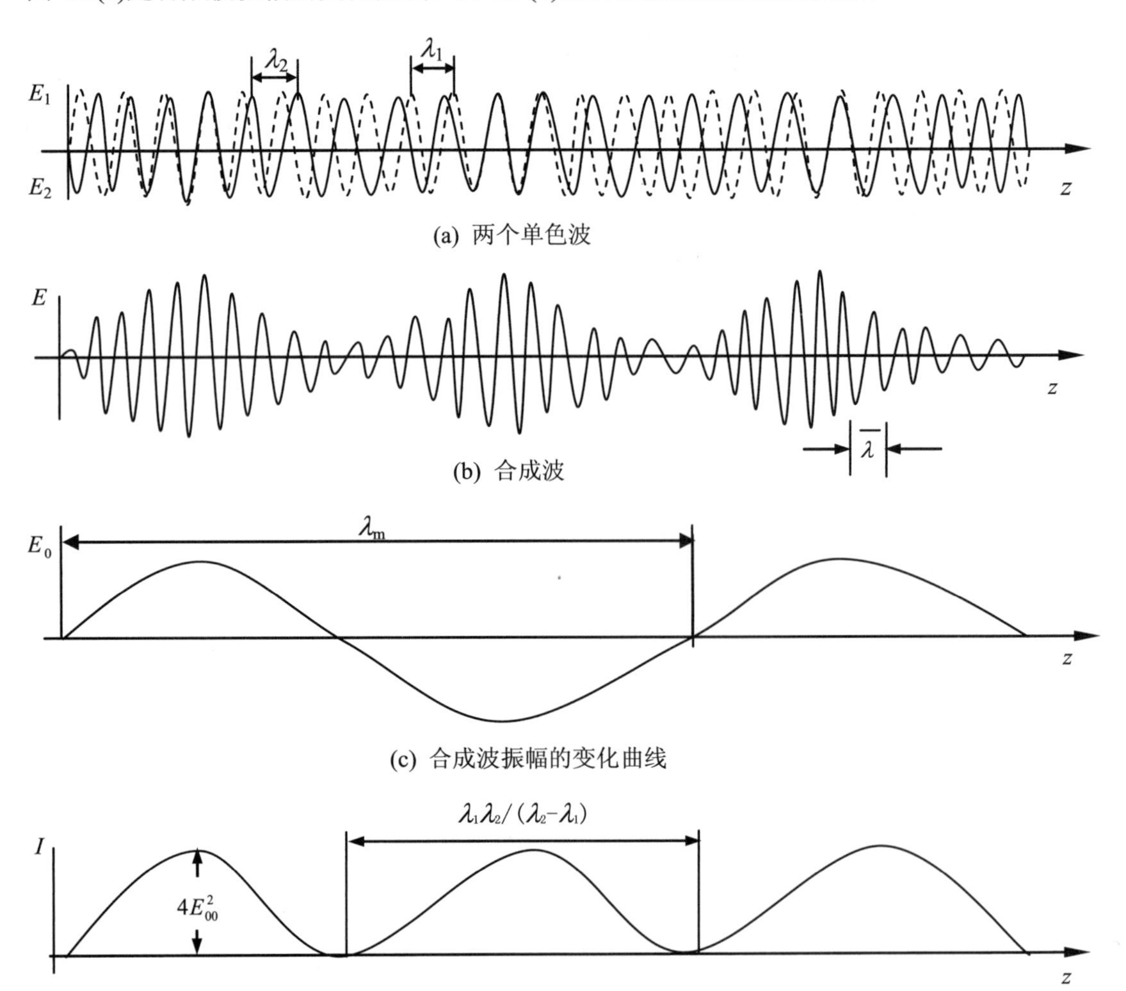

图 1.9 频率不同的两个光波的叠加

由于光的频率很高，若 $\omega_1 \approx \omega_2$，则 $\bar{\omega} \gg \omega_{\mathrm{m}}$，因而振幅 E_0 变化缓慢而场振动 E 变化极快。合成光波的强度为

$$I = 4E_{00}^2 \cos^2\left[k_{\mathrm{m}} z - \omega_{\mathrm{m}} t\right] \tag{1.6-13}$$

或

$$I = 2E_{00}^2\left[1 + \cos 2(k_{\mathrm{m}} z - \omega_{\mathrm{m}} t)\right] \tag{1.6-14}$$

可见，合成光波的强度在 0 和 $4E_{00}^2$ 之间进行周期性变化，这种强度时大时小的现象称为拍。由式(1.6-14)可知，拍频为 $2\omega_{\mathrm{m}}$，即等于振幅调制频率的两倍，或者等于 $(\omega_1 - \omega_2)$，即两叠加单色光波频率之差。光学拍的测量为微小频率差的检测提供了一种很好的方法。

1.6.2　相速度与群速度

通过以上的讨论知道，两个单色波的合成是一个较复杂的光波，它包含两个传播速度：等相面传播的速度和等幅面传播的速度，前者就是这个合成光波的相速度，它可以由位相不变条件($\bar{k}z - \bar{\omega}t$=常数)求出

$$\upsilon_{\mathrm{p}} = \frac{\bar{\omega}}{\bar{k}} = \frac{\omega_1 + \omega_2}{k_1 + k_2} \tag{1.6-15}$$

后者是合成光波振幅恒值点移动的速度，即振幅包络移动的速度，这一速度又称群速度。它可由振幅不变条件($k_{\mathrm{m}} z - \omega_{\mathrm{m}} t$=常数)求出

$$\upsilon_{\mathrm{g}} = \frac{\omega_{\mathrm{m}}}{k_{\mathrm{m}}} = \frac{\omega_1 - \omega_2}{k_1 - k_2} = \frac{\Delta\omega}{\Delta k} \tag{1.6-16}$$

当 $\Delta\omega$ 很小时，式(1.6-16)可以写成

$$\upsilon_{\mathrm{g}} = \frac{\mathrm{d}\omega}{\mathrm{d}k} \tag{1.6-17}$$

由式(1.6-17)可以得到群速度和相速度的关系为

$$\upsilon_{\mathrm{g}} = \frac{\mathrm{d}\omega}{\mathrm{d}k} = \frac{\mathrm{d}(k\upsilon_{\mathrm{p}})}{\mathrm{d}k} = \upsilon_{\mathrm{p}} + k\frac{\mathrm{d}\upsilon_{\mathrm{p}}}{\mathrm{d}k} \tag{1.6-18}$$

式(1.6-18)适用于色散关系由函数 $\upsilon_{\mathrm{p}}(k)$ 来描述的场合。由于 $k = \dfrac{2\pi}{\lambda}$，$\mathrm{d}k = -\dfrac{2\pi}{\lambda^2}\mathrm{d}\lambda$，因此，式(1.6-18)还可以表示为

$$\upsilon_{\mathrm{g}} = \upsilon_{\mathrm{p}} - \lambda\frac{\mathrm{d}\upsilon_{\mathrm{p}}}{\mathrm{d}\lambda} \tag{1.6-19}$$

式(1.6-19)适用于色散关系由函数 $\upsilon_{\mathrm{p}}(\lambda)$ 来描述的场合。由于 $\upsilon_{\mathrm{p}} = \dfrac{c}{n}$，$\dfrac{\mathrm{d}\upsilon_{\mathrm{p}}}{\mathrm{d}\lambda} = -\dfrac{c}{n^2}\cdot\dfrac{\mathrm{d}n}{\mathrm{d}\lambda}$，因此式(1.6-19)还可以表示为

$$\upsilon_{\mathrm{g}} = \upsilon_{\mathrm{p}}\left(1 + \frac{\lambda}{n}\cdot\frac{\mathrm{d}n}{\mathrm{d}\lambda}\right) \tag{1.6-20}$$

式(1.6-20)适用于色散关系由函数 $n(\lambda)$ 来描述的场合。对于正常色散介质，$\mathrm{d}\upsilon_\mathrm{p}/\mathrm{d}\lambda>0$，或 $\mathrm{d}\upsilon_\mathrm{p}/\mathrm{d}k<0$，或 $\mathrm{d}n/\mathrm{d}\lambda<0$，此时，$\upsilon_\mathrm{g}<\upsilon_\mathrm{p}$；对于非正常色散介质，$\mathrm{d}\upsilon_\mathrm{p}/\mathrm{d}\lambda<0$，或 $\mathrm{d}\upsilon_\mathrm{p}/\mathrm{d}k>0$，或 $\mathrm{d}n/\mathrm{d}\lambda>0$，此时，$\upsilon_\mathrm{g}>\upsilon_\mathrm{p}$；对于无色散的介质，$\mathrm{d}\upsilon_\mathrm{p}/\mathrm{d}\lambda=0$，或 $\mathrm{d}\upsilon_\mathrm{p}/\mathrm{d}k=0$，或 $\mathrm{d}n/\mathrm{d}\lambda=0$，此时，$\upsilon_\mathrm{g}=\upsilon_\mathrm{p}$。通常，单色波的相速度都用 υ 来直接表示。

以上讨论了两个频率相差很小的单色光波的叠加。可以证明，对于多个不同频率的单色光合成的复色波，只要各个波的频率相差不大，它们只集中在某一“中心”频率附近，同时介质的色散又不大，则仍然可以讨论复色波的群速度问题，并且式(1.6-18)～式(1.6-20)仍然适用。

应当注意的是，复色波的群速度可以看作是振幅最大点的移动速度，而波动携带的能量与振幅的平方成正比，所以，群速度也可以看作是光能量或光信号的传播速度。

本节讨论了传播方向、振动方向相同，振幅相等而频率相差很小的两个单色光波的叠加后形成的复色光波及其相速度和群速度，要点见表 1-6。

表 1-6　复色光波的基本特性

速　度			频　率		波　数	
群速度	相速度	群速度与相速度的关系	调制频率	平均频率	调制波数	平均波数
$\upsilon_\mathrm{g}=\dfrac{\omega_\mathrm{m}}{k_\mathrm{m}}$	$\upsilon_\mathrm{p}=\dfrac{\overline{\omega}}{\overline{k}}$	$\upsilon_\mathrm{g}=\upsilon_\mathrm{p}-\lambda\dfrac{\mathrm{d}\upsilon_\mathrm{p}}{\mathrm{d}\lambda}$	$\omega_\mathrm{m}=\dfrac{\omega_1-\omega_2}{2}$	$\overline{\omega}=\dfrac{\omega_1+\omega_2}{2}$	$k_\mathrm{m}=\dfrac{k_1-k_2}{2}$	$\overline{k}=\dfrac{k_1+k_2}{2}$

1.7　电磁场的边值关系

在光学中，常常要处理光波从一种介质到另一种介质的问题，由于两种介质的物理性质不同，在两种介质的分界面上电磁场将是不连续的，但它们存在一定的关系，称这种关系为电磁场的边值关系。本节将讨论 $\boldsymbol{D}$、$\boldsymbol{B}$、$\boldsymbol{E}$、$\boldsymbol{H}$ 在两种介质的分界面处所满足的关系。

1.7.1　磁感应强度与电感应强度所满足的边值关系

由于分界面上电磁场量的跃变，微分形式的麦克斯韦方程组不再适用，这时可用积分形式的麦克斯韦方程组来研究边值关系：

$$\begin{cases} \oiint \boldsymbol{D}\cdot \mathrm{d}\boldsymbol{s}=Q \\ \oiint \boldsymbol{B}\cdot \mathrm{d}\boldsymbol{s}=0 \\ \oint \boldsymbol{E}\cdot \mathrm{d}\boldsymbol{l}=-\iint \dfrac{\partial \boldsymbol{B}}{\partial t}\cdot \mathrm{d}\boldsymbol{s} \\ \oint \boldsymbol{H}\cdot \mathrm{d}\boldsymbol{l}=I+\iint \dfrac{\partial \boldsymbol{D}}{\partial t}\cdot \mathrm{d}\boldsymbol{s} \end{cases} \tag{1.7-1}$$

在绝缘介质界面上，自由面电荷和面电流为零，此时假想在分界面上做出一个扁平的小圆柱，高为δh，面积为δs，如图 1.10 所示。把麦克斯韦方程组的第二式应用于小圆柱体，可得到

$$\oiint \boldsymbol{B}\cdot \mathrm{d}S=(\iint_{顶}+\iint_{底}+\iint_{壁})\boldsymbol{B}\cdot \mathrm{d}\boldsymbol{s}=0 \tag{1.7-2}$$

因为圆柱体上下表面很小，在此段范围内 $\boldsymbol{B}$ 可以认为是常数，在介质 1 和介质 2 中分别为 $\boldsymbol{B}_1$ 和 $\boldsymbol{B}_2$。当圆柱体高趋于零时，上式第三项的积分趋于零，因此

$$\iint_{顶}\boldsymbol{B}\cdot \mathrm{d}\boldsymbol{s}+\iint_{底}\boldsymbol{B}\cdot \mathrm{d}\boldsymbol{s}=0 \tag{1.7-3}$$

即

$$\boldsymbol{B}_1\cdot \boldsymbol{n}_1\delta s+\boldsymbol{B}_2\cdot \boldsymbol{n}_2\delta s=0 \tag{1.7-4}$$

$\boldsymbol{n}_1$和$\boldsymbol{n}_2$ 分别为圆柱体上下表面外法线方向的单位矢量，以 $\boldsymbol{n}$ 表示分界面的法线方向的单位矢量，则

$$\boldsymbol{n}=\boldsymbol{n}_1=-\boldsymbol{n}_2 \tag{1.7-5}$$

从而得到

$$\boldsymbol{n}\cdot\left(\boldsymbol{B}_1-\boldsymbol{B}_2\right)=0 \tag{1.7-6}$$

即法向分量

$$\boldsymbol{B}_{1n}=\boldsymbol{B}_{2n} \tag{1.7-7}$$

式(1.7-7)表明，在通过分界面时磁感应强度 $\boldsymbol{B}$ 虽然整体发生跃变，但它的法向分量却是连续的。对于电感应强度 $\boldsymbol{D}$，把麦克斯韦方程组的第一式应用于小圆柱体，可得到

$$\boldsymbol{n}\cdot\left(\boldsymbol{D}_1-\boldsymbol{D}_2\right)=0 \tag{1.7-8}$$

即在分界面上没有自由面电荷的情况下，电感应强度的法向分量也是连续的。

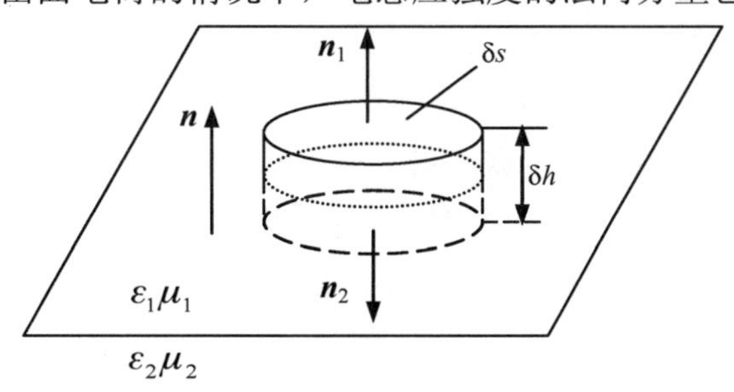

图 1.10　分界面上的假想小圆柱体

1.7.2 电场强度与磁场强度所满足的边值关系

如果在两种介质的分界面处取一个长方形，如图 1.11 所示，把麦克斯韦方程组的第三式应用于该长方形，则有

$$\oint \boldsymbol{E}\cdot \mathrm{d}\boldsymbol{l}=\left(\int_{AB}+\int_{BC}+\int_{CD}+\int_{DA}\right)\boldsymbol{E}\cdot \mathrm{d}\boldsymbol{l}=-\iint\frac{\partial \boldsymbol{B}}{\partial t}\cdot \mathrm{d}\boldsymbol{s} \tag{1.7-9}$$

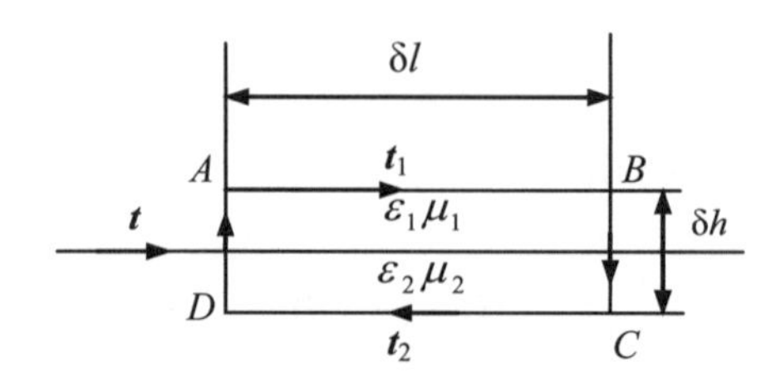

图 1.11 分界面处的假想长方形

由于 AB 和 CD 的长度很短，在两线段范围内，$\boldsymbol{E}$ 可以认为是常数，在介质 1 和介质 2 中分别为 $\boldsymbol{E}_1$ 和 $\boldsymbol{E}_2$。当 BC 和 AD 趋于零时，对 BC 和 AD 的积分趋于零，并且，长方形面积趋于零。由于磁场随时间的变化为有限量，因此

$$\int_{AB}\boldsymbol{E}\cdot \mathrm{d}\boldsymbol{l}+\int_{CD}\boldsymbol{E}\cdot \mathrm{d}\boldsymbol{l}=0 \tag{1.7-10}$$

即

$$\boldsymbol{E}_1\cdot \boldsymbol{t}_1\delta l+\boldsymbol{E}_2\cdot \boldsymbol{t}_2\delta l=0 \tag{1.7-11}$$

$\boldsymbol{t}_1$和$\boldsymbol{t}_2$分别为沿 AB 和 CD 切线方向的单位矢量，以 $\boldsymbol{t}$ 表示分界面的切线方向的单位矢量，则

$$\boldsymbol{t}=\boldsymbol{t}_1=-\boldsymbol{t}_2 \tag{1.7-12}$$

因此得到

$$(\boldsymbol{E}_1-\boldsymbol{E}_2)\cdot \boldsymbol{t}=0 \tag{1.7-13}$$

即切向分量为

$$\boldsymbol{E}_{1t}=\boldsymbol{E}_{2t} \tag{1.7-14}$$

式(1.7-14)表明，在通过分界面时电场强度的切向分量是连续的。由式(1.7-13)可以看出，$\boldsymbol{E}_1-\boldsymbol{E}_2$ 垂直于界面，即平行于界面法线 $\boldsymbol{n}$，则式(1.7-13)可以改写成

$$\boldsymbol{n}\times(\boldsymbol{E}_1-\boldsymbol{E}_2)=0 \tag{1.7-15}$$

同样，在没有面电流的情况下，由麦克斯韦方程组的第四式可以得到

$$\boldsymbol{n}\times(\boldsymbol{H}_1-\boldsymbol{H}_2)=0 \tag{1.7-16}$$

可见，在两种介质的分界面上电磁场整体是不连续的，但在界面没有自由电荷和面电流的情况下，$\boldsymbol{B}$ 和 $\boldsymbol{D}$ 的法向分量及 $\boldsymbol{E}$ 和 $\boldsymbol{H}$ 的切向分量则是连续的。式(1.7-6)、式(1.7-8)、式(1.7-15)和式(1.7-16)就是电磁场的边值关系。

应当注意的是，在良导体表面，电荷面密度为 ρ、电流线密度为 $\boldsymbol{j}$ 时，要将式(1.7-8)和式(1.7-16)分别改为

$$\boldsymbol{n}\cdot(\boldsymbol{D}_1-\boldsymbol{D}_2)=\rho \tag{1.7-17}$$

$$\boldsymbol{n}\times(\boldsymbol{H}_1-\boldsymbol{H}_2)=\boldsymbol{j} \tag{1.7-18}$$

电磁场的边值关系是处理光在介质分界面处发生反射和折射时电磁场变化的基本关系，由此关系可以得到光在介质分界面处反射和折射的基本规律。

本节讨论了电磁场在两种介质的分界面处所满足的边值关系，要点见表 1-7。

表 1-7　电磁场的边值关系

界面 \ 电磁场	绝缘介质界面	导体介质界面
电　场	$\boldsymbol{n}\times(\boldsymbol{E}_1-\boldsymbol{E}_2)=0$； $\boldsymbol{n}\cdot(\boldsymbol{D}_1-\boldsymbol{D}_2)=0$	$\boldsymbol{n}\times(\boldsymbol{E}_1-\boldsymbol{E}_2)=0$； $\boldsymbol{n}\cdot(\boldsymbol{D}_1-\boldsymbol{D}_2)=\rho$
磁　场	$\boldsymbol{n}\times(\boldsymbol{H}_1-\boldsymbol{H}_2)=0$； $\boldsymbol{n}\cdot(\boldsymbol{B}_1-\boldsymbol{B}_2)=0$	$\boldsymbol{n}\times(\boldsymbol{H}_1-\boldsymbol{H}_2)=\boldsymbol{j}$； $\boldsymbol{n}\cdot(\boldsymbol{B}_1-\boldsymbol{B}_2)=0$

1.8　光在介质表面的反射与折射

当一个单色平面波射到两种不同介质的分界面上时，将分成两个波：一个反射波和一个折射波。从电磁场的边值关系可以证明这两个波的存在，并求出它们的传播方向以及它们与入射波的振幅关系和位相关系。本节将讨论光在两种不同介质的分界面处发生反射和折射时所满足的基本规律。

1.8.1　入、反、折三波的频率关系与波矢关系

假设单色平面波从介质 1 射到分界面上，如图 1.12 所示，设入射波、反射波和折射波的波矢量分别为 $\boldsymbol{k}_1$、$\boldsymbol{k}_1'$ 和 $\boldsymbol{k}_2$，角频率分别为 ω_1、ω_1' 和 ω_2，那么，3 个波可以分别表示为

$$\begin{cases}\boldsymbol{E}_1=\boldsymbol{E}_{10}\exp\left[\mathrm{i}(\boldsymbol{k}_1\cdot\boldsymbol{r}-\omega_1 t)\right]\\ \boldsymbol{E}_1'=\boldsymbol{E}_{10}'\exp\left[\mathrm{i}(\boldsymbol{k}_1\cdot\boldsymbol{r}-\omega_1' t)\right]\\ \boldsymbol{E}_2=\boldsymbol{E}_{20}\exp\left[\mathrm{i}(\boldsymbol{k}_2\cdot\boldsymbol{r}-\omega_2 t)\right]\end{cases} \tag{1.8-1}$$

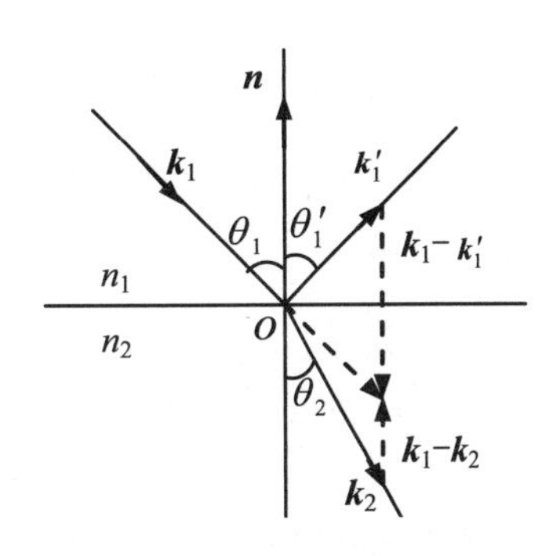

图 1.12　平面波在界面上的反射和折射

式中，$\boldsymbol{r}$ 是界面上的位置矢量，原点可以选在界面上的某一点 O，另外，由于 3 个波的初位相可以不同，所以振幅一般为复数，由边值关系 $\boldsymbol{n}\times(\boldsymbol{E}_1-\boldsymbol{E}_2)=0$，并注意介质 1 中的电场强度是入射波和反射波电场强度的矢量和，得到

$$\boldsymbol{n}\times(\boldsymbol{E}_1+\boldsymbol{E}_1')=\boldsymbol{n}\times\boldsymbol{E}_2 \tag{1.8-2}$$

把式(1.8-1)代入式(1.8-2)中，有

$$\boldsymbol{n}\times\boldsymbol{E}_{10}\exp\left[\mathrm{i}(\boldsymbol{k}_1\cdot\boldsymbol{r}-\omega_1 t)\right]+\boldsymbol{n}\times\boldsymbol{E}_{10}'\exp\left[\mathrm{i}(\boldsymbol{k}_1'\cdot\boldsymbol{r}-\omega_1' t)\right]=\boldsymbol{n}\times\boldsymbol{E}_{20}\exp\left[\mathrm{i}(\boldsymbol{k}_2\cdot\boldsymbol{r}-\omega_2 t)\right] \tag{1.8-3}$$

式(1.8-3)对任意时间 t 和任意界面位置矢量 $\boldsymbol{r}$ 都成立，因此要求指数的对应项相等，即

$$\omega_1=\omega_1'=\omega_2 \tag{1.8-4}$$

$$\boldsymbol{k}_1\cdot\boldsymbol{r}=\boldsymbol{k}_1'\cdot\boldsymbol{r}=\boldsymbol{k}_2\cdot\boldsymbol{r} \tag{1.8-5}$$

式(1.8-4)表明，反射波和折射波的频率与入射波的频率相同，即在反射和折射过程中光波的频率不变。

由式(1.8-5)可得

$$(\boldsymbol{k}_1-\boldsymbol{k}_1')\cdot\boldsymbol{r}=0 \tag{1.8-6a}$$

$$(\boldsymbol{k}_1-\boldsymbol{k}_2)\cdot\boldsymbol{r}=0 \tag{1.8-6b}$$

由于位置矢量 $\boldsymbol{r}$ 在分界面上是任意的，因此，$(\boldsymbol{k}_1-\boldsymbol{k}_1')$ 和 $(\boldsymbol{k}_1-\boldsymbol{k}_2)$ 与界面垂直，即与界面法线平行。由图 1.12 可知，$\boldsymbol{k}_1$ 是 $(\boldsymbol{k}_1-\boldsymbol{k}_1')$ 和 $(\boldsymbol{k}_1-\boldsymbol{k}_2)$ 的公共矢量，由于经过同一点只能向平面引一条垂线，所以 $(\boldsymbol{k}_1-\boldsymbol{k}'_1)$ 和 $(\boldsymbol{k}_1-\boldsymbol{k}_2)$ 是重合的，也就是说，$\boldsymbol{k}_1$、$\boldsymbol{k}_1'$ 和 $\boldsymbol{k}_2$ 共面，它们都在 $\boldsymbol{k}_1$ 和 $\boldsymbol{n}$ 构成的入射面内。

1.8.2 反射波与折射波的方向

设入射角、反射角和折射角分别为 θ_1、θ_1' 和 θ_2，在介质 1 和介质 2 中光波的速度分别为 υ_1 和 υ_2，则有

$$k_1=k_1'=\frac{\omega}{\upsilon_1} \text{ 和 } k_2=\frac{\omega}{\upsilon_2} \tag{1.8-7}$$

当 r 在入射面内时，由式(1.8-6a)可以得到

$$k_1 r\cos\left(\frac{\pi}{2}-\theta_1\right)=k_1' r\cos\left(\frac{\pi}{2}-\theta_1'\right) \tag{1.8-8}$$

或

$$\theta_1=\theta_1' \tag{1.8-9}$$

即反射角等于入射角，这就是反射定律。而由式(1.8-6b)可以得到

$$k_1 r\cos\left(\frac{\pi}{2}-\theta_1\right)=k_2 r\cos\left(\frac{\pi}{2}-\theta_2\right) \tag{1.8-10}$$

也可以写成

$$\frac{\sin\theta_1}{\upsilon_1}=\frac{\sin\theta_2}{\upsilon_2} \tag{1.8-11}$$

或

$$n_1\sin\theta_1=n_2\sin\theta_2 \tag{1.8-12}$$

式中，n_1 和 n_2 分别为介质 1 和介质 2 的折射率。式(1.8-12)就是折射定律，又称为斯涅耳定律(Snell’s law)。由式(1.8-7)还可以得到

$$k_1\upsilon_1=k_2\upsilon_2 \tag{1.8-13}$$

注意到 $k=\dfrac{2\pi}{\lambda}$ 和 $\upsilon=\dfrac{c}{n}$，还可以得到

$$n_1\lambda_1=n_2\lambda_2 \tag{1.8-14}$$

本节讨论了光在两种不同介质的分界面处发生反射和折射时所满足的基本规律，要点见表 1-8。

表 1-8 入射波、反射波和折射波的关系

波矢及位置关系	频率关系	反射定律	折射定律
$\boldsymbol{k}_1\cdot\boldsymbol{r}=\boldsymbol{k}_1'\cdot\boldsymbol{r}=\boldsymbol{k}_2\cdot\boldsymbol{r}$	$\omega_1=\omega_1'=\omega_2$	$\theta_1=\theta_1'$	$n_1\sin\theta_1=n_2\sin\theta_2$

1.9　菲涅耳公式

由于电矢量 $\boldsymbol{E}_1$ 垂直入射面和平行入射面的入射平面波，其反射光和折射光的振幅和位相关系并不相同，所以，必须对这两种情况分别予以讨论。在实际情况中，入射光的电矢量 $\boldsymbol{E}_1$ 可以在垂直于传播方向的平面内取任意方向，但是，总可以把 $\boldsymbol{E}_1$ 分解为垂直于入射面的分量 $\boldsymbol{E}_{1S}$ 和平行于入射面的分量 $\boldsymbol{E}_{1P}$，如图 1.13 所示。也就是说，可以把入射光分解为垂直于入射面和平行于入射面的 S 波和 P 波，然后分别予以讨论。本节将推导 S 波和 P 波的反射系数和透射系数；对菲涅耳公式进行讨论；导出斯托克斯倒逆关系及光入射到介质界面处时的反射率和透射率。

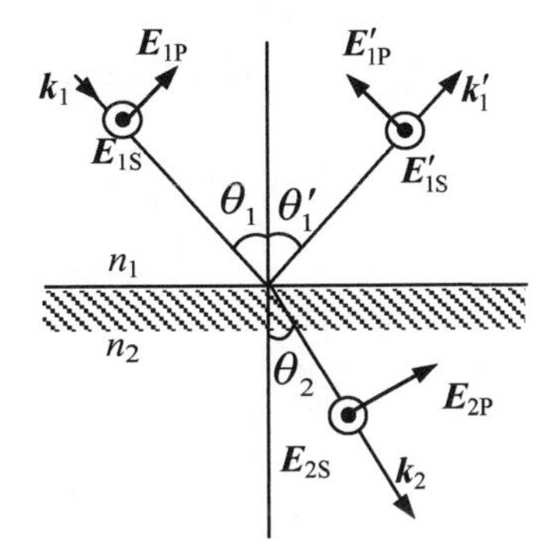

图 1.13　电矢量 $\boldsymbol{E}$ 的分量 $\boldsymbol{E}_S$ 和 $\boldsymbol{E}_P$

1.9.1　S 波的反射系数与透射系数

当入射平面波是电矢量垂直于入射面的 S 波时，根据光波是横波的性质，可以得到电矢量正向和与其对应的磁矢量的方向，如图 1.14 所示。由 1.7 节的式(1.7-15)和式(1.7-16)可以得到

$$E_{1S}+E'_{1S}=E_{2S} \tag{1.9-1}$$

$$H_{1P}\cos\theta_1-H'_{1P}\cos\theta'_1=H_{2P}\cos\theta_2 \tag{1.9-2}$$

由 $\boldsymbol{B}=\mu\boldsymbol{H}$， $E/B=\upsilon$ 和 $c/\upsilon=n$ 得到

$$H_P=\frac{E_S}{\mu\upsilon}=\frac{nE_S}{\mu c} \tag{1.9-3}$$

因此，式(1.9-2)可以改写为

$$n_1(E_{1S}-E'_{1S})\cos\theta_1=n_2E_{2S}\cos\theta_2 \tag{1.9-4}$$

因为

$$\begin{cases}\boldsymbol{E}_{1S}=\boldsymbol{E}_{10S}\exp\left[\mathrm{i}\left(\boldsymbol{k}_1\cdot\boldsymbol{r}-\omega_1t\right)\right]\\ \boldsymbol{E}'_{1S}=\boldsymbol{E}'_{10S}\exp\left[\mathrm{i}\left(\boldsymbol{k}'_1\cdot\boldsymbol{r}-\omega'_1t\right)\right]\\ \boldsymbol{E}_{2S}=\boldsymbol{E}_{20S}\exp\left[\mathrm{i}\left(\boldsymbol{k}_2\cdot\boldsymbol{r}-\omega_2t\right)\right]\end{cases} \tag{1.9-5}$$

将式(1.9-5)代入式(1.9-1)和式(1.9-4)，得到

$$E_{10S} + E'_{10S} = E_{20S} \tag{1.9-6}$$

$$n_1(E_{10S} - E'_{10S})\cos\theta_1 = n_2 E_{20S}\cos\theta_2 \tag{1.9-7}$$

利用折射定律，可以将式(1.9-7)改写为

$$(E_{10S} - E'_{10S})\cos\theta_1 \sin\theta_2 = E_{20S}\cos\theta_2 \sin\theta_1 \tag{1.9-8}$$

利用式(1.9-6)和式(1.9-8)消去 E_{20S} 可以得到反射波和入射波的振幅比为

$$r_S = \frac{E'_{10S}}{E_{10S}} = -\frac{\sin(\theta_1 - \theta_2)}{\sin(\theta_1 + \theta_2)} \tag{1.9-9}$$

利用式(1.9-6)和式(1.9-8)消去 E'_{10S} 可以得到折射波和入射波的振幅比为

$$t_S = \frac{E_{20S}}{E_{10S}} = \frac{2\sin\theta_2\cos\theta_1}{\sin(\theta_1 + \theta_2)} \tag{1.9-10}$$

r_S和t_S 通常称为 S 波反射系数和透射系数，式(1.9-9)和式(1.9-10)称为 S 波的菲涅耳公式。

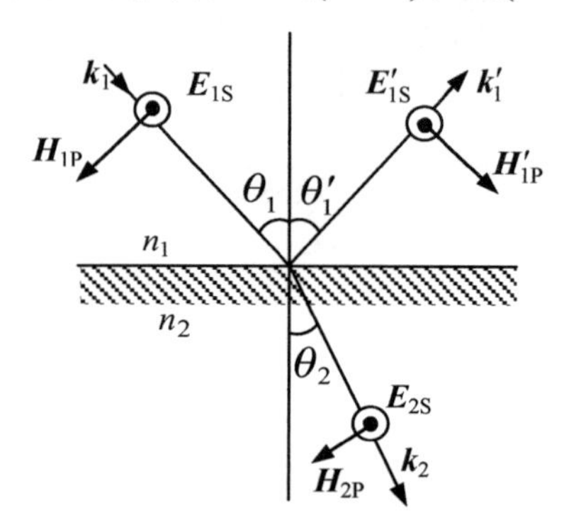

图 1.14　电矢量 S 波对应的磁矢量 P 波

1.9.2　P 波的反射系数与透射系数

当入射平面波是电矢量平行于入射面的 P 波时，根据光波是横波的性质，可以得到电矢量正向和与其对应的磁矢量的方向，如图 1.15 所示。由 1.7 节的式(1.7-16)和式(1.7-15)可以得到

$$H_{1S} + H'_{1S} = H_{2S} \tag{1.9-11}$$

$$E_{1P}\cos\theta_1 - E'_{1P}\cos\theta'_1 = E_{2P}\cos\theta_2 \tag{1.9-12}$$

由 $\boldsymbol{B} = \mu\boldsymbol{H}$， $E/B = \upsilon$ 和 $c/\upsilon = n$ 得到

$$H_S = \frac{E_P}{\mu\upsilon} = \frac{nE_P}{\mu c} \tag{1.9-13}$$

因此，式(1.9-11)可以改写为

$$n_1(E_{1P} + E'_{1P}) = n_2 E_{2P} \tag{1.9-14}$$

因为

$$\begin{cases} \boldsymbol{E}_{1P} = \boldsymbol{E}_{10P}\exp\left[\mathrm{i}(\boldsymbol{k}_1\cdot\boldsymbol{r}-\omega_1 t)\right] \\ \boldsymbol{E}_{1P} = \boldsymbol{E}_{10P}\exp\left[\mathrm{i}(\boldsymbol{k}_1'\cdot\boldsymbol{r}-\omega_1' t)\right] \\ \boldsymbol{E}_{2P} = \boldsymbol{E}_{20P}\exp\left[\mathrm{i}(\boldsymbol{k}_2\cdot\boldsymbol{r}-\omega_2 t)\right] \end{cases} \tag{1.9-15}$$

将式(1.9-15)代入式(1.9-12)和式(1.9-14)，得到

$$(E_{10P}-E_{10P}')\cos\theta_1 = E_{20P}\cos\theta_2 \tag{1.9-16}$$

$$n_1(E_{10P}+E_{10P}') = n_2 E_{20P} \tag{1.9-17}$$

利用折射定律，可以将式(1.9-17)改写为

$$(E_{10P}+E_{10P}')\sin\theta_2 = E_{20P}\sin\theta_1 \tag{1.9-18}$$

利用式(1.9-16)和式(1.9-18)消去 E_{20p}，可以得到反射波和入射波的振幅比为

$$r_P = \frac{E_{10P}'}{E_{10P}} = \frac{\tan(\theta_1-\theta_2)}{\tan(\theta_1+\theta_2)} \tag{1.9-19}$$

利用式(1.9-16)和式(1.9-18)消去 E_{10p}'，可以得到折射波和入射波的振幅比为

$$t_P = \frac{E_{20P}}{E_{10P}} = \frac{2\sin\theta_2\cos\theta_1}{\sin(\theta_1+\theta_2)\cos(\theta_1-\theta_2)} \tag{1.9-20}$$

r_P和t_P通常称为 P 波反射系数和透射系数，式(1.9-19)和式(1.9-20)称为 P 波的菲涅耳公式。概括起来，菲涅耳公式可以归纳为

$$r_S = -\frac{\sin(\theta_1-\theta_2)}{\sin(\theta_1+\theta_2)} = \frac{n_1\cos\theta_1-n_2\cos\theta_2}{n_1\cos\theta_1+n_2\cos\theta_2} = \frac{\cos\theta_1-n\cos\theta_2}{\cos\theta_1+n\cos\theta_2} \tag{1.9-21}$$

$$t_S = \frac{2\sin\theta_2\cos\theta_1}{\sin(\theta_1+\theta_2)} = \frac{2n_1\cos\theta_1}{n_1\cos\theta_1+n_2\cos\theta_2} = \frac{2\cos\theta_1}{\cos\theta_1+n\cos\theta_2} \tag{1.9-22}$$

$$r_P = \frac{\tan(\theta_1-\theta_2)}{\tan(\theta_1+\theta_2)} = \frac{n_2\cos\theta_1-n_1\cos\theta_2}{n_2\cos\theta_1+n_1\cos\theta_2} = \frac{n\cos\theta_1-\cos\theta_2}{n\cos\theta_1+\cos\theta_2} \tag{1.9-23}$$

$$t_P = \frac{2\sin\theta_2\cos\theta_1}{\sin(\theta_1+\theta_2)\cos(\theta_1-\theta_2)} = \frac{2n_1\cos\theta_1}{n_2\cos\theta_1+n_1\cos\theta_2} = \frac{2\cos\theta_1}{n\cos\theta_1+\cos\theta_2} \tag{1.9-24}$$

显而易见，在正入射或入射角很小时，菲涅耳公式有如下简单形式：

$$r_S = -\frac{n-1}{n+1},\quad r_P = \frac{n-1}{n+1},\quad t_S = t_P = \frac{2}{n+1} \tag{1.9-25}$$

式中，$n = n_2/n_1$ 为相对折射率。

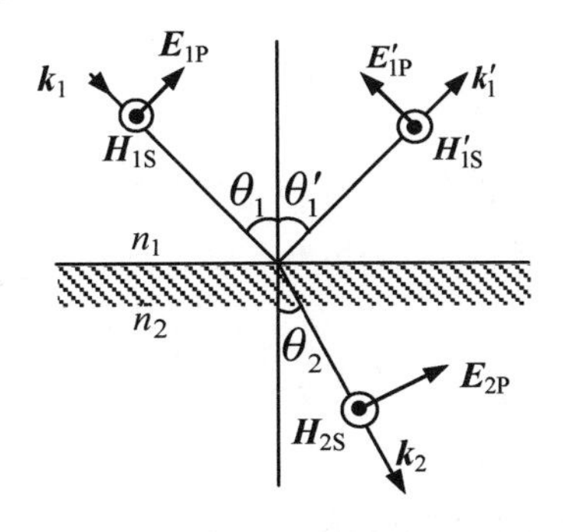

图 1.15　电矢量 P 波对应的磁矢量 S 波

1.9.3 菲涅耳公式的讨论

1. 光从光疏介质射到光密介质

当光从光疏介质射到光密介质时，有 $n_1 < n_2$，根据折射定律，则有 $\theta_1 > \theta_2$。由于 $\theta_1 + \theta_2 \leqslant \pi$，因此，由式(1.9-21)可知，对于 r_S，不管 θ_1 为何值，r_S 总是负的，即 E'_{10S} 和 E_{10S} 总是异号。因此，在界面上 E'_{1S} 和 E_{1S} 应取相反方向，当 E_{1S} 在入射光中取正方向时，E'_{1S} 在反射光中取负方向，反之亦然。这表示对于 S 波，在界面上反射光振动相对于入射光振动总是有 π 的位相突变。因此，原来设定的方向是不正确的。

由式(1.9-22)和式(1.9-24)可知，对于 t_S 和 t_P，不管 θ_1 为何值，t_S 和 t_P 总是正的，即原来设定的方向是正确的。

由式(1.9-23)可知，对于 r_P，当 $\theta_1 + \theta_2 < \pi/2$ 时，r_P 为正；$\theta_1 + \theta_2 > \pi/2$ 时，r_P 为负。前一情况表示在界面上 P 波的 E'_{1P} 和 E_{1P} 在反射光和入射光中同取正方向或负方向，后一情况表示 E'_{1P} 和 E_{1P} 在反射光和入射光中分别取正(负)方向或负(正)方向。当 $\theta_1 + \theta_2 = \pi/2$ 时，$r_P = 0$，这时，反射光中电矢量没有平行于入射面的分量。此时的入射角称为起偏振角，又称布儒斯特偏振角(Brewster angle)，记为 θ_B。由折射定律可以得到

$$\tan\theta_B = n_2/n_1 = n \tag{1.9-26}$$

【玻璃片堆】

图 1.16(a)所示为以上 3 种不同入射角情形下在分界面反射和折射时电矢量的取向情况。当自然光以布儒斯特角入射到玻璃片堆时，如果玻璃片足够多，则反射光和透射光都是线偏振光。

由图 1.16(a)可以看出，在入射角很小和入射角接近 90° (掠入射)两种情况下，E'_{1S} 和 E_{1S}、E'_{1P} 和 E_{1P} 的方向都正好相反，因此 E'_1 和 E_1 的方向也正好相反，表明在这两种情况下，反射光振动与入射光振动反相。由此可以得出结论：当接近正入射或掠入射时，反射光振动与入射光振动发生了 π 的位相突变。通常把发生的 π 的位相突变称为半波损失。

2. 光从光密介质射到光疏介质

当光从光密介质射到光疏介质时，有 $n_1 > n_2$，根据折射定律，则有 $\theta_1 < \theta_2$。当入射角 $\theta_1 \geqslant \theta_c$ 时(θ_c 为 $\theta_2 = 90°$ 时所对应的入射角)，将发生全反射。称 θ_c 为发生全反射时的临界角，根据折射定律可以得到

$$\sin\theta_c = n_2/n_1 = n \tag{1.9-27}$$

发生全反射时，光将不进入第二种介质，r_S 和 r_P 变为复数(详见 1.10.1 节)。由于 $\theta_1 + \theta_2 \leqslant \pi$，因此，由式(1.9-21)、式(1.9-22)和式(1.9-24)可知，对于 r_S、t_S 和 t_P，当 $0 < \theta_1 < \theta_c$ 时，r_S、t_S 和 t_P 总是正的；由式(1.9-23)可知，对于 r_P，当 $\theta_1 < \theta_B$ 时其值为负，当 $\theta_1 = \theta_B$ 时其值为零，当 $\theta_B < \theta_1 < \theta_c$ 时其值为正。图 1.16(b)表示了这 3 种入射角情形下在分界面反射和折射时电矢量的取向情况。

光从光疏介质射到光密介质以及光从光密介质射到光疏介质时，S 波和 P 波的反射系数和透射系数变化情况见表 1-9。

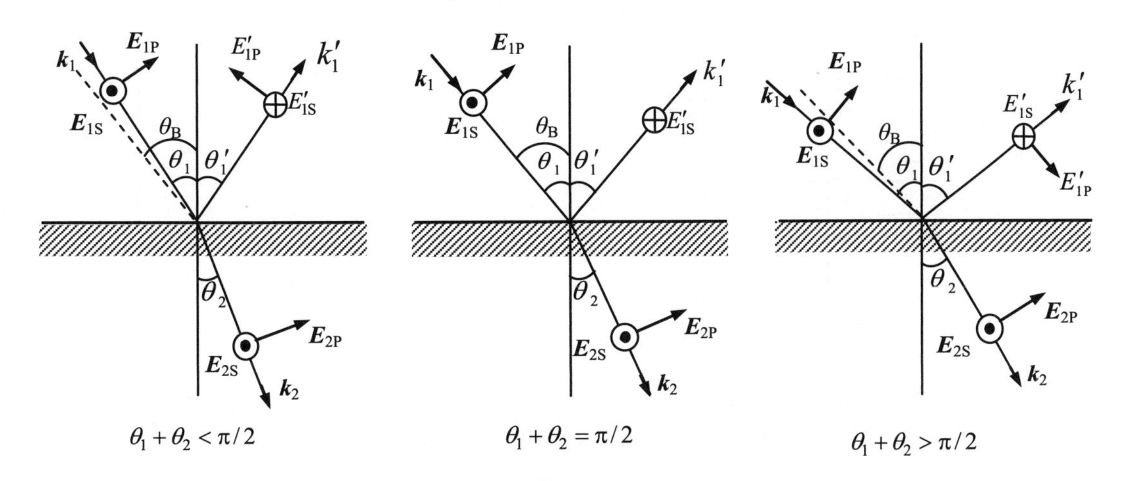

(a) 光从光疏介质射到光密介质

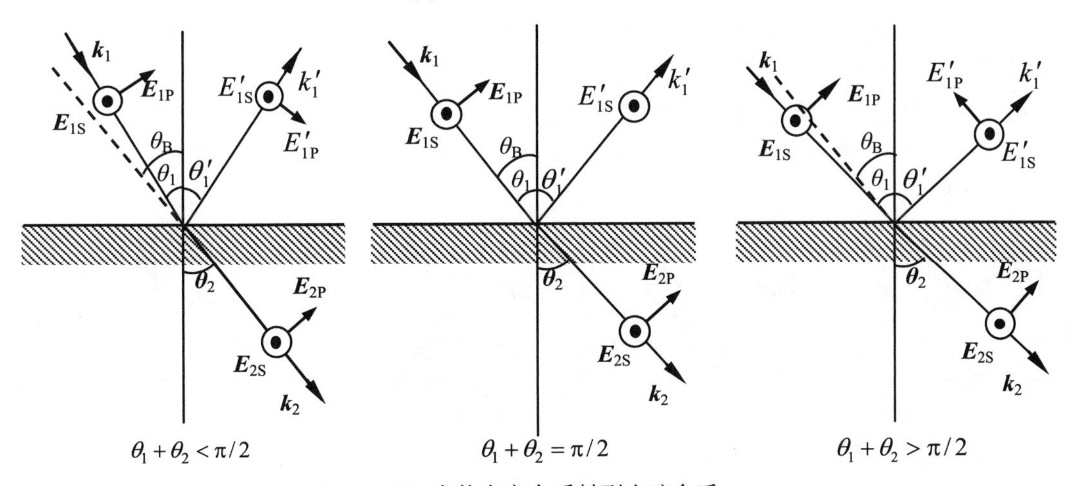

(b) 光从光密介质射到光疏介质

图 1.16　不同入射角情形下在分界面反射和折射时电矢量的取向情况

表 1-9　S 波和 P 波的反射系数和透射系数变化情况

条件 参数	光疏到光密		光密到光疏	
	$\theta_1<\theta_B$	$\theta_1>\theta_B$	$\theta_1<\theta_B$	$\theta_1>\theta_B$
r_S	−	−	+	+
r_P	+	−	−	+
t_S	+	+	+	+
t_P	+	+	+	+

r_S、r_P、t_S和t_P随θ_1变化关系如图 1.17 所示，其中图 1.17(a)表示光从光疏介质(空气，n=1)射到光密介质(玻璃，n=1.5)，而图 1.17(b)则相反。

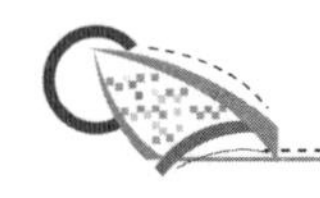

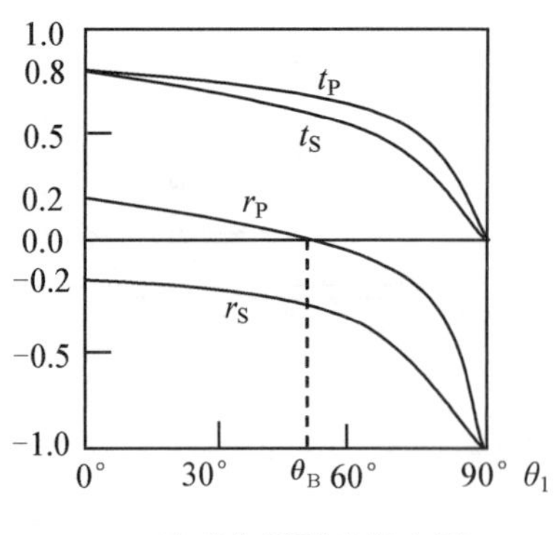

(a) 光疏介质到光密介质

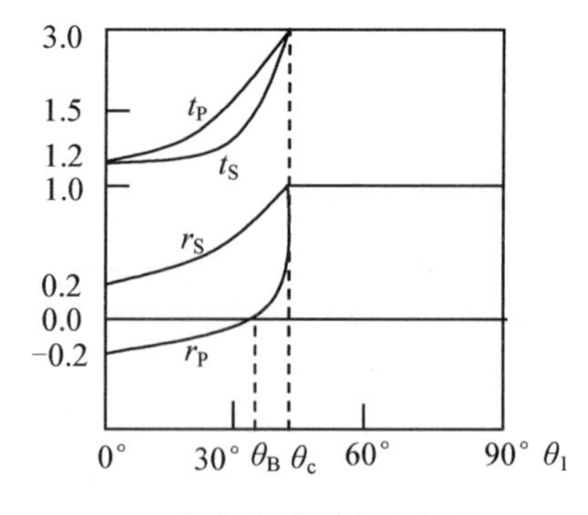

(b) 光密介质到光疏介质

图 1.17 r_S、r_P、t_S和t_P 随 θ_1 变化关系

3. 薄膜上下表面的反射

应当注意的是，无论光从光疏介质到光密介质，还是光从光密介质到光疏介质，只要入射角等于布儒斯特角，则反射光为线偏振光而折射光为部分偏振光。

以上讨论了在一个界面上反射光的突变情况。对于从平面薄膜两表面反射的 1、2 两束光，有如图 1.18 所示的 4 种情形；$n_1 < n_2$，$\theta_1 < \theta_B$ 和 $\theta_1 > \theta_B$；$n_1 > n_2$，$\theta_1 < \theta_B$ 和 $\theta_1 > \theta_B$。

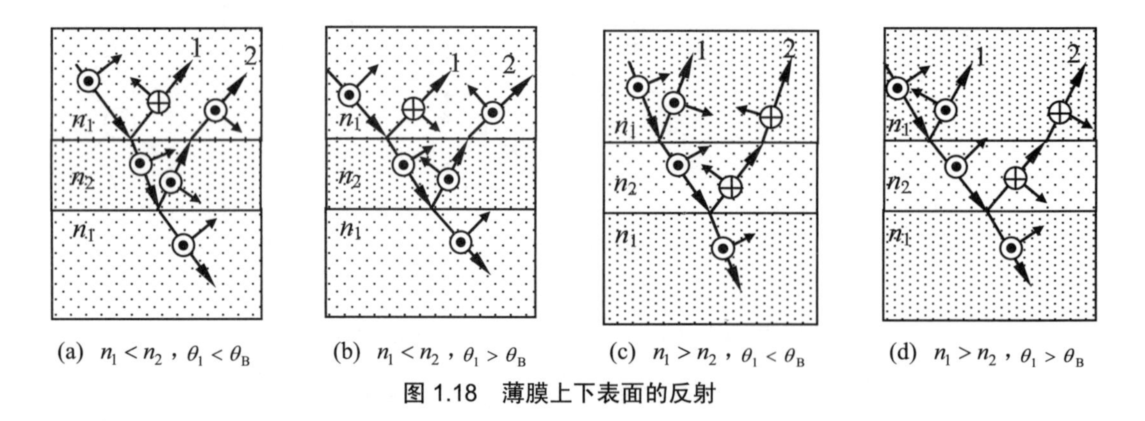

(a) $n_1 < n_2$，$\theta_1 < \theta_B$　(b) $n_1 < n_2$，$\theta_1 > \theta_B$　(c) $n_1 > n_2$，$\theta_1 < \theta_B$　(d) $n_1 > n_2$，$\theta_1 > \theta_B$

图 1.18 薄膜上下表面的反射

由图 1.18 可见，就两束反射光而言，其 S、P 分量的方向总是相反的。因此，薄膜上下两侧介质相同时，上下两表面反射光的光场位相差除了有光程差的贡献外，还有 π 的附加位相差。

如果介质薄膜上下两侧的折射率分别为 n_1 和 n_3，并且有 $n_3 > n_2 > n_1$ 或 $n_3 < n_2 < n_1$，这时两束光的反射性质完全相同，即没有“半波损失”。

1.9.4 斯托克斯倒逆关系

如图 1.19(a)所示，一束光射到一块平行平面介质板上，由 n_1 到 n_2 时的反射系数和透射系数分别为 r 和 t，由 n_2 到 n_1 时的反射系数和透射系数分别为 r' 和 t'。现在来导出它们之间的关系。

如图 1.19(b)所示，设入射光的振幅为 E_0，相应的反射光的振幅为 rE_0，透射光的振幅

为 tE_0；再设一振幅为 rE_0 的光束逆反射光方向传播射向界面，则其相应的反射光的振幅为 rrE_0，透射光的振幅为 trE_0；又一振幅为 tE_0 的光束逆透射光方向传播射向界面，则其相应的反射光的振幅为 $r't\,E_0$，透射光的振幅为 $tt'\,E_0$。因为最初的两束光波——反射光和透射光均被抵消，因此有

$$E_0 - rrE_0 - tt'E_0 = 0 \tag{1.9-28}$$

$$rtE_0 + r'tE_0 = 0 \tag{1.9-29}$$

也就是

$$tt' + r^2 = 1 \tag{1.9-30}$$

$$r' = -r \tag{1.9-31}$$

式(1.9-30)和式(1.9-31)称为斯托克斯倒逆关系(Stokes reversible relation)。在讨论多光束干涉(详见 4.7 节)和多层介质膜(详见 4.9 节)时将用到它们。注意式(1.9-30)和式(1.9-31)省略了下脚标 S 和 P，也就是说，斯托克斯倒逆关系对 S 波和 P 波都成立。

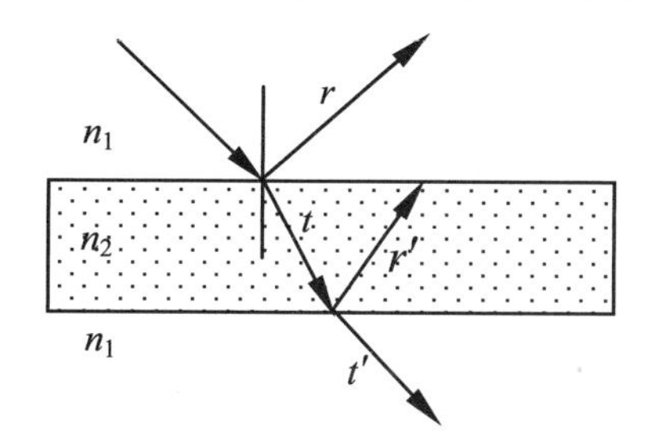

(a) 反射系数和透射系数的情况

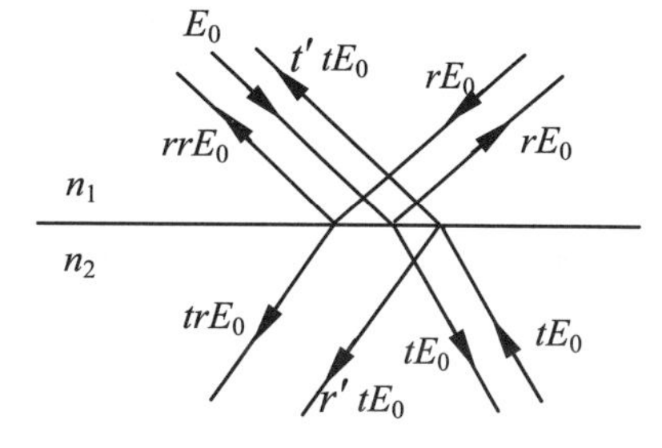

(b) 入射光、反射光和透射光的振幅情况

图 1.19　推导斯托克斯倒逆关系用图

1.9.5　反射率与透射率

菲涅耳公式给出了入射光波、反射光波和折射光波之间的振幅和位相关系，下面再来讨论入射光波、反射光波和折射光波之间的能量关系。因为辐射强度 $\boldsymbol{S} = \boldsymbol{E} \times \boldsymbol{H}$，并且有 $\boldsymbol{B} = \mu \boldsymbol{H}$，$E / B = \upsilon$，所以标量形式辐射强度为

$$S = \upsilon \varepsilon E^2 \tag{1.9-32}$$

对于标量形式平面电磁波

$$E = E_0 \cos(\boldsymbol{k} \cdot \boldsymbol{r} - \omega t)$$

代入式(1.9-32)，可以得到

$$S = \upsilon \varepsilon E_0^2 \cos^2(\boldsymbol{k} \cdot \boldsymbol{r} - \omega t) \tag{1.9-33}$$

在物理光学中，通常把辐射强度的平均值称为光强，并用 I 表示，即

$$I = \frac{1}{T}\int_0^T S\mathrm{d}t = \upsilon \varepsilon E_0^2 \frac{1}{T}\int_0^T \cos^2(kr - \omega t)\,\mathrm{d}t = \frac{1}{2}\upsilon \varepsilon E_0^2 = \frac{1}{2}\sqrt{\frac{\varepsilon}{\mu}}E_0^2 = \frac{1}{2}\sqrt{\frac{\varepsilon_0}{\mu_0}}nE_0^2 \tag{1.9-34}$$

式(1.9-34)表示单位时间内通过垂直于传播方向的单位面积的能量。由此可见，光强与介质的折射率和电场的振幅的平方成正比，如果在同一介质中研究光强的分布，人们习惯上用振幅的平方度量光强，即以相对光强表示光强的分布和变化。如果在不同介质中讨论光强的分布和变化，一定不要忘记折射率因子。

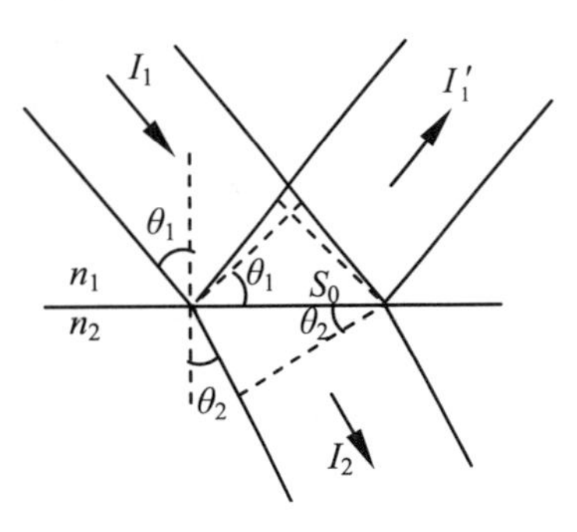

图 1.20　入射、反射和折射光光能分配

反射和折射时光束截面的变化如图 1.20 所示。如果入射光束投射到界面上的面积为 S_0，则入射和反射正截面的面积为 $S_0\cos\theta_1$，折射光正截面的面积为 $S_0\cos\theta_2$。不考虑吸收和散射等损耗，则入射光波能量在反射光波和折射光波中重新分配。如果把入射波、反射波和折射波的能量分别记为 W_1、W_1' 和 W_2，则每秒入射到分界面的能量为

$$W_1 = I_1 S_0\cos\theta_1 = \frac{1}{2}\sqrt{\frac{\varepsilon_1}{\mu_1}}E_{10}^2 S_0\cos\theta_1 \tag{1.9-35}$$

而反射波和折射波每秒从分界面单位面积带走的能量为

$$W_1' = I_1' S_0\cos\theta_1 = \frac{1}{2}\sqrt{\frac{\varepsilon_1}{\mu_1}}E_{10}'^2 S_0\cos\theta_1 \tag{1.9-36}$$

$$W_2 = I_2 S_0\cos\theta_2 = \frac{1}{2}\sqrt{\frac{\varepsilon_2}{\mu_2}}E_{20}^2 S_0\cos\theta_2 \tag{1.9-37}$$

因此，在分界面上反射波、折射波的能量流与入射波的能量流之比为

$$R = \frac{E_{10}'^2}{E_{10}^2} \tag{1.9-38}$$

$$T = \frac{n_2\cos\theta_2}{n_1\cos\theta_1}\frac{E_{20}^2}{E_{10}^2} \tag{1.9-39}$$

R 和 T 分别称为反射率和透射率，根据能量守恒，应有

$$R + T = 1 \tag{1.9-40}$$

将菲涅耳公式代入式(1.9-38)和式(1.9-39)，可以得到 S 波和 P 波的反射率和透射率为

$$R_S = \frac{E_{10S}'^2}{E_{10S}^2} = \frac{\sin^2(\theta_1-\theta_2)}{\sin^2(\theta_1+\theta_2)} = r_S^2 \tag{1.9-41}$$

$$T_S = \frac{n_2\cos\theta_2}{n_1\cos\theta_1}\frac{E_{20S}^2}{E_{10S}^2} = \frac{n_2\cos\theta_2}{n_1\cos\theta_1}\frac{4\sin^2\theta_2\cos^2\theta_1}{\sin^2(\theta_1+\theta_2)} = \frac{n_2\cos\theta_2}{n_1\cos\theta_1}\cdot t_S^2 \tag{1.9-42}$$

$$R_P = \frac{E_{10P}'^2}{E_{10P}^2} = \frac{\tan^2(\theta_1-\theta_2)}{\tan^2(\theta_1+\theta_2)} = r_P^2 \tag{1.9-43}$$

$$T_P = \frac{n_2\cos\theta_2}{n_1\cos\theta_1}\frac{E_{20P}^2}{E_{10P}^2} = \frac{n_2\cos\theta_2}{n_1\cos\theta_1}\frac{4\sin^2\theta_2\cos^2\theta_1}{\sin^2(\theta_1+\theta_2)\cos^2(\theta_1-\theta_2)} = \frac{n_2\cos\theta_2}{n_1\cos\theta_1}\cdot t_P^2 \tag{1.9-44}$$

根据能量守恒，当光波只有 S 波或 P 波分量时，同样应有

$$R_S + T_S = 1 \quad 和 \quad R_P + T_P = 1 \tag{1.9-45}$$

通常遇到的是入射光为自然光的情形，这时也可以把自然光分成 S 波和 P 波，并且它们的能量相等，都等于自然光能量的一半，即

$$W_{1S} = W_{1P} = \frac{1}{2}W_1 \tag{1.9-46}$$

因此，自然光的反射率为

$$R_N = \frac{1}{2}(R_S + R_P) \tag{1.9-47}$$

将式(1.9-41)和式(1.9-43)代入式(1.9-47)，得到自然光反射率随入射角变化的关系为

$$R_N = \frac{1}{2}\left[\frac{\sin^2(\theta_1-\theta_2)}{\sin^2(\theta_1+\theta_2)} + \frac{\tan^2(\theta_1-\theta_2)}{\tan^2(\theta_1+\theta_2)}\right] \tag{1.9-48}$$

图 1.21(a)和图 1.21(b)分别是光从空气到玻璃(n=1.52)在玻璃界面反射和从玻璃到空气在空气界面反射时，R_S、R_P 和 R_N 随入射角 θ_1 变化的关系曲线。

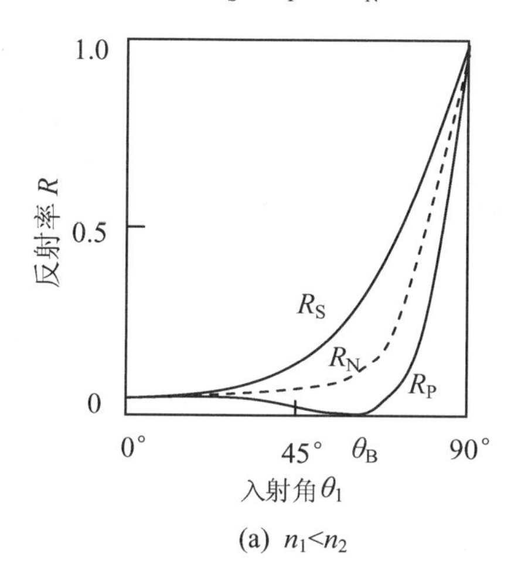

(a) $n_1<n_2$

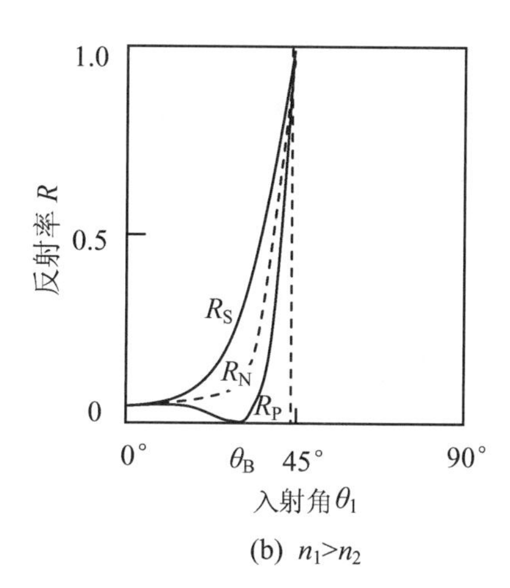

(b) $n_1>n_2$

图 1.21　反射率 R 随入射角 θ_1 的变化关系

正入射时，自然光的反射率为

$$R_N = R_S = R_P = \left(\frac{n-1}{n+1}\right)^2 \tag{1.9-49}$$

当 $n=1.52$ 时，$R_N=0.043$，即约有 4%的光能量在界面上反射。相应地，正入射时，自然光的透射率约为 96%。应当注意的是，当 $\theta_1<\theta_B$ 时，R 很小且缓慢变化，当 $\theta_1>\theta_B$ 时，R 随着入射角 θ_1 的增加急剧上升。还应当注意的是，由式(1.9-49)可以知道，正入射时，反射率会随着 n 的增加而增加，如 $n=2$ 时，$R_N=0.11$；$n=3$ 时，$R_N=0.25$；$n=4$ 时，$R_N=0.36$。

本节对菲涅耳公式进行了推导和讨论，导出了斯托克斯倒逆关系，并讨论了光入射到介质界面处时的反射率和透射率，要点见表 1-10。

表 1-10　菲涅耳公式、斯托克斯倒逆关系、反射率和透射率

菲涅耳公式	斯托克斯倒逆关系	反射率和透射率
$r_S = -\frac{\sin(\theta_1-\theta_2)}{\sin(\theta_1+\theta_2)}$；$t_S = \frac{2\sin\theta_2\cos\theta_1}{\sin(\theta_1+\theta_2)}$	$tt'+r^2=1$	$R_S=r_S^2$；$T_S=\frac{n_2\cos\theta_2}{n_1\cos\theta_1}\cdot t_S^2$
$r_P = \frac{\tan(\theta_1-\theta_2)}{\tan(\theta_1+\theta_2)}$；$t_P = \frac{2\sin\theta_2\cos\theta_1}{\sin(\theta_1+\theta_2)\cos(\theta_1-\theta_2)}$	$r'=-r$	$R_P=r_P^2$；$T_P=\frac{n_2\cos\theta_2}{n_1\cos\theta_1}\cdot t_P^2$

1.10 全 反 射

当光波从光密介质射向光疏介质，即 $n_1 > n_2$ 时，根据折射定律，则有 $\theta_1 < \theta_2$，即折射角大于入射角。如果 θ_1 等于某一角 θ_c，恰使 $\theta_2 = 90^\circ$，这就意味着入射光全部返回介质 1 中，没有折射波，这种现象称为全反射。此时，折射定律表示为 $\sin\theta_c = n_2/n_1 = n$，$\theta_c$ 称为全反射临界角。本节将讨论全反射时的反射系数和位相变化以及倏逝波。

1.10.1 反射系数变化

如果 $\theta_1 > \theta_c$，由折射定律可知，$\sin\theta_2 > 1$，不可能求出任何实数的折射角。如果认为折射定律在入射角大于临界角时仍然成立，则应有

$$\sin\theta_2 = \frac{n_1}{n_2}\sin\theta_1 = \frac{\sin\theta_1}{n} \tag{1.10-1}$$

$$\cos\theta_2 = \pm \mathrm{i}\sqrt{\frac{\sin^2\theta_1}{n^2} - 1} \tag{1.10-2}$$

在以后的讨论中将会发现，式(1.10-2)中只能取正号。将式(1.10-1)和式(1.10-2)代入 r_S 和 r_P 的表达式中，分别得到 S 波的反射系数为

$$r_S = \frac{\cos\theta_1 - \mathrm{i}\sqrt{\sin^2\theta_1 - n^2}}{\cos\theta_1 + \mathrm{i}\sqrt{\sin^2\theta_1 - n^2}} \tag{1.10-3}$$

而 P 波的反射系数为

$$r_P = \frac{n^2\cos\theta_1 - \mathrm{i}\sqrt{\sin^2\theta_1 - n^2}}{n^2\cos\theta_1 + \mathrm{i}\sqrt{\sin^2\theta_1 - n^2}} \tag{1.10-4}$$

r_S 和 r_P 均为复数，因此，可以写成

$$r_S = |r_S|\exp(\mathrm{i}\delta_S) \tag{1.10-5}$$

$$r_P = |r_P|\exp(\mathrm{i}\delta_P) \tag{1.10-6}$$

在式(1.10-5)和式(1.10-6)中，复数的模表示反射光和入射光的实振幅之比，而复数的幅角表示反射时的位相变化。由于在式(1.10-3)和式(1.10-4)中分子和分母是一对共轭复数，所以，$|r_S| = |r_P| = 1$，相应地，反射率也等于 1，表明全反射时所有光能全部返回介质 1 中，不存在折射光。

1.10.2 位相变化

由式(1.10-3)和式(1.10-5)，可以求得

$$\tan\left(\frac{\delta_S}{2}\right) = -\frac{\sqrt{\sin^2\theta_1 - n^2}}{\cos\theta_1} \tag{1.10-7}$$

由式(1.10-4)和式(1.10-6)，可以求得

$$\tan\left(\frac{\delta_P}{2}\right)=-\frac{\sqrt{\sin^2\theta_1-n^2}}{n^2\cos\theta_1} \tag{1.10-8}$$

δ_S 和 δ_P 随 θ_1 变化的关系曲线如图 1.22 所示。可见，在全反射的情况下，S 波和 P 波在界面上有不同的位相跃变。因此，反射光中 S 波和 P 波有位相差 δ，它由下式决定：

$$\tan\left(\frac{\delta}{2}\right)=\tan\left(\frac{\delta_S-\delta_P}{2}\right)=\frac{\cos\theta_1\sqrt{\sin^2\theta_1-n^2}}{\sin^2\theta_1} \tag{1.10-9}$$

可见，当入射角等于临界角时，反射光中 S 波和 P 波的位相差为零，如果这时入射光为线偏振光，则反射光也为线偏振光。但当入射角大于临界角，且入射线偏振光的振动与入射面的交角又非 0° 或 90°，这时由于反射光中 S 波和 P 波有位相差($\delta\neq 0$ 或 π)，反射光将变成椭圆偏振光。关于两个正交线偏振光的叠加详见 6.2 节。

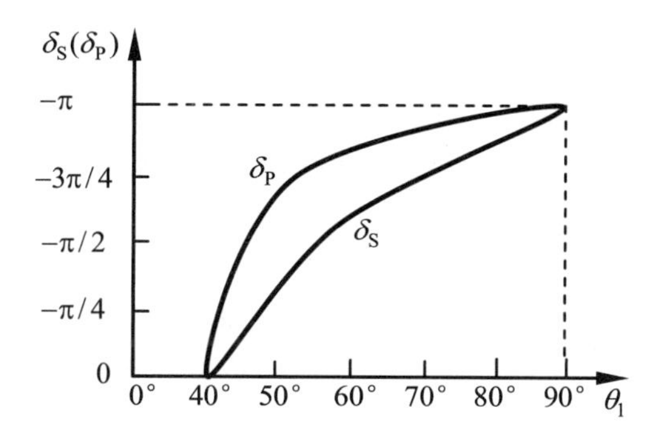

图 1.22　δ_S 和 δ_P 随 θ_1 变化的关系曲线

当入射角等于临界角或 90° 时，式(1.10-9)等于零，所以在两值之间，相对位相差 δ 有一个极大值，可以通过对式(1.10-9)求导得到

$$\frac{\mathrm{d}}{\mathrm{d}\theta_1}\left[\tan\left(\frac{\delta}{2}\right)\right]=\frac{2n^2-(1+n^2)\sin^2\theta_1}{\sin^3\theta_1\sqrt{\sin^2\theta_1-n^2}}=0 \tag{1.10-10}$$

由式(1.10-10)可以解得

$$\sin^2\theta_1=\frac{2n^2}{1+n^2} \tag{1.10-11}$$

将式(1.10-11)代入式(1.10-9)，得到相对位相差的极大值为

$$\tan\left(\frac{\delta_{\max}}{2}\right)=\frac{1-n^2}{2n} \tag{1.10-12}$$

从式(1.10-9)可以看出，当 n 给定时，每一个 δ 相应有两个入射角。全反射时发生的相变，可以用来把线偏振光变成圆偏振光。令入射光的偏振方向与入射面法线成 45°，以使它的两个振幅分量相等。于是由式(1.10-5)和式(1.10-6)得到 $|r_S|=|r_P|$，此外，再选择 n 和 θ_1，使相对位相差 δ 等于 90°。要单次反射获得 90° 的 δ，按照式(1.10-12)，就需要

$$\tan\left(\frac{\pi}{4}\right)=\frac{1-n^2}{2n} \tag{1.10-13}$$

由此可以得到$n=0.414$，也就是说，光密介质对光疏介质相对折射率不得小于 2.41。因此，单次反射获得 90° 的δ需要较大折射率的介质。菲涅耳当时利用了两次玻璃上的全反射进行了实验。按照式(1.10-11)和式(1.10-12)，当$n_1=1.51$，$n_2=1$时，最大相对位相差$\delta_M=45°56'$，这时入射角等于$51°20'$。因此，用$\theta_1=48°37'$或$\theta_1=54°37'$都正好能够得到$\delta=45°$，所以如果在其中某一角度下接连全反射两次，则可以获得 90° 的位相差。图 1.23 所示的玻璃块即用于此，称为菲涅耳菱体。

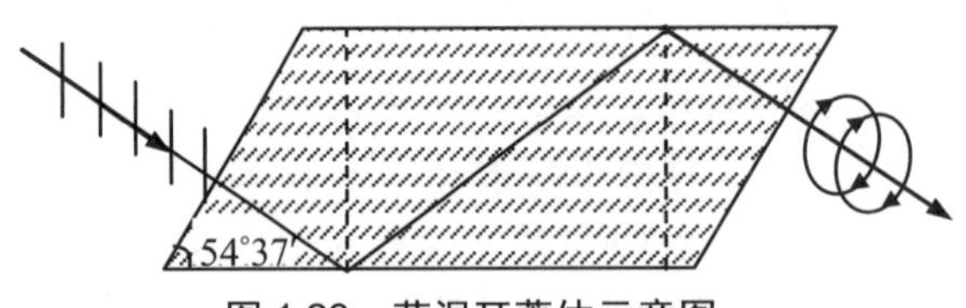

图 1.23　菲涅耳菱体示意图

菲涅耳菱体也可以用来产生椭圆偏振光，这时要让入射线偏振光的振动方向与入射面法线不成 45°；当然，用菲涅耳菱体也可以把椭圆偏振光变成线偏振光。

1.10.3　倏逝波

电场和磁场不可能中断在两种介质的分界面上，它应当满足电磁场的边界条件，因而在第二种介质中一定会存在透射波，实验表明，该透射波急骤衰减，因此称为倏逝波。如图 1.24 所示，若选取入射面为 xOz 平面，则透射波可以表示为

$$\boldsymbol{E}_2=\boldsymbol{E}_{20}\exp\left[\mathrm{i}\left(\boldsymbol{k}_2\cdot\boldsymbol{r}-\omega t\right)\right] \tag{1.10-14}$$

上式又可以写成

$$\boldsymbol{E}_2=\boldsymbol{E}_{20}\exp\left[\mathrm{i}\left(k_{2x}x+k_{2z}z-\omega t\right)\right] \tag{1.10-15}$$

由式(1.10-1)和式(1.10-2)，可以得到

$$k_{2z}=k_2\sin\theta_2=k_2\frac{\sin\theta_1}{n} \tag{1.10-16}$$

$$k_{2x}=k_2\cos\theta_2=\pm\mathrm{i}k_2\sqrt{\frac{\sin^2\theta_1}{n^2}-1}=\pm\mathrm{i}\kappa \tag{1.10-17}$$

这样，透射波的波函数可以写成

$$\boldsymbol{E}_2=\boldsymbol{E}_{20}\exp(\mp\kappa x)\left[\mathrm{i}\left(k_{2z}z-\omega t\right)\right] \tag{1.10-18}$$

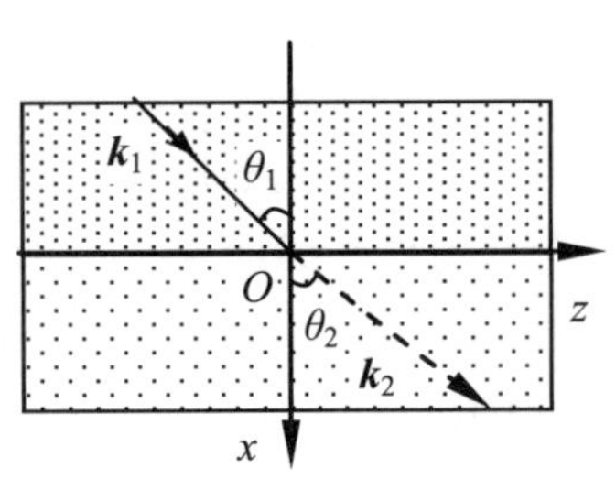

图 1.24　全反射时的透射波示意图

式(1.10-18)表明，透射波是一个沿 z 方向传播的，振幅在 x 方向按指数规律变化的波，这个波就是倏逝波。如图 1.25 所示，容易看到，倏逝波的等幅面是 x 为常数的平面，等相面是 z 为常数的平面，两者相互垂直。应当注意的是，一般平面波的等幅面和等相面是重合的，这种平面波又称均匀平面波。倏逝波的等幅面和等相面是相互垂直的，通常称等幅面和等相面不重合的波为非均匀平面波(inhomogeneous wave)。

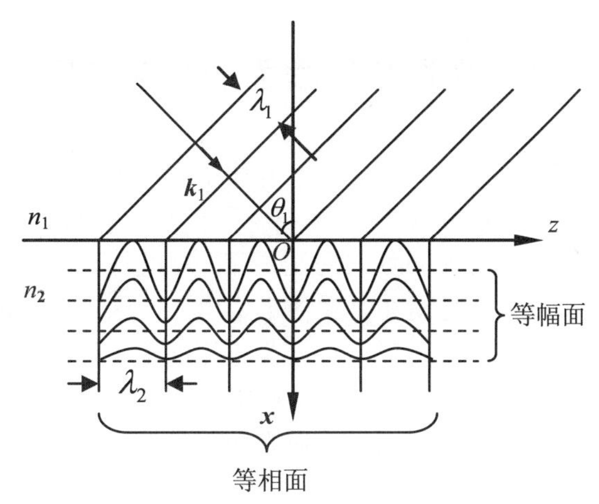

图 1.25 全反射时透入第二介质中的倏逝波示意图

倏逝波的振幅因子为 $\boldsymbol{E}_{20}\exp(\mp\kappa x)$。显然，$\kappa$ 前只能取负号，取正号时振幅因子表示离开界面向第二介质深入时振幅值随着距离增大而增大，这在物理上是不可能的，在式(1.10-2)中只取正号的原因即在于此。倏逝波的振幅随 x 的增加急骤衰减。通常定义振幅减小到界面（$x=0$）振幅 $1/e$ 的深度为穿透深度 x_0：

$$x_0=\frac{1}{\kappa}=\frac{n}{k_2\sqrt{\sin^2\theta_1-n^2}}=\frac{1}{k_1\sqrt{\sin^2\theta_1-n^2}}=\frac{\lambda}{2\pi\sqrt{\sin^2\theta_1-n^2}} \tag{1.10-19}$$

取 $n_1=1.5$，$n_2=1$，当 $\theta_1=45°$、$60°$ 和 $90°$ 时，x_0 分别为 0.676λ、0.288λ 和 0.214λ。可见，倏逝波的穿透深度为波长量级。

倏逝波的波长为

$$\lambda_2=2\pi/k_{2z}=\frac{2\pi}{k_2\sin\theta_2}=\frac{2\pi n_2}{k_2\ n_1\ \sin\theta_1}=\frac{2\pi n_2}{k_1\ n_2\ \sin\theta_1}=\lambda_1/\sin\theta_1 \tag{1.10-20}$$

倏逝波的速度为

$$\upsilon_2=\omega/k_{2z}=\frac{k_2\upsilon_2}{k_2\sin\theta_2}=\upsilon_1/\sin\theta_1 \tag{1.10-21}$$

应当指出，虽然在第二介质中存在倏逝波，但它并不向第二介质内部传输能量。

本节讨论了全反射时的反射系数和位相变化及其在偏振光转换中的应用，并讨论了倏逝波，要点见表 1-11。

表 1-11 全反射和倏逝波

全反射临界角	位 相 变 化	倏 逝 波	穿 透 深 度
$\sin\theta_c=\frac{n_2}{n_1}=n$	$\tan\left(\frac{\delta}{2}\right)=\frac{\cos\theta_1\sqrt{\sin^2\theta_1-n^2}}{\sin^2\theta_1}$	$\boldsymbol{E}_2=\boldsymbol{E}_{20}\exp(-\kappa x)[\mathrm{i}(k_{2z}z-\omega t)]$	$x_0=\frac{n}{k_2\sqrt{\sin^2\theta_1-n^2}}$

1.11 光在金属表面的透射与反射

前面几节所讨论的都是不导电、各向同性介质中光的传播。现在来讨论一下导电介质的光学性质。普通金属块是一种晶粒聚集体，由无规取向的小晶体构成，这种取向无规的微晶组成的混合物，其物性表现如同各向同性物质。与绝缘介质相比，金属具有良好的导电性能，即金属的电导率很大，容易在金属内形成电流，这一电流的存在将使入射波产生强烈的反射，并使透入金属内的波迅速地耗散为电流的焦耳热。这是一个不可逆现象，其中电磁能被消耗，或者更确切地说，被转变成热能，因而电磁波在导体中发生衰减，这一衰减效应非常强，所以通常光波只能透入金属表面很薄的一层内，以致金属实际上是不透明的。

依靠引进一个复介电常数(或一个复折射率)来代替原有的实介电常数(或实折射率)，就可以把电导率的存在所产生的影响完全考虑进来。在金属中，复介电常数的虚部是起主导作用的。本节将讨论金属内的透射波以及光在金属表面的反射率。

1.11.1 金属内的透射波

在频率不是特别高($\omega \ll 10^{17}\,\mathrm{Hz}$)的电磁场作用下，金属中的自由电子只分布于金属表面上，金属内部电荷体密度$\rho=0$，并且自由电子在表面层形成表层电流，其电流密度$\boldsymbol{j}=\sigma\boldsymbol{E}$。所以，对于金属，麦克斯韦方程组表示为

$$\begin{cases}\nabla\cdot\boldsymbol{E}=0\\ \nabla\cdot\boldsymbol{B}=0\\ \nabla\times\boldsymbol{E}=-\dfrac{\partial\boldsymbol{B}}{\partial t}\\ \nabla\times\boldsymbol{H}=\sigma\boldsymbol{E}+\dfrac{\partial\boldsymbol{D}}{\partial t}\end{cases} \tag{1.11-1}$$

取方程组第三式的旋度，得到

$$\nabla\times(\nabla\times\boldsymbol{E})=-\mu\frac{\partial}{\partial t}(\nabla\times\boldsymbol{H}) \tag{1.11-2}$$

或者

$$\nabla\left(\nabla\cdot\boldsymbol{E}\right)-\nabla^2\boldsymbol{E}=-\mu\sigma\frac{\partial\boldsymbol{E}}{\partial t}-\mu\varepsilon\frac{\partial^2\boldsymbol{E}}{\partial t^2} \tag{1.11-3}$$

利用方程组第一式，可得

$$\nabla^2\boldsymbol{E}-\mu\sigma\frac{\partial\boldsymbol{E}}{\partial t}-\mu\varepsilon\frac{\partial^2\boldsymbol{E}}{\partial t^2}=0 \tag{1.11-4}$$

上式便是金属中电磁场的波动方程，可见，金属中的波动方程与介质中的波动方程只差一项，可以认为平面波的解是式(1.11-4)的近似解。将$\boldsymbol{E}=\boldsymbol{E}_0\exp\left[\mathrm{i}\left(\boldsymbol{k}\cdot\boldsymbol{r}-\omega t\right)\right]$代入式(1.11-4)，则可以得到

$$-k^2 + \mathrm{i}\omega\mu\sigma + \omega^2\varepsilon\mu = 0 \tag{1.11-5}$$

式(1.11-5)表明，在金属中传播的平面波的波矢量为复数。可以把它写成

$$\tilde{\boldsymbol{k}} = \boldsymbol{\beta} + \mathrm{i}\boldsymbol{\alpha} \tag{1.11-6}$$

这样，金属中的平面波为

$$\boldsymbol{E} = \boldsymbol{E}_0 \exp(-\boldsymbol{\alpha}\cdot\boldsymbol{r})\exp\left[\mathrm{i}(\boldsymbol{\beta}\cdot\boldsymbol{r} - \omega t)\right] \tag{1.11-7}$$

可见，它是一个衰减的波，随着波透入金属内距离的增大，波的振幅按指数衰减。透射波振幅的衰减由波矢量的虚部描述，而传播的位相关系由波矢量的实部描述。将式(1.11-6)代入式(1.11-5)可以得到

$$-\left(\beta^2 + 2\mathrm{i}\boldsymbol{\alpha}\cdot\boldsymbol{\beta} - \alpha^2\right) + \mathrm{i}\omega\mu\sigma + \omega^2\varepsilon\mu = 0 \tag{1.11-8}$$

分别对实部和虚部写出等式，得到

$$\beta^2 - \alpha^2 = \omega^2\varepsilon\mu \tag{1.11-9}$$

$$2\boldsymbol{\alpha}\cdot\boldsymbol{\beta} = \omega\mu\sigma \tag{1.11-10}$$

为简单起见，考察平面波沿垂直于金属表面的方向传播的情形。设金属表面为 xy 平面，z 轴指向金属内部，式(1.11-7)变成

$$\boldsymbol{E} = \boldsymbol{E}_0 \exp(-\alpha z)\exp\left[\mathrm{i}(\beta z - \omega t)\right] \tag{1.11-11}$$

由式(1.11-9)和式(1.11-10)可以解得

$$\alpha = \omega\sqrt{\mu\varepsilon}\left[\frac{1}{2}\left(\sqrt{1+\frac{\sigma^2}{\varepsilon^2\omega^2}} - 1\right)\right]^{1/2} \tag{1.11-12}$$

$$\beta = \omega\sqrt{\mu\varepsilon}\left[\frac{1}{2}\left(\sqrt{1+\frac{\sigma^2}{\varepsilon^2\omega^2}} + 1\right)\right]^{1/2} \tag{1.11-13}$$

对于金属良导体$\sigma/\varepsilon\omega \gg 1$，可以得到

$$\alpha \approx \beta \approx \left(\frac{\omega\mu\sigma}{2}\right)^{1/2} \tag{1.11-14}$$

穿透深度为

$$z_0 = \frac{1}{\alpha} \approx \left(\frac{2}{\omega\mu\sigma}\right)^{1/2} \tag{1.11-15}$$

因为穿透深度很小，所以通常情况下金属是不透明的。

1.11.2　金属表面的反射

注意金属的麦克斯韦方程组式(1.11-1)和绝缘介质的麦克斯韦方程组差别仅在于第四式中多了一项$\sigma\boldsymbol{E}$，这一项是由金属中表层电流引起的。如果入射到金属表面的平面波为$\boldsymbol{E} = \boldsymbol{E}_0 \exp\left[\mathrm{i}(\boldsymbol{k}\cdot\boldsymbol{r} - \omega t)\right]$，则可以得到

$$\nabla\times\boldsymbol{H} = -\mathrm{i}\omega\varepsilon\boldsymbol{E} + \sigma\boldsymbol{E} \tag{1.11-16}$$

如果引入金属的复介电常数

$$\tilde{\varepsilon}=\varepsilon+\mathrm{i}\frac{\sigma}{\omega} \tag{1.11-17}$$

式(1.11-16)就可以写为

$$\nabla\times\boldsymbol{H}=-\mathrm{i}\omega\tilde{\varepsilon}\boldsymbol{E} \tag{1.11-18}$$

上式与绝缘介质中的麦克斯韦方程组在形式上完全相同，因此，平面波通过两种介质界面传播的边值关系，以及根据边值关系得到的关于反射和折射的公式，对于金属界面的情况也都仍然适用。对于光波垂直入射到金属界面的情形，反射率应为

$$R=\left|r^2\right|=\left|\frac{\tilde{n}-1}{\tilde{n}+1}\right|^2 \tag{1.11-19}$$

式中，$\tilde{n}=\sqrt{\tilde{\varepsilon}/\varepsilon_0}$，称为金属的复折射率。若令

$$\tilde{n}=n+\mathrm{i}\kappa \tag{1.11-20}$$

则式(1.11-19)可以表示为

$$R=\frac{n^2+\kappa^2+1-2n}{n^2+\kappa^2+1+2n} \tag{1.11-21}$$

表 1-12 所列为一些金属对于钠黄光($\lambda=539.8\text{nm}$)的折射率和反射率。

表 1-12　金属的光学常数($\lambda=539.8\text{nm}$)

金　属	n	κ	R	金　属	n	κ	R
钠	0.044	2.42	0.97	金(电解的)	0.47	2.83	0.82
银	0.20	3.44	0.94	铜	0.62	2.57	0.73
镁	0.37	4.42	0.93	镍(电解的)	1.58	3.42	0.66
铝	1.44	5.23	0.83	铂(电解的)	2.63	3.54	0.59
锡	1.48	5.25	0.83	铁(蒸发的)	1.51	1.63	0.33

在斜入射的情况下，同样可以利用介质的反射系数公式，即

$$r_{\mathrm{S}}=\frac{E'_{10\mathrm{S}}}{E_{10\mathrm{S}}}=-\frac{\sin(\theta_1-\theta_2)}{\sin(\theta_1+\theta_2)}$$

$$r_{\mathrm{P}}=\frac{E'_{10\mathrm{P}}}{E_{10\mathrm{P}}}=\frac{\tan(\theta_1-\theta_2)}{\tan(\theta_1+\theta_2)}$$

对反射率进行计算，应当注意的是，对于金属有

$$\tilde{n}\sin\theta_2=\sin\theta_1 \tag{1.11-22}$$

因为 $\tilde{n}$ 是复数，所以 $\sin\theta_2$ 也是复数，所以 θ_2 不再具有通常所理解的折射角的意义。将式(1.11-22)代入菲涅耳公式中，得到 S 波和 P 波的反射率为

$$R_{\mathrm{S}}=\frac{(n-\cos\theta_1)^2+\kappa^2}{(n+\cos\theta_1)^2+\kappa^2} \tag{1.11-23}$$

$$R_P = \frac{\left(n - \dfrac{1}{\cos\theta_1}\right)^2 + \kappa^2}{\left(n + \dfrac{1}{\cos\theta_1}\right)^2 + \kappa^2} \tag{1.11-24}$$

图1.26所示为银和铜两种金属的反射率随入射角θ_1变化的曲线(入射光的波长为450nm)，它与介质的反射率曲线相比较，有两点类似：一是在$\theta_1 = 90^\circ$时都趋于 1；二是R_P有一个极小值，但是金属的R_P的极小值不等于零。

另外，在金属中，r_S和r_P也都是复数，这表明反射光相对于入射光，S 波和 P 波都发生了位相跃变。随着入射角的不同，位相跃变的绝对值介于 0 和π之间，并且，一般地，S 波和 P 波的位相跃变不同，因此，若入射光为线偏振光，在金属表面反射的光一般将变为椭圆偏振光。

还有一点应当注意，对于同一种金属，入射光波长不同，反射率也不同。图 1.27 所示为在垂直入射时几种金属的反射率随波长变化的曲线。金属反射的这一性质，是由于金属的复介电常数和复折射率与频率有关所致，也就是电导率和实介电常数与频率有关引起的。

电导率是来源于自由电子的贡献，而实介电常数则是束缚电子的贡献。对于频率较低的光波，它主要对金属中的自由电子发生作用。自由电子将在光波电场的作用下强迫振动，产生次波，这些次波构成了很强的反射波和较弱的透射波，因此，导致金属对低频光波有较高的反射率。频率较高的光波(紫外光)也可以对金属中的束缚电子发生作用，这种作用将使金属反射能力降低，透射能力增大，呈现出非金属的光学性质。如图 1.27 所示，银对于红光和红外光反射率在 0.9 以上，而在紫外区，反射率很低，在$\lambda = 316$nm 附近，反射率降到 0.04，相当于玻璃的反射率，这时透射明显增大。铝的反射率随波长的变化比较平稳，对于紫外光仍有相当高的反射率，因此，铝经常被用作反射镜的金属镀层。应当注意的是铝膜容易氧化，因此，通常情况下都要在铝膜上加镀一层保护膜。

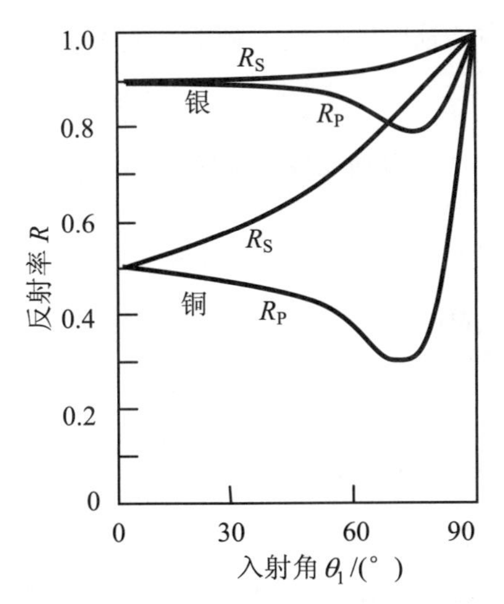

图 1.26　银和铜的反射率随入射角 θ_1 变化的曲线

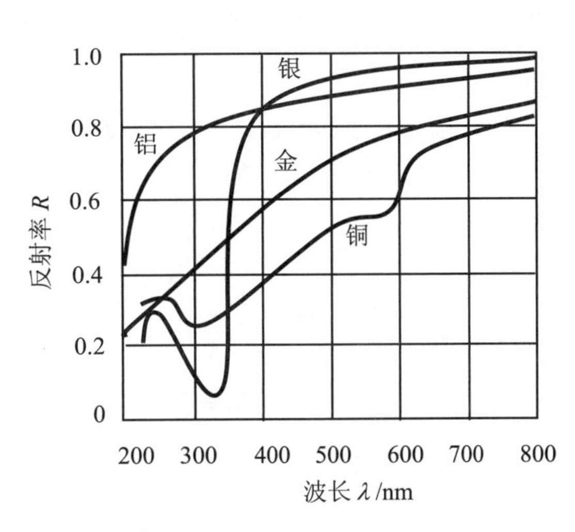

图 1.27　几种金属的反射率随波长变化的曲线

本节讨论了金属内的透射波以及光在金属表面的反射率，要点见表1-13。

表1-13 光在金属表面的透射和反射

金属中的平面波	穿透深度	金属表面的反射率
$\boldsymbol{E}=\boldsymbol{E}_0\exp(-\boldsymbol{\alpha}\cdot\boldsymbol{r})\exp[\mathrm{i}(\boldsymbol{\beta}\cdot\boldsymbol{r}-\omega t)]$	$z_0\approx\left(\dfrac{2}{\omega\mu\sigma}\right)^{1/2}$	$R=\dfrac{n^2+\kappa^2+1-2n}{n^2+\kappa^2+1+2n}$

小　结

本章以微分形式麦克斯韦方程组为理论基础，推导了电磁波在各向同性介质中传播时的波动方程，通过在直角坐标系、球坐标系和柱坐标系下解波动方程得到平面波、球面波和柱面波的具体表达形式。在此基础上讨论光波叠加所形成的光驻波和复色波以及与它们相关的波腹、波节、光学拍和群速度、相速度等相关概念。

本章以积分形式的麦克斯韦方程组为理论基础，推导了电磁波传播到介质交界面处所满足的边值关系，利用边值关系推导了光在介质表面的反射和折射规律，以及反射光和折射光与入射光之间的频率关系、波矢关系、振幅关系、能量关系，并进行了相关的讨论，得到菲涅耳公式、斯托克斯倒逆关系、反射率和透射率。

本章还讨论了反射光产生偏振和全反射的条件，给出了布儒斯特角和全反射的临界角，并介绍了相关的应用，最后，对光在金属表面的反射率和透射波进行了讨论。

应用实例

应用实例 1-1 如果光波一个线偏振光在溶液中传播时可以表示为$E_y=0$，$E_z=0$，$E_x=10\cos\left[10^{15}\pi\left(\dfrac{z}{0.8c}-t\right)+\dfrac{\pi}{3}\right]$，求光波在该溶液中传播时的振幅、频率、波长、速度和该溶液的折射率。

解： 根据光波的实数表达式$E=E_0\cos(kz-\omega t+\delta)$，得到光波的振幅为

$$E_0=10\mathrm{V/m}$$

光的频率为

$$\nu=\frac{\omega}{2\pi}=\frac{10^{15}\pi}{2\pi}=5\times10^{14}\,\mathrm{Hz}$$

光的波长为

$$\lambda=\frac{2\pi}{k}=\frac{2\pi\times0.8\times3\times10^8}{10^{15}\pi}\mathrm{m}=0.48\mu\mathrm{m}$$

光波在溶液中的速度为

$$\upsilon=\frac{\omega}{k}=\frac{10^{15}\pi\times0.8\times3\times10^8}{10^{15}\pi}\mathrm{m/s}=2.4\times10^8\,\mathrm{m/s}$$

溶液的折射率为

$$n=\frac{c}{\upsilon}=\frac{3\times10^{8}}{2.4\times10^{8}}=1.25$$

应用实例 1-2　如果两个光波的光振动分别表示为 $E_1=3\cos\pi t$ 和 $E_2=4\cos(\pi t+\pi/3)$，试利用代数加法和复数加法求合振动表达式。

解：(1) 代数加法。根据式(1.3-41)，有

$$E^2=E_{10}^2+E_{20}^2+2E_{10}E_{20}\cos(\alpha_2-\alpha_1)=3^2+4^2+2\times3\times4\times\cos\left(\frac{\pi}{3}\right)=37$$

因此，合振动的振幅为

$$E=\sqrt{37}\mathrm{V/m}$$

根据式(1.3-42)，有

$$\tan\alpha=\frac{E_{10}\sin\alpha_1+E_{20}\sin\alpha_2}{E_{10}\cos\alpha_1+E_{20}\cos\alpha_2}=\frac{3\sin0^\circ+4\sin\left(\frac{\pi}{3}\right)}{3\cos0^\circ+4\cos\left(\frac{\pi}{3}\right)}=\frac{2\sqrt{3}}{5}$$

因此，合振动的初位相为

$$\alpha=\tan^{-1}\left(\frac{2\sqrt{3}}{5}\right)$$

因此，合振动表达式为

$$E=\sqrt{37}\cos\left[\pi t+\tan^{-1}\left(\frac{2\sqrt{3}}{5}\right)\right]$$

(2) 复数加法。因为两个光波的光振动可以用复数分别表示为 $E_1=3\exp(\mathrm{i}\pi t)$ 和 $E_2=4\exp(\mathrm{i}\pi t)\cdot\exp\left(\frac{\mathrm{i}\pi}{3}\right)$，因此，有

$$E=\exp(\mathrm{i}\pi t)\left[3+4\exp\left(\frac{\mathrm{i}\pi}{3}\right)\right]=\exp(\mathrm{i}\pi t)\left[3+4(\cos60^\circ+\mathrm{i}\sin60^\circ)\right]$$

$$=\exp(\mathrm{i}\pi t)\left(5+\mathrm{i}2\sqrt{3}\right)=\sqrt{37}\exp\left[\mathrm{i}\left(\pi t+\tan^{-1}\left(\frac{2\sqrt{3}}{5}\right)\right)\right]$$

应用实例 1-3　一束 S 波以 60° 角从空气入射到某介质上，反射率为 0.20，求：(1) 介质的折射率；(2) S 波的透射系数是多少？

解：(1) 利用式(1.9-41)，并注意到光从光疏介质到光密介质时反射系数为负，可以得到 S 波的反射系数为

$$r_{\mathrm{S}}=-\sqrt{R_{\mathrm{S}}}=-\sqrt{0.2}\approx-0.45$$

利用式(1.8-12)，可以得到

$$n_2\sin\theta_2=n_1\sin\theta_1$$

利用式(1.9-21)，可以得到

$$n_2\cos\theta_2=\frac{1-r_{\mathrm{S}}}{1+r_{\mathrm{S}}}n_1\cos\theta_1$$

上两式相除得到

$$\tan\theta_2=\frac{1+r_{\mathrm{S}}}{1-r_{\mathrm{S}}}\tan\theta_1=\frac{1-0.45}{1+0.45}\tan60^\circ\approx0.66$$

因此得到$\theta_2=33.3^\circ$；再利用式(1.8-12)，得到介质的折射率为

$$n_2=\frac{n_1\sin\theta_1}{\sin\theta_2}=\frac{1\times\sin60^\circ}{\sin33.3^\circ}\approx1.58$$

(2) 利用式(1.9-22)，可以得到 S 波的透射系数为

$$t_{\mathrm{S}}=\frac{2n_1\cos\theta_1}{n_1\cos\theta_1+n_2\cos\theta_2}=\frac{2\times1\times\cos60^\circ}{1\times\cos60^\circ+1.58\times\cos33.3^\circ}=0.549$$

应用实例 1-4 一束光波入射玻璃-空气界面，若玻璃的折射率为 1.52，求：(1) 布儒斯特角；(2) 全反射临界角；(3) 该光波入射空气-玻璃界面时布儒斯特角是多少？

解：(1) 根据式(1.9-26)，布儒斯特角为

$$\tan\theta_{\mathrm{B}}=\frac{n_2}{n_1}=\frac{1}{1.52}\Rightarrow\theta_{\mathrm{B}}=33.34^\circ$$

(2) 根据式(1.9-27)，全反射临界角为

$$\sin\theta_{\mathrm{c}}=\frac{n_2}{n_1}=\frac{1}{1.52}\Rightarrow\theta_{\mathrm{c}}=41.14^\circ$$

(3) 根据式(1.9-26)，布儒斯特角为

$$\tan\theta_{\mathrm{B}}=\frac{n_2}{n_1}=1.52\Rightarrow\theta_{\mathrm{B}}=56.66^\circ$$

应用实例 1-5 一束光波以 54.62° 入射玻璃-空气界面，若玻璃的折射率为 1.52，求全反射光中 S 波和 P 波的相移，以及 S 波和 P 波的位相差。

解：根据式(1.10-7)，S 波的相移为

$$\tan\left(\frac{\delta_{\mathrm{S}}}{2}\right)=-\frac{\sqrt{\sin^2\theta_1-n^2}}{\cos\theta_1}=-\frac{\sqrt{\sin^2 54.62^\circ-(1/1.52)^2}}{\cos54.62^\circ}\Rightarrow\delta_{\mathrm{S}}\approx-80.08^\circ$$

根据式(1.10-8)，P 波的相移为

$$\tan\left(\frac{\delta_{\mathrm{P}}}{2}\right)=-\frac{\sqrt{\sin^2\theta_1-n^2}}{n^2\cos\theta_1}=-\frac{1.52^2\times\sqrt{\sin^2 54.62^\circ-(1/1.52)^2}}{\cos54.62^\circ}\Rightarrow\delta_{\mathrm{P}}\approx-125.08^\circ$$

根据式(1.10-9)，S 波和 P 波的位相差为

$$\tan\left(\frac{\delta}{2}\right)=\tan\left(\frac{\delta_{\mathrm{S}}-\delta_{\mathrm{P}}}{2}\right)=\frac{\cos\theta_1\sqrt{\sin^2\theta_1-n^2}}{\sin^2\theta_1}=\frac{\cos54.62^\circ\sqrt{\sin^2 54.62^\circ-(1/1.52)^2}}{\sin^2 54.62^\circ}\Rightarrow\delta=45^\circ$$

由此可见，S 波和 P 波合成为左旋椭圆偏振光。

习　题

1.1　某一平面电磁波电矢量表示 $E=(-2x+2\sqrt{3}y)\exp\left[\mathrm{i}(\sqrt{3}x+y+6\times10^{8}t)\right]$，计算该平面电磁波的振动方向、传播方向、振幅、波数、相速度、频率和波长。

1.2　一束光在玻璃中传播时表示为 $E_y=0$，$E_z=0$，$E_x=10\cos\left[\pi\times10^{15}(z/0.65c-t)\right]$，试求该光波的振幅、频率、波长以及玻璃的折射率。

1.3　一个平面电磁波可以表示为 $E_x=0$，$E_z=0$，$E_y=\cos\left[2\pi\times10^{14}(z/c-t)+\dfrac{\pi}{3}\right]$。试求：(1) 该光波的振幅、频率、波长和初位相；(2) 波的传播方向和电矢量的振动方向；(3) 与电场相联系的磁场 $\boldsymbol{B}$。

1.4　一平面简谐电磁波在真空中沿 z 方向传播，其电矢量的振动面在 xOz 平面内。电磁波的频率为 $\nu=10^{6}\mathrm{Hz}$，振幅 $E_0=0.08\mathrm{V/m}$。试求：(1)该电磁波的周期和波长；(2) $\boldsymbol{E}$ 和 $\boldsymbol{B}$ 的表示式；(3) 电磁波的强度。

1.5　真空中传播的某磁场表示为 $B_x=0$，$B_z=0$，$B_y=10^{-3}\cos\left[4\pi\times10^{8}(z-3\times10^{8}t)\right]$，试写出与其对应的电场的表示式。

1.6　在维纳光驻波实验中，涂有感光乳胶膜的玻璃片的长度为 1cm。玻璃片一端与反射镜接触，另一端与反射镜相距 $10\,\mu\mathrm{m}$。实验中测量出乳胶上两个黑纹的距离为 $250\,\mu\mathrm{m}$，问所用光波的波长是多少？

1.7　一束线偏振光在 45° 角下入射到空气-玻璃界面，线偏振光的电矢量垂直于入射面。假设玻璃的折射率 n=1.52，试求反射系数和透射系数。

1.8　光波在折射率分别为 n_1 和 n_2 的界面上反射和折射，设由 n_1 进入 n_2 时入射角为 θ_1，折射角为 θ_2，S 波和 P 波的反射系数分别为 r_S 和 r_P，透射系数分别为 t_S 和 t_P。由 n_2 进入 n_1 时入射角为 θ_2，折射角为 θ_1，S 波和 P 波的反射系数分别为 r'_S 和 r'_P，透射系数分别为 t'_S 和 t'_P。试利用菲涅耳公式证明：(1) $r_\mathrm{S}=-r'_\mathrm{S}$；(2) $r_\mathrm{P}=-r'_\mathrm{P}$；(3) $t_\mathrm{S}t'_\mathrm{S}+r_\mathrm{S}^2=1$；(4) $t_\mathrm{P}t'_\mathrm{P}+r_\mathrm{P}^2=1$。

1.9　电矢量振动方向与入射面成 45° 角的一束线偏振光入射到两介质的界面上，若入射角 θ_1=30°，两介质的折射率分别为 n_1=1 和 n_2=1.5，问反射光中电矢量与入射面所成的角度是多少？若 θ_1=60°，反射光电矢量与入射面所成的角度又是多少？

1.10　光束垂直入射到玻璃-空气界面，玻璃折射率 n=1.50，试计算反射系数、透射系数、反射率和透射率。

1.11　如图 1.28 所示，玻璃块周围介质(水)的折射率为 1.33。若光束射向玻璃块的入射角为 45°，玻璃块的折射率至少应为多大才能使透入光束发生全反射？

1.12　如图 1.29 所示，一根圆柱形光纤，纤芯折射率为 n_1，包层折射率为 n_2，且 $n_1>n_2$，(1) 证明：入射光的最大孔径角 2β 满足关系式 $\sin\beta=\sqrt{n_1^2-n_2^2}$；(2) n_1=1.62，n_2=1.52，

求最大孔径角 2β。

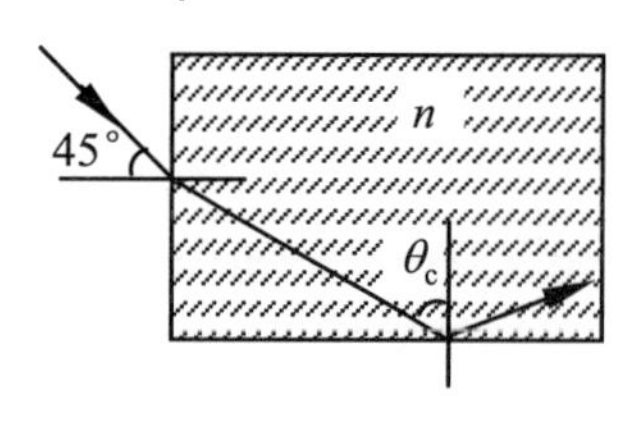

图 1.28　习题 1.11 用图

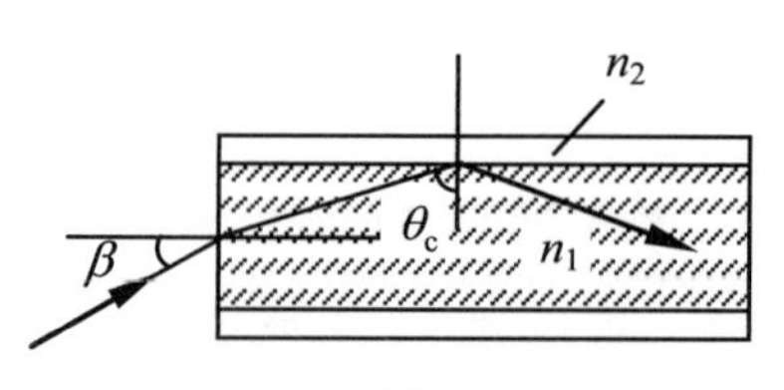

图 1.29　习题 1.12 用图

1.13　如图 1.30 所示，一根弯曲圆柱形光纤，其纤芯直径为 D，曲率半径为 R，(1) 证明：入射光的最大孔径角 2β 满足关系式 $\sin\beta=\sqrt{n_1^2-n_2^2\left(1+D/2R\right)^2}$；(2) 若 n_1=1.62，n_2=1.52，D=70 μm，R=12mm，求最大孔径角 2β。

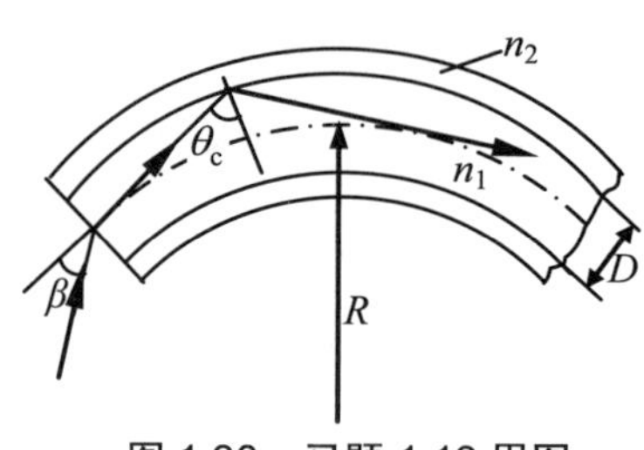

图 1.30　习题 1.13 用图

1.14　如图 1.31 所示，光束以很小角度入射到一块折射率 n=1.50 的玻璃平板上。试求相继从平板反射的两束光和透射的两束光的相对强度。

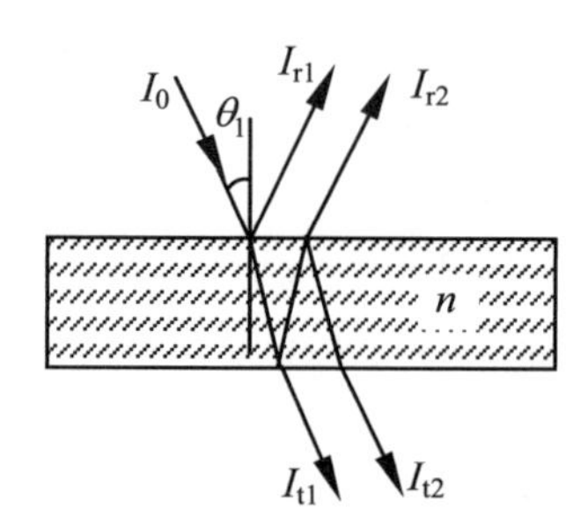

图 1.31　习题 1.14 用图

1.15　两个振动方向相同的单色波在空间某一点 P 产生的光振动分别表示为 $E_1=E_{10}\cos(\alpha_1-\omega t)$ 和 $E_2=E_{20}\cos(\alpha_2-\omega t)$，若 $\omega=2\pi\times10^{15}\,\text{Hz}$，$E_{10}=6\,\text{V/m}$，$E_{20}=8\,\text{V/m}$，$\alpha_1$=0，$\alpha_2=\dfrac{\pi}{2}$。求 P 点合振动表达式。

1.16　两个振动方向相同，沿 z 方向传播的光波可以表示为 $E_1=E_0\sin\left[k(z+\Delta z)-\omega t\right]$，$E_2=E_0\sin(kz-\omega t)$。求合振动的表达式。

1.17　在真空中沿 z 方向传播的两个振动方向相同的单色波可以分别表示为 $E_1 = E_0\cos\left[2\pi\left(\frac{z}{\lambda}-\nu t\right)\right]$，$E_2 = E_0\cos\left\{2\pi\left[\frac{z}{(\lambda+\Delta\lambda)}-(\nu-\Delta\nu)t\right]\right\}$。若 $E_0 = 100\,\text{V/m}$，$\nu = 6\times10^{14}\,\text{Hz}$，$\Delta\nu = 10^{18}\,\text{Hz}$，试求合成波在 $z=0$，$z=1\text{m}$ 处的强度随时间的变化关系。

1.18　利用波的复数表达式求两个波 $E_1 = E_0\cos(kz+\omega t)$，$E_2 = -E_0\cos(kz-\omega t)$ 的合成波。

1.19　证明群速度可以表示为：$\upsilon_{\text{g}} = \dfrac{c}{n+\omega(\text{d}n/\text{d}\omega)}$。

1.20　计算下列各种情况的群速度：(1) $\upsilon = \sqrt{g\lambda/2\pi}$；(2) $\upsilon = \sqrt{2\pi T/\rho\lambda}$；(3) $n = a + b/\lambda^2$；(4) $\omega = ak^2$。

第2章 光在各向异性介质中的传播规律与应用

教学目的与要求

- 掌握晶体的基本性质
- 掌握光轴、主平面和主截面的基本概念
- 掌握光在晶体中传播的基本规律
- 掌握光在晶体中的菲涅耳方程
- 掌握光在单轴晶体中的传播规律
- 了解波矢折射率曲面方程和光线折射率曲面方程
- 了解波矢曲面方程和光线曲面方程
- 了解波矢速度面方程和光线速度面方程
- 掌握光在晶体表面的反射和折射规律
- 了解双轴晶体产生的锥形折射

本章引言

【双折射】

光波在诸如石英、方解石等介质中传播时，其传播规律与光的传播方向有关，这类介质称为各向异性介质。

当光波在各向异性介质中传播时，需要分析和讨论光波电磁场各个矢量的变化，从而掌握光波电磁场在各向异性介质中传播时所遵循的普遍规律；当光波遇到两种介质的交界面时，需要分析和讨论光波在两种介质的交界面处所产生的双反射或双折射，从而掌握两束光波对应的折射率和速度等关系。

【激光调Q技术】

在实际中，可以利用晶体的折射率随传播方向的变化来进行激光倍频；可以利用晶体的电光效应构成激光器的调Q装置，图2.0为调Q、倍频固体激光器结构示意图，该激光器中用到了KDP、YAG和KTP晶体，可见，晶体在光电子技术中起着重要的作用。

【晶体】

本章围绕光在各向异性介质中和界面处所遵循的基本规律而展开。首先，利用微分形式的麦克斯韦方程组推导出光波电磁场在各向异性介质中传播的基本规律。在此基础上推导出光在晶体中的菲涅耳方程，通过求解波矢菲涅耳方程，讨论 o 光和 e 光的振动方向、e 光的离散角。利用光在晶体中的菲涅耳方程，推导出波矢折射率曲面方程和光线折射率曲面方程、波矢曲面方程和光线曲面方程、波矢速度面方程和光线速度面方程。其次，通过斯涅耳作图法和惠更斯作图法对光在晶体表面的双反射和双折射进行讨论。最后，通过分析晶体内锥形折射和外锥形折射的条件和推导所满足的方程来加深对光波在各向异性介质中传播规律的理解和掌握。

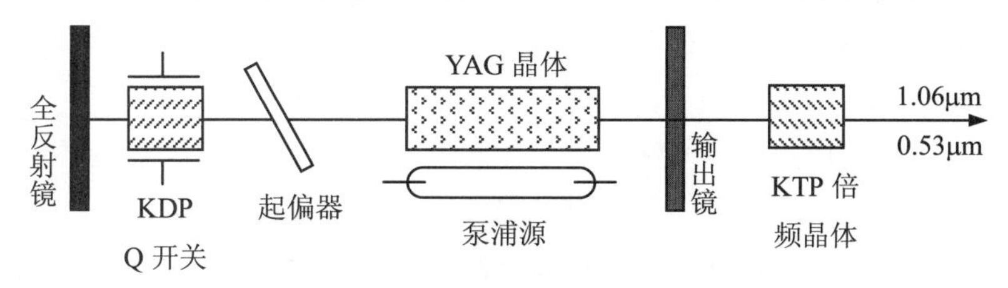

图 2.0　调 Q、倍频固体激光器结构示意图

2.1　各向异性晶体概述

晶体结构的主要特点是组成晶体的原子、分子、离子或其集团在空间排列组合时，表现出一定的空间周期性和对称性。这种结构特点导致了晶体宏观性质的各向异性(anisotropy)。本节将介绍晶体的基本性质；寻常光和非常光；晶体的光轴；主平面、主截面和入射面；介电张量和折射率张量以及张量的变换。加强对本节基本概念和基本关系的理解和掌握是学好本章其他内容的重要基础。

1. 各向异性晶体(anisotropic crystal)的基本性质

由于各向同性介质的介电常数或折射率是一个常数，因此，当光在各向同性介质中传播时，光的频率、相速度是相同的，与光的传播方向无关。而在各向异性介质中则完全不同，介电常数或折射率与光的传播方向及电矢量的振动方向有着复杂的关系。

所谓各向异性介质一般指光学晶体，它与非晶体的各向同性介质的区别主要有两个方面：一是周期性，二是对称性。

周期性是指构成晶体的原子或分子在空间按一定的方向排列成具有周期性的结构。图 2.1 所示为一种晶体的正交结构。周期排列的骨架称为晶格，原子重心点称为结点，结点构成的总体称为空间点阵。整个晶体结构可以看作是结点沿空间不同方向按一定距离平移而成，其平移距离为周期。

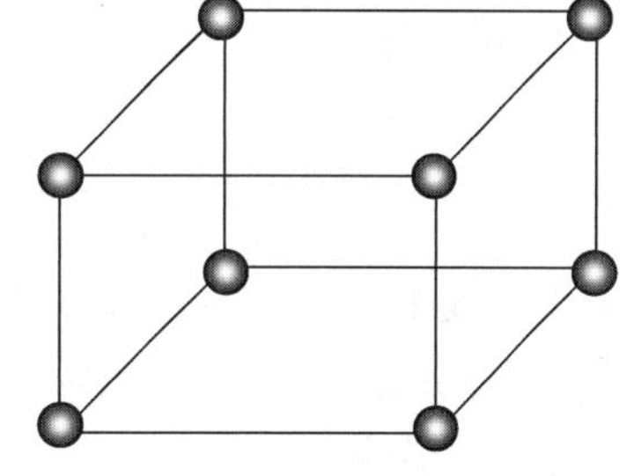

图 2.1　晶体的正交结构

因为不同方向的周期不一样，表现为原子疏密随方向不同而产生差异，因此晶体的光学性质，甚至电、磁性质与方向有密切的关系，这就是晶体的介电常数或折射率与光的传播方向有关的根本原因。

所谓对称性就是通过某种操作能恢复原状的性质。对称分为轴对称、面对称和中心对称。按目前的研究情况，晶体在结构上可以分为七大类：正交、单斜、三斜、三角、四角、六角和立方。而每一大类因为加入原子的位置不同又可以把晶体分为 32 个点群。

【寻常光和非常光】

2. 寻常光与非常光

当一束单色光在各向同性介质的界面折射时，折射光只有一束，而且遵循折射定律。但是，当一束单色光在各向异性晶体的界面折射时，一般可以产生两束折射光，这种现象称为双折射。在两束折射光中，有一束总是遵循折射定律，把这束折射光称为寻常光，用符号 o 表示；另一束折射光则不然，一般情况下，即使入射角等于零，其折射角也不等于零，称它为非常光，用符号 e 表示。

晶体的双折射(birefringence)现象表示晶体在光学上是各向异性的，更具体地说，对于振动方向相互垂直的两个线偏振光，在晶体中有着不同的传播速度(或折射率)，从光的电磁理论来看，晶体的这种特殊的光学性质是光波电磁场与晶体相互作用的结果。晶体在光学上的各向异性，实质上表示晶体与入射光电磁场相互作用的各向异性。应当指出，许多非晶体物质，其分子、原子也具有不对称的方向性，但由于它们在物质中的无规则排列和运动，在整体上仍呈现出宏观的规则性。只是在外界一定方向的力的作用下，它们的取向可能出现一定的规则性，从而呈现出各向同性，这就是人为的各向同性。

3. 晶体的光轴

在晶体中有着一个特殊的方向，当光在晶体中沿着这个方向传播时 o 光和 e 光除了振动方向以外完全重合，晶体内这个特殊的方向称为晶体的光轴。各向异性晶体按光学性质可以分成两类，即单轴晶体和双轴晶体(biaxial crystal)。只有一个光轴的晶体称为单轴晶体，如方解石、石英、KDP 等。自然界的大部分晶体具有两个光轴，如云母、蓝宝石等，这类晶体称为双轴晶体。另外，像 NaCl、CaF_2 等晶体则属于立方晶系的晶体，是各向同性的，不产生双折射，这类晶体与各向同性介质一样，下面再提到晶体都是指各向异性晶体。

4. 主平面、主截面与入射面

【主平面】

在单轴晶体内，由光线和光轴组成的平面称为主平面。由 o 光线和光轴组成的平面称为 o 光的主平面；由 e 光线和光轴组成的平面称为 e 光的主平面。在一般情况下，o 光的主平面和 e 光的主平面是不重合的。由晶体表面法线和光轴组成的平面称为主截面。由入射光波矢和晶体表面法线构成的平面称为入射面。

主平面、主截面和入射面 3 个平面重合是在特定条件下实现的。当光波在由光轴和晶体表面法线组成的平面内入射时，则 o 光和 e 光都在这个平面内，这个平面也就是 o 光和 e 光的共同的主平面。在实际应用中，都有意选择入射面与主截面重合，以使所研究的双折射现象大为简化。

如果用检偏器(详见 6.1 节)来检验 o 光和 e 光的偏振状态，就会发现 o 光和 e 光都是线偏振光，并且，o 光的电矢量与 o 光主平面垂直，因而总是与光轴垂直；e 光的电矢量在 e 光主平面内，因而它与光轴的夹角就随着传播方向的不同而改变。o 光的主平面和 e 光的主平面在一般情况下并不重合，只有当 o 光和 e 光都位于主截面内时，o 光和 e 光的主平面才重合。值得注意的是：o 光和 e 光的电矢量总是互相垂直。

5. 介电张量与折射率张量

在各向异性介质中，电极化强度 **P** 的大小和方向都依赖于电场的方向。因此，一般来说 **D** 和 **E** 不再同向。当电场不是很强时，**D** 的 3 个分量和 **E** 的 3 个分量之间呈线性关系，可以表示为

$$\begin{cases} D_x = \varepsilon_{xx}E_x + \varepsilon_{xy}E_y + \varepsilon_{xz}E_z \\ D_y = \varepsilon_{yx}E_x + \varepsilon_{yy}E_y + \varepsilon_{yz}E_z \\ D_z = \varepsilon_{zx}E_x + \varepsilon_{zy}E_y + \varepsilon_{zz}E_z \end{cases} \tag{2.1-1}$$

$\varepsilon_{xx},\varepsilon_{yy},\cdots$ 组成介电张量 $[\varepsilon]$。因此，矢量 **D** 是介电张量 $[\varepsilon]$ 与 **E** 的乘积，即

$$\boldsymbol{D} = [\varepsilon]\boldsymbol{E} \tag{2.1-2}$$

将式(2.1-1)和式(2.1-2)用矩阵形式写出，就是

$$\begin{bmatrix} D_x \\ D_y \\ D_z \end{bmatrix} = \begin{bmatrix} \varepsilon_{xx} & \varepsilon_{xy} & \varepsilon_{xz} \\ \varepsilon_{yx} & \varepsilon_{yy} & \varepsilon_{yz} \\ \varepsilon_{zx} & \varepsilon_{zy} & \varepsilon_{zz} \end{bmatrix} \begin{bmatrix} E_x \\ E_y \\ E_z \end{bmatrix} \tag{2.1-3}$$

为了讨论问题方便起见，经常利用另一种形式的物质方程，即从式(2.1-3)中解出 **E**，并写成

$$\begin{bmatrix} E_x \\ E_y \\ E_z \end{bmatrix} = \frac{1}{\varepsilon_0} \begin{bmatrix} 1/n_{xx}^2 & 1/n_{xy}^2 & 1/n_{xz}^2 \\ 1/n_{yx}^2 & 1/n_{yy}^2 & 1/n_{yz}^2 \\ 1/n_{zx}^2 & 1/n_{zy}^2 & 1/n_{zz}^2 \end{bmatrix} \begin{bmatrix} D_x \\ D_y \\ D_z \end{bmatrix} \tag{2.1-4}$$

或者简写为

$$\boldsymbol{E} = \frac{1}{\varepsilon_0}[n]\boldsymbol{D} \tag{2.1-5}$$

式中，ε_0 是真空介电常数，$[n]$ 称为折射率张量。

6. 张量的变换

介电张量和折射率张量是描述介质特性的物理量，但它们的具体形式会随着坐标系变换而改变。设 xyz 为旧坐标，$x'y'z'$ 为新坐标，新坐标系的 3 个沿坐标轴方向的单位矢量在旧坐标系中的分量可以表示为

$$\begin{cases} x' = a_{xx}x + a_{xy}y + a_{xz}z \\ y' = a_{yx}x + a_{yy}y + a_{yz}z \\ z' = a_{zx}x + a_{zy}y + a_{zz}z \end{cases} \tag{2.1-6}$$

这里，a_{xx}、a_{xy}和a_{xz} 是新坐标 x' 的单位矢量在旧坐标系中的 3 个分量，其余类推。也就是说，a_{ij} 是新轴 i' 与旧轴 i 之间的夹角的余弦。一般来说，$a_{ij} \neq a_{ji}$。

根据矢量的坐标变换公式，电矢量在新旧坐标系里的 3 个分量之间的关系为

$$\begin{bmatrix} E_{x'} \\ E_{y'} \\ E_{z'} \end{bmatrix} = \begin{bmatrix} a_{xx} & a_{xy} & a_{xz} \\ a_{yx} & a_{yy} & a_{yz} \\ a_{zx} & a_{zy} & a_{zz} \end{bmatrix} \begin{bmatrix} E_x \\ E_y \\ E_z \end{bmatrix} \tag{2.1-7}$$

或者简写为

$$\boldsymbol{E}' = [a]\boldsymbol{E} \tag{2.1-8}$$

同样，对于电位移矢量也有

$$\boldsymbol{D}' = [a]\boldsymbol{D} \tag{2.1-9}$$

由式(2.1-2)、式(2.1-8)和式(2.1-9)可以得到

$$\boldsymbol{D}' = [a][\varepsilon][a]^{-1}\boldsymbol{E}' \tag{2.1-10}$$

因此，$[a][\varepsilon][a]^{-1}$描述了新坐标系中 $\boldsymbol{D}'$ 与 $\boldsymbol{E}'$ 之间的关系，它就是介电张量在新坐标系中的表达式，用$[\varepsilon']$表示。于是有

$$[\varepsilon'] = [a][\varepsilon][a]^{-1} \tag{2.1-11}$$

折射率张量也有同样的变换公式：

$$[n'] = [a][n][a]^{-1} \tag{2.1-12}$$

在晶体中，总可以找到一个直角坐标系，使$[\varepsilon]$在这个坐标系中呈对角矩阵形式，因此式(2.1-3)可以写成

$$\begin{bmatrix} D_x \\ D_y \\ D_z \end{bmatrix} = \begin{bmatrix} \varepsilon_x & 0 & 0 \\ 0 & \varepsilon_y & 0 \\ 0 & 0 & \varepsilon_z \end{bmatrix} \begin{bmatrix} E_x \\ E_y \\ E_z \end{bmatrix} \tag{2.1-13}$$

x、y和z 是 3 个相互垂直的方向，称为晶体的主轴方向，ε_x、ε_y和ε_z 称为晶体的主介电常数。

由式(2.1-13)可见，若$\varepsilon_x \neq \varepsilon_y \neq \varepsilon_z$，则只有当电场 $\boldsymbol{E}$ 的方向沿主轴方向时，$\boldsymbol{D}$ 和 $\boldsymbol{E}$ 才有相同的方向，一般地，$\boldsymbol{D}$ 和 $\boldsymbol{E}$ 有不同的方向，如图 2.2 所示。

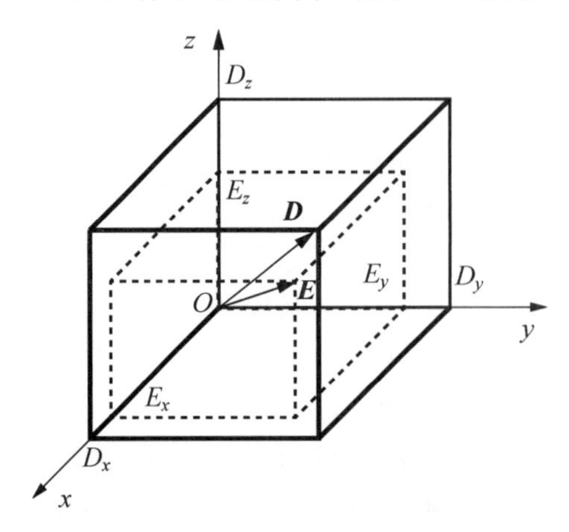

图 2.2　晶体中 *D* 和 *E* 的关系

上述$\varepsilon_x \neq \varepsilon_y \neq \varepsilon_z$的情况对应的是双轴晶体，而单轴晶体对应于$\varepsilon_x = \varepsilon_y \neq \varepsilon_z$的情况，这时晶体光轴平行于 z 方向，并且，当 $\boldsymbol{E}$ 的方向沿 z 轴方向或沿垂直于 z 轴的任一方向时，$\boldsymbol{D}$ 和 $\boldsymbol{E}$ 同方向。各向同性晶体对应于$\varepsilon_x = \varepsilon_y = \varepsilon_z$的情况，这时在晶体中任意一个方向上，$\boldsymbol{D}$ 和 $\boldsymbol{E}$ 都同方向。

本节介绍了晶体的基本性质；晶体双折射时产生的寻常光和非常光；重要的概念：晶

体的光轴、主平面、主截面和入射面；介电张量和折射率张量以及张量的变换。本节要点见表 2-1。

表 2-1　晶体的性质、结构、种类及概念

性　质	结　构	种　类	D 和 E 的关系	光　轴	主　平　面	主　截　面
周期性 对称性	正交、单斜、三斜、三角、四角、六角、立方	单轴 $\varepsilon_x=\varepsilon_y\neq\varepsilon_z$ 双轴 $\varepsilon_x\neq\varepsilon_y\neq\varepsilon_z$	$\boldsymbol{D}=[\varepsilon]\boldsymbol{E}$	光在晶体中传播时 o 光和 e 光重合的方向	光线和光轴构成的平面	晶体表面法线和光轴构成的平面

2.2　光在晶体中传播的基本规律

与研究各向同性介质中光的传播规律一样，本节仍然用麦克斯韦方程组作为理论基础，研究各向异性介质中单色平面波的各矢量关系；晶体中光波的相速度(波矢速度)和光线速度以及晶体中 $\boldsymbol{E}$ 和 $\boldsymbol{D}$ 的关系。

2.2.1　晶体中单色平面波的各矢量关系

光波是一种电磁波，光波在物质中的传播过程可以用麦克斯韦方程组和物质方程来描述。在透明非磁性各向同性介质中，它们可以写成

$$\begin{cases}\nabla\cdot\boldsymbol{D}=0\\ \nabla\cdot\boldsymbol{B}=0\\ \nabla\times\boldsymbol{E}=-\dfrac{\partial\boldsymbol{B}}{\partial t}\\ \nabla\times\boldsymbol{H}=\dfrac{\partial\boldsymbol{D}}{\partial t}\\ \boldsymbol{D}=\varepsilon\boldsymbol{E}\\ \boldsymbol{B}=\mu\boldsymbol{H}\end{cases}\tag{2.2-1}$$

在各向异性晶体中，麦克斯韦方程组仍然适用，但物质方程要用 $\boldsymbol{D}=[\varepsilon]\boldsymbol{E}$ 来代替，即介电常数不再是一个标量常数，而是一个二阶张量。设晶体中传播着一个单色平面波，这个平面波可以写为

$$\begin{pmatrix}\boldsymbol{E}\\ \boldsymbol{D}\\ \boldsymbol{H}\end{pmatrix}=\begin{pmatrix}\boldsymbol{E}_0\\ \boldsymbol{D}_0\\ \boldsymbol{H}_0\end{pmatrix}\exp\left[\mathrm{i}\left(\boldsymbol{k}\cdot\boldsymbol{r}-\omega t\right)\right]\tag{2.2-2}$$

把式(2.2-2)代入式(2.2-1)的第三式和第四式，得到

$$\boldsymbol{k}\times\boldsymbol{E}=\omega\mu_0\boldsymbol{H}\tag{2.2-3}$$

$$\boldsymbol{k}\times\boldsymbol{H}=-\omega\boldsymbol{D}\tag{2.2-4}$$

由式(2.2-3)和式(2.2-4)可以看出，$\boldsymbol{H}$ 垂直于 $\boldsymbol{E}$ 和 $\boldsymbol{k}$，$\boldsymbol{D}$ 垂直于 $\boldsymbol{H}$ 和 $\boldsymbol{k}$，所以 $\boldsymbol{H}$ 垂直于 $\boldsymbol{E}$、$\boldsymbol{D}$

和 $\boldsymbol{k}$，因此，$\boldsymbol{E}$、$\boldsymbol{D}$ 和 $\boldsymbol{k}$ 在垂直于 $\boldsymbol{H}$ 的同一平面内。另外，代表能量传播方向即光线方向的坡印亭矢量为 $\boldsymbol{S}=\boldsymbol{E}\times\boldsymbol{H}$，因此，$\boldsymbol{E}$、$\boldsymbol{D}$、$\boldsymbol{k}$ 和 $\boldsymbol{S}$ 都与 $\boldsymbol{H}$ 垂直，即 $\boldsymbol{E}$、$\boldsymbol{D}$、$\boldsymbol{k}$ 和 $\boldsymbol{S}$ 是共面的。

在一般情况下，$\boldsymbol{E}$ 和 $\boldsymbol{D}$ 不同方向，所以 $\boldsymbol{k}$ 和 $\boldsymbol{S}$ 也不同方向。假设 $\boldsymbol{E}$ 和 $\boldsymbol{D}$ 的夹角为 α，那么 $\boldsymbol{k}$ 和 $\boldsymbol{S}$ 的夹角也为 α。晶体中单色平面波的各矢量关系如图 2.3 所示。

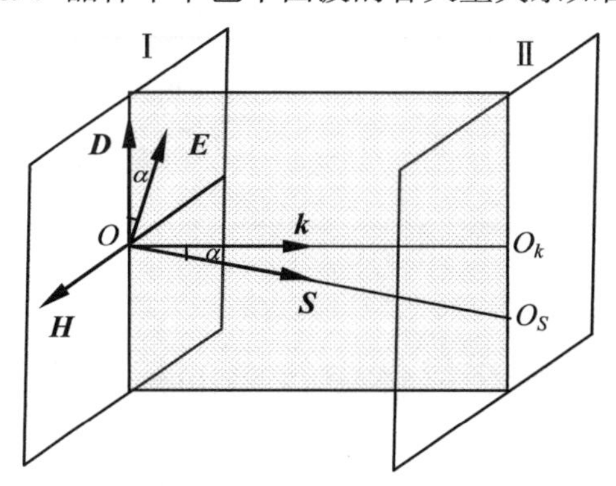

图 2.3　晶体中单色平面波的各矢量关系

2.2.2　晶体中光波的相速度与光线速度

由图 2.3 可以看出，当平面波从波面Ⅰ的位置传播到波面Ⅱ的位置时，波矢就从 O 点传播到 O_k 点，而光线就从 O 点传播到 O_S 点。因此，晶体中光波的相速度 υ_{p} 和光线速度 υ_{s} 也不相等。根据电磁场能量密度公式有

$$w_{\mathrm{em}}=w_{\mathrm{e}}+w_{\mathrm{m}}=\frac{1}{2}\left(\boldsymbol{E}\cdot\boldsymbol{D}+\boldsymbol{B}\cdot\boldsymbol{H}\right) \tag{2.2-5}$$

因为电场能量密度等于磁场能量密度，因此

$$w_{\mathrm{em}}=\boldsymbol{E}\cdot\boldsymbol{D}=\boldsymbol{B}\cdot\boldsymbol{H} \tag{2.2-6}$$

利用式(2.2-4)可以得到

$$w_{\mathrm{em}}=\boldsymbol{E}\cdot\boldsymbol{D}=\frac{k}{\omega}\boldsymbol{E}\cdot\left(\boldsymbol{H}\times\boldsymbol{k}_0\right)=\frac{n}{c}\left(\boldsymbol{E}\times\boldsymbol{H}\right)\cdot\boldsymbol{k}_0=\frac{n}{c}|S|\boldsymbol{s}_0\cdot\boldsymbol{k}_0 \tag{2.2-7}$$

$\boldsymbol{k}_0$ 是 $\boldsymbol{k}$ 方向的单位矢量，$\boldsymbol{s}_0$ 是 $\boldsymbol{S}$ 方向的单位矢量，对于各向同性介质，因为 $\boldsymbol{k}$ 和 $\boldsymbol{S}$ 方向一致，所以有

$$w_{\mathrm{em}}=\frac{n}{c}|S| \tag{2.2-8}$$

对于各向异性介质，因为 $\boldsymbol{k}$ 和 $\boldsymbol{S}$ 方向不一致，则

$$\boldsymbol{\upsilon}_{\mathrm{p}}=\upsilon_{\mathrm{p}}\boldsymbol{k}_0=\frac{|S|}{w_{\mathrm{em}}}\boldsymbol{k}_0=\frac{c}{n}\boldsymbol{k}_0 \tag{2.2-9}$$

由于光线速度是能流密度与能量密度之比，因此

$$\boldsymbol{\upsilon}_{\mathrm{s}}=\upsilon_{\mathrm{s}}\boldsymbol{s}_0=\frac{|S|}{w_{\mathrm{em}}}\boldsymbol{s}_0=\frac{c}{n\boldsymbol{s}_0\cdot\boldsymbol{k}_0}\boldsymbol{s}_0 \tag{2.2-10}$$

所以相速度和光线速度有如下关系：

$$\upsilon_{\mathrm{p}}=\upsilon_{\mathrm{s}}\boldsymbol{s}_0\cdot\boldsymbol{k}_0=\upsilon_{\mathrm{s}}\cos\alpha \tag{2.2-11}$$

因此，单色平面波的相速度是其光线速度在波矢方向上的投影。

2.2.3　晶体中 $\boldsymbol{E}$ 与 $\boldsymbol{D}$ 的关系

由式(2.2-4)可以得到

$$\boldsymbol{D}=\frac{1}{\omega}\boldsymbol{H}\times\boldsymbol{k} \tag{2.2-12}$$

将式(2.2-3)代入式(2.2-12)，得到

$$\begin{aligned}\boldsymbol{D}&=\frac{1}{\mu_0\omega^2}\boldsymbol{k}\times\boldsymbol{E}\times\boldsymbol{k}=-\frac{k^2}{\mu_0\omega^2}\boldsymbol{k}_0\times(\boldsymbol{k}_0\times\boldsymbol{E})\\&=-\frac{n^2}{\mu_0c^2}\boldsymbol{k}_0\times(\boldsymbol{k}_0\times\boldsymbol{E})=-\varepsilon_0n^2\boldsymbol{k}_0\times(\boldsymbol{k}_0\times\boldsymbol{E})\end{aligned} \tag{2.2-13}$$

利用恒等式 $\boldsymbol{A}\times(\boldsymbol{B}\times\boldsymbol{C})=\boldsymbol{B}(\boldsymbol{A}\cdot\boldsymbol{C})-\boldsymbol{C}(\boldsymbol{A}\cdot\boldsymbol{B})$ 可以将式(2.2-13)写成

$$\boldsymbol{D}=\varepsilon_0n^2\left[\boldsymbol{E}-\boldsymbol{k}_0(\boldsymbol{k}_0\cdot\boldsymbol{E})\right] \tag{2.2-14}$$

式(2.2-14)中方括号内的矢量$\left[\boldsymbol{E}-\boldsymbol{k}_0(\boldsymbol{k}_0\cdot\boldsymbol{E})\right]$实际上表示 $\boldsymbol{E}$ 在垂直于 $\boldsymbol{k}$ (即平行于 $\boldsymbol{D}$)方向的分量，也就是 $\boldsymbol{E}$ 在 $\boldsymbol{D}$ 方向的分量，记为 $\boldsymbol{E}_D$，因此，式(2.2-14)可以改写为

$$\boldsymbol{D}=\varepsilon_0n^2\boldsymbol{E}_D \tag{2.2-15}$$

由于 $\boldsymbol{E}_D=\boldsymbol{E}\cos\alpha$，因此，结合式(2.2-15)有

$$\boldsymbol{E}=\frac{\boldsymbol{E}_D}{\cos\alpha}=\frac{\boldsymbol{D}}{\varepsilon_0n^2\cos\alpha}=\frac{1}{\varepsilon_0(n\cos\alpha)^2}\boldsymbol{D}\cos\alpha=\frac{1}{\varepsilon_0(n\cos\alpha)^2}\boldsymbol{D}_E \tag{2.2-16}$$

式(2.2-16)中，$\boldsymbol{D}_E$ 表示 $\boldsymbol{D}$ 在 $\boldsymbol{E}$ 方向的分量，$\boldsymbol{E}_D$ 和 $\boldsymbol{D}_E$ 的含义如图 2.4 所示。

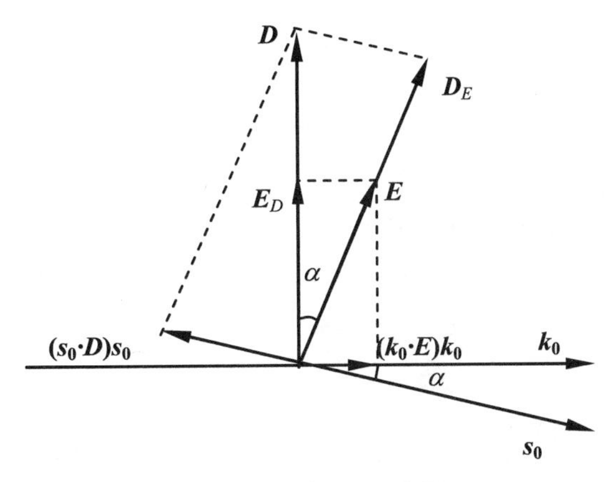

图 2.4　$\boldsymbol{E}_D$ 和 $\boldsymbol{D}_E$ 示意图

根据折射率的定义 $n=c/\upsilon_{\mathrm{p}}$，因此，可以在形式上定义“光线折射率”(或射线折射率、能流折射率)为

$$n_s = \frac{c}{\upsilon_s} = \frac{c}{\upsilon_p}\cos\alpha = n\cos\alpha \tag{2.2-17}$$

因此，可将式(2.2-16)表示为

$$\boldsymbol{E} = \frac{1}{\varepsilon_0 n_s^2}\boldsymbol{D}_E \tag{2.2-18}$$

或者

$$\boldsymbol{E} = \frac{1}{\varepsilon_0 n_s^2}\left[\boldsymbol{D} - \boldsymbol{s}_0\left(\boldsymbol{s}_0 \cdot \boldsymbol{D}\right)\right] \tag{2.2-19}$$

式(2.2-14)、式(2.2-15)、式(2.2-18)和式(2.2-19)是麦克斯韦方程组的直接推论，它们决定了在晶体中传播的电磁波的结构，给出了沿某一$\boldsymbol{k}(\boldsymbol{S})$方向传播的光波电场$\boldsymbol{E}(\boldsymbol{D})$与晶体特性参数$n(n_s)$的关系，因而是描述晶体光学性质的基本方程。

应当注意的是，式(2.2-14)和式(2.2-19)在形式上相似，因此可以得到如下两行对应的变量：

$$\begin{matrix} \boldsymbol{E}, & \boldsymbol{D}, & \boldsymbol{k}, & \boldsymbol{S}, & c, & \varepsilon_0, & \upsilon_p, & n, & \varepsilon_1, & \cdots, & \upsilon_1,\cdots \\ \boldsymbol{D}, & \boldsymbol{E}, & \boldsymbol{S}, & \boldsymbol{k}, & \frac{1}{c}, & \frac{1}{\varepsilon_0}, & \frac{1}{\upsilon_s}, & \frac{1}{n_s}, & \frac{1}{\varepsilon_1}, & \cdots, & \frac{1}{\upsilon_1},\cdots \end{matrix} \tag{2.2-20}$$

式(2.2-20)称为对偶关系，利用这一规则，可以很方便地完成光在晶体中传播规律的研究。

本节以麦克斯韦方程组为理论基础，讨论了各向异性介质中单色平面波的各矢量关系；光波的相速度和光线速度以及 $\boldsymbol{E}$ 和 $\boldsymbol{D}$ 的关系。本节要点见表 2-2。

表 2-2　光在晶体中的传播规律

位置关系	矢量关系	相速度与光线速度	基本方程
$\boldsymbol{E}$，$\boldsymbol{D}$，$\boldsymbol{S}$ 和 $\boldsymbol{k}$ 四矢共面，并且都与 $\boldsymbol{H}$ 垂直	$\boldsymbol{E}\perp\boldsymbol{S}$，$\boldsymbol{D}\perp\boldsymbol{k}$，$\boldsymbol{D}$ 和 $\boldsymbol{E}$ 的夹角等于 $\boldsymbol{k}$ 和 $\boldsymbol{S}$ 的夹角	$\upsilon_p = \upsilon_s\cos\alpha$	$\boldsymbol{D} = \varepsilon_0 n^2\left[\boldsymbol{E} - \boldsymbol{k}_0(\boldsymbol{k}_0\cdot\boldsymbol{E})\right]$ $\boldsymbol{E} = \frac{1}{\varepsilon_0 n_s^2}\left[\boldsymbol{D} - \boldsymbol{s}_0(\boldsymbol{s}_0\cdot\boldsymbol{D})\right]$

2.3　光在晶体中的菲涅耳方程

波矢菲涅耳方程和光线菲涅耳方程是晶体光学中十分重要也是最基本的方程，它们反映了波矢方向和光线方向所对应的两个线偏振光波的折射率或速度。本节将推导这两个方程。

2.3.1　波矢菲涅耳方程

为了考察晶体的光学特性，选取主轴坐标系，因而物质方程为

$$D_i = \varepsilon_i E_i \tag{2.3-1}$$

式(2.3-1)中 i 表示 x、y、z，将基本方程 $\boldsymbol{D} = \varepsilon_0 n^2\left[\boldsymbol{E} - \boldsymbol{k}_0(\boldsymbol{k}_0\cdot\boldsymbol{E})\right]$ 写成分量形式

$$D_i = \varepsilon_0 n^2\left[E_i - k_{0i}(\boldsymbol{k}_0\cdot\boldsymbol{E})\right] \tag{2.3-2}$$

将式(2.3-1)代入式(2.3-2)，可以得到

$$D_i = \varepsilon_0 n^2 \left[\frac{D_i}{\varepsilon_i} - k_{0i}(\boldsymbol{k}_0 \cdot \boldsymbol{E}) \right] \tag{2.3-3}$$

将 $\varepsilon_i = \varepsilon_0 \varepsilon_{ri}$ 代入，经过整理可得

$$D_i = \frac{\varepsilon_0 k_{0i}(\boldsymbol{k}_0 \cdot \boldsymbol{E})}{\dfrac{1}{\varepsilon_{ri}} - \dfrac{1}{n^2}} \tag{2.3-4}$$

由于 $\boldsymbol{D} \perp \boldsymbol{k}_0$，因此 $\boldsymbol{D} \cdot \boldsymbol{k}_0 = 0$，也就是 $D_x k_{0x} + D_y k_{0y} + D_z k_{0z} = 0$，因此

$$\frac{k_{0x}^2}{\dfrac{1}{n^2} - \dfrac{1}{\varepsilon_{rx}}} + \frac{k_{0y}^2}{\dfrac{1}{n^2} - \dfrac{1}{\varepsilon_{ry}}} + \frac{k_{0z}^2}{\dfrac{1}{n^2} - \dfrac{1}{\varepsilon_{rz}}} = 0 \tag{2.3-5}$$

这一方程被称为波矢菲涅耳方程。它给出了单色平面波在晶体中传播时，光波折射率 n 与光波矢方向 $\boldsymbol{k}_0$ 之间所满足的关系。波矢菲涅耳方程通分后可以化为一个 n^2 的二次方程，如果波矢方向 $\boldsymbol{k}_0$ 已知，一般地由这个方程可解得两个不相等的实根 n_1^2 和 n_2^2，而其中有意义的只有等于 n_1 和 n_2 的两个正根。这表明在晶体中对应于光波的一个传播方向 $\boldsymbol{k}_0$，可以有两种不同的光波折射率。把 n_1 和 n_2 代入式(2.3-4)，便可以确定对应的两个光波的 $\boldsymbol{D}$ 矢量方向，因此，也一定有两个光波的 $\boldsymbol{E}$ 矢量方向。

通过计算可以知道，两个光波都是线偏振光，并且它们的 $\boldsymbol{D}$ 矢量相互垂直，$\boldsymbol{E}$ 矢量也相互垂直。由于 $\boldsymbol{D}$、$\boldsymbol{E}$、$\boldsymbol{S}$ 和 $\boldsymbol{k}$ 四矢共面，并且 $\boldsymbol{E} \perp \boldsymbol{s}_0$，所以，这两个线偏振光波有不同的光线方向($\boldsymbol{S}_1$ 和 $\boldsymbol{S}_2$)和光线速度(υ_1 和 υ_2)，这样也从理论上阐明了双折射的存在。与 $\boldsymbol{k}_0$ 对应的 $\boldsymbol{D}$、$\boldsymbol{E}$ 和 $\boldsymbol{S}$ 如图 2.5 所示。因为 $n_i^2 = \varepsilon_{ri}$，所以又可以得到

$$\frac{k_{0x}^2}{\dfrac{1}{n^2} - \dfrac{1}{n_x^2}} + \frac{k_{0y}^2}{\dfrac{1}{n^2} - \dfrac{1}{n_y^2}} + \frac{k_{0z}^2}{\dfrac{1}{n^2} - \dfrac{1}{n_z^2}} = 0 \tag{2.3-6}$$

式中，n 是 $\boldsymbol{k}_0$ 方向的折射率；n_x、n_y 和 n_z 是 3 个主轴方向的折射率，被称为主轴折射率。

由于 $n^2 = \dfrac{c^2}{\upsilon_p^2}$，$n_i^2 = \dfrac{c^2}{\upsilon_i^2}$，因此，上式可改写为

$$\frac{k_{0x}^2}{\upsilon_p^2 - \upsilon_x^2} + \frac{k_{0y}^2}{\upsilon_p^2 - \upsilon_y^2} + \frac{k_{0z}^2}{\upsilon_p^2 - \upsilon_z^2} = 0 \tag{2.3-7}$$

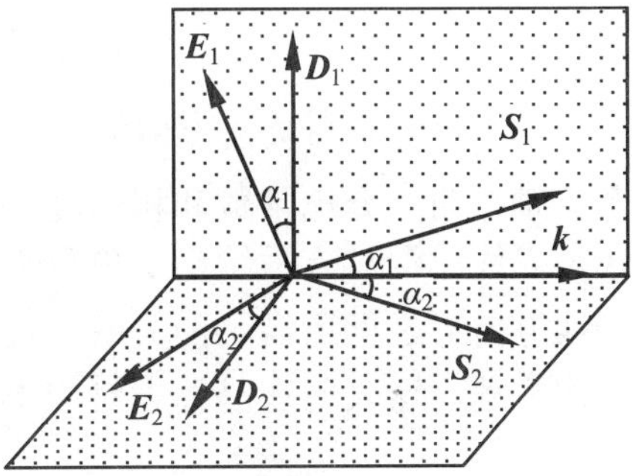

图 2.5　与 $\boldsymbol{k}_0$ 对应的 $\boldsymbol{D}$、$\boldsymbol{E}$、$\boldsymbol{S}$

式中，υ_p 是 $\boldsymbol{k}_0$ 方向的相速度；υ_x、υ_y 和 υ_z 是 3 个主轴方向的相速度。式(2.3-6)和式(2.3-7)是波矢菲涅耳方程的另外两种形式。式(2.3-7)给出了单色平面波在晶体中传播时，光波相速度 υ_p 与光波矢方向 $\boldsymbol{k}_0$ 之间所满足的关系。由于式(2.3-7)是关于 υ_p^2 的二次方程，这表明在晶体中对应于

光波的一个传播方向 $\boldsymbol{k}_0$，可以有两种不同的光波相速度。

2.3.2 光线菲涅耳方程

上面讨论的波矢菲涅耳方程确定了在给定的 $\boldsymbol{k}$ 方向两个线偏振光波的折射率或相速度。类似地，将基本方程 $\boldsymbol{E}=\frac{1}{\varepsilon_0 n_s^2}[\boldsymbol{D}-\boldsymbol{s}_0(\boldsymbol{s}_0\cdot\boldsymbol{D})]$ 写成分量形式

$$\boldsymbol{E}_i=\frac{1}{\varepsilon_0 n_s^2}[\boldsymbol{D}_i-\boldsymbol{s}_{0i}(\boldsymbol{s}_0\cdot\boldsymbol{D})] \tag{2.3-8}$$

将式(2.3-1)代入式(2.3-8)中，可以得到

$$\boldsymbol{E}_i=\frac{1}{\varepsilon_0 n_s^2}[\varepsilon_i\boldsymbol{E}_i-\boldsymbol{s}_{0i}(\boldsymbol{s}_0\cdot\boldsymbol{D})] \tag{2.3-9}$$

将 $\varepsilon_i=\varepsilon_0\varepsilon_{ri}$ 代入式(2.3-9)，经过整理可得

$$E_i=\frac{s_{0i}(\boldsymbol{s}_0\cdot\boldsymbol{D})/\varepsilon_0}{\varepsilon_{ri}-n_s^2} \tag{2.3-10}$$

由于 $\boldsymbol{E}\perp\boldsymbol{s}_0$，因此 $\boldsymbol{E}\cdot\boldsymbol{s}_0=0$，也就是 $E_x s_{0x}+E_y s_{0y}+E_z s_{0z}=0$。因此，得到相应于光线方向 $\boldsymbol{s}_0$ 的光线菲涅耳方程

$$\frac{s_{0x}^2}{n_s^2-\varepsilon_{rx}}+\frac{s_{0y}^2}{n_s^2-\varepsilon_{ry}}+\frac{s_{0z}^2}{n_s^2-\varepsilon_{rz}}=0 \tag{2.3-11}$$

因为 $n_i^2=\varepsilon_{ri}$，所以又可以得到

$$\frac{s_{0x}^2}{n_s^2-n_x^2}+\frac{s_{0y}^2}{n_s^2-n_y^2}+\frac{s_{0z}^2}{n_s^2-n_z^2}=0 \tag{2.3-12}$$

式(2.3-12)又可以改写为

$$\frac{s_{0x}^2}{\frac{1}{\upsilon_s^2}-\frac{1}{\upsilon_x^2}}+\frac{s_{0y}^2}{\frac{1}{\upsilon_s^2}-\frac{1}{\upsilon_y^2}}+\frac{s_{0z}^2}{\frac{1}{\upsilon_s^2}-\frac{1}{\upsilon_z^2}}=0 \tag{2.3-13}$$

式中，n_s 和 υ_s 分别是 $\boldsymbol{s}_0$ 方向的光线折射率和光线速度，ε_x、ε_y、ε_z 和 υ_x、υ_y、υ_z 分别是 3 个主轴方向的介电常数和相速度。式(2.3-12)和式(2.3-13)是光线菲涅耳方程的另外两种形式。光线菲涅耳方程给出了单色平面波在晶体中传播时，光线折射率 n_s 和光线速度 υ_s 与光线方向 $\boldsymbol{s}_0$ 之间所满足的关系。式(2.3-11)、式(2.3-12)和式(2.3-13)分别是关于 n_s^2 和 υ_s^2 的二次方程，这表明在晶体中对应于一个光线方向 $\boldsymbol{s}_0$，可以有两种不同的光线折射率和光线速度。

式(2.3-11)、式(2.3-12)和式(2.3-13)可以由式(2.3-5)、式(2.3-6)和式(2.3-7)直接通过式(2.2-20)的变量代换得出。因此，无论是根据式(2.3-5)、式(2.3-6)和式(2.3-7)，还是根据式(2.3-11)、式(2.3-12)和式(2.3-13)都可以同样地完成光在晶体中的传播规律的研究。

本节推导了波矢菲涅耳方程和光线菲涅耳方程。本节的要点见表 2-3。

表 2-3　波矢菲涅耳方程和光线菲涅耳方程

波矢菲涅耳方程	$\dfrac{k_{0x}^2}{\dfrac{1}{n^2}-\dfrac{1}{n_x^2}}+\dfrac{k_{0y}^2}{\dfrac{1}{n^2}-\dfrac{1}{n_y^2}}+\dfrac{k_{0z}^2}{\dfrac{1}{n^2}-\dfrac{1}{n_z^2}}=0$	$\dfrac{k_{0x}^2}{\upsilon_p^2-\upsilon_x^2}+\dfrac{k_{0y}^2}{\upsilon_p^2-\upsilon_y^2}+\dfrac{k_{0z}^2}{\upsilon_p^2-\upsilon_z^2}=0$
光线菲涅耳方程	$\dfrac{s_{0x}^2}{n_s^2-n_x^2}+\dfrac{s_{0y}^2}{n_s^2-n_y^2}+\dfrac{s_{0z}^2}{n_s^2-n_z^2}=0$	$\dfrac{s_{0x}^2}{\dfrac{1}{\upsilon_s^2}-\dfrac{1}{\upsilon_x^2}}+\dfrac{s_{0y}^2}{\dfrac{1}{\upsilon_s^2}-\dfrac{1}{\upsilon_y^2}}+\dfrac{s_{0z}^2}{\dfrac{1}{\upsilon_s^2}-\dfrac{1}{\upsilon_z^2}}=0$

2.4　折射率椭球方程

在光学系统设计和光学晶体的实际应用中，经常用到的是晶体的折射率，因此，希望能把波矢量 $\boldsymbol{k}$ 与折射率直接联系起来。利用场能密度公式可以推出折射率与电位移 $\boldsymbol{D}$ 的关系。由于 $\boldsymbol{D}$ 与 $\boldsymbol{k}$ 垂直，因此可以得到 $\boldsymbol{k}$ 与折射率的关系。本节将推导晶体的折射率椭球，并对单轴和双轴晶体的折射率椭球进行讨论。

2.4.1　折射率椭球

在晶体的介电主轴坐标系中，物质方程有如下简单形式

$$D_x=\varepsilon_0\varepsilon_{rx}E_x,\ D_y=\varepsilon_0\varepsilon_{ry}E_y,\ D_z=\varepsilon_0\varepsilon_{rz}E_z \tag{2.4-1}$$

因此，电磁场的能量密度表达式可以写为

$$w_{em}=\boldsymbol{E}\cdot\boldsymbol{D}=\frac{1}{\varepsilon_0}\left(\frac{D_x^2}{\varepsilon_{rx}}+\frac{D_y^2}{\varepsilon_{ry}}+\frac{D_z^2}{\varepsilon_{rz}}\right) \tag{2.4-2}$$

在不考虑光波在晶体中传播被吸收的情况下，电磁场的能量密度是一定的，因此有

$$A=\left(\frac{D_x^2}{\varepsilon_{rx}}+\frac{D_y^2}{\varepsilon_{ry}}+\frac{D_z^2}{\varepsilon_{rz}}\right) \tag{2.4-3}$$

式中，$A=w_{em}\varepsilon_0$。考虑到 $n_i^2=\varepsilon_{ri}(i=x,y,z)$，可以得到

$$A=\frac{D_x^2}{n_x^2}+\frac{D_y^2}{n_y^2}+\frac{D_z^2}{n_z^2} \tag{2.4-4}$$

若用 x、y和z 代替 $D_x/\sqrt{A}$、$D_y/\sqrt{A}$和$D_z/\sqrt{A}$，并取为空间直角坐标系，则可以得到

$$\frac{x^2}{n_x^2}+\frac{y^2}{n_y^2}+\frac{z^2}{n_z^2}=1 \tag{2.4-5}$$

这个方程代表一个椭球，它的半轴等于主轴折射率，并与介电主轴的方向重合。这个椭球称为折射率椭球(又称光率体)，如图 2.6 所示。折射率椭球具有以下两点重要性质，它们是利用折射率椭球的主要依据。

第一，折射率椭球任意一条矢径的方向表示光波 $\boldsymbol{D}$ 矢量的一个方向，矢径的长度表示 $\boldsymbol{D}$ 矢量沿矢径方向振动的光波的折射率。因此，折射率椭球的矢径 $\boldsymbol{r}$ 可以表示为

$$\boldsymbol{r} = n\boldsymbol{d} \tag{2.4-6}$$

式中，$\boldsymbol{d}$ 是 $\boldsymbol{D}$ 矢量方向的单位矢量。

第二，从折射率椭球的原点 O 出发，作平行于给定波矢方向 $\boldsymbol{k}_0$ 的直线 OP，再通过原点 O 作一平面与 OP 垂直，该平面与椭球的截线是一个椭圆，如图 2.7 所示。椭圆的长轴方向和短轴方向就是对应于波矢方向 $\boldsymbol{k}_0$ 的两个允许存在的光波的 $\boldsymbol{D}$ 矢量($\boldsymbol{D}_1$和$\boldsymbol{D}_2$)方向，而长、短半轴的长度则分别等于两个光波的折射率 n_1 和 n_2。

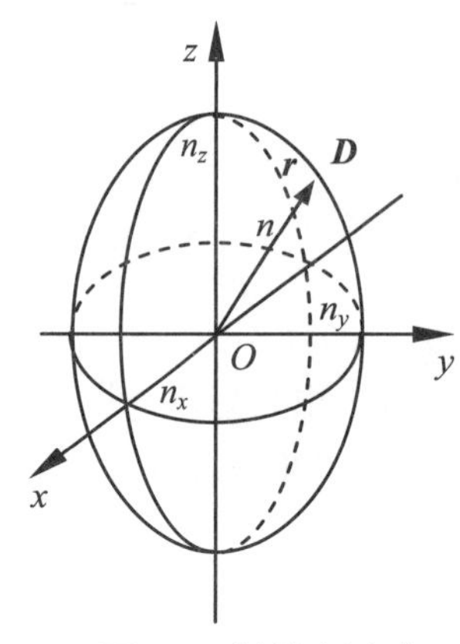

图 2.6　折射率椭球

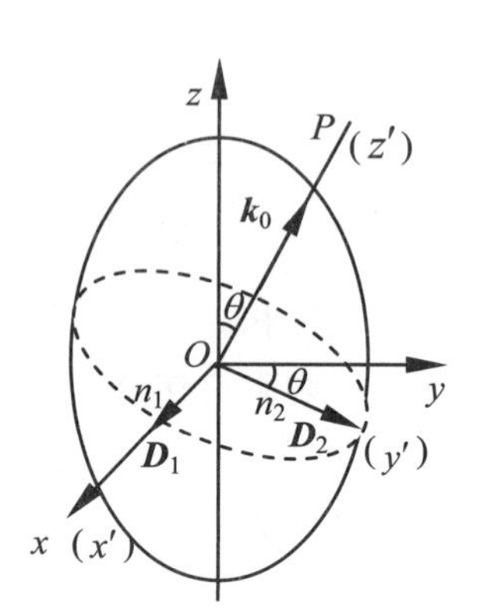

图 2.7　$\boldsymbol{k}_0$ 方向的折射率 n_1 和 n_2

【单轴晶体的折射率椭球】

2.4.2　单轴晶体的折射率椭球

对于单轴晶体，$n_x = n_y = n_o$，$n_z = n_e$，所以其折射率椭球的方程为

$$\frac{x^2}{n_o^2} + \frac{y^2}{n_o^2} + \frac{z^2}{n_e^2} = 1 \tag{2.4-7}$$

这一方程表示的是一个旋转轴为光轴(z 轴)的旋转椭球。图 2.8(a)和图 2.8(b)分别给出了正单轴晶体$(n_o < n_e)$和负单轴晶体$(n_o > n_e)$的折射率椭球的形状。

1. 由单轴晶体的折射率椭球可以得出以下几点结论

(1) 椭球在 xOy 平面上的截线是一个圆，其半径为 n_o。这表示当光波沿着 z 轴方向传播时，只有一种折射率的两个光波，其 $\boldsymbol{D}$ 矢量可以取垂直于 z 轴的任意方向。所以 z 轴就是单轴晶体的光轴。

(2) 椭球在 xOz、yOz 或其他包含 z 轴的平面内的截线是一个椭圆，它的两个半轴长度分别为 n_o 和 n_e。这表示当波矢方向垂直于光轴方向时，可以允许两个线偏振光波传播，一个光波的 $\boldsymbol{D}$ 矢量平行于光轴方向，折射率为 n_e，另一个光波的 $\boldsymbol{D}$ 矢量垂直于光轴和波矢方向，折射率为 n_o。显然，前者就是 e 光波，而后者是 o 光波。

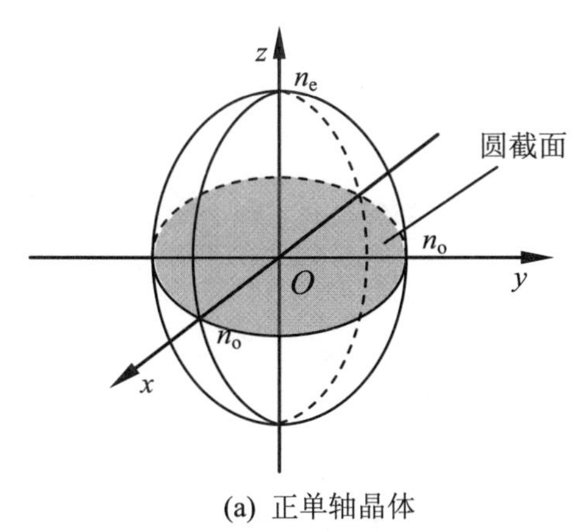

(a) 正单轴晶体

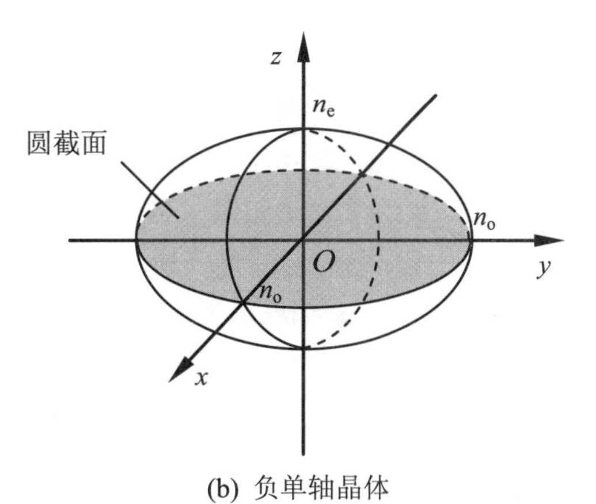

(b) 负单轴晶体

图 2.8　单轴晶体的折射率椭球

(3) 当波矢方向与光轴成 θ 角时(图 2.7)，通过椭球中心 O 的垂直于 $\boldsymbol{k}_0$ 的平面与椭球的截线也是一个椭圆，它的两个半轴长度一个为 n_o，另一个介于 n_o 和 n_e 之间。

从图 2.7 可以看出，由于旋转椭球的 x 轴和 y 轴的任意性，可以假设 $\boldsymbol{k}_0$ 和 z 构成的平面为 yOz 平面。若建立新的坐标系 $O-x'y'z'$，使 z' 与 $\boldsymbol{k}_0$ 重合，x' 与 x 重合，则 y' 在 yOz 平面内。这时，截面即为 $x'Oy'$ 面，其方程为

$$z'=0 \tag{2.4-8}$$

新旧坐标系的变换关系为

$$\begin{cases} x=x' \\ y=y'\cos\theta+z'\sin\theta \\ z=-y'\sin\theta+z'\cos\theta \end{cases} \tag{2.4-9}$$

将式(2.4-9)代入式(2.4-7)，并注意到式(2.4-8)，得到

$$\frac{x'^2}{n_o^2}+\frac{y'^2\cos^2\theta}{n_o^2}+\frac{y'^2\sin^2\theta}{n_e^2}=1 \tag{2.4-10}$$

经过整理，可以得到截线方程为

$$\frac{x'^2}{n_o^2}+\frac{y'^2}{n_e^2(\theta)}=1 \tag{2.4-11}$$

式中

$$n_e(\theta)=\frac{n_o n_e}{\sqrt{n_o^2\sin^2\theta+n_e^2\cos^2\theta}} \tag{2.4-12}$$

通过式(2.4-11)可以看到，这个椭圆有一个半轴的长度为 n_o，方向为 x 轴方向。也就是说，如果 $\boldsymbol{k}_0$ 在 yOz 平面内，不论 $\boldsymbol{k}_0$ 的方向如何，它总有一个线偏振光的折射率不变(等于 n_o)，相应地，$\boldsymbol{D}$ 方向垂直于 $\boldsymbol{k}_0$ 与 z 构成的平面，这就是 o 光。对于椭圆的另一个半轴，其长度为 $n_e(\theta)$，且在 yOz 平面内。即相应于 $\boldsymbol{k}_0$ 的另一个线偏振光的 $\boldsymbol{D}$ 矢量在 $\boldsymbol{k}_0$ 与 z 构成的平面内，相应的折射率 $n_e(\theta)$ 随 $\boldsymbol{k}_0$ 的方向变化，这就是 e 光。

2. 两种特殊情况

(1) $\theta = 0$ 时，$\boldsymbol{k}_0$ 与 z 轴重合，这时，$n_e(\theta) = n_o$，截线方程为

$$x^2 + y^2 = n_o^2 \tag{2.4-13}$$

这是一个半径为 n_o 的圆。可见，沿 z 轴方向传播的两个光波只有一种折射率为 n_o，$\boldsymbol{D}$ 矢量的振动方向除与 z 轴垂直外，没有其他约束，即沿 z 轴方向传播的光波可以允许任意振动方向，因此，z 轴就是单轴晶体的光轴。

(2) $\theta = \pi/2$ 时，$\boldsymbol{k}_0$ 与 z 轴垂直，这时，$n_e(\theta) = n_e$，截线方程为

$$\frac{x^2}{n_o^2} + \frac{z^2}{n_e^2} = 1 \tag{2.4-14}$$

由于折射率椭球是旋转椭球，x 和 y 坐标轴可任意选取，椭球在 xOz 和 yOz 或其他包含 z 轴的平面内的截线是一个椭圆，它的两个半轴的长度分别为 n_o 和 n_e。这表示当 $\boldsymbol{k}_0$ 与光轴垂直时，可以允许有两个线偏振光波传播，一个光波的 $\boldsymbol{D}$ 矢量垂直于 $\boldsymbol{k}_0$ 和光轴方向，折射率为 n_o，该光波为 o 光。另一个光波的 $\boldsymbol{D}$ 矢量平行于光轴方向，折射率为 n_e，该光波为 e 光。

【双轴晶体的折射率椭球】

2.4.3 双轴晶体的折射率椭球

对于双轴晶体，$n_x \neq n_y \neq n_z$，所以式(2.4-5)就是双轴晶体的折射率椭球方程。习惯上常选择 $n_x < n_y < n_z$，下面来研究折射率椭球的 xOz 截面，其方程为

$$\frac{x^2}{n_x^2} + \frac{z^2}{n_z^2} = 1 \tag{2.4-15}$$

这是一个椭圆，如图 2.9(a)所示。

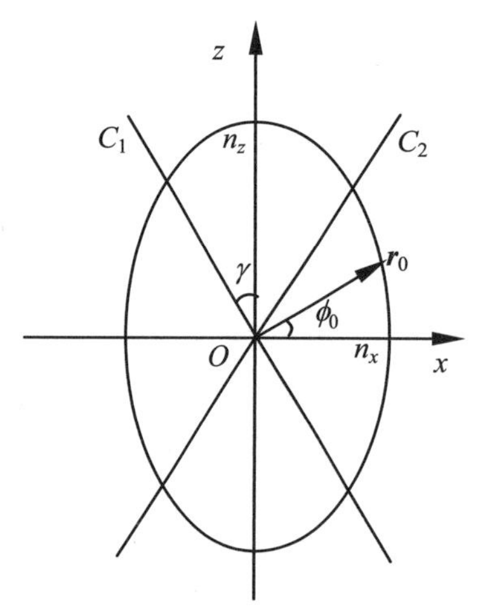

(a) 折射率椭球的 xOz 截面

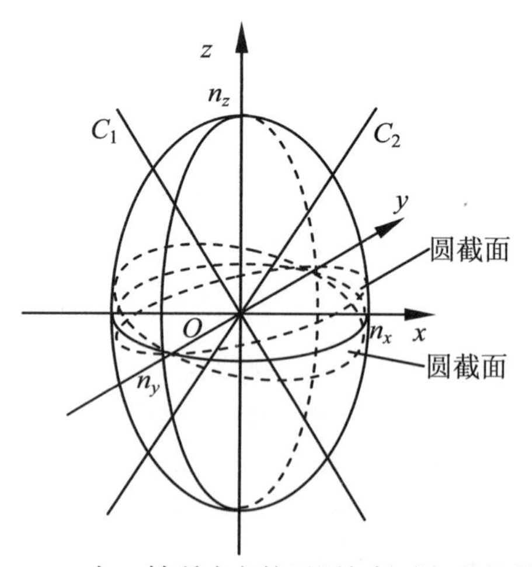

(b) r_0 与 y 轴所决定的平面与椭球相截的截面

图 2.9 双轴晶体的折射率椭球的 xOz 截面与光轴

如果从中心 O 向椭圆引矢径 $\boldsymbol{r}$，易见 $\boldsymbol{r}$ 的长度随 $\boldsymbol{r}$ 与 x 轴的夹角 ϕ 而变：当 $\phi=0$ 时，$|r|=n_x$；当 $\phi=\pi/2$ 时，$|r|=n_z$。由于 $n_x<n_y<n_z$，所以必有一个矢径 $\boldsymbol{r}_0$，其长度为 $|r_0|=n_y$。这时，$\boldsymbol{r}_0$ 与 y 轴所决定的平面与椭球相截的截面是一个圆，如图 2.9(b)所示。因此，当光波的波矢方向 $\boldsymbol{k}_0$ 垂直于圆截面时，只有一种折射率 $\left(n=n_y\right)$ 的光波，其 $\boldsymbol{D}$ 矢量在圆截面内振动，且方向不受限制。显然，晶体内与圆截面的法线方向对应的方向就是光轴方向。由折射率椭球的对称性可知，晶体内存在这样两个方向线 C_1 和 C_2，故把这种晶体称为双轴晶体。

由图 2.9(a)可知，晶体光轴 C_1 与 z 轴的夹角 γ 等于矢径 $\boldsymbol{r}_0$ 与 x 轴的夹角 ϕ_0。利用式(2.4-15)，可以得到

$$\frac{(n_y\cos\phi_0)^2}{n_x^2}+\frac{(n_y\sin\phi_0)^2}{n_z^2}=1 \tag{2.4-16}$$

因此可以得到

$$\tan\phi_0=\tan\gamma=\pm\frac{n_z}{n_x}\sqrt{\frac{n_y^2-n_x^2}{n_z^2-n_y^2}} \tag{2.4-17}$$

式中正负号表示光轴 C_1 和 C_2 对称地位于 z 轴的两侧。

利用双轴晶体的折射率椭球可以确定相应于 $\boldsymbol{k}$ 方向的两个折射率和振动方向，只是计算比单轴晶体复杂得多。对于双轴晶体不存在折射率与波矢方向无关的寻常光，两个不同偏振方向的折射率都与波矢方向有关，这可以理解为两个偏振光波都是非常光，因此不能再用 o 光和 e 光的名称来区别双轴晶体中的两个偏振光波。在双轴晶体中，波矢 $\boldsymbol{k}$ 相对于折射率椭球主轴的关系有以下 4 种情况。

(1) 当 $\boldsymbol{k}$ 方向沿着某一主轴方向时，如沿 x 轴方向，相应的两个线偏振光的折射率分别为 n_y 和 n_z，$\boldsymbol{D}$ 矢量的振动方向分别沿着 y 轴和 z 轴方向；沿 y 轴方向时，相应的两个线偏振光的折射率分别为 n_x 和 n_z，$\boldsymbol{D}$ 矢量的振动方向分别沿着 x 轴和 z 轴方向。

(2) 当 $\boldsymbol{k}$ 方向沿着光轴方向时，两个正交线偏振光的折射率都为 n_y，其 $\boldsymbol{D}$ 矢量的振动方向没有限制，此时将出现锥形折射。

(3) 当 $\boldsymbol{k}$ 在两个主轴构成的平面(如 xOz 面)内，但不包括(1)和(2)两种情况，相应的两个线偏振光的折射率不等，其中之一为 n_y，另一个介于 n_x 和 n_z 之间。

(4) 当 $\boldsymbol{k}$ 与折射率椭球的 3 个主轴既不平行也不垂直时，相应的两个线偏振光的折射率一个介于 n_x 和 n_y 之间，另一个介于 n_y 和 n_z 之间，下面来讨论这种情况。

假设双轴晶体中波矢 $\boldsymbol{k}$ 与 z 轴的夹角为 θ，它在 x-y 面上投影与 x 轴的夹角为 φ，就可以得到折射率椭球与过原点且垂直于 $\boldsymbol{k}$ 的平面的截线方程。首先将 xyz 坐标绕 z 轴旋转 φ 角，建立一个新坐标系 $x'y'z'$，使 x' 与 $\boldsymbol{k}$ 在 xOy 面的投影重合，坐标变换矩阵为

$$A_\varphi=\begin{bmatrix}\cos\varphi & \sin\varphi & 0\\ -\sin\varphi & \cos\varphi & 0\\ 0 & 0 & 1\end{bmatrix} \tag{2.4-18}$$

然后，将 $x'y'z'$ 绕 y' 旋转 θ 角，建立第二个坐标系 $x''y''z''$，使 z'' 与 $\boldsymbol{k}$ 重合。坐标变换矩阵为

$$A_\theta=\begin{pmatrix}\cos\theta & 0 & -\sin\theta\\ 0 & 1 & 0\\ \sin\theta & 0 & \cos\theta\end{pmatrix} \tag{2.4-19}$$

因此，新旧坐标之间的变换关系为

$$\begin{bmatrix}x\\ y\\ z\end{bmatrix}=A_\varphi^{-1}A_\theta^{-1}\begin{bmatrix}x''\\ y''\\ z''\end{bmatrix}=\begin{bmatrix}\cos\varphi & -\sin\varphi & 0\\ \sin\varphi & \cos\varphi & 0\\ 0 & 0 & 1\end{bmatrix}\begin{bmatrix}\cos\theta & 0 & \sin\theta\\ 0 & 1 & 0\\ -\sin\theta & 0 & \cos\theta\end{bmatrix}\begin{bmatrix}x''\\ y''\\ z''\end{bmatrix} \tag{2.4-20}$$

写成分量形式，有

$$\begin{cases}x=x''\cos\theta\cos\varphi-y''\sin\varphi+z''\sin\theta\cos\varphi\\ y=x''\cos\theta\sin\varphi+y''\cos\varphi+z''\sin\theta\sin\varphi\\ z=-x''\sin\theta+z''\cos\theta\end{cases} \tag{2.4-21}$$

将上式代入双轴晶体的折射率椭球方程，并与 $z''=0$ 联立，可以得到用 $x''y''z''$ 描述的过原点且垂直于 $\boldsymbol{k}$ 的平面与折射率椭球的截线方程为

$$\left(\frac{\cos^2\theta\cos^2\varphi}{n_x^2}+\frac{\cos^2\theta\sin^2\varphi}{n_y^2}+\frac{\sin^2\theta}{n_z^2}\right)x''^2+\left(\frac{\sin^2\varphi}{n_x^2}+\frac{\cos^2\varphi}{n_y^2}\right)y''^2+$$

$$2\left(\frac{n_x^2-n_y^2}{n_x^2n_y^2}\right)\cos\theta\sin\varphi\cos\varphi\, x''y''=1 \tag{2.4-22}$$

令

$$\begin{cases}A=\dfrac{\cos^2\theta\cos^2\varphi}{n_x^2}+\dfrac{\cos^2\theta\sin^2\varphi}{n_y^2}+\dfrac{\sin^2\theta}{n_z^2}\\ B=2\dfrac{n_x^2-n_y^2}{n_x^2n_y^2}\cos\theta\sin\varphi\cos\varphi\\ C=\dfrac{\sin^2\varphi}{n_x^2}+\dfrac{\cos^2\varphi}{n_y^2}\end{cases} \tag{2.4-23}$$

则式(2.4-22)可以写为

$$Ax''^2+Bx''y''+Cy''^2=1 \tag{2.4-24}$$

式(2.4-24)包含交叉项，x''和y'' 不是椭圆的主轴，为了确定椭圆半轴的长短和方向，还要进行一次坐标旋转，将 $x''y''z''$ 坐标系绕 z'' 轴旋转 β 角，相应的坐标变换矩阵为

$$A_\beta=\begin{bmatrix}\cos\beta & \sin\beta & 0\\ -\sin\beta & \cos\beta & 0\\ 0 & 0 & 1\end{bmatrix} \tag{2.4-25}$$

因此

$$\begin{cases}x''=x'''\cos\beta-y'''\sin\beta\\ y''=x'''\sin\beta+y'''\cos\beta\\ z''=z'''\end{cases} \tag{2.4-26}$$

将式(2.4-26)代入式(2.4-24)，得到

$$\begin{aligned}&(A\cos^2\beta+B\sin\beta\cos\beta+C\sin^2\beta)x'''^2+(A\sin^2\beta-B\sin\beta\cos\beta+C\cos^2\beta)y'''^2-\\&(2A\sin\beta\cos\beta+B\sin^2\beta-B\cos^2\beta-2C\sin\beta\cos\beta)x'''y'''=1\end{aligned}\tag{2.4-27}$$

令交叉项系数等于零，则有

$$\begin{cases}\cot2\beta=\dfrac{A-C}{B}\\ \cos2\beta=\dfrac{\cot2\beta}{\sqrt{1+\cot^2 2\beta}}=\dfrac{A-C}{\sqrt{B^2+(A-C)^2}}\\ \sin^2\beta=\dfrac{1}{2}(1-\cos2\beta)=\dfrac{\sqrt{B^2+(A-C)^2}-(A-C)}{2\sqrt{B^2+(A-C)^2}}\\ \cos^2\beta=\dfrac{1}{2}(1+\cos2\beta)=\dfrac{\sqrt{B^2+(A-C)^2}+(A-C)}{2\sqrt{B^2+(A-C)^2}}\end{cases}\tag{2.4-28}$$

将式(2.4-28)代入式(2.4-27)，可以得到

$$\frac{1}{2}\left[(A+C)+\sqrt{B^2+(A-C)^2}\right]x'''^2+\frac{1}{2}\left[(A+C)-\sqrt{B^2+(A-C)^2}\right]y'''^2=1\tag{2.4-29}$$

这是一个标准椭圆，x'''和y''' 是椭圆的主轴方向，其半轴长度分别为

$$\begin{cases}a=\left[\dfrac{1}{2}(A+C+\sqrt{B^2+(A-C)^2})\right]^{-1/2}\\ b=\left[\dfrac{1}{2}(A+C-\sqrt{B^2+(A-C)^2})\right]^{-1/2}\end{cases}\tag{2.4-30}$$

这样就求出了双轴晶体中，对于任意波矢方向 $\boldsymbol{k}$ 的两个偏振光波的振动方向 x'''和y''' 及其相应的折射率 $n_1=a$，$n_2=b$ 。

最后应当指出的是，在双轴晶体中，除了光轴 C_1 和 C_2 方向外，沿其余方向传播的平面光波，在折射率椭球中心所作的垂直于 $\boldsymbol{k}$ 的平面与折射率椭球的截线都是椭圆。而且，由于双轴晶体折射率椭球没有旋转对称性，相应的两个线偏振光的折射率都与 $\boldsymbol{k}$ 的方向有关，因此这两个光都是非常光。

本节推导了晶体的折射率椭球，并对单轴晶体和双轴晶体的折射率椭球进行了讨论，本节要点见表 2-4。

表 2-4　晶体折射率椭球

晶体种类	折射率椭球	说　明
单轴晶体	$\dfrac{x^2}{n_o^2}+\dfrac{y^2}{n_o^2}+\dfrac{z^2}{n_e^2}=1$	过折射率椭球中心只能作出一个圆截面，光轴方向与圆截面垂直
双轴晶体	$\dfrac{x^2}{n_x^2}+\dfrac{y^2}{n_y^2}+\dfrac{z^2}{n_z^2}=1$	过折射率椭球中心能作出两个圆截面，两个光轴方向分别与两个圆截面垂直

2.5 光在单轴晶体中的传播规律

通过求解波矢菲涅耳方程和光线菲涅耳方程可以得到波矢方向和光线方向所对应的两个线偏振光波的折射率或速度。本节将先解波矢菲涅耳方程得到 o 光和 e 光的折射率，进一步来确定 o 光和 e 光的振动方向，并计算 e 光的离散角。

2.5.1 波矢菲涅耳方程的解

对于单轴晶体$\varepsilon_x=\varepsilon_y\neq\varepsilon_z$，或者$\varepsilon_{rx}=\varepsilon_{ry}\neq\varepsilon_{rz}$，按照折射率与介电常数的关系$n=\sqrt{\varepsilon_r}$，可以定义 3 个主折射率：

$$n_x=\sqrt{\varepsilon_{rx}},\quad n_y=\sqrt{\varepsilon_{ry}},\quad n_z=\sqrt{\varepsilon_{rz}} \tag{2.5-1}$$

则$n_x=n_y=n_o$，$n_z=n_e$，因此，$n_o\neq n_e$。

因为单轴晶体的主轴 x 和 y 可以在垂直于 z 轴的平面上任意选取，因此，为讨论方便起见，取 $\boldsymbol{k}$ 在 yOz 平面内，并与 z 轴夹角为θ，如图 2.10 所示，则

$$k_{0x}=0,\quad k_{0y}=\sin\theta,\quad k_{0z}=\cos\theta \tag{2.5-2}$$

将式(2.5-1)和式(2.5-2)代入式(2.3-6)，得到

$$\frac{0}{\dfrac{1}{n^2}-\dfrac{1}{n_o^2}}+\frac{\sin^2\theta}{\dfrac{1}{n^2}-\dfrac{1}{n_o^2}}+\frac{\cos^2\theta}{\dfrac{1}{n^2}-\dfrac{1}{n_e^2}}=0 \tag{2.5-3}$$

整理，可得

$$(n^2-n_o^2)\left[n^2(n_o^2\sin^2\theta+n_e^2\cos^2\theta)-n_o^2n_e^2\right]=0 \tag{2.5-4}$$

该方程有两个解：

$$n_1^2=n_o^2 \tag{2.5-5}$$

$$n_2^2=\frac{n_o^2n_e^2}{n_o^2\sin^2\theta+n_e^2\cos^2\theta} \tag{2.5-6}$$

这表示在单轴晶体中，对于给定的波矢方向$\boldsymbol{k}_0$，可以有两种不同折射率的光波。一种光波的折射率与波矢方向$\boldsymbol{k}_0$无关，恒等于n_o，这个光波就是寻常光，即 o 光。另一种光波的折射率随着$\boldsymbol{k}_0$与 z 轴夹角θ而变，这个光波就是非常光，即 e 光。由式(2.5-6)可以看出，当$\theta=90^\circ$时，$n_2=n_e$；而当$\theta=0^\circ$时，$n_2=n_o$，也就是说，当光波沿 z 轴方向传播时，只存在一种折射率的两个光波，光波在这个方向传播时 o 光和 e 光完全重合，因此，对于单轴晶体，z 轴方向就是光轴方向。

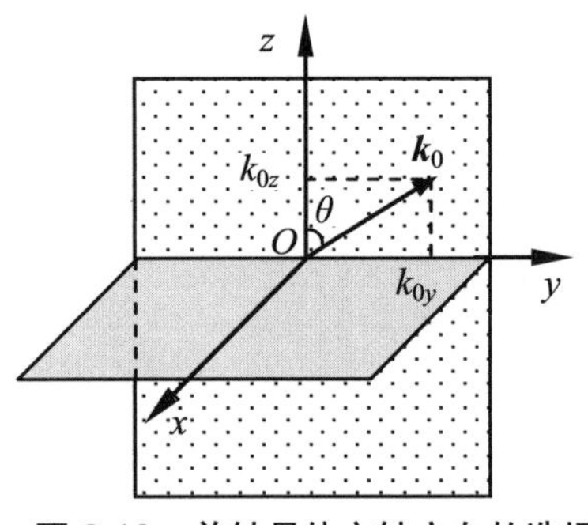

图 2.10 单轴晶体主轴方向的选择

2.5.2　o 光和 e 光的振动方向

由于 $D_i = \varepsilon_0 \varepsilon_{ri} E_i$，$n_i^2 = \varepsilon_{ri}$，因此可将式(2.3-4)改写为

$$E_i = \frac{n^2 k_{0i} (\boldsymbol{k}_0 \cdot \boldsymbol{E})}{n^2 - n_i^2} \tag{2.5-7}$$

对于 o 光，将 $n = n_1 = n_o$ 和 $k_{0x} = 0$，$k_{0y} = \sin\theta$，$k_{0z} = \cos\theta$ 代入式(2.5-7)，可得

$$\begin{cases} (n_o^2 - n_o^2) E_x = 0 \\ (n_o^2 - n_o^2 \cos^2\theta) E_y + n_o^2 \sin\theta\cos\theta E_z = 0 \\ n_o^2 \sin\theta\cos\theta E_y + (n_e^2 - n_o^2 \sin^2\theta) E_z = 0 \end{cases} \tag{2.5-8}$$

第一式系数为零，因此，为了使 $\boldsymbol{E}$ 有非零解，只有 $E_x \neq 0$，第二式和第三式的系数行列式不为零，所以 $E_y = E_z = 0$，对于 $\boldsymbol{D}$ 矢量，有 $D_y = D_z = 0$，$D_x = \varepsilon_0 \varepsilon_{xr} E_x \neq 0$。这表示对于 o 光波，$\boldsymbol{D}$ 矢量平行于 $\boldsymbol{E}$ 矢量，两者同时垂直于 yOz 平面，即波矢(或光线)与光轴组成的平面。可见，o 光波的 $\boldsymbol{D}$ 的矢量和 $\boldsymbol{E}$ 矢量方向一致，因此，o 光的波矢方向与光线方向也一致。

对于 e 光，将 $n = n_2$ 和 $k_{0x} = 0$，$k_{0y} = \sin\theta$，$k_{0z} = \cos\theta$ 代入式(2.5-7)，可得

$$\begin{cases} (n_o^2 - n_2^2) E_x = 0 \\ (n_o^2 - n_2^2 \cos^2\theta) E_y + n_2^2 \sin\theta\cos\theta E_z = 0 \\ n_2^2 \sin\theta\cos\theta E_y + (n_e^2 - n_2^2 \sin^2\theta) E_z = 0 \end{cases} \tag{2.5-9}$$

第一式系数不为零，因此 $E_x = 0$，即 $D_x = 0$；第二式和第三式的系数行列式为零，所以 E_y 和 E_z 都不等于零，这说明对于 e 光波，$\boldsymbol{D}$ 矢量或 $\boldsymbol{E}$ 矢量都在 yOz 平面内，它们与 o 光波的 $\boldsymbol{D}$ 矢量或 $\boldsymbol{E}$ 矢量垂直，如图 2.11 所示。

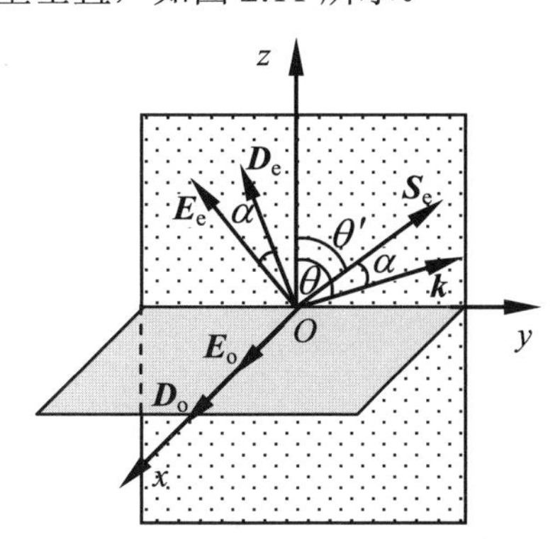

图 2.11　单轴晶体内 o 光和 e 光的矢量方向

对于 e 光，$\boldsymbol{E}$ 矢量在 yOz 平面内的具体指向，可通过求式(2.5-9)中的第二式或第三式中的 E_z 与 E_y 之比来确定。把式(2.5-6)代入式(2.5-9)中的第二式，可得到

$$\frac{E_z}{E_y} = -\frac{n_o^2 \sin\theta}{n_e^2 \cos\theta} \tag{2.5-10}$$

并且

$$\frac{D_z}{D_y}=\frac{\varepsilon_{rz}E_z}{\varepsilon_{ry}E_y}=-\frac{n_e^2 n_o^2\sin\theta}{n_o^2 n_e^2\cos\theta}=-\frac{\sin\theta}{\cos\theta} \tag{2.5-11}$$

由式(2.5-10)和式(2.5-11)可见，e 光波的 ***D*** 矢量和 ***E*** 矢量一般不一致，因此，e 光的波矢方向与光线方向一般也不一致。

2.5.3 e 光的离散角

晶体光学中把波矢方向与光线方向的夹角称为离散角(即图 2.11 中的 α)。把 o 光光线与 e 光光线之间的夹角称为 o 光与 e 光的分离角。在实际中，如果已知波矢方向，通过求离散角就可以确定相应的光线方向。对于单轴晶体，o 光的离散角恒等于零。而 e 光的离散角 $\alpha=\theta-\theta'$ ，其中， θ 是 e 光波矢与光轴的夹角， θ' 是 e 光光线与光轴的夹角：

$$\tan\theta'=\frac{S_{ey}}{S_{ez}}=-\frac{E_z}{E_y} \tag{2.5-12}$$

利用式(2.5-10)，可以得到

$$\tan\theta'=\frac{n_o^2\sin\theta}{n_e^2\cos\theta}=\frac{n_o^2}{n_e^2}\tan\theta \tag{2.5-13}$$

所以

$$\tan\alpha=\tan\left(\theta-\theta'\right)=\frac{\tan\theta-\tan\theta'}{1+\tan\theta\tan\theta'}=\left(1-\frac{n_o^2}{n_e^2}\right)\frac{\tan\theta}{1+\dfrac{n_o^2}{n_e^2}\tan^2\theta} \tag{2.5-14}$$

可以证明，当 $\tan\theta=n_e/n_o$ 时，e 光有最大离散角为

$$\tan\alpha_M=\frac{n_e^2-n_o^2}{2n_o n_e} \tag{2.5-15}$$

由式(2.5-15)可见，对于正单轴晶体， $n_e>n_o$ ，离散角 $\alpha=\theta-\theta'$ 为正，即 $\theta>\theta'$ ，所以 e 光光线较其波矢近离光轴。对于负单轴晶体， $n_e<n_o$ ，离散角 $\alpha=\theta-\theta'$ 为负，即 $\theta<\theta'$ ，所以 e 光光线较其波矢远离光轴。

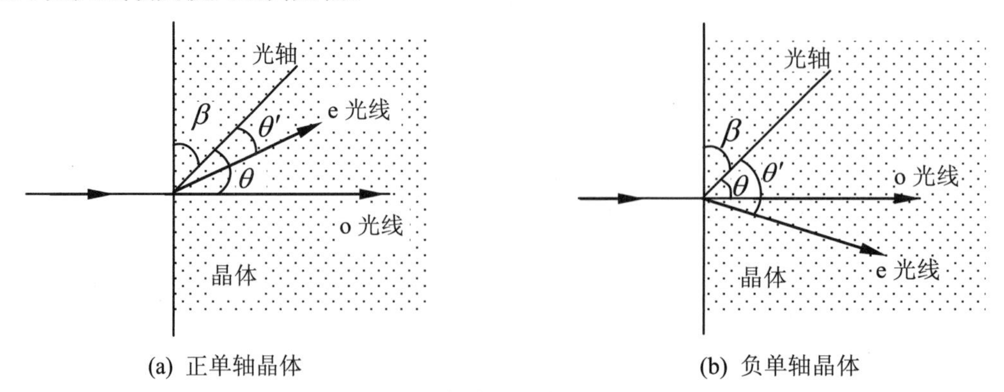

图 2.12 正入射条件下 o 光和 e 光的方向

在实际应用中，经常要求晶体元件工作在离散角最大的情况下，同时满足正入射条件，

如图 2.12 所示，使通光面(晶体表面)与光轴的夹角为 $\beta = 90° - \theta$，则

$$\tan\beta = \frac{n_o}{n_e} \tag{2.5-16}$$

本节通过解波矢菲涅耳方程得到了 o 光和 e 光的折射率；确定了 o 光和 e 光的振动方向；给出了求 e 光离散角的表达式。本节要点见表 2-5。

表 2-5　光在单轴晶体中的传播规律

项　　目	正单轴	负单轴	e 光折射率	e 光离散角
表达式	$n_e > n_o$	$n_e < n_o$	$n_e(\theta) = \dfrac{n_o n_e}{\sqrt{n_o^2 \sin^2\theta + n_e^2 \cos^2\theta}}$	$\tan\alpha = \left(1 - \dfrac{n_o^2}{n_e^2}\right) \dfrac{\tan\theta}{1 + \dfrac{n_o^2}{n_e^2} \tan^2\theta}$

2.6　波矢折射率曲面方程与光线折射率曲面方程

折射率椭球可以确定与波矢方向 $\boldsymbol{k}_0$ 相应的两个线偏振光的折射率，但它需要通过一定的作图过程才能得到，而折射率曲面可以更直接地表示出 $\boldsymbol{k}_0$ 或 $\boldsymbol{s}_0$ 相应的两个线偏振光的折射率。波矢折射率曲面是矢径 $\boldsymbol{r} = n\boldsymbol{k}_0$ 所构成的曲面，而光线折射率曲面是矢径 $\boldsymbol{r} = n_s \boldsymbol{s}_0$ 构成的曲面。本节将推导波矢折射率曲面方程和光线折射率曲面方程，并阐述激光倍频的原理。

2.6.1　波矢折射率曲面方程

波矢折射率曲面上的矢径为 $\boldsymbol{r} = n\boldsymbol{k}_0$，其方向平行于给定的波矢方向 $\boldsymbol{k}_0$，长度等于与 $\boldsymbol{k}_0$ 相应的两个光波的折射率，因此，折射率曲面必定是一个双壳层曲面，记作 $(\boldsymbol{k}_0, n)$ 曲面。把矢径长度

$$|r| = (x^2 + y^2 + z^2)^{1/2} = n \tag{2.6-1}$$

和矢径分量关系

$$x = k_x = nk_{0x}, \quad y = k_y = nk_{0y}, \quad z = k_z = nk_{0z} \tag{2.6-2}$$

代入式(2.3-6)(即波矢菲涅耳方程)，可以得到

$$\frac{n_x^2 x^2}{n^2 - n_x^2} + \frac{n_y^2 y^2}{n^2 - n_y^2} + \frac{n_z^2 z^2}{n^2 - n_z^2} = 0 \tag{2.6-3}$$

经过整理，可以得到

$$(n_x^2 x^2 + n_y^2 y^2 + n_z^2 z^2)(x^2 + y^2 + z^2) + n_x^2 n_y^2 n_z^2 - \left[(n_y^2 + n_z^2) n_x^2 x^2 + (n_z^2 + n_x^2) n_y^2 y^2 + (n_x^2 + n_y^2) n_z^2 z^2\right] = 0 \tag{2.6-4}$$

式(2.6-4)就是波矢折射率曲面方程。它是一个 4 次曲面方程，利用这个方程可以很直观地得到与 $\boldsymbol{k}_0$ 相应的两个光波的折射率。

1. 单轴晶体的波矢折射率曲面方程

对于单轴晶体，将 $n_x = n_y = n_o$和$n_z = n_e$ 代入式(2.6-4)，可以得到

$$(x^2 + y^2 + z^2 - n_o^2)\cdot\left[n_o^2(x^2 + y^2) + n_e^2 z^2 - n_o^2 n_e^2\right] = 0 \tag{2.6-5}$$

因此

$$\begin{cases} x^2 + y^2 + z^2 = n_o^2 \\ \dfrac{x^2 + y^2}{n_e^2} + \dfrac{z^2}{n_o^2} = 1 \end{cases} \tag{2.6-6}$$

【单轴晶体的波矢折射率曲面】

可见，单轴晶体的波矢折射率曲面是一个双层曲面，它是由一个半径为 n_o 的球面和一个以 z 轴为旋转轴的旋转椭球构成的。球面对应于 o 光的折射率曲面，旋转椭球对应于 e 光的折射率曲面。单轴晶体的波矢折射率曲面在主轴截面上的截线和立体图如图 2.13 所示。

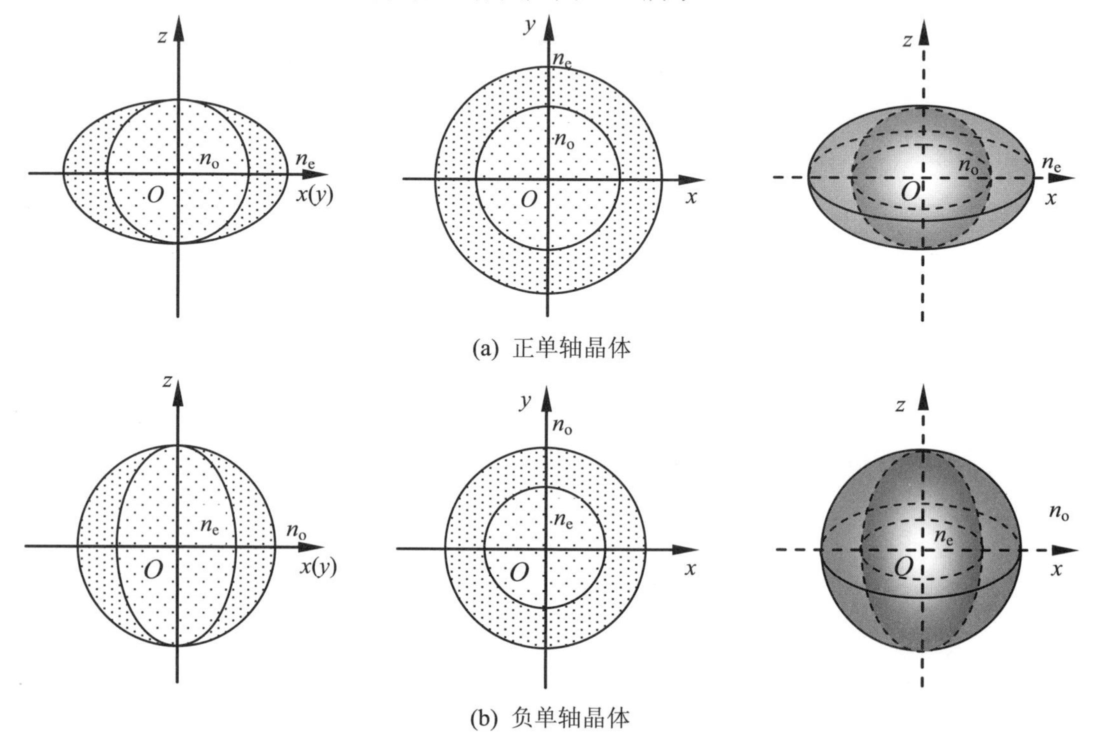

(a) 正单轴晶体

(b) 负单轴晶体

图 2.13 单轴晶体波矢折射率曲面

对于正单轴晶体，$n_e > n_o$，球面内切于椭球；对于负单轴晶体，$n_e < n_o$，球面外切于椭球。两种情况的切点都在 z 轴上。当与 z 轴夹角为 θ 的波矢 $\boldsymbol{k}_0$ 与折射率曲面相交时，得到长度为 n_o 和 $n_e(\theta)$ 的矢径，它们分别对应于 $\boldsymbol{k}_0$ 方向的两个线偏振光的折射率，其中 $n_e(\theta)$ 可由式(2.5-6)求出。

2. 双轴晶体的波矢折射率曲面方程

对于双轴晶体，$n_x \neq n_y \neq n_z$，式(2.6-4)所表示的波矢折射率曲面方程与 3 个主轴截面上的截线都是一个圆加上一个同心椭圆。例如，在 xOy 面上，由式(2.6-4)可得

$$(n_x^2x^2+n_y^2y^2)(x^2+y^2)+n_x^2n_y^2n_z^2-\left[(n_y^2+n_z^2)n_x^2x^2+(n_z^2+n_x^2)n_y^2y^2\right]=0 \tag{2.6-7}$$

经过整理可以得到

$$(x^2+y^2-n_z^2)(n_x^2x^2+n_y^2y^2-n_x^2n_y^2)=0 \tag{2.6-8}$$

或者

$$\begin{cases} x^2+y^2=n_z^2 \\ \dfrac{x^2}{n_y^2}+\dfrac{y^2}{n_x^2}=1 \end{cases} \tag{2.6-9}$$

同样，在 xOz 面和 yOz 面上可以得到

$$\begin{cases} x^2+z^2=n_y^2 \\ \dfrac{x^2}{n_z^2}+\dfrac{z^2}{n_x^2}=1 \end{cases} \tag{2.6-10}$$

$$\begin{cases} y^2+z^2=n_x^2 \\ \dfrac{y^2}{n_z^2}+\dfrac{z^2}{n_y^2}=1 \end{cases} \tag{2.6-11}$$

按照假设，$n_x<n_y<n_z$，则 3 个主轴截面上的截线如图 2.14 所示。折射率曲面的两个壳层仅有 4 个交点，通过中心 O 的两对交点的连线方向就是双轴晶体的光轴方向。双轴晶体的波矢折射率曲面立体图如图 2.15 所示。

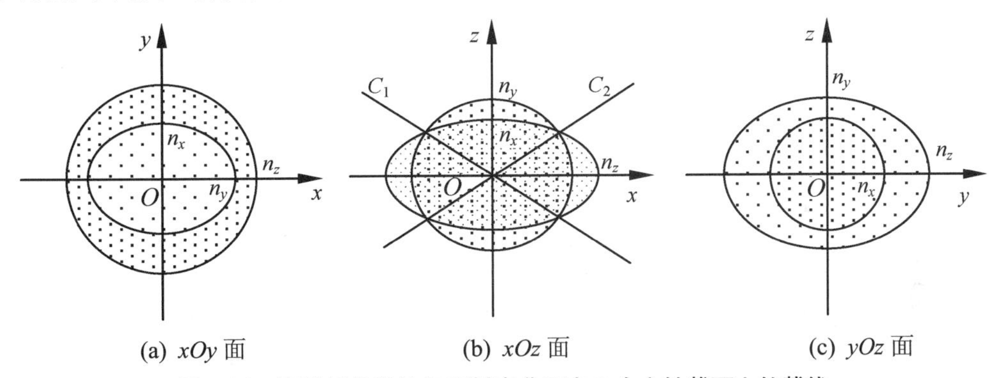

图 2.14　双轴晶体的波矢折射率曲面在 3 个主轴截面上的截线

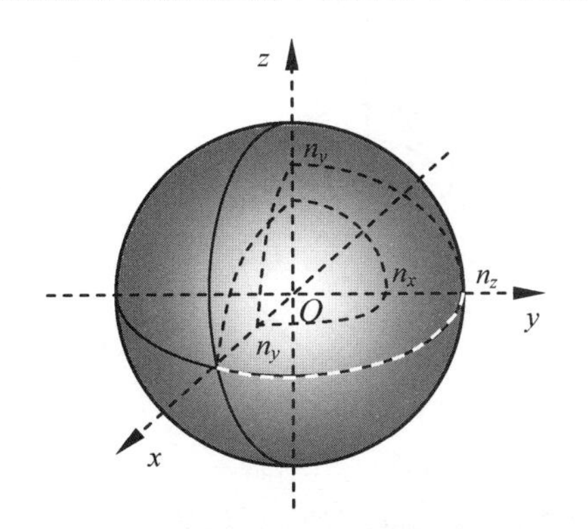

【双轴晶体的波矢折射率曲面立体图】

图 2.15　双轴晶体的波矢折射率曲面立体图

2.6.2 光线折射率曲面方程

光线折射率曲面上的矢径为 $\boldsymbol{r}=n_{\mathrm{s}}\boldsymbol{s}_0$，其方向平行于给定的光线方向 $\boldsymbol{s}_0$，长度等于与 $\boldsymbol{s}_0$ 相应的两个光波的折射率，因此，折射率曲面必定是一个双壳层曲面，记作 $(\boldsymbol{s}_0,n_{\mathrm{s}})$ 曲面。把矢径长度

$$|r|=(x^2+y^2+z^2)^{1/2}=n_{\mathrm{s}} \tag{2.6-12}$$

和矢径分量关系

$$x=n_{\mathrm{s}}s_{0x}，\quad y=n_{\mathrm{s}}s_{0y}，\quad z=n_{\mathrm{s}}s_{0z} \tag{2.6-13}$$

代入式(2.3-12)(即光线菲涅耳方程)，可以得到

$$\frac{x^2}{n_{\mathrm{s}}^2-n_x^2}+\frac{y^2}{n_{\mathrm{s}}^2-n_y^2}+\frac{z^2}{n_{\mathrm{s}}^2-n_z^2}=0 \tag{2.6-14}$$

或者

$$x^2(n_{\mathrm{s}}^2-n_y^2)(n_{\mathrm{s}}^2-n_z^2)+y^2(n_{\mathrm{s}}^2-n_x^2)(n_{\mathrm{s}}^2-n_z^2)+z^2(n_{\mathrm{s}}^2-n_x^2)(n_{\mathrm{s}}^2-n_y^2)=0 \tag{2.6-15}$$

式(2.6-15)为光线折射率曲面方程。

1. 单轴晶体的光线折射率曲面方程

对于单轴晶体，将 $n_x=n_y=n_{\mathrm{o}}$ 和 $n_z=n_{\mathrm{e}}$ 代入式(2.6-15)，可以得到

$$(n_{\mathrm{s}}^2-n_{\mathrm{o}}^2)\left[(x^2+y^2)n_{\mathrm{e}}^2+z^2n_{\mathrm{o}}^2-n_{\mathrm{s}}^4\right]=0 \tag{2.6-16}$$

利用式(2.6-12)，可以得到

$$\begin{cases} x^2+y^2+z^2=n_{\mathrm{o}}^2 \\ \dfrac{x^2+y^2}{n_{\mathrm{o}}^2}+\dfrac{z^2}{n_{\mathrm{e}}^2}=\dfrac{n_{\mathrm{s}}^4}{n_{\mathrm{o}}^2n_{\mathrm{e}}^2} \end{cases} \tag{2.6-17}$$

【单轴晶体的光线折射率曲面】

由此可见，单轴晶体的光线折射率曲面是一个双层曲面，它是由一个半径为 n_{o} 的球面和一个以 z 轴为旋转轴的旋转卵形构成的。球面对应于 o 光的折射率曲面，旋转卵形对应于 e 光的折射率曲面。单轴晶体的光线折射率曲面在主轴截面上的截线图和立体图如图 2.16 所示。

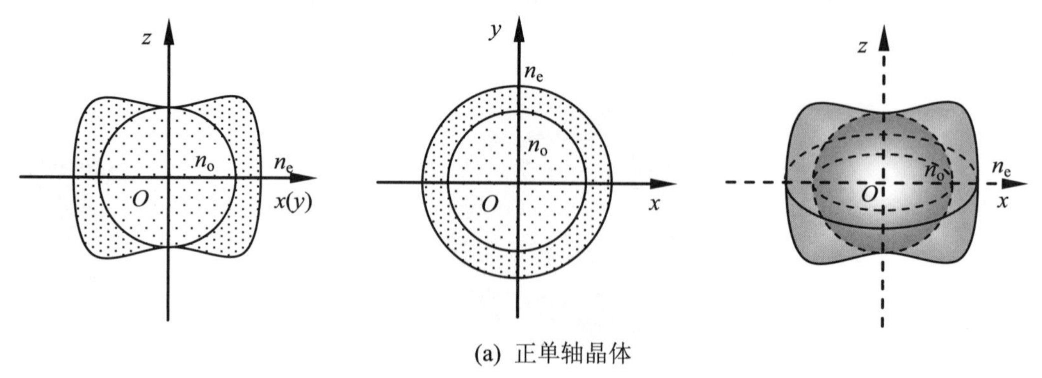

(a) 正单轴晶体

图 2.16 单轴晶体的光线折射率曲面

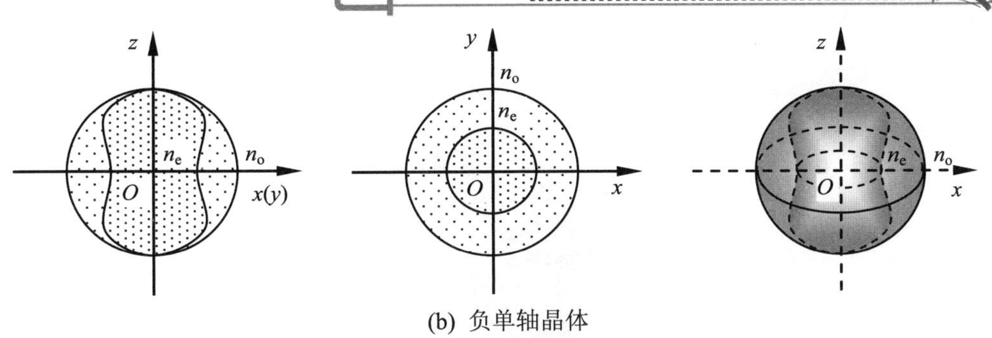

(b) 负单轴晶体

图 2.16　单轴晶体的光线折射率曲面(续)

2. 双轴晶体的光线折射率曲面方程

对于双轴晶体，$n_x \neq n_y \neq n_z$，折射率曲面和 3 个坐标面的交线都由一个圆和一个卵形线组成，例如，在 xOy 面上，由式(2.6-15)可得

$$x^2(n_s^2-n_y^2)(n_s^2-n_z^2)+y^2(n_s^2-n_x^2)(n_s^2-n_z^2)=0 \tag{2.6-18}$$

经过整理，可以得到

$$(x^2+y^2-n_z^2)(x^2n_y^2+y^2n_x^2-n_s^4)=0 \tag{2.6-19}$$

或者

$$\begin{cases} x^2+y^2=n_z^2 \\ \dfrac{x^2}{n_x^2}+\dfrac{y^2}{n_y^2}=\dfrac{n_s^4}{n_x^2n_y^2} \end{cases} \tag{2.6-20}$$

同样，在 xOz 面和 yOz 面上可以得到

$$\begin{cases} x^2+z^2=n_y^2 \\ \dfrac{x^2}{n_x^2}+\dfrac{z^2}{n_z^2}=\dfrac{n_s^4}{n_x^2n_z^2} \end{cases} \tag{2.6-21}$$

$$\begin{cases} y^2+z^2=n_x^2 \\ \dfrac{y^2}{n_y^2}+\dfrac{z^2}{n_z^2}=\dfrac{n_s^4}{n_y^2n_z^2} \end{cases} \tag{2.6-22}$$

按照假设，$n_x < n_y < n_z$，则 3 个主轴截面上的截线图 2.17 所示。折射率曲面的两个壳层仅有 4 个交点，通过中心 O 的两对交点的连线方向称为双轴晶体的光线轴。双轴晶体折射率曲面立体图如图 2.18 所示。

【双轴晶体光线折射率曲面立体图】

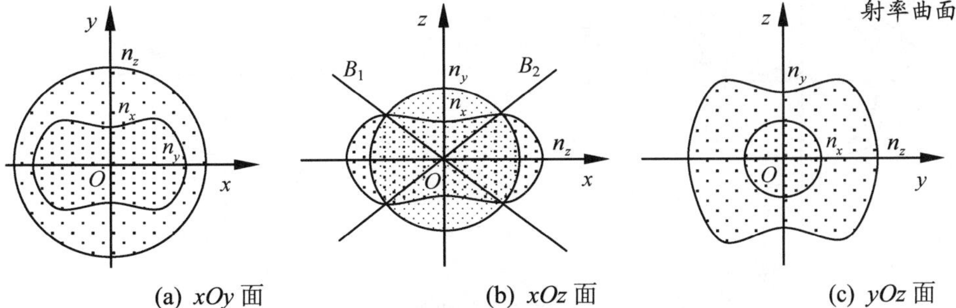

(a) xOy 面　　(b) xOz 面　　(c) yOz 面

图 2.17　双轴晶体的光线折射率曲面在 3 个主轴截面上的截线

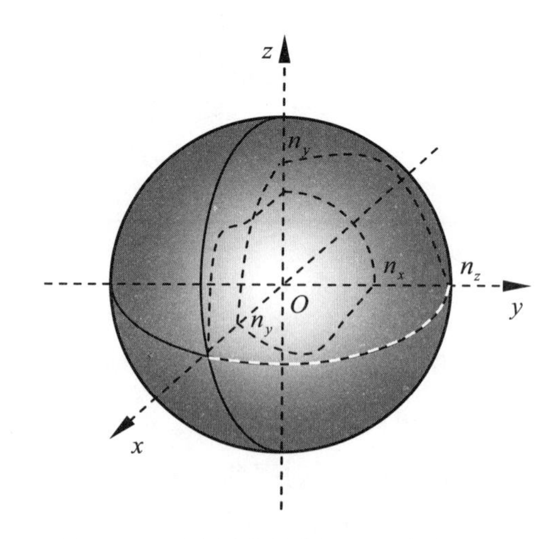

图 2.18 双轴晶体的光线折射率曲面立体图

【激光倍频】

2.6.3 相位匹配与激光倍频

对于一般光学介质而言，其折射率随着频率而变。在透明区，频率高的光波折射率总是较高，即 $n_{2\nu} > n_{\nu}$，从图 2.19 中可以清楚地看出来。图中虚线为倍频光的折射率曲面，实线为基频光的折射率曲面。由图可见，基频光的折射率曲面和倍频光的折射率曲面有 4 个交点，若交点 P 对应的方向与光轴 Oz 方向的夹角为 θ_{m}，恰好也是入射到晶体的基频光波矢方向与光轴方向的夹角，就有

$$n_{\mathrm{e1}}(\theta_{\mathrm{m}}^{+1}) = n_{\mathrm{o2}} \tag{2.6-23}$$

$$n_{\mathrm{o1}} = n_{\mathrm{e2}}(\theta_{\mathrm{m}}^{-1}) \tag{2.6-24}$$

式中，θ_{m}^{+1} 和 θ_{m}^{-1} 称为正单轴晶体和负单轴晶体第 I 类相位匹配角；n_{o1}、n_{e1} 和 n_{o2}、n_{e2} 分别是基频光和倍频光的 o 光、e 光折射率。因为这种匹配是通过选择特定的角度实现的，故又称角度相位匹配或临界相位匹配。

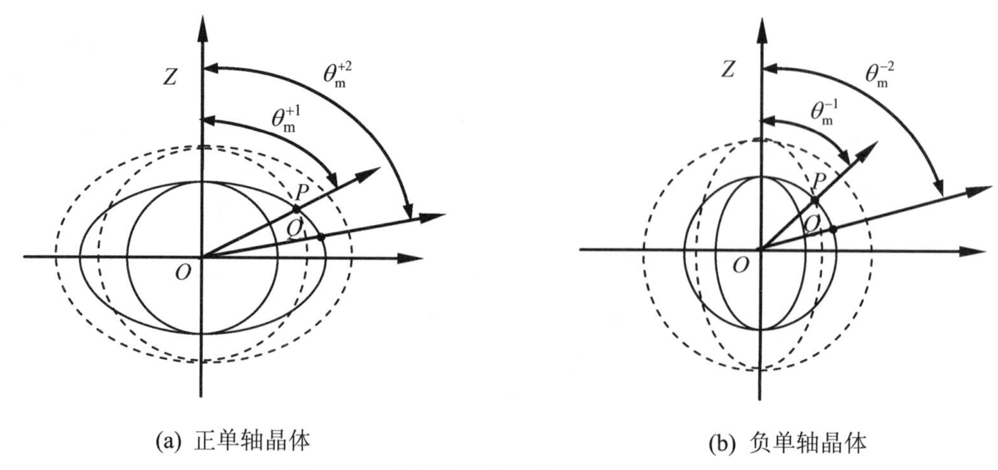

图 2.19 基频光和倍频光的折射率曲面

按照入射基频光波的偏振态，可以将角度匹配方式分为两类：一类是入射的基频光取单一的线偏振光(如 o 光)，而倍频光为另一种线偏振光(如 e 光)。这种情况通常称为第Ⅰ类相位匹配，对应于图中的 P 点。例如，上面所分析的正单轴晶体和负单轴晶体，其相位匹配条件分别为式(2.6-23)和式(2.6-24)，它们表示波矢方向与光轴成 θ_m^{+1} 或 θ_m^{-1} 角。频率为 v 的 e(o)光，通过与晶体的相互作用，产生的波矢仍在 θ_m^{+1} 或 θ_m^{-1} 方向，但频率变为 $2v$ 的 o(e)光。这一倍频过程用符号 $e+e\rightarrow o$ 和 $o+o\rightarrow e$ 表示；另一类是入射的基频光取两种偏振态(o 光和 e 光)，而倍频光为单一的偏振态，这种情况通常称为第Ⅱ类相位匹配，对应于图中的 Q 点。对于正单轴晶体和负单轴晶体，其第Ⅱ类相位匹配条件分别为

$$\left[n_{o1}+n_{e1}(\theta_m^{+2})\right]/2=n_{o2} \tag{2.6-25}$$

$$\left[n_{o1}+n_{e1}(\theta_m^{-2})\right]/2=n_{e2}(\theta_m^{-2}) \tag{2.6-26}$$

式中，θ_m^{+2} 和 θ_m^{-2} 是正单轴晶体和负单轴晶体第Ⅱ类相位匹配角。单轴晶体的两类相位匹配条件见表 2-6。

表 2-6　单轴晶体的两类相位匹配条件

晶体种类	第Ⅰ类相位匹配		第Ⅱ类相位匹配	
	偏振性质	相位匹配条件	偏振性质	相位匹配条件
正单轴晶体	$e+e\rightarrow o$	$n_{e1}(\theta_m^{+1})=n_{o2}$	$o+e\rightarrow o$	$\left[n_{o1}+n_{e1}(\theta_m^{+2})\right]/2=n_{o2}$
负单轴晶体	$o+o\rightarrow e$	$n_{o1}=n_{e2}(\theta_m^{-1})$	$e+o\rightarrow e$	$\left[n_{o1}+n_{e1}(\theta_m^{-2})\right]/2=n_{e2}(\theta_m^{-2})$

由式(2.5-6)，并根据相位匹配条件就可以得到第Ⅰ类和第Ⅱ类相位匹配的相位匹配角满足

$$\sin^2\theta_m^{+1}=\frac{n_{e1}^2(n_{o1}^2-n_{o2}^2)}{n_{o2}^2(n_{o1}^2-n_{e1}^2)} \tag{2.6-27}$$

$$\sin^2\theta_m^{-1}=\frac{n_{e2}^2(n_{o2}^2-n_{o1}^2)}{n_{o1}^2(n_{o2}^2-n_{e2}^2)} \tag{2.6-28}$$

$$\sin^2\theta_m^{+2}=\frac{\left[n_{o1}n_{e1}/(2n_{o2}-n_{o1})\right]^2-1}{n_{o1}^2-n_{e1}^2} \tag{2.6-29}$$

$$\sin^2\theta_m^{-2}=\frac{\left\{n_{o1}n_{e1}/\left[2n_{e2}(\theta_m^{-2})-n_{o1}\right]\right\}^2-1}{n_{o1}^2-n_{e1}^2} \tag{2.6-30}$$

本节推导了波矢折射率曲面方程和光线折射率曲面方程，并说明了激光倍频的原理，要点见表 2-7。

表 2-7　波矢折射率曲面方程和光线折射率曲面方程

方程 \ 晶体	单轴晶体	双轴晶体		
波矢折射率曲面方程	$\begin{cases}x^2+y^2+z^2=n_o^2\\ \dfrac{x^2+y^2}{n_e^2}+\dfrac{z^2}{n_o^2}=1\end{cases}$	$\begin{cases}x^2+y^2=n_z^2\\ \dfrac{x^2}{n_y^2}+\dfrac{y^2}{n_x^2}=1\end{cases}$	$\begin{cases}x^2+z^2=n_y^2\\ \dfrac{x^2}{n_z^2}+\dfrac{z^2}{n_x^2}=1\end{cases}$	$\begin{cases}y^2+z^2=n_x^2\\ \dfrac{y^2}{n_z^2}+\dfrac{z^2}{n_y^2}=1\end{cases}$

（续表）

晶体 方程	单轴晶体	双轴晶体		
光线折射率曲面方程	$\begin{cases} x^2+y^2+z^2=n_o^2 \\ \dfrac{x^2+y^2}{n_o^2}+\dfrac{z^2}{n_e^2}=\dfrac{n_s^4}{n_o^2 n_e^2} \end{cases}$	$\begin{cases} x^2+y^2=n_z^2 \\ \dfrac{x^2}{n_x^2}+\dfrac{y^2}{n_y^2}=\dfrac{n_s^4}{n_x^2 n_y^2} \end{cases}$	$\begin{cases} x^2+z^2=n_y^2 \\ \dfrac{x^2}{n_x^2}+\dfrac{z^2}{n_z^2}=\dfrac{n_s^4}{n_x^2 n_z^2} \end{cases}$	$\begin{cases} y^2+z^2=n_x^2 \\ \dfrac{y^2}{n_y^2}+\dfrac{z^2}{n_z^2}=\dfrac{n_s^4}{n_y^2 n_z^2} \end{cases}$

2.7 波矢曲面方程与光线曲面方程

波矢曲面是矢径 $\boldsymbol{r}=\boldsymbol{k}$ 构成的曲面，亦即 $\boldsymbol{r}=|k|\boldsymbol{k}_0=(\omega n/c)\boldsymbol{k}_0$ 构成的曲面，它反映了波矢量在晶体内形成的曲面。光线曲面是矢径 $\boldsymbol{r}=\boldsymbol{S}$ 构成的曲面，亦即 $\boldsymbol{r}=|\boldsymbol{S}|\boldsymbol{s}_0=\upsilon_s\varepsilon_s E^2\boldsymbol{s}_0=cn_s E^2\boldsymbol{s}_0$ 构成的曲面，它反映了光线矢量在晶体内形成的曲面。本节将推导波矢曲面方程和光线曲面方程。

2.7.1 波矢曲面方程

矢径 $\boldsymbol{r}=\boldsymbol{k}$ 方向平行于给定的波矢方向 $\boldsymbol{k}_0$，由于对应一个 $\boldsymbol{k}_0$ 有两个光波，这样，矢径长度等于相应的两个光波的波数。因此，波矢曲面也是一个双壳层曲面，记作 $(\boldsymbol{k}_0,\boldsymbol{k})$ 曲面。把矢径长度

$$|r|=(x^2+y^2+z^2)^{1/2}=\frac{\omega n}{c} \tag{2.7-1}$$

和矢径分量关系

$$x=k_x=\frac{\omega n}{c}k_{0x},\quad y=k_y=\frac{\omega n}{c}k_{0y},\quad z=k_z=\frac{\omega n}{c}k_{0z} \tag{2.7-2}$$

代入式(2.3-6)(即波矢菲涅耳方程)，可以得到

$$\frac{n_x^2 n^2 k_{0x}^2}{n_x^2-n^2}+\frac{n_y^2 n^2 k_{0y}^2}{n_y^2-n^2}+\frac{n_z^2 n^2 k_{0z}^2}{n_z^2-n^2}=0 \tag{2.7-3}$$

式(2.7-3)上下同乘 $(\omega/c)^2$，并利用式(2.7-2)，可以得到

$$\frac{n_x^2 x^2}{n_x'^2-n'^2}+\frac{n_y^2 y^2}{n_y'^2-n'^2}+\frac{n_z^2 z^2}{n_z'^2-n'^2}=0 \tag{2.7-4}$$

式中，$n_i'=(\omega/c)n_i(i=x,\quad y,\quad z)$，$n'=(\omega/c)n$。把式(2.7-4)两边同乘 $(\omega/c)^2$，得到

$$\frac{n_x'^2 x^2}{n_x'^2-n'^2}+\frac{n_y'^2 y^2}{n_y'^2-n'^2}+\frac{n_z'^2 z^2}{n_z'^2-n'^2}=0 \tag{2.7-5}$$

整理，可以得到

$$\begin{aligned}&(n_x'^2 x^2+n_y'^2 y^2+n_z'^2 z^2)(x^2+y^2+z^2)+n_x'^2 n_y'^2 n_z'^2-\\&\left[(n_y'^2+n_z'^2)n_x'^2 x^2+(n_z'^2+n_x'^2)n_y'^2 y^2+(n_x'^2+n_y'^2)n_z'^2 z^2\right]=0\end{aligned} \tag{2.7-6}$$

式(2.7-6)就是波矢曲面方程。

1. 单轴晶体的波矢曲面方程

对于单轴晶体，$n_x = n_y = n_o$，$n_z = n_e$，代入式(2.7-6)，可以得到

$$\left(x^2 + y^2 + z^2 - \frac{\omega^2}{c^2} n_o^2\right)\left[n_o^2(x^2 + y^2) + n_e^2 z^2 - \frac{\omega^2}{c^2} n_o^2 n_e^2\right] = 0 \tag{2.7-7}$$

因此

$$\begin{cases} x^2 + y^2 + z^2 = \dfrac{\omega^2}{c^2} n_o^2 \\ \dfrac{x^2 + y^2}{\left(\dfrac{\omega}{c} n_e\right)^2} + \dfrac{z^2}{\left(\dfrac{\omega}{c} n_o\right)^2} = 1 \end{cases} \tag{2.7-8}$$

可见，单轴晶体的波矢曲面是一个双层曲面，它是由一个半径为$(\omega/c)n_o$的球面和一个以 z 轴为旋转轴的旋转椭球构成的。球面对应于 o 光的波矢曲面，旋转椭球对应于 e 光的波矢曲面。单轴晶体的波矢曲面在主轴截面上的截线和立体图类似于单轴晶体的波矢折射率曲面在主轴截面上的截线和立体图，如图 2.20 所示。

【单轴晶体的波矢曲面】

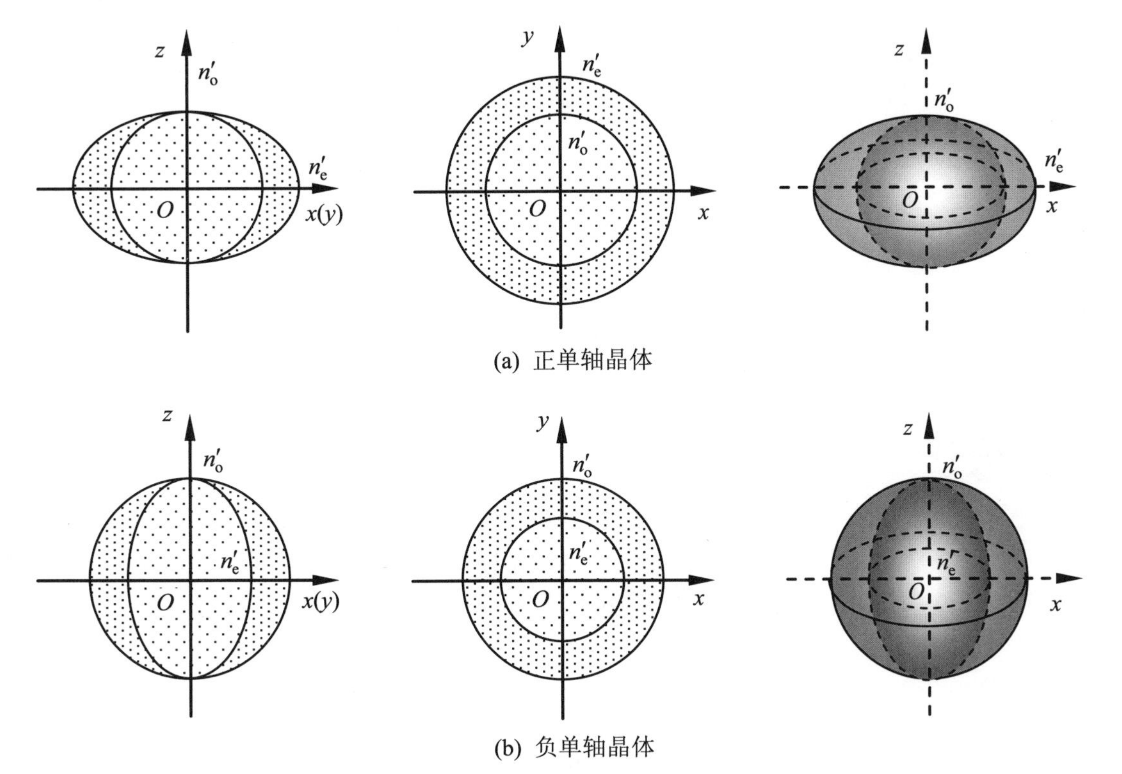

图 2.20　单轴晶体的波矢曲面

2. 双轴晶体的波矢曲面方程

对于双轴晶体，$n_x \neq n_y \neq n_z$，式(2.7-6)所表示的波矢曲面方程与3个主轴截面上的截线也是一个圆加上一个同心椭圆。它们在 xOy 面、xOz 面和 yOz 面上的方程分别为

$$\begin{cases} (x^2+y^2-n_z'^2)\left(\dfrac{x^2}{n_y'^2}+\dfrac{y^2}{n_x'^2}-1\right)=0 \\ (x^2+z^2-n_y'^2)\left(\dfrac{x^2}{n_z'^2}+\dfrac{z^2}{n_x'^2}-1\right)=0 \\ (y^2+z^2-n_x'^2)\left(\dfrac{y^2}{n_z'^2}+\dfrac{z^2}{n_y'^2}-1\right)=0 \end{cases} \tag{2.7-9}$$

双轴晶体的波矢曲面在主轴截面上的截线类似于双轴晶体的波矢折射率曲面在主轴截面上的截线，如图2.21所示。双轴晶体的波矢曲面立体图如图2.22所示。

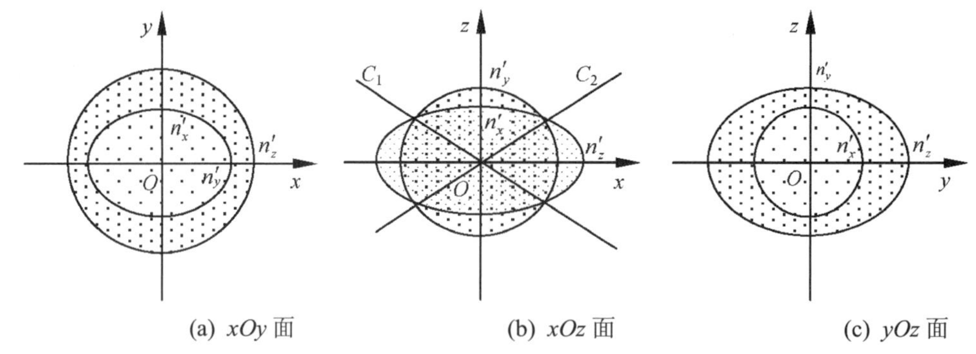

图2.21 双轴晶体的波矢曲面在3个主轴截面上的截线

【双轴晶体波矢曲面立体图】

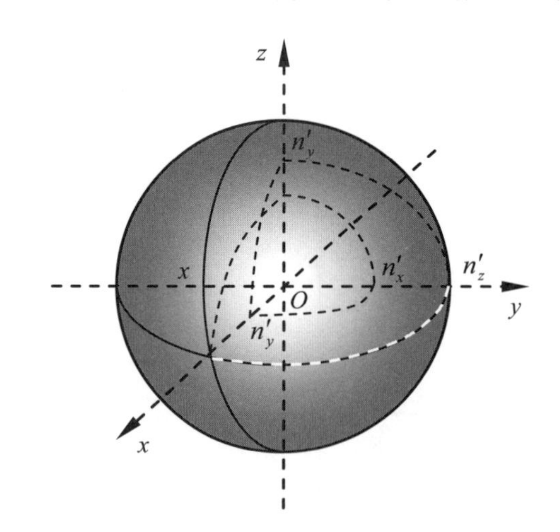

图2.22 双轴晶体的波矢曲面立体图

对于单轴晶体，o光的折射率和e光的折射率相差很小，见表2-8。因此，单轴晶体的波矢折射率双层曲面和波矢双层曲面实际相差很小。

表 2-8　几种单轴晶体的折射率

方解石(负晶体)			KDP(负晶体)			石英(正晶体)		
波长/nm	n_o	n_e	波长/nm	n_o	n_e	波长/nm	n_o	n_e
656.3	1.6554	1.4846	1500	1.482	1.458	1946	1.52184	1.53004
589.3	1.6584	1.4864	1000	1.498	1.463	589.3	1.54424	1.55335
486.1	1.6679	1.4908	546.1	1.512	1.470	340	1.56747	1.57737
404.7	1.6864	1.4969	365.3	1.529	1.484	185	1.65751	1.68988

2.7.2　光线曲面方程

矢径 $\boldsymbol{r}=\boldsymbol{S}$ 方向平行于给定的光线方向 $\boldsymbol{s}_0$，由于对应一个 $\boldsymbol{s}_0$ 有两个光波，因此，光线曲面也是一个双壳层曲面，记作 $(\boldsymbol{s}_0,\boldsymbol{S})$ 曲面：

$$\boldsymbol{S}=\upsilon\varepsilon\boldsymbol{E}^2=(c\varepsilon_0E^2/\cos\alpha)n_\mathrm{s}$$

把矢径长度

$$|r|=(x^2+y^2+z^2)^{1/2}=(c\varepsilon_0E^2/\cos\alpha)n_\mathrm{s} \tag{2.7-10}$$

和矢径分量关系

$$x=(c\varepsilon_0E^2/\cos\alpha)n_\mathrm{s}s_{0x}，\quad y=(c\varepsilon_0E^2/\cos\alpha)n_\mathrm{s}s_{0y}，\quad z=(c\varepsilon_0E^2/\cos\alpha)n_\mathrm{s}s_{0z} \tag{2.7-11}$$

代入式(2.3-12)(即光线菲涅耳方程)，可以得到

$$\left(\frac{1}{(c\varepsilon_0E^2/\cos\alpha)n_\mathrm{s}}\right)^2\left(\frac{x^2}{n_\mathrm{s}^2-n_x^2}+\frac{y^2}{n_\mathrm{s}^2-n_y^2}+\frac{z^2}{n_\mathrm{s}^2-n_z^2}\right)=0 \tag{2.7-12}$$

即

$$\frac{x^2}{n_\mathrm{s}'^2-n_x'^2}+\frac{y^2}{n_\mathrm{s}'^2-n_y'^2}+\frac{z^2}{n_\mathrm{s}'^2-n_z'^2}=0 \tag{2.7-13}$$

式中，$n_i'=(c\varepsilon_0E^2/\cos\alpha)n_\mathrm{s}n_i(i=\mathrm{s},x,y,z)$，式(2.7-13)还可以写为

$$x^2(n_\mathrm{s}'^2-n_y'^2)(n_\mathrm{s}'^2-n_z'^2)+y^2(n_\mathrm{s}'^2-n_x'^2)(n_\mathrm{s}'^2-n_z'^2)+z^2(n_\mathrm{s}'^2-n_x'^2)(n_\mathrm{s}'^2-n_y'^2)=0 \tag{2.7-14}$$

式(2.7-13)或式(2.7-14)就是光线曲面方程。

1. 单轴晶体的光线曲面方程

对于单轴晶体，将 $n_x=n_y=n_\mathrm{o}$ 和 $n_z=n_\mathrm{e}$ 代入式(2.7-14)，可以得到

$$(n_\mathrm{s}'^2-n_\mathrm{o}'^2)\left[(x^2+y^2)n_\mathrm{e}'^2+z^2n_\mathrm{o}'^2-n_\mathrm{s}'^4\right]=0 \tag{2.7-15}$$

利用式(2.7-10)，可以得到

$$\begin{cases}x^2+y^2+z^2=n_\mathrm{o}'^2\\ \dfrac{x^2+y^2}{n_\mathrm{o}'^2}+\dfrac{y^2}{n_\mathrm{e}'^2}=\dfrac{n_\mathrm{s}'^4}{n_\mathrm{o}'^2n_\mathrm{e}'^2}\end{cases} \tag{2.7-16}$$

【单轴晶体的光线曲面】

可见，单轴晶体的光线曲面也是一个双层曲面，它是由一个半径为 n_o' 的球面和一个以 z 轴为旋转轴的旋转卵形构成的。球面对应于 o 光的折射率曲面，旋转卵形对应于 e 光的折射率曲面。单轴晶体的光线曲面在主轴截面上的截线和立体图如图 2.23 所示。

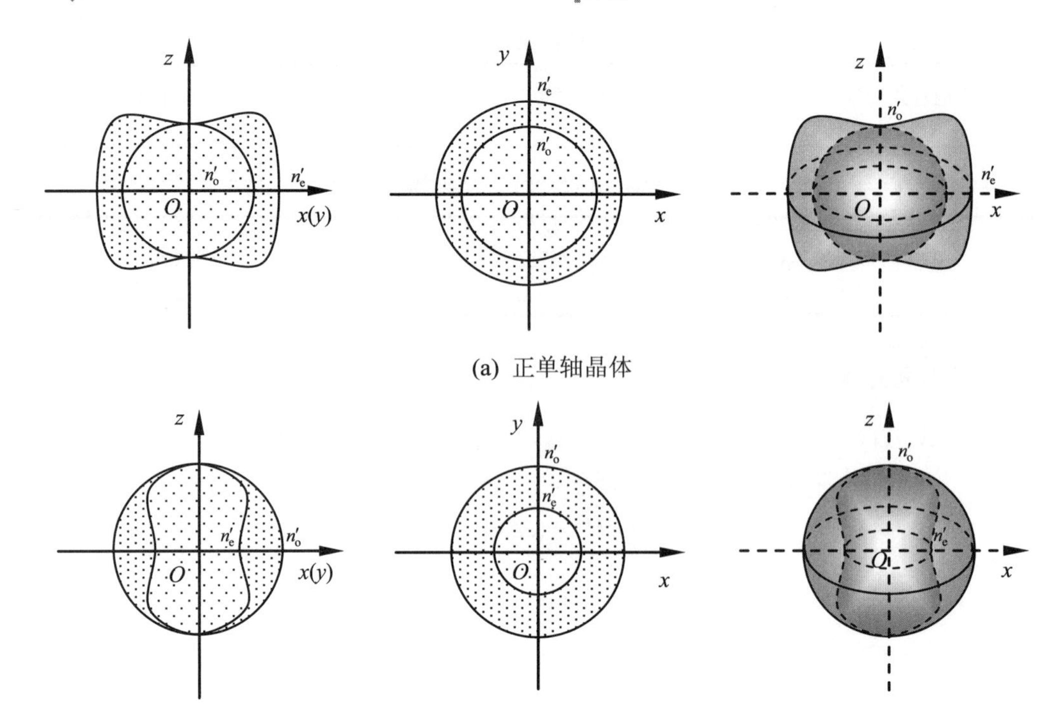

图 2.23　单轴晶体的光线曲面

2. 双轴晶体的光线曲面方程

对于双轴晶体，$n_x \neq n_y \neq n_z$，光线曲面和 3 个坐标面的交线都由一个圆和一个卵形线组成，例如，在 xOy 面上，由式(2.7-14)可得

$$x^2(n_s'^2 - n_y'^2)(n_s'^2 - n_z'^2) + y^2(n_s'^2 - n_x'^2)(n_s'^2 - n_z'^2) = 0 \tag{2.7-17}$$

经过整理，可以得到

$$(x^2 + y^2 - n_z'^2)(x^2 n_y'^2 + y^2 n_x'^2 - n_s'^4) = 0 \tag{2.7-18}$$

或者

$$\begin{cases} x^2 + y^2 = n_z'^2 \\ \dfrac{x^2}{n_x'^2} + \dfrac{y^2}{n_y'^2} = \dfrac{n_s'^4}{n_x'^2 n_y'^2} \end{cases} \tag{2.7-19}$$

同样，在 xOz 面和 yOz 面上可以得到

$$\begin{cases} x^2 + z^2 = n_y'^2 \\ \dfrac{x^2}{n_x'^2} + \dfrac{z^2}{n_z'^2} = \dfrac{n_s'^4}{n_x'^2 n_z'^2} \end{cases} \tag{2.7-20}$$

$$\begin{cases} y^2 + z^2 = n_x'^2 \\ \dfrac{y^2}{n_y'^2} + \dfrac{z^2}{n_z'^2} = \dfrac{n_s'^4}{n_y'^2 n_z'^2} \end{cases} \tag{2.7-21}$$

按照假设，$n_x < n_y < n_z$，则 3 个主轴截面上的截线图如图 2.24 所示。光线曲面的两个壳层仅有 4 个交点，通过中心 O 的两对交点的连线方向就是双轴晶体的光线轴方向。双轴晶体的光线曲面立体图如图 2.25 所示。

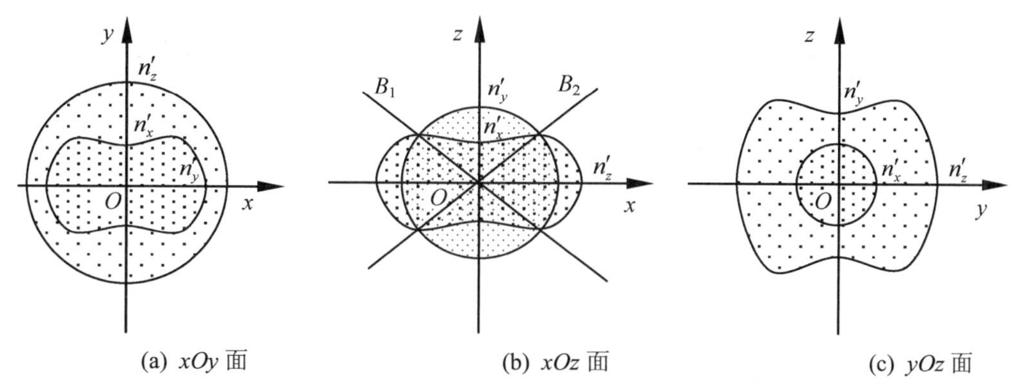

图 2.24　双轴晶体的光线曲面在 3 个主轴截面上的截线

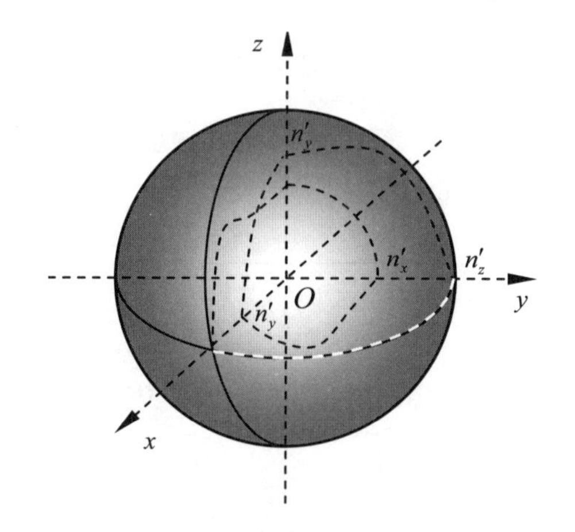

【双轴晶体的光线曲面立体图】

图 2.25　双轴晶体的光线曲面立体图

本节推导了波矢曲面方程和光线曲面方程，要点见表 2-9。

表 2-9　波矢曲面方程和光线曲面方程

晶体 方程	单轴晶体	双轴晶体		
波矢曲面方程	$\begin{cases} x^2+y^2+z^2=n_o'^2 \\ \dfrac{x^2+y^2}{n_e'^2}+\dfrac{z^2}{n_o'^2}=1 \end{cases}$	$\begin{cases} x^2+y^2=n_z'^2 \\ \dfrac{x^2}{n_y'^2}+\dfrac{y^2}{n_x'^2}=1 \end{cases}$	$\begin{cases} x^2+z^2=n_y'^2 \\ \dfrac{x^2}{n_z'^2}+\dfrac{z^2}{n_x'^2}=1 \end{cases}$	$\begin{cases} y^2+z^2=n_x'^2 \\ \dfrac{y^2}{n_z'^2}+\dfrac{z^2}{n_y'^2}=1 \end{cases}$
光线曲面方程	$\begin{cases} x^2+y^2+z^2=n_o'^2 \\ \dfrac{x^2+y^2}{n_o'^2}+\dfrac{z^2}{n_e'^2}=\dfrac{n_s'^4}{n_o'^2 n_e'^2} \end{cases}$	$\begin{cases} x^2+y^2=n_z'^2 \\ \dfrac{x^2}{n_x'^2}+\dfrac{y^2}{n_y'^2}=\dfrac{n_s'^4}{n_x'^2 n_y'^2} \end{cases}$	$\begin{cases} x^2+z^2=n_y'^2 \\ \dfrac{x^2}{n_x'^2}+\dfrac{z^2}{n_z'^2}=\dfrac{n_s'^4}{n_x'^2 n_z'^2} \end{cases}$	$\begin{cases} y^2+z^2=n_x'^2 \\ \dfrac{y^2}{n_y'^2}+\dfrac{z^2}{n_z'^2}=\dfrac{n_s'^4}{n_y'^2 n_z'^2} \end{cases}$

2.8 波矢速度面方程和光线速度面方程

波矢速度面是矢量$\boldsymbol{r}=\upsilon_{\rm p}\boldsymbol{k}_0$所构成的曲面，它反映了相速度在晶体内形成的曲面。光线速度面是矢量$\boldsymbol{r}=\upsilon_{\rm s}\boldsymbol{s}_0$构成的曲面，它反映了光线速度在晶体内形成的曲面。本节将推导波矢速度面方程和光线速度面方程。

2.8.1 波矢速度面方程

波矢速度面也称相速度面。从晶体中任一点 O 出发，引各个方向的法线速度矢量$\boldsymbol{r}=\upsilon_{\rm p}\boldsymbol{k}_0$，其端点的轨迹就是波矢速度面。因此，波矢速度面是矢径方向平行于给定的波矢方向$\boldsymbol{k}_0$，而矢径长度等于与$\boldsymbol{k}_0$相应的两个光波的相速度$\upsilon_{\rm p}$，因此，波矢速度面必定是一个双壳层曲面，记作($\boldsymbol{k}_0,\upsilon_{\rm p}$)曲面。

把矢径长度

$$|r|=(x^2+y^2+z^2)^{1/2}=\upsilon_{\rm p} \tag{2.8-1}$$

和矢径分量关系

$$x=\upsilon_{\rm p}k_{0x},\quad y=\upsilon_{\rm p}k_{0y},\quad z=\upsilon_{\rm p}k_{0z} \tag{2.8-2}$$

代入式(2.3-7)(即波矢菲涅耳方程)，可以得到

$$\frac{x^2}{\upsilon_{\rm p}^2-\upsilon_x^2}+\frac{y^2}{\upsilon_{\rm p}^2-\upsilon_y^2}+\frac{z^2}{\upsilon_{\rm p}^2-\upsilon_z^2}=0 \tag{2.8-3}$$

或者

$$x^2(\upsilon_{\rm p}^2-\upsilon_y^2)(\upsilon_{\rm p}^2-\upsilon_z^2)+y^2(\upsilon_{\rm p}^2-\upsilon_x^2)(\upsilon_{\rm p}^2-\upsilon_z^2)+z^2(\upsilon_{\rm p}^2-\upsilon_x^2)(\upsilon_{\rm p}^2-\upsilon_y^2)=0 \tag{2.8-4}$$

式(2.8-3)或式(2.8-4)就是波矢速度面方程。

1. 单轴晶体波矢速度面方程

对于单轴晶体，有$\upsilon_x=\upsilon_y=\upsilon_{\rm o}$，$\upsilon_z=\upsilon_{\rm e}$，代入式(2.8-4)，可以得到

$$(\upsilon_{\rm p}^2-\upsilon_{\rm o}^2)\left[(x^2+y^2)\upsilon_{\rm e}^2+z^2\upsilon_{\rm o}^2-\upsilon_{\rm p}^4\right]=0 \tag{2.8-5}$$

利用式(2.8-1)，可以得到

$$\begin{cases}x^2+y^2+z^2=\upsilon_{\rm o}^2\\ \dfrac{x^2+y^2}{\upsilon_{\rm o}^2}+\dfrac{z^2}{\upsilon_{\rm e}^2}=\dfrac{\upsilon_{\rm p}^4}{\upsilon_{\rm o}^2\upsilon_{\rm e}^2}\end{cases} \tag{2.8-6}$$

【单轴晶体的波矢速度面】

可见，单轴晶体的波矢速度面是一个双层曲面，它是由一个半径为$\upsilon_{\rm o}$的球面和一个以 z 轴为旋转轴的旋转卵形构成的。球面对应于 o 光的波矢速度面，旋转卵形对应于 e 光的波矢速度面。单轴晶体的波矢速度面在主轴截面上的截线和立体图如图 2.26 所示。

2. 双轴晶体的波矢速度面方程

对于双轴晶体，$\upsilon_x\neq\upsilon_y\neq\upsilon_z$，波矢速度面和 3 个坐标面的交线都由一个圆和一个卵形

线组成，例如，在 xOy 面上，由式(2.8-3)可得

$$x^2(\upsilon_{\rm p}^2-\upsilon_y^2)(\upsilon_{\rm p}^2-\upsilon_z^2)+y^2(\upsilon_{\rm p}^2-\upsilon_x^2)(\upsilon_{\rm p}^2-\upsilon_z^2)=0 \tag{2.8-7}$$

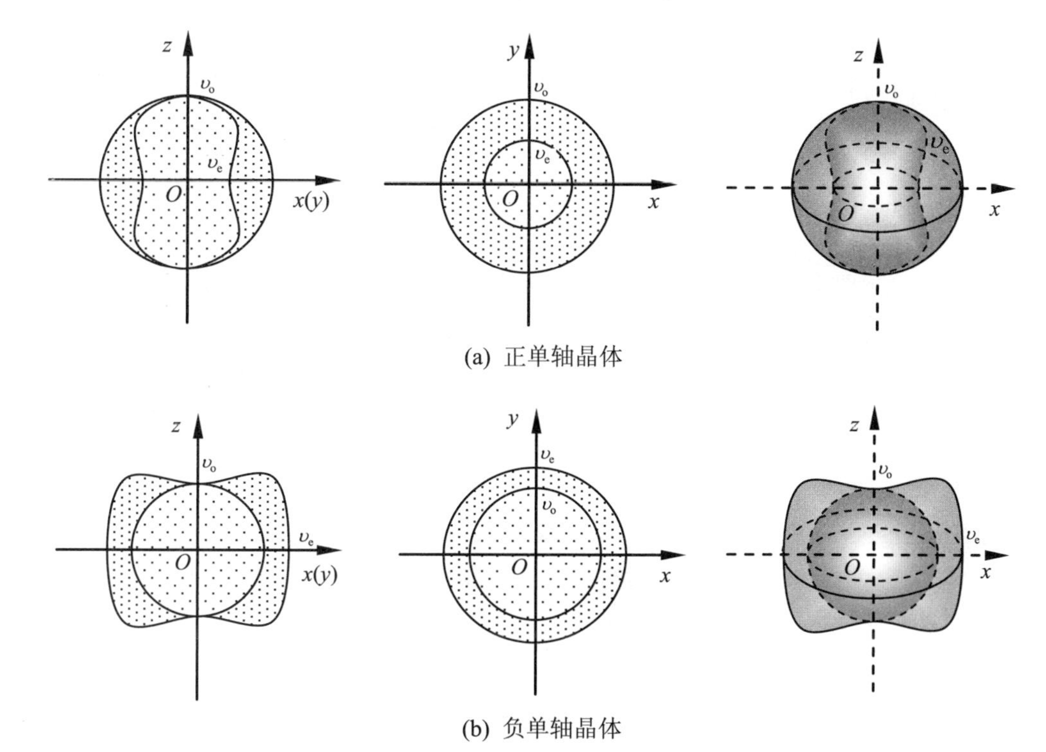

图 2.26　单轴晶体的波矢速度面

经过整理，可以得到

$$(x^2+y^2-\upsilon_z^2)(x^2\upsilon_y^2+y^2\upsilon_x^2-\upsilon_{\rm p}^4)=0 \tag{2.8-8}$$

或者

$$\begin{cases} x^2+y^2=\upsilon_z^2 \\ \dfrac{x^2}{\upsilon_x^2}+\dfrac{y^2}{\upsilon_y^2}=\dfrac{\upsilon_{\rm p}^4}{\upsilon_x^2\upsilon_y^2} \end{cases} \tag{2.8-9}$$

同样，在 xOz 面和 yOz 面上可以得到

$$\begin{cases} x^2+z^2=\upsilon_y^2 \\ \dfrac{x^2}{\upsilon_x^2}+\dfrac{z^2}{\upsilon_z^2}=\dfrac{\upsilon_{\rm p}^4}{\upsilon_x^2\upsilon_z^2} \end{cases} \tag{2.8-10}$$

$$\begin{cases} y^2+z^2=\upsilon_x^2 \\ \dfrac{y^2}{\upsilon_y^2}+\dfrac{z^2}{\upsilon_z^2}=\dfrac{\upsilon_{\rm p}^4}{\upsilon_y^2\upsilon_z^2} \end{cases} \tag{2.8-11}$$

按照假设，$n_x<n_y<n_z$，则 3 个主轴截面上的截线如图 2.27 所示。波矢速度面的两个壳层仅有 4 个交点，通过中心 O 的两对交点的连线 C_1 和 C_2 的方向就是双轴晶体的光轴方向。双轴晶体的波矢速度面立体图如图 2.28 所示。

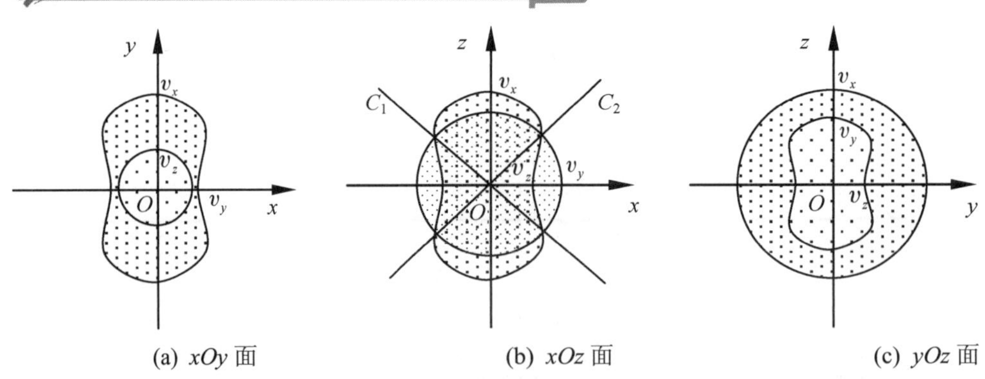

(a) xOy 面　　(b) xOz 面　　(c) yOz 面

图 2.27　双轴晶体的波矢速度面在 3 个主轴截面上的截线

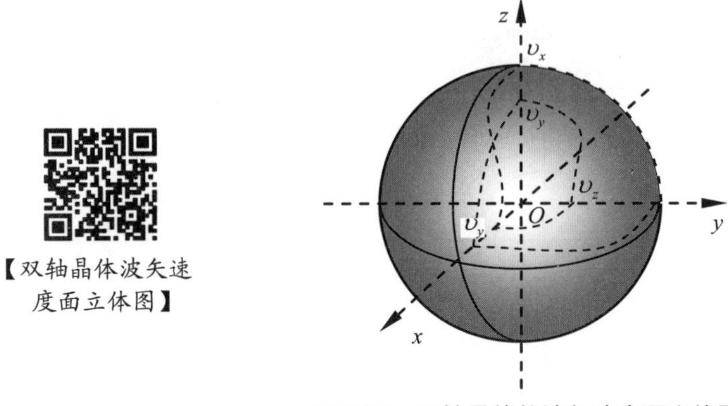

图 2.28　双轴晶体的波矢速度面立体图

2.8.2　光线速度面方程

从晶体中任一点 O 出发，引各个方向的光线速度矢量矢径 $\boldsymbol{r}=\upsilon_s\boldsymbol{s}_0$ 构成的曲面就是光线速度面，其方向平行于给定的波矢方向 $\boldsymbol{s}_0$，由于对应一个 $\boldsymbol{s}_0$ 有两个光波，因此，光线速度面也是一个双壳层曲面，记作 $(\boldsymbol{s}_0,\upsilon_s)$ 曲面。

把矢径长度

$$|r|=(x^2+y^2+z^2)^{1/2}=\upsilon_s \tag{2.8-12}$$

和矢径分量关系

$$x=\upsilon_s s_{0x}\,,\quad y=\upsilon_s s_{0y}\,,\quad z=\upsilon_s s_{0z} \tag{2.8-13}$$

代入式(2.3-13)(即光线菲涅耳方程)，可以得到

$$\frac{\upsilon_x^2x^2}{\upsilon_s^2-\upsilon_x^2}+\frac{\upsilon_y^2y^2}{\upsilon_s^2-\upsilon_y^2}+\frac{\upsilon_z^2z^2}{\upsilon_s^2-\upsilon_z^2}=0 \tag{2.8-14}$$

或者

$$x^2\upsilon_x^2(\upsilon_s^2-\upsilon_y^2)(\upsilon_s^2-\upsilon_z^2)+y^2\upsilon_y^2(\upsilon_s^2-\upsilon_x^2)(\upsilon_s^2-\upsilon_z^2)+z^2\upsilon_z^2(\upsilon_s^2-\upsilon_x^2)(\upsilon_s^2-\upsilon_y^2)=0 \tag{2.8-15}$$

式(2.8-14)或式(2.8-15)就是光线速度面方程。

1. 单轴晶体的光线速度面方程

对于单轴晶体，有 $\upsilon_x=\upsilon_y=\upsilon_o$，$\upsilon_z=\upsilon_e$，代入式(2.8-15)，可以得到

$$(\upsilon_s^2-\upsilon_o^2)\left[(x^2+y^2)\upsilon_o^2+z^2\upsilon_e^2-\upsilon_o^2\upsilon_e^2\right]=0 \tag{2.8-16}$$

利用式(2.8-12)可以得到

$$\begin{cases} x^2+y^2+z^2=\upsilon_o^2 \\ \dfrac{x^2+y^2}{\upsilon_e^2}+\dfrac{z^2}{\upsilon_o^2}=1 \end{cases} \tag{2.8-17}$$

可见，单轴晶体的光线速度面是一个双层曲面，它是由一个半径为υ_o的球面和一个以 z 轴为旋转轴的椭圆构成。球面对应于 o 光的速度面，椭圆对应于 e 光的速度面。单轴晶体的光线速度面在主轴截面上的截线图和立体图如图 2.29 所示。

【单轴晶体光线速度面】

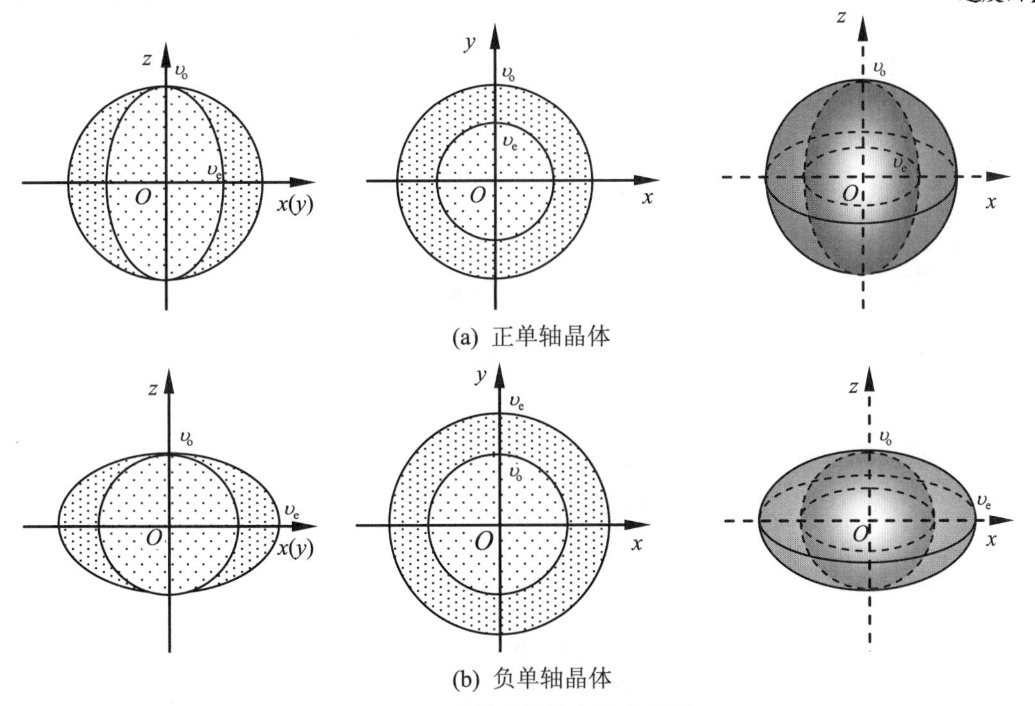

图 2.29　单轴晶体的光线速度面

2. 双轴晶体的光线速度面方程

对于双轴晶体，$\upsilon_x \neq \upsilon_y \neq \upsilon_z$，式(2.8-15)所表示的光线速度面方程与 3 个主轴截面上的截线也是一个圆加上一个同心椭圆。它们在 xOy 面、xOz 面和 yOz 面上的方程分别为

$$\begin{cases} (x^2+y^2-\upsilon_z^2)\left(\dfrac{x^2}{\upsilon_y^2}+\dfrac{y^2}{\upsilon_x^2}-1\right)=0 \\ (x^2+z^2-\upsilon_y^2)\left(\dfrac{x^2}{\upsilon_z^2}+\dfrac{z^2}{\upsilon_x^2}-1\right)=0 \\ (y^2+z^2-\upsilon_x^2)\left(\dfrac{y^2}{\upsilon_z^2}+\dfrac{z^2}{\upsilon_y^2}-1\right)=0 \end{cases} \tag{2.8-18}$$

双轴晶体的光线速度面在主轴截面上的截线类似于双轴晶体的波矢面在主轴截面上的截线，如图 2.30 所示。通过中心 O 的两对交点的连线 B_1 和 B_2 的方向是两个光线速度相等的方向，称为晶体的光线轴方向。双轴晶体的光线速度面立体图如图 2.31 所示。

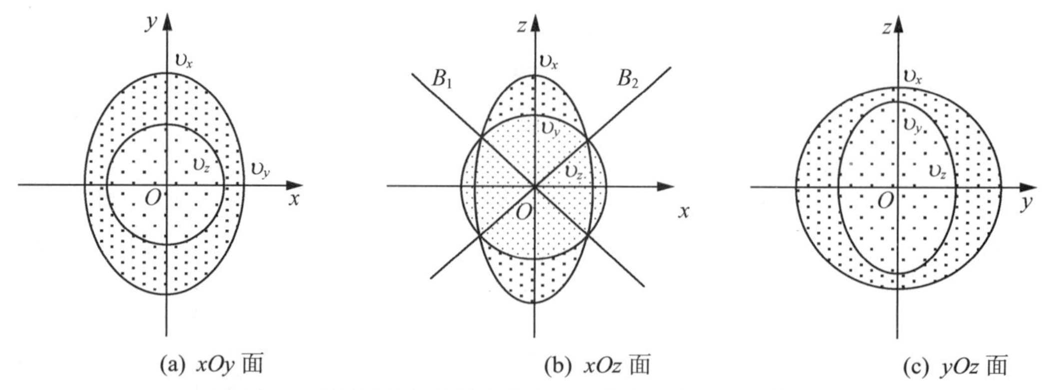

图 2.30　双轴晶体的光线速度面在 3 个主轴截面上的截线

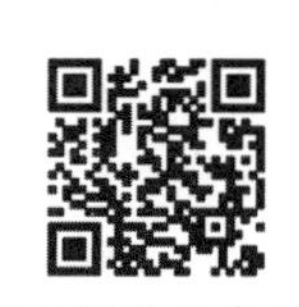

【双轴晶体光线速度面立体图】

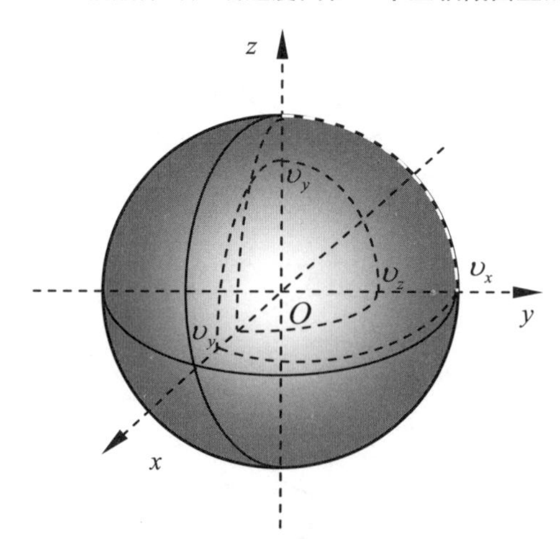

图 2.31　双轴晶体的光线速度面立体图

本节推导了波矢速度面方程和光线速度面方程，要点见表 2-10。

表 2-10　波矢速度面方程和光线速度面方程

方程＼晶体	单轴晶体	双轴晶体		
波矢速度面方程	$\begin{cases} x^2+y^2+z^2=\upsilon_o^2 \\ \dfrac{x^2+y^2}{\upsilon_o^2}+\dfrac{z^2}{\upsilon_e^2}=\dfrac{\upsilon_p^4}{\upsilon_o^2\upsilon_e^2} \end{cases}$	$\begin{cases} x^2+y^2=\upsilon_z^2 \\ \dfrac{x^2}{\upsilon_x^2}+\dfrac{y^2}{\upsilon_y^2}=\dfrac{\upsilon_p^4}{\upsilon_x^2\upsilon_y^2} \end{cases}$	$\begin{cases} x^2+z^2=\upsilon_y^2 \\ \dfrac{x^2}{\upsilon_x^2}+\dfrac{z^2}{\upsilon_z^2}=\dfrac{\upsilon_p^4}{\upsilon_x^2\upsilon_z^2} \end{cases}$	$\begin{cases} y^2+z^2=\upsilon_x^2 \\ \dfrac{y^2}{\upsilon_y^2}+\dfrac{z^2}{\upsilon_z^2}=\dfrac{n_s'^4}{\upsilon_y^2\upsilon_z^2} \end{cases}$
光线速度面方程	$\begin{cases} x^2+y^2+z^2=\upsilon_o^2 \\ \dfrac{x^2+y^2}{\upsilon_e^2}+\dfrac{z^2}{\upsilon_o^2}=1 \end{cases}$	$\begin{cases} x^2+y^2=\upsilon_z^2 \\ \dfrac{x^2}{\upsilon_y^2}+\dfrac{y^2}{\upsilon_x^2}=1 \end{cases}$	$\begin{cases} x^2+z^2=\upsilon_y^2 \\ \dfrac{x^2}{\upsilon_z^2}+\dfrac{z^2}{\upsilon_x^2}=1 \end{cases}$	$\begin{cases} y^2+z^2=\upsilon_x^2 \\ \dfrac{y^2}{\upsilon_z^2}+\dfrac{z^2}{\upsilon_y^2}=1 \end{cases}$

2.9　光在晶体表面的反射与折射

前面几节讨论了光在晶体内部的传播规律。在实际中，当用晶体作为光的调制器件时，往往都会遇到光在晶体表面上的入射和出射问题，因此，必须明确光从空气射入晶体或由晶体内部射出时在入射端面和出射端面的反射和折射特性。本节将讨论光在晶体表面上的双反射和双折射，并介绍用斯涅耳作图法和惠更斯作图法来分析光通过晶体后的折射方向。

2.9.1　双反射与双折射

在 1.8 节中已经学习到，一束单色光入射到各向同性的界面上时，将分别产生一束反射光和一束折射光，并且遵循反射定律和折射定律。通过对 2.3 节的学习，也已经知道，在晶体中对应于光波的一个传播方向 $\boldsymbol{k}_0$，可以有两种不同的光波折射率，即当一束单色光入射到晶体表面上时，会产生两束同频率的折射光，这就是双折射，如图 2.32 所示。而一束单色光从晶体内部射向界面时，则会产生两束频率相同的反射光，这就是双反射，如图 2.33 所示。

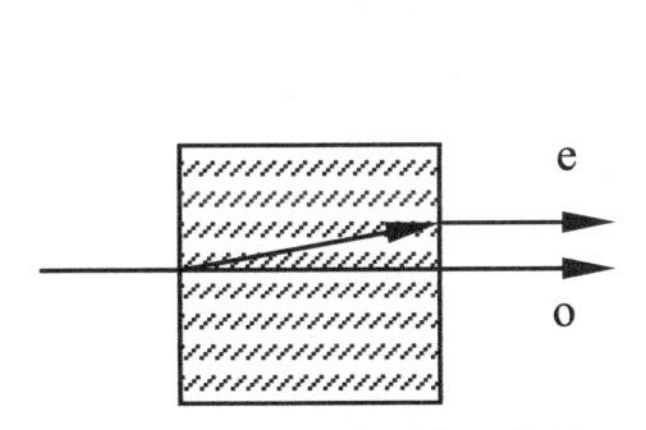

图 2.32　双折射示意图

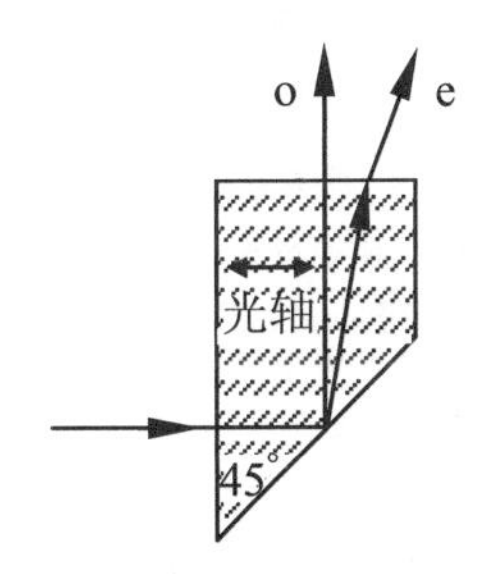

图 2.33　双反射示意图

通过 2.5 节的学习可以知道，两束折射光或两束反射光即为 o 光和 e 光，它们都是线偏振的并且振动方向相互垂直。

在 1.8 节中，讨论了平面波在两种不同介质分界面上的反射和折射时，得到入射波、反射波和折射波的波矢量在界面上的投影相等的结果，即 $\boldsymbol{k}_1\cdot\boldsymbol{r}=\boldsymbol{k}_1\cdot\boldsymbol{r}=\boldsymbol{k}_2\cdot\boldsymbol{r}$。它是平面波在界面上发生反射和折射时的基本规律。这个结果不仅对两种各向同性介质的界面是成立的，对各向异性介质(晶体)的界面也是成立的。下面，就用平面波在界面上发生反射和折射时的基本规律来处理光波在晶体界面上的双折射和双反射问题。

对于双折射，设两个折射波的波矢量为 $\boldsymbol{k}_2'$ 和 $\boldsymbol{k}_2''$，则有

$$\boldsymbol{k}_1\cdot\boldsymbol{r}=\boldsymbol{k}_2'\cdot\boldsymbol{r} \tag{2.9-1}$$

$$\boldsymbol{k}_1\cdot\boldsymbol{r}=\boldsymbol{k}_2''\cdot\boldsymbol{r} \tag{2.9-2}$$

上两式可以改写为

$$k_1\sin\theta_1=k_2'\sin\theta_2' \tag{2.9-3a}$$

$$k_1\sin\theta_1=k_2''\sin\theta_2'' \tag{2.9-4a}$$

还可以具体写为

$$n_1\sin\theta_1=n_{\rm o}\sin\theta_{2\rm o} \tag{2.9-3b}$$

$$n_1\sin\theta_1=n_{\rm e}(\theta)\sin\theta_{2\rm e} \tag{2.9-4b}$$

式中，θ 是 e 光波矢与光轴之间的夹角，θ_1 是入射角，$\theta_2'(\theta_{2\rm o})$和$\theta_2''(\theta_{2\rm e})$分别是两个折射

波矢量 $\boldsymbol{k}_2'$ 和 $\boldsymbol{k}_2''$ 与界面法线的夹角。

对于双反射，设两个反射波的波矢量为 $\boldsymbol{k}_1'$ 和 $\boldsymbol{k}_1''$，对应的两个反射角为 θ_1' 和 θ_1''，则可以得到与双折射类似的关系式：

$$\boldsymbol{k}_1 \cdot \boldsymbol{r} = \boldsymbol{k}_1' \cdot \boldsymbol{r} \tag{2.9-5}$$

$$\boldsymbol{k}_1 \cdot \boldsymbol{r} = \boldsymbol{k}_1'' \cdot \boldsymbol{r} \tag{2.9-6}$$

上两式可以改写为

$$k_1 \sin\theta_1 = k_1' \sin\theta_1' \tag{2.9-7a}$$

$$k_1 \sin\theta_1 = k_1'' \sin\theta_1'' \tag{2.9-8a}$$

还可以具体写为

$$n_o \sin\theta_1 = n_o \sin\theta_{1o} \tag{2.9-7b}$$

$$n_o \sin\theta_1 = n_e(\theta) \sin\theta_{1e} \tag{2.9-8b}$$

式中，$\theta_1'(\theta_{1o})$和$\theta_1''(\theta_{1e})$分别是两个反射波矢量 $\boldsymbol{k}_1'$ 和 $\boldsymbol{k}_1''$ 与界面法线的夹角。

由以上的表达式可以看出，在晶体中，光的折射率因传播方向、电场振动方向而异。如果光从空气射向晶体，则因折射光的折射率不同，其折射角也不同；如果光从晶体内部射出，相应的入射光和反射光的折射率也不相等，所以在一般情况下入射角不等于反射角。

因为晶体中 e 光的折射率大小由式(2.5-6)决定，因此，晶体界面上反射光和折射光方向的关系表示式比较复杂，计算也比较困难。为此，经常采用斯涅耳作图法和惠更斯作图法来确定反射光和折射光的方向。

2.9.2 斯涅耳作图法

如图 2.34(a)所示，斯涅耳作图法的条件是假设平面光波从各向同性介质射向晶体表面。首先，以晶体表面 Σ 上的一点 O 为原点，在晶体内画出光波在入射介质中的波矢面 Σ_1，注意它是一个单层球面，因为各向同性介质中光波在各个方向的传播速度相同。其次，画出光波在晶体中的波矢面 Σ_2' 和 Σ_2''，注意它是双壳层面，分别对应 o 光和 e 光的波矢面，图 2.34 所示为正单轴晶体情况。将入射光线从 O 延长，与 Σ_1 交于 A 点，$\boldsymbol{OA}$ 就是入射波的波矢量 $\boldsymbol{k}_1$；过 A 点作垂直晶体表面的直线，与 Σ_2' 和 Σ_2'' 分别交于 B 和 C 点，则 $\boldsymbol{OB}$ 和 $\boldsymbol{OC}$ 就是所求的两个折射波的波矢量 $\boldsymbol{k}_2'$ 和 $\boldsymbol{k}_2''$。

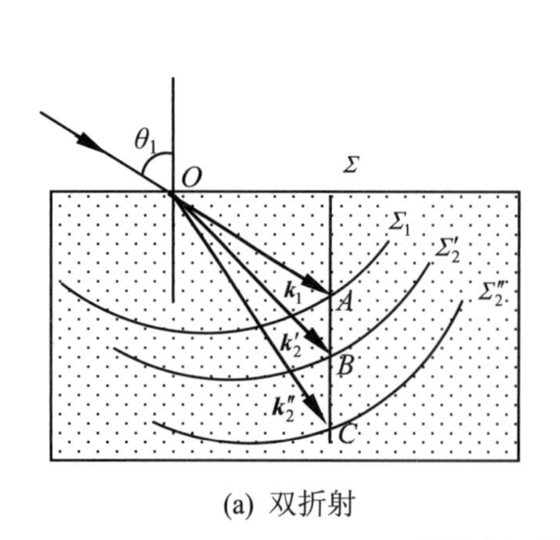

(a) 双折射

(b) 双反射

图 2.34 斯涅耳作图法示意图

如图 2.34(b)所示，斯涅耳作图法也可以用于双反射的情况，以入射到界面上的点 O 为原点，首先在界面 Σ 外侧画出入射光的波矢面 Σ_1(球面)，然后，在晶体内画出两个反射光的波矢面 Σ_1' 和 Σ_1''，自原点 O 画出与入射光波矢方向平行的直线，与波矢面 Σ_1 相交于 A 点，$\boldsymbol{OA}$ 就是入射波的波矢量 $\boldsymbol{k}_1$，过 $\boldsymbol{k}_1$ 的末端作 Σ 的垂线，在晶体内侧交反射光波矢面 Σ_1' 和 Σ_1'' 于 B 和 C 两点，从而确定出两个反射波的波矢量 $\boldsymbol{k}_1'$ 和 $\boldsymbol{k}_1''$。

应当注意的是，由斯涅耳作图法所确定的两个反射波矢量和两个折射波矢量只是允许的或可能的两个波矢，至于实际上这两个波矢是否存在，要看入射光是否包含各反射光或各折射光的场矢量方向上的分量。下面，利用斯涅耳作图法讨论几个单轴晶体双折射的特例。

1. 平面波垂直入射

如图 2.35 所示，图中是一个正单轴晶体，晶体的光轴位于入射面内，且与晶体表面斜交。o 光和 e 光的波矢和光线方向按如下步骤确定：首先在入射界面上任取一点作为原点，按比例在晶体内画出入射光在各向同性介质的波矢面——球面，然后在晶体中画出光进入晶体后 o 光和 e 光的波矢面——球面和椭球面，两个面在光轴处相切。光波入射晶体后分为 o 光和 e 光。o 光的振动方向垂直于主截面，e 光的振动方向在主截面内。o 光和 e 光的波矢方向相同，均垂直于界面，但光线方向不同。过 $\boldsymbol{k}_e$ 矢量末端所作的椭圆切线是 e 光的 $\boldsymbol{E}$ 矢量振动方向，其法线方向为 e 光的光线方向 $\boldsymbol{s}_e$，它仍然在主截面内。o 光的光线方向 $\boldsymbol{s}_o$ 则平行于 $\boldsymbol{k}_o$ 的方向。在一般情况下，如果晶体足够厚，从晶体下表面会出射振动方向互相垂直的两束光，其中相应于 e 光的透射光相对入射光的位置在主截面内有一个平移。

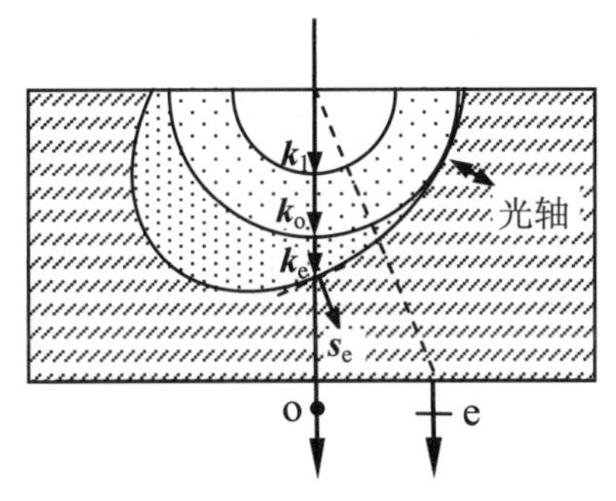

图 2.35　平面波垂直入射

图 2.36 给出了平面波垂直入射且光轴平行于晶体表面时的折射光方向，图 2.36(a)和图 2.36(b)分别是光轴平行于图面和光轴垂直于图面的情况。这时，在晶体内产生的 o 光和 e 光的波矢方向、光线方向均相同，但它们的传播速度不同。因此，当入射光为线偏振光时，从晶体下表面出射的光在一般情况下将是随晶体厚度变化的椭圆偏振光。

图 2.37 给出了平面波垂直入射且光轴垂直于晶体表面时的折射光的方向。由于此时晶体内光的波矢方向平行于光轴方向，所以 o 光和 e 光完全重合。从晶体下表面出射的光的偏振态与入射光相同。

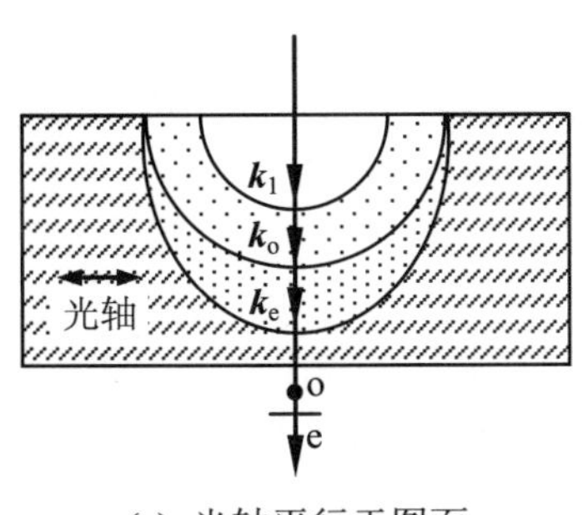

(a) 光轴平行于图面

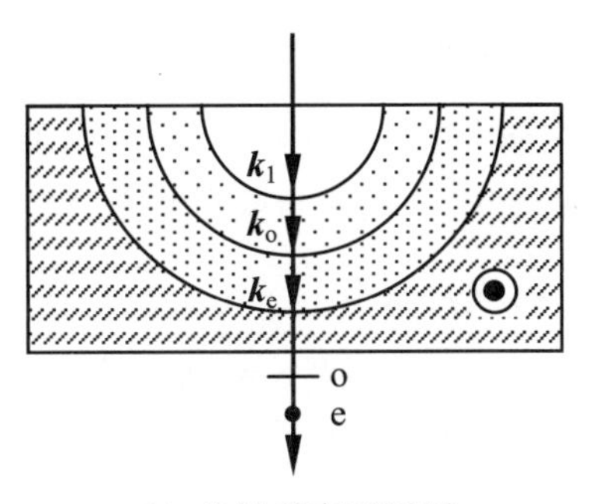

(b) 光轴垂直于图面

图 2.36　平面波垂直入射且光轴平行于晶面

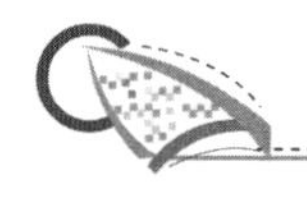

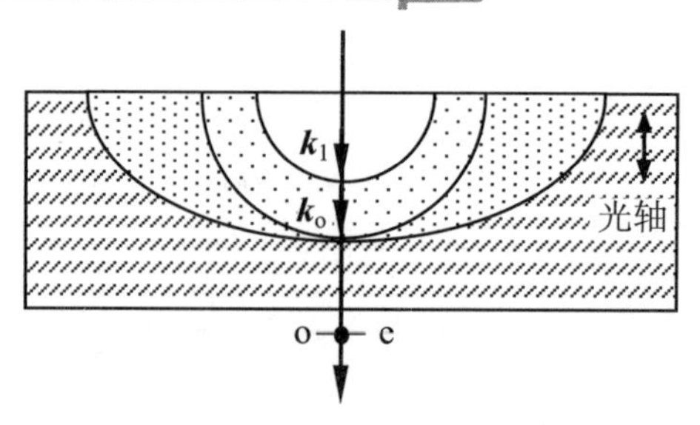

图 2.37　平面波垂直入射且光轴垂直于晶面

2. 平面波在主截面内斜入射

如图 2.38 所示，平面波在主截面内斜入射时，在晶体内将分为 o 光和 e 光，e 光的波矢方向、光线方向一般与 o 光不相同，但都在主截面内。当晶体足够厚时，从晶体下表面射出的是两束振动方向相互垂直的线偏振光，传播方向与入射光相同。

3. 光轴平行于晶体表面，入射面垂直于主截面

图 2.39 绘出了晶体光轴平行于晶体表面(垂直于图面)，平行光波的入射面垂直于主截面时折射光的传播方向。此时，光进入晶体以后分为 o 光和 e 光。对于 o 光，其波矢方向与光线方向一致；而 e 光因其折射率为常数 n_e，与入射角的大小无关，所以它的波矢方向也与光线方向相同。

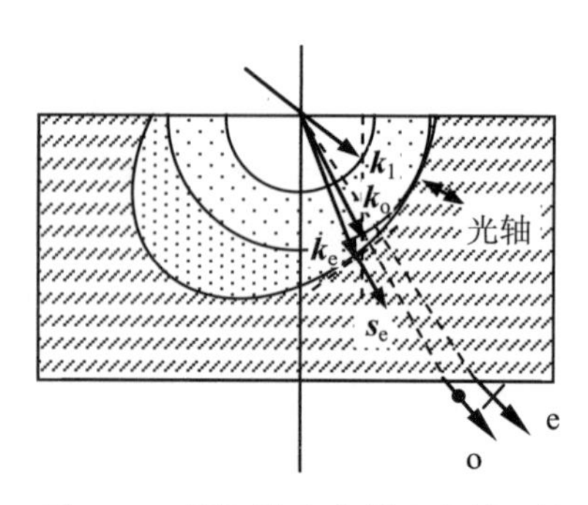

图 2.38　平面波在主截面内斜入射

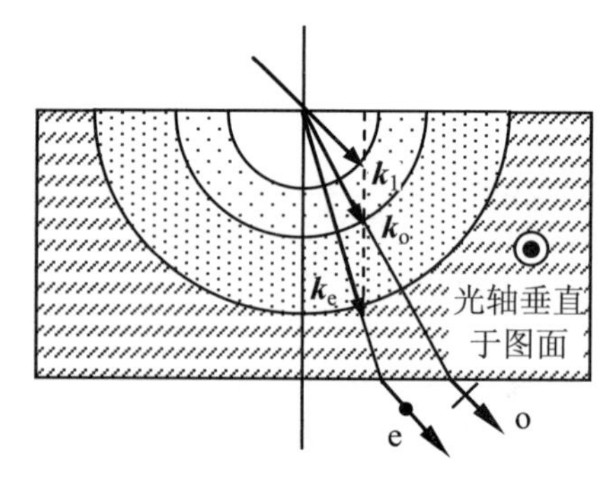

图 2.39　入射面与主截面垂直

2.9.3　惠更斯作图法

在各向同性介质中，可以利用惠更斯作图法来确定折射光线的方向，这个方法也可以应用到晶体中，从而直接得到晶体中 o 光线和 e 光线的方向。

1. 光波斜入射

图 2.40 所示为光入射到负单轴晶体的情况。其中图 2.40(a)是光轴在入射面内的情况。惠更斯作图法步骤如下。首先以晶体表面上光波 AA' 最先到达的 A 点为圆心，$A'O'/n_o$ 为半径，画出 o 光波光线速度面，在图内用圆表示，再画出 e 光波光线速度面，在图内用椭圆表示，使 e 光波光线速度面和 o 光波光线速度面在光轴方向相切。从 O' 点向圆和椭圆分别作切线，切点分别为 O 和 E，那么 OO' 和 EO' 就分别是晶体内 o 光和 e 光的波前，而

AO 和 **AE** 分别是 o 光线和 e 光线的方向。一般情况下，e 光波矢方向与 e 光线方向不一致。

图 2.40(b)是光轴垂直于入射面的情况。这时，不仅 o 光波矢方向与光线方向一致，e 光波矢方向与光线方向也一致，并且 o 光线和 e 光线的折射角分别满足

$$\sin\theta_1 = n_o \sin\theta'_{2o} \tag{2.9-9}$$

$$\sin\theta_1 = n_e \sin\theta'_{2e} \tag{2.9-10}$$

因此，在这种情况下，确定 e 光线的方向特别简单。

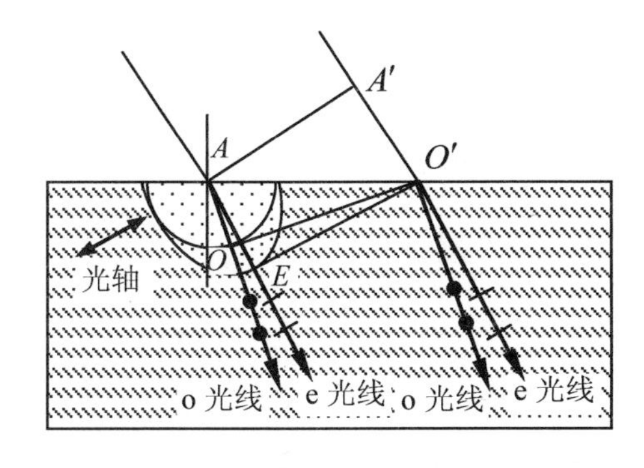

(a) 光轴在入射面内的情况

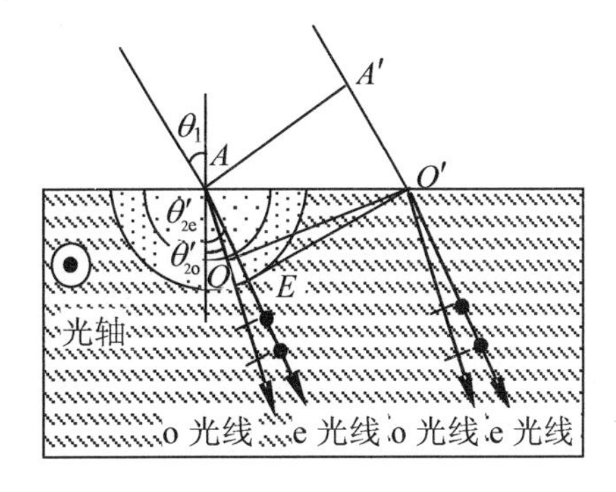

(b) 光轴垂直于入射面的情况

图 2.40　光波斜入射

2. 光波垂直入射

在实际应用中，一般采用光波垂直入射晶体表面的情况，如图 2.41 所示。设有一束平行光垂直入射到负单轴晶体的表面上。晶体的光轴在图面内，并与晶体表面成某一角度。根据惠更斯原理，波前上的每一点都可视为一个子波源。于是在平行光束到达晶面时选取 A、A' 两点代表这些子波源，并以 AA' 表示入射光束波前。经过一小段时间间隔后，从这些点射入晶体内的子波如图 2.41 所示。

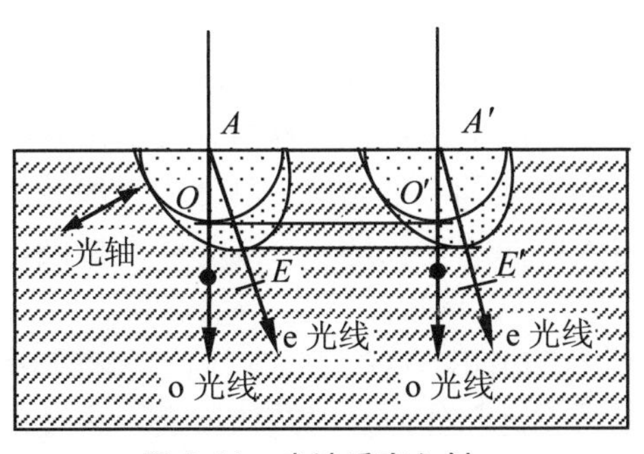

图 2.41　光波垂直入射

其中的圆代表 o 光的子波波面，即 o 光光线面-球面与图面的截线，椭圆代表 e 光的子波波面，即 e 光光线面-椭球面与图面的截线。如果作出 A、A' 间的所有点的子波波面，那么，o 光的新的波前就是所有球面的包络面，即图中公切线 OO'，而 e 光的新的波前就是所有椭球面的包络面，即图中公切线 EE'。把 A 点与切点 O 和 E 连接起来就得到晶体内 o 光线和 e 光线的方向。

可见，垂直入射光束在晶体内分成了两束，其中 o 光束 OO' 仍沿着原来的方向传播，而 e 光束 EE' 则偏离原方向。但是，它们的波前都与入射波前平行，因此，波矢方向不变。

对于垂直入射的平行光，还有两种特殊情形，如图 2.42 所示。图 2.42(a)表示晶体表面切成与光轴垂直，这时光线沿光轴方向传播，o 光和 e 光完全重合。图 2.42(b)和图 2.42(c)表示晶体表面切成与光轴平行，这种情形折射光线尽管只有一束，但是却包括 o 光和 e 光，它们的传播速度不同，$\boldsymbol{E}$ 矢量或 $\boldsymbol{D}$ 矢量方向互相垂直。透过晶体后，o 光和 e 光有一个固定的位相差。

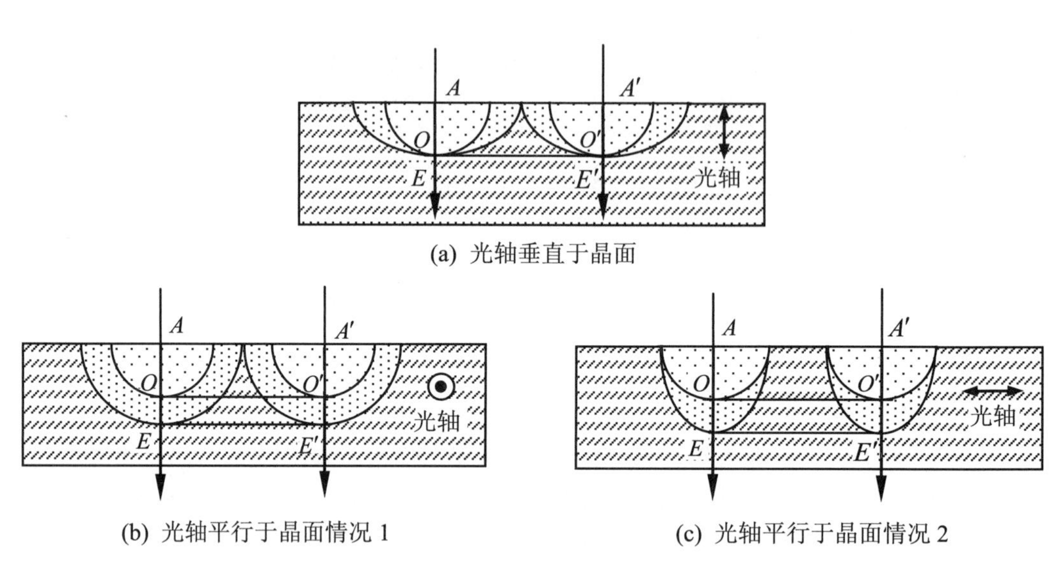

(b) 光轴平行于晶面情况 1　　(c) 光轴平行于晶面情况 2

图 2.42　两种特殊情形

应当注意的是，在普遍情况下，光轴既不与入射面平行也不与入射面垂直，这时，只在一个平面上作图已经不够了。

对于双轴晶体，原则上也可以利用惠更斯作图法来求折射光的方向。但是，由于双轴晶体的光线速度面复杂，一般情况下作图并不容易。只是在某些特殊情况下，作图才比较简单。图 2.43 所示的就是一种比较简单的情况：晶体内光线和光轴都在入射面内，这时晶体内两束光的光线速度面与入射面的交线是一个圆和一个椭圆，用惠更斯作图法很容易定出两束折射光的方向。

值得注意的是图 2.44 所示的情形，这时由 B 点向圆和椭圆所引的切线正好重合。过该切线并且垂直于入射面的平面就是晶体内折射波的波前，这时只有一个折射波前，并且波前的法线方向就是晶体的光轴方向。从三维空间来看，这一波前与光线面的交点不止图上所标的 E_1 和 E_2 两点，而是有无数个点，它们构成了以 E_1E_2 为直径的圆。由 A 点向这个圆上各点所引的直线都是光线方向。因此，如果入射光束较细，则晶体内的光线形成一个圆锥，射出晶体后成为一个圆筒。这一折射情形称为内锥形折射。

除了内锥形折射以外，双轴晶体还可以产生外锥形折射，如图 2.45 所示。当自然光射入晶体后沿光轴 AB 方向传播时，由于 B 点处光线面的切平面也不止两个，其法线方向也

构成一个圆锥面。因此，当光束从晶体射出时，便沿着与各法线对应的折射方向传播，形成外锥形折射。外锥形折射的装置如图 2.46 所示。入射光是一束实心的锥形光束，小孔 *A* 和 *B* 选择在晶体内沿光轴传播的光线，出射后形成外锥形折射。关于双轴晶体的内锥形折射和外锥形折射及其应用将在 2.10 节中进行详细的讨论。

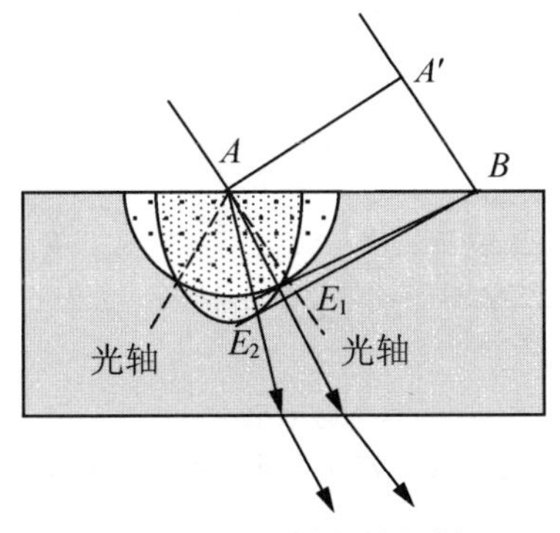

图 2.43　双轴晶体折射

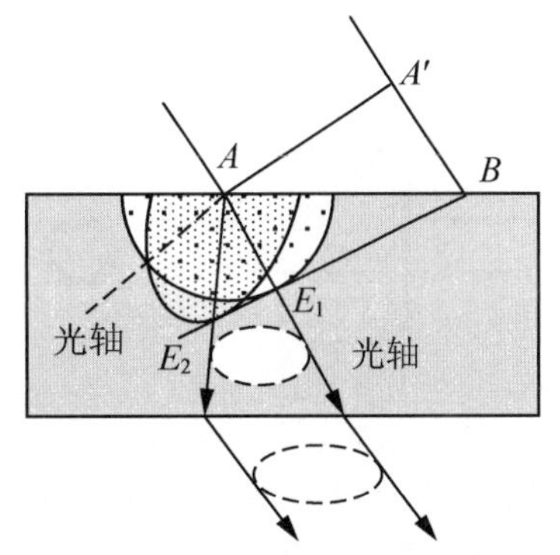

图 2.44　内锥形折射示意图

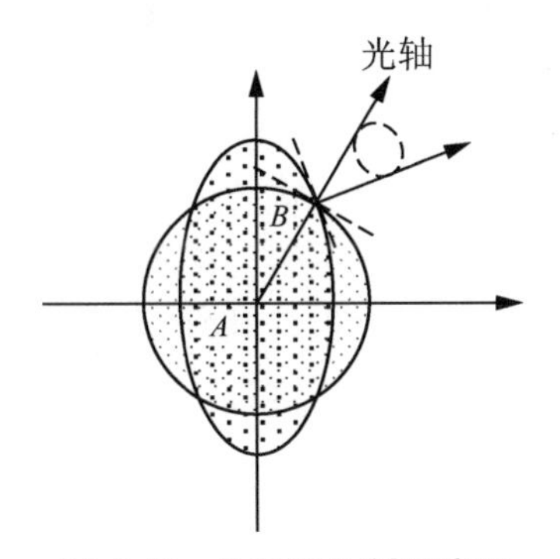

图 2.45　外锥形折射示意图

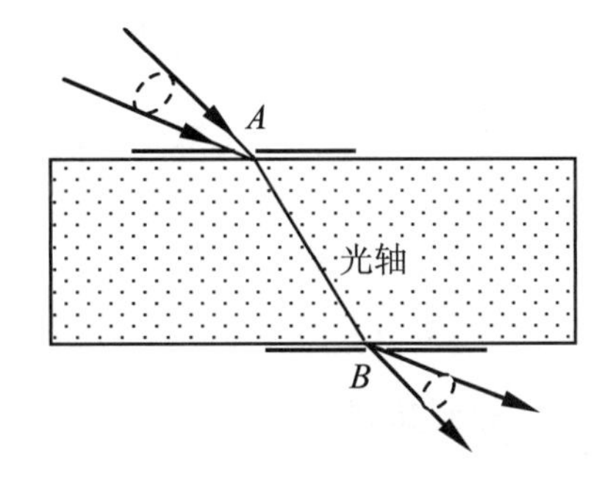

图 2.46　外锥形折射装置示意图

本节讨论了光在晶体表面上的双反射和双折射，并介绍了用斯涅耳作图法和惠更斯作图法来分析光通过晶体后的折射方向。本节要点见表 2-11。

表 2-11　光在晶体表面上的反射和折射

双　折　射	双　反　射	斯涅耳作图法	惠更斯作图法
当一束单色光入射到晶体表面上时，会产生两束同频率的折射光	当一束单色光从晶体内部射向界面时，会产生两束频率相同的反射光	利用波矢面来确定光波在晶体表面的反射波和折射波	利用光线速度面来确定光波在晶体表面的反射波和折射波

2.10　双轴晶体产生的锥形折射

通过前面的讨论可以知道，当单轴晶体的光轴与晶体表面垂直，而且入射光束垂直晶体表面时，o 光和 e 光完全重合。但是，对于双轴晶体光线方向和波矢方向总是不同的。

当波矢与双轴晶体的一个光轴重合，如图 2.47 所示，如果用光阑使一束很窄的非偏振的平行光从各向同性介质垂直入射到晶片上，这时，在晶体中传播的波矢方向沿着光轴方向与电位移矢量的偏振方向无关，但是光线的传播方向与电矢量的偏振方向有关。由于入射光波由许多电矢量沿着不同方向的平面波组成，因此，电矢量方向不同的光波，光线的传播方向也不同。这些光线方向分布在一个锥面上，所以，从晶体中透射出来的光将形成一个空心圆筒。由于在晶体内光线分布在一个锥面上，因此，称为内锥形折射。

图 2.47　产生内锥形折射示意图　　图 2.48　产生外锥形折射示意图

如果使会聚的非偏振光通过小孔光阑入射到晶片上，并使光线方向沿着光轴方向，如图 2.48 所示。这时，在晶体中光线的传播方向与电矢量的偏振方向无关，但是，波矢的传播方向与电位移矢量的偏振方向有关。因此，电位移矢量方向不同的光波，波矢的传播方向也不同。若在出射端加一个小孔光阑，则在晶体中传播的波矢方向不同的平面波都由这个小孔折射出去。波矢方向不同，由晶体中透射出去的光波传播方向也不同，这些光波传播方向分布在以小孔为顶的锥面上，形成一个空心的光锥。由于透射光波在晶体外分布在一个锥面上，因此，称为外锥形折射。本节将从理论上对内锥形折射和外锥形折射进行分析，并推导出它们所满足的方程。

2.10.1　内锥形折射

当光波波矢 $\boldsymbol{k}$ 与双轴晶体的光轴之一重合时，过原点与 $\boldsymbol{k}$ 垂直的平面与折射率椭球的截线是一个圆，因此，所有与 $\boldsymbol{k}$ 垂直的 $\boldsymbol{D}$ 方向都是允许的，在这种情况下相应于 $\boldsymbol{D}$ 的电矢量 $\boldsymbol{E}$ 可以有无限多个方向，这样也就有无限多个光线 $\boldsymbol{s}$ 方向。也就是说，光波沿着双轴晶体的一个光轴传播时，无论电位移矢量 $\boldsymbol{D}$ 取什么方向，只有唯一的一个相速度，但是，由于 $\boldsymbol{E}$ 和 $\boldsymbol{D}$ 方向不同，将出现无限多个光线方向。这些光线将形成一个锥面，从而产生内锥形折射。

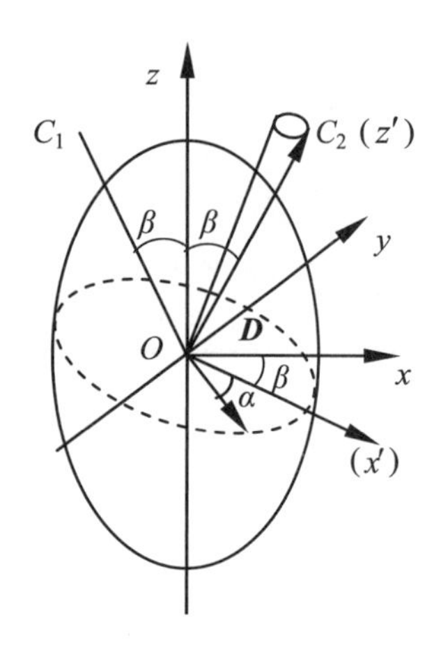

图 2.49　锥形折射示意图

为了讨论方便，令主轴坐标系绕 y 轴旋转 β 角，使新的 z 轴(z' 轴)与光轴 C_2 重合，如图 2.49 所示。

坐标变换矩阵为

$$a=\begin{bmatrix}\cos\beta & 0 & -\sin\beta\\ 0 & 1 & 0\\ \sin\beta & 0 & \cos\beta\end{bmatrix} \tag{2.10-1}$$

代入式(2.1-12)，可以得到新坐标系中的折射率张量为

$$[n']=\begin{bmatrix}\dfrac{\cos^2\beta}{n_x^2}+\dfrac{\sin^2\beta}{n_y^2} & 0 & \dfrac{1}{2}\left(\dfrac{1}{n_x^2}-\dfrac{1}{n_z^2}\right)\sin 2\beta\\ 0 & \dfrac{1}{n_y^2} & 0\\ \dfrac{1}{2}\left(\dfrac{1}{n_x^2}-\dfrac{1}{n_z^2}\right)\sin 2\beta & 0 & \dfrac{\sin^2\beta}{n_x^2}+\dfrac{\cos^2\beta}{n_z^2}\end{bmatrix} \tag{2.10-2}$$

与光轴垂直的 $\boldsymbol{D}$ 矢量可以表示为

$$\boldsymbol{D}=\begin{bmatrix}D\cos\alpha\\ D\sin\alpha\\ 0\end{bmatrix} \tag{2.10-3}$$

式中，α 是 $\boldsymbol{D}$ 与 x' 轴之间的夹角。将上两式代入式(2.1-5)，并将电矢量 $\boldsymbol{E}$ 归一化，得到

$$\frac{\boldsymbol{E}}{E}=\frac{1}{\sqrt{1+\tan^2\gamma\cos^2\alpha}}\begin{bmatrix}\cos\alpha\\ \sin\alpha\\ \tan\gamma\cos\alpha\end{bmatrix} \tag{2.10-4}$$

式中

$$\tan\gamma=\frac{\sqrt{(n_z^2-n_y^2)(n_y^2-n_x^2)}}{n_x n_z} \tag{2.10-5}$$

因为光线方向单位矢量为

$$\boldsymbol{s}_0=\frac{\boldsymbol{E}\times\boldsymbol{k}_0\times\boldsymbol{E}}{\left|\boldsymbol{E}\times(\boldsymbol{k}_0\times\boldsymbol{E})\right|} \tag{2.10-6}$$

在新坐标系中，$\boldsymbol{k}_0=(0,0,1)$，将式(2.10-4)代入式(2.10-6)，可以得到

$$\boldsymbol{s}_0=\frac{1}{\sqrt{1+\tan^2\gamma\cos^2\alpha}}\begin{bmatrix}-\tan\gamma\cos^2\alpha\\ \tan\gamma\sin\alpha\cos\alpha\\ 1\end{bmatrix} \tag{2.10-7}$$

在 $z'=1$ 的平面上，光线末端的坐标为

$$\begin{cases}x'=-\tan\gamma\cos^2\alpha\\ y'=\tan\gamma\sin\alpha\cos\alpha\end{cases} \tag{2.10-8}$$

由此可以得到

$$\left(x'+\frac{1}{2}\tan\gamma\right)^2+y'^2=\left(\frac{1}{2}\tan\gamma\right)^2 \tag{2.10-9}$$

可见，光线末端轨迹是一个直径为 $\tan\gamma$ 的圆，圆心坐标为 $(-\tan\gamma/2,\ 0)$。因此光线矢量会形成一个开口角为 γ 的锥面，如图 2.50 所示。

可见，如果一束单色的非偏振平行光垂直入射到前端面有小孔的双轴晶体上，而且晶体的一条光轴与入射和出射端面垂直，则在晶体内光线将分布在一个开口角为 γ 的锥面上，而从晶体内射出的光线则形成一个圆筒。

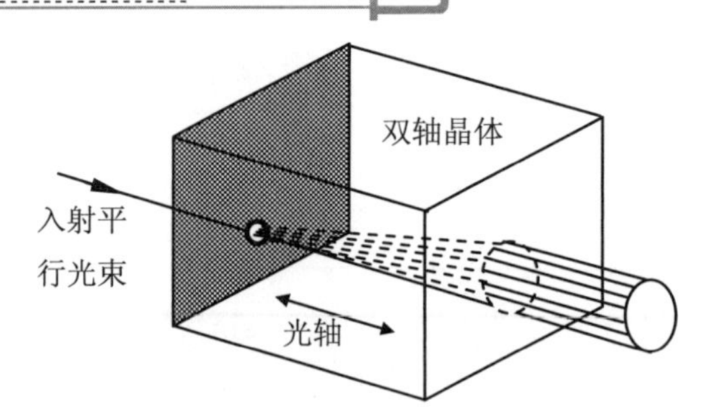

图 2.50　内锥形折射立体圆

2.10.2　外锥形折射

在双轴晶体中，当光线方向 $\boldsymbol{s}$ 沿着双轴晶体的一个光轴方向时，可以有无数个波矢方向 $\boldsymbol{k}$ 与之对应，这些波矢也分布在一个锥面，从而产生外锥形折射。

类似于内锥形折射的讨论，同样令主轴坐标系绕 y 轴旋转 β 角，使新的 z 轴(z' 轴)与光轴 C_2 重合，坐标变换矩阵仍然为式(2.10-1)，将其代入式(2.1-11)，可以得到新坐标系中的介电张量为

$$[\varepsilon']=\begin{bmatrix} n_x^2\cos^2\beta+n_y^2\sin^2\beta & 0 & \dfrac{1}{2}(n_x^2-n_z^2)\sin 2\beta \\ 0 & n_y^2 & 0 \\ \dfrac{1}{2}(n_x^2-n_z^2)\sin 2\beta & 0 & n_x^2\sin^2\beta+n_z^2\cos^2\beta \end{bmatrix} \tag{2.10-10}$$

与光轴垂直的 $\boldsymbol{E}$ 矢量可以表示为

$$\boldsymbol{E}=\begin{bmatrix} E\cos\alpha \\ E\sin\alpha \\ 0 \end{bmatrix} \tag{2.10-11}$$

式中，α 是 $\boldsymbol{D}$ 与 x' 轴之间的夹角。将上两式代入式(2.1-2)，并将电矢量 $\boldsymbol{D}$ 归一化，得到

$$\frac{\boldsymbol{D}}{D}=\frac{1}{\sqrt{1+\tan^2\gamma'\cos^2\alpha}}\begin{bmatrix} \cos\alpha \\ \sin\alpha \\ \tan\gamma'\cos\alpha \end{bmatrix} \tag{2.10-12}$$

式中

$$\tan\gamma'=\frac{\sqrt{(n_y^2-n_z^2)(n_x^2-n_y^2)}}{n_y^2} \tag{2.10-13}$$

因为

$$\boldsymbol{k}=\boldsymbol{D}\times(\boldsymbol{s}_0\times\boldsymbol{D})/\left|\boldsymbol{D}\times(\boldsymbol{s}_0\times\boldsymbol{D})\right| \tag{2.10-14}$$

在新坐标系中，$\boldsymbol{s}_0=(0,0,1)$，将式(2.10-12)代入式(2.10-14)，得到

$$\boldsymbol{k}=\frac{1}{\sqrt{1+\tan^2\gamma'\cos^2\alpha}}\begin{bmatrix} -\tan\gamma'\cos^2\alpha \\ \tan\gamma'\sin\alpha\cos\alpha \\ 1 \end{bmatrix} \tag{2.10-15}$$

在 $z'=1$ 的平面上，波矢量末端的坐标为

$$\begin{cases} x' = -\tan\gamma'\cos^2\alpha \\ y' = \tan\gamma'\sin\alpha\cos\alpha \end{cases} \tag{2.10-16}$$

由此可以得到

$$\left(x' + \frac{1}{2}\tan\gamma'\right)^2 + y'^2 = \left(\frac{1}{2}\tan\gamma'\right)^2 \tag{2.10-17}$$

可见，波矢量末端轨迹是一个直径为 $\tan\gamma'$ 的圆。因此，在晶体内波矢量会形成一个开口角为 γ' 的锥面，如图 2.51 所示。

可见，如果一束单色的非偏振会聚光入射到前后端面都有小孔的双轴晶体上，而且晶体的一条光轴与入射和出射端面垂直，则在晶体后端面小孔处将出射一个锥形光束。

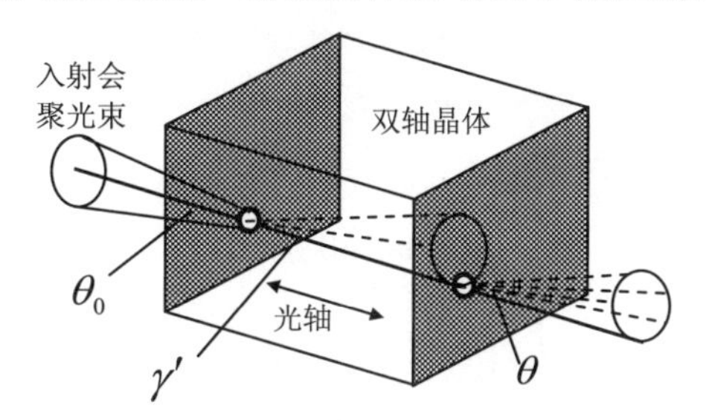

图 2.51　外锥形折射立体圆

本节从理论上对内锥形折射和外锥形折射进行了分析，并推导出它们所满足的方程，要点见表 2-12。

表 2-12　双轴晶体产生的锥形折射

项　目 / 折射方式	条　　件	方　　程
内锥形折射	平行的非偏振光通过小孔光阑入射到晶片上，波矢方向与双轴晶体的一个光轴重合	$\left(x' + \frac{1}{2}\tan\gamma\right)^2 + y'^2 = \left(\frac{1}{2}\tan\gamma\right)^2$
外锥形折射	会聚的非偏振光通过小孔光阑入射到晶片上，光线方向沿着双轴晶体的一个光轴方向	$\left(x' + \frac{1}{2}\tan\gamma'\right)^2 + y'^2 = \left(\frac{1}{2}\tan\gamma'\right)^2$

小　　结

本章在介绍了晶体的基本性质后，阐述了寻常光和非常光、晶体的光轴、主平面、主截面和入射面、介电张量和折射率张量等重要概念，在此基础上讨论了光在晶体中传播的基本规律、晶体的菲涅耳方程、折射率椭球方程。

本章通过求波矢菲涅耳方程的解，讨论了 o 光和 e 光的振动方向、e 光的离散角。利用晶体的菲涅耳方程，推导了波矢折射率曲面和光线折射率曲面、波矢曲面方程和光线曲

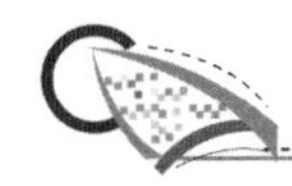

面方程、波矢速度面和光线速度面，从而详细地讨论了光在单轴和双轴晶体中的传播规律。

本章还通过斯涅耳作图法和惠更斯作图法讨论了光在晶体表面的双反射和双折射，并详细介绍和推导了晶体内锥形折射和外锥形折射的条件和所满足的方程。

应 用 实 例

应用实例 2-1 一束振幅为 E，波长为 589nm 的线偏振光垂直入射一块方解石晶体，晶体的光轴与晶体表面成 30° 角，线偏振光振动方向与晶体的主平面成 30° 角，n_o=1.6584，n_e=1.4864，求 o 光和 e 光的相对振幅和强度。

解：设 o 光和 e 光的振幅分别为 E_o 和 E_e，则有

$$E_o = E\sin 30^\circ$$
$$E_e = E\cos 30^\circ$$

因此，o 光和 e 光的相对振幅为

$$\frac{E_o}{E_e} = \tan 30^\circ = 0.577$$

设 o 光和 e 光的强度分别为 I_o 和 I_e，利用式(1.9-34)，并省略常系数，则有

$$I_o = n_o(E\sin 30^\circ)^2$$
$$I_e = n_e(\theta)(E\cos 30^\circ)^2$$

因此，o 光和 e 光的相对强度为

$$\frac{I_o}{I_e} = \frac{n_o}{n_e(\theta)}\tan^2 30^\circ = \frac{\sqrt{n_o^2\sin^2 60^\circ + n_e^2\cos^2 60^\circ}}{n_e}\times 0.577^2 = 0.332$$

应用实例 2-2 两个完全一样的方解石晶体 A 和 B 前后放置，强度为 I 的自然光垂直入射到 A 后再通过 B，求 A 和 B 主截面成 0°、45° 和 90° 角时，从 B 出射的各束光的强度。

解：因为入射光为自然光，因此，进入 A 后被分解为强度相等的 o 光和 e 光，即

$$I_o = \frac{I}{2};\quad I_e = \frac{I}{2}$$

这两束光入射 B 后又分别被分解为 o 光和 e 光，光强分别为

$$I_{oo} = E_{oo}^2 = \frac{I}{2}\cos^2\alpha;\quad I_{oe} = \frac{I}{2}\sin^2\alpha;\quad I_{ee} = E_{ee}^2 = \frac{I}{2}\cos^2\alpha;\quad I_{eo} = \frac{I}{2}\sin^2\alpha$$

当 $\alpha = 0^\circ$ 时，从 B 出射的各束光的强度为

$$I_{oo} = I_{ee} = \frac{I}{2};\quad I_{oe} = I_{eo} = 0$$

当 $\alpha = 45^\circ$ 时，从 B 出射的各束光的强度为

$$I_{oo} = I_{ee} = I_{oe} = I_{eo} = \frac{I}{4}$$

当 $\alpha = 90^\circ$ 时，从 B 出射的各束光的强度为

$$I_{oo}=I_{ee}=0\text{；}\quad I_{oe}=I_{eo}=\frac{I}{2}$$

应用实例 2-3　波长为 546nm 的绿光垂直照射光轴与晶体表面平行的石英晶体，已知 n_o=1.546，n_e=1.555，晶体的厚度为 1mm，求 o 光和 e 光通过晶体以后的位相差。

解：设 o 光和 e 光通过晶体以后的位相差为 δ，则有

$$\delta=\frac{2\pi}{\lambda}(n_e-n_o)l=\frac{2\times180^\circ}{546}\times(1.555-1.546)\times10^6\approx5934^\circ$$

因为

$$\delta'=\frac{\delta}{360^\circ}=\frac{5934^\circ}{360^\circ}=16.483$$

所以，实际位相差为

$$\delta''=5934^\circ-16\times360^\circ=174^\circ$$

即 o 光和 e 光通过晶体后的位相差为 174°。

应用实例 2-4　波长为 546nm 的光波正入射 KDP 晶体时，n_o=1.512，n_e=1.470，晶体的光轴在入射面内，并且与晶体表面成 30° 角，晶片的厚度为 5mm。求：(1) e 光的离散角；(2) o 光和 e 光通过晶片后的光程差。

解：根据式(2.5-14)，有

$$\tan\alpha=\left(1-\frac{n_o^2}{n_e^2}\right)\frac{\tan\theta}{1+\frac{n_o^2}{n_e^2}\tan^2\theta}=\left(1-\frac{1.512^2}{1.470^2}\right)\frac{\tan60^\circ}{1+\frac{1.512^2}{1.470^2}\tan^2 60^\circ}=-0.024$$

可以得到 e 光的离散角为

$$\alpha\approx-1.38^\circ$$

负号表示 e 光线较其波矢远离光轴。根据式(2.4-12)，可以得到 e 光在晶体内传播的折射率为

$$n_e(60^\circ)=\frac{n_on_e}{\sqrt{n_o^2\sin^2 60^\circ+n_e^2\cos^2 60^\circ}}=\frac{1.512\times1.470}{\sqrt{1.512^2\times\sin^2 60^\circ+1.470^2\times\cos^2 60^\circ}}=1.480$$

o 光和 e 光通过晶片后的光程差为

$$\varDelta=\left[n_o-n_e(60^\circ)\right]d=(1.512-1.480)\times5\text{mm}=0.16\text{mm}$$

应用实例 2-5　已知方解石晶体是单轴晶体，对波长为 532nm 的激光，其 $n_o=1.664$，$n_e=1.488$。求：(1) 该晶体对波长为 532nm 的激光的折射率椭球和折射率曲面的具体表达式；(2) 当波长为 532nm 的激光与光轴成 30° 角传播时的折射率；(3) 当波长为 532nm 的激光入射该晶体时，o 光和 e 光产生的最大离散角。

解：根据式(2.4-7)，折射率椭球的具体表达式为

$$\frac{x^2+y^2}{1.664^2}+\frac{z^2}{1.488^2}=1$$

根据式(2.6-6)，折射率曲面的具体表达式为

$$\begin{cases} x^2+y^2+z^2=1.664^2 \\ \dfrac{x^2+y^2}{1.488^2}+\dfrac{z^2}{1.664^2}=1 \end{cases}$$

根据式(2.4-12)，可以得到 e 光在晶体内传播的折射率为

$$n_e(30^\circ)=\frac{n_o n_e}{\sqrt{n_o^2\sin^2\theta+n_e^2\cos^2\theta}}=\frac{1.664\times1.488}{\sqrt{1.664^2\times\sin^2 30^\circ+1.488^2\times\cos^2 30^\circ}}=1.614$$

根据式(2.5-15)，o 光和 e 光产生的最大离散角为

$$\tan\alpha_{\max}=\frac{n_e^2-n_o^2}{2n_o n_e}=\frac{1.488^2-1.664^2}{2\times1.664\times1.488}=-0.112\Rightarrow\alpha_{\max}=-6.39^\circ$$

负号表示 e 光线较其波矢远离光轴。

习　　题

2.1　线偏振光垂直入射到一块光轴平行于晶体表面的方解石晶体上，若光振动矢量的方向与晶体主平面分别成 30°、45°和 60°的夹角，求 o 光和 e 光从晶体上透射出来后的强度比分别是多少。

2.2　ADP 是负单轴晶体，将其切割成厚度 d=1cm 的晶片，晶片表面与光轴成 45°角。已知该晶体对波长为 532nm 的绿光的主折射率为 n_o=1.5246，n_e=1.4792，当光垂直入射时，求：(1)晶片内 o 光和 e 光的夹角；(2) o 光和 e 光通过晶片后的光程差。

2.3　KDP 是负单轴晶体，它对于波长为 546nm 的光波，主折射率分别为 n_o=1.512 和 n_e=1.470。试求光波沿 x 轴和 y 轴以及与光轴成 30°角传播时对应的折射率。

2.4　如图 2.52 所示，波长为 632.8nm 的 He-Ne 激光垂直照射方解石晶体，晶体厚度 d=1mm，晶片表面与光轴成 60°角，n_o=1.654，n_e=1.484。求：(1)晶片内 o 光和 e 光的夹角；(2) o 光和 e 光的振动方向；(3) o 光和 e 光通过晶片后的位相差。

2.5　一单轴晶体的光轴与晶体表面垂直，晶体的两个主折射率分别为 n_o 和 n_e，证明：$\tan\theta'_{2e}=n_o\sin\theta_i\big/n_e\sqrt{n_e^2-\sin^2\theta_i}$，其中 θ_i 是入射角，θ'_{2e} 是 e 光折射光线与界面法线的夹角。

2.6　一块负单轴晶体按图 2.53 所示方式切割。一束单色光从左方通光面正入射，经两个 45°斜面全内反射后从右方通光面射出，设晶体主折射率为 n_o 和 n_e，试计算 o 光线和 e 光线经第一个 45°反射面反射后与光轴的夹角，画出整个光路并标出相应的振动方向。

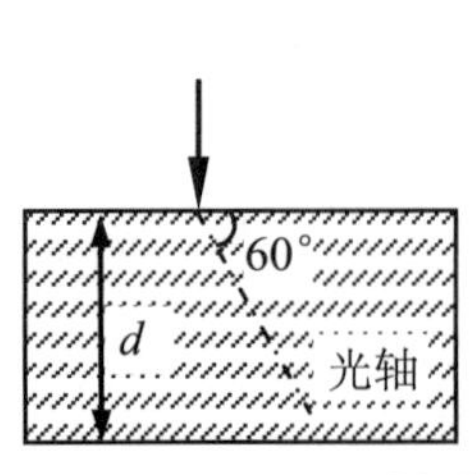

图 2.52　习题 2.4 用图

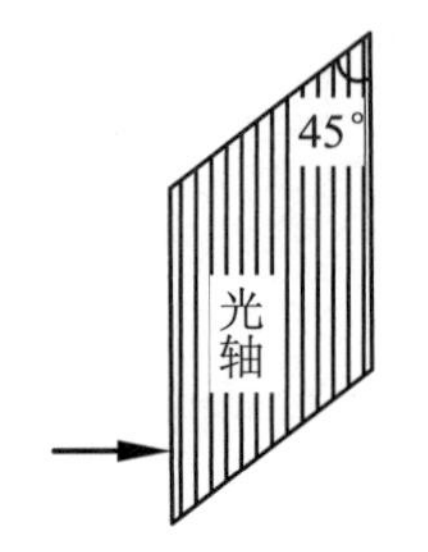

图 2.53　习题 2.6 用图

2.7　证明：在单轴晶体中，当 $\tan\theta = n_e / n_o$ 时，e 光与光轴偏离角 α 具有最大值，并求 α_{max} 的表达式。

2.8　一块负单轴晶体制成的棱镜如图 2.54 所示，自然光从左方正入射到棱镜。试证明 e 光线在棱镜斜面上反射后与光轴夹角 θ' 由式 $\tan\theta' = (n_o^2 - n_e^2)/2n_e^2$ 决定。

2.9　用 KDP 晶体制成顶角为 60° 的棱镜，如图 2.55 所示，光轴平行于折射棱。KDP 晶体对于 $\lambda = 0.53\mu m$ 光波的主折射率 n_o =1.510，n_e =1.470，若入射光以最小偏向角的方向在棱镜内折射，用焦距为 10cm 的透镜对出射的 o 光和 e 光聚焦，在谱面上形成的谱线间距为多少？提示：对于折射率为 n、顶角为 α 的棱镜，其最小偏向角满足 $n = [\sin(\alpha + \theta_m)/2] / \sin(\alpha/2)$。

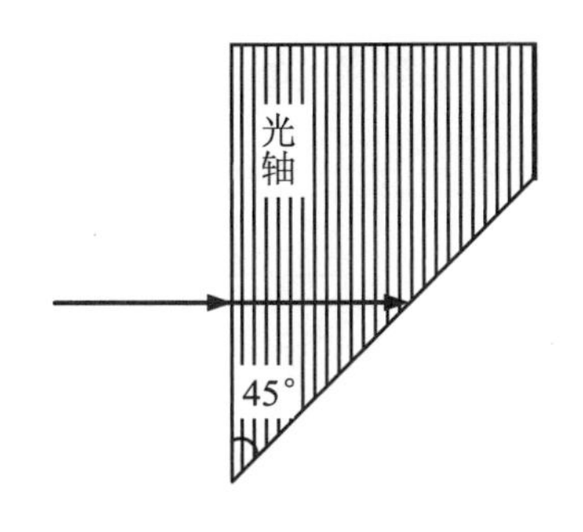

图 2.54　习题 2.8 用图

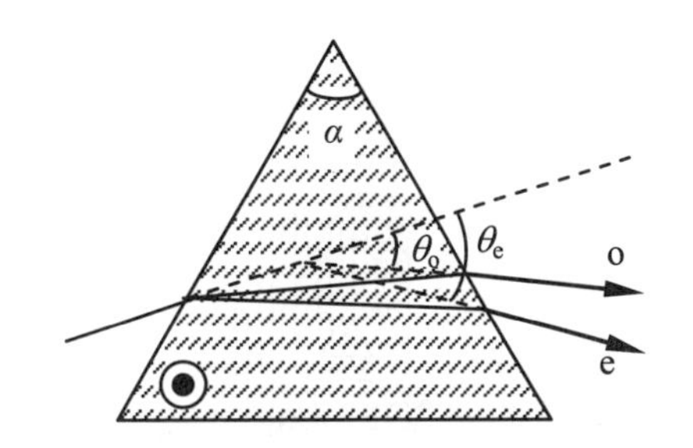

图 2.55　习题 2.9 用图

2.10　已知石英晶体是单轴晶体，对波长为 632.8nm 的 He-Ne 激光，其 n_o =1.54，n_e =1.58。试求：(1)石英晶体对 He-Ne 激光的折射率椭球方程和折射率曲面方程；(2)He-Ne 激光沿 x、y 和 z 方向传播时，对应的折射率和相速度；(3)当入射 He-Ne 激光与光轴(z 轴)夹角为 30°、45° 和 60° 时，其 e 光的折射率各是多少？

2.11　一块晶片的光轴与表面平行，且平行于入射面，试证明晶片内 o 光波矢和 e 光波矢的折射角之间有如下关系：$\tan\theta_{2o} / \tan\theta_{2e} = n_e / n_o$。对于 ADP 晶片，$n_o$ =1.526，n_e =1.480(对波长 546nm)，若光波入射角为 45°，晶片内 o 光和 e 光的夹角是多少？

2.12　证明在负单轴晶体中，第 I 类位相匹配角 θ_m^{-1} 满足 $\sin^2\theta_m^{-1} = \left(n_{o1}^{-2} - n_{o2}^{-2}\right) / \left(n_{e2}^{-2} - n_{o2}^{-2}\right)$，若负单轴倍频晶体 KDP 被用于 Nd∶YAG 激光器，已知对基频光 λ_1=1064nm，n_{o1}=1.4942，对倍频光 λ_2=532nm，n_{o2} =1.5130，n_{e2} =1.4711，计算该倍频晶体的第 I 类位相匹配角。

2.13　如图 2.56 所示，方解石晶体的光轴与晶面成 30° 角且在入射面内，当钠黄光以 60° 入射角入射到晶体时，求晶体内 e 光线的折射角。在晶体内能否产生双折射？设 n_o = 1.6584，n_e = 1.4864。

2.14　如图 2.57 所示，一束光掠入射某晶体，晶体的光轴与入射面垂直，在出射面上 o 光和 e 光之间距离为 2.5μm，如果 n_o = 1.525，n_e = 1.479，求晶体的厚度是多少。

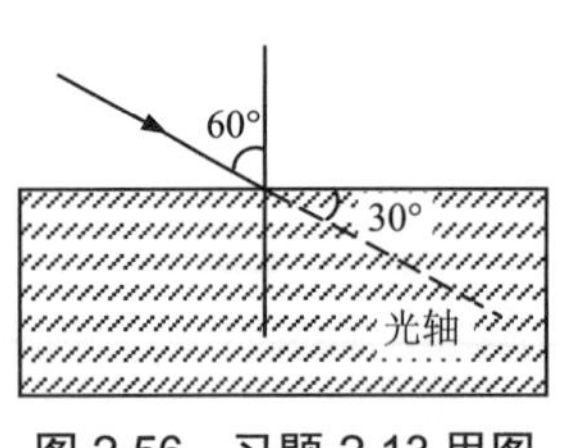

图 2.56　习题 2.13 用图

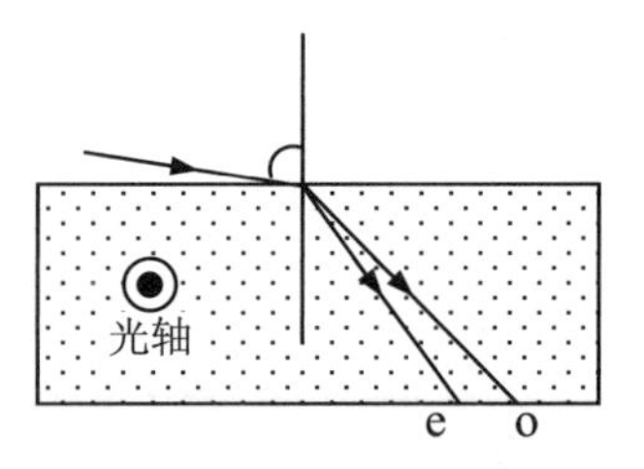

图 2.57　习题 2.14 用图

2.15　若用正单轴石英晶体制成塞纳蒙特(Se′narmont)棱镜，如图 2.58 所示，每块棱镜有一个顶角是 30°，光束正入射于棱镜。求光束从棱镜出射后，o 光和 e 光之间的夹角。设 n_o=1.544，n_e=1.553。

2.16　一束自然光通过方解石制成的洛匈(Rochon)棱镜，如图 2.59 所示，光束正入射于棱镜。求光束从棱镜出射后，o 光和 e 光之间的夹角。设 n_o=1.658，n_e=1.486，试说明这两种棱镜能否倒过来(即入射界面变成出射界面)使用。

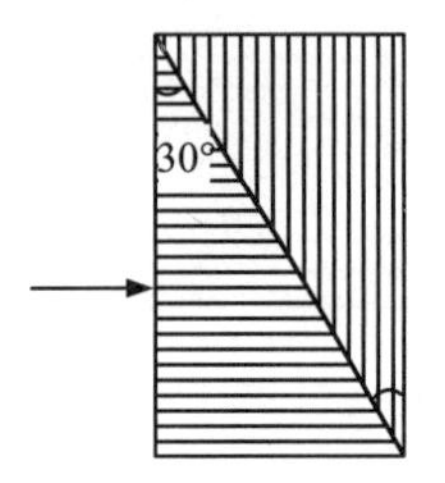

图 2.58　习题 2.15 用图

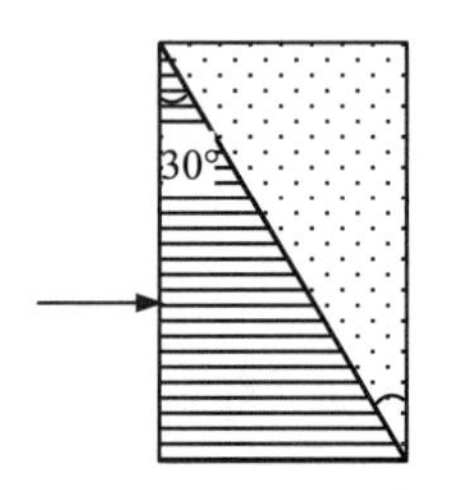

图 2.59　习题 2.16 用图

2.17　方解石晶体的光轴与晶面成 30° 角，并且平行于入射面，钠黄光以 45° 角入射到方解石晶体表面，如图 2.60 所示。设 n_o ＝1.6584，n_e ＝1.4864，求晶体内 o 光和 e 光的折射角。

2.18　一束绿光在 60° 角下入射到 KDP 晶体表面，晶体的 n_o ＝1.512，n_e ＝1.470。设光轴与晶体表面平行，并垂直于入射面，如图 2.61 所示，试求晶体中 o 光与 e 光的夹角，画出整个光路并标出相应的振动方向。

2.19　某晶体的主折射率 $n_o = 1.524$，$n_e = 1.479$，厚度为 2cm，光轴方向与通光面法线成 45° 角，如图 2.62 所示，波长为 0.532 μm 的光垂直射入晶体时，求：(1) 在晶体中传播的 o 光和 e 光的夹角；(2) 从晶体后表面出射时 o 光和 e 光的光程差。

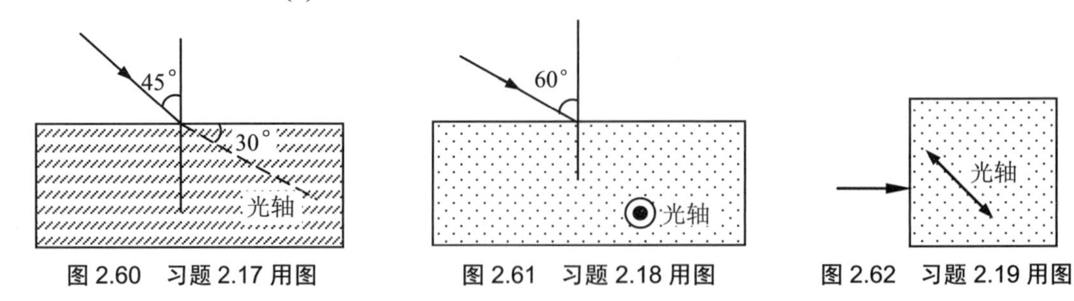

图 2.60　习题 2.17 用图　　图 2.61　习题 2.18 用图　　图 2.62　习题 2.19 用图

2.20　一束偏振的钠黄光垂直入射于光轴平行于晶体表面的方解石晶体，其振动方向

与晶体主截面的夹角为 20°。若取 $n_o = 1.658$，$n_e = 1.486$，试求传播于晶体中的 o、e 两束光的相对振幅和相对强度。

2.21　一水晶薄片厚度为 0.850mm，其光轴平行于晶体表面并且在入射面内。现用一波长为 546.1mm 的绿光束垂直入射于此水晶片。已知水晶对波长为 546.1nm 的绿光的主折射率为 $n_o = 1.5462$，$n_e = 1.5554$，求：(1) o、e 两束光在晶片中的光程；(2) 两者经晶片后的位相差。

2.22　一束钠黄光以 60° 角入射到一冰洲石晶体，冰洲石光轴垂直于入射面。如果取 $n_o = 1.658$，$n_e = 1.486$，求晶体中 o、e 两束光之间的夹角。

2.23　一束钠黄光掠入射到厚度为 5mm 的某一晶体上，晶体光轴垂直于入射面。若取 $n_o = 1.3090$，$n_e = 1.3104$，求在晶体出射面上 o、e 两束光之间的距离。

2.24　一水晶棱镜的顶角为 60°，其光轴垂直于棱镜的主截面，一束钠黄光以近似最小偏向角的方向入射于这个棱镜。已知 $n_o = 1.54425$，$n_e = 1.55336$，现用焦距为 1m 的透镜聚焦，试求 o 光焦点与 e 光焦点的间隔。

2.25　方解石晶体对于汞绿光的主折射率为 $n_o = 1.66168$，$n_e = 1.48792$，试问在这个晶体内部绿光的波矢与其光线的最大夹角 α_M 为多少？此时波矢与光轴的夹角 θ 为多少？此时光线与光轴的夹角为多少？

2.26　一块石英晶体的光轴垂直于晶体表面，钠黄光以 30° 角入射到晶体上时，已知 $n_o = 1.54424$，$n_e = 1.55335$，求晶体中 o 光和 e 光的夹角。

2.27　钠黄光以 45° 角入射到方解石晶体表面，晶体的光轴与晶体表面成 30° 角，并且方向与入射面平行，已知 $n_o = 1.6584$，$n_e = 1.4864$，求晶体中 e 光线的折射角。

2.28　钠黄光垂直入射到方解石晶体，晶体的厚度为 d=1cm，晶片表面与光轴成 30° 角，已知 n_o=1.6584，n_e=1.4864，求：(1) 晶片内 o 光和 e 光的夹角；(2) o 光和 e 光通过晶片后的光程差。

第 3 章

光与物质相互作用的理论与应用

教学目的与要求

- 掌握光与介质相互作用的经典理论
- 掌握介质对光的吸收的基本规律及应用
- 掌握介质对光的色散的基本规律及应用
- 掌握介质对光的散射的基本规律及应用

【光的散射、色散、吸收】

本章引言

光波在介质中传播时会与介质发生相互作用，从而产生介质对光的吸收、色散和散射现象。介质对光的吸收是指光通过介质时光波能量或强度减弱的现象。介质对光的吸收通常分为一般性吸收和选择性吸收。由于介质对光的吸收与入射光的波长、频率以及介质的浓度等因素有关，因此，通过对吸收光谱的研究，可以对入射光的波长和强度进行测量，也可以对吸收介质的成分和浓度进行分析。

介质对光的色散是指介质的折射率随着入射光频率的变化而变化的现象，通常分为正常色散和反常色散。介质对光的色散与入射光的波长以及介质的光学性质等因素有关，因此，通过对介质色散特性的研究，可以掌握介质的色散特点，从而制成基于介质对光的色散原理的分光仪器，如棱镜光谱仪等。

介质对光的散射是指即使不对着光的传播方向，从侧面也可以看到光的现象，通常分为瑞利散射、米氏散射、分子散射、拉曼散射和布里渊散射。介质对光的散射与入射光的频率以及介质的光学性质等因素有关，因此，利用介质对光的散射，可以解释朝霞、夕阳等一些自然现象，也可以分析散射介质的成分和含量。图 3.0 是利用介质对光的散射原理制成的拉曼光谱仪结构示意图。

本章在讨论光波与介质发生相互作用的经典理论基础上，首先，讨论介质对光的吸收机理、吸收定律、吸收种类和吸收光谱；其次，讨论介质对光的色散种类、特点及色散的基本规律；最后，讨论散射的形成原因、散射的种类及其应用。

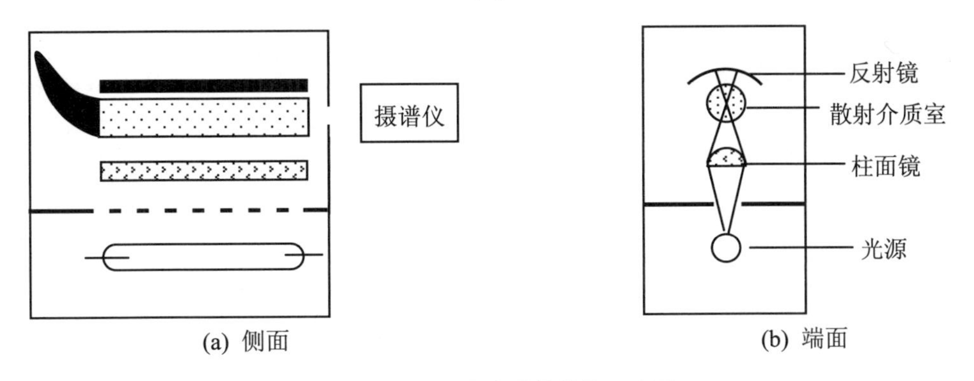

图 3.0　拉曼光谱仪结构示意图

3.1　光与物质相互作用的经典理论

介质对光的吸收、色散和散射现象实际上就是光与介质相互作用的结果。因此，要正确认识介质对光的吸收、色散和散射现象，就要深入研究光与介质相互作用的理论。本节将讨论光与介质相互作用的经典理论以及色散和吸收曲线。

3.1.1　电磁理论

洛伦兹的电子论假定：组成介质的原子或分子内的带电粒子被准弹性力束缚在它们的平衡位置附近，并且具有一定的固有振动频率。在入射光的作用下，介质发生极化，带电粒子随入射光的频率做受迫振动。由于带正电荷的原子核质量比电子大很多倍，因此，可认为正电荷的中心不动，而负电荷相对于正电荷做振动。因为正、负电荷的电量绝对值相同，这样构成的一个电偶极子，其电偶极矩为

$$\boldsymbol{p}=q\boldsymbol{r} \tag{3.1-1}$$

式中，q 是电荷的电量；$\boldsymbol{r}$ 是从正电荷中心指向负电荷中心的矢径。而且，这个电偶极子将辐射次波，如图 3.1 所示。

假设光波 $\boldsymbol{E}=\boldsymbol{E}(\boldsymbol{r})\exp(-\mathrm{i}\omega t)$ 入射到气体介质内，并对气体介质内的束缚电子做受迫振动。这样，根据牛顿定律，电子受迫振动的方程为

$$m\frac{\mathrm{d}^2\boldsymbol{r}}{\mathrm{d}t^2}=q\boldsymbol{E}-k\boldsymbol{r}-\mathrm{g}\frac{\mathrm{d}\boldsymbol{r}}{\mathrm{d}t} \tag{3.1-2}$$

图 3.1　电偶极子辐射示意图

式中，等号右边的 3 项分别为电子受到的入射光电场强迫力、准弹性力和阻尼力；m 和 q 是电子的质量和电荷；$\boldsymbol{r}$ 是位移；k 为弹性系数，g 为常数。引入电子的固有振动频率 $\omega_0=\sqrt{k/m}$ 和阻尼系数 $\gamma=\mathrm{g}/m$，由经典电动力学可以证明 $\gamma=q^2\omega_0^2/6(\pi\varepsilon m\upsilon^3)$，上式可以改写为

$$\frac{\mathrm{d}^2\boldsymbol{r}}{\mathrm{d}t^2}+\omega_0^2\boldsymbol{r}+\gamma\frac{\mathrm{d}\boldsymbol{r}}{\mathrm{d}t}=\frac{q\boldsymbol{E}}{m} \tag{3.1-3}$$

设式(3.1-3)的解为

$$\boldsymbol{r} = \boldsymbol{r}_0 \exp(-\mathrm{i}\omega t) \tag{3.1-4}$$

代入式(3.1-3)，可得

$$(-\omega^2 + \omega_0^2 - \mathrm{i}\gamma\omega)\boldsymbol{r}_0 = \frac{q}{m}\tilde{E}(\boldsymbol{r}) \tag{3.1-5}$$

则

$$\boldsymbol{r}_0 = \frac{q\tilde{E}(\boldsymbol{r})}{m(\omega_0^2 - \omega^2 - \mathrm{i}\gamma\omega)} = \frac{q\tilde{E}(\boldsymbol{r})}{m\sqrt{(\omega_0^2 - \omega^2)^2 + (\gamma\omega)^2}}\exp(\mathrm{i}\delta) \tag{3.1-6}$$

因此

$$\tan\delta = \frac{\gamma\omega}{\omega_0^2 - \omega^2} \tag{3.1-7}$$

式(3.1-6)和式(3.1-7)所描述的电子受迫振动和力学中的质点的受迫振动的形式是一致的。由式(3.1-6)可知，当 $\omega = \omega_0$ 时，振动最大，即为共振现象。当 $\omega \neq \omega_0$ 时，受迫振动的振幅 $\boldsymbol{r}_0$ 与光波频率及阻尼力有关，并且电子振动与入射光振动有一定的位相差 δ 。

如果单位体积内有 N 个原子，则介质的极化强度为

$$\boldsymbol{P} = Nq\boldsymbol{r} = \frac{Nq^2}{m}\frac{\boldsymbol{E}}{\omega_0^2 - \omega^2 - \mathrm{i}\gamma\omega} \tag{3.1-8}$$

由电磁场理论可知，极化强度与电场的关系为

$$\boldsymbol{P} = \varepsilon_0\chi_\mathrm{e}\boldsymbol{E} \tag{3.1-9}$$

式(3.1-9)与式(3.1-8)相比较可以知道，介质的极化率 χ_e 是一个复数，可以表示为 $\chi_\mathrm{e} = \chi_\mathrm{e}' + i\chi_\mathrm{e}''$，从而得到

$$\chi_\mathrm{e}' = \frac{Nq^2}{\varepsilon_0 m}\frac{\omega_0^2 - \omega^2}{(\omega_0^2 - \omega^2)^2 + (\gamma\omega)^2} \tag{3.1-10}$$

$$\chi_\mathrm{e}'' = \frac{Nq^2}{\varepsilon_0 m}\frac{\gamma\omega}{(\omega_0^2 - \omega^2)^2 + (\gamma\omega)^2} \tag{3.1-11}$$

由于

$$\boldsymbol{D} = \varepsilon\boldsymbol{E} = \varepsilon_0\boldsymbol{E} + \boldsymbol{P} = \varepsilon_0(1 + \chi_\mathrm{e})\boldsymbol{E} = \varepsilon_0\varepsilon_\mathrm{r}\boldsymbol{E}$$

而

$$n = \sqrt{\varepsilon_\mathrm{r}} = \sqrt{1 + \chi_\mathrm{e}}$$

因此，折射率也应当是复数，有

$$\tilde{n}^2 = \varepsilon_\mathrm{r} = 1 + \chi_\mathrm{e} = 1 + \frac{Nq^2}{\varepsilon_0 m(\omega_0^2 - \omega^2 - \mathrm{i}\gamma\omega)} \tag{3.1-12}$$

如果将复折射率写为

$$\tilde{n} = n + \mathrm{i}\kappa$$

则有

$$\tilde{n}^2 = (n^2 - \kappa^2) + \mathrm{i}2n\kappa \tag{3.1-13}$$

令式(3.1-12)和式(3.1-13)右边的实部和虚部相等，可以得到

$$n^2-\kappa^2=1+\frac{Nq^2(\omega_0^2-\omega^2)}{\varepsilon_0 m[(\omega_0^2-\omega^2)^2+(\gamma\omega)^2]} \tag{3.1-14}$$

$$2n\kappa=\frac{Nq^2\gamma\omega}{\varepsilon_0 m[(\omega_0^2-\omega^2)^2+(\gamma\omega)^2]} \tag{3.1-15}$$

通常称式(3.1-14)为亥姆霍兹色散方程。由式(3.1-14)和式(3.1-15)可以求得 n 和 κ 。

【亥姆霍兹】

3.1.2 色散与吸收曲线

对于稀薄气体有 $|\chi_e|\ll 1$，因此

$$\tilde{n}=\sqrt{\varepsilon_r}=\sqrt{1+\chi_e}\approx 1+\frac{1}{2}\chi_e=1+\frac{1}{2}\chi_e'+\frac{i}{2}\chi_e''=n+i\kappa$$

从而得到

$$n=1+\frac{Nq^2\left(\omega_0^2-\omega^2\right)}{2\varepsilon_0 m[(\omega_0^2-\omega^2)^2+(\gamma\omega)^2]} \tag{3.1-16}$$

$$\kappa=\frac{Nq^2\gamma\omega}{2\varepsilon_0 m[(\omega_0^2-\omega^2)^2+(\gamma\omega)^2]} \tag{3.1-17}$$

图 3.2 中实线和虚线分别表示在共振频率 ω_0 附近 n 和 κ 随 ω 的变化规律。n-ω 曲线为色散曲线，在 ω_0 附近区域为反常色散区(图中 ab 段)，在此区域内，折射率随着频率的增加而减小；而在远离 ω_0 的区域为正常色散区，在此区域内，折射率随着频率的增加而增加；κ-ω 曲线为吸收曲线，在 ω_0 附近，介质对光有强烈吸收。

以上讨论，假定电子的振动只有一个固有频率 ω_0 。但是，实际上电子可以有若干个不同的固有频率 $\omega_1,\omega_2,\cdots$，假设以这些固有频率振动的概率分别为 $f_1,f_2,\cdots$，这样式(3.1-12)应改为

$$\tilde{n}^2=1+\frac{Nq^2}{\varepsilon_0 m}\sum_j\frac{f_j}{(\omega_j^2-\omega^2-i\gamma_j\omega)} \tag{3.1-18}$$

这样在每一个 $\omega=\omega_j$ 附近，都对应有一个吸收带和一个反常色散区。在这些区域外是正常色散区。

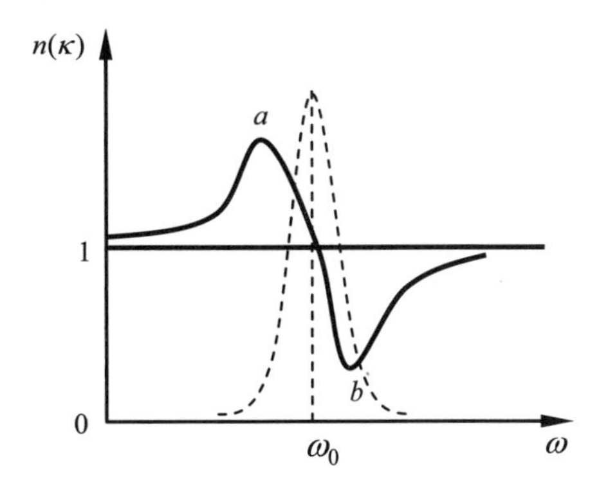

图 3.2 ω_0 附近的色散曲线和吸收曲线

下面再看固体、液体和压缩气体的情况。在这种情况下，由于原子和分子的距离很近，周围分子在光场作用下所产生的影响不可以忽略。洛伦兹证明，这时作用在电子上的电场 $\boldsymbol{E}'$ 不能简单地等于入射光场 $\boldsymbol{E}$ ，它还与介质的极化强度有关，即

$$\boldsymbol{E}'=\boldsymbol{E}+\frac{\boldsymbol{P}}{3\varepsilon_0} \tag{3.1-19}$$

把式(3.1-9)中的 $\boldsymbol{E}$ 换为 $\boldsymbol{E}'$ 得到

$$\boldsymbol{P}=\varepsilon_0\chi_e\left(\boldsymbol{E}+\frac{\boldsymbol{P}}{3\varepsilon_0}\right) \tag{3.1-20}$$

整理后，得到

$$P = \varepsilon_0 \frac{3\chi_e}{3-\chi_e} E = \varepsilon_0 \chi_{e'} E \tag{3.1-21}$$

根据麦氏关系有

$$n^2 = 1 + \chi_{e'} = 1 + \frac{3\chi_e}{3-\chi_e} \tag{3.1-22}$$

略去阻尼以后

$$\chi_e = \frac{Nq^2}{\varepsilon_0 m(\omega_0^2 - \omega^2)} \tag{3.1-23}$$

将式(3.1-23)代入式(3.1-22)，可以得到适用于固体、液体和压缩气体的色散公式(略去了阻尼系数γ，因而公式只适用于正常色散区)：

$$n^2 = 1 + \frac{Nq^2/(\varepsilon_0 m)}{\omega_0^2 - \omega^2 - Nq^2/(3\varepsilon_0 m)} \tag{3.1-24}$$

上式又可以化为

$$\frac{n^2-1}{n^2+2} = \frac{Nq^2}{3m\varepsilon_0(\omega_0^2 - \omega^2)} \tag{3.1-25}$$

此式称为洛伦兹-洛伦茨公式(Lorentz-Lorenz formula)。

对于稀薄气体，$n \approx 1$，$n^2+2=3$，由式(3.1-25)得到

$$n^2 = 1 + \frac{Nq^2}{\varepsilon_0 m(\omega_0^2 - \omega^2)} \tag{3.1-26}$$

式(3.1-26)与略去γ的式(3.1-12)相同，所以式(3.1-25)也包括了稀薄气体的情况，它是研究色散现象的重要公式。

本节讨论了光与介质相互作用的经典理论，得到了色散和吸收曲线，要点见表 3-1。

表 3-1　光与介质相互作用的经典理论

项　　目	表　达　式	项　　目	表　达　式
光与介质相互作用产生复折射率公式	$\tilde{n}^2 = 1 + \frac{Nq^2}{\varepsilon_0 m(\omega_0^2 - \omega^2 - i\gamma\omega)}$	稀薄气体吸收关系方程	$\kappa = \frac{Nq^2\gamma\omega}{2\varepsilon_0 m[(\omega_0^2-\omega^2)^2 + (\gamma\omega)^2]}$
稀薄气体色散关系方程	$n = 1 + \frac{Nq^2(\omega_0^2-\omega^2)}{2\varepsilon_0 m[(\omega_0^2-\omega^2)^2 + (\gamma\omega)^2]}$	洛伦兹-洛伦茨公式	$\frac{n^2-1}{n^2+2} = \frac{Nq^2}{3m\varepsilon_0(\omega_0^2-\omega^2)}$

3.2　介质对光的吸收

所谓介质对光的吸收就是指光通过介质后，光强度或能量减弱的现象。介质对光吸收是介质的普遍性质，除了真空，没有一种介质能对任何波长的光波都是完全透明的，只能是对某些波长范围内的光透明，对另一些范围内的光不透明。从光与物质相互作用的观点来看，光在介质内传播时，介质中的束缚电子在光波电场的作用下做受迫振动，因此，光

波要消耗能量来激发电子的振动，这些能量一部分又以次波的形式与入射光波叠加成折射光波而射出介质。另外，由于与周围原子和分子的相互作用，束缚电子受迫振动的一部分能量将变为其他形式的能量，例如，分子热运动的能量或内能，这一部分能量就是介质对光的吸收。本节将讨论介质对光的吸收定律和介质的吸收光谱。

3.2.1　吸收定律

介质对光的吸收可以用复折射率 $\tilde{n}=n+\mathrm{i}\kappa$ 来描述。假设光在介质内沿 z 轴方向传播，如图 3.3 所示，则平面波电场可以写为

$$\boldsymbol{E}=\boldsymbol{E}_0\exp\left[\mathrm{i}\left(\frac{\omega\tilde{n}}{c}z-\omega t\right)\right]=\boldsymbol{E}_0\exp\left(-\frac{\kappa\omega}{c}z\right)\exp\left[\mathrm{i}\left(\frac{n\omega}{c}z-\omega t\right)\right] \tag{3.2-1}$$

可见，κ 是表征介质影响光波振幅特性的量，通常称为消光系数。n 是表征介质影响光波位相特性的量，即为通常所说的折射率。由式(3.2-1)可知，平面波的强度为

$$I=\boldsymbol{E}\cdot\boldsymbol{E}^*=\left|\boldsymbol{E}_0\right|^2\exp\left(-\frac{2\kappa\omega}{c}z\right)=I_0\exp(-\alpha z) \tag{3.2-2}$$

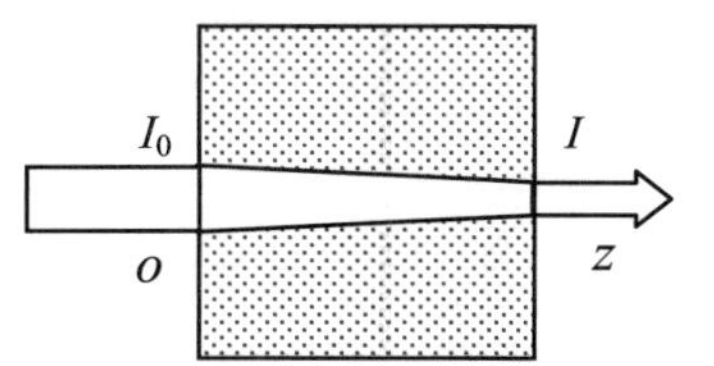

图 3.3　介质对光的吸收示意图

式中，$I_0=\left|\boldsymbol{E}_0\right|^2$，是 $z=0$ 处的光强；$\alpha=2\kappa\omega/c=4\pi\kappa/\lambda_0$，称为物质的吸收系数。式(3.2-2)就是著名的朗伯定律(Lambert law)，它表明光波的强度(能量)随着光波进入介质的距离 z 的增加按指数规律衰减，衰减的快慢取决于物质吸收系数的大小。朗伯定律是相当精确的，并且也符合金属介质的吸收规律。各种物质的吸收系数差别很大，对可见光来说，金属的吸收系数为 $10^6\,\mathrm{cm}^{-1}$，玻璃的吸收系数为 $10^{-2}\,\mathrm{cm}^{-1}$，而一个大气压下空气的吸收系数为 $10^{-5}\,\mathrm{cm}^{-1}$。这就表明，极薄的金属片就能完全吸收通过它的光能，因此，金属片是不透明的，而光在空气中传播时却很少被吸收。

实验又表明：稀溶液中，溶液的吸收系数与溶液浓度有关。比尔定律指出：溶液的吸收系数正比于溶液的浓度 C，即 $\alpha=AC$，其中 A 是一个与浓度无关的常数，它表征吸收物质的分子的特性，因而式(3.2-2)可写成

$$I=I_0\exp(-ACz) \tag{3.2-3}$$

式(3.2-3)为比尔定律的数学表式。根据比尔定律，可以测定溶液的浓度，这就是吸收光谱分析的原理。该定律仅在物质分子的吸收本领不受其四周邻近分子的影响时才正确，当溶液浓度大到足以使分子间的相互作用影响到它们的吸收本领时，分子间的相互影响不能忽略，此时比尔定律便不成立。因而虽然朗伯定律始终成立，但比尔定律有时不一定成立。

由于物质的吸收系数 α 是波长的函数，因此，根据 α 随波长变化规律的不同，可将吸收分为一般性吸收和选择性吸收。在一定波长范围内，如果物质对波长为 λ 的光的吸收系数很小，并且近似为常数，即吸收系数 α 随 λ 变化不大，则称为一般吸收。在可见光范围内的一般吸收意味着光束通过介质后只改变强度，不改变颜色。例如，空气、纯净水、无色玻璃等介质都在可见光范围内产生一般吸收。若物质对某些波长的光的吸收系数很大，并且随波长有显著变化，这种吸收称为选择性吸收。图 3.2 所示的 κ - ω 曲线，在 ω_0 附近是选择性吸收带；而远离 ω_0 的区域为一般性吸收带。大多数物质的吸

收具有波长选择性。也就是说，对于不同波长的光，物质的吸收系数不同。在可见光波段，如果某介质具有选择吸收特性，日光通过该介质后就会变为有色光。绝大部分物体呈现颜色，都是其表面或内部对可见光进行选择吸收的结果。例如，有色玻璃具有选择吸收性，红玻璃对红光或橙光吸收很小，而对于绿光、蓝光和紫光几乎全部吸收，所以，当日光照射到红玻璃上时，只有红光能通过，当绿光照射到红玻璃上时，看到的玻璃将是黑色的。

应当指出的是，普通光学材料在可见光区都是相当于透明的，它们对各种波长的可见光吸收都很少。但是，在紫外和红外光区，它们却表现出不同的选择性吸收，它们的透明区可能很不相同，几种光学材料的透光波段见表 3-2。

表 3-2 几种光学材料的透光波段

光学材料	波长范围/nm	光学材料	波长范围/nm
冕玻璃	350～2000	萤石(GaF_2)	125～9500
火石玻璃	380～2500	岩盐(NaCl)	175～14500
石英玻璃	180～4000	氯化钾(KCl)	180～23000

在制造光学仪器时，必须考虑光学材料的吸收特性，选用对所研究的波长范围是透明的光学材料制作元件。例如，紫外光谱仪中的棱镜、透镜需要用石英制作，而红外光谱仪中的棱镜、透镜需要用萤石、岩盐等制作。

3.2.2 吸收光谱

介质的吸收系数随着波长变化的曲线称为该介质的吸收光谱。一般来说，如果让一束具有连续光谱的光通过吸收介质后再通过分光元件，就可以得到吸收光谱。拍摄吸收光谱的示意图如图 3.4 所示。

图 3.5 所示的吸收光谱中，在一定的波长范围内吸收很强，而且有一个极大值，这个吸收范围称为吸收带。在带外的波长区域，物质吸收很少，是透明区。一种物质往往有许多吸收带，并且彼此的形态可能相差很大。一般来说，固体和液体的吸收带都比较宽，为 100～200nm。而对于稀薄气体，吸收带很窄，通常只有 10～20nm 量级，所以吸收带变成了吸收线。图 3.6 所示为氢气在可见光区的吸收线的分布图。

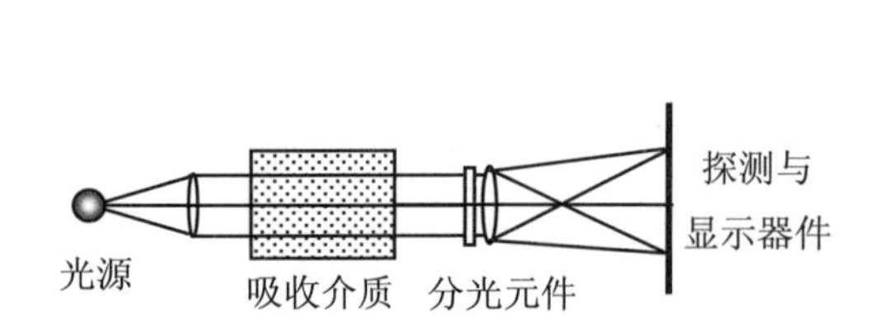

图 3.4 拍摄吸收光谱的系统示意图

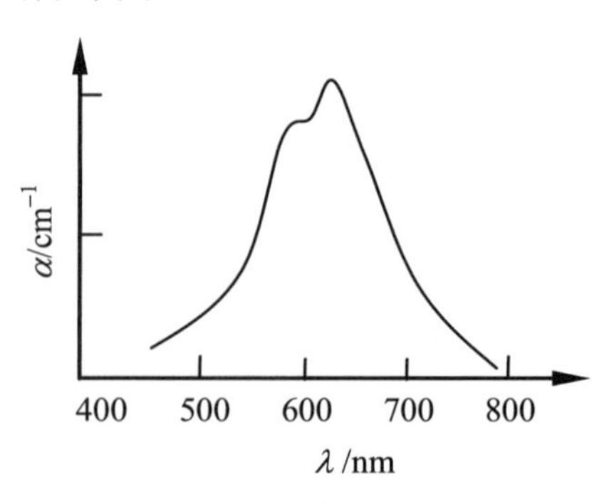

图 3.5 吸收带示意图

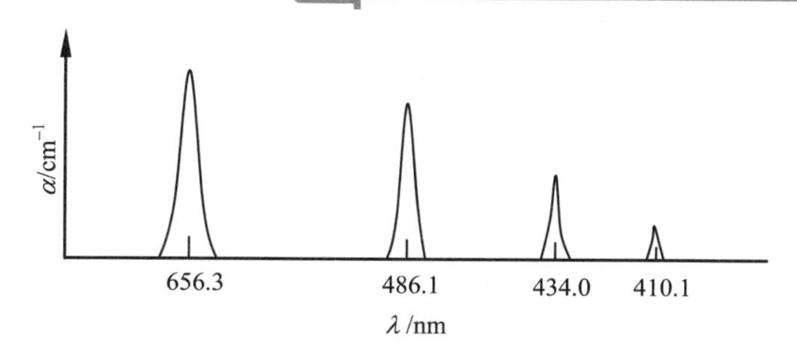

图 3.6　氢气在可见光区的吸收线的分布图

固体和液体的吸收带比较宽，而稀薄气体吸收带很窄的原因在于：在稀薄气体中，原子间的距离很大，它们之间的相互影响极小，原子内电子的振动可以认为不受周围原子的影响。每一种物质的原子系统的振动都有一些固有的振动频率，当入射光波的频率与这些固有振动频率一致时，就会引起共振，这时入射波的能量被强烈地吸收。因此在稀薄气体的吸收光谱中形成一些吸收线。但是，在固体和液体中，电子不是在一个孤立的原子系统内以确定的频率振动，原子系统是处在周围分子的场的作用下，这将使原子系统的振动具有很宽的频率范围，因而在固体和液体的吸收带比较宽。

研究物质的吸收特性，对于该物质的认识、了解和利用都十分重要。例如，地球大气层对可见光是透明的；对紫外光是不透明的，这是由于紫外光被大气中的臭氧层强烈吸收所致；对红外光大气只在某些狭窄的波段是透明的，透明的波段称为“大气窗口”，如图 3.7 所示。大气对红外光的广泛吸收主要是大气中的水蒸气所致，可见，“大气窗口”与气象条件密切相关。波段从 0.7～15μm 有 8 个“窗口”，充分研究大气的光学性质与“窗口”的关系，有助于红外导航和跟踪等工作的进行。

【大气窗口】

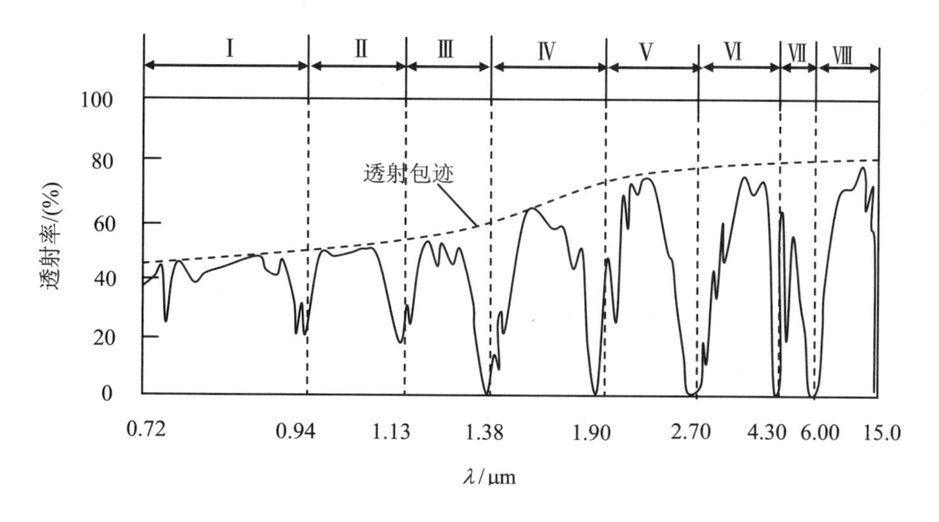

图 3.7　大气透射率和大气窗口

另外，对吸收光谱的测量和分析是了解物质所含成分或元素的重要手段。例如，人们研究太阳光谱时发现，在其连续谱的背景上出现了许多条离散的暗线，这些暗线正是太阳

周围大气层中原子对太阳内核所发射的连续光谱的选择吸收线，称为夫琅禾费谱线(Fraunhofer line)。夫琅禾费系统性地研究与测量这些谱线。最后，他绘出了 570 条谱线，并且以字母 A 到 K 标示主要的特征谱线，较弱的则以其他的字母标示。将这些吸收线的波长与地球上已知物质所发射的原子光谱线对比，就可以推断出太阳大气层中包含哪些化学元素。夫琅禾费谱线及对应的吸收元素见表 3-3。

表 3-3　夫琅禾费谱线及对应的吸收元素

符号	吸收元素	波长/nm	符号	吸收元素	波长/nm	符号	吸收元素	波长/nm
y	氧(O_2)	898.765	E_2	铁(Fe)	527.039	G'	H γ	434.047
Z	氧(O_2)	822.696	b_1	镁(Mg)	518.362	G	铁(Fe)	430.790
A	氧(O_2)	759.370	b_2	镁(Mg)	517.270	G	钙(Ca)	430.774
B	氧(O_2)	686.719	b_3	铁(Fe)	516.891	h	H δ	410.175
C	H α	656.281	b_4	铁(Fe)	516.751	H	钙(Ca^+)	396.847
a	氧(O_2)	627.661	b_4	镁(Mg)	516.733	K	钙(Ca^+)	393.368
D_1	钠(Na)	589.592	c	铁(Fe)	495.761	L	铁(Fe)	382.044
D_2	钠(Na)	588.995	F	H β	486.134	P	钛(Ti^+)	336.112
D_3	氦(He)	587.562	d	铁(Fe)	466.814	T	铁(Fe)	302.108
e	汞(Hg)	546.073	e	铁(Fe)	438.355	t	镍(Ni)	299.444

原子吸收光谱的灵敏度是很高的，通常在混合物或化合物中极少含量的原子及其变化，都会导致吸收光谱和光强度的很大变化，因此，通过对吸收光谱的测量，就可以对物质的组成元素进行定性和定量分析。

本节讨论了介质对光的吸收定律和介质的吸收光谱，要点见表 3-4。

表 3-4　介质对光的吸收

种　类		朗伯定律	比尔定律
选择性吸收	一般性吸收	$I = I_0 \exp(-\alpha z)$	$I = I_0 \exp(-ACz)$
在介质固有频率附近	远离介质固有频率区域		

3.3　介质对光的色散

【光的色散】

介质对光的色散是指光在介质中传播时，介质的折射率或光速随着入射光的频率(或波长)而变化的现象。对于色散的研究在理论上、实用上都具有重要的意义，几乎所有传光元器件，如棱镜、透镜和光纤等都必须考虑其色散性能。本节将讨论正常色散和反常色散；色散对光波在介质中传播性质的影响以及介质的色散率。

3.3.1　正常色散与反常色散

1. 正常色散

介质的折射率随着入射光的波长增加而减小的色散称为正常色散，其色散曲线是单调

下降的，如图 3.8 所示。

从正常色散曲线中可以看出，短波的 $dn/d\lambda$ 值比长波的大，这说明材料对短波的色散效应更显著。值得注意的是，正常色散发生在介质透明区内，在此区域内介质对光的吸收很小。

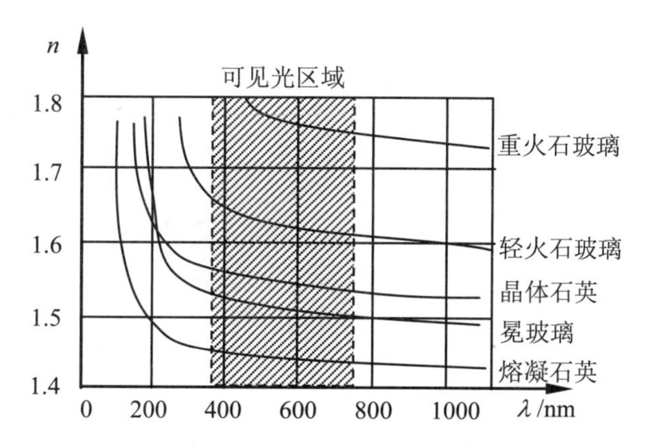

图 3.8　几种常用光学材料的色散曲线

对于正常色散的描述可以利用柯西色散公式(Cauchy's dispersion formula)，它是柯西在 1836 年通过实验总结出来的经验公式：

$$n = A + \frac{B}{\lambda^2} + \frac{C}{\lambda^4} + \cdots \tag{3.3-1}$$

式中，A、B和C 是与物质有关的常数，可在有关的光学手册中查到，也可以由 3 条谱线 λ_1、λ_2和λ_3 对应的 3 个折射率 n_1、n_2和n_3 所形成的联立方程解出。如果所讨论的波长的范围不大，式(3.3-1)可以只取前两项，即

$$n = A + \frac{B}{\lambda^2} \tag{3.3-2}$$

2. 反常色散

折射率随着波长增加而增大的色散称为反常色散，其色散曲线是单调上升的，这一情况发生在介质的吸收区域内。反常色散可以用塞耳迈尔色散公式(Sellmeir's dispersion formula)来描述：

$$n^2 = 1 + \frac{b\lambda^2}{\lambda^2 - \lambda_0^2} \tag{3.3-3}$$

式中，b 是物质常数；λ_0 和固有频率 ν_0 有关，λ 为入射光在真空中的波长。按照电子理论，同一介质的分子振子可能有几种固有频率同时存在(相当于有几种波长)，因此，普遍的塞耳迈尔公式可以写为

$$n^2 = 1 + \sum_j \frac{b_j \lambda^2}{\lambda^2 - \lambda_j^2} \tag{3.3-4}$$

式中，b_j和λ_j都是与物质有关的常数。

根据式(3.3-4)可以得到如图 3.9 所示的色散曲线。塞耳迈尔方程不但正确地表达了正常色散，也近似地表达了吸收带附近的反常色散。但是在无限趋近吸收带，即$\lambda \to \lambda_j$时，在长波一边，$n \to \infty$；在短波一边，$n \to -\infty$，这是没有任何意义的，这是塞耳迈尔方程的不足之处。

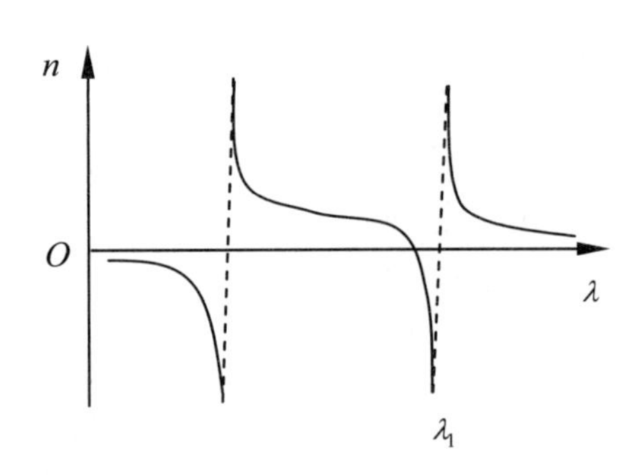

图 3.9　塞耳迈尔色散曲线

要说明的是，对于任何介质，在一个较大的波段范围都不只有一个吸收带，而是有几个吸收带，因此全波段的色散曲线应当由正常色散曲线和反常色散曲线组成。图 3.10 所示为氢在可见光区域的色散曲线。

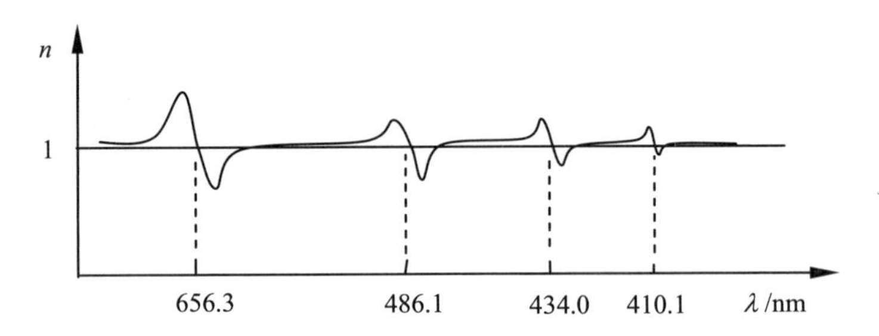

图 3.10　氢在可见光区域的色散曲线

对于全波段的色散情况要用亥姆霍兹方程描述，亥姆霍兹指出，塞耳迈尔方程的不足之处是没有考虑光能量被吸收，即认为分子受迫振动没有阻尼力。如果光波连续从入射波中获得能量，必须假设有阻尼力的存在，并假设阻尼力的大小与振子的运动速度成正比。

可以将式(3.1-14)改写为

$$n^2 - \kappa^2 = 1 + \sum_j \frac{b_j \lambda^2}{(\lambda^2 - \lambda_j^2) + \dfrac{g_j \lambda^2}{(\lambda^2 - \lambda_j^2)}} \tag{3.3-5}$$

式中，κ是一个和入射光在物质的吸收系数α有关的量，g_j是一个与振子阻尼力有关的量。从亥姆霍兹色散方程可以看出，$\lambda \to \lambda_j$时，n不再无限地增大，式(3.3-5)的曲线是连续的。如果认为在吸收区以外入射光几乎不被吸收，即$\kappa \approx 0$，$g_j \approx 0$，那么，式(3.3-5)就简化为式(3.3-4)。因此，塞耳迈尔方程是亥姆霍兹色散方程的一个特例。实际上，柯西方程也可

以包括在塞耳迈尔方程中，这里指$\lambda \gg \lambda_0$的情况，此时式(3.3-3)可以写成

$$n^2 = 1 + \frac{b}{1-\lambda_0^2/\lambda^2} \approx (1+b) + b\frac{\lambda_0^2}{\lambda^2} + b\frac{\lambda_0^4}{\lambda^4} + \cdots \tag{3.3-6}$$

由于$\lambda_0^2/\lambda \ll 1$，因此，在上面的展开式中可以略去$\lambda_0^4/\lambda^4$以后的各项。令$M=1+b$，$N=b\lambda_0^2$，则得到

$$n = (M + N\lambda^{-2})^{1/2} \tag{3.3-7}$$

将式(3.3-7)展开得到

$$n = M^{1/2} + \frac{N}{2M^{1/2}\lambda^2} - \frac{N^2}{8M^{3/2}\lambda^4} + \cdots = A + \frac{B}{\lambda^2} + \frac{C}{\lambda^4} + \cdots \tag{3.3-8}$$

3.3.2　光在色散介质中的传播

考虑到介质的色散时，如果在介质中传播的光波是由许多不同频率的单色波组成的复色波，那么由于各个单色分量以不同的速度传播，整个复色波在传播过程中形状将发生改变。另外，由于介质的色散，介质的介电常数ε是ω的函数，所以关系式$\boldsymbol{D}=\varepsilon\boldsymbol{E}$对于波包将不成立(不同频率的单色波，$\varepsilon$不同)。因此，考虑到介质的色散时，式(1.2-8)和式(1.2-9)两个波动方程也不能用来描述复色波。

3.3.3　色散率

色散率是表征介质色散程度的，即量度介质折射率随波长变化快慢的物理量，可表示为

$$\gamma = \frac{n_2 - n_1}{\lambda_2 - \lambda_1} = \frac{\Delta n}{\Delta\lambda} \tag{3.3-9}$$

对于变化较快的区域，色散率又可以表示为

$$\gamma = \frac{\mathrm{d}n}{\mathrm{d}\lambda} \tag{3.3-10}$$

在实际工作中选用光学材料时，应当特别注意其色散率的大小。例如，同样一块三棱镜，如果用作分光元件，应采用色散大的材料(如火石玻璃)，如果用作改变光路方向，则需要采用色散小的材料(如冕玻璃)，表 3-5 列出了几种常用光学材料的折射率和色散率。

表 3-5　几种常用光学材料的折射率和色散率

波长/nm	冕玻璃		钡玻璃		熔凝石英	
	n	$-\mathrm{d}n/\mathrm{d}\lambda$	n	$-\mathrm{d}n/\mathrm{d}\lambda$	n	$-\mathrm{d}n/\mathrm{d}\lambda$
656.3	1.52441	35	1.58848	38	1.45640	27
643.9	1.52490	36	1.58896	39	1.45674	28
589.0	1.52704	43	1.59144	50	1.45845	35
533.8	1.52989	58	1.59463	68	1.46067	45
508.6	1.53146	66	1.59644	78	1.46191	52
486.1	1.53303	78	1.59825	89	1.46318	60
434.0	1.53790	112	1.60367	123	1.46690	84
398.8	1.54245	139	1.60870	172	1.47030	112

如果波长为λ与$\lambda+\Delta\lambda$的两条谱线通过棱镜的偏向角分别为θ与$\theta+\Delta\theta$，则其角距离可用角色散率表示为

$$D=\lim_{\Delta\lambda\to 0}\frac{\Delta\theta}{\Delta\lambda}=\frac{\mathrm{d}\theta}{\mathrm{d}\lambda} \tag{3.3-11}$$

在最小偏向角附近的角色散率为

$$D=\frac{\mathrm{d}\theta}{\mathrm{d}\lambda}=\frac{\mathrm{d}\theta_{\min}}{\mathrm{d}\lambda}=\frac{\mathrm{d}\theta_{\min}}{\mathrm{d}n}\frac{\mathrm{d}n}{\mathrm{d}\lambda} \tag{3.3-12}$$

对于折射率为n、顶角为α的棱镜，其最小偏向角$\theta_{\min}$满足

$$n=\frac{\sin\left[(\alpha+\theta_{\min})/2\right]}{\sin(\alpha/2)} \tag{3.3-13}$$

式(3.3-13)经常被用来求玻璃的折射率。为此，需要将被测玻璃做成棱镜，然后用测角仪测出顶角的精确值。当测得最小偏向角后，即可求玻璃的折射率。

本节讨论了正常色散和反常色散；色散对光波在介质中传播性质的影响以及介质的色散率，要点见表 3-6。

表 3-6　介质对光的色散

色散种类	色散区域	色散公式	色散率
正常色散	远离介质固有频率区域	$n=A+\frac{B}{\lambda^2}+\frac{C}{\lambda^4}+\cdots$	$\gamma=\frac{\Delta n}{\Delta\lambda}$ $\gamma=\frac{\mathrm{d}n}{\mathrm{d}\lambda}$
反常色散	在介质固有频率附近	$n^2=1+\frac{b\lambda^2}{\lambda^2-\lambda_0^2}$	

3.4　介质对光的散射

光在透明的均匀介质中传播时，具有确定的传播方向。光照射到两种折射率不同的介质的分界面上发生反射和折射时，其方向也是确定的。因此，光在透明的均匀介质中传播时，除了对着光的传播方向以外是看不到光的。但是，如果介质不均匀，介质内有折射率不同的悬浮微粒存在，这时人们就可以在光的侧面看到光，它是悬浮微粒把光波向四面八方散射的结果。本节将讨论介质对光的散射及其形成原因，并介绍介质对光进行散射的种类。

3.4.1　介质对光的散射及其形成原因

1. 介质对光的散射

光通过不均匀介质时，除了原来的传播方向以外，从其他方向也可以看到光的轨迹，这种现象称为光的散射。所谓不均匀介质是指气体中有随机运动的原子、分子或雾、烟和灰尘，液体中混有小微粒，晶体中存在缺陷等。

由于介质对光的散射是将光能散射到其他方向上，而介质对光的吸收是将光能转化为

其他形式的能量，所以两者本质上是不同的，但在实际测量时，很难区分它们对透射光的影响。因此，通常把这两个因素的影响放在一起考虑，将透射光强表示为

$$I = I_0 \exp[-(a+s)l] = I_0 \exp(-\beta l) \tag{3.4-1}$$

式中，I_0为入射光的强度，s为散射系数，a为吸收系数，β为衰减系数，l为光在介质中传播的距离。

2. 形成光散射的原因

光散射可用光与物质相互作用的理论加以解释。根据这一理论，当光波入射到介质中时，将激发介质中的电子做受迫振动，从而辐射次波。如果介质的光学性质是均匀的，这些次波相干叠加的结果会使光波沿着反射和折射定律规定的方向传播，在其他方向上次波干涉完全抵消，因而不产生散射。但是，如果介质光学性质是不均匀的，介质内有悬浮微粒或有密度涨落，这时入射光所激发的次波的振幅是不完全相同的，彼此之间没有固定的位相关系，这样，次波相干叠加的结果除了一部分光波仍沿着反射和折射定律规定的方向传播外，在其他方向上不能完全抵消，从而形成散射光。

3.4.2　散射的种类

通常，根据散射光的波矢 $\boldsymbol{k}$ 和波长 λ 是否发生变化，可将散射分为两大类：一类散射是散射光的波矢 $\boldsymbol{k}$ 变化，但波长 λ 不变，属于这一类的散射有瑞利散射(Rayleigh scattering)、米氏散射(Mie scattering)和分子散射(molecular scattering)；另一类散射是散射光的波矢 $\boldsymbol{k}$ 和波长 λ 都变化，属于这一类的散射有拉曼散射(Raman scattering)、布里渊散射(Brillouin scattering)等。

从粒子相互作用的角度最容易理解光的散射过程。光由光子组成，这是光的微粒性。照射到介质上的一束光，就是一束粒子——光子，每个光子有确定的能量和动量，光与介质的相互作用，就是光子和介质中的粒子(原子、离子、电子等)、准粒子(或称为元激发，如声子、自旋波等)碰撞交换能量的过程。粒子的碰撞有弹性散射、非弹性散射两种，光的散射也有弹性和非弹性散射两种。在弹性散射过程中，光子与介质中的粒子之间没有能量交换，光子只改变运动方向而不改变频率。而在非弹性散射过程中，光子不仅改变运动方向，同时光子的部分能量传递给介质中的粒子，或者介质中粒子的振动和转动能量传递给光子，相应散射光的频率也会发生改变。

1. 瑞利散射

瑞利散射是入射光在线度小于光波长的微粒上散射后散射光和入射光波长相同的现象。有些光学性质不均匀的介质能够产生强烈的散射现象，这类介质一般称为“浑浊介质”，它是指在一种介质中悬浮着另一种介质，如大气中含有烟、雾，或乳胶状溶液等。瑞利提出，如果浑浊介质中悬浮微粒的线度为波长的 1/10，不吸收光能，并呈各向同性，则在与入射光传播方向成θ角的方向上，单位介质的散射光强度为

$$I(\theta) = \alpha \frac{N_0 V^2}{r^2 \lambda^4} I_i (1+\cos^2\theta) \tag{3.4-2}$$

式中，$\alpha = 1 - n_1/n_2$，是表征介质浑浊程度的因子；n_1和n_2分别为均匀介质和悬浮微粒的折射率；N_0为单位体积介质中悬浮微粒的数目；V为一个悬浮微粒的体积；r为散射微粒到观察点的距离；I_i为入射光的强度；λ为光波的波长。式(3.4-2)还表明散射光的强度与波长的四次方成反比，这个规律称为瑞利定律。红光的波长是紫光波长的 1.8 倍，因而紫光的散射将是红光的$(1.8)^4 \approx 10$倍，这说明当粒子的线度比波长小时，自然光入射时会出现蓝色散射光。瑞利散射具有以下特点。

(1) 散射光的强度与入射光波长的四次方成反比。这表明，光波长越短，其散射光的强度越大。用它可以说明许多自然现象，如天空呈蓝色、旭日和夕阳呈红色。

(2) 散射光的强度随着观察方向而变化。自然光入射时，散射光强度随θ角的分布如图 3.11 所示，可以用公式表示为

$$I(\theta) = I_{\pi/2}(1 + \cos^2\theta) \tag{3.4-3}$$

式中，$I(\theta)$是与入射光方向成θ角的方向上的散射光的强度；$I_{\pi/2}$是$\theta = \pi/2$方向上的散射光的强度。光束沿Oz轴旋转$360°$时就得到光沿z方向传播时散射光强度的分布，光束沿Ox轴旋转$360°$时就得到散射光强度在空间所有方向上的分布。

(3) 散射光是偏振光，如图 3.12 所示。当用自然光入射时，散射光有一定程度的偏振(偏振程度与θ角有关)。在与入射光垂直的方向上，散射光是线偏振光；在入射光的方向上，散射光仍为自然光；而在其他方向上散射光为部分偏振光。

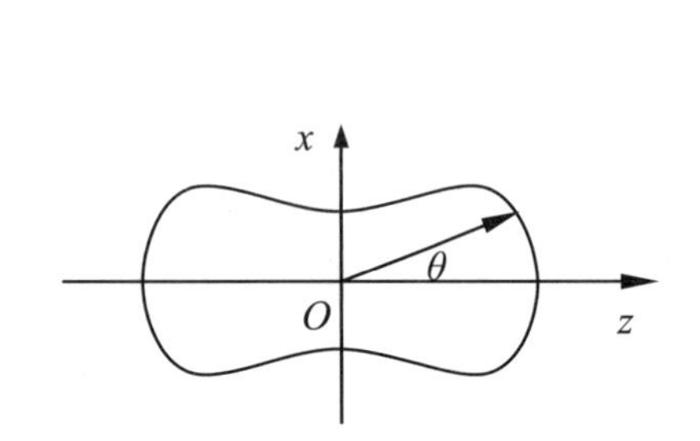

图 3.11 散射光强度随θ角的分布

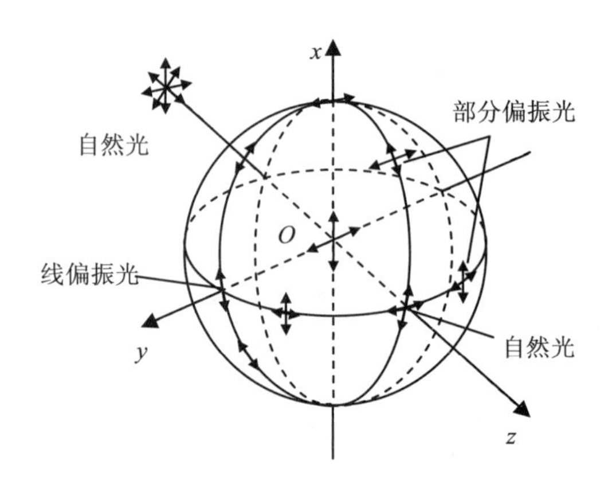

图 3.12 散射光的偏振态示意图

2. 米氏散射

当大气中粒子的直径与辐射的波长相当时发生的散射称为米氏散射。这种散射主要由大气中的微粒，如烟、尘埃、小水滴及气溶胶等引起。米氏散射的辐射强度与波长的二次方成反比，散射在光线向前的方向比向后的方向更强，方向性比较明显。例如，云雾的粒子大小与红外线($0.7615\mu m$)的波长接近，所以云雾对红外线的散射主要是米氏散射。因此，多云潮湿的天气对米氏散射的影响较大，米氏散射是人工降雨的理论基础。

当介质中含有大量线度比波长大的粒子时，自然光入射，会观察到白色散射光，这是因为大粒子散射不满足瑞利定律。例如，天空中的云是大气中水滴组成的，这些水滴的线

度甚至比可见光的波长更大，瑞利散射定律不适用，此时各种波长的光有几乎相同强度的散射，这就是云雾呈白色的缘故；点燃的烟纸冒出的烟是蓝色的，这是因为组成烟的是微小颗粒，蓝色散射光最强；但从口中喷出的烟却是灰白色的，这是因为从口中喷出来的烟，凝聚了水蒸气，颗粒变大，故显示出灰白色。米氏散射具有以下特点。

(1) 散射光的强度与入射光波长的较低次方成反比。这表明，光波长越短，其散射光的强度越大。

(2) 散射光的偏振度与散射粒子的尺寸成正比，与入射光波长成反比。

(3) 散射的强度有比较明显的方向性。沿入射光方向的散射光的强度大于逆入射光方向的散射光的强度。

3. 分子散射

即使对于十分纯净的液体和气体，也能产生比较微弱的散射。这是分子热运动造成密度的局部涨落引起的。这种散射称为分子散射。对于分子的热运动，在一个小体积内，分子数目将或多或少地变化，用统计物理的方法可以计算出这种分子数目的涨落，也就是介质的密度对一定平均值的偏差。这种偏差造成折射率的变化，使介质的光学均匀性遭到破坏，从而产生散射。理想气体对自然光的分子散射光强为

$$I(\theta)=\frac{2\pi^2(n-1)^2}{r^2N_0\lambda^4}I_i(1+\cos^2\theta) \tag{3.4-4}$$

式中，n 为气体的折射率；N_0 为单位体积气体中的分子数目；r 为散射点到观察点的距离；I_i 为入射光的强度；λ 为光波的波长。

分子散射也满足瑞利定律。大气分子对太阳光的散射如图3.13所示。根据瑞利定律，浅蓝色和蓝色光比黄色和红色的光散射得更厉害，故散射光中波长较短的蓝光占优势，又如白昼的天空之所以是亮的，完全是大气散射阳光的结果，要是没有大气层，即使在白昼，人们仰望天空，将看到光耀炫目的太阳悬挂在漆黑的背景中，这是宇航员常见到的空中景象。

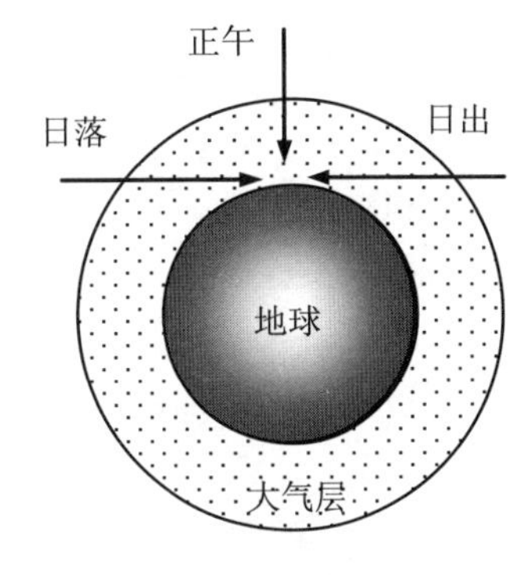

图 3.13　大气分子对太阳光的散射

清晨日出或傍晚日落时，看到太阳呈红色，这是因为此时太阳光几乎平行于地平面，由于太阳光要穿过很厚的大气层，蓝色光被散射得多，直射到人们眼中的是红光，因而可以看见火红的朝霞或夕阳。

4. 拉曼散射

光通过介质时由于入射光与分子运动相互作用而引起的频率发生变化的散射，称为拉曼散射。

1) 拉曼散射过程

用量子理论可以直观地解释拉曼散射过程，从图 3.14 中可以看出，当频率为 ν_0 的单色光作用于分子时，可能发生弹性或非弹性碰撞。在弹性碰撞中，原来处于基态 E_1 的分子吸收能量为 $h\nu_0$ 的入射光子激发而跃迁到一个虚拟的激发态能级 E' 上，因其不稳定而立即跃迁回到基态 E_1，光子与分子之间不发生能量交换，光子仅改变其运动方向而不改变频率。

类似过程也可发生在处于激发态 E_2 的分子受入射光子 $h\nu_0$ 激发而跃迁到受激虚态 E'' 上，然后回到基态 E_2，这种过程对应于弹性碰撞，为瑞利散射。

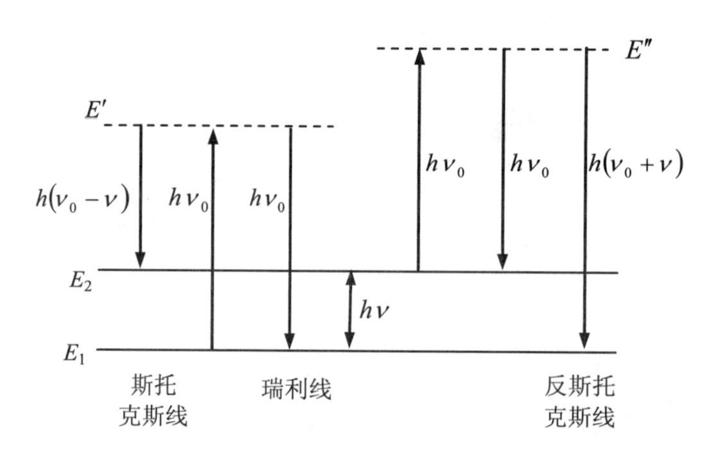

图 3.14　拉曼散射示意图

在非弹性碰撞中，分子中原来处于基态 E_1 的电子吸收能量为 $h\nu_0$ 的入射光子激发而跃迁到一个虚拟的激发态能级，因其不稳定而跃迁回到基态 E_2，辐射跃迁频率为 $\nu_0-\nu$；或者原来分子中处于基态 E_2 的电子吸收能量为 $h\nu_0$ 的入射光子激发跃迁到虚拟能级，而后跃迁回到基态 E_1，跃迁频率为 $\nu_0+\nu$。在这两种过程中，光子不仅改变其运动方向，同时还发生光子能量与分子振动转动能量之间的交换，光子从分子振动得到能量的过程对应于频率增加的反斯托克斯拉曼散射，光子失去能量的过程对应于频率减小的斯托克斯拉曼散射。可以看出斯托克斯线和反斯托克斯线与瑞利线之间的能量差分别为 $-h\nu$ 和 $h\nu$，即两者对称地分布于瑞利线两侧。

由于在室温下分子中大多数电子主要布居在振动基态 E_1 上，少量电子布居在较高的振动能级 E_2 上，因而，反斯托克斯拉曼散射强度要比斯托克斯拉曼散射强度相对弱很多。

2) 拉曼散射特点

(1) 拉曼散射谱线的频率虽然与入射光的频率不同，但对同一样品，同一拉曼谱线的位移与入射光的波长无关，只和样品的振动转动能级有关。

(2) 在以频率为变量的拉曼光谱图上，斯托克斯线和反斯托克斯线对称地分布在瑞利散射线两侧。

(3) 一般情况下，斯托克斯线比反斯托克斯线的强度大。

3) 拉曼光谱应用

(1) 由于水的拉曼散射很微弱，拉曼光谱是研究水溶液中的生物样品和化学化合物的理想工具。

(2) 拉曼光谱一次可以同时覆盖 50～4000nm 的波长，可对有机物及无机物进行分析。

(3) 拉曼光谱谱峰清晰尖锐，更适合定量研究、数据库搜索以及运用差异分析进行定性研究。在化学结构分析中，独立的拉曼区间的强度可以和功能集团的数量相关。

(4) 由于激光束经过聚焦以后可以形成直径量级为微米到毫米的光斑，因此，可分析

小面积的样品。

拉曼光谱技术提供快速、简单、可重复和无损伤的定性定量分析，它无须样品准备，样品可直接通过光纤探头进行测量。入射光子和样品分子相互作用，光子得到或者失去能量本质上取决于分子的化学结构、空间几何结构、分子内的力场结构、电子云的形状和原子核的性质。因而拉曼光谱学是研究样品分子结构以及结构变化的强有力的手段之一。拉曼光谱的应用范围遍及化学、物理学、生物学和医学等各个领域，对于纯定性分析、定量分析和测定分子结构都有很大价值。拉曼光谱也可以是来自于固体内部的声子，因而也广泛应用于研究固体材料的结构以及相变等领域。

5. 布里渊散射

布里渊散射是指入射光波场与介质内弹性声波场之间相互作用而产生的一种散射现象，实际上是由多普勒效应引起的频率改变的散射，其主要特点是散射光的频率相对于入射光发生了频移。布里渊散射是布里渊于 1922 年提出的，可以研究气体、液体和固体中的声学振动，但作为一种实用的研究手段，它是在激光出现以后才发展起来的。布里渊散射也属于拉曼效应，即光在介质中受到各种元激发的非弹性散射，其频率变化表征了元激发的能量。与拉曼散射不同的是，布里渊散射是研究能量较小的元激发，如声学声子和磁振子等。

由布里渊散射实验可测出散射峰的频移、线宽及强度。由频移可直接算出声速，这是和用超声技术测量声速互补的方法，其特点是可测高频声学声子和高衰减的情况，试样比超声测量用的少得多。由声速可以算出弹性常数，由声速的变化可以得到关于声速的各向异性、弛豫过程和相变的信息。由线宽可以研究声衰减过程，这与非简谐性和结构弛豫等有关。根据强度的测量可以研究声子和电子态的耦合等。

在某一温度下，晶格振动形成的声波造成介质密度的涨落，因此改变了介质的折射率。折射率的变化以声波的速度在介质中传播，即它在时间上和空间上都是周期性的，可以看作是一个运动着的三维衍射光栅。光波在这样的光栅上反射，称为布格反射，其散射光有多普勒频移。从这个经典的图像出发，可推导出布里渊散射的频率关系，即

$$\nu_r = \nu_p\left(1 \pm 2\frac{\upsilon_g}{\upsilon_p}\sin\frac{\theta}{2}\right) \tag{3.4-5}$$

式中，ν_r 为散射光频率；ν_p 为入射光频率；“＋”相应于反斯托克斯散射，相当于声波逆着光波传播；“－”相应于斯托克斯散射，相当于声波顺着光波传播；θ 为观测方向与入射光方向的夹角；υ_g 和 υ_p 为光波在介质中的传播的群速度和相速度。

布里渊散射不仅存在于晶体中，还存在于任何固体或液体中。利用布里渊散射可以测定晶体中的声速，从而确定弹性系数。

本节讨论了介质对光的散射及其形成原因，并介绍了介质对光进行散射的种类，要点见表 3-7。

表 3-7　介质对光的散射

散射原因	散射光强	散射种类
光波入射到介质中时，将激发介质中的电子做受迫振动，从而辐射次波	$I = I_0 \exp\left[-(a+s)l\right]$	瑞利散射、米氏散射、分子散射、拉曼散射、布里渊散射

小　　结

本章利用光与物质相互作用的经典理论，讨论了介质对光吸收的基本规律，给出了朗伯定律和比尔定律；讨论了介质对光色散的基本规律，介绍了处理正常色散的柯西公式和处理反常色散的塞耳迈尔公式以及衡量介质色散能力的物理量色散率；讨论了介质对光散射的基本规律，分析了光散射的形成原因，介绍了散射的种类和应用。

应 用 实 例

应用实例 3-1　有一吸收系数为 0.35cm^{-1} 的介质，当透射光强度分别为入射光强度的 10%和 50%时，求介质的厚度各是多少。

解：根据朗伯吸收定律式(3.2-2)有

$$0.1 = \exp(-0.35z) \Rightarrow z = -\frac{1}{0.35}\ln 0.1 = 6.58\text{cm}$$

$$0.5 = \exp(-0.35z) \Rightarrow z = -\frac{1}{0.35}\ln 0.5 = 1.98\text{cm}$$

因此，介质的厚度分别为 6.58cm 和 1.98cm。

应用实例 3-2　有一顶角为 60°的正常色散棱镜，其柯西公式系数 $A = 1.54$，$B = 4.65\times10^3\text{nm}^2$，求此棱镜对波长为 532nm 的光波在最小偏向角时的角色散本领。

解：根据式(3.3-13)，对于折射率为 n、顶角为 α 的棱镜，其最小偏向角 $\theta_{\min}$ 满足

$$n = \frac{\sin\left[(\alpha+\theta_{\min})/2\right]}{\sin(\alpha/2)} \Rightarrow \frac{\mathrm{d}\theta_{\min}}{\mathrm{d}n} = \frac{2\sin(\alpha/2)}{\sqrt{1-n^2\sin^2(\alpha/2)}}$$

根据柯西公式(3.3-2)有

$$n = A + \frac{B}{\lambda^2} = 1.54 + \frac{4.65\times10^3}{532^2} = 1.5564$$

对式(3.3-2)微分，得到

$$\frac{\mathrm{d}n}{\mathrm{d}\lambda} = -\frac{2B}{\lambda^3} = -\frac{2\times4.65\times10^3}{532^3}\text{nm}^{-1} = -6.177\times10^{-5}\text{nm}^{-1}$$

根据式(3.3-12)，在最小偏向角附近的角色散率为

$$D_\theta=\frac{\mathrm{d}\theta_{\min}}{\mathrm{d}n}\cdot\frac{\mathrm{d}n}{\mathrm{d}\lambda}=\frac{2\sin(\alpha/2)}{\sqrt{1-n^2\sin^2(\alpha/2)}}\cdot\left(-\frac{2B}{\lambda^3}\right)$$
$$=\frac{2\sin 30°}{\sqrt{1-1.5564^2\sin^2 30°}}\cdot\left(-\frac{2\times4.65\times10^3}{532^3}\right)\mathrm{rad}\cdot\mathrm{nm}^{-1}$$
$$=9.84\times10^{-5}\mathrm{rad}\cdot\mathrm{nm}^{-1}$$

应用实例 3-3　某玻璃对谱线 400nm 和 500nm 的折射率分别为 1.63 和 1.58。试确定柯西公式中的常数 A 和 B，并计算玻璃对波长为 600nm 的光的折射率和色散率 $\mathrm{d}n/\mathrm{d}\lambda$ 。

解：利用式(3.3-2)，得到

$$1.63=A+\frac{B}{400^2}$$
$$1.58=A+\frac{B}{500^2}$$

两式相减，得到

$$0.05=\frac{B(500^2-400^2)}{400^2\times500^2}\Rightarrow B=\frac{0.05\times400^2\times500^2}{90000}\mathrm{nm}^2=2.22\times10^4\mathrm{nm}^2$$

由此得到

$$A=1.63-\frac{B}{400^2}=1.63-\frac{2.22\times10^4}{16\times10^4}=1.49$$
$$n=1.58-B\left(\frac{1}{500^2}-\frac{1}{600^2}\right)=1.58-\frac{0.05\times400^2\times500^2}{90000}\cdot\frac{110000}{600^2\times500^2}=1.546$$

利用式(3.3-2)和式(3.3-10)，得到色散率为

$$\gamma=\frac{\mathrm{d}n}{\mathrm{d}\lambda}=-\frac{2B}{\lambda^3}=-\frac{2\times2.22\times10^4}{600^3}\mathrm{nm}^{-1}=-2.0576\times10^{-4}\mathrm{nm}^{-1}$$

应用实例 3-4　在瑞利散射中，若与传播方向垂直方向上散射光的强度为 $I_{\pi/2}$，求散射角为 0°、30° 和 60° 时对应的散射光强度。

解：根据式(3.4-3)，有

$$I(0°)=I_{\pi/2}(1+\cos^2 0°)=2I_{\pi/2}$$
$$I(30°)=I_{\pi/2}(1+\cos^2 30°)=1.75I_{\pi/2}$$
$$I(60°)=I_{\pi/2}(1+\cos^2 60°)=1.25I_{\pi/2}$$

因此，0°、30° 和 60° 时散射光强度为 $2I_{\pi/2}$、$1.75I_{\pi/2}$ 和 $1.25I_{\pi/2}$。

习　题

3.1　某种玻璃的吸收系数为 $10^{-2}\mathrm{cm}^{-1}$，空气的吸收系数为 $10^{-5}\mathrm{cm}^{-1}$，求 1cm 厚的玻璃吸收的光相当于多厚的空气层吸收的光。

3.2　某种玻璃对 $\lambda=0.4\mu\mathrm{m}$ 的光折射率为 n=1.63，对 $\lambda=0.5\mu\mathrm{m}$ 的光折射率为 n=1.58。试求这种玻璃对 $\lambda=0.6\mu\mathrm{m}$ 的光折射率。

3.3　K_9玻璃对波长为λ=435.8nm和λ=546.1nm的光的折射率分别为1.52626和1.51829。试确定柯西公式中的常数 A 和 B，并计算该种玻璃对波长为 486.1nm 的光的折射率和色散率 $\mathrm{d}n/\mathrm{d}\lambda$ 。

3.4　有一均匀介质，其吸收系数 $\alpha = 0.5\mathrm{cm}^{-1}$ ，求出射光强为入射光强的 0.1、0.2 和 0.5 倍时的介质厚度各是多少。

3.5　同时考虑吸收和散射损耗时，透射光强表示为 $I = I_0 \exp\left[-(a+s)l\right]$。若介质的散射系数等于吸收系数的 1/2，光通过一定厚度的这种介质，只透过 20%的光强，如不考虑散射，其透射光强可增加多少？

3.6　光通过内含细微烟粒的玻璃管时，透射光强为入射光强的 50%，待烟粒沉淀后，透射光强为入射光强的 90%。试求该管对光的散射系数和吸收系数(假设管长为 50cm，烟粒对光只有散射而无吸收)。

3.7　太阳光束由小孔射入暗室，室内的人沿着与光束垂直及成 $45°$ 的方向观察此光束时，见到由于瑞利散射所形成的光强之比等于多少？

3.8　一个棱角为 $60°$ 的玻璃棱镜，其 A=1.545，B=$0.654\times10^{-10}\mathrm{cm}^2$ ，当棱镜放置使它对 0.532 μm 的波长处于最小偏向角时，此棱镜的角色散率为多大?

3.9　如果入射光是自然光，试分析当散射角为 $0°$ 、$45°$ 和 $90°$ 时对应的散射光偏振情况。

3.10　试根据瑞利散射光强公式，计算 800～400nm 之间散射光的相对强度，每隔 50nm 计算一个值，并做出相对强度与波长的关系曲线。

3.11　某种光学玻璃对波长为λ=435.8nm 和λ=546.1nm 的光的折射率分别为 1.6525 和 1.6245。试求：(1) 柯西公式的两个常数 A 和 B；(2) 此种玻璃对波长为λ=589.3nm 的光的折射率和色散率。

3.12　如果用波长为λ=488nm 的氩离子激光照射苯，得到拉曼光谱中较强的谱线与入射光的波数差分别为 $607\,\mathrm{cm}^{-1}$ 、$992\,\mathrm{cm}^{-1}$ 、$1178\,\mathrm{cm}^{-1}$ 、$1586\,\mathrm{cm}^{-1}$ 、$3047\,\mathrm{cm}^{-1}$ 和 $3062\,\mathrm{cm}^{-1}$ 。试计算斯托克斯谱线和反斯托克斯谱线的波长。

3.13　用吸收系数为 $0.10\,\mathrm{m}^{-1}$ 的玻璃制成 5mm 厚的玻璃窗。设此玻璃的反射率为 4%，并忽略多次反射和干涉。试完成：(1)若仅考虑玻璃的吸收，求透射光强的百分比；(2)若再考虑玻璃表面的反射，求透射光强的百分比。

3.14　人眼能觉察的光强是太阳到达地面光强的 $1/10^{18}$，如果海水的吸收系数为 $1.0\mathrm{m}^{-1}$，那么人在海底多深处还能看见亮光？

3.15　某玻璃对 He-Ne 激光λ=633nm 的复折射率为 $\tilde{n} = 1.5 + \mathrm{i}\,5\times10^{-8}$，求出该玻璃的吸收系数，以及该激光束在玻璃中的光速。

3.16　依据正文图 3.8 所示的晶体石英的正常色散曲线 $n-\lambda$：(1) 确定晶体石英对 $\lambda = 400\,\mathrm{nm}$ 的光波的折射率和色散率 $\mathrm{d}n/\mathrm{d}\lambda$；(2) 若一波包中心波长为$\lambda$=400nm，它传播于晶体石英中的群速度 υ_{g} 为多少？

3.17　二硫化碳对 $\lambda = 527\,\mathrm{nm}$、589nm 和 656nm 的光的折射率分别为 1.642、1.629 和 1.620。试求波长为λ=589nm 的光在二硫化碳中的相速度 υ_{p} 和群速度 υ_{g} 。

第4章

光的干涉理论与应用

教学目的与要求

- 掌握产生光的干涉的基本条件
- 掌握杨氏双缝干涉的基本原理
- 掌握等倾干涉和等厚干涉的原理
- 掌握平面干涉仪和球面干涉仪的基本原理及应用
- 了解多光束干涉图样的特点
- 掌握法布里-珀罗干涉仪结构、原理及应用
- 了解单层膜和多层介质膜的特点及应用

本章引言

光的干涉是指两个或多个光波在空间相遇时，在叠加区域形成稳定的强度强弱分布现象。光的干涉通常分为分波前干涉和分振幅干涉。分波前干涉主要有杨氏双缝干涉、菲涅耳双面(棱)镜干涉等，它们的共同点：一是形成非定域干涉条纹，二是有限制光束的狭缝或小孔。分振幅干涉主要有等倾干涉和等厚干涉，它们的共同点：一是可形成定域或非定域干涉条纹，二是可以使用扩展光源，从而获得清晰的干涉条纹。

由于干涉图样与入射光的波长、入射角度、空气隙或材料的厚度、介质的浓度等因素有关，因此，在实际应用中，根据干涉图样的变化，可以测量入射光波的波长；可以检测光学元件的平面度、平行度、透镜的曲率半径、光学元件表面形状；可以测量薄片厚度和细丝直径；可以测量介质的浓度和密度变化；可以测量物体的伸缩、振动和移动变化；可以研究物质的组成成分。根据光的干涉原理，可以制成增透膜、增反膜、分光膜和窄带滤光片。利用光的干涉原理，还可以进行全息照相，图4.0是全息照相的原理示意图，在全息底版上将形成物光波和参考光波的干涉图样。

【全息照相】

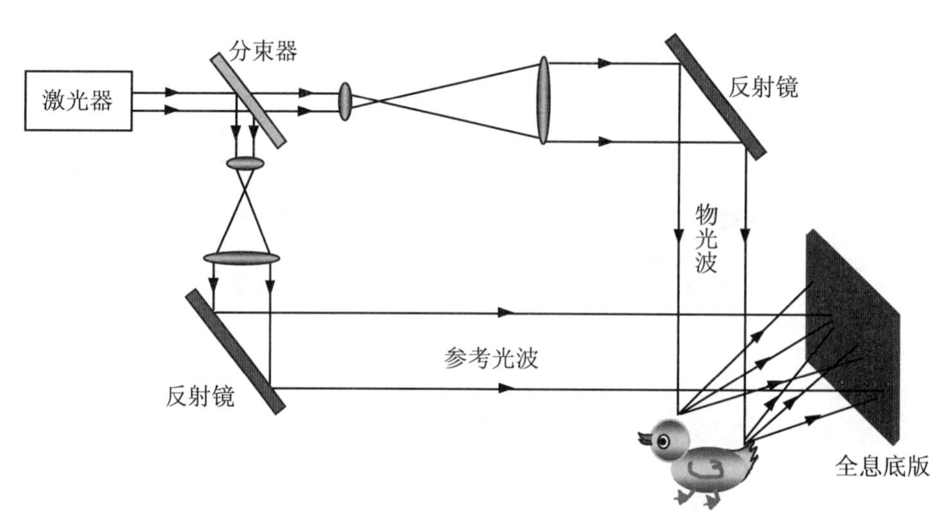

图 4.0　全息照相的原理示意图

本章在分析和讨论产生干涉的条件基础上，首先，对双光束干涉和多光束干涉产生的干涉图样特点、干涉场强度分布进行深入的理论分析；其次，介绍干涉仪器的原理、结构；最后，讲解干涉原理在光学介质膜设计过程中的应用。

4.1　产生干涉的条件

在 1.3 节中已经学习到，当两个以上光波在空间相遇时，在重叠区域内将发生光波的叠加问题。光的干涉条纹正是两个或多个光波在空间相遇时进行叠加的结果，那么满足什么条件的光波才会产生干涉条纹呢？本节将讨论产生干涉的条件、实现干涉的基本方法以及干涉场强度分布。

4.1.1　形成干涉的基本条件

一个光波的传播及其对场点的贡献，不受另一个光波存在与否的影响，这是波传播的独立性。在相遇区域内，任意一点的振动为几个光波单独存在时在该点所引起的振动位移的矢量和，这是光波的矢量叠加原理。假设由光源 S_1 和 S_2 发出的两个单色的线偏振平面波在空间点 P 相遇，如图 4.1 所示。根据单色平面波的表达式，这两个光波可以写为

$$\boldsymbol{E}_1=\boldsymbol{E}_{10}\exp\left[\mathrm{i}(\boldsymbol{k}_1\cdot\boldsymbol{r}_1-\omega_1 t+\delta_1)\right] \tag{4.1-1}$$

$$\boldsymbol{E}_2=\boldsymbol{E}_{20}\exp\left[\mathrm{i}(\boldsymbol{k}_2\cdot\boldsymbol{r}_2-\omega_2 t+\delta_2)\right] \tag{4.1-2}$$

若令 $\alpha_1=\boldsymbol{k}_1\cdot\boldsymbol{r}_1+\delta_1$，$\alpha_2=\boldsymbol{k}_2\cdot\boldsymbol{r}_2+\delta_2$，则有

$$\boldsymbol{E}_1=\boldsymbol{E}_{10}\exp\left[\mathrm{i}(\alpha_1-\omega_1 t)\right] \tag{4.1-3}$$

$$\boldsymbol{E}_2=\boldsymbol{E}_{20}\exp\left[\mathrm{i}(\alpha_2-\omega_2 t)\right] \tag{4.1-4}$$

由于在观察时间 τ 内，应当有许多对波列通过 P 点，并且每一对波列都产生一个强度，因此，在观察屏上产生的强度的强弱分布是时间的平均值。这样，合成光波 $\boldsymbol{E}=\boldsymbol{E}_1+\boldsymbol{E}_2$，在观察屏上产生的相对光强的时间平均值为

$$\begin{aligned} I &= \left\langle (\boldsymbol{E}_1+\boldsymbol{E}_2)\cdot(\boldsymbol{E}_1+\boldsymbol{E}_2)^* \right\rangle = \boldsymbol{E}_1\cdot\boldsymbol{E}_1^* + \boldsymbol{E}_2\cdot\boldsymbol{E}_2^* + \left\langle \left(\boldsymbol{E}_1\cdot\boldsymbol{E}_2^* + \boldsymbol{E}_1^*\cdot\boldsymbol{E}_2\right) \right\rangle \\ &= E_{10}^2 + E_{20}^2 + \boldsymbol{E}_{10}\cdot\boldsymbol{E}_{20}\left\langle \exp\left\{\mathrm{i}\left[(\alpha_1-\alpha_2)+(\omega_2-\omega_1)t\right]\right\} + \exp\left\{-\mathrm{i}\left[(\alpha_1-\alpha_2)+(\omega_2-\omega_1)t\right]\right\} \right\rangle \\ &= E_{10}^2 + E_{20}^2 + 2\boldsymbol{E}_{10}\cdot\boldsymbol{E}_{20}\left\langle \left\{\cos\left[(\alpha_1-\alpha_2)+(\omega_2-\omega_1)t\right]\right\} \right\rangle \\ &= I_1 + I_2 + 2\sqrt{I_1 I_2}\cos\theta \frac{1}{\tau}\int_0^\tau \cos\phi \, \mathrm{d}t \end{aligned} \tag{4.1-5}$$

式中，θ 为两个光波振动方向之间的夹角，ϕ 为两个光波之间的总位相差, $\langle\rangle$ 表示求时间平均值。由此可见，两个光波叠加后的光强等于这两个光波的强度之和再加上一个交叉项，通常称为干涉项。由式(4.1-5)可以看出，如果要获得稳定的光强的强弱分布，必须满足3个条件。

第一，要求两个光波振动方向不能相互垂直，即两个光波振动应部分或全部平行。

第二，要求干涉项不随时间变化，因此，两个光波的频率必须相等，即 $\omega_1=\omega_2$。

第三，要求光强分布不随时间变化，因此，两个光波之间的总位相差 ϕ 恒定。

以上 3 个条件就是两个光波产生干涉的必要条件，通常称为相干条件。

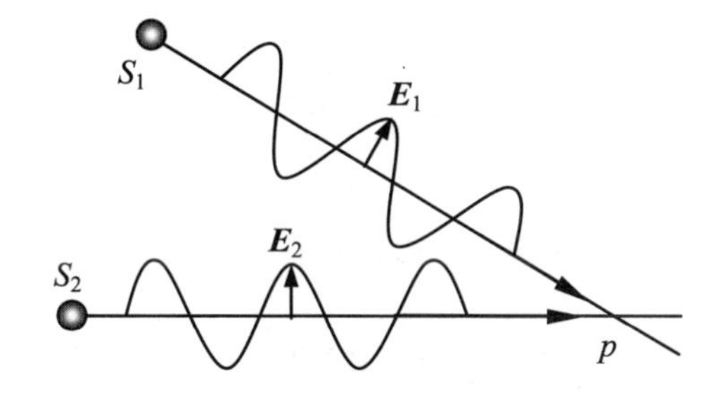

图 4.1　两个光波在空间相遇示意图

4.1.2　实现干涉的基本方法

为了实现光束干涉，要求两个光波满足相干条件，满足相干条件的光波称为相干光波。相应地，产生相干光波的光源称为相干光源。由于两个独立的光源发出的光波不能满足相干条件，因此，为了获得两个相干光波，只能利用一个光源，并通过具体的干涉装置使其分成两个光波，例如，用光源照射两个小孔或两个平行狭缝等。在这种情况下，两个光波是从同一光源分离出来的，因此，它们满足相干条件。将一个光波分离成两个相干光波，一般有两种方法：分波前法和分振幅法。

(1) 分波前法是让一个光波通过两个小孔、两个平行狭缝或利用反射和折射把光波的波前分割出两个部分，这两个部分的光波必然是相干的。

(2) 分振幅法通常是利用透明平板或楔板的两个表面将入射光的振幅进行分割，从而产生两个或多个反射光波和折射光波，再利用反射光波或折射光波产生干涉。

4.1.3　干涉场强度分布

由于相干光波是同一个光源通过分波前法或分振幅法产生的，因此，相干光波具有相同的频率和振动方向。这样，式(4.1-5)可以改写为

$$I = I_1 + I_2 + 2\sqrt{I_1 I_2}\cos\delta \tag{4.1-6}$$

式中，$\delta=\alpha_2-\alpha_1$，它是两个光波的位相差。式(4.1-6)表明，两个相干光波叠加后的光强取决于两个光波之间的位相差δ，干涉场强度可以大于、小于或等于两个相干光波的强度之和。由于δ与r_1和r_2有关，因此对于叠加区域内的不同点，将有不同的位相差：

$$\delta=\alpha_2-\alpha_1=k(r_2-r_1)+\delta_2-\delta_1=\frac{2\pi}{\lambda_0}n(r_2-r_1)+\delta_2-\delta_1 \tag{4.1-7}$$

式中，λ_0为真空中的波长，n为介质的折射率。令$\varDelta=n(r_2-r_1)$，并称其为光程差，则有

$$\delta=k_0\varDelta+\delta_2-\delta_1 \tag{4.1-8}$$

式中，k_0为真空中的波数。为书写方便，通常把真空中的波长和波数写为λ和k。当两个光波的初始位相差$\delta_2=\delta_1$时，有

$$\delta=k_0\varDelta \tag{4.1-9}$$

如果两个光波的振幅相等，即$E_{10}=E_{20}=E_{00}$，则P点处的光强为

$$E_0^2=E_{00}^2+E_{00}^2+2E_{00}E_{00}\cos(\alpha_2-\alpha_1)=4E_{00}^2\cos^2\left(\frac{\delta}{2}\right) \tag{4.1-10}$$

或表示为

$$I=4I_0\cos^2\left(\frac{\delta}{2}\right) \tag{4.1-11}$$

式中，$I_0=E_{00}^2$，它是单个光波的强度。上式表示在P点叠加后的光强度取决于位相差δ。

当δ为π的偶数倍，即$\delta=\pm 2m\pi\quad(m=0,1,2,\cdots)$时，$P$点光强有最大值为

$$I=4I_0 \tag{4.1-12}$$

当δ为π的奇数倍，即$\delta=\pm(2m+1)\pi\quad(m=0,1,2,\cdots)$时，$P$点光强有最小值为

$$I=0 \tag{4.1-13}$$

利用式(4.1-9)，P点光强有最大值的条件可以改写为

$$\varDelta=\pm 2m\frac{\lambda_0}{2} \tag{4.1-14}$$

即光程差等于半波长的偶数倍。同样，P点光强有最小值的条件可以改写为

$$\varDelta=\pm(2m+1)\frac{\lambda_0}{2} \tag{4.1-15}$$

即光程差等于半波长的奇数倍。显而易见，在叠加区域内，不同的点可能会有不同的光程差，因而就可能有不同的光强度。满足式(4.1-14)的点，光强最大；满足式(4.1-15)的点，光强最小，其余的点介于最大强度和最小强度之间。只要两个光波的位相差保持不变，在叠加区域内各点的强度分布也是不变的，称这种叠加区域内光强度的强弱稳定分布现象为光的干涉。

本节讨论了产生干涉的条件、实现干涉的基本方法以及干涉场强度分布，要点见表 4-1。

表 4-1　干涉的条件、方法和极值条件

干涉的条件	干涉的方法	极大值条件	极小值条件
(1)两个光波的振动方向不能相互垂直 (2)两个光波的频率必须相同	(1)分波前法	$\Delta=\pm 2m\dfrac{\lambda}{2}$	$\Delta=\pm(2m+1)\dfrac{\lambda}{2}$
(3)交叠区内场点有稳定的位相差	(2)分振幅法	$\delta=\pm 2m\pi$	$\delta=\pm(2m+1)\pi$

4.2　杨氏双缝干涉

杨氏双缝干涉是利用分波前法产生干涉的最著名的例子，通过杨氏双缝干涉的分析，可以了解分波前法干涉的一些共同特点。本节将介绍杨氏双缝干涉的原理、杨氏双缝干涉场强度分布特点以及其他分波前干涉。

【杨氏双缝干涉】

4.2.1　杨氏双缝干涉的原理

杨氏双缝干涉的原理示意图如图 4.2 所示。S 是一个受光源照明的狭缝，从 S 发出的光波照射在距离为 R 的干涉屏上，干涉屏上有两个相距为 d，并且都平行于 S 的狭缝 S_1 和 S_2。由于从狭缝 S_1 和 S_2 发射出的光波是由同一光波 S 的波前分出来的，所以是相干光波，它们在距干涉屏为 D 的观察屏上叠加，形成干涉图样。

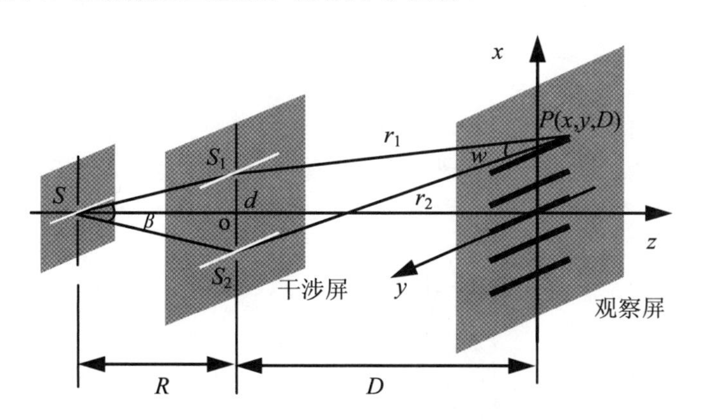

图 4.2　杨氏双缝干涉的原理示意图

4.2.2　杨氏双缝干涉的强度分布

考察观察屏上的一点 P，由式(4.1-6)可以得到从狭缝 S_1 和 S_2 发出的光波在 P 点叠加产生的光强为

$$I=I_1+I_2+2\sqrt{I_1I_2}\cos\delta \tag{4.2-1}$$

如果狭缝 S_1 和 S_2 大小相等，则有 $I_1=I_2=I_0$。另外，如果 S_1 和 S_2 到 S 的距离相等，则 S_1 和 S_2 处的振动同位相，即 $\delta_1=\delta_2$，这样，根据式(4.1-7)，在 P 点叠加光波的位相差只取决于 S_1 和 S_2 到 P 点的光程差。设 S_1 和 S_2 到 P 点的距离分别为 r_1 和 r_2，那么 P 点的光程差为

$\Delta = n(r_2 - r_1)$，因而位相差为

$$\delta = \frac{2\pi}{\lambda} n(r_2 - r_1) \tag{4.2-2}$$

式中，n 为介质的折射率。在空气介质中，$n \approx 1$，因此，式(4.2-2)可以简化为

$$\delta = \frac{2\pi}{\lambda}(r_2 - r_1) \tag{4.2-3}$$

因此，由式(4.2-1)可得，P 点的光强度表达式可以写为

$$I = 2I_0 + 2I_0 \cos\left[\frac{2\pi}{\lambda}(r_2 - r_1)\right] = 4I_0 \cos^2\left[\frac{\pi(r_2 - r_1)}{\lambda}\right] \tag{4.2-4}$$

可见，P 点的光强度取决于 S_1 和 S_2 到 P 点的光程差。由式(4.2-4)可知，当

$$\Delta = \pm 2m\frac{\lambda}{2} \quad (m = 0,1,2,\cdots) \tag{4.2-5}$$

即光程差等于半波长的偶数倍时，P 点光强有最大值 $I = 4I_0$。当

$$\Delta = \pm(2m+1)\frac{\lambda}{2} \quad (m = 0,1,2,\cdots) \tag{4.2-6}$$

即光程差等于半波长的奇数倍时，P 点光强有最小值 $I = 0$。

因为 $\delta = k\Delta$，因此，P 点光强有最大值的条件可以改写为

$$\delta = \pm 2m\pi \quad (m = 0,1,2,\cdots) \tag{4.2-7}$$

即当 δ 为 π 的偶数倍时，P 点光强有最大值 $I = 4I_0$。同样，P 点光强有最小值的条件可以改写为

$$\delta = \pm(2m+1)\pi \quad (m = 0,1,2,\cdots) \tag{4.2-8}$$

即当 δ 为 π 的奇数倍时，P 点光强有最小值 $I = 0$。

为了确定观察屏上最大光强和最小光强的位置，假定观察屏上任意一点 P 的坐标为 (x, y, D)，则

$$\begin{cases} r_1 = \sqrt{\left(x - \dfrac{d}{2}\right)^2 + y^2 + D^2} \\ r_2 = \sqrt{\left(x + \dfrac{d}{2}\right)^2 + y^2 + D^2} \end{cases} \tag{4.2-9}$$

式中，d 是S_1和S_2之间的距离，D是干涉屏到观察屏的距离。因此可以得到

$$r_2^2 - r_1^2 = 2xd \tag{4.2-10}$$

因此，光程差为

$$\Delta = r_2 - r_1 = \frac{2xd}{r_1 + r_2} \tag{4.2-11}$$

在实际情况中，$d \ll D$，这时如果 x 和 y 也比 D 小得多(即近轴观察)，则可以取 $r_1 + r_2 = 2D$，这样，式(4.2-11)可以改写为

$$\Delta = r_2 - r_1 = \frac{xd}{D} \tag{4.2-12}$$

利用式(4.2-5)和式(4.2-6)，可以得到观察屏上最大光强和最小光强的位置为

$$x_{\max} = \pm \frac{mD\lambda}{d} \quad (m = 0,1,2,\cdots) \tag{4.2-13}$$

$$x_{\min} = \pm \left(m + \frac{1}{2} \right) \frac{D\lambda}{d} \quad (m = 0,1,2,\cdots) \tag{4.2-14}$$

上两式中的 m 称为干涉级。式(4.2-13)和式(4.2-14)表明：观察屏上 z 轴附近的干涉条纹是由一系列平行于 y 轴，并且等距的亮带和暗带组成的，这些亮带和暗带称为干涉条纹。在干涉条纹中，最大光强和最小光强之间是逐渐变化的。把式(4.2-12)代入式(4.2-4)可以得到条纹强度的变化规律为

$$I = 4I_0 \cos^2 \left(\frac{\pi x d}{\lambda D} \right) \tag{4.2-15}$$

可见，条纹的强度沿 x 轴方向作余弦平方变化，变化曲线如图 4.3 所示。

【条纹的强度变化曲线】

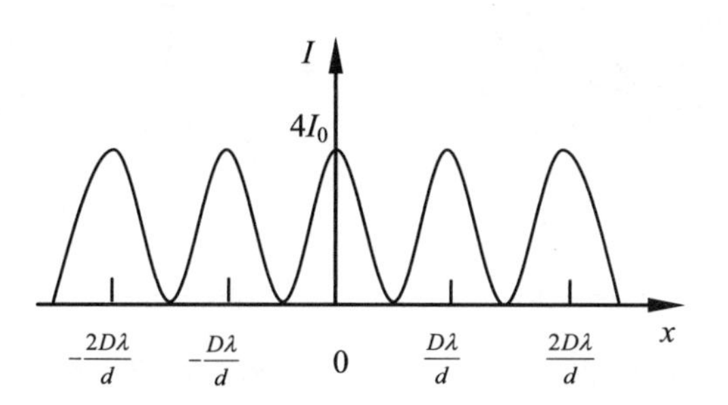

图 4.3　观察屏上强度变化曲线

相邻两个亮条纹或两个暗条纹之间的距离称为条纹间距，由式(4.2-13)或式(4.2-14)可以得到条纹间距为

$$e = x_m - x_{m-1} = \frac{mD\lambda}{d} - \frac{(m-1)D\lambda}{d} = \frac{D\lambda}{d} \tag{4.2-16}$$

r_1 和 r_2 之间的夹角 w 称为相干光束的会聚角，在 $d \ll D$，且x、$y \ll D$ 的情况下，$w \approx d/D$，因此，式(4.2-16)所表示的条纹间距又可以表示为

$$e = \frac{\lambda}{w} \tag{4.2-17}$$

式(4.2-17)表明，条纹间距与会聚角成反比，因此，干涉实验中为了得到间距足够宽的条纹，应该使 S_1 和 S_2 之间的距离尽可能小；另外，条纹间距与光波波长成正比，因此，波长较长的光的干涉条纹较疏。这样，用自然光做实验时，观察屏上只有零级条纹($m = 0$，对应 $x = 0$)是明亮的，在零级条纹的两边各有一条暗黑条纹，暗黑条纹之外就是彩色条纹。

4.2.3　其他分波前干涉

除了杨氏双缝干涉以外，菲涅耳双面镜干涉、菲涅耳双棱镜干涉、洛埃镜干涉和比累对切透镜干涉都属于分波前干涉。

1. 菲涅耳双面镜干涉

如图 4.4 所示，从光源 S 发出的光波被遮光板 B 遮挡，不能直接照射到观察屏 E 上，只能通过两块夹角很小的反射镜 M_1 和 M_2 反射后投射到 E 上，从而产生干涉条纹。从 M_1

和 M_2 反射的相干光可以看作是 S 在 M_1 和 M_2 中形成的虚像 S_1 和 S_2 发出的。显然，平面 SS_1S_2 垂直于两镜面的交线。设交点为 O，$SO=l$。根据平面镜成像原理，应当有 $SO=S_1O=S_2O=l$。所以 S_1S_2 的垂直平分线也通过 O 点，S_1 和 S_2 之间的距离为

$$d = 2l\sin\alpha \tag{4.2-18}$$

式中，α 是 M_1 和 M_2 的夹角。利用式(4.2-15)同样可以对菲涅耳双面镜形成的干涉场强度分布进行分析。当 α 很小时，菲涅耳双面镜形成的干涉条纹间距为

$$e = \frac{D\lambda}{2\alpha l} \tag{4.2-19}$$

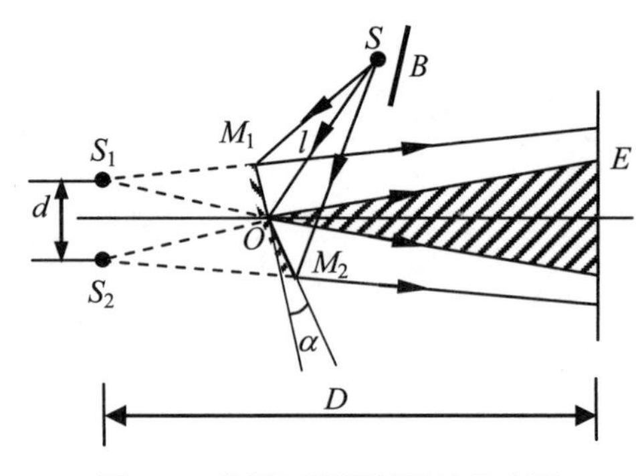

图 4.4　菲涅耳双面镜干涉示意图

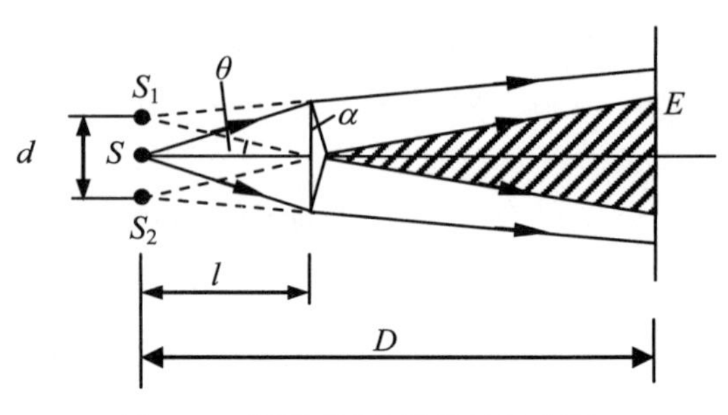

图 4.5　菲涅耳双棱镜干涉示意图

2. 菲涅耳双棱镜干涉

如图 4.5 所示，从光源 S 发出的一束光经过两个棱镜折射后被分成两束，相互交叠在一起产生干涉。两束折射光如同 S 在两个棱镜中形成的虚像 S_1 和 S_2 发出的。如果棱镜的折射率为 n，顶角为 α，最小偏向角为 θ，则有

$$n = \frac{\sin[(\alpha+\theta)/2]}{\sin(\alpha/2)} \tag{4.2-20}$$

由于 α 和 θ 都很小，因此，由上式可得

$$\theta = (n-1)\alpha \tag{4.2-21}$$

因此，S_1 和 S_2 之间的距离为

$$d = 2l(n-1)\alpha \tag{4.2-22}$$

菲涅耳双棱镜形成的干涉条纹间距为

$$e = \frac{D\lambda}{2(n-1)\alpha l} \tag{4.2-23}$$

【洛埃镜】

3. 洛埃镜干涉

如图 4.6 所示，光源 S_1 放在离平面镜 M 相当远并接近镜平面的地方，使得光在几乎掠入射的情况下被反射，相干光源为 S_1，它在平面镜中的虚像为 S_2。这时 S_1S_2 的垂直平分线位于镜面平面内，因此，S_1 和 S_2 之间的距离为 S_1 到镜平面垂直距离 a 的两倍。

应当注意的是，在洛埃镜装置中，S_1 经过平面镜反射时有了 π 的位相变化，因此，在

计算观察屏上某一点 P 对应的两束光的光程差时，要把反射时所造成的半波损失引起的附加光程差 $\lambda/2$ 加进去。结合式(4.2-12)，P 点的光程差为

$$\Delta=\frac{xd}{D}+\frac{\lambda}{2} \tag{4.2-24}$$

由式(4.2-24)可以得知，如果把观察屏移到与平面镜相接触的位置，则 P_0 的光程差等于 $\lambda/2$，因此，P_0 点是暗纹。

洛埃镜形成的干涉条纹间距为

$$e=\frac{D\lambda}{2a} \tag{4.2-25}$$

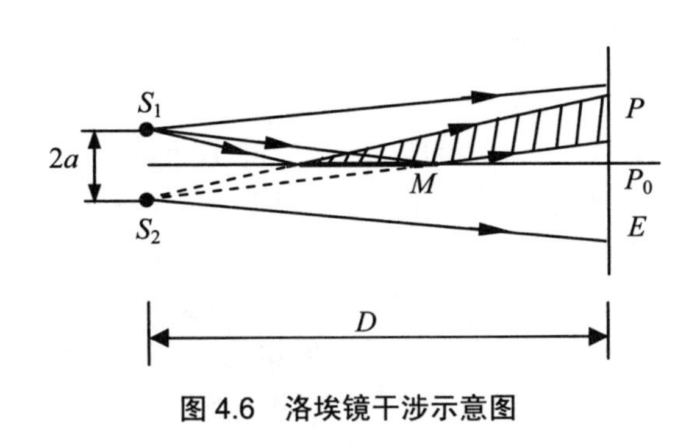

图 4.6　洛埃镜干涉示意图

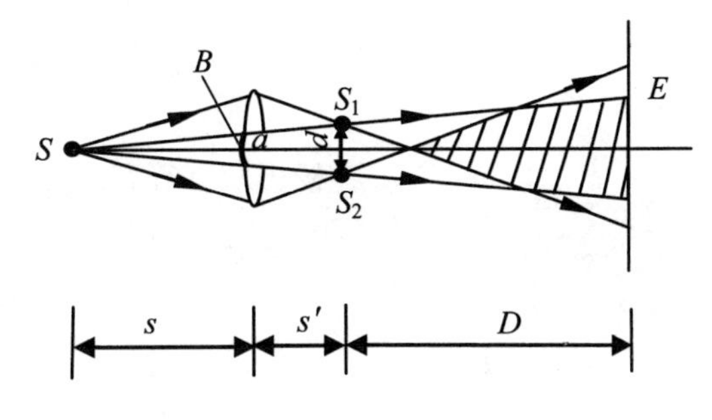

图 4.7　比累对切透镜干涉示意图

4. 比累对切透镜干涉

如图 4.7 所示，比累对切透镜由一个凸透镜沿着直径剖成两半，并垂直于光轴拉开距离 a 而构成。拉开的缝隙用遮光屏 B 挡住，这样光源 S 会产生两个实像 S_1 和 S_2，从而形成相干光源，并在观察屏 E 上形成干涉图样。根据图中的几何关系可以得到 S_1 和 S_2 之间的距离为

$$d=a\left(\frac{s+s'}{s}\right) \tag{4.2-26}$$

式中，s 为光源 S 到透镜的距离(物距)，s' 为透镜到像 S_1 和 S_2 的距离(像距)。根据几何光学中的成像公式，有

$$\frac{1}{s}+\frac{1}{s'}=\frac{1}{f} \tag{4.2-27}$$

式中，f 为透镜的焦距。

上述分波前法干涉有两个共同特点：一是在两束光的叠加区域内，到处都可以看到干涉条纹，只是不同的地方条纹的间距、形状不同而已，这种在整个光波叠加区域内随处可见干涉条纹的干涉称为非定域干涉；二是在这些干涉实验中，都有限制光束的狭缝或小孔，因而干涉条纹的强度很弱。

本节讨论了杨氏双缝干涉的实验装置、干涉场强度分布特点以及其他分波前装置，要点见表 4-2。

表 4-2　分波前干涉的特点

装　　置	条纹特点	条纹间距	极大条件	极小条件	强度分布	极值位置
杨氏双缝 菲涅耳双面镜 菲涅耳双棱镜 洛埃镜 比累对切透镜	非定域 平行 等间距 直条纹	$e=\dfrac{D\lambda}{d}$	$\Delta=\pm 2m\dfrac{\lambda}{2}$ $\delta=\pm 2m\pi$	$\Delta=\pm(2m+1)\dfrac{\lambda}{2}$ $\delta=\pm(2m+1)\pi$	$I=4I_0\cos^2\left(\dfrac{\pi xd}{\lambda D}\right)$	$x_{\min}=\pm\left(m+\dfrac{1}{2}\right)\dfrac{D\lambda}{d}$ $x_{\max}=\pm\dfrac{mD\lambda}{d}$

4.3　等 倾 干 涉

【等倾干涉装置】

在杨氏双缝等利用分波前法来产生干涉的装置中，为了使干涉条纹具有较好的对比度(详见 4.5 节)，一般应当采用宽度很小的光源。但是在实际应用干涉方法进行测量时，要求干涉条纹具有足够的亮度，而小的光源不能满足对条纹亮度的要求，因而必须采用宽度较大的光源——扩展光源。等倾干涉是利用平板的两个表面对入射光的反射和透射，使入射光的振幅分解为两个部分，这两个部分相遇产生的干涉。这类干涉既可以应用扩展光源，又可以获得清晰的干涉条纹。在太阳光照射下，水面上的油膜呈现出彩色条纹，就是油膜上下两个表面反射阳光而产生干涉的结果。本节将介绍等倾干涉的原理、装置和等倾干涉图样。

4.3.1　等倾干涉的原理

等倾干涉的原理示意图如图 4.8 所示。由扩展光源发出的一簇平行光经平行平板的两个表面反射后在透镜焦平面 F 上形成干涉图样，因此平行平板产生的干涉是定域的。焦平面 F 上任意一点 P 的光程差为

$$\Delta=n(AB+BC)-n'AN \tag{4.3-1}$$

式中，n 和 n' 分别是平板折射率和周围介质折射率；N 是由 C 点向 AD 所引的垂线的垂足，N 点和 C 点到焦平面上 P 点的光程相等。

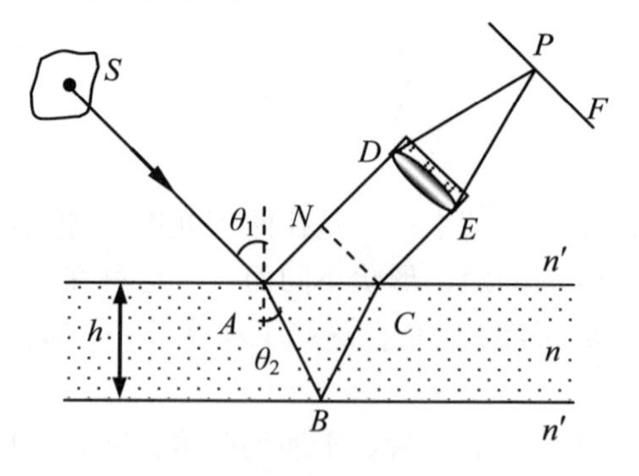

图 4.8　等倾干涉原理示意图

设平板的厚度为 h ，入射角和折射角分别为 θ_1 和 θ_2，则由图 4.8 可见

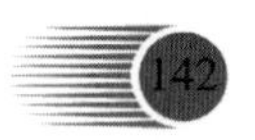

$$AB = BC = h / \cos\theta_2 \tag{4.3-2}$$

$$AN = AC\sin\theta_1 = 2AB\sin\theta_2\sin\theta_1 \tag{4.3-3}$$

所以式(4.3-1)可写为

$$\Delta = 2nAB - 2n'AB\sin\theta_2\sin\theta_1 \tag{4.3-4}$$

根据折射定律：$n'\sin\theta_1 = n\sin\theta_2$，因此

$$\Delta = 2nAB - 2nAB\sin^2\theta_2 = 2nAB\cos^2\theta_2 = 2nh\cos\theta_2 = 2h\sqrt{n^2 - n'^2\sin^2\theta_1} \tag{4.3-5}$$

因为平板的折射率大于或小于两边介质的折射率时，从平板两表面反射的两束光中总有一束会发生“半波损失”，所以，上面得到的光程差还应当加上附加光程差 $\lambda/2$，则

$$\Delta = 2nh\cos\theta_2 + \frac{\lambda}{2} \tag{4.3-6}$$

当平板的折射率在两边介质的折射率之间时，则从平板两表面反射的两束光都发生或都不发生“半波损失”，因此没有附加光程差，在这种情况下 P 点的光程差仍用式(4.3-5)表示。

4.3.2 等倾干涉图样

知道了两束光的光程差，就可以写出焦平面上强度的表达式：

$$I = I_1 + I_2 + 2\sqrt{I_1 I_2}\cos(k\Delta) \tag{4.3-7}$$

可见，焦平面上光程差 $\Delta = \pm m\lambda\ (m = 0,1,2,\cdots)$ 的位置对应于亮条纹，而光程差 $\Delta = \pm(2m+1)\dfrac{\lambda}{2}\ (m = 0,1,2,\cdots)$ 的位置对应于暗条纹。

如果平板的折射率和厚度都是常数，则光程差只取决于入射光在平板上的入射角或折射角。因此，具有相同入射角的光束经平板两表面反射后形成的反射光在其相遇点具有相同的光程差，也就是说，凡是入射角相同的光束就形成同一级干涉条纹，正因为如此，平行平板干涉通常又称等倾干涉。

等倾干涉条纹的形状与观察的方位有关，图 4.8 所示透镜的光轴与平行平板法线成一定角度，这时在透镜的焦平面上形成的干涉图样为椭圆形；当透镜的光轴与平行平板法线平行时，在透镜的焦平面上形成的干涉图样为同心圆环，圆心位于透镜的焦点。这一情形的等倾干涉条纹通常称为海丁格(Haidinger)条纹。为了便于观察，也为了能够获得完整的干涉条纹，实验时将点光源放在侧面，经由一块倾斜的半反半透镜，向下照射薄膜，再用一个透镜接收由薄膜上下表面反射的光束，在正上方产生干涉条纹，如图 4.9 所示。图 4.9(a)为立体结构图，图 4.9(b)为剖面光路图。

图 4.9 中，S 为一点光源，它发出的光线经过半反半透镜 M 以后，以各种不同的角度入射到平行平板 G 上，通过平板上下表面反射的光线透过半反半透镜 M，被透镜 L 会聚在焦平面 F 上，形成一组等倾干涉圆环。由于每一个圆环与光源发出的具有相同入射角的光线相对应，所以光源扩大只会增加干涉条纹的强度，因此，图中的点光源可以改为扩展光源。

用扩展光源照明，不但不会降低干涉场的对比度，而且会增加条纹的亮度，这是因为透镜后焦面上的一个点对应物空间的一个方向，即物空间同方向或同倾角的那些平行光线总会聚于后焦面上同一点，即便它们来自扩展光源的不同部位，如图 4.9(b)所示。而式(4.3-5)已经表明，凡是倾角相同的入射光线产生的光程差相等，因而干涉强度相等，这就是说，扩展光源上不同点光源生成的一组同心干涉圆环，彼此并不错位，其空间分布完全一致，

它们是相干叠加的结果，并不降低对比度，而亮环的强度却大大增加了，这非常有利于观测。目前，实验室常用的点光源是激光器，为此在光路中有意插入一块毛玻璃作为散射板，将定向激光束转化为扩展光源。

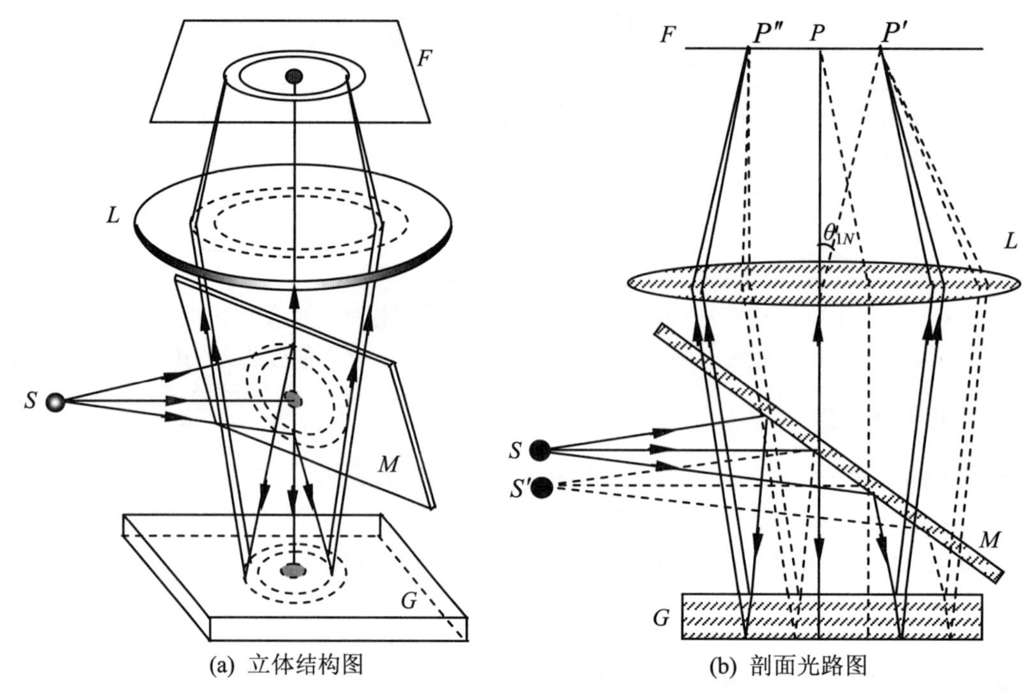

(a) 立体结构图　　(b) 剖面光路图

图 4.9　产生和接收等倾干涉条纹的装置示意图

由式(4.3-6)可知，越接近等倾圆环中心，其相应的入射光的 θ_2 角越小，光程差越大，因而干涉级越高。设中心干涉级为 m_0，则有

$$2nh+\frac{\lambda}{2}=m_0\lambda \tag{4.3-8}$$

m_0 不一定是整数，即干涉条纹中心未必是最亮点，它可以写成

$$m_0=m_1+\varepsilon \tag{4.3-9}$$

式中，m_1 是最靠近中心的亮环的整数干涉级；$0<\varepsilon<1$。显然，从中心向外计算，第 N 个亮环的干涉级 $m_N=m_1-(N-1)$。该亮环的角半径 θ_{1N} (第 N 个亮环半径对物镜中心的张角)可由

$$2nh\cos\theta_{2N}+\frac{\lambda}{2}=\left[m_1-(N-1)\right]\lambda \tag{4.3-10}$$

和折射定律 $n'\sin\theta_{1N}=n\sin\theta_{2N}$ 确定。用式(4.3-8)减式(4.3-10)，可以得到

$$2nh(1-\cos\theta_{2N})=(N-1+\varepsilon)\lambda \tag{4.3-11}$$

通常，θ_{1N} 和 θ_{2N} 都很小，则根据折射定律有

$$n'\theta_{1N}\approx n\theta_{2N} \tag{4.3-12}$$

因此

$$1-\cos\theta_{2N}\approx\theta_{2N}^2/2\approx n'^2\theta_{1N}^2/2n^2 \tag{4.3-13}$$

所以，第 N 个亮环的角半径为

$$\theta_{1N} \approx \frac{1}{n'}\sqrt{\frac{n\lambda(N-1+\varepsilon)}{h}} \tag{4.3-14}$$

相应地，第 N 个亮环的半径为

$$r_N = f\tan\theta_{1N} \approx f\theta_{1N} \approx \frac{f}{n'}\sqrt{\frac{n\lambda(N-1+\varepsilon)}{h}} \tag{4.3-15}$$

式中，f 是物镜焦距。类似地，可以得到第 N 个暗环的角半径

$$\theta'_{1N} \approx \frac{1}{n'}\sqrt{\frac{n\lambda(N-0.5+\varepsilon)}{h}} \tag{4.3-16}$$

相应地，第 N 个暗环的半径为

$$r'_N \approx \frac{f}{n'}\sqrt{\frac{n\lambda(N-0.5+\varepsilon)}{h}} \tag{4.3-17}$$

由此可见，对于同一干涉级，较厚的平行平板产生的圆环半径比较薄的平行平板产生的圆环半径要小一些。根据这个关系，可以利用等倾干涉圆环来检查平板的质量。

相邻的两个等倾干涉亮圆环和暗圆环的间距分别为

$$e = r_N - r_{N-1} \approx \frac{f}{2n'}\sqrt{\frac{n\lambda}{h(N-1+\varepsilon)}}\text{；}\quad e' \approx \frac{f}{2n'}\sqrt{\frac{n\lambda}{h(N-0.5+\varepsilon)}} \tag{4.3-18}$$

相邻的两个等倾干涉亮圆环和暗圆环的角间距分别为

$$\Delta\theta = \frac{1}{2n'}\sqrt{\frac{n\lambda}{h(N-1+\varepsilon)}}\text{；}\quad \Delta\theta' = \frac{1}{2n'}\sqrt{\frac{n\lambda}{h(N-0.5+\varepsilon)}} \tag{4.3-19}$$

式(4.3-18)和式(4.3-19)表明，越向边缘，相邻条纹的间距和角间距越小。因此，等倾干涉所产生的干涉图样是里疏外密的同心圆环。

同样的讨论也可以应用到透射光的情况。当平行平板两边介质的折射率相同时，两束透射光的光程差为

$$\varDelta = 2nh\cos\theta_2 \tag{4.3-20}$$

可见，对于同一入射角的光束来说，两束透射光的光程差和两束反射光的光程差正好相差 $\lambda/2$，位相差相差 π。因此，透射光与反射光的等倾干涉图样是互补的。还应当注意的是，当平板表面的反射率很低时，发生干涉的两束透射光的强度相差很大，透射光等倾干涉条纹的对比度是很差的，而发生干涉的两束反射光的强度相差很小，所以反射光与透射光相比有比较好的条纹对比度。因此，在平板表面的反射率很低时，通常应用的是反射光的等倾干涉。

【两束反射光和两束透射光】

本节讨论了等倾干涉的原理、装置和等倾干涉图样，要点见表 4-3。

表 4-3　等倾干涉的特点

类　别	条纹特点	第 N 个亮条纹的角半径和半径	相邻两个亮条纹的角间距和环间距
分振幅	里疏外密的同心圆环	$\theta_{1N} \approx \frac{1}{n'}\sqrt{\frac{n\lambda(N-1+\varepsilon)}{h}}$ $r_N \approx \frac{f}{n'}\sqrt{\frac{n\lambda(N-1+\varepsilon)}{h}}$	$\Delta\theta = \frac{1}{2n'}\sqrt{\frac{n\lambda}{h(N-1+\varepsilon)}}$ $e \approx \frac{f}{2n'}\sqrt{\frac{n\lambda}{h(N-1+\varepsilon)}}$

4.4 等厚干涉

【等厚干涉】

当平行平板的上下表面成一个小角度时，就构成了楔形板。同一条光束照射到楔形板上，光束会在楔形板上下表面反射，并能够在楔形板上方相交，从而产生干涉条纹。如果用一个点光源来照射楔形板，这时，对于楔形板外的任意一点都会有两束经过楔形板两表面反射的相干光到达。所以在楔形板外空间任意地方放置一个观察屏，都可以在观察屏上看到干涉条纹，这种条纹是非定域的。但是，如果光源采用扩展光源，由于光源的空间相干性的影响，所有相交点将构成一个平面，此平面上可以观察到干涉条纹，而不能在楔形平板外空间任意平面上看到干涉条纹，这种干涉条纹是定域的。在太阳光照射下，肥皂泡上形成的彩色条纹就是光经过肥皂泡薄膜两个表面反射产生干涉的结果。本节将讨论楔形板产生等厚干涉的原理、装置和等厚干涉的图样。

4.4.1 等厚干涉的原理

产生等厚干涉的原理示意图如图4.10所示。当光源与楔形板的棱边不在同侧时，定域面在楔形板的上方；当光源与楔形板的棱边在同侧时，定域面在楔形板的下方。楔形板两表面的楔角越小，定域面离楔形板越远，楔形板为平行平板时，定域面过渡到无穷远。在楔形板两表面的楔角不是太小或者在厚度不均匀变化的薄膜的情况下，定域面实际上很接近楔形板和薄膜的表面。

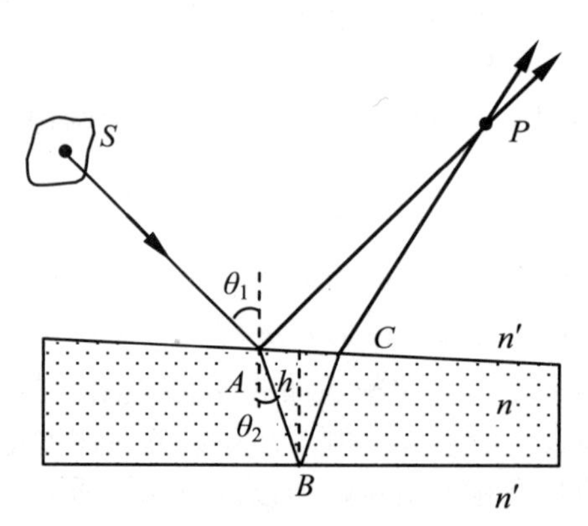

图4.10 等厚干涉原理示意图

扩展光源S中的某一点发出一束光，经楔形板两表面反射的两束光相交于P点，产生定域干涉，其光程差为

$$\Delta = n(AB + BC) - n'(AP - CP) \tag{4.4-1}$$

光程差的精确值一般很难计算，但在实用的干涉系统中，楔形板的厚度和楔角都很小，因此，可以近似地用平行平板产生的光程差公式来代替，即

$$\Delta = 2nh\cos\theta_2 \tag{4.4-2}$$

式中，h是楔形板在B点的厚度；θ_2是入射光在A点的折射角。考虑到楔形板上下表面可能产生的“半波损失”，式(4.4-2)应当改写为

$$\Delta = 2nh\cos\theta_2 + \frac{\lambda}{2} \tag{4.4-3}$$

显然，当用平行光照射楔形板时，对于一定的入射角，光程差只依赖于楔形板内反射处的厚度 h 。因此，楔形板干涉又称等厚干涉。

4.4.2　等厚干涉图样

观察等厚干涉的光学系统如图 4.11 所示。扩展光源 S 位于准直透镜 L_1 的前焦平面上，S 发出的光束经透镜 L_1 准直后被分束镜 M 反射，垂直投射到楔形板上，由楔形板上下表面反射的两束光通过分束镜 M 和透镜 L_2 投射到观察屏上。

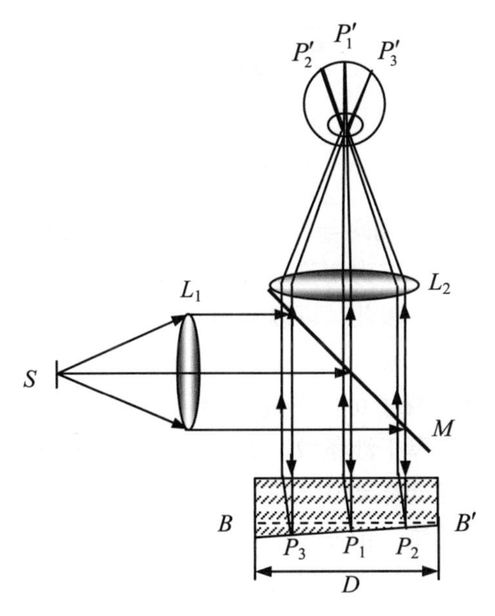

图 4.11　观察等厚干涉的光学系统结构示意图

根据两束反射光相交的位置可知定域面在楔形板的内部 BB' 的位置。如果楔形板的厚度不大，并且楔角较小，则会在楔形板的下表面附近产生平行于楔棱的等间距干涉条纹，如图 4.12 所示。对应于亮纹的楔形板厚度 h 满足

【等间距干涉条纹】

$$2nh + \frac{\lambda}{2} = m\lambda \tag{4.4-4}$$

对应于暗纹的楔形板厚度 h 满足

$$2nh + \frac{\lambda}{2} = \left(m + \frac{1}{2}\right)\lambda \tag{4.4-5}$$

由式(4.4-4)或式(4.4-5)可知，相邻两个亮纹或暗纹所对应的楔形板的厚度差为

$$\Delta h = h_m - h_{m-1} = \frac{\lambda}{2n} \tag{4.4-6}$$

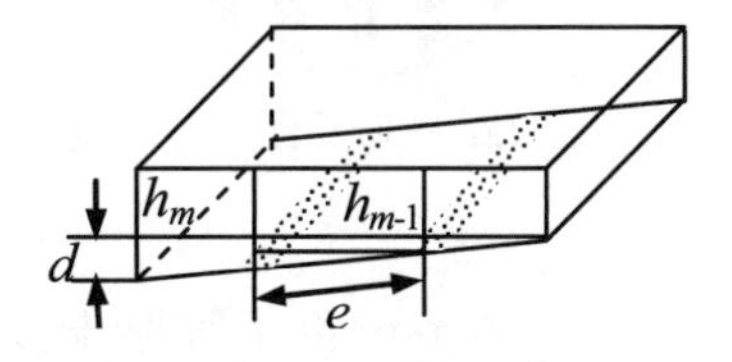

图 4.12　楔形板干涉条纹

如果宽为 D 的楔形板表面有 N 个条纹，则楔形板的总厚度差为

$$d = N\frac{\lambda}{2n} \tag{4.4-7}$$

相邻两个亮纹或暗纹之间的距离为

$$e = \frac{\Delta h}{\sin\alpha} = \frac{\lambda}{2n\sin\alpha} \approx \frac{\lambda}{2n\alpha} \tag{4.4-8}$$

相邻两个亮纹或暗纹之间的距离又可以表示为

$$e = \frac{D}{N} = \frac{\lambda}{2n\alpha} \tag{4.4-9}$$

由式(4.4-9)可以算出楔形板的楔角为

$$\alpha = \frac{\lambda N}{2nD} \tag{4.4-10}$$

对于两玻璃片夹成的空气楔，有

$$e = \frac{\lambda}{2\alpha} \tag{4.4-11}$$

由式(4.4-11)可以看出，条纹间距与楔角成反比，与波长成正比。这样，使用自然光照射时，除光程差等于零的零级条纹为明亮的外，零级附近的条纹均带有颜色，颜色的变化均为内侧波长短、外侧波长长。因此，可以利用明亮条纹来确定零程差的位置，并且可以按颜色来估计光程差的大小。

利用图 4.11 所示的系统，除了可以研究楔形元件[图 4.13(a)]的等厚干涉条纹外，也可以研究其他任意形状元件的等厚干涉条纹。例如，由柱形表面的元件[图 4.13(b)]，可以得到平行于柱线的直线条纹，这组条纹中心疏、两边密；由球形表面的元件[图 4.13(c)]，可以得到里疏外密的同心圆环条纹；由任意形状表面的元件[图 4.13(d)]，得到与等高线相似的干涉图样。

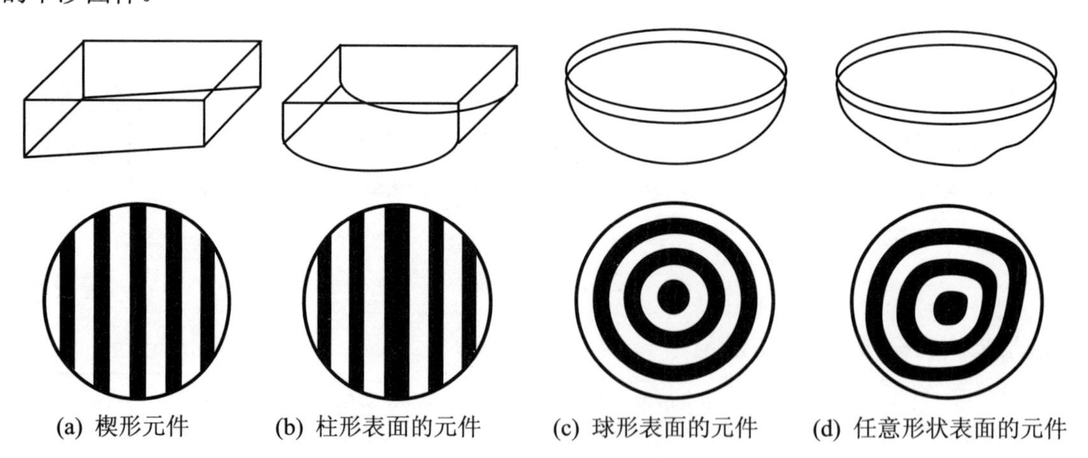

(a) 楔形元件　(b) 柱形表面的元件　(c) 球形表面的元件　(d) 任意形状表面的元件

图 4.13　不同形状元件的等厚干涉条纹示意图

本节讨论了等厚干涉的原理、装置和等厚干涉图样及其在光学元件检测方面的应用，要点见表 4-4。

表 4-4 等厚干涉的特点

类 别	条纹特点	楔形板总厚度差	条纹间距	楔形板楔角
分振幅	可形成定域或非定域条纹；可能是平行线、同心圆环或其他曲线	$d = N\dfrac{\lambda}{2n}$	$e \approx \dfrac{\lambda}{2n\alpha}$	$\alpha = \dfrac{\lambda N}{2nD}$

4.5 影响干涉条纹对比度的因素

干涉场中某一点 P 附近的条纹的清晰程度用条纹的对比度(又称可见度)V 来衡量，它定义为

$$V = \frac{I_{\max} - I_{\min}}{I_{\max} + I_{\min}} \tag{4.5-1}$$

式中，$I_{\max}$ 和 $I_{\min}$ 分别是 P 点附近条纹的强度最大值和最小值。式(4.5-1)表明，条纹对比度与条纹的亮暗差别有关，也与条纹背景光强有关。当 $I_{\min} = 0$ 时，$V = 1$，这时对比度有最大值，这种情况称为完全相干。当 $I_{\max} = I_{\min}$ 时，$V = 0$，完全看不见干涉条纹，这是非干涉情况。一般情况下的干涉条纹，$0 < V < 1$，称为部分相干。本节将讨论影响条纹对比度的 3 个主要因素：光源大小、光源非单色性和两束相干光波的振幅比。

4.5.1 光源大小的影响

在杨氏双缝干涉实验中，假定光源是单色线光源，从而得到图 4.3 所示的干涉条纹强度分布，条纹的对比度为 1，条纹最清晰。但在实际情况中，光源总有一定的宽度，包含着许多线光源。每一个线光源通过双缝都会产生各自的一组干涉条纹，由于不同线光源有不同的位置，所以各组干涉条纹之间将发生位移，这样，干涉场中总强度分布如图 4.14 所示。可见暗条纹的强度不再为零，因此干涉条纹的对比度下降。当光源大到一定程度时，对比度可以下降到零，完全看不见干涉条纹。此时的光源宽度称为临界宽度。

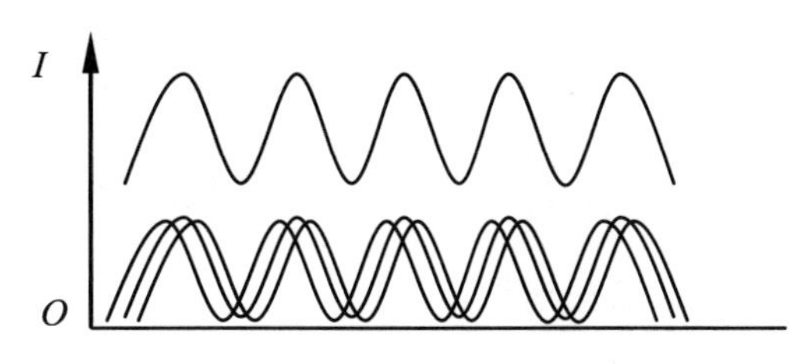

图 4.14 多组条纹的叠加示意图

1. 光源临界宽度

假设杨氏双缝干涉实验中光源是以 S 为中心的扩展光源 $S'S''$，如图 4.15 所示。它由许多线光源组成，那么，整个扩展光源产生的强度便是这些线光源产生的强度的积分。设每一个线光源的宽度为 $\mathrm{d}x'$，它们发出的光波通过 S_1 或 S_2 到达干涉场的光强都是 $I_0\mathrm{d}x'$。考察干涉场中某一点 P，根据式(4.2-4)，位于光源中心 S 的线光源在 P 点产生的光强度为

$$\mathrm{d}I_s = 2I_0\mathrm{d}x'(1 + \cos k\Delta) \tag{4.5-2}$$

式中，Δ 是位于光源中心 S 的线光源发出的光波通过 S_1 和 S_2 到达 P 点产生的光程差；I_0 是线光源单位宽度的光强。距离 S 为 x' 的 C 点处的线光源在 P 点产生的光强度为

$$dI = 2I_0 dx'(1+\cos k\Delta') \tag{4.5-3}$$

式中，Δ' 是 C 点处的线光源发出的光波通过 S_1 和 S_2 到达 P 点产生的光程差，且

$$\Delta' = CS_2 - CS_1 + \Delta \tag{4.5-4}$$

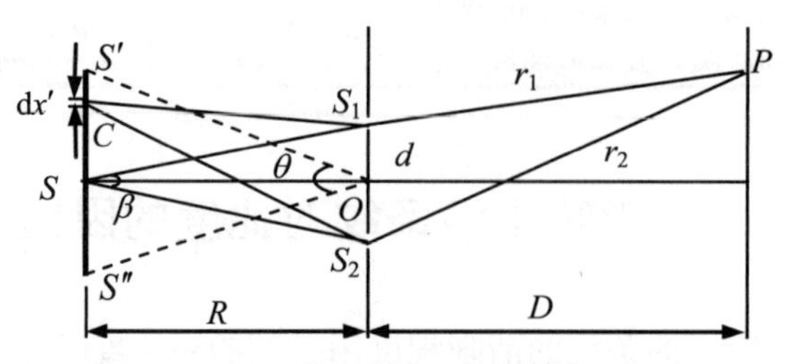

图 4.15　扩展光源的杨氏双缝干涉示意图

对照式(4.2-12)，可得

$$CS_2 - CS_1 = \frac{x'd}{R} = x'\beta \tag{4.5-5}$$

式中，$\beta = d/R$ 是 S_1 和 S_2 对 S 的张角，称为干涉孔径角。$\Delta' = x'\beta + \Delta$，因此，式(4.5-3)可以写为

$$dI = 2I_0 dx'\left[1+\cos k(\Delta + x'\beta)\right] \tag{4.5-6}$$

这样，宽度为 b 的扩展光源在 P 点产生的光强度为

$$\begin{aligned} I &= \int_{-b/2}^{b/2} 2I_0\left[1+\cos k(\Delta+x'\beta)\right]dx' \\ &= 2I_0 b + 2I_0\int_{-b/2}^{b/2}\left[\cos(k\Delta)\cos(k\beta x') - \sin(k\Delta)\sin(k\beta x')\right]dx' \\ &= 2I_0 b + 2I_0\frac{\lambda}{\pi\beta}\sin\left(\frac{\pi\beta b}{\lambda}\right)\cos(k\Delta) \end{aligned} \tag{4.5-7}$$

式中，第一项与 P 点的位置无关，表示干涉场的平均强度；第二项表示干涉场的光强度周期性地随 Δ 而变化。由于第一项平均强度随着光源宽度的增大而增强，而第二项不会超过 $2I_0\lambda/\pi\beta$，因此，随着光源宽度的增大，条纹对比度将下降。干涉场的极大和极小强度为

$$I_{\max} = 2I_0 b + 2I_0\frac{\lambda}{\pi\beta}\left|\sin\left(\frac{\pi\beta b}{\lambda}\right)\right|, \quad I_{\min} = 2I_0 b - 2I_0\frac{\lambda}{\pi\beta}\left|\sin\left(\frac{\pi\beta b}{\lambda}\right)\right| \tag{4.5-8}$$

因此，条纹对比度为

$$V = \frac{I_{\max}-I_{\min}}{I_{\max}+I_{\min}} = \left|\frac{\sin\left(\dfrac{\pi\beta b}{\lambda}\right)}{\dfrac{\pi\beta b}{\lambda}}\right| = \left|\operatorname{sinc}\left(\frac{\beta b}{\lambda}\right)\right| \tag{4.5-9}$$

图 4.16 给出了 V 随光源宽度 b 变化的曲线。可见，当 $\beta b/\lambda = 0$ 时，$V=1$，此时，$b=0$，即光源宽度为零；当 $\beta b/\lambda = m \quad (m=1,2,\cdots)$ 时，$V=0$，此时，$b = m\lambda/\beta$。定义

$$b_c = \frac{\lambda}{\beta} = \frac{\lambda R}{d} \tag{4.5-10}$$

b_c 称为临界宽度。当光源宽度不超过临界宽度的 1/4 时，利用式(4.5-9)可以算出这时的 $V \geqslant 0.9$，此时最大光源宽度称为允许宽度，用 b_p 表示，即

$$b_{\mathrm{p}}=\frac{\lambda}{4\beta} \tag{4.5-11}$$

这个式子可以用在干涉仪中计算光源宽度的允许值。

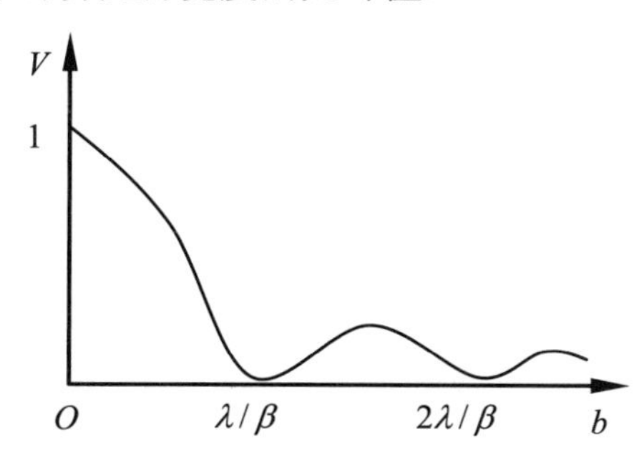

图 4.16　V 随光源宽度 b 变化的曲线

2. 空间相干性

空间相干性是考察扩展光源 $S'S''$ 在干涉屏上形成相干光波的情况。如果通过干涉屏上 S_1 和 S_2 的光在空间再度会合后可以发生干涉，则称通过空间这两点的光具有空间相干性。显然，光的空间相干性与光源的大小有着密切的关系。由式(4.5-10)可知，当光源是点或线光源时，所考察平面上的任意点都是相干的；当光源是扩展光源时，干涉屏上空间相干性的各点的范围与光源大小成反比。当光源宽度等于临界宽度时，通过 S_1 和 S_2 的光不发生干涉，因此，通过这两点的光不具有空间相干性。把这时 S_1 和 S_2 之间的距离称为横向相干宽度，表示为

$$d_{\mathrm{t}}=\frac{\lambda R}{b_{\mathrm{c}}}=\frac{\lambda}{\theta} \tag{4.5-12}$$

式中，θ 是扩展光源对 O 点的张角。如果扩展光源是方形的，则相干面积为

$$A=d_{\mathrm{t}}^{2}=\left(\frac{\lambda}{\theta}\right)^{2} \tag{4.5-13}$$

如果扩展光源是圆形的，其横向相干宽度为

$$d_{\mathrm{t}}=\frac{1.22\lambda}{\theta} \tag{4.5-14}$$

则相干面积为

$$A=\pi\left(\frac{0.61\lambda}{\theta}\right)^{2} \tag{4.5-15}$$

例如，直径为 1mm 的圆形光源，若 $\lambda=0.6\mu\mathrm{m}$，在距离光源 1m 的地方，由式(4.5-14)可以算出横向相干宽度约为 0.7mm。因此，小孔 S_1 和 S_2 之间的距离必须小于 0.7mm 才能产生干涉条纹，也就是这两点具有空间相干性。

4.5.2　光源非单色性的影响

在干涉实验中所使用的所谓单色光源，实际上并不绝对是单色的，它包含一定的光谱

宽度(谱宽)$\Delta\lambda$。由于$\Delta\lambda$范围内的每一种波长的光都产生各自的一组干涉条纹，且各组条纹除了零级外，相互间都有位移，因此与光源宽度的影响类似，各组条纹重叠的结果也会使条纹对比度下降。

1. 相干长度

【相干长度】

λ到$\lambda+\Delta\lambda$范围内各种波长的光产生的干涉条纹的强度总和如图 4.17 所示，这里假设各种波长的光强度相等。容易看出，条纹的强度随着光程差增大而下降，最后降为零，完全看不清干涉条纹。因此，由于光源有一定的光谱宽度$\Delta\lambda$，实际上限制了所产生清晰干涉条纹的光程差。对于光谱宽度为$\Delta\lambda$的光源，能够产生干涉条纹的最大光程差称为相干长度。

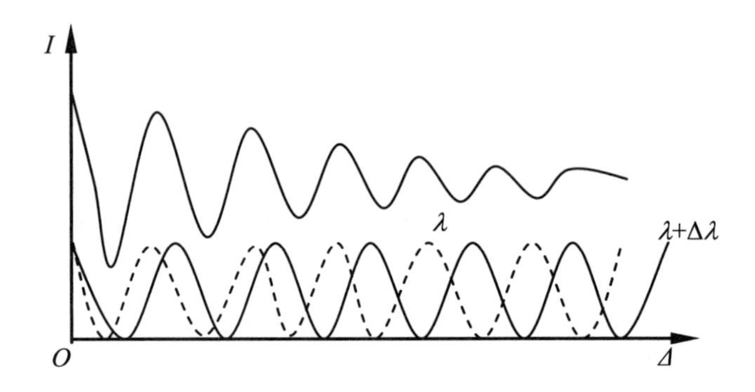

图 4.17 光源非单色性对干涉条纹强度的影响示意图

假设光源在$\Delta\lambda$范围内产生的各个波长的强度相等，或以波数k表示，在Δk宽度内不同波数的光谱分量强度相等，如图 4.18 所示，则元波数宽度$\mathrm{d}k$在干涉场产生的强度为

$$\mathrm{d}I = 2I_0\mathrm{d}k(1+\cos k\varDelta) \tag{4.5-16}$$

式中，I_0表示光强度的光谱分布(谱密度，即单位波数宽度的光强)，按假设条件，它是一个常数；$I_0\mathrm{d}k$是在$\mathrm{d}k$元宽度的光强度。在Δk宽度内各光谱分量产生的总光强度为

$$\begin{aligned} I &= \int_{k_0-\Delta k/2}^{k_0+\Delta k/2} 2I_0\left[1+\cos(k\varDelta)\right]\mathrm{d}k = 2I_0\Delta k + 2I_0\int_{k_0-\Delta k/2}^{k_0+\Delta k/2}\cos(k\varDelta)\mathrm{d}k \\ &= 2I_0\Delta k + \frac{2I_0}{\varDelta}\sin(k\Delta)\Big|_{k_0-\Delta k/2}^{k_0+\Delta k/2} = 2I_0\Delta k\left[1+\frac{\sin\left(\Delta k\dfrac{\varDelta}{2}\right)}{\Delta k\dfrac{\varDelta}{2}}\cos(k_0\varDelta)\right] \end{aligned} \tag{4.5-17}$$

式中，第一项是常数，表示干涉场的平均强度；第二项随光程差$\varDelta$而变化，但变化的幅度越来越小，如图 4.17 所示。干涉场的极大和极小强度为

$$I_{\max} = 2I_0\Delta k\left[1+\frac{\sin\left(\Delta k\dfrac{\varDelta}{2}\right)}{\Delta k\dfrac{\varDelta}{2}}\right],\quad I_{\min} = 2I_0\Delta k\left[1-\frac{\sin\left(\Delta k\dfrac{\varDelta}{2}\right)}{\Delta k\dfrac{\varDelta}{2}}\right] \tag{4.5-18}$$

由上式可以得到条纹的对比度为

$$V=\left|\frac{\sin\left(\Delta k\dfrac{\varDelta}{2}\right)}{\Delta k\dfrac{\varDelta}{2}}\right|=\left|\frac{\sin\left(\dfrac{\pi\Delta\lambda}{\lambda^2}\varDelta\right)}{\dfrac{\pi\Delta\lambda}{\lambda^2}\varDelta}\right|=\left|\mathrm{sinc}\left(\frac{\Delta\lambda}{\lambda^2}\varDelta\right)\right| \tag{4.5-19}$$

V 随光程差 $\varDelta$ 的变化曲线如图 4.19 所示。可见，当 $\left(\Delta\lambda/\lambda^2\right)\varDelta=0$ 时，$V=1$，此时，$\Delta\lambda=0$，即光源为单色光源；当 $\left(\Delta\lambda/\lambda^2\right)\varDelta=m\ (m=1,2,\cdots)$ 时，$V=0$，此时，$\varDelta=m\lambda^2/\Delta\lambda$。定义

$$\varDelta_c=\frac{\lambda^2}{\Delta\lambda} \tag{4.5-20}$$

为相干长度。显然，光谱宽度越窄，相干长度越大。应当注意的是，对于单色光源，$\Delta\lambda=0$，此时，无论 $\varDelta$ 为多大，干涉条纹的对比度恒等于 1。对于复色光源，$\Delta\lambda\neq0$，此时，只有 $\varDelta=0$ 才能保证 $V=1$，一旦 $\varDelta\neq0$，干涉条纹的对比度就会下降。

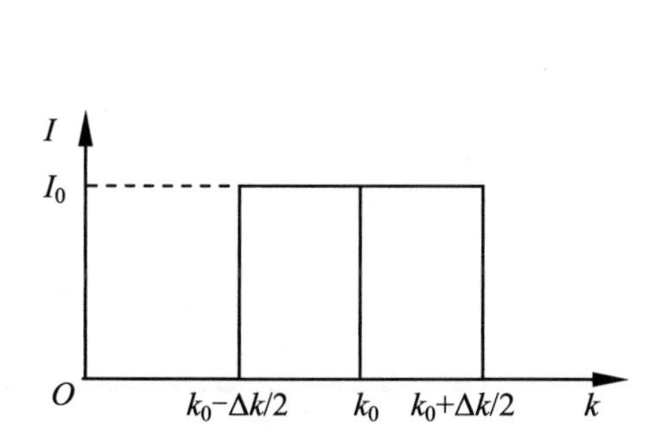

图 4.18　Δk 宽度内不同波数的光谱分量强度相等

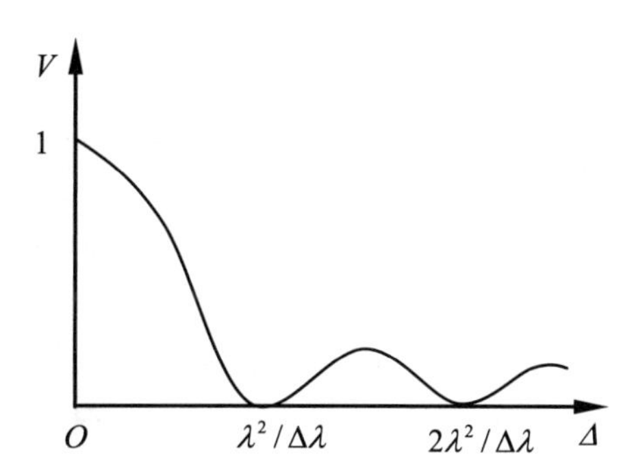

图 4.19　V 随光程差 $\varDelta$ 的变化曲线

2. 时间相干性

光波在一定的光程差下能够发生干涉的事实表现了光波的时间相干性。把光波通过相干长度所需要的时间称为相干时间，用 τ_c 表示。显然由同一光源在相干时间内不同时刻发出的光，经过不同路径到达干涉场将能发生干涉。相干时间定义为

$$\tau_c=\frac{\varDelta_c}{c}=\frac{\lambda^2}{c\Delta\lambda} \tag{4.5-21}$$

式中，c 是光波的速度。因为波长宽度 $\Delta\lambda$ 和频率宽度 $\Delta\nu$ 的关系为 $\Delta\lambda/\lambda=\Delta\nu/\nu$，因此

$$\tau_c\Delta\nu=1 \tag{4.5-22}$$

该式表明，$\Delta\nu$ 越小(单色性越好)，光的时间相干性越好。

4.5.3　两相干光波振幅比的影响

根据式(4.2-6)，干涉条纹强度最大值和最小值分别为

$$\begin{cases}I_{\max}=I_1+I_2+2\sqrt{I_1I_2}\\ I_{\min}=I_1+I_2-2\sqrt{I_1I_2}\end{cases} \tag{4.5-23}$$

代入式(4.5-1)，可得到

$$V=\frac{2\sqrt{I_1I_2}}{I_1+I_2}=\frac{2\sqrt{B}}{1+B} \tag{4.5-24}$$

式中，B 为两相干光波的强度比。如果两相干光波的振幅比为 C，则干涉条纹的对比度为

$$V=\frac{2E_{10}E_{20}}{E_{10}^2+E_{20}^2}=\frac{2C}{1+C^2} \tag{4.5-25}$$

可见，当 $C=1$，即 $E_{10}=E_{20}$ 时，干涉条纹的对比度等于 1；E_{10} 和 E_{20} 相差越大，干涉条纹的对比度越小。利用式(4.5-25)，可以把式(4.1-6)改写为

$$I=I_i(1+V\cos\delta) \tag{4.5-26}$$

式中，$I_i=I_1+I_2=E_{10}^2+E_{20}^2$。上式表明，干涉条纹的光强分布不仅与两相干光波的位相差有关，也与两相干光波的振幅比有关。因此若把干涉条纹记录下来，就等于把两相干光波的振幅比和位相差这两方面的信息都记录了下来。

本节讨论了光源大小、光源非单色性和两束相干光波的振幅比对条纹对比度的影响，要点见表 4-5。

表 4-5　干涉条纹对比度及影响因素

对比度表达式	影响对比度的因素				
	光源宽度的影响	临界宽度	光源非单色性的影响	相干长度	光束振幅的影响
$V=\frac{I_{max}-I_{min}}{I_{max}+I_{min}}$	$V=\left\|\mathrm{sinc}\left(\frac{\beta b}{\lambda}\right)\right\|$	$b_c=\frac{\lambda R}{d}$	$V=\left\|\mathrm{sinc}\left(\frac{\Delta\lambda}{\lambda^2}\varDelta\right)\right\|$	$\varDelta_c=\frac{\lambda^2}{\Delta\lambda}$	$V=\frac{2E_{10}E_{20}}{E_{10}^2+E_{20}^2}$

4.6　双光束干涉仪

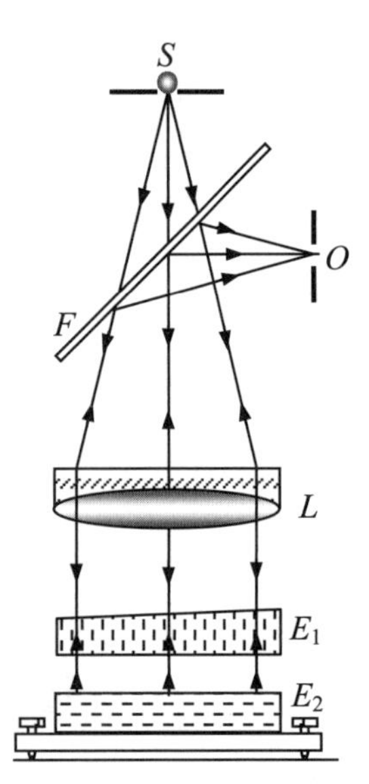

图 4.20　平面干涉仪结构示意图

干涉仪器在长度和角度测量，平面度、平行度检测以及振动、形变和浓度变化监测等方面有着重要的应用。干涉仪器有许多种类，按产生干涉的原理可以分为两类：一类是分波前干涉仪器，另一类是分振幅干涉仪器。本节将介绍平面干涉仪、球面干涉仪、迈克尔逊(Michelson)干涉仪、泰曼(Twyman)干涉仪和马赫-泽德(Mach-Zehnder)干涉仪的结构、原理和应用领域。

4.6.1　平面干涉仪

平面干涉仪是利用标准平板下表面和被测元件表面之间的空气层产生的等厚干涉条纹来检验光学元件表面状况的仪器，其结构如图 4.20 所示。

图 4.20 中，被单色光源 S 照亮的小孔位于准直透镜 L 的焦点上，光源发出的光束透过分光板 F 被透镜 L 准直，

垂直投射到标准平板 E_1 和被测元件 E_2 上。从 E_1 下表面和 E_2 上表面反射的光经过透镜 L 和分光板 F 反射后会聚于透镜 L 焦平面的 O 点处，由于反射光形成的干涉条纹定域位于 E_1 和 E_2 之间的空气层表面，因此，将目镜或照相机置于 O 点处，并调焦到空气层表面，就可以看到或拍摄到整个表面上的干涉条纹。为了避免 E_1 上表面反射光束对干涉条纹的影响，也为了便于观察，标准平板通常做成有很小的楔角，这样就使 E_1 上表面和下表面的反射光束分开一定的角度，使上表面的反射光束移出视场之外。E_1 和 E_2 之间的楔角大小与方向，可以由调节盘进行调整，这时条纹的间距和方向也会随之变化。

1. 检测元件表面的平面度和缺陷

当被测表面是理想平面时，通过目镜或照相机可以看到或拍摄到在标准平板下表面和被测元件上表面之间的楔形空气层内形成的一组相互平行的等间距直线干涉条纹。当被测表面不是理想平面，即存在偏差，有局部凸起或凹陷时，干涉条纹将不再是相互平行的等间距直线，而是弯曲或局部弯曲的条纹，如图 4.21 所示。在图 4.21(a)中，干涉条纹弯曲表明被测元件表面不平，弯曲程度越大，则表面的平面偏差越大。设条纹弯曲突出部分的矢高为 H，条纹间距为 e，则用突出部分占条纹间距的比例来表示被测平面的平面度 P，即

$$P=\frac{H}{e} \tag{4.6-1}$$

因为条纹间距为 e，对应的空气楔的厚度差为 $\lambda/2$，所以突出部分对应的平面偏差为

$$h=\frac{H}{e}\cdot\frac{\lambda}{2} \tag{4.6-2}$$

在图 4.21(a)中，$P<1$，这表明在整个被测元件表面的平面偏差小于 $\lambda/2$。如果干涉条纹接近相互平行的等间距直线，元件表面的平面度就相当好了。在光学系统中，光学元件表面的平面偏差一般取 $\lambda/4$，即弯曲条纹矢高不超过条纹间距的 1/2。而平晶和法布里–珀罗标准具的平面偏差要好于 $\lambda/8$。在图 4.21(b)中，条纹出现局部弯曲，表明元件表面有局部缺陷，局部误差用 ΔP 表示，则

$$\Delta P=\frac{\Delta H}{e} \tag{4.6-3}$$

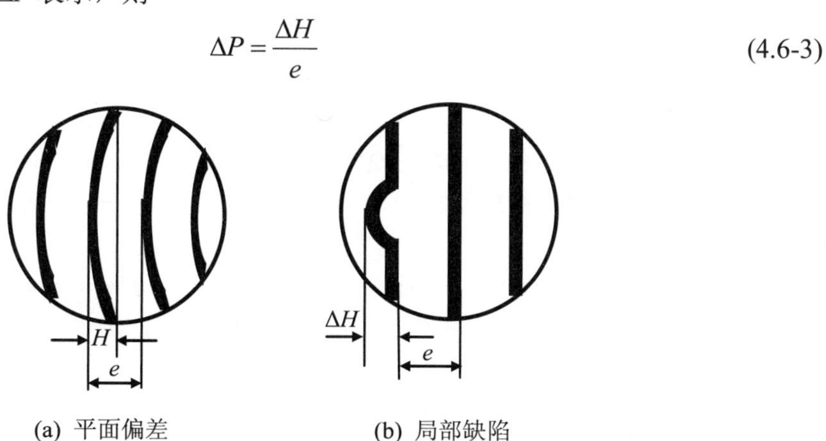

图 4.21　平面偏差和局部缺陷形成的干涉条纹示意图

如果观察条纹呈现几个圆环和圆环的一部分，说明被测元件表面是球面，当标准平板下移或被测元件上移时，如果干涉条纹向外涌出，则被测元件表面是凹球面，如果干涉条纹向内凹陷，则被测元件表面是凸球面。根据干涉场中出现的干涉圆环的数目，可以测定最高处和最低处的高度差，出现的干涉圆环越多，表明元件表面的曲率越大，因此，通过光圈数可以判断被测元件的曲率半径。

2. 测量平行度和楔角

平面干涉仪还可以测量两个平面之间的平行度和楔角。为此，需要调节标准平板 E_1，使其反射的光移出视场之外，同时在视场中观察到平板 E_2 上下表面产生的等厚干涉条纹。被测平板两个平面之间的平行度偏差及其产生的干涉条纹如图 4.22 所示。严格来说，所测量的平行度是光学平行度。在所测平板不太厚时，材料的不均匀性对平行度测量的影响很小，所以测出的平行度也可看作是几何平行度。平板的平行度通常用最大厚度差 d 表示，如果在宽度为 D 的平板上观察到条纹数目为 N，则最大厚度差为

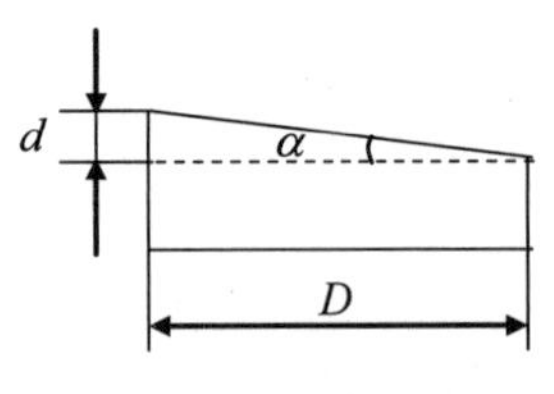

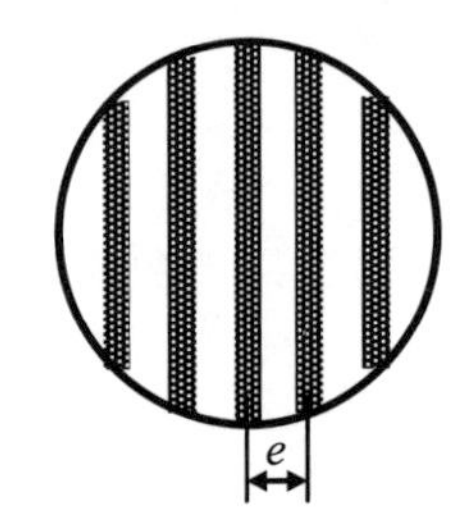

图 4.22 平行度偏差及其形成的干涉条纹示意图

$$d = \frac{N\lambda}{2n} \tag{4.6-4}$$

式中，n 是平板的折射率。由式(4.6-4)可以知道，视场中条纹数目越多，厚度差越大，被测平板两个平面之间的平行度越差。因为 $N = D/e$，所以上式可以改写为

$$d = \frac{\lambda}{2n}\frac{D}{e} \tag{4.6-5}$$

可见，只要测出干涉条纹的间距 e，即可由上式算出在宽度 D 内的最大厚度差。若平板两表面的楔角为 α，则有

$$\alpha \approx \frac{d}{D} = \frac{N\lambda}{2nD} = \frac{\lambda}{2ne} \tag{4.6-6}$$

可见，视场中条纹数目越多，亦即条纹的间距越小，楔角越大。

4.6.2 球面干涉仪

球面干涉仪的主要用途是通过检测光学球面镜的曲率半径来获得准确的焦距。其结构是将平面干涉仪中的标准平板取下，把被测透镜放在一块标准的平面上，如图 4.23 所示。

这样，在被测透镜的凸表面和标准的平面之间便形成厚度由零逐渐变大的空气隙。当用单色平行光波垂直照射时，两个面的反射光通过其上的光学系统就会在干涉场中产生干涉条纹。由于空气隙的厚度是以透镜中心轴对称分布的，因此，在空气层上以接触点 O 为中心形成同心的圆环形等厚干涉条纹，通常称为牛顿环。牛顿环的形状与等倾圆环条纹相似，但牛顿环内圈的干涉级小，外圈的干涉级大，正好与等倾圆环条纹相反。

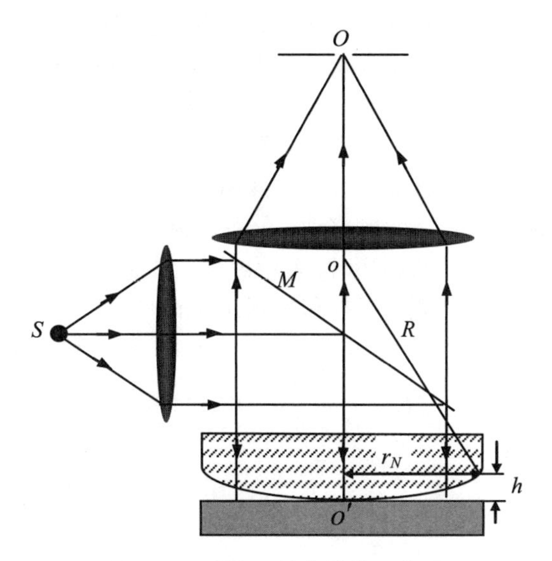

图 4.23　球面干涉仪结构示意图

根据等厚干涉光程差公式

$$2h+\frac{\lambda}{2}=m\lambda \tag{4.6-7}$$

在中心处，$h=0$，所以$m=1/2$，即光程差等于$\lambda/2$，因此牛顿环的中心是一个暗点。在透射光方向也可以看到一组定域在空气层上的圆环干涉条纹，并且条纹的亮暗分布与反射光条纹正好相反，因此，透射光牛顿环的中心是一个亮点。在反射光形成的牛顿环中，第 N 个暗环满足的光程差条件为

$$2h+\frac{\lambda}{2}=(2N+1)\frac{\lambda}{2} \tag{4.6-8}$$

可得

$$h=N\frac{\lambda}{2} \tag{4.6-9}$$

如果从中心向外数第 N 个暗环的半径为 r_N，则由图 4.23 中的几何关系可得

$$r_N^2=R^2-(R-h)^2=2Rh-h^2 \tag{4.6-10}$$

由于凸透镜表面的曲率半径 R 远大于第 N 个暗环所对应的空气层厚度 h，所以式(4.6-10)中的 h^2 可以略去，因此

$$h=\frac{r_N^2}{2R} \tag{4.6-11}$$

将式(4.6-9)代入式(4.6-11)，得到

$$R=\frac{r_N^2}{N\lambda} \tag{4.6-12}$$

可见，只要精确测出第 N 个暗环的半径 r_N，知道所用单色波波长和视场中干涉条纹的环数，就可以算出透镜的曲率半径。

牛顿环除了用于测量透镜的曲率半径外，还常用来检验光学元件的表面质量。常用的用

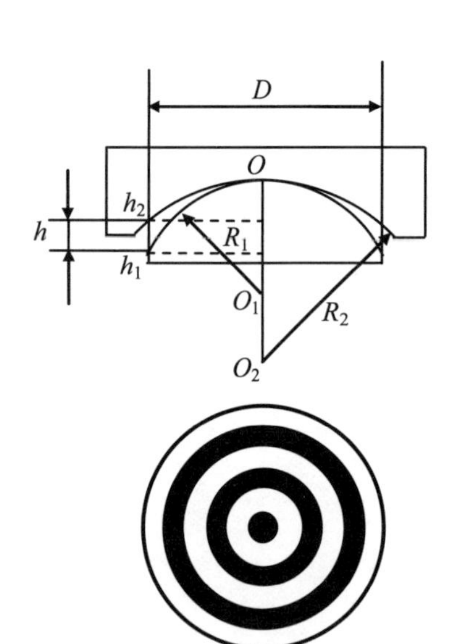

图 4.24　光圈的形成示意图

样板检验光学元件表面质量的方法，就是利用与牛顿环类似的干涉条纹，这种条纹形成在样板表面和被测元件表面之间的空气层上。如果样板和被测元件的曲率半径完全一致，在干涉场中将是暗区，如果不一致，则会出现干涉圆环，俗称光圈，如图 4.24 所示。根据光圈的形状、数目及用手加压后条纹的移动，就可以检验出元件的偏差。例如，当条纹为同心圆环时，表示被测元件表面没有局部偏差；环的数目越多，表示样板和被测元件的曲率差别越大。假设元件表面的曲率半径为 R_1，样板的曲率半径为 R_2，则两表面曲率差 $\Delta C=\frac{1}{R_1}-\frac{1}{R_2}$。由图 4.24 的几何关系，得

$$\left(\frac{D}{2}\right)^2=2R_1h_1-h_1^2 \tag{4.6-13}$$

和

$$\left(\frac{D}{2}\right)^2=2R_2h_2-h_2^2 \tag{4.6-14}$$

由于 h_1^2 和 h_2^2 都很小，因此可以略去。用式(4.6-13)减去式(4.6-14)，可得

$$h=\frac{D^2}{8}\left(\frac{1}{R_1}-\frac{1}{R_2}\right)=\frac{D^2}{8}\Delta C \tag{4.6-15}$$

利用式(4.6-9)，可得光圈数与曲率差之间的关系为

$$N=\frac{D^2}{4\lambda}\Delta C \tag{4.6-16}$$

因此，在透镜加工过程中可以用干涉场中出现的光圈数来判断被加工元件的曲率半径是否达到要求。上述方法的缺点是要做出很多标准样板，但对照相机等光学镜头元件的检测是最适用的。

4.6.3　迈克尔逊干涉仪

迈克尔逊(Michelson)干涉仪是 1881 年迈克尔逊为了研究光速问题而设计的。该仪器的结构简图如图 4.25 所示。B_1 和 B_2 是两块折射率和厚度都相同并相互平行的平行平板，在 B_1 的背面是半反半透面 A，因此，B_1 又称分光板。M_1 和 M_2 是两块平面反射镜，它们与 B_1 和 B_2 成 45° 角。

从扩展光源 S 发出的光，在 B_1 的半反半透面 A 上反射和透射后被分为强度相等的两束光Ⅰ和Ⅱ。光束Ⅰ射向反射镜 M_1，在 M_1 反射后折回再透过 A 和 L 聚焦在焦平面 P 上；光束Ⅱ通过 B_2 并经过 M_2 反射折回 A，并经 A 反射也聚焦在 L 的焦平面 P 上。光束Ⅰ和光束Ⅱ相交时发生干涉。从上面的描述可以看出，光束Ⅰ两次经过 B_1，光束Ⅱ两次经过 B_2，因此 B_2 又称补偿板。应当注意的是：补偿板 B_2 是为了消除分光板 B_1 分出的两束光的不对称性而放置的，这种补偿在单色光照明时并非必要，因为光束Ⅰ经过 B_1 所增加的光程可以用空气中的行程补偿。但是用复色光照明时，因为玻璃有色散，不同波长的光有不同的折

射率，因而，对于不同波长的光，通过玻璃板时所增加的光程不同，这是无法用空气中的行程来补偿的，因此，用复色光照明时，补偿板必不可少。

在迈克尔逊干涉仪中，通常 M_2 是固定的，M_1 安装在一个有精密导轨基座上，通过调节螺钉和测微螺旋可以调整其方位和位置。平面镜 M_2 在半反半透面 A 中的虚像是 M_2'，它在 M_1 附近。当透过 L 进行观察时，可以看到镜面 M_1 和虚像 M_2'，这两个表面构成了一个虚空气层平板。由图 4.25 可知，光束Ⅰ和光束Ⅱ到达 P 点的光程相等，因此，透镜焦平面上形成的干涉图样可以认为是由实反射面 M_1 和虚反射面 M_2' 构成的虚空气层平板产生的。虚空气层平板的厚度和楔角可以通过调节反射镜 M_1 来实现。这样，利用迈克尔逊干涉仪可以产生等倾和等厚干涉现象。

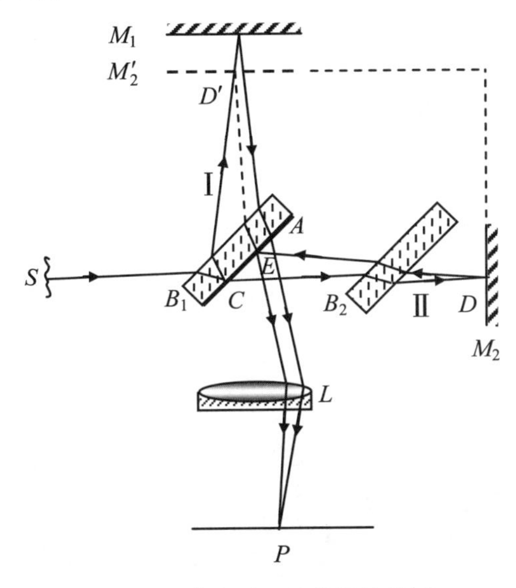

图 4.25　迈克尔逊干涉仪结构简图

调节 M_1，使它与反射像 M_2' 平行，所观察到的干涉图样是一组定域在无穷远的等倾圆环条纹。此时，如果 M_1 移向 M'_2，则干涉圆环条纹向内凹陷。每当 M_1 移动 $\lambda/2$ 的距离，就会在中心消失一个条纹。根据式(4.3-18)，虚平板厚度减小时，条纹间距将会增大，所以条纹将会变得又粗又稀疏。当 M_1 与 M_2' 完全重合时，视场是均匀的，因为这时对于各个方向的入射光，光程差均相等。如果继续移动 M_1，使 M_1 逐渐离开 M_2'，则条纹似泉眼状不断由中心涌出，并且随虚平板厚度的增加，条纹又逐渐密集起来，上述过程如图 4.26 所示。

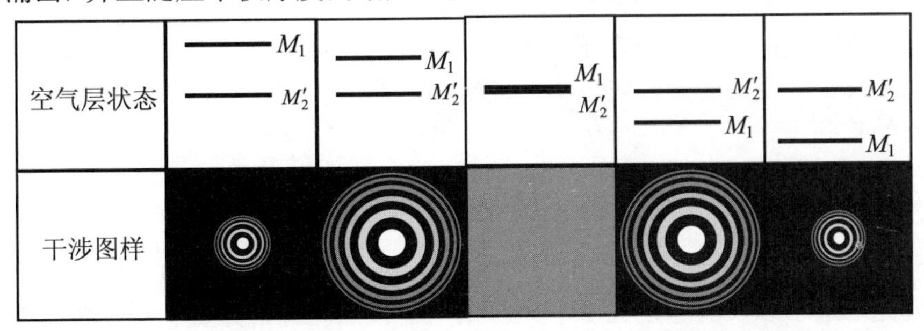

图 4.26　M_1 与 M'_2 平行时空气层状态及对应的干涉图样示意图

当调节 M_1，使它相对反射像 M_2' 倾斜成一个很小的角度，并且使 M_1 与 M_2' 比较接近，从而形成虚空气层楔板，此时观察到的干涉图样与楔形板产生的干涉图样相同，它们是在虚楔板表面或附近的一些相互平行的等距直线。应当注意的是，迈克尔逊干涉仪所产生的这种干涉条纹一般不属于等厚干涉条纹，只是当虚楔板很薄且观察面积很小时，可以近似地看作是等厚干涉条纹，因为这时可以认为入射光有相同的入射角。在扩展光源照明下，如果 M_1 与 M_2' 的距离增大，条纹将发生弯曲，弯曲的方向是朝向 M_1 与 M_2' 相交的一边，并且条纹的对比度下降，最后消失，如图 4.27 所示。干涉条纹弯曲的原因在于：干涉条纹是等光程差线，当入射光为非平行光时，对于倾角较大的入射光束，它所对应的光程差若与倾角较小的入射光束对应的光程差相等，应以平板厚度的增大来补偿，这一点从光程差公式 $\Delta = 2nh\cos\theta_2$ 可以看出。靠近 M_1 与 M_2' 相交边缘的点对应的入射角较大，因此，干涉条纹越靠近相交边缘越偏离到厚度更大的地方。在空气层楔板很薄的情况下，光束入射角变化引起的光程差变化并不明显，所以可以看到一些直条纹；但是在空气层楔板较厚的情况下，光束入射角的变化将引起光程差较大的变化，这样条纹的弯曲将显露出来。对于空气层楔板条纹，与空气层平行平板条纹一样，反射镜 M_1 每移动 $\lambda/2$，条纹就移动一个。

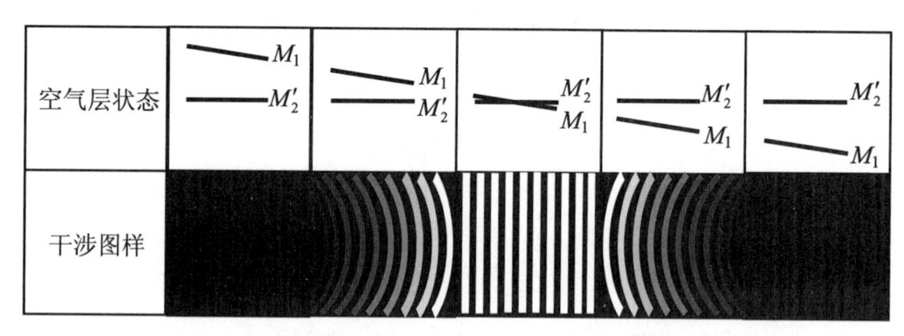

图 4.27　M_1 与 M'_2 不平行时空气层状态及对应的干涉图样示意图

在观察复色光条纹时补偿板不可缺少。复色光条纹只在楔形虚平板极薄，即 M_1 与 M_2' 非常接近，距离仅几个波长时才能观察到，这时条纹是彩色的。如果 M_1 与 M_2' 相交叉，交线上的条纹对应于虚平板的厚度 h=0。当分光板不镀半反射膜时，该条纹是黑色的，因为在 B_1 中被内反射的光线Ⅰ和被外反射的光线Ⅱ之间有一个附加光程差 $\lambda/2$；镀上半反射膜后，附加光程差与所镀金属及厚度有关，不等于零或 $\lambda/2$，但通常接近于零，所以交线上的条纹一般为亮纹，交线条纹的两侧是彩色条纹。

迈克尔逊干涉仪的主要优点在于两束相干光完全可以分开，并且它们的光程差可以由一个镜子的平移来改变，因此，可以很方便地在光路中安置被测样品。迈克尔逊干涉仪是许多干涉仪的基础。

4.6.4　泰曼干涉仪

泰曼干涉仪是迈克尔逊干涉仪的一种变形，其结构简图如图 4.28 所示。

它与迈克尔逊干涉仪的区别在于，光源采用单色点光源，并置于一个校正像差的透镜 L_1 的前焦点上。由于使用的单色光源放置在透镜的焦点上，所以，不需要使用补偿板。从干涉仪射出的光经另一个校正像差的透镜 L_2 会聚在焦平面 P 上，将目镜或照相机置于透镜 L_2 的焦点位置处，就可以观察或拍摄到反射镜 M_1 和 M_2 之间的干涉条纹。

下面来讨论泰曼干涉仪产生的干涉条纹。设 W_1 是入射平面波经 M_1 反射后的一个波前，W_2 是经 M_2 反射后与 W_1 对应的波前，则 W_1 和 W_2 位相相同，另设虚波前 W_1' 是 W_1 在半反半透镜面 A 中的虚像。因此，经 M_1 和 M_2 反射后两光束的光程差为

$$\Delta = MN = h \tag{4.6-17}$$

因为 W'_1 和 W_2 之间的介质为空气，因此，当 $h = m\lambda\ (m = 0, \pm 1, \pm 2, \cdots)$ 时，P 点为亮纹(点)；而当 $h = (2m+1)\lambda/2\ (m = 0, \pm 1, \pm 2, \cdots)$ 时，P 点为暗纹(点)。

如果平面镜 M_1 和 M_2 是理想的平面，那么反射回来的波前 W_1(或 W_1')和 W_2 也是平面。在 W_1' 和 W_2 之间有一楔角的情况下，将产生平行等间距的直条纹，条纹与 W_1' 和 W_2 所构成的空气楔的楔棱平行。如果在 M_2 前插入有缺陷的光学元件，如图 4.29 所示，反射回来的波前 W_2 将发生变形，这时干涉条纹不再是平行等距的直线。图 4.29(a)、图 4.29(b)和图 4.29(c)所示分别是利用泰曼干涉仪检验平板、棱镜和透镜的装置。在最小偏向角位置检验棱镜时[图 4.29(b)]，干涉仪的反射镜 M_2 要设计成可以移动或转动。当检验透镜的波像差时[图 4.29(c)]，平面反射镜 M_2 要换成球面反射镜，球面反射镜的球心 O 应当与被检验透镜 L 的焦点重合。

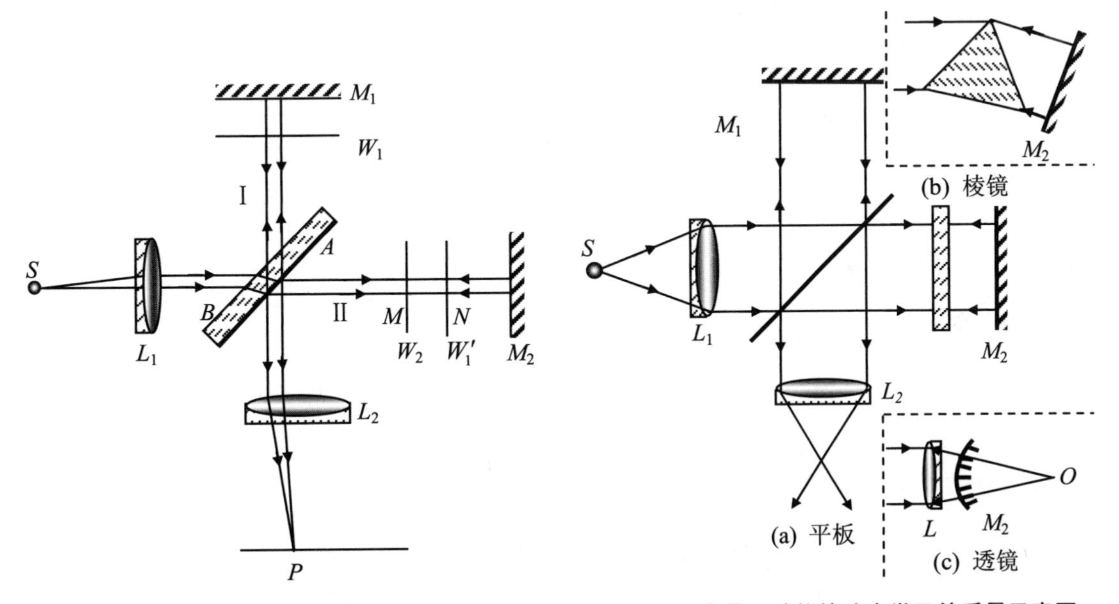

图 4.28　泰曼干涉仪示意图　　　图 4.29　泰曼干涉仪检验光学元件质量示意图

从一个亮(暗)条纹过渡到相邻的亮(暗)条纹，W_1' 和 W_2 之间的距离改变为 λ。干涉图样相当于等高线，高度间隔为 λ，从等高线的形状、间隔就可以判断光学元件的缺陷。但有两点应当注意：一是等高线综合反映零件质量，包括表面质量和折射率的均匀性，不一定指零件表面有高低，至于究竟是“高”还是“低”，可以从 M_1 相对于分光板移动时条纹的变化来判定；二是由于光束两次通过零件，使元件缺陷加倍出现，故应以干涉条纹的数目和变形情况来衡量元件的实际质量。

在 W_1' 和 W_2 相互平行的情况下，产生相干的两束光所有点的光程差都是相同的，此时，在透镜 L_2 的焦平面上将不会产生干涉条纹，视场是均匀照明的，但随着 M_1 相对于分光板的移动，在 L_2 的焦平面上将呈现明暗斑的变化，相邻两个亮斑对应 M_1 移动了 $\lambda/2$，记录亮斑出现的次数 N，就可以知道 M_1 移动的总长度为

$$l = N\frac{\lambda}{2} \tag{4.6-18}$$

在 L_2 的焦平面上放置一个光电探测器，每当出现亮斑，探测器就产生一个电脉冲。利用计数器可以自动记录脉冲的个数，把每个脉冲用 $\lambda/2$ 变换成数码显示，就可以直接得到被测物体的长度，这种测量误差小于 $\lambda/2$，可以用于精密测量。

4.6.5 马赫-泽德干涉仪

在迈克尔逊干涉仪和泰曼干涉仪中，分光板的前表面起分束器作用，后表面起反射镜作用，但不能独立调节。如果分束器和反射镜是独立的，则可以使各束光分得很开，仪器的用途也将更加广泛，这就是马赫-泽德干涉仪(Mach-Zehnder interferometer)的基础。这种干涉仪可以用于研究气体折射率的变化，从而测量其中的密度变化情况。

马赫-泽德干涉仪结构简图如图 4.30 所示，B_1 和 B_2 是两块分别具有半反半透面 A_1 和 A_2 的平行平板，M_1 和 M_2 是两块平面反射镜，4 个反射面通常安排成近似平行，它们的中心分别位于一个平行四边形的 4 个角上。光源 S 位于精心校正的透镜 L_1 的焦点上，从 S 发出的光经透镜 L_1 准直后在 B_1 的半反半透面 A_1 上分为两束，它们经 M_1 和 M_2 反射后，在 B_2 的半反半透面 A_2 上重新会合，并进入精心校正的透镜 L_2 上。两束光的干涉图样可用放置在 L_2 焦平面上的照相机拍摄下来，如果采用短时间曝光技术，即可以得到条纹的瞬时照片。

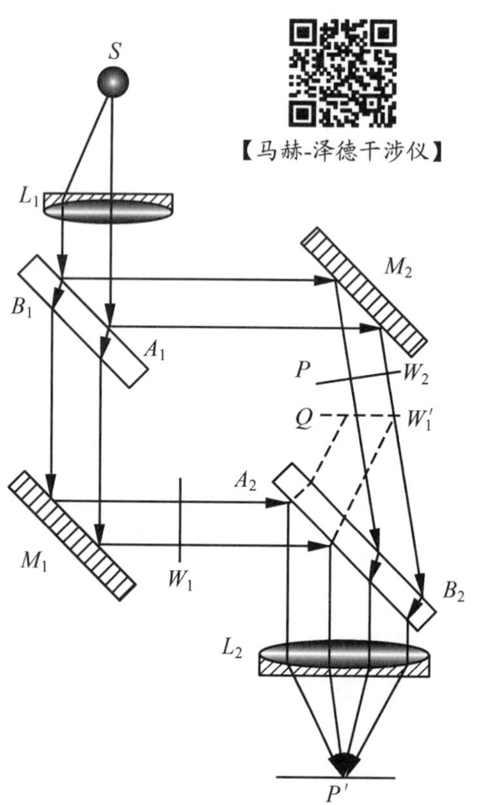

图 4.30　马赫-泽德干涉仪结构简图

因为 S 是一个单色点光源，因而入射到半反半透面 A_1 的光是单色平面波。设 W_1 是 M_1 和 A_2 之间平面波的一个波前，W_2 是 M_2 和 A_2 之间平面波的波前；并设 W_1' 是 M_2 和 A_2 之间平面波的虚波前，它是 W_1 在半反半透面 A_2 中的虚像。因此，经 M_1 和 M_2 反射后两光束的光程差为

$$\Delta = PQ = nh \tag{4.6-19}$$

式中，n 是 W_1' 和 W_2 之间介质的折射率；h 是 W_2 上的 P 点到 W_1' 的法线距离。在出射光束中与 P 点共轭的 P' 点处，当 $nh = m\lambda$ $(m = 0, \pm1, \pm2,\cdots)$ 时，P' 点处为亮纹；当 $nh = (2m+1)\lambda/2$ $(m = 0, \pm1, \pm2,\cdots)$ 时，P' 点处为暗纹。

当 W_1' 和 W_2 平行时，对于所有的 P 点的光程差都是相同的，在这种情况下，与泰曼干涉仪相似。

一般情况下 W_1' 和 W_2 是相互倾斜的，形成一个空气楔，因此，干涉条纹是平行等间距的直线条纹，条纹平行于 W_1' 和 W_2 的交线。检测气流时通常所用的就是这种条纹。如果使 W_1' 和 W_2 位于被研究的气流中，干涉条纹将发生变形，因而，从干涉图样的变化就可以测量出所研究区域的折射率或密度的变化。

因为在通常情况下，气流是迅速变化的，所以用照相机记录气流密度的变化时，必须采用短时间的曝光，这样就要求干涉条纹有很大的亮度，因此，在实际中都是利用尽可能大的扩展光源，这时条纹是定域的。当 4 个反射面严格平行时，条纹定域在无穷远处，即在 L_2 的焦平面上；当 M_2 绕自身垂直轴旋转时，条纹虚的定域区域在 M_2 的附近；而当 M_2 和 B_2 同时绕自身垂直轴旋转时，条纹虚的定域区域在 M_2 和 B_2 之间。干涉条纹定域位置可以任意调节的特点使得这种干涉仪能够用来研究尺寸较大的气流，如风洞气流、发动机尾流等。检测时将风洞或喷口的工作区置于 M_2 和 B_2 之间，并在 M_1 和 B_1 之间的另一支光路上设置补偿室，把定域面调节到工作区中任一选定的平面上，用透镜 L_2 和高质量的照相机把这个平面上的干涉图样拍摄下来。只要比较有气流时和无气流时的条纹图样，就可以分析气流所引起的空气密度的变化情况。

本节介绍了平面干涉仪、球面干涉仪、迈克尔逊干涉仪、泰曼干涉仪和马赫-泽德干涉仪的结构、原理和应用领域，要点见表 4-6。

表 4-6　干涉仪及其应用

干涉仪	平面干涉仪	球面干涉仪	迈克尔逊干涉仪	泰曼干涉仪	马赫-泽德干涉仪
应用领域	检测平面度 检测平行度 检测元件表面状况	测量透镜曲率半径 检测元件表面状况	测量长度变化 测量样品折射率	检测元件质量 测量长度变化	检测折射率变化 检测密度的变化

4.7　多光束干涉

在 4.3 节中讨论了平行平板的双光束干涉，实际上它只是在平行平板表面反射率很低时的一种近似处理。由于光束可以在如图 4.31 所示的平行平板内不断地反射和透射，这样就会产生多束反射光和多束透射光，用如图 4.32 所示的透镜 L 和 L' 分别将多束反射光和多束透射光会聚起来，就会在透镜 L 和 L' 的焦平面上形成多光束干涉。因此，要精确地计算平行平板在反射光方向和透射光方向产生的干涉，必须考虑多光束效应。

应当说明的是，当平行平板表面反射率很低时，只考虑前两束光的干涉是合理的。因为，当光波从空气中正入射玻璃平板时，反射率 $R=0.04$，若入射光强为 I_0，则 $I_{r1}=0.04I_0$，$I_{r2}=0.037I_0$，而 $I_{r3}=0.0001I_0$，所以，第三束光和后续光束完全可以略去不予考虑。但是，当平行平板表面镀有高反射膜时，就不能只考虑两束光的作用。例如，反射率 $R=0.9$，忽略平行平板对光的吸收作用，并把入射光强度设为 1，则各反射光束的强度依次为 0.9、0.009、0.0073、0.00577、0.00467、0.00318…；而各透射光束的强度依次为 0.01、0.0081、0.00656、0.00529、0.00431、0.00349…。可见，在反射光中，除了第一束光外，其他各束光的强度相差很小；在透

射光中，各束光的强度都相差很小。因此，在反射率很高时，各反射光束和各透射光束对干涉场的强度分布都是有贡献的。本节将讨论多光束干涉的强度分布和多光束干涉的图样特点。

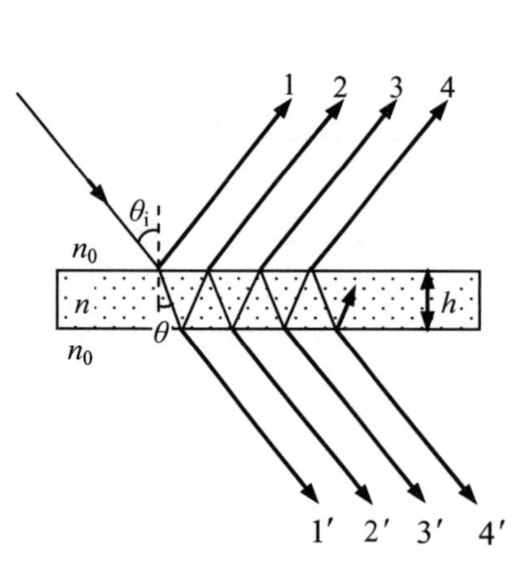

图 4.31　光束在平行平板内多次反射和透射

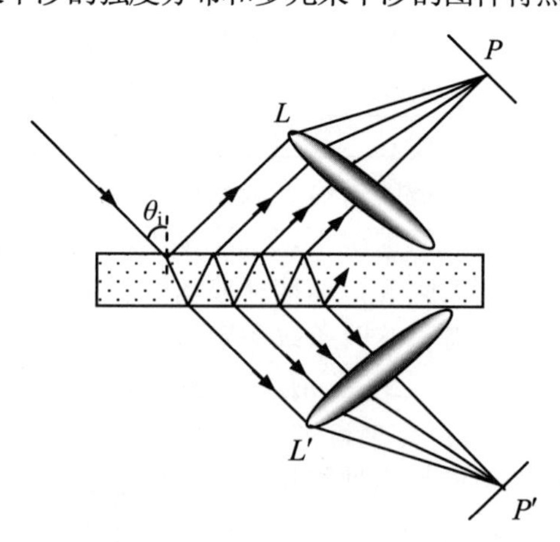

图 4.32　反射光和透射光在 L 和 L' 焦平面上产生干涉

4.7.1　多光束干涉的强度分布

下面计算干涉场中任意一点 $P(P')$ 的光强度。设光束以 θ_i 角入射到平行平板上，在平行平板内的折射角为 θ，并设入射光的复振幅为 $\tilde{E}_i$，则相邻光束的光程差为

$$\varDelta = 2nh\cos\theta = 2H\cos\theta \tag{4.7-1}$$

对应的位相差为

$$\delta = k\varDelta = \frac{4\pi}{\lambda}nh\cos\theta = \frac{4\pi}{\lambda}H\cos\theta \tag{4.7-2}$$

式中，$H = nh$ 称为平行平板的光学厚度；λ 是光波在真空中的波长。假设 r 和 t 是光束从周围介质射入平行平板内时的反射系数和透射系数，r' 和 t' 是光束从平板内射出时相应的反射系数和透射系数，则从平板反射的各光束的复振幅依次为

$$r\tilde{E}_i,\quad tt'r'\tilde{E}_i\exp(i\delta),\quad tt'r'^3\tilde{E}_i\exp(i2\delta),\quad \cdots,\quad tt'r'^{(2n-3)}\tilde{E}_i\exp[i(n-1)\delta],\quad \cdots(n=2,3,\cdots)$$

从平板透射出来的各光束的复振幅依次为

$$tt'\tilde{E}_i,\quad tt'r'^2\tilde{E}_i\exp(i\delta),\quad tt'r'^4\tilde{E}_i\exp(i2\delta),\quad \cdots,\quad tt'r'^{2(n-1)}\tilde{E}_i\exp[i(n-1)\delta],\quad \cdots(n=1,2,\cdots)$$

因此，P 点合成场的复振幅为

$$\begin{aligned}\tilde{E}_r &= r\tilde{E}_i + tt'r'\tilde{E}_i\exp(i\delta) + tt'r'^3\tilde{E}_i\exp(i2\delta) + \cdots + tt'r'^{(2n-3)}\tilde{E}_i\exp[i(n-1)\delta] \\ &= \left\{r + tt'r'\exp(i\delta)\left[1 + r'^2\exp(i\delta) + \cdots + r'^{2(n-2)}\tilde{E}_i\exp[i(n-2)\delta]\right]\right\}\tilde{E}_i\end{aligned} \tag{4.7-3}$$

式(4.7-3)方括号内是一个递减的等比级数，公比为 $r'^2\exp(i\delta)$。如果平行平板足够长，反射光的数目则很大，在 $n\to\infty$ 的情况下，利用 $a(1+q+q^2+\cdots+q^{n-1}) = a(1-q^n)/(1-q)$ 得到

$$\tilde{E}_r = \left[r + \frac{tt'r'\exp(i\delta)}{1 - r'^2\exp(i\delta)}\right]\tilde{E}_i \tag{4.7-4}$$

利用斯托克斯倒逆关系，即 $r=-r'$，$tt'=1-r^2$，可以将式(4.7-4)改写为

$$\tilde{E}_{\mathrm{r}}=\left\{\frac{r\left[1-(r^2+tt')\exp(\mathrm{i}\delta)\right]}{1-r^2\exp(\mathrm{i}\delta)}\right\}\tilde{E}_{\mathrm{i}} \tag{4.7-5}$$

再利用 $r^2=r'^2=R$，$tt'=1-R$，可以将式(4.7-5)改写为

$$\tilde{E}_{\mathrm{r}}=\left\{\frac{\left[1-\exp(\mathrm{i}\delta)\right]\sqrt{R}}{1-R\exp(\mathrm{i}\delta)}\right\}\tilde{E}_{\mathrm{i}} \tag{4.7-6}$$

因此，可以得到反射光在 P 点的光强度为

$$I_{\mathrm{r}}=\tilde{E}_{\mathrm{r}}\cdot\tilde{E}_{\mathrm{r}}^{*}=\frac{(2-2\cos\delta)R}{1+R^2-2R\cos\delta}I_{\mathrm{i}}=\frac{4R\sin^2(\delta/2)}{(1-R)^2+4R\sin^2(\delta/2)}I_{\mathrm{i}} \tag{4.7-7}$$

式中，$I_{\mathrm{i}}=\tilde{E}_{\mathrm{i}}\cdot\tilde{E}_{\mathrm{i}}^{*}$ 是入射光的强度。

利用同样的方法可以得到透射光在 P' 点的合成场的复振幅：

$$\begin{aligned}\tilde{E}_{\mathrm{t}}&=tt'\tilde{E}_{\mathrm{i}}+tt'r'^2\tilde{E}_{\mathrm{i}}\exp(\mathrm{i}\delta)+tt'r'^4\tilde{E}_{\mathrm{i}}\exp(\mathrm{i}2\delta)+\cdots+tt'r'^{2(n-1)}\tilde{E}_{\mathrm{i}}\exp\left[\mathrm{i}(n-1)\delta\right]\\&=\left\{tt'\left[1+r'^2\exp(\mathrm{i}\delta)+r'^4\exp(\mathrm{i}2\delta)+\cdots+r'^{2(n-1)}\tilde{E}_{\mathrm{i}}\exp\left[\mathrm{i}(n-1)\delta\right]\right]\right\}\tilde{E}_{\mathrm{i}}\end{aligned} \tag{4.7-8}$$

在 $n\to\infty$ 的情况下，可以得到

$$\tilde{E}_{\mathrm{t}}=\left[\frac{tt'}{1-r'^2\exp(\mathrm{i}\delta)}\right]\tilde{E}_{\mathrm{i}} \tag{4.7-9}$$

同样，利用 $r^2=r'^2=R$，$tt'=1-R=T$，可以将式(4.7-9)改写为

$$\tilde{E}_{\mathrm{t}}=\left[\frac{T}{1-R\exp(\mathrm{i}\delta)}\right]\tilde{E}_{\mathrm{i}} \tag{4.7-10}$$

因此，透射光在 P' 点的光强度为

$$I_{\mathrm{t}}=\tilde{E}_{\mathrm{t}}\cdot\tilde{E}_{\mathrm{t}}^{*}=\frac{T^2}{1+R^2-2R\cos\delta}I_{\mathrm{i}}=\frac{T^2}{(1-R)^2+4R\sin^2(\delta/2)}I_{\mathrm{i}} \tag{4.7-11}$$

式(4.7-7)和式(4.7-11)分别是反射光和透射光在干涉场中的光强分布公式，通常称为爱里公式(Airy formula)。

4.7.2　多光束干涉图样的特点

根据爱里公式可以讨论多光束干涉图样的特点，为了讨论方便，令

$$F=\frac{4R}{(1-R)^2} \tag{4.7-12}$$

F 称为精细度系数。这样，式(4.7-7)和式(4.7-11)可以分别改写为

$$R_{\text{平板}}=\frac{I_{\mathrm{r}}}{I_{\mathrm{i}}}=\frac{F\sin^2(\delta/2)}{1+F\sin^2(\delta/2)} \tag{4.7-13}$$

和

$$T_{\text{平板}}=\frac{I_{\mathrm{t}}}{I_{\mathrm{i}}}=\frac{1}{1+F\sin^2(\delta/2)} \tag{4.7-14}$$

$R_{\text{平板}}$ 和 $T_{\text{平板}}$ 分别为平行平板总的反射率和透射率。由式(4.7-13)和式(4.7-14)可以得到

$R_{平板}+T_{平板}=1$，或$I_r+I_t=I_i$。因此，在不考虑吸收和损耗的情况下，反射光与透射光强度之和等于入射光的强度。若反射光因干涉而加强，则透射光必因干涉而减弱，反之亦然。也就是说，对于某一方向反射光干涉为亮纹时，透射光干涉则为暗纹，即反射光和透射光的干涉图样是互补的。

由式(4.7-13)和式(4.7-14)可以看出，干涉场的强度随R和δ而变，在确定R的情况下，则仅随δ而变。根据式(4.7-2)，也可以说干涉场的强度只与光束在平行平板内的折射角θ有关，即折射角θ相同的光束形成同一个条纹，这正是等倾干涉条纹的特征。因此，平行平板在透镜焦平面上产生的多光束干涉条纹是等倾干涉条纹。当透镜的光轴垂直于平板时，所观察到的等倾干涉条纹是一组同心圆环。形成亮、暗纹的条件和亮、暗纹的强度可由式(4.7-13)和式(4.7-14)求出。在反射光方向，当$\delta=(2m+1)\pi\ (m=0,1,2,\cdots)$时，形成亮纹，其强度为

$$I_{r,\max}=\frac{F}{1+F}I_i \tag{4.7-15}$$

而当$\delta=2m\pi\ (m=0,1,2,\cdots)$时，形成暗纹，其强度为

$$I_{r,\min}=0 \tag{4.7-16}$$

由式(4.7-15)和式(4.7-16)易知反射光方向干涉条纹的对比度为

$$V_r=1 \tag{4.7-17}$$

在透射光方向，当$\delta=2m\pi\ (m=0,1,2,\cdots)$时，形成亮纹，其强度为

$$I_{t,\max}=I_i \tag{4.7-18}$$

而当$\delta=(2m+1)\pi\ (m=0,1,2,\cdots)$时，形成暗纹，其强度为

$$I_{t,\min}=\frac{1}{1+F}I_i \tag{4.7-19}$$

将式(4.7-18)和式(4.7-19)代入式(4.5-1)，得到透射光方向干涉条纹的对比度为

$$V_t=\frac{F}{2+F} \tag{4.7-20}$$

可见，当F很大时，透射光方向干涉条纹的对比度也近似等于1。应当注意的是，在讨论平行平板多光束干涉时，除了第一束反射光之外，其他相邻光束之间的光程差均为$2nh\cos\theta$，对于第一束反射光的特殊性已由$r=-r'$表征，因此，这里得到的光强分布的极值条件与双光束干涉条件是一样的，干涉条纹的位置也是相同的。

4.7.3 透射光干涉的特点

图4.33给出了不同反射率条件下平板的透射率分布曲线。可见，当反射率R很小时，透射率极大到极小的变化缓慢，透射光条纹的对比度很差。但是，随着反射率R的增加，透射光中暗条纹的强度降低，亮条纹的宽度变窄。当反射率接近1时，透射光的干涉条纹由一组几乎全黑背景上的很细亮线所组成。

与此相反，反射光的干涉条纹则由一组明亮背景上的暗线所组成，由于它不易分辨，因此，在实际应用中都采用透射光的干涉条纹。透射光的干涉条纹极为明锐，这是多光束干涉最显著也是最重要的特点。

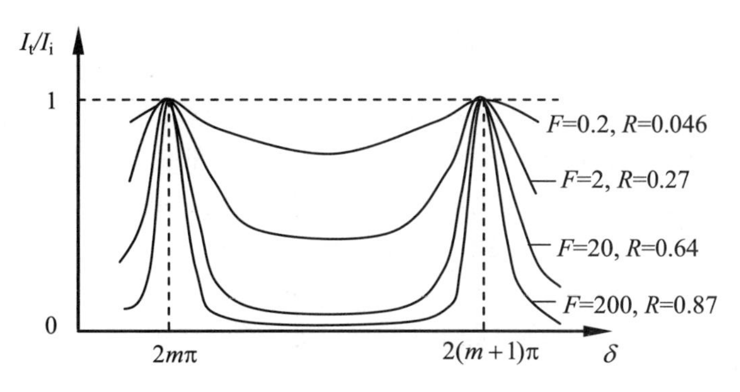

图 4.33　不同反射率条件下透射光强分布曲线

用条纹对比度来表示多光束干涉条纹极为明锐的特点已经不够了，通常用条纹的锐度来表示。条纹的锐度又称位相差半宽度。所谓位相差半宽度，就是指条纹中强度等于峰值强度一半时两点之间对应的位相差间隔，记为 $\Delta\delta$ ，如图 4.34 所示。

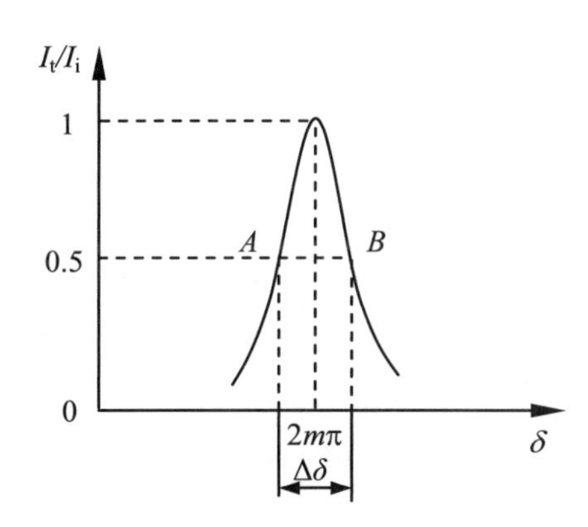

图 4.34　条纹的半宽度示意图

第 m 级条纹，两个半强度点 A 和 B 对应的位相差为

$$\delta = 2m\pi \mp \frac{\Delta\delta}{2} \tag{4.7-21}$$

把它代入式(4.7-14)，得到

$$\frac{I_t}{I_i} = \frac{1}{1+F\sin^2\left(m\pi \mp \dfrac{\Delta\delta}{4}\right)} = \frac{1}{2} \tag{4.7-22}$$

因为 $\Delta\delta$ 很小，有

$$\sin\left(\frac{\Delta\delta}{4}\right) = \frac{\Delta\delta}{4} \tag{4.7-23}$$

将式(4.7-23)代入式(4.7-22)，得到

$$1+F\left(\frac{\Delta\delta}{4}\right)^2 = 2 \tag{4.7-24}$$

对式(4.7-24)进行整理，可以得到条纹位相差半宽度为

$$\Delta\delta = \frac{4}{\sqrt{F}} = \frac{2(1-R)}{\sqrt{R}} \tag{4.7-25}$$

可见，R 越大，$\Delta\delta$ 越小，条纹越尖锐。当 R 接近 1 时，条纹的位相差半宽度趋于零。

除了用 $\Delta\delta$ 表示条纹的锐度外，还经常用相邻两条纹间的位相差 2π 与条纹位相差半宽度 $\Delta\delta$ 之比来表示条纹的锐度，这个比值称为条纹的精细度，记为

$$S = \frac{2\pi}{\Delta\delta} = \frac{\pi\sqrt{F}}{2} = \frac{\pi\sqrt{R}}{1-R} \tag{4.7-26}$$

可见，当 R 接近 1 时，条纹的精细度趋于无穷大，条纹将变得极细。这对于利用这种条纹进行测量来说是非常有利的。

将式(4.7-21)代入式(4.1-11)，可以计算双光束干涉时的位相差半宽度。有

$$\frac{I}{I_0} = 4\cos^2\left(\frac{2m\pi \mp \frac{\Delta\delta}{2}}{2}\right) = \frac{1}{2} \tag{4.7-27}$$

因为 $\cos^2(m\pi \pm \delta) = \cos^2\delta$，所以式(4.7-27)可以写为

$$\frac{I}{I_0} = 4\cos^2\left(\frac{\Delta\delta}{4}\right) = 4 - 4\sin^2\left(\frac{\Delta\delta}{4}\right) = \frac{1}{2} \tag{4.7-28}$$

利用式(4.7-23)，得到

$$\frac{I}{I_0} = 4 - \frac{(\Delta\delta)^2}{4} = \frac{1}{2} \tag{4.7-29}$$

因此得到双光束干涉时的位相差半宽度为

$$\Delta\delta = \sqrt{14} = 3.74 \tag{4.7-30}$$

由式(4.7-28)，还可以得到

$$\sin^2\left(\frac{\Delta\delta}{4}\right) = \frac{7}{8} \tag{4.7-31}$$

因此有

$$\Delta\delta = 4.84 \tag{4.7-32}$$

可见，双光束干涉时的位相差半宽度远远大于多光束干涉时的位相差半宽度。

本节讨论了多光束干涉的强度分布和多光束干涉的图样的特点，要点见表 4-7。

表 4-7　多光束干涉及图样特点

条纹特点	平板总的反射率	平板总的透射率
透射光条纹由一组黑暗背景上的很细亮线组成 反射光条纹由一组明亮背景上的很细暗线组成	$R_{板} = \frac{F\sin^2(\delta/2)}{1+F\sin^2(\delta/2)}$	$T_{板} = \frac{1}{1+F\sin^2(\delta/2)}$
精细度细数	位相差半宽度	精细度
$F = \frac{4R}{(1-R)^2}$	$\Delta\delta = \frac{2(1-R)}{\sqrt{R}}$	$S = \frac{\pi\sqrt{R}}{1-R}$

4.8　法布里-珀罗干涉仪

法布里-珀罗干涉仪是一种能够实现多光束干涉的重要光学仪器，它也是一种分辨率极高的光谱仪器，是长度计量和研究光谱超精细结构的有效工具，它还为激光器谐振腔和干涉滤光片的研究提供了理论基础。本节将介绍法布里-珀罗干涉仪的结构、原理及应用。

4.8.1　法布里-珀罗干涉仪的结构与原理

1. 法布里-珀罗干涉仪的基本结构

法布里-珀罗干涉仪结构如图 4.35 所示。它由两块相互平行的优质的玻璃板或石英板 G_1 和 G_2 组成，两板的内表面镀有一层银或铝膜，或多层介质膜，以提高表面的反射率。为了获得尖锐的条纹，对两镀膜表面的平面度要求很高，一般要达到$(1/100\sim1/20)\lambda$，同时两表面应保持严格平行。这两个具有很高反射率的表面之间的空气层就是产生多光束干涉的平行平板。干涉仪的两块玻璃板或石英板通常做成有一个$1'\sim10'$的小楔角，以避免未镀膜表面反射光的干扰。

两块板中的一块固定不动，另一块可以平行移动，以改变两板之间的距离的装置称为法布里-珀罗干涉仪。两板之间放一个间隔圈，使两板之间的距离固定不变的装置称为法布里-珀罗标准具。

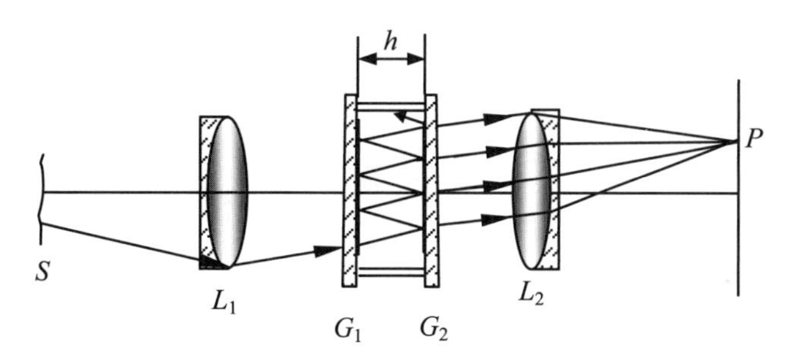

图 4.35　法布里-珀罗干涉仪结构示意图

2. 法布里-珀罗干涉仪的基本原理

法布里-珀罗干涉仪采用扩展准单色光源照明，光源位于透镜 L_1 的前焦平面附近，光源上任意点发出的光束经过透镜 L_1 以后，变成某一特定方向的平行光，入射到法布里-珀罗腔，而产生相干的多光束从右侧射出来，再经过透镜 L_2 聚焦实现相干叠加。如果透镜 L_2 的光轴与干涉仪的板面垂直，则在 L_2 的焦平面上形成一组等倾干涉同心圆环，如图 4.36(a)所示。它与图 4.36(b)所示的迈克尔逊干涉仪产生的等倾干涉条纹相比，条纹非常细锐。

应当注意的是，两种条纹的角半径和环半径的计算公式相同。条纹干涉级取决于空气平板的厚度 h。通常法布里-珀罗干涉仪使用范围为 1～200mm，在一些特殊装置中，h 可达 1m。以 h=5mm，λ=500nm 计算，中央条纹的干涉级约为 20000。可见，条纹的干涉级是很高的，因此，这种仪器只适用于单色性很好的光源。

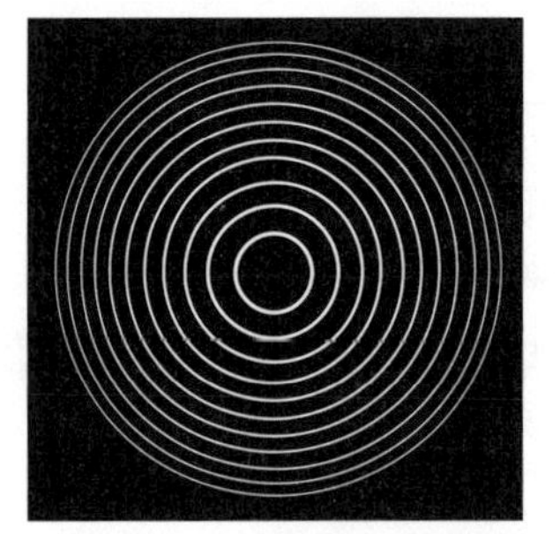

(a) 法布里-珀罗干涉仪产生的等倾干涉条纹

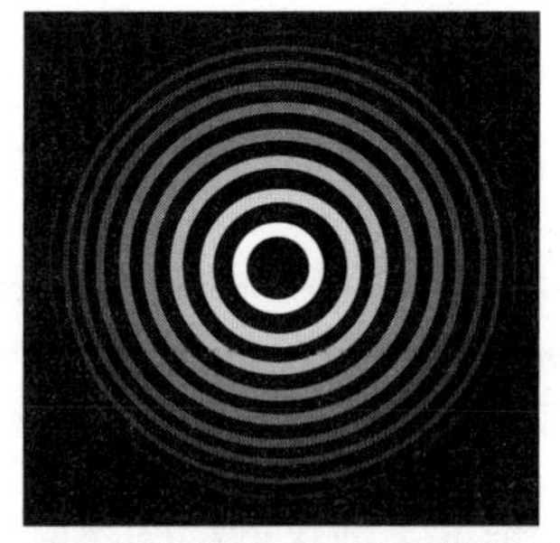

(b) 迈克尔逊干涉仪产生的等倾干涉条纹

图 4.36 不同干涉仪产生的等倾干涉条纹

应当指出的是，当干涉仪两板的内表面镀金属膜时，相邻两束光的位相差为

$$\delta = \frac{4\pi}{\lambda} nh\cos\theta + 2\phi \tag{4.8-1}$$

式中，ϕ 是光在金属内表面反射时的相变。从 1.11 节的讨论中已经知道，金属对低频光有强烈的吸收，因此，法布里-珀罗腔内表面镀金属膜会使整个干涉图样的强度降低。假设金属膜的吸收率为 A，则根据能量守恒关系有

$$R + T + A = 1 \tag{4.8-2}$$

因此，考虑金属膜层吸收时透射光干涉图样的强度公式，即式(4.7-11)变为

$$\begin{aligned} I_{\mathrm{t}} &= \frac{(1-R-A)^2}{(1-R)^2 + 4R\sin^2(\delta/2)} I_{\mathrm{i}} = \frac{(1-R-A)^2/(1-R)^2}{1+\dfrac{4R}{(1-R)^2}\sin^2(\delta/2)} I_{\mathrm{i}} \\ &= \left(1-\frac{A}{1-R}\right)^2 \frac{1}{1+F\sin^2(\delta/2)} I_{\mathrm{i}} \end{aligned} \tag{4.8-3}$$

可见，由于金属膜的吸收，干涉图样的强度降到原来的$1/[1-A/(1-R)]^2$，严重时峰值强度只有入射光强度的几十分之一。

4.8.2 法布里-珀罗干涉仪的应用

1. 研究光谱线的超精细结构

由于法布里-珀罗干涉仪能够产生非常细锐的等倾干涉条纹，因此，利用它可以将一束光中不同波长的光谱线分开。一般来说，衡量一个分光元件的优劣有三个重要指标：一是能够测量的最大波长差——自由光谱范围；二是平均波长与能够分辨的最小波长差的比值——分辨本领；三是使不同波长的光分开的程度——角色散。

1) 自由光谱范围

当含有波长为 λ_1 和 λ_2 的光束入射到到法布里-珀罗干涉仪上时，由于两种波长的同级条纹的角半径不同，因而得到如图 4.37 所示的两组干涉圆环。如果 $\lambda_1 > \lambda_2$，则实线条纹组对应于波长 λ_1，虚线条纹组对应于波长 λ_2。随着 λ_1 和 λ_2 的波长差增加，同级圆环的半径差也会增加。当 λ_1 和 λ_2 的波长差大到某一值时，λ_2 的第 m 级将与 λ_1 的第 $m-1$ 级重叠，这个波长差称为自由光谱范围，也称标准具常数，记为 $(\Delta\lambda)_{\mathrm{f}}$。根据式(4.8-1)可以得到光程差

$$\Delta = 2nh\cos\theta + \frac{\lambda\phi}{\pi} \tag{4.8-4}$$

因此，靠近条纹中心的某一点$(\theta \approx 0)$，对应于两个波长的干涉级差为

$$\Delta m = m_{\lambda_2} - m_{\lambda_1} = \left(\frac{2h}{\lambda_2} - \frac{\phi}{\pi}\right) - \left(\frac{2h}{\lambda_1} - \frac{\phi}{\pi}\right) = \frac{2nh(\lambda_1 - \lambda_2)}{\lambda_1\lambda_2} \tag{4.8-5}$$

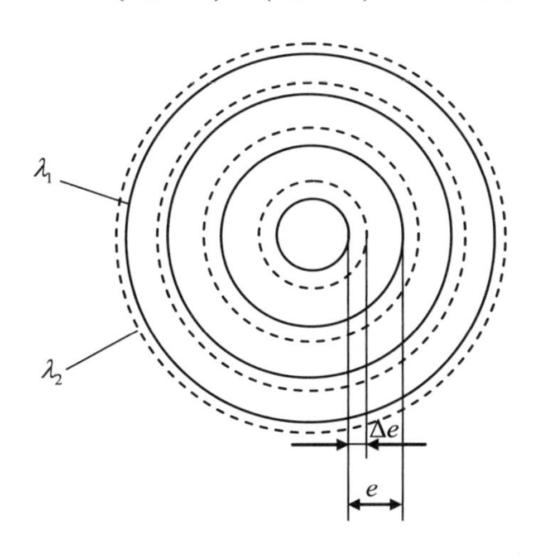

图 4.37　λ_1 和 λ_2 产生的两组干涉圆环示意图

由于$\Delta m/1 = \Delta e/e$，Δe是λ_1和λ_2的同级条纹的相对位移，e是λ_1或λ_2的条纹间距，如图 4.37 所示。因此，两个波长的波长差为

$$\Delta\lambda = \lambda_1 - \lambda_2 = \frac{\Delta e}{e}\frac{\bar{\lambda}^2}{2nh} \tag{4.8-6}$$

式中，$\bar{\lambda}$是λ_1和λ_2的平均波长，其值可由分辨本领低的仪器预先测出；h是法布里-珀罗标准具的间隔，这样只要测出e和Δe便可算出波长差$\Delta\lambda$。

Δe恰好等于e时的波长差就是标准具自由光谱范围或标准具常数，即

$$(\Delta\lambda)_{\mathrm{f}} = (\Delta\lambda)_{\max} = \frac{\bar{\lambda}^2}{2nh} \tag{4.8-7}$$

注意，标准具的自由光谱范围是标准具能够测量的最大波长差。

2) 分辨本领

表征标准具的分光特性除了自由光谱范围外，还有一个重要参数，即它能分辨的最小波长差$(\Delta\lambda)_{\min}$。也就是说，当λ_1和λ_2的波长差小于这个值时，两组条纹就靠得非常近，以至于不能将它们分开。将$(\Delta\lambda)_{\min}$称为标准具的分辨极限，而定义

$$G = \frac{\bar{\lambda}}{(\Delta\lambda)_{\min}} \tag{4.8-8}$$

为分辨本领。

在光学仪器理论中，通常用瑞利判据，即合强度曲线中央的极小值是否低于两边极大值的 0.81 倍来判断两条谱线能否被分开，如图 4.38 所示。这里，采用一种近似而又实用

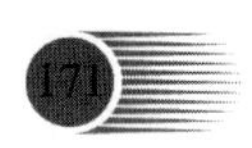

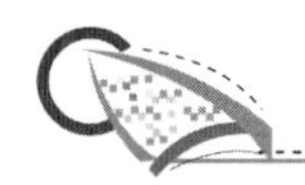

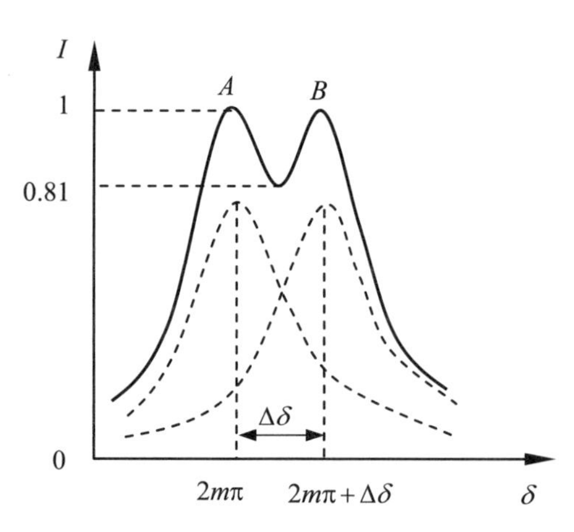

图 4.38　两个波长的条纹刚好能分辨时的光强分布

的方法，即认为λ_1和λ_2的同级干涉极大值靠近到位相差等于条纹半宽度$\Delta\delta$时，λ_1和λ_2刚好能被分辨，由此可以求得最小波长差。在图 4.38 中，A、B 两点是波长λ_2和$\lambda_1=\lambda_2+\Delta\lambda$第$m$级的干涉极大值，且对应的位相差间隔为$\Delta\delta$。在此位相差间隔内对应的光程差变化为

$$\mathrm{d}\varDelta=m(\lambda_2+\Delta\lambda)-m\lambda_2=m\Delta\lambda \tag{4.8-9}$$

因为$\delta=\bar{k}\varDelta$，所以$\mathrm{d}\delta=\bar{k}\mathrm{d}\varDelta$。当$\mathrm{d}\delta=\Delta\delta$时，$\mathrm{d}\varDelta=m(\Delta\lambda)_{\min}$，因此有

$$\Delta\delta=\bar{k}m(\Delta\lambda)_{\min} \tag{4.8-10}$$

利用式(4.7-25)，可以得到

$$\frac{2(1-R)}{\sqrt{R}}=\frac{2\pi}{\bar{\lambda}}m(\Delta\lambda)_{\min} \tag{4.8-11}$$

由式(4.8-11)可得

$$(\Delta\lambda)_{\min}=\frac{\bar{\lambda}(1-R)}{m\pi\sqrt{R}}=\frac{(\Delta\lambda)_{\max}}{S} \tag{4.8-12}$$

将式(4.8-12)代入式(4.8-8)得到

$$G=\frac{\bar{\lambda}}{(\Delta\lambda)_{\min}}=\frac{m\pi\sqrt{R}}{1-R}=mS \tag{4.8-13}$$

可见，分辨本领与条纹干涉级数和精细度成正比。由于法布里-珀罗标准具的精细度很大，因此，标准具的分辨本领极高。

3) 角色散

角色散定义为单位波长间隔的光经分光仪所分开的角度，用$\mathrm{d}\theta/\mathrm{d}\lambda$表示。由法布里-珀罗干涉仪透射光极大值条件：$\varDelta=2nh\cos\theta=m\lambda$，两边取微分，可得

$$\frac{\mathrm{d}\theta}{\mathrm{d}\lambda}=\left|\frac{m}{2nh\sin\theta}\right|=\left|\frac{\cot\theta}{\lambda}\right| \tag{4.8-14}$$

角度θ越小，仪器的角色散越大。因此法布里-珀罗干涉仪的干涉环中心处光谱最纯。

2. 激光器谐振腔的选频

【受激辐射、自发辐射与激光】

激光工作物质吸收入射光以后，会形成粒子数反转，当受到外来光子的激发之后，就会使受激辐射远远大于自发辐射，从而在谐振腔中产生激光振荡，并输出激光。图 4.39(a)、图 4.39(b)和图 4.39(c)所示分别为输入光谱、谐振腔和输出光谱，一对平行平面反射镜 M_1 和 M_2 构成的腔体就是激光器的谐振腔，它相当于一个法布里-珀罗标准具。在谐振腔内沿轴线附近传播的光来回反射，通过工作物质不断地被放大，最后形成激光输出。由于激光的输出必须同时满足一定的频率条件和阈值条件，因此，激光器输出的频率只有少数几个。

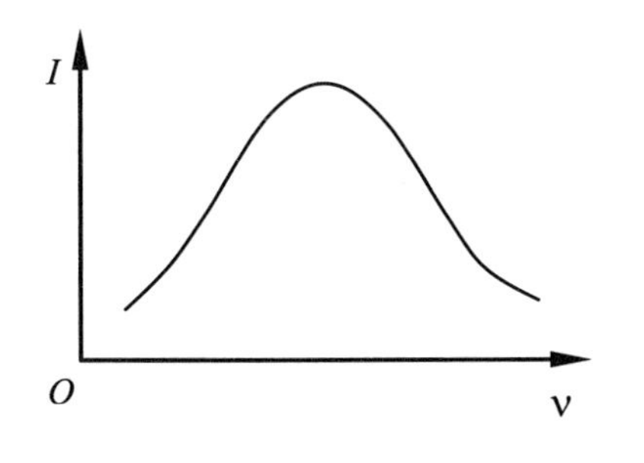

(a) 输入光谱

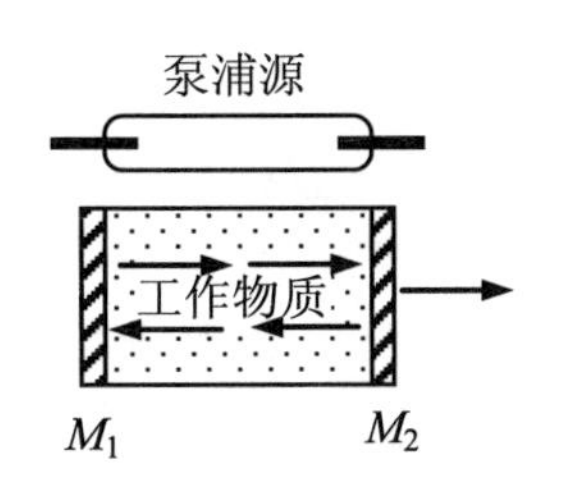

(b) 法布里-珀罗谐振腔

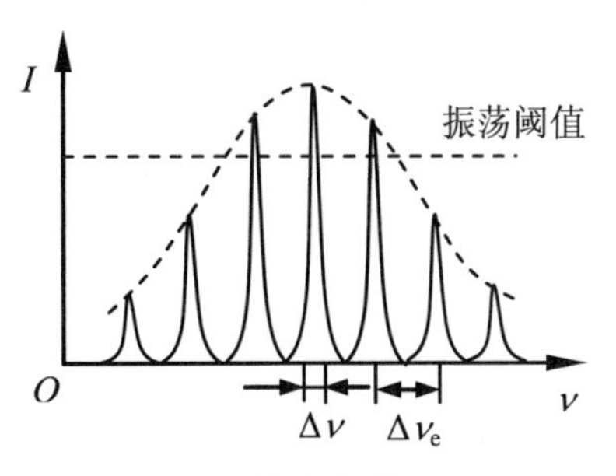

(c) 输出光谱

图 4.39　激光光谱形成过程示意图

1) 纵模频率

谐振腔的输出频率必须满足干涉亮纹的条件，在正入射的情况下有

$$2nL = m\lambda \ (m=1,\ 2,\ 3,\cdots) \tag{4.8-15}$$

式中，n 为工作物质的折射率；L 为谐振腔的长度。由上式得到谐振腔的输出频率

$$\nu = m\frac{c}{2nL} \tag{4.8-16}$$

2) 纵模间隔

根据式(4.8-16)，纵模间隔为

$$\Delta\nu_{\mathrm{e}} = \nu_m - \nu_{m-1} = \frac{c}{2nL} \tag{4.8-17}$$

可见，缩短谐振腔的长度就可以增加纵模间隔，从而减少激光器输出的频率，达到选频作用。

3) 单模线宽

在上一节得到多光束干涉条纹的位相差半宽度为

$$\Delta\delta = \frac{2(1-R)}{\sqrt{R}} \tag{4.8-18}$$

当光波包含许多波长时，与位相差半宽度相应的波长差可以通过 δ 对 λ 的微分求得，因为

$$\delta = k\varDelta = \frac{2\pi}{\lambda}2nL \tag{4.8-19}$$

所以

$$\mathrm{d}\delta = -4\pi nL\frac{\mathrm{d}\lambda}{\lambda^2} \tag{4.8-20}$$

则

$$|\Delta\delta| = 4\pi nL\frac{\Delta\lambda}{\lambda^2} \tag{4.8-21}$$

因此

$$\Delta\lambda = \frac{\lambda^2}{4\pi nL}|\Delta\delta| = \frac{\lambda^2}{2\pi nL}\frac{1-R}{\sqrt{R}} \tag{4.8-22}$$

而以频率表示的线宽为

$$\Delta\nu=\frac{c\Delta\lambda}{\lambda^2}=\frac{c}{2\pi nL}\frac{1-R}{\sqrt{R}} \tag{4.8-23}$$

由式(4.8-23)可见，谐振腔的反射率越高，或腔长越长，谱线宽度越小。

本节介绍了法布里-珀罗干涉仪的结构、原理及应用，要点见表 4-8。

表 4-8　法布里-珀罗标准具及应用

自由光谱范围	分辨极限	分辨本领	角色散	应　用
$(\Delta\lambda)_f=\frac{\bar{\lambda}^2}{2h}$	$(\Delta\lambda)_{\min}=\frac{\bar{\lambda}(1-R)}{m\pi\sqrt{R}}$	$G=\frac{m\pi\sqrt{R}}{1-R}$	$\frac{d\theta}{d\lambda}=\left\|\frac{\cot\theta}{\lambda}\right\|$	研究光谱线的超精细结构；用于激光器谐振腔的选频
激光输出频率	纵模间隔	单模线宽		
$\nu=m\frac{c}{2nL}$	$\Delta\nu_e=\frac{c}{2nL}$	$\Delta\lambda=\frac{\lambda^2}{2\pi nL}\frac{1-R}{\sqrt{R}}$		$\Delta\nu=\frac{c}{2\pi nL}\frac{1-R}{\sqrt{R}}$

4.9　单层光学薄膜

【光学薄膜】

光学薄膜一般是指利用物理或化学的方法在玻璃或晶体表面上涂镀的介质膜。在光学元件表面涂镀介质膜可以增加或减少光在光学元件表面的反射，或实现分光、滤光的功能。本节将讨论单层膜的特点和种类。

4.9.1　单层膜的反射率

在一块玻璃片(基片)的光滑表面上涂镀一层厚度和折射率都均匀的透明介质薄膜，当光束入射到薄膜上时，将在薄膜内产生多次反射，并且从薄膜的两表面有一系列的相互平行的光束射出，如图 4.40 所示。计算这些光束的干涉强度分布情况便可以了解薄膜对光的反射和透射的影响，即薄膜的光学性质。

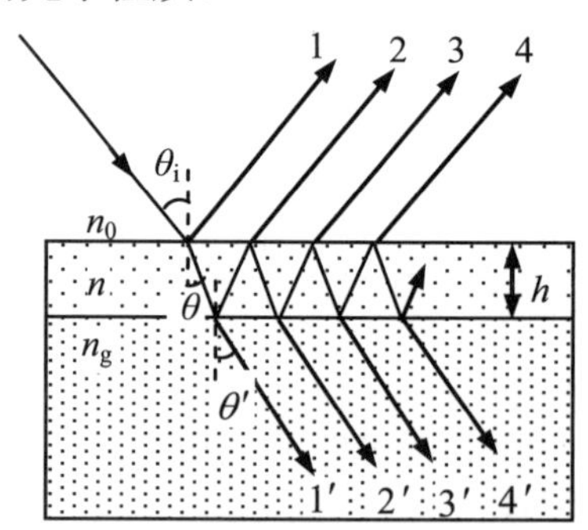

图 4.40　单层介质薄膜的多次反射和透射

假设在折射率为 n_g 的基片表面镀上折射率为 n、厚度为 h 的介质膜，并假设光从空气进入薄膜时在界面上的反射系数和透射系数分别为 r_1 和 t_1，而相反方向的反射系数和透射系数分别为 r_1' 和 t_1'；光从薄膜进入基片时在界面上的反射系数和透射系数分别为 r_2 和 t_2。如果入射光的复振幅为 $\tilde{E}_i$，则按照 4.7 节所述的计算方法可以得到各束反射光的复振幅分别为

$$r_1\tilde{E}_i,\quad t_1t_1'r_2\tilde{E}_i\exp(i\delta),\quad t_1t_1'r_1'r_2^2\tilde{E}_i\exp(i2\delta),\quad \cdots,\quad t_1t_1'r_1'^{(n-2)}r_2^{(n-1)}\tilde{E}_i\exp[i(n-1)\delta],\quad \cdots(n=2,3,4,\cdots)$$

各束透射光的复振幅分别为

$t_1t_2\tilde{E}_i$，$t_1t_2r'r_2\tilde{E}_i\exp(i\delta)$，$t_1t_2r_1'^2r_2^2\tilde{E}_i\exp(i2\delta)$，$\cdots$，$t_1t_2r_1'^{(n-1)}r_2^{(n-1)}\tilde{E}_i\exp[i(n-1)\delta]$，$\cdots(n=1,2,3,\cdots)$

因此，薄膜反射光的复振幅为

$$\begin{aligned}\tilde{E}_r &= r_1\tilde{E}_i + t_1t_1'r_2\tilde{E}_i\exp(i\delta) + t_1t_1'r_1'r_2^2\tilde{E}_i\exp(i2\delta) + \cdots + t_1t_1'r_1'^{(n-2)}r_2^{(n-1)}\tilde{E}_i\exp[i(n-1)\delta] \\ &= \left\{r_1 + t_1t_1'r_2\exp(i\delta)\left[1 + r_1'r_2\exp(i\delta) + \cdots + r_1'^{(n-2)}r_2^{(n-2)}\exp[i(n-2)\delta]\right]\right\}\tilde{E}_i\end{aligned} \tag{4.9-1}$$

式(4.9-1)方括号内是一个递减的等比级数，公比为 $r_1'r_2\exp(i\delta)$，如果平行平板足够长，反射光的数目则很大；在 $n\to\infty$ 的情况下，得到

$$\tilde{E}_r = \left[r_1 + \frac{t_1t_1'r_2\exp(i\delta)}{1 - r_1'r_2\exp(i\delta)}\right]\tilde{E}_i \tag{4.9-2}$$

利用斯托克斯倒逆关系，即 $r_1 = -r_1'$，$t_1t_1' = 1 - r_1^2$，可以将式(4.9-2)改写为

$$\tilde{E}_r = \left\{\frac{r_1 + r_2\exp(i\delta)}{1 + r_1r_2\exp(i\delta)}\right\}\tilde{E}_i \tag{4.9-3}$$

这样，可以得到薄膜反射光的光强度为

$$I_r = \tilde{E}_r\cdot\tilde{E}_r^* = \frac{r_1^2 + r_2^2 + 2r_1r_2\cos\delta}{1 + r_1^2r_2^2 + 2r_1r_2\cos\delta}I_i \tag{4.9-4}$$

因此，薄膜的反射率为

$$R_{薄膜} = \frac{r_1^2 + r_2^2 + 2r_1r_2\cos\delta}{1 + r_1^2r_2^2 + 2r_1r_2\cos\delta} = \frac{(r_1 + r_2)^2 - 4r_1r_2\sin^2(\delta/2)}{(1 + r_1r_2)^2 - 4r_1r_2\sin^2(\delta/2)} \tag{4.9-5}$$

式中，$\delta = (2\pi/\lambda)2H\cos\theta$。$R_{薄膜}$ 的极值条件由 $dR_{薄膜}/d\theta = 0$ 求出，并且有 $d^2R_{薄膜}/d\theta^2<0$ 为极大值，反之为极小值。由式(4.9-5)可以得到

$$\begin{aligned}\frac{dR_{薄膜}}{d\theta} &= \frac{(2r_1r_2\sin\delta\cdot 2kH\sin\theta)(1 + r_1^2r_2^2 - r_1^2 - r_2^2)}{(1 + r_1^2r_2^2 + 2r_1r_2\cos\delta)^2} \\ &= \frac{4kHr_1r_2\sin\delta\sin\theta(1 - r_1^2)(1 - r_2^2)}{(1 + r_1^2r_2^2 + 2r_1r_2\cos\delta)^2}\end{aligned} \tag{4.9-6}$$

因此 $R_{薄膜}$ 有极值的条件为

$$\sin\theta = 0,\ \sin\delta = 0,\ 1 - r_1^2 = 0,\ 1 - r_2^2 = 0 \tag{4.9-7}$$

式(4.9-7)表明，垂直入射，位相差为 $m\pi$；介质膜上表面或下表面反射率等于 1 时，$R_{薄膜}$ 有极值。

考察垂直入射的情况。此时在薄膜两表面的反射系数分别为

$$r_1 = \frac{n_0 - n}{n_0 + n},\quad r_2 = \frac{n - n_g}{n + n_g} \tag{4.9-8}$$

将式(4.9-8)代入式(4.9-5)，即可得到正入射情况下单层膜的反射率为

$$R_{薄膜} = \frac{(n_0 - n_g)^2\cos^2(\delta/2) + \left(\dfrac{n_0n_g}{n} - n\right)^2\sin^2(\delta/2)}{(n_0 + n_g)^2\cos^2(\delta/2) + \left(\dfrac{n_0n_g}{n} + n\right)^2\sin^2(\delta/2)} \tag{4.9-9}$$

对于一定的基片和介质膜，n_0和n_g都是常数，所以由式(4.9-9)可见，介质膜的反射率将随δ而变化，因而也将随着膜的光学厚度H而变化。

图 4.41 给出了$n_0=1$，$n_g=1.5$时，对于一定的波长λ和不同折射率的介质膜反射率$R_{薄膜}$随光学厚度H变化的曲线。从图中可以看出，当介质膜的折射率高于基片的折射率时反射率增加，反之则降低。

在正入射时位相差为

$$\delta=\frac{2\pi}{\lambda}2H \tag{4.9-10}$$

因为$\sin\delta=0$有极值，即$\delta=m\pi$，因此

$$H=\frac{m\lambda}{4} \tag{4.9-11}$$

由式(4.9-11)可知，m为奇数时，$H=\lambda/4,\ 3\lambda/4,\ 5\lambda/4,\ \cdots$，称为$\lambda/4$膜；$m$为偶数时，$H=\lambda/2,\ \lambda,\ 3\lambda/2,\ \cdots$，称为$\lambda/2$膜。

图 4.41 表明，当所镀介质膜层折射率小于基片材料的折射率，且其光学厚度为$\lambda/4$时，该膜层起到增透作用。当所镀膜层折射率大于基片材料的折射率，且其光学厚度为$\lambda/4$时，该膜层起到增反作用。当所镀膜层的光学厚度为$\lambda/2$时，无论膜层介质的折射率为多少，反射率都不变。

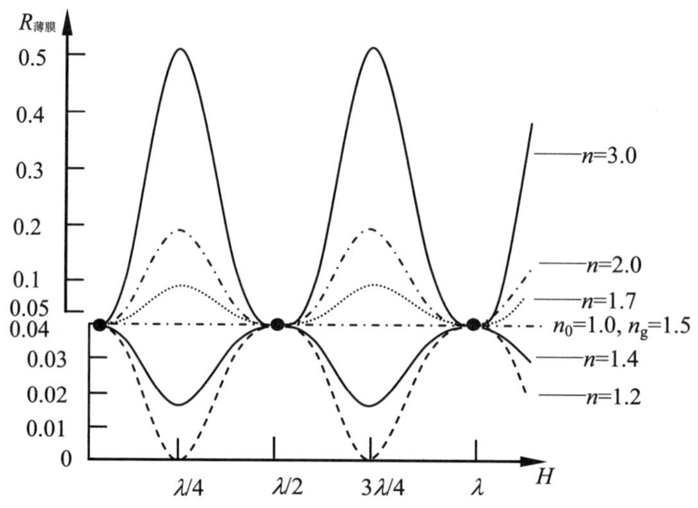

图 4.41 介质膜反射率随光学厚度H变化的曲线

4.9.2 单层膜的种类

1. 单层增透膜

由图 4.41 可以看出：当$H=\lambda/4$，即$\delta=\pi$时，增透效果最好。把$H=\lambda/4$或$\delta=\pi$的条件代入式(4.9-9)，可以得到膜系对波长λ的反射率为

$$R_{薄膜}=\left(\frac{\dfrac{n_0 n_g}{n}-n}{\dfrac{n_0 n_g}{n}+n}\right)^2 \tag{4.9-12}$$

可见，当介质膜的折射率为

$$n=\sqrt{n_0 n_g} \tag{4.9-13}$$

时，膜系的反射率为零。也就是说该波长的光可以全部通过。对于 $n_0=1$，$n_g=1.5$ 的典型情况，由式(4.9-13)算出 $n\approx 1.22$。但是，目前还找不到折射率这样低且适合镀膜的材料，通常镀增透膜使用的材料是折射率为 1.38 的氟化镁(MgF_2)，不过由于它的折射率比理想值大一些，因而反射率不为零，此时反射率约为 0.013。

应当指出的是，式(4.9-12)表示的反射率是在光束正入射的情况下对给定波长 λ 而言的，对于光束中包含的其他波长，反射率不能用该式计算，原因在于介质膜的光学厚度并不等于这些波长的 1/4 倍，因而 $\delta\neq\pi$。这时，只能按式(4.9-9)计算这些波长的反射率，显然，其反射率比波长 λ 的反射率要高一些。

图 4.42 所示的曲线 E 表示的便是在玻璃片上涂镀光学厚度为 $\lambda/4\ (\lambda=550\text{nm})$ 的氟化镁膜时，膜系的反射率随波长的变化特性。从该曲线可以看出，离 550nm 较远的红光和蓝光的反射率较大，因此，这种膜的表面呈紫红色。还应当指出，虽然式(4.9-9)是在光束垂直入射的情况下推导出来的，但是，如果赋予 n_0、n 和 n_g 稍微不同的意义，式(4.9-9)也可以适用于光束斜入射的情况。

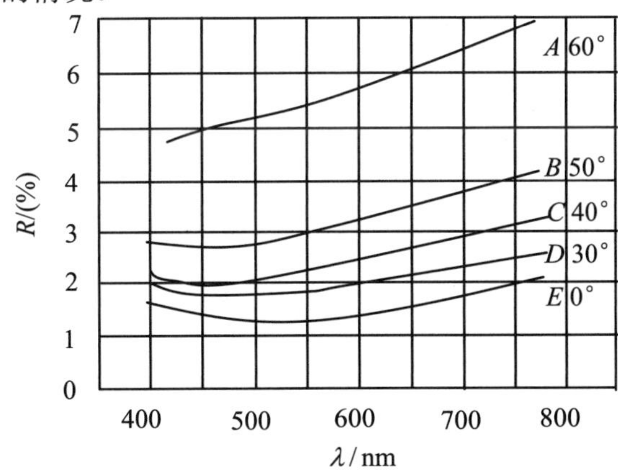

图 4.42　单层氟化镁膜的反射率随入射角和波长的变化曲线

根据菲涅耳公式，在折射率为 n_1 和 n_2 的两介质分界面上，入射光波中的电矢量的 S 波和 P 波的反射系数分别为

$$r_s=\frac{\sin(\theta_2-\theta_1)}{\sin(\theta_1+\theta_2)}=\frac{n_1\cos\theta_1-n_2\cos\theta_2}{n_1\cos\theta_1+n_2\cos\theta_2} \tag{4.9-14}$$

$$r_p=\frac{\tan(\theta_1-\theta_2)}{\tan(\theta_1+\theta_2)}=\frac{n_2/\cos\theta_2-n_1/\cos\theta_1}{n_2/\cos\theta_2+n_1/\cos\theta_1} \tag{4.9-15}$$

易见，对于 S 波以 $\bar{n}$ 代替 $n\cos\theta$，对于 P 波以 $\bar{n}$ 代替 $n/\cos\theta$，上面两式在形式上与正入射时单个界面的反射系数的表达式相同，$\bar{n}$ 称为等同折射率。因此，若用等同折射率代替 n_0、n 和 n_g，式(4.9-9)也同样适用于光束斜入射的情况。对于上述的 $n_g=1.5$ 的玻璃片上涂镀光学厚度为 $\lambda/4\ (\lambda=550\text{nm})$ 的氟化镁增透膜的情况，几种入射角下计算出来的反射率随波长的变化如图 4.42 中的 A、B、C、D 和 E 曲线所示。可以看出当入射角增大时，反射率上升，同时反射率极小值的位置向短波方向移动。

2. 单层增反膜

从图 4.41 可知，如果单层膜的折射率 n 大于基片的折射率 n_g，则膜系的反射率大于未镀膜时基片的反射率，这种单层膜起到增强反射的作用。特别是单层膜的光学厚度为 $\lambda/4$ 时，膜系对波长的反射率最大。关于这一点，如果近似用两束光代替多束光，并且以两光束干涉的观点来看是很明显的。当单层膜的折射率大于基片的折射率时，由单层膜上下两个表面反射的两束光的光程差，除了由单层膜的光学厚度引起的部分 $2nh=\lambda/2$ 外，还有由于两个表面反射时的位相变化不同引起的附加程差 $\lambda/2$，所以，两束反射光将产生干涉加强，致使反射率有最大值；当单层膜的折射率小于基片的折射率时，两束反射光没有附加程差 $\lambda/2$，故产生干涉相消，这时反射率有最小值。

将 $nh=\lambda/4$ 代入式(4.9-9)，可以得到膜系对波长 λ 的反射率为

$$R_{薄膜}=\frac{\left(\dfrac{n_0 n_g}{n}-n\right)^2}{\left(\dfrac{n_0 n_g}{n}+n\right)^2}=\left(\frac{n_0-\dfrac{n^2}{n_g}}{n_0+\dfrac{n^2}{n_g}}\right)^2 \tag{4.9-16}$$

式(4.9-16)与式(4.9-12)形式上相同，但它们的含义却不相同。式(4.9-12)是膜系反射率在 $n_0<n<n_g$ 情况下的极小值。而式(4.9-16)是膜系反射率在 $n_0<n$ 且 $n_g<n$ 情况下的极大值。由上式可知，所选用的单层膜的折射率越高，膜系的反射率越高。对于常用的高反射率镀膜材料硫化锌(n=2.38)单层膜，其最大反射率约为 0.33。

3. 半波长膜

将 $nh=\lambda/2$，即 $\delta=2\pi$ 代入式(4.9-9)，可得到膜系对波长 λ 的反射率为

$$R_{薄膜}=\left(\frac{n_0-n_g}{n_0+n_g}\right)^2 \tag{4.9-17}$$

可见，它与未镀膜时基片的反射率相同，也就是说，镀单层 $\lambda/2$ 膜时，对反射率没有影响，因此，镀膜时经常镀单层 $\lambda/2$ 膜作为保护膜。

本节讨论了单层膜的特点和种类，增透膜和增反膜的比较见表 4-9。

表 4-9　增透膜和增反膜的比较

种类 \ 项目	膜层折射率	光学厚度	反射光的光程差	干涉状态	半波损失
增透膜	$n<n_g$	$\lambda/4$	$\lambda/2$	干涉相消	有
增反膜	$n>n_g$	$\lambda/4$	λ	干涉相长	无

4.10　多层介质膜

单层膜的功能有限，通常只用于增透、分束，实际上更多地采用多层膜系。多层膜不仅可以起到增反、增透作用，还可以制成冷光膜、彩色分光膜和干涉滤光片。本节将运用等效折射率法计算出多层膜的反射率，并讨论常用多层膜的结构、特点和应用。

4.10.1　等效折射率

根据菲涅耳公式，当光波垂直入射到未镀膜的玻璃平板表面时，玻璃平板的反射率为

$$R=\left(\frac{n_0-n_{\mathrm{g}}}{n_0+n_{\mathrm{g}}}\right)^2 \tag{4.10-1}$$

式中，n_{g}是玻璃平板的折射率；n_0是玻璃平板周围介质的折射率。由上一节单层膜理论知道，在玻璃平板表面镀上一层折射率为 n 的光学厚度的薄膜以后，膜系的反射率为

$$R_{\text{薄膜}}=\left(\frac{n_0-\dfrac{n^2}{n_{\mathrm{g}}}}{n_0+\dfrac{n^2}{n_{\mathrm{g}}}}\right)^2=\left(\frac{n_0-n_{\mathrm{G}}}{n_0+n_{\mathrm{G}}}\right)^2 \tag{4.10-2}$$

式中，n_{G} 通常称为等效折射率。比较式(4.10-1)和式(4.10-2)可知，膜系的反射率相当于折射率为 n_{G} 的基片的反射率。也就是说，等效折射率相当于新的折射率，如果以等效折射率代替原基片的折射率，则反射率的形式不变。因此，只要算出镀 N 层膜时的等效折射率，利用式(4.10-2)就可以求出镀 N 层膜后的反射率。

4.10.2　多层介质膜的反射率

假设交替镀两种光学厚度均为 $\lambda/4$ 的介质膜，奇数层介质膜的折射率为 n_1，偶数层介质膜的折射率为 n_2，如图 4.43 所示，则镀 1 层、2 层、3 层、4 层、……、$2k$ 层和 $2k+1$ 层时的等效折射率分别为

$$\left.\begin{aligned}
n_{\mathrm{I}}&=\frac{n_1^2}{n_{\mathrm{g}}}\\
n_{\mathrm{II}}&=\frac{n_2^2}{n_{\mathrm{I}}}=\left(\frac{n_2}{n_1}\right)^2 n_{\mathrm{g}}\\
n_{\mathrm{III}}&=\frac{n_1^2}{n_{\mathrm{II}}}=\left(\frac{n_1}{n_2}\right)^2 \frac{n_1^2}{n_{\mathrm{g}}}\\
n_{\mathrm{IV}}&=\frac{n_2^2}{n_{\mathrm{III}}}=\left(\frac{n_2}{n_1}\right)^4 n_{\mathrm{g}}\\
&\vdots\\
n_{2k}&=\frac{n_2^2}{n_{2k-1}}=\left(\frac{n_2}{n_1}\right)^{2k} n_{\mathrm{g}}\\
n_{2k+1}&=\frac{n_1^2}{n_{2k}}=\left(\frac{n_1}{n_2}\right)^{2k} \frac{n_1^2}{n_{\mathrm{g}}}
\end{aligned}\right\} \tag{4.10-3}$$

式中，k 为膜系的周期，它由一层折射率为 n_1 和一层折射率为 n_2 的两层膜构成。因此，根据式(4.10-2)得到，镀偶次膜和镀奇次膜时膜系的反射率分别为

$$R_{2k}=\left(\frac{n_0-n_{2k}}{n_0+n_{2k}}\right)^2=\left[\frac{n_0-\left(\frac{n_2}{n_1}\right)^{2k}n_g}{n_0+\left(\frac{n_2}{n_1}\right)^{2k}n_g}\right]^2 \tag{4.10-4}$$

$$R_{2k+1}=\left(\frac{n_0-n_{2k+1}}{n_0+n_{2k+1}}\right)^2=\left[\frac{n_0-\left(\frac{n_1}{n_2}\right)^{2k}\frac{n_1^2}{n_g}}{n_0+\left(\frac{n_1}{n_2}\right)^{2k}\frac{n_1^2}{n_g}}\right]^2 \tag{4.10-5}$$

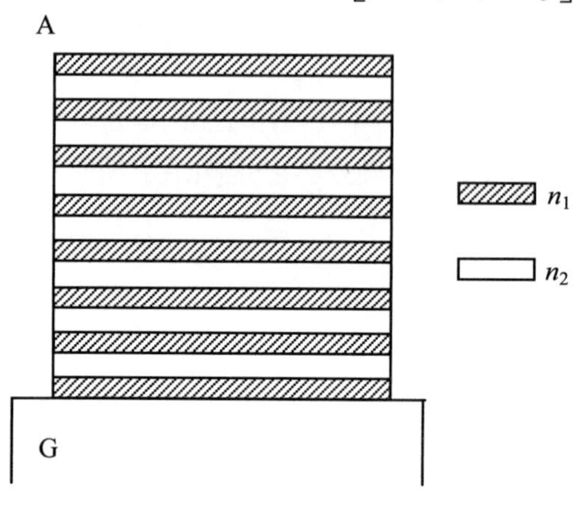

图 4.43 多层 $\lambda/4$ 介质膜系结构示意图

如果选取 $n_1=n_H>n_g$，$n_2=n_L<n_g$，则对于偶次膜，当 k 较大时有 $(n_2/n_1)^{2k}\ll 1$，因此，$R_{2k}\to 1$；对于奇次膜，当 k 较大时有 $(n_1/n_2)^{2k}\gg 1$，又因为 $n_1^2/n_g>1$，所以 $R_{2k+1}\to 1$。可见，无论镀偶次膜还是镀奇次膜，只要增加介质膜的层数，就可以起到增加反射率的作用，但与镀同周期的奇次膜相比，镀偶次膜时反射率增加的幅度较低。多层膜的反射率见表 4-10。计算所用参数为 $n_H=2.38$，$n_g=1.52$，$n_L=1.38$，$n_0=1$。

表 4-10 多层膜的反射率

膜 系	层 数	反射率/(%)	膜 系	层 数	反射率/(%)
GA	0	4.3	$G(HL)^4A$	8	90
GHA	1	30.6	$G(HL)^4HA$	9	98
GHLA	2	8.6	$G(HL)^5HA$	11	99.30
GHLHA	3	66.2	$G(HL)^6HA$	13	99.75
$G(HL)^2A$	4	45.2	$G(HL)^7HA$	15	99.91
$G(HL)^2HA$	5	86.1	$G(HL)^8HA$	17	99.97
$G(HL)^3A$	6	75	$G(HL)^9HA$	19	99.99
$G(HL)^3HA$	7	94.10	$G(HL)^{10}HA$	21	99.992

由表 4-10 可见，同周期的奇次膜的反射率比偶次膜的反射率要高，因此，在实际应用中都是镀奇次高反射膜。多层高反射膜系通常表示为

$$\mathrm{GHLHLH\cdots LHA = G(HL)^{\mathit{k}}HA} \quad (k=1,2,3,\cdots) \tag{4.10-6}$$

式中，G 和 A 分别代表玻璃基片和空气；H 和 L 分别代表高折射率层和低折射率层；k 是周期数，$2k+1$ 是膜层数。根据多光束干涉的原理，当膜系两侧介质的折射率大于或小于膜层的折射率时，膜层的诸反射光中相继两光束的位相差等于π，此时，该波长的反射光会获得最强烈的反射，因此，这种膜系能获得高反射率。图 4.43 所示的膜系恰好能使它包含的每一层膜都满足上述条件，所以入射光在每一膜层上都会被强烈地反射，经过多层的反射后，入射光就几乎全被反射回入射介质中。这种膜系的优点是计算容易，利用膜厚控制仪也比较容易制备，其缺点是需要镀的层数多，而且每一层都必须满足光学厚度，即 $nh=\lambda/4$。

由式(4.10-5)可见，n_H 和 n_L 相差越大，周期数越多，膜系的反射率就越高。应当注意的是，上述膜系的结果只对一种波长λ成立，这个波长称为该膜系的中心波长。当入射光偏离中心波长时，其反射率会相应地下降。因此，每一种$\lambda/4$膜系只对一定波长范围内的光才有高反射率，如图 4.44 所示。

图 4.44 是 ZnS-MgF_2 $\lambda/4$ 膜系镀 3、5、7、9 层时的反射特性曲线。中心波长为 460nm。可以看出，随着膜系层数的增加，高反射率的波长区趋于一个极限，所对应的波段称为该反射膜系的反射带宽。图中带宽约为 200nm。

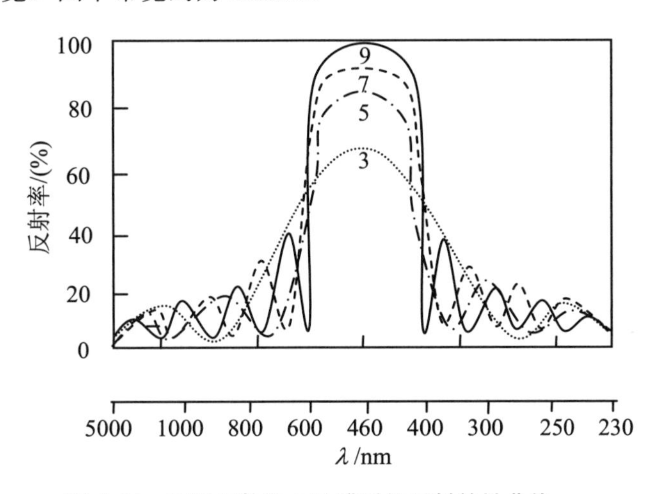

图 4.44　不同层数的 λ/4 膜系的反射特性曲线

如果中心波长为 532nm，即对 532nm 及其附近波长具有高反射率，而在红外波段和紫外波段仍然是高透的。利用这种特性可以制成对 532nm 光波有较高反射，而对 1064nm 光波有较高透射的分束片。在激光器腔内倍频技术中用到的长通片就是这种分束片，当然，如果镀膜时把 1064nm 光波作为高反射带中心，则 532nm 光波有较高透射，这种分束片称为短通片。

4.10.3　常用多层介质膜

1. 双层增透膜

由式(4.10-4)可知，当 k=1 时，得到双层膜的反射率为

$$R_2 = \left(\frac{n_0 - \frac{n_L^2}{n_H^2} n_g}{n_0 + \frac{n_L^2}{n_H^2} n_g} \right)^2 \tag{4.10-7}$$

可见，当 $n_H = n_L\sqrt{n_g/n_0}$ 时，双层膜系的反射率为零。因此，镀双层膜可以起到增透作用。双层增透膜为达到理想的增透提供了镀膜材料的选择余地。例如，早期都用氟化镁材料在玻璃窗口上镀增透膜，由于玻璃的折射率 n_g=1.52，而氟化镁的折射率 n=1.38，对于单层增透膜的条件相差很远。若采用双层增透膜，可以采用氧化硅作为高折射率材料，n_H=1.7，选取氟化镁作为低折射率材料，就可以达到很好的增透效果。

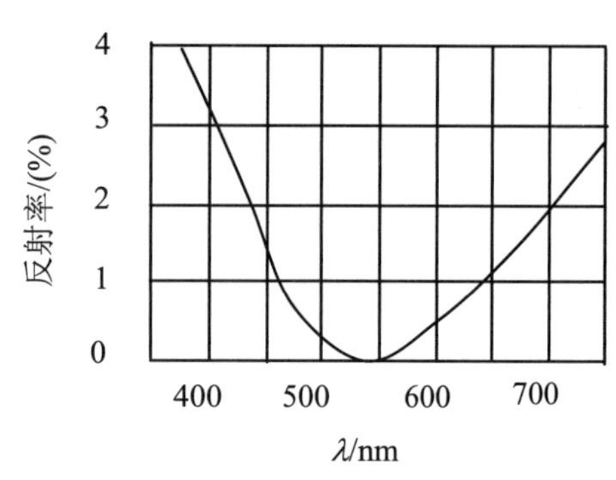

图 4.45　V 形双层增透膜的反射率随波长变化

（n_L=1.38, n_H=1.7，n_g=1.52）

值得注意的是，双层膜系对某一波长 λ 是全增透的，但对其他波长则不同，它们的损失比单层膜时更大一些。图 4.45 给出了 V 形双层增透膜在正入射下的反射率随波长变化的曲线，可见，在控制波长 λ 处，$R=0$。而在 λ 的两侧，曲线上升很快，形状如 V 形，所以也称 V 形增透膜。这种膜一般只有当使用波段很窄时才能采用。

双层膜系有时也采用 $n_L h_L = \lambda/2$，$n_H h_H = \lambda/4$ 这种膜，对于波长 λ 来说，其反射率与仅镀光学厚度为 $\lambda/4$ 单层膜没有区别，但是，对于其他波长的反射率却起了变化。

图 4.46 表示了光束正入射时，几种不同的 n_H 值对应的 $\lambda/4$ 和 $\lambda/2$ 双层膜的反射率随波长变化关系曲线，可见膜系在很宽的波段上有良好的增透效果。由图可见，当 n_H=1.85 时，在波长 $\lambda_1 = 430\text{nm}$，$\lambda_2 = 630\text{nm}$ 处，反射率都是零。图中诸曲线均呈现 W 形，故也称 W 形增透膜。拍摄彩色电视、彩色电影所用的镜头可以镀这种双层膜。也有三层和更多层增透膜，它们可以在更宽的波段内获得更好的增透效果。

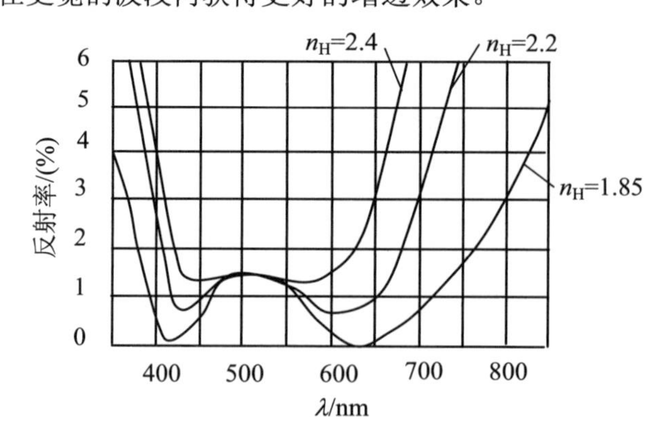

图 4.46　W 形双层增透膜的反射率随波长变化

2. 冷光膜和彩色分光膜

冷光膜是一种既高效能地反射可见光又高效能地透射红外光的多层 $\lambda/4$ 膜系，它的反射带在 300nm 左右。这种膜系通常用作电影放映机的反光镜，以减小电影胶片的受热和增强银幕照度。

理论和实验表明，两个高反射膜堆中间放一个过渡层的膜系可以成为很好的冷光膜，例如

$$\mathrm{G(HL)_1^4H_1L_2(HL)_3^4H_3A} \tag{4.10-8}$$

其中，下标 1、2、3 分别表示 λ_1、λ_2、λ_3 三个控制波长，而且 $\lambda_2=(\lambda_1+\lambda_3)/2$。膜系的含义是：先镀 9 层 λ_1 波长的 $\lambda_1/4$ 膜系高反射膜，然后镀一层 $\lambda_2/4$ 膜系低折射率膜，再镀 9 层 λ_3 波长的 $\lambda_3/4$ 膜系高反射膜。高折射率层用 ZnS，低折射率层用 MgF_2，三个控制波长为 $\lambda_1=650\text{nm}$，$\lambda_2=565\text{nm}$，$\lambda_3=480\text{nm}$。

还可以镀制在可见光区内有选择反射性能的彩色分光膜，例如，采用下列膜系：

$$\mathrm{G0.5HL(HL)^6 0.5HA} \tag{4.10-9}$$

$$\mathrm{G0.5L(HL)^5 H0.5LA} \tag{4.10-10}$$

其中，0.5H 表示高折射率 $\lambda/8$ ZnS 膜，$\lambda=420\text{nm}$；0.5L 表示低折射率 $\lambda/8\ MgF_2$ 膜，$\lambda=700\text{nm}$，两个膜系分别达到反蓝透红绿和反红透蓝绿的效果。彩色分光膜广泛应用于彩色电视中。

图 4.47 所示为一种彩色分光系统。其中 1 为反蓝透红绿彩色分光膜，2 为反红透蓝绿彩色分光膜，3 为绿色滤光片，4 为红色滤光片，5 为蓝色滤光片。

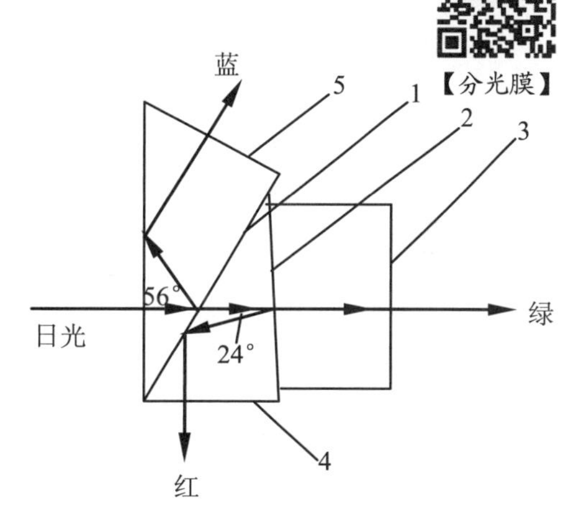

图 4.47　彩色分光系统结构示意图

4.10.4　多层介质膜应用

干涉滤光片是利用多光束干涉原理制成的一种从自然光中过滤出波段范围很窄的近似单色光的多层膜系。全介质干涉滤光片是一种常用的干涉滤光片，其结构如图 4.48 所示：在平板玻璃 G 上镀上两种 $\lambda/4$ 膜系$(\mathrm{HL})^k$ 和$(\mathrm{LH})^k$，再加保护玻璃 G'。

干涉滤光片的光学性能主要由三个参数表征：滤光片的中心波长；透射带的波长半宽度；峰值透射率。

1. 滤光片的中心波长

滤光片的中心波长即透射率最大的波长。根据平行平板多光束干涉原理，在正入射的情况下，产生强度极大的透射光的条件是 $2nh=m\lambda\quad(m=1,2,3,\cdots)$，对于滤光片来说，式中 n 和 h 就是间隔层的折射率和厚度。因此，滤光片的中心波长为

$$\lambda_c=\frac{2nh}{m} \tag{4.10-11}$$

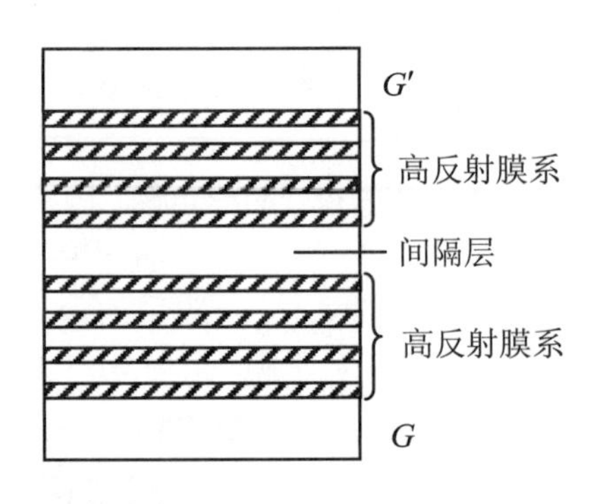

图 4.48　全介质干涉滤光片结构示意图

可见，滤光片的中心波长取决于间隔层的光学厚度 nh 和干涉级 m 。对于一定的光学厚度，λ_c 只取决于干涉级 m 。因此，对于一定的滤光片，可以有对应于不同 m 值的中心波长。例如，滤光片的间隔层 $n=1.5$ ，$h=6\times10^{-5}\text{cm}$ ，则在可见光区有 $\lambda_c=600\text{nm}$ $(m=3)$和 $\lambda_c=450\text{nm}$ $(m=4)$两个中心波长。间隔层的厚度增大时，中心波长的数目就会更多一些。

2. 透射带的波长半宽度

在 4.8 节中把激光器谐振腔看作是一个法布里-珀罗标准具，并讨论过它的输出线宽，所得到的结果显然也适用于此。因此，滤光片透射带的波长半宽度为

$$\Delta\lambda=\frac{\lambda_c^2}{2\pi nh}\frac{(1-R)}{\sqrt{R}} \tag{4.10-12}$$

利用式(4.10-11)和式(4.7-12)，可以把上式写为

$$\Delta\lambda=\frac{2\lambda_c}{m\pi\sqrt{F}} \tag{4.10-13}$$

式(4.10-13)表明，透射带的波长半宽度 $\Delta\lambda$ 与干涉级 m 和高反射膜的 F 值(或反射率 R)成反比，m 和 R 越大，$\Delta\lambda$ 越小，滤光片的单色性越好。

3. 峰值透射率

峰值透射率就是对应于透射率最大的中心波长的透射光强度与入射光强度之比，即

$$T_{\max}=\left(\frac{I_t}{I_i}\right)_{\max} \tag{4.10-14}$$

若不考虑滤光片的吸收和表面散射损失，由式(4.7-18)可知，$I_{t,\max}=I_i$ ，即峰值透射率 $T_{\max}=1$ 。

但实际上，由于高反射膜的吸收和散射会造成光能损失，峰值透射率不可能等于 1。特别是金属反射滤光片，吸收尤为严重，峰值透射率一般在 30%以下。几种滤光片的 3 个主要参数见表 4-11，其中最后一种滤光片的透射率曲线如图 4.49 所示。

表 4-11　几种滤光片的主要参数

类　型	中心波长/nm	峰值透射率	波长半宽度/nm
M-2L-M	531	0.30	13
M-4L-M	535	0.26	7
MLH-2L-HLM	547	0.43	4.8
$\text{M(LH)}^2\text{-2L-(HL)}^2\text{M}$	605	0.38	2
HLH-2L-HLH	518.5	0.90	38
$\text{(HL)}^3\text{H-2L-H(LH)}^3$	520	0.70	4
$\text{(HL)}^5\text{-2H-(LH)}^5$	660	0.50	2

注：M 代表金属膜；L 代表光学厚度为 $\lambda/4$ 的低折射率膜层，前 4 种 L 介质是氟化镁，后 3 种是冰晶石；H 代表光学厚度为 $\lambda/4$ 的高折射率膜层，均为硫化锌。

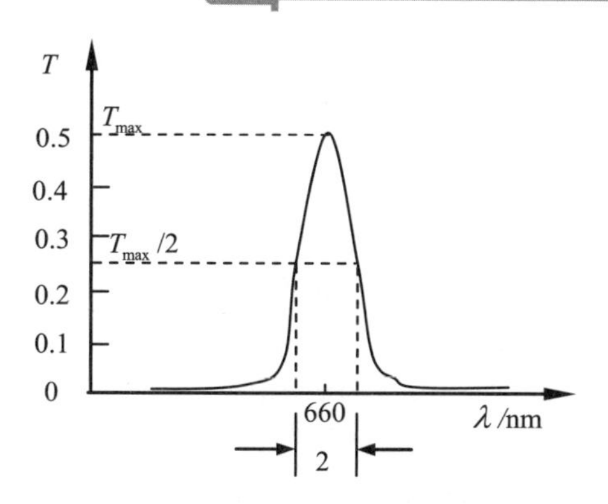

图 4.49　一种滤光片的透射率曲线

本节运用等效折射率法计算出多层膜的反射率，并讨论了常用多层膜的结构、特点和应用，要点见表 4-12。

表 4-12　多层膜

等效折射率	偶次膜反射率	奇次膜反射率
$n_{2k}=\left(\dfrac{n_2}{n_1}\right)^{2k}n_g$ $n_{2k+1}=\left(\dfrac{n_1}{n_2}\right)^{2k}\dfrac{n_1^2}{n_g}$	$R_{2k}=\left[\dfrac{n_0-\left(\dfrac{n_2}{n_1}\right)^{2k}n_g}{n_0+\left(\dfrac{n_2}{n_1}\right)^{2k}n_g}\right]^2$	$R_{2k+1}=\left[\dfrac{n_0-\left(\dfrac{n_1}{n_2}\right)^{2k}\dfrac{n_1^2}{n_g}}{n_0+\left(\dfrac{n_1}{n_2}\right)^{2k}\dfrac{n_1^2}{n_g}}\right]^2$

小　　结

本章通过任意两个光波进行叠加时所产生的合振动的光强分布，讨论了产生干涉的基本条件，即两个光波振动应部分或全部平行；两个光波的频率必须相等；两个光波之间的总位相差ϕ恒定。还讨论了满足干涉条件应采用的基本方法，即分波前法和分振幅法。在此基础上，对属于分波前干涉的杨氏双缝干涉、菲涅耳双面镜干涉等和属于分振幅干涉的等倾干涉和等厚干涉的原理、干涉图样特点等进行了分析和讨论。同时，讨论了光源大小、光源非单色性和两束相干光波振幅比对干涉条纹对比度的影响，介绍了平面干涉仪、球面干涉仪、迈克尔逊干涉仪、泰曼干涉仪和马赫-泽德干涉仪。

当平行平板表面反射率很低时，只考虑头两束光的干涉即可，但在反射率很高时，各反射光束和各透射光束对干涉场的强度分布都是有贡献的。为此，本章讨论了高反射率平行平板产生的多光束干涉的强度分布和多光束干涉图样的特点，并介绍多光束干涉仪——法布里-珀罗干涉仪的结构、原理及其在研究光谱线的超精细结构和激光器谐振腔选频方面的应用。

本章还根据多光束干涉的原理，详细讨论了制作单层和多层光学薄膜的基本理论。在此基础上，推导了单层增反膜、单层增透膜的条件；利用有效折射率方法推算了多层介质膜的反射率，并介绍了多层介质膜的种类和应用。

应 用 实 例

应用实例 4-1 在杨氏干涉实验中，波长为633nm的激光垂直入射到间距为0.2mm的双缝上，求距缝1m处光屏上所形成的干涉条纹间距。

解：根据式(4.2-16)，可以得到干涉条纹间距为

$$e=\frac{D\lambda}{d}=\frac{1000\times 633\times 10^{-6}}{0.2}\text{mm}=3.165\text{mm}$$

即距缝1m处光屏上所形成的干涉条纹间距为3.165mm。

应用实例 4-2 用波长为532nm的绿激光照射折射率为n=1.33的肥皂膜，在与膜平面成30°角的方向观察到膜最亮，若此时干涉级为1，求：(1) 肥皂膜的厚度；(2) 若在与膜平面垂直的方向观察到膜最亮，该用波长为多少的光波。

解：(1) 因为与膜平面成30°角的方向观察到干涉级为1的膜最亮，所以

$$2nh\cos\theta_2+\frac{\lambda}{2}=\lambda$$

则有

$$h=\frac{\lambda}{4\sqrt{n^2-\sin^2\theta_1}}=\frac{532\times 10^{-6}}{4\times\sqrt{1.33^2-\left(\sqrt{3}/2\right)^2}}\text{mm}=121\text{nm}$$

因此，肥皂膜的厚度为121nm。

(2) 在与膜平面垂直的方向观察到膜最亮，则有

$$2nh+\frac{\lambda}{2}=\lambda$$

因此

$$\lambda=4nh=4\times 1.33\times 121\text{mm}=644\text{nm}$$

即所用光波的波长为644nm。

应用实例 4-3 对于两块玻璃片之间形成的空气尖劈，当视线与玻璃片表面垂直时，观测到干涉条纹的间距为0.05cm，如果两块玻璃片之间是折射率为1.33的水，则干涉条纹的间距是多少？

解：根据式(4.4-9)，有

$$e=\frac{\lambda}{2n\alpha}$$

可见，干涉条纹间距与折射率成反比，即$n_1e_1=n_2e_2$，因此

$$e_2=\frac{n_1e_1}{n_2}=\frac{1\times 0.05}{1.33}\text{cm}\approx 0.038\text{cm}$$

即两块玻璃片之间为水时干涉条纹的间距为0.038cm。

应用实例 4-4 用波长为$\lambda_1=600\text{nm}$的绿光和波长为$\lambda_2=500\text{nm}$的红光照射曲率半径

为 $R=1\text{m}$ 的透镜形成牛顿环时，λ_1 的第 m 级和 λ_2 的第 $m+1$ 级暗环重合，求 λ_1 的第 m 级暗环半径。

解：式(4.6-12)可以改写为 $RN\lambda=r^2$，由于 λ_1 的第 m 级和 λ_2 的第 $m+1$ 级暗环重合，则

$$m\lambda_1=(m+1)\lambda_2$$

因此

$$m=\frac{\lambda_2}{\lambda_1-\lambda_2}=\frac{500}{600-500}=5$$

利用式(4.6-12)得到 λ_1 的第 m 级(第 5 个)暗环半径为

$$r=\sqrt{Rm\lambda}=\sqrt{1000\times5\times600\times10^{-6}}\text{mm}=1.732\text{mm}$$

应用实例 4-5　一个法布里-珀罗标准具所镀膜层的反射率为 0.90，间隔为 2cm，试求该标准具在波长在 500nm 附近时能分辨的最大波长差、最小波长差和分辨本领。

解：利用式(4.8-7)，可以得到最大波长差为

$$(\Delta\lambda)_\text{f}=\frac{\bar{\lambda}^2}{2nh}=\frac{500^2}{2\times1\times2\times10^7}\text{nm}=6.25\times10^{-3}\text{nm}$$

设在视场中心附近，法布里-珀罗标准具所产生的干涉级数为 m，则有

$$2nh=m\lambda$$

因此

$$m=\frac{2nh}{\lambda}=\frac{2\times1\times2\times10^7}{500}=8\times10^4$$

利用式(4.8-12)，可以得到最小波长差为

$$(\Delta\lambda)_\text{min}=\frac{\bar{\lambda}(1-R)}{m\pi\sqrt{R}}=\frac{500\times(1-0.90)}{8\times10^4\pi\sqrt{0.90}}\text{nm}\approx2.1\times10^{-4}\text{nm}$$

利用式(4.8-8)，可以得到分辨本领为

$$G=\frac{\bar{\lambda}}{(\Delta\lambda)_\text{min}}=\frac{500}{2.1\times10^{-4}}\approx2.5\times10^6$$

应用实例 4-6　某激光器谐振腔的长度为 10cm，腔面所镀膜层的反射率为 0.95，输出激光的中心波长为 532nm，谱线宽度为 1nm，求：(1)该激光器输出光谱中有多少个纵模；(2)单模线宽。

解：(1) 利用式(4.8-17)可以得到纵模间隔为

$$\Delta\nu_\text{e}=\frac{c}{2nL}=\frac{3\times10^8}{2\times1\times10\times10^{-2}}\text{Hz}=1.5\times10^3\text{MHz}$$

因为 $\lambda\nu=c$，因此，谱线宽度为

$$\Delta\nu_0=\frac{\Delta\lambda_0}{\lambda}\nu=\frac{\Delta\lambda_0\,c}{\lambda^2}=\frac{1\times3\times10^{17}}{532^2}\text{Hz}\approx1.1\times10^6\text{MHz}$$

纵模数量为

$$N=\frac{\Delta\nu_0}{\Delta\nu_\text{e}}=\frac{1.1\times10^6}{1.5\times10^3}\approx7\times10^2$$

(2) 利用式(4.8-23)，可以得到单纵模线宽为

$$\Delta\nu=\frac{c}{2\pi nL}\frac{1-R}{\sqrt{R}}=\frac{3\times10^8}{2\pi\times10\times10^{-2}}\frac{1-0.95}{\sqrt{0.95}}\text{Hz}\approx24.5\text{MHz}$$

应用实例 4-7 在折射率 n_g=1.52 的玻璃表面镀一层折射率 $n=1.38$ 的氟化镁透明薄膜，求：(1) 对于波长 $\lambda=532\text{nm}$ 的入射光来说，膜层的厚度为多少时薄膜才能起到增透作用；(2) 这时薄膜的反射率为多少；(3) 与不镀膜时相比反射率降低了多少。

解：(1) 根据式(4.9-11)，当薄膜厚度为光学厚度 $\lambda/4$ 时才能起到增透作用，此时膜层的厚度应当满足

$$H=nh=\frac{\lambda}{4}\Rightarrow h=\frac{532}{4\times1.38}\text{nm}\approx96.38\text{nm}$$

(2) 根据式(4.9-12)，镀膜后反射率为

$$R_{薄膜}=\frac{(n_0n_g-n^2)^2}{(n_0n_g+n^2)^2}=\left(\frac{1\times1.52-1.38^2}{1\times1.52+1.38^2}\right)^2=1.26\%$$

(3) 根据式(4.9-17)，未镀膜时反射率为

$$R_{薄膜}=\left(\frac{n_0-n_g}{n_0+n_g}\right)^2=\left(\frac{1-1.52}{1+1.52}\right)^2=4.26\%$$

因此，镀膜后反射率降低了 3%。

应用实例 4-8 GaAs 发光管发射的波长为 $\lambda=930\text{nm}$，GaAs 材料的折射率 n_g=3.42，求：(1) 在 GaAs 发光管表面所镀单层增透膜的折射率和膜层的厚度；(2) 分别镀光学厚度均为 $\lambda/4$，折射率为 $n=1.38$ 的氟化镁透明薄膜和折射率为 $n=2.58$ 的硫化锌透明薄膜后，反射率各是多少。

解：(1) 根据式(4.9-13)，单层增透膜的折射率为

$$n=\sqrt{n_0n_g}=\sqrt{1\times3.42}=1.849$$

根据式(4.9-11)，单层增透膜的膜层厚度为

$$H=nh=\frac{\lambda}{4}\Rightarrow h=\frac{930}{4\times1.849}\text{nm}\approx125.74\text{nm}$$

(2) 根据式(4.9-17)，未镀膜时反射率为

$$R_{薄膜}=\left(\frac{n_0-n_g}{n_0+n_g}\right)^2=\left(\frac{1-3.42}{1+3.42}\right)^2=29.98\%$$

根据式(4.9-12)，镀光学厚度为 $\lambda/4$，折射率为 $n=1.38$ 的氟化镁透明薄膜后，反射率为

$$R_{薄膜}=\frac{(n_0n_g-n^2)^2}{(n_0n_g+n^2)^2}=\left(\frac{1\times3.42-1.38^2}{1\times3.42+1.38^2}\right)^2=8.10\%$$

根据式(4.9-12)，镀光学厚度为 $\lambda/4$，折射率为 $n=2.58$ 的硫化锌透明薄膜后，反射率为

$$R_{薄膜}=\frac{(n_0n_g-n^2)^2}{(n_0n_g+n^2)^2}=\left(\frac{1\times3.42-2.58^2}{1\times3.42+2.58^2}\right)^2=10.32\%$$

可见，只要所镀膜层的折射率小于基底的折射率，镀光学厚度为 $\lambda/4$ 的薄膜就会起到增透作用。

习　　题

4.1　在杨氏实验装置中，光源波长为 $\lambda=0.53\,\mu\text{m}$，两缝间距为 $d=2\text{mm}$，干涉屏与观察屏之间的距离为 D=50cm。求：(1) 观察屏上第一亮条纹与中央亮条纹之间的距离；(2) 若 P 点离中央亮条纹的距离为 0.2mm，两束光在 P 点的位相差是多少；(3) P 点的光强和中央点的光强之比。

4.2　如图 4.50 所示，在杨氏实验装置中，两小孔的间距为 d=0.5mm，观察屏离小孔的距离为 D=50cm。当用折射率为 n=1.60 的透明薄片贴住小孔 S_2 时，发现观察屏上的条纹移动了 1cm，试确定该薄片的厚度 t 是多少。

4.3　如图 4.51 所示，在双缝实验中，波长为 λ 的单色平行光入射到缝宽均为 $b(b\gg\lambda)$ 的双缝上，将一块厚度为 t、折射率为 n 的薄玻璃片放在其中一个缝的后面。试完成：(1)讨论 P_0 点的光强度特性；(2)如果将两个缝的宽度均增加到 $2b$，P_0 点的光强发生怎样的变化？

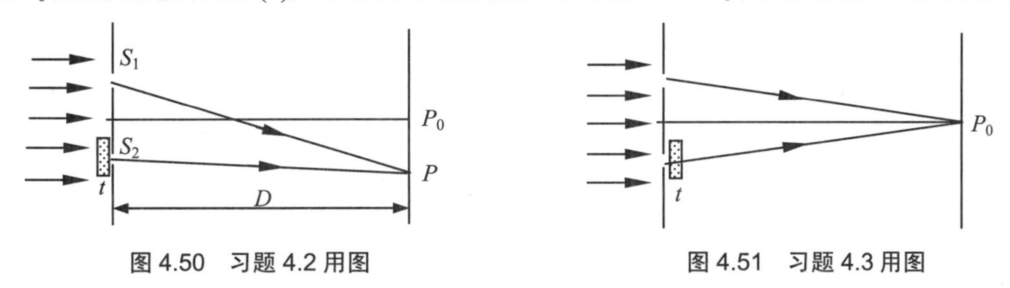

图 4.50　习题 4.2 用图　　　　图 4.51　习题 4.3 用图

4.4　在双缝实验中，缝间距为 d=0.5mm，观察屏离缝所在平面的距离为 D=100cm，测得 10 个干涉条纹之间的距离为 15mm，试求所用波长。

4.5　设菲涅耳双面镜的夹角为 $\alpha=0.5°$，缝光源到双面镜交线的距离为 l=10cm，观察屏与双面镜交线的距离为 2m，用 $\lambda=0.633\,\mu\text{m}$ 的红光照射双面镜，求观察屏上干涉条纹的间距和干涉条纹的数目。

4.6　在菲涅耳双棱镜实验中，双棱镜的顶角为 $\alpha=5'$，折射率为 n=1.52，观察屏与双棱镜的距离为 5m，用 $\lambda=0.532\,\mu\text{m}$ 的绿光照射双棱镜，求观察屏上干涉条纹的间距和干涉条纹的数目。

4.7　在洛埃镜实验中，反射镜的长度为 50mm，观察屏与反射镜右边缘的距离为 3m，线光源与反射镜左边缘的距离为 2cm，与反射镜面的距离为 a=0.5mm，用 $\lambda=0.532\,\mu\text{m}$ 的绿光照射反射镜，求观察屏上干涉条纹的间距和干涉条纹的数目。

4.8　如图 4.52 所示，该装置可以用来测量铝箔厚度 d，两块薄玻璃板尺寸为 75mm×25mm。用波长 $\lambda=532\text{nm}$ 的绿光照射，从交棱处开始数出 100 道条纹，相应的距离为 50mm，试求铝箔的厚度。

4.9　如图 4.53 所示，A 和 B 是两块玻璃平板，d 为金属细丝，O 为 A 和 B 的交棱。试完成：(1)设计一个测量 d 的方案；(2)如果在 B 表面有一半圆柱形凹槽，凹槽的方向与 A 和 B 的交棱垂直，若用 λ=632.8nm 的 He-Ne 激光垂直照射时，条纹最大弯曲量为条纹间距的 2/5，求凹槽的深度。

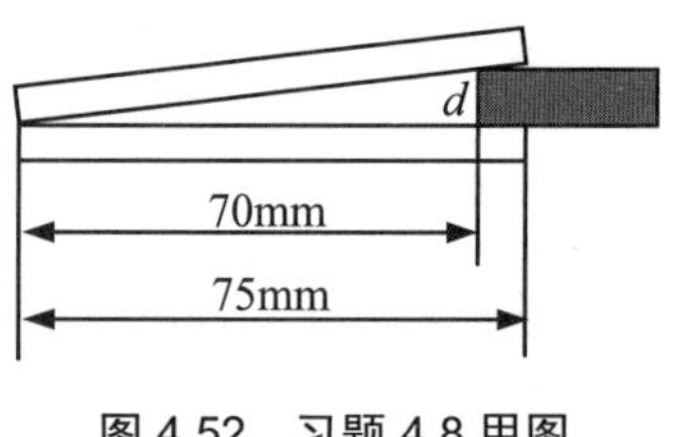

图 4.52　习题 4.8 用图

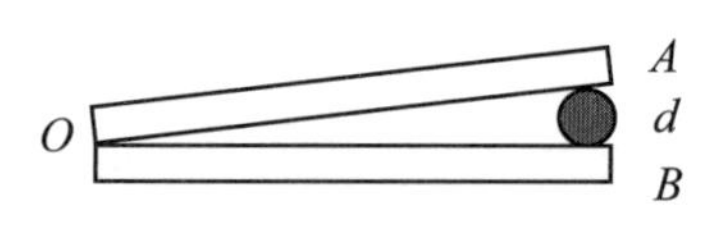

图 4.53　习题 4.9 用图

4.10　证明牛顿环条纹的间距 e 满足关系式：$e=\sqrt{R\lambda/N}/2$。式中，N 是由中心向外计算的条纹数，λ 是照明光波波长，R 是透镜曲率半径。

4.11　如图 4.54 所示，曲率半径为 R_1 的凸透镜和曲率半径为 R_2 的凹透镜相接触，在 λ=632.8nm 的 He-Ne 激光垂直照射下，观察到 15 个暗环。已知凸透镜的直径 D=30mm，曲率半径 R_1=500mm，试求凹透镜的曲率半径。

4.12　如图 4.55 所示的楔形玻璃片，右端厚度 h=0.05mm，折射率 n=1.5，波长为 λ=632.8nm 的 He-Ne 激光以 30° 角入射到上表面，求在这个面上产生的条纹数。若以两块玻璃片形成的空气楔代替，产生的条纹数是多少？

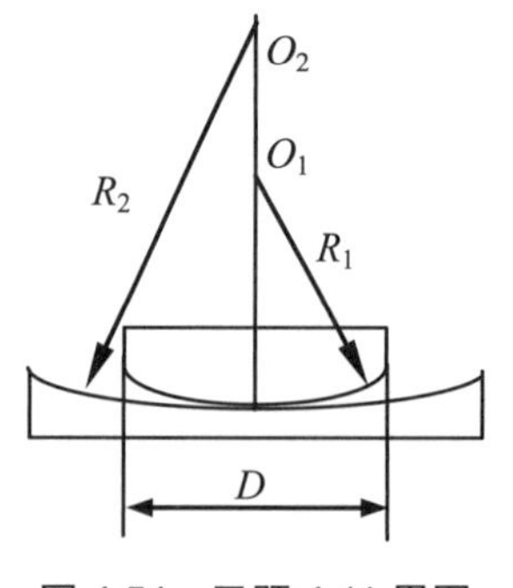

图 4.54　习题 4.11 用图

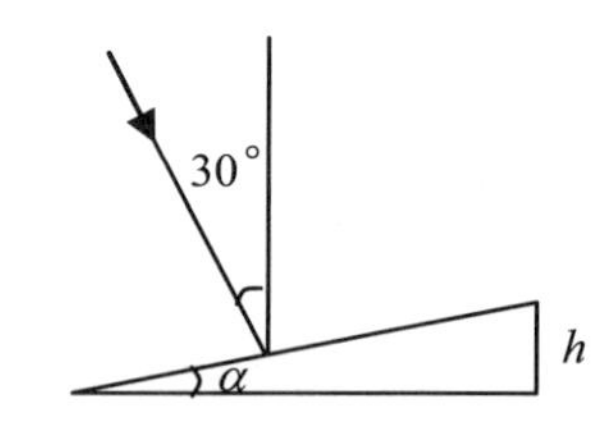

图 4.55　习题 4.12 用图

4.13　根据干涉条纹对比度的条件(对应于光源中心点和边缘点，观察点的光程差之差必须小于 λ/4)，证明在楔板表面观察到的等厚干涉，光源的许可角宽度为 $\theta_{\rm p}=\sqrt{n\lambda/d}/n'$，式中，$d$ 是观察点处楔板的厚度，n 和 n' 表示楔板和楔板外的折射率。

4.14　在平板双光束干涉实验中，若照明用波长为 λ=632.8nm 的 He-Ne 激光，平板的厚度 h=2mm，折射率 n=1.5，其下表面涂上一种高折射率介质($n_{\rm H}$>1.5)。求：(1) 在反射光方向观察到的干涉圆环条纹的中心是亮斑还是暗斑；(2) 由中心向外计算，第 10 个亮环的半径(观察望远镜物镜的焦距为 20cm)；(3) 第 10 个亮环处的条纹间距。

4.15　用 He-Ne 激光照明迈克尔逊干涉仪，通过望远镜看到视场内有 20 个暗环，且中心是暗斑。然后移动反射镜 M_1，看到圆环条纹收缩，并一一在中心消失了 20 个环。此时视场内只有 10 个暗环，试求：(1) M_1 移动前中心暗斑的干涉级数；(2) M_1 移动后第 5 个暗环的角半径。

4.16　当反射率分别为 R=0.8、0.9、0.98 时，求法布里-珀罗标准具条纹的精细度系数、条纹的位相差半宽度和条纹的精细度。

4.17　法布里-珀罗标准具的间隔 h=2mm，折射率 n=1.5，两镜面的反射率 R=0.98，所

使用的单色光波长 λ=632.8nm。(1) 求标准具所能测量的最大波长差和最小波长差；(2) 求干涉条纹中心的干涉级数；(3) 求第 5 个亮环和第 5 个暗环的干涉级数；(4) 若聚焦透镜的焦距 f=50cm，求第 5 个亮环的半径。

4.18　法布里-珀罗干涉仪两反射镜的反射率为 0.9，试求它的最大和最小透射率。若干涉仪镜面的反射率为 0.05，则最大和最小透射率又是多少？当干涉仪用折射率 n=1.5 的玻璃平板代替时，最大透射率和最小透射率为多少？

4.19　法布里-珀罗标准具的间隔为 h=2.5mm，问对于 λ=500nm 的光波，中心条纹的干涉级数是多少？如果照明光波包含波长 500nm 和稍小于 500nm 的两种光波，它们的干涉环条纹间距为 1/100 条纹间距，未知光波的波长是多少？

4.20　已知 Nd∶YAG 激光工作物质荧光谱中心波长为 1.064μm，荧光线宽为 3nm。求：(1) 若谐振腔长为 L=0.5m，能产生的振荡纵模数；(2) 用法布里-珀罗标准具选模，若只允许一个纵模存在，法布里-珀罗标准具的厚度 h 是多少。

4.21　在折射率 n_g=1.52 光学玻璃基片上镀上一层硫化锌薄膜(n=2.38)，入射光波长 λ=0.53μm，求垂直入射时对应最大和最小反射率的膜厚及反射率。

4.22　在折射率 n_g=1.6 的玻璃基片上镀一单层增透膜，膜材料为氟化镁(n=1.38)，控制膜厚使得在垂直入射条件下对于 $\lambda = 0.5\mu m$ 的光给出最小反射率，试求这个单层膜在下列条件下的反射率：(1) 波长 $\lambda = 0.5\mu m$，入射角 $\theta_0 = 0°$；(2) 波长 $\lambda = 0.6\mu m$，入射角 $\theta_0 = 0°$；(3) 波长 $\lambda = 0.5\mu m$，入射角 $\theta_0 = 30°$；(4) 波长 $\lambda = 0.6\mu m$，入射角 $\theta_0 = 30°$。

4.23　在照相物镜上镀一层光学厚度为 $5\lambda/4$ ($\lambda = 0.5\mu m$)的低折射率膜，试求在可见光区域内反射率最大的波长，薄膜呈什么颜色？

4.24　如图 4.56(a)所示，红外波段的光垂直通过锗片(n=4)窗口时，其光能损失多少？如图 4.56(b)所示，若在锗片表面镀上硫化锌($n_1 = 2.35$)膜层，其光学厚度为 H＝1.25μm，则波长为 5μm 的红外光垂直入射该窗口时，光能损失多少？

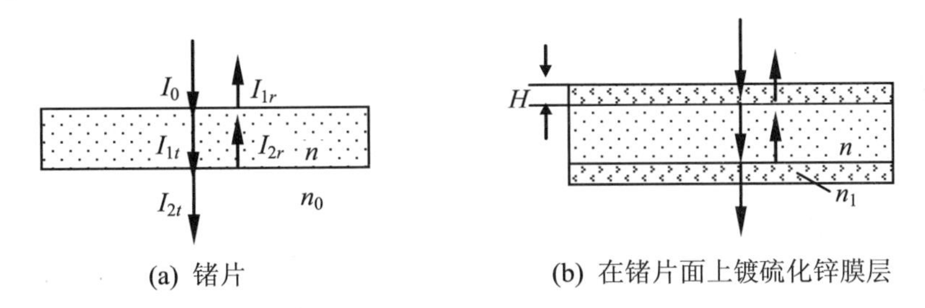

(a) 锗片　　(b) 在锗片面上镀硫化锌膜层

图 4.56　习题 4.24 用图

4.25　有一干涉滤光片，其间隔层的厚度为 2×10^{-4}mm，n=1.52。试求：(1) 垂直入射情况下滤光片在可见光区的中心波长；(2) 如果 R=0.9，透射带的波长半宽度；(3) 入射角分别为 30° 和 45° 时的透射光波长。

4.26　计算下列两个 7 层 $\lambda/4$ 膜系的等效折射率和反射率：(1) $n_g = 1.52$，$n_H = 2.40$，$n_L = 1.38$；(2) $n_g = 1.50$，$n_H = 2.40$，$n_L = 1.38$。

4.27　He-Ne 激光器谐振腔的反射镜是通过在玻璃基片上镀多层高反膜制成。$n_g = 1.64$，$n_H = 2.53$，$n_L = 1.35$。试求膜层为 5 层、9 层和 15 层时的反射率。

4.28　将波长为 $\lambda = 600\,\text{nm}$ 的光波和波长稍小于它的光波在法布里-珀罗干涉仪上进行比较。当法布里-珀罗干涉仪两镜面之间的距离改变 1.5mm 时，两个光波形成的两组干涉条纹就重合一次，试求稍小光波的波长。

4.29　法布里-珀罗标准具两镜面之间的距离 h=0.25mm，波长为 λ_1 的光波所形成的干涉条纹系中第 2 环和第 5 环的半径分别为 2mm 和 3.8mm；波长为 λ_2 的光波所形成的干涉条纹系中第 2 环和第 5 环的半径分别为 2.1mm 和 3.85mm。若平均波长 $\lambda = 500\,\text{nm}$，两个光波的波长差是多少？

4.30　某同位素在绿光附近的 4 条谱线的波长为 $\lambda_1 = 546.0753\text{nm}$，$\lambda_2 = 546.0745\text{nm}$，$\lambda_3 = 546.0734\text{nm}$，$\lambda_4 = 546.0728\text{nm}$，如果法布里-珀罗标准具两镜面的反射率 $R = 0.9$，法布里-珀罗标准具两镜面之间的距离为多少时才能分析这一结构？

第 5 章

光的衍射理论与应用

教学目的与要求

- 掌握惠更斯原理
- 了解惠更斯-菲涅耳原理
- 掌握基尔霍夫衍射理论
- 掌握菲涅耳-基尔霍夫衍射公式
- 了解菲涅耳衍射和夫琅禾费衍射的近似条件
- 了解傅里叶变换定理、卷积及其性质和 δ 函数及其性质
- 掌握照明函数和常用孔径函数的具体表达形式
- 掌握利用傅里叶变换处理夫琅禾费衍射的方法
- 掌握衍射光栅及其应用

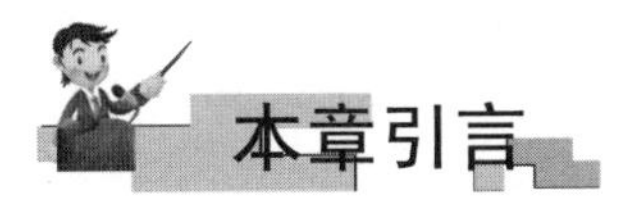

本章引言

光的衍射是指光波遇障碍物时，会绕到障碍物后面的现象。光的衍射理论主要有惠更斯-菲涅耳理论和基尔霍夫理论。惠更斯-菲涅耳理论认为：波前上的每一点都可以看作次波的波源，波前外任一点的光振动都是所有次波相干叠加的结果。基尔霍夫理论认为：封闭曲面内的任一点的光振动可以用曲面上的场及其导数表示。光的衍射通常分为菲涅耳衍射和夫琅禾费衍射。菲涅耳衍射是光源和观察屏距离衍射屏都为有限距离的衍射；夫琅禾费衍射是光源和观察屏距离衍射屏都相当于无限远处的衍射，因此，夫琅禾费衍射一般利用平面波入射，并在透镜的焦平面上形成衍射图样分布，这使得夫琅禾费衍射图样在条纹的强度和清晰程度等方面都强于菲涅耳衍射图样，这也使得夫琅禾费衍射在物质光谱分析和研究中有着更广泛的应用。

【光的衍射】

【光谱分析】

由于衍射图样与入射光的波长、入射角度、衍射孔径的形状和尺寸等因素有关，因此，在实际应用中，根据衍射图样的变化，可以测量入射光波的波长；可以判断衍射孔径的形状；可以测量衍射孔径的尺寸。根据光的衍射原理，还可以制成分光仪器，如光栅光谱仪、单色仪都是根据光的衍射原理制成的，图 5.0 是一种实用的双光束光谱仪结构示意图。

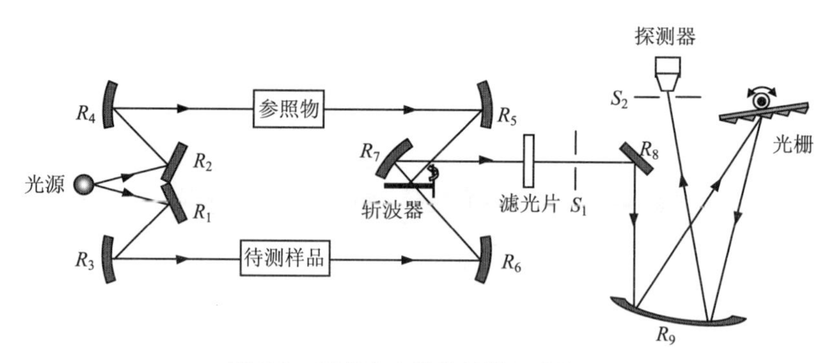

图 5.0 双光束光谱仪结构示意图

在以往，大都利用积分来计算光通过衍射孔径以后的光振动分布，本章将重点讨论利用傅里叶变换来计算光通过衍射孔径以后的光振动分布。该种方法简单实用，方便快捷，特别适用于具有周期性结构的孔径衍射所形成的光振动分布。

5.1 惠更斯-菲涅耳原理

建立在光的直线传播定律基础上的几何光学无法解释光的衍射，这种现象的解释要依靠光的波动理论。历史上最早成功地运用波动理论来解释衍射现象的是菲涅耳。他把惠更斯在 17 世纪提出的惠更斯原理用干涉理论加以补充，发展成为惠更斯-菲涅耳原理(Huygens-Fresnel principle)，从而相当好地解释了衍射现象。本节将介绍惠更斯原理和惠更斯-菲涅耳原理，并利用菲涅耳半波带法讨论圆孔的衍射。

5.1.1 惠更斯原理

为了说明光波在空间各点逐步传播的机理，惠更斯提出了一种假设：认为波面Σ上的每一点都可以看作是一个次波扰动中心，并发出子波；在后一个时刻这些子波的包络面就是新的波面Σ′，如图 5.1 所示。利用惠更斯原理可以说明衍射现象的存在，但不能确定光波通过衍射屏后沿不同方向传播的振幅，因而也就无法确定衍射图样中的光强分布。

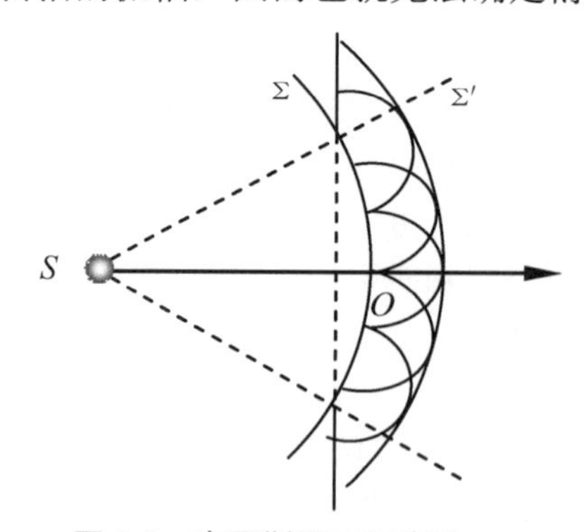

图 5.1 惠更斯原理示意图

5.1.2　惠更斯-菲涅耳原理

菲涅耳在研究了光的干涉现象以后，考虑到惠更斯子波来自同一光源，它们应该是相干的，因而波面外任一点的光振动应该是波面上所有子波相干叠加的结果，这就是惠更斯-菲涅耳原理。惠更斯-菲涅耳原理是研究衍射问题的理论基础，为了便于理解和掌握，下面做一些定量分析。

考察单色点光源 S 对于空间任意一点 P 的光作用，如图 5.2 所示。因为 S 和 P 之间并无任何遮挡物，因此，可以选取 S 和 P 之间的任意一个波面 Σ，并以波面上各点发出的子波在 P 点相干叠加的结果代替 S 对 P 的作用。因为单色点光源在波面 Σ 上任意一点 Q 产生的复振幅为

$$\tilde{E}_Q = \frac{E_0}{r_0}\exp(\mathrm{i}kr_0) \tag{5.1-1}$$

式中，E_0 是离点光源单位距离处的振幅，r_0 是波面 Σ 的半径。在 Q 点处取波面元 $\mathrm{d}s$，则按照菲涅耳的假设，面元 $\mathrm{d}s$ 发出的子波在 P 点产生的复振幅与入射波在面元上的复振幅 $\tilde{E}_Q$、面元大小和倾斜因子 $K(\theta)$ 成正比；$K(\theta)$ 表示子波的振幅随面元法线与 QP 的夹角而变化(θ 称为衍射角)。因此，面元 $\mathrm{d}s$ 在 P 点产生的复振幅可以表示为

$$\mathrm{d}\tilde{E}_P = CK(\theta)\frac{E_0\exp(\mathrm{i}kr_0)}{r_0}\frac{\exp(\mathrm{i}kr)}{r}\mathrm{d}s \tag{5.1-2}$$

式中，C 是比例系数；r 是 QP 之间的距离。菲涅耳还假设，当 $\theta=0$ 时，倾斜因子 $K(\theta)$ 有最大值为 1，随着 θ 的增大，$K(\theta)$ 迅速减小，当 $\theta \geqslant \pi/2$ 时，$K(\theta)=0$。因此，在图 5.2 中，只有 ZZ' 范围内的波面上的面元发出的子波对 P 点产生作用，所以 P 点光场复振幅为

$$\tilde{E}_P = C\frac{E_0\exp(\mathrm{i}kr_0)}{r_0}\iint_{\Sigma}K(\theta)\frac{\exp(\mathrm{i}kr)}{r}\mathrm{d}s \tag{5.1-3}$$

式(5.1-3)就是惠更斯-菲涅耳原理的数学表达式，称为惠更斯-菲涅耳公式。原则上利用式(5.1-3)可以计算任意形状孔径或屏障的衍射问题，但应当注意的是，只有在孔径范围内的波面 Σ 对 P 点起作用。这部分波面的各面元发出的子波在 P 点的干涉将决定 P 点的振幅和强度，因此，只要完成对波面 Σ 的积分便可以求出 P 点的振幅和强度。但是，对于形状复杂的衍射屏，这个积分计算起来相当困难，并很难得到精确的解。利用式(5.1-1)可以将式(5.1-3)改写为

$$\tilde{E}_P = C\tilde{E}_Q\iint_{\Sigma}K(\theta)\frac{\exp(\mathrm{i}kr)}{r}\mathrm{d}s \tag{5.1-4}$$

实际上，式(5.1-4)的积分面可以选取波面，也可以选取 S 点和 P 点之间的任何一个曲面或平面，这时曲面或平面上各点的振幅和位相是不同的。设所选取的曲面或平面上各点的复振幅分布为 $\tilde{E}(Q)$，则这一曲面或平面上各点发出的子波在 P 点产生的复振幅就可以表示为

$$\tilde{E}_P = C\iint_{\Sigma}\tilde{E}(Q)K(\theta)\frac{\exp(\mathrm{i}kr)}{r}\mathrm{d}s \tag{5.1-5}$$

式(5.1-5)可以看作是惠更斯-菲涅耳原理的推广。

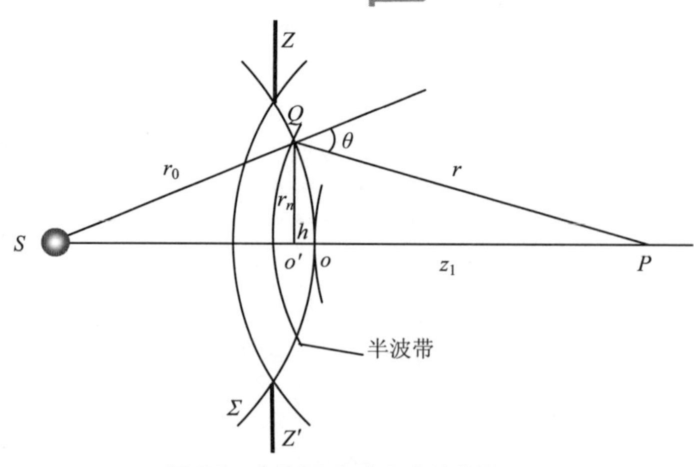

图 5.2 点光源 *S* 对 *P* 点的作用

应当注意的是，惠更斯-菲涅耳公式中的倾斜因子是引入的，并未给出其具体的表达形式，因此，利用惠更斯-菲涅耳原理不可能确切地得到观察屏上的复振幅分布，从理论上讲，惠更斯-菲涅耳原理是不完善的。

5.1.3 菲涅耳波带法

1. 中心轴线上 *P* 点的复振幅

菲涅耳提出了半波带法，对于圆孔的衍射进行了计算，得到精确的解。假设单色波在圆孔范围内的波面为 Σ，根据惠更斯-菲涅耳原理，衍射屏后任一点 *P* 的复振幅应当是波面 Σ 上所有面元发出的惠更斯子波在 *P* 点叠加的结果。为了决定波面 Σ 在圆孔中心轴线上的 *P* 点所产生的复振幅的大小，可以以 *P* 点为中心，以 $z_1+\lambda/2, z_1+\lambda,\cdots$，$z_1+n\lambda/2,\cdots$ 为半径分别作出一系列球面，这些球面与波面 Σ 相交成圆，将波面 Σ 分割成一个个环带，从相邻环带的相应边缘(或相应点)到 *P* 点的光程差为半个波长，这些环带因此也称菲涅耳半波带或菲涅耳波带，如图 5.2 所示。

下面考察第 n 个波带在 *P* 点所产生的复振幅。如图 5.3 所示，第 n 个环带的面积元为

$$\mathrm{d}\boldsymbol{s}=r_0\mathrm{d}\phi r_n\mathrm{d}\varphi=r_0^2\sin\phi\mathrm{d}\phi\mathrm{d}\varphi \tag{5.1-6}$$

式中，φ 是方位角，r_n 是第 n 个环带的半径。在△*SQP* 中，有

$$r^2=(r_0+z_1)^2+r_0^2-2r_0(r_0+z_1)\cos\phi \tag{5.1-7}$$

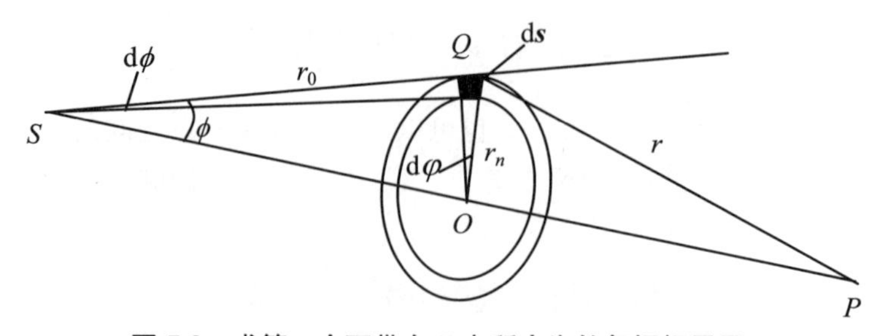

图 5.3 求第 *n* 个环带在 *P* 点所产生的复振幅用图

对式(5.1-7)微分，可以得到

$$2r\mathrm{d}r = 2r_0(r_0 + z_1)\sin\phi\,\mathrm{d}\phi \tag{5.1-8}$$

将式(5.1-8)代入式(5.1-6)中，得到

$$\mathrm{d}s = \frac{rr_0}{r_0 + z_1}\mathrm{d}r\mathrm{d}\varphi \tag{5.1-9}$$

因此，第 n 个波带在 P 点所产生的复振幅为

$$\begin{aligned}\tilde{E}_{nP} &= C\tilde{E}_Q \iint_{s_n} K_n(\theta)\frac{\exp(\mathrm{i}kr)}{r}\frac{rr_0}{r_0 + z_1}\mathrm{d}r\mathrm{d}\varphi \\ &= C\tilde{E}_Q K_n(\theta)\frac{r_0}{r_0 + z_1}\int_0^{2\pi}\mathrm{d}\varphi\int_{z_1+(n-1)\lambda/2}^{z_1+n\lambda/2}\exp(\mathrm{i}kr)\mathrm{d}r \\ &= C\tilde{E}_Q K_n(\theta)\frac{2\pi r_0}{r_0 + z_1}\frac{1}{\mathrm{i}k}\exp(\mathrm{i}kr)\Big|_{z_1+(n-1)\lambda/2}^{z_1+n\lambda/2} \\ &= -\mathrm{i}\lambda C K_n(\theta)\tilde{E}_0\exp(\mathrm{i}\pi n)[1-\exp(-\mathrm{i}\pi)] \\ &= 2\mathrm{i}\lambda C K_n(\theta)\tilde{E}_0(-1)^{n+1}\end{aligned} \tag{5.1-10}$$

式中，$K_n(\theta)$ 是第 n 个环带对应的倾斜因子；$\tilde{E}_0$ 是由 S 点直接传播到 P 点的复振幅。如果有 m 个环带($m \geqslant n$)，则所有环带在 P 点所产生的复振幅为

$$\tilde{E}_P = \sum_{n=1}^{m} 2\mathrm{i}\lambda C K_n(\theta)\tilde{E}_0(-1)^{n+1} = 2\mathrm{i}\lambda C\tilde{E}_0(K_1 - K_2 + K_3 - K_4 + \cdots \pm K_m) \tag{5.1-11}$$

在式(5.1-11)中，当 m 为奇数时取“＋”号，当 m 为偶数时取“－”号，即分别对应亮点和暗点。由于 $K_n(\theta)$ 单调减小，可以近似地取 $K_n = (K_{n-1} + K_{n+1})/2$，因此，式(5.1-11)变为

$$\tilde{E}_P = 2\mathrm{i}\lambda C\tilde{E}_0\left(\frac{K_1}{2} + \begin{cases}\dfrac{K_m}{2} & (m\text{为奇数}) \\ \dfrac{K_{m-1}}{2} - K_m & (m\text{为偶数})\end{cases}\right) \tag{5.1-12}$$

当 m 很大时，$K_{m-1} \approx K_m$，式(5.1-12)又可以写为

$$\tilde{E}_P = \mathrm{i}\lambda C\tilde{E}_0(K_1 \pm K_m) \tag{5.1-13}$$

当波面 Σ 很大时，可以有无穷个半波带，此时 $K_m \to 0$，因此

$$\tilde{E}_{\infty P} = \mathrm{i}\lambda C\tilde{E}_0 K_1 \tag{5.1-14}$$

式(5.1-14)表明了光阑不存在时 P 点的复振幅。而对于平面波来说，无障碍物时 P 点的复振幅为 $\tilde{E}_0$，因此得到 $K_1 = 1$，$C = 1/i\lambda$。

当只有一个半波带时，由式(5.1-12)可以得到

$$\tilde{E}_{1P} = 2\mathrm{i}\lambda C\tilde{E}_0 K_1 \tag{5.1-15}$$

比较式(5.1-14)及式(5.1-15)可以知道，第一个半波带对 P 点的贡献比全部半波带对 P 点的贡献还要大两倍，这是因为不同半波带的符号不同，相加时互相抵消。

通过以上的讨论可知，奇数波带(或偶数波带)在 P 点产生的复振幅是同位相的。因此，如果设想制成一个特殊的光阑，使得奇数波带透过，而偶数波带完全被阻挡；或者使奇数波带被阻挡，而偶数波带完全透过，那么各通光波带产生的复振幅将在 P 点同位相叠加，

P 点的振幅和光强会大大增加。例如，设上述光阑包含 100 个波带，让奇数波带通光，偶数波带不通光，则 P 点的复振幅为

$$\tilde{E}_P = \tilde{E}_1 + \tilde{E}_3 + \tilde{E}_5 + \cdots + \tilde{E}_{99} \approx 50\tilde{E}_1 = 100\tilde{E}_\infty \tag{5.1-16}$$

式中，$\tilde{E}_\infty$ 是波面无穷大，即光阑不存在时 P 点的复振幅。光强为

【菲涅耳透镜】

$$I \approx (100\tilde{E}_\infty)^2 = 10^4 I_\infty \tag{5.1-17}$$

即光强约为光阑不存在时的 10000 倍。

这种奇数波带(或偶数波带)被挡住的特殊光阑称为菲涅耳波带片。由于它的聚光作用类似一个普通的透镜，所以又称菲涅耳透镜。

2. 菲涅耳透镜的焦距

由图 5.2 可以看出

$$r_n^2 = r^2 - \left(z_1 + h\right)^2 = r_0^2 - \left(r_0 - h\right)^2 \tag{5.1-18}$$

式中，h 是 oo' 之间的距离。由于

$$r = z_1 + n\lambda / 2 \tag{5.1-19}$$

所以式(5.1-18)可以改写为

$$z_1 n\lambda + \left(n\lambda / 2\right)^2 - 2z_1 h = 2r_0 h \tag{5.1-20}$$

因此得到

$$h = \frac{z_1 n\lambda + \left(n\lambda / 2\right)^2}{2\left(r_0 + z_1\right)} \tag{5.1-21}$$

将式(5.1-19)和式(5.1-21)代入式(5.1-18)中，并忽略 h^2 项，得到

$$\begin{aligned} r_n^2 &= z_1 n\lambda + \left(n\lambda / 2\right)^2 - z_1 \frac{z_1 n\lambda + \left(n\lambda / 2\right)^2}{r_0 + z_1} \\ &= z_1 n\lambda + \left(n\lambda / 2\right)^2 \left[1 - \frac{z_1}{r_0 + z_1}\right] \\ &= \frac{r_0 n\lambda\left(z_1 + n\lambda / 4\right)}{r_0 + z_1} \end{aligned} \tag{5.1-22}$$

由于在一般情况下，$z_1 \gg n\lambda$，所以式(5.1-22)可以改写为

$$r_n^2 = \frac{r_0 z_1 n\lambda}{r_0 + z_1} \tag{5.1-23}$$

式(5.1-23)表示了第 n 个菲涅耳半波带半径与波带数 n 之间的关系。由式(5.1-23)得到第 n 个菲涅耳半波带的面积为

$$S_n = \frac{\pi r_0 z_1 \lambda}{r_0 + z_1} \tag{5.1-24}$$

从式(5.1-24) 可以看出，菲涅耳半波带的面积随着 z_1 变化，即随着观察屏的位置变化，如

果观察屏的位置固定，则每个菲涅耳半波带的面积都相等。式(5.1-23)还可以改写为

$$\frac{1}{r_0}+\frac{1}{z_1}=\frac{n\lambda}{r_n^2} \tag{5.1-25}$$

式(5.1-25)与薄透镜的成像公式很相似，可以看作是菲涅耳透镜在轴上物点的成像公式。由式(5.1-25)可知，当r_0和r_n一定时，波带数 n 随着 z_1 变化。z_1 变大，n 会减少，衍射现象明显，z_1 变小，n 会增多，衍射现象不明显。随着 z_1 变化，P 点的光强度也会不同，由式(5.1-11)或式(5.1-12)可以知道，n 为奇数时对应亮点，n 为偶数时对应暗点。因此，沿着轴线移动观察屏时，观察屏上的光斑会出现明暗交替变化，这是典型的菲涅耳衍射现象。应当注意的是，当 $z_1\to\infty$ 时，波带数不再发生变化，并且为

$$n=\frac{r_n^2}{r_0\lambda} \tag{5.1-26}$$

式(5.1-26)所表示的波带数称菲涅耳数。此后，随着 z_1 增加，P 点的光强度不再出现明暗交替变化，从而进入夫琅禾费衍射区。进入夫琅禾费衍射区后，菲涅耳半波带的面积不随 z_1 变化，即不随观察屏的位置变化，此时每个菲涅耳半波带的面积都相等，为

$$S_n=\pi r_0\lambda \tag{5.1-27}$$

由式(5.1-27)可以知道，如果制作菲涅耳波带片时使每一个菲涅耳半波带的面积都满足上式，则光通过该菲涅耳波带片就会产生夫琅禾费衍射。由式(5.1-25)还可以得到菲涅耳透镜的焦距为

$$f_n=\frac{r_n^2}{n\lambda} \tag{5.1-28}$$

当 n=1 时，表示波带片的中央圆孔恰好为第一个半波带，此时对应的焦距为第一焦距，又称主焦距：

$$f_1=\frac{r_n^2}{\lambda} \tag{5.1-29}$$

在菲涅耳透镜主焦距的位置会形成主焦点。根据式(5.1-11)或式(5.1-12)可以知道，当 n=3,5,7,…时，对应的焦距为第二、三、四、……焦距，被称次焦距：

$$f_3=\frac{r_n^2}{3\lambda}=\frac{f_1}{3},\quad f_5=\frac{r_n^2}{5\lambda}=\frac{f_1}{5},\quad f_7=\frac{r_n^2}{7\lambda}=\frac{f_1}{7},\quad \cdots \tag{5.1-30}$$

在菲涅耳透镜次焦距的位置会形成次焦点。除了上述实焦点外，菲涅耳波带片还有一系列的虚焦点，它们相对实焦点对称地位于波带片的另一侧。

应当注意的是，菲涅耳透镜是平面型的二元光学元件，它是利用光的衍射原理实现聚光的，可以形成多个焦点；而普通透镜是利用光的折射原理实现光的会聚，只能形成一个焦点。菲涅耳透镜与普通透镜相比既有优势又有不足，优势在于它轻薄，可以做成较大面积，特别适用于长程光通信、卫星通信和宇航器上对太阳光能的收集。由于菲涅耳透镜的焦距与波长成反比，这恰好与普通透镜焦距与波长成正比相反，因此，两者联合起来使用

可以有效地消除色差。不足在于它只让奇数和偶数半波带通光，因此，会损失一半的光能，另外由于出现多个焦点，也使得光能分散。

本节介绍了惠更斯原理和惠更斯-菲涅耳原理，并利用菲涅耳半波带法讨论了圆孔的衍射。本节要点见表 5-1。

表 5-1 惠更斯-菲涅耳原理

惠更斯原理	惠更斯-菲涅耳原理	菲涅耳半波带
波面上的每一点都可以看作是一个次波扰动中心，发出子波，在后一个时刻这些子波的包络面就是新的波面	$\tilde{E}_P = C\iint_{\Sigma}\tilde{E}(Q)K(\theta)\dfrac{\exp(\mathrm{i}kr)}{r}\mathrm{d}s$	以 P 点为中心，分别以 $z_1 + n\lambda/2$ 为半径作出一系列球面，将波面分割成一个个环带，这些环带称为菲涅耳半波带

5.2 基尔霍夫衍射理论

【基尔霍夫】

基尔霍夫从微分波动方程出发，利用场论中的格林(Green)定理，给出了惠更斯-菲涅耳原理较完善的数学表达式，将空间 P 点的光场与其周围任一封闭曲面上的各点光场建立起了联系，得到了菲涅耳公式没有确定的倾斜因子的具体表达形式，建立起了光的衍射理论。基尔霍夫理论只适用于标量波的衍射，因此，又称标量衍射理论。本节将推导亥姆霍兹-基尔霍夫积分定理和菲涅耳-基尔霍夫衍射公式，并对基尔霍夫衍射公式进行讨论。

5.2.1 亥姆霍兹-基尔霍夫积分定理

假设有一个单色平面波通过闭合曲面 Σ 传播，如图 5.4 所示，在 t 时刻，空间 P 点处的光电场为

$$E(P,t) = \tilde{E}(P)\exp(-\mathrm{i}\omega t) \tag{5.2-1}$$

若 P 是无源点，该光场满足如下标量波动方程：

$$\nabla^2 E - \frac{1}{c^2}\frac{\partial^2 E}{\partial t^2} = 0 \tag{5.2-2}$$

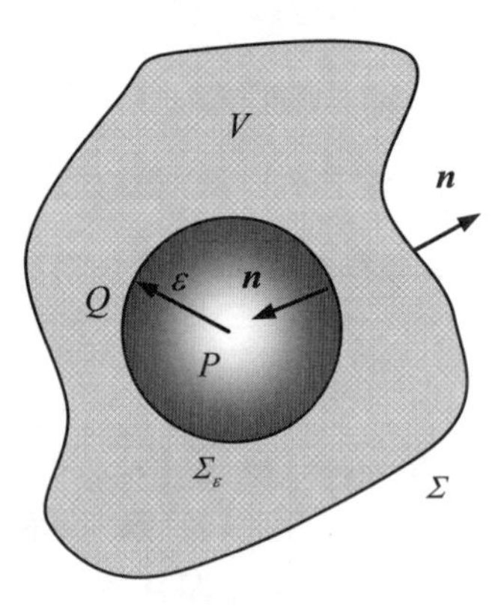

图 5.4 积分曲面示意图

将式(5.2-1)代入式(5.2-2)，可以得到

$$\nabla^2\tilde{E}(P) + k^2\tilde{E}(P) = 0 \tag{5.2-3}$$

式(5.2-3)即为亥姆霍兹方程。

假设有另一个任意复函数 $\tilde{G}$ 也满足亥姆霍兹方程

$$\nabla^2\tilde{G} + k^2\tilde{G} = 0 \tag{5.2-4}$$

并且 $\tilde{G}$ 和 $\tilde{E}$ 一样，在 Σ 面内和 Σ 面上有连续的一、二阶偏微商。从衍射的物理意义上理解，可以把 $\tilde{E}$ 看作是光波从曲面外传播到曲面内，在曲面内部和曲面上形成的光振动分布函数；而 $\tilde{G}$ 可以看作是曲面内任意观察点向外发出的光在曲面内部和曲面上形成的光振动分布函数。$\tilde{G}$ 并不代表实际光

源，可以认为是外来光射到观察点后又传出的光波，则由格林定理可以得到

$$\iiint_V \left(\tilde{G}\nabla^2\tilde{E} - \tilde{E}\nabla^2\tilde{G}\right)\mathrm{dv} = \iint_\Sigma \left(\tilde{G}\frac{\partial\tilde{E}}{\partial n} - \tilde{E}\frac{\partial\tilde{G}}{\partial n}\right)\mathrm{d}s \tag{5.2-5}$$

式中，V 是 Σ 面包围的体积；$\partial/\partial n$ 表示在 Σ 上每一点沿向外法线方向的偏微商。由式(5.2-3)和式(5.2-4)可知，式(5.2-5)左边的被积函数在 V 内处处为零，因此

$$\iint_\Sigma \left(\tilde{G}\frac{\partial\tilde{E}}{\partial n} - \tilde{E}\frac{\partial\tilde{G}}{\partial n}\right)\mathrm{d}s = 0 \tag{5.2-6}$$

根据 $\tilde{G}$ 所满足的条件，可以选取 $\tilde{G}$ 为球面波的波函数：

$$\tilde{G} = \frac{\exp(\mathrm{i}kr)}{r} \tag{5.2-7}$$

式中，r 表示 Σ 内考察点 P 与任一点 Q 之间的距离。由于 $\tilde{G}$ 在 $r=0$ 时有一个奇异点，因此，必须从积分域中将 P 点除去。为此，以 P 为圆心作一个半径为 ε 的小球，并取积分面为复合曲面 $\Sigma+\Sigma_\varepsilon$。这样，式(5.2-6)应改为

$$\iint_{\Sigma+\Sigma_\varepsilon} \left(\tilde{G}\frac{\partial\tilde{E}}{\partial n} - \tilde{E}\frac{\partial\tilde{G}}{\partial n}\right)\mathrm{d}s = 0 \tag{5.2-8}$$

或者

$$\iint_\Sigma \left(\tilde{G}\frac{\partial\tilde{E}}{\partial n} - \tilde{E}\frac{\partial\tilde{G}}{\partial n}\right)\mathrm{d}s = -\iint_{\Sigma_\varepsilon} \left(\tilde{G}\frac{\partial\tilde{E}}{\partial n} - \tilde{E}\frac{\partial\tilde{G}}{\partial n}\right)\mathrm{d}s \tag{5.2-9}$$

由式(5.2-7)可得

$$\frac{\partial\tilde{G}}{\partial n} = \frac{\partial\tilde{G}}{\partial r}\frac{\partial r}{\partial n} = \left(\mathrm{i}k - \frac{1}{r}\right)\frac{\exp(\mathrm{i}kr)}{r}\cos(\boldsymbol{n},\boldsymbol{r}) \tag{5.2-10}$$

式中，$\cos(\boldsymbol{n},\boldsymbol{r})$ 表示积分面外法线 $\boldsymbol{n}$ 与从 P 点到积分面上 Q 点的矢量 $\boldsymbol{r}$ 之间的夹角余弦。

对于 $\boldsymbol{\Sigma}_\varepsilon$ 上的 Q 点，$\cos(\boldsymbol{n},\boldsymbol{r}) = -1$，$\tilde{G} = \dfrac{\exp(\mathrm{i}k\varepsilon)}{\varepsilon}$，因此

$$\frac{\partial\tilde{G}}{\partial n} = \left(\frac{1}{\varepsilon} - \mathrm{i}k\right)\frac{\exp(\mathrm{i}k\varepsilon)}{\varepsilon} \tag{5.2-11}$$

设 ε 为无穷小量，由于已经假定函数 $\tilde{E}$ 及其偏微商在 P 点连续，因此，可得

$$\iint_{\Sigma_\varepsilon} \left(\tilde{G}\frac{\partial\tilde{E}}{\partial n} - \tilde{E}\frac{\partial\tilde{G}}{\partial n}\right)\mathrm{d}s = 4\pi\varepsilon^2\left[\frac{\exp(\mathrm{i}k\varepsilon)}{\varepsilon}\frac{\partial\tilde{E}}{\partial n} - \tilde{E}\left(\frac{1}{\varepsilon} - \mathrm{i}k\right)\frac{\exp(\mathrm{i}k\varepsilon)}{\varepsilon}\right]_{\varepsilon\to 0} = -4\pi\,\tilde{E}(P) \tag{5.2-12}$$

因此，式(5.2-9)可以写为

$$\iint_\Sigma \left(\tilde{G}\frac{\partial\tilde{E}}{\partial n} - \tilde{E}\frac{\partial\tilde{G}}{\partial n}\right)\mathrm{d}s = 4\pi\,\tilde{E}(P) \tag{5.2-13}$$

或者写为

$$\tilde{E}(P) = \frac{1}{4\pi}\iint_\Sigma \left(\tilde{G}\frac{\partial\tilde{E}}{\partial n} - \tilde{E}\frac{\partial\tilde{G}}{\partial n}\right)\mathrm{d}s = \frac{1}{4\pi}\iint_\Sigma \left\{\frac{\partial\tilde{E}}{\partial n}\left[\frac{\exp(\mathrm{i}kr)}{r}\right] - \tilde{E}\frac{\partial}{\partial n}\left[\frac{\exp(\mathrm{i}kr)}{r}\right]\right\}\mathrm{d}s \tag{5.2-14}$$

式(5.2-14)就是亥姆霍兹-基尔霍夫积分定理。它的意义在于：把封闭曲面 Σ 内的任意一点 P

的电磁场值 $\tilde{E}(P)$ 用曲面上的场值 $\tilde{E}$ 及 $\partial\tilde{E}/\partial n$ 表示出来，因而它也可以看作是惠更斯-菲涅耳原理的一种数学表示。事实上，在式(5.2-14)的被积函数中，因子 $\exp(\mathrm{i}kr)/r$ 可以视为由曲面 Σ 上的 Q 点向 Σ 内空间的 P 点传播的波，波源的强弱由 Q 点上的 $\tilde{E}$ 和 $\partial\tilde{E}/\partial n$ 值确定。因此，曲面上每一点都可以看作是一个次级光源，发出子波，而曲面内空间各点的场值取决于这些子波的叠加。

5.2.2 菲涅耳-基尔霍夫衍射公式

下面，把亥姆霍兹-基尔霍夫积分定理应用到小孔衍射的情况。如图 5.5 所示，设有一个无限大的遮光屏 Σ_1，其上开一个小孔 Σ，用点光源 S 照明，并设 Σ 的宽度 d 满足：$\lambda < d \ll \min(r_0, r)$，$\min(r_0, r)$ 表示 r_0、r 中较小的一个。为应用亥姆霍兹-基尔霍夫积分定理求小孔衍射后任意一点 P 的光场分布，需要选取一个包围 P 点的闭合曲面，为此，以 P 点为圆心，以 R 为半径作一个大的球面 Σ_2，这样，孔径 Σ、遮光屏的部分背面 Σ_1 和部分球面 Σ_2 就形成了一个闭合曲面。因此，P 点的光场复振幅可以表示为

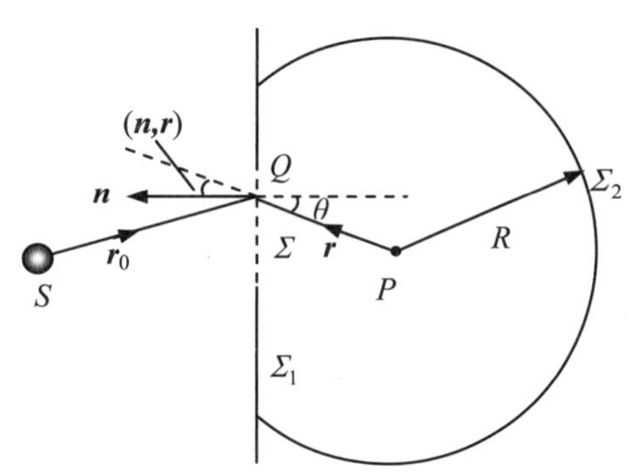

图 5.5 球面波在孔径 Σ 上的衍射示意图

$$\tilde{E}(P)=\frac{1}{4\pi}\iint_{\Sigma+\Sigma_1+\Sigma_2}\left\{\frac{\partial\tilde{E}}{\partial n}\left[\frac{\exp(\mathrm{i}kr)}{r}\right]-\tilde{E}\frac{\partial}{\partial n}\left[\frac{\exp(\mathrm{i}kr)}{r}\right]\right\}\mathrm{d}s \tag{5.2-15}$$

可见，只要确定这 3 个面上的 $\tilde{E}$ 和 $\partial\tilde{E}/\partial n$，就可以得到小孔衍射后任意一点的光场分布。

(1) 在 Σ 面上，$\tilde{E}$ 和 $\partial\tilde{E}/\partial n$ 的值由入射波决定，与不存在 Σ 屏时的值完全一样。因此

$$\begin{cases}\tilde{E}=\dfrac{E_0}{r_0}\exp(\mathrm{i}kr_0)\\[2ex] \dfrac{\partial\tilde{E}}{\partial n}=\left(\mathrm{i}k-\dfrac{1}{r_0}\right)\dfrac{E_0}{r_0}\exp(\mathrm{i}kr_0)\cos(\boldsymbol{n},\boldsymbol{r}_0)\end{cases} \tag{5.2-16}$$

式中，E_0 是离点光源单位距离处的振幅，$\cos(\boldsymbol{n},\boldsymbol{r}_0)$ 表示外法线 $\boldsymbol{n}$ 与从 S 到 Σ 面上某一点 Q 的矢量 $\boldsymbol{r}_0$ 之间的夹角余弦。

(2) 在 Σ_1 面上，$\tilde{E}=0$，$\partial\tilde{E}/\partial n=0$。

(3) 在 Σ_2 面上，$r=R$，$\cos(\boldsymbol{n},\boldsymbol{R})=1$，并且 $R\to\infty$ 时，有

$$\frac{\partial}{\partial n}\left[\frac{\exp(\mathrm{i}kR)}{R}\right]=\left(\mathrm{i}k-\frac{1}{R}\right)\frac{\exp(\mathrm{i}kR)}{R}\approx \mathrm{i}k\frac{\exp(\mathrm{i}kR)}{R} \tag{5.2-17}$$

因此，在 Σ_2 面上的积分为

$$\frac{1}{4\pi}\iint_{\Sigma_2}\left\{\frac{\partial\tilde{E}}{\partial n}\left[\frac{\exp(\mathrm{i}kR)}{R}\right]-\mathrm{i}k\tilde{E}\left[\frac{\exp(\mathrm{i}kR)}{R}\right]\right\}\mathrm{d}s=\frac{1}{4\pi}\iint_{\Sigma_2}\left[\frac{\exp(\mathrm{i}kR)}{R}\right]\left(\frac{\partial\tilde{E}}{\partial n}-\mathrm{i}k\tilde{E}\right)\mathrm{d}s \tag{5.2-18}$$

因此，$R\to\infty$ 时，式(5.2-18)为零。这样，只要选取的球面的半径足够大，就可以不考虑球面 Σ_2 对 P 点的贡献。因此，在式(5.2-15)中，只需考虑对孔径 Σ 的积分，即

$$\tilde{E}(P)=\frac{1}{4\pi}\iint_{\Sigma}\left\{\frac{\partial\tilde{E}}{\partial n}\left[\frac{\exp(\mathrm{i}kr)}{r}\right]-\tilde{E}\frac{\partial}{\partial n}\left[\frac{\exp(\mathrm{i}kr)}{r}\right]\right\}\mathrm{d}s \tag{5.2-19}$$

把式(5.2-10)和式(5.2-16)代入式(5.2-19)，并略去微商中的 $1/r$ 和 $1/r_0$ 项(它们比 k 要小得多)，可得

$$\tilde{E}(P)=\frac{E_0}{\mathrm{i}\lambda}\iint_{\Sigma}\frac{\exp(\mathrm{i}kr_0)}{r_0}\frac{\exp(\mathrm{i}kr)}{r}\left[\frac{\cos(\boldsymbol{n},\boldsymbol{r})-\cos(\boldsymbol{n},\boldsymbol{r}_0)}{2}\right]\mathrm{d}s \tag{5.2-20}$$

式(5.2-20)称为菲涅耳-基尔霍夫衍射公式。它与惠更斯-菲涅耳公式基本相同，事实上，若令

$$C=\frac{1}{\mathrm{i}\lambda}$$

$$E(Q)=\frac{E_0\exp(\mathrm{i}kr_0)}{r_0}$$

$$K(\theta)=\frac{\cos(\boldsymbol{n},\boldsymbol{r})-\cos(\boldsymbol{n},\boldsymbol{r}_0)}{2}$$

式(5.2-20)就是式(5.1-5)。因此，P 点的场是由孔径 Σ 上无穷多个子波源产生的，子波源的复振幅与入射波在该点的复振幅 $\tilde{E}(Q)$ 和倾斜因子 $K(\theta)$ 成正比，与波长 λ 成反比；因子 $1/\mathrm{i}$ 表明，子波源的振动位相超前于入射波 $\pi/2$。基尔霍夫衍射公式给出了倾斜因子 $K(\theta)$ 的具体形式，它表示子波的振幅在各个方向上是不同的，其值介于 0 和 1 之间，可见基尔霍夫衍射公式弥补了菲涅耳理论的不足。如果点光源离开孔径足够远，使入射光可以被看作是垂直入射到孔径上的平面波，那么对孔径上的各点都有 $\cos(\boldsymbol{n},\boldsymbol{r}_0)=-1$，$\cos(\boldsymbol{n},\boldsymbol{r})=\cos\theta$，因而，$K(\theta)=(1+\cos\theta)/2$。当 $\theta=0$ 时，$K(\theta)=1$ 有最大值；当 $\theta=\pi$ 时，$K(\theta)=0$，这一结论说明，菲涅耳关于子波的假设 $K(\pi/2)=0$ 是不正确的。

5.2.3　基尔霍夫衍射公式的近似

由于被积函数的形式比较复杂，因此，利用基尔霍夫衍射公式来计算衍射问题很难得到解析形式的积分结果。所以，有必要根据实际的衍射问题对公式作某些近似处理。

1. 傍轴近似

在一般的光学系统中，对成像起主要作用的是那些与光学系统光轴夹角很小的傍轴光线。对于傍轴光线，图 5.6 所示的衍射孔径 Σ 的线度和观察屏上的考察范围都远小于孔径到观察屏的距离。因此，可作如下两点近似。

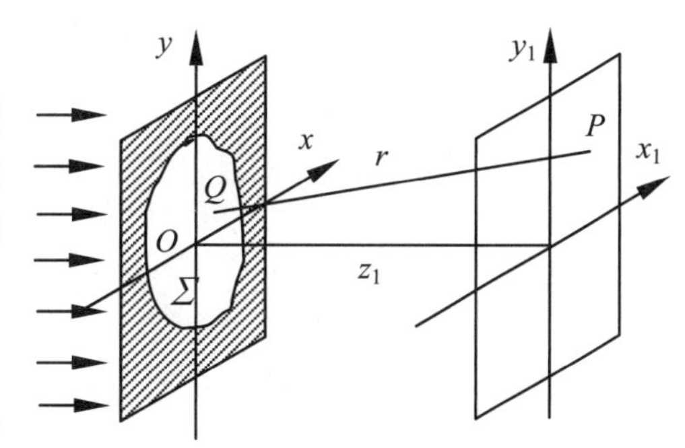

图 5.6　孔径 Σ 的衍射示意图

(1) $\cos(\boldsymbol{n},\boldsymbol{r})=\cos\theta\approx 1$，因此，$K(\theta)=1$。

(2) 由于在孔径范围内，某一点 $Q(x, y, 0)$到观察屏上考察点 $P(x_1, y_1, z_1)$的距离变化不大，并且在式(5.2-20)分母中 r 的变化只影响孔径范围内各子波源发出的球面波在 P 点的振幅，这种影响是微不足道的，因此可取 $r\approx z_1$。z_1 是观察屏到衍射屏之间的距离。但是，应当注意，对于式(5.2-20)指数中的 r，它所影响的是子波的位相，r 每变化半个波长，位相 kr 就要变化 π，这对于 P 点的子波干涉效应将产生显著影响，所以它不可以取为 z_1。

这样，根据以上两点近似，式(5.2-20)可以写为

$$\tilde{E}(P)=\frac{1}{\mathrm{i}\lambda z_1}\iint_{\Sigma}\tilde{E}(Q)\exp(\mathrm{i}kr)\mathrm{d}s \tag{5.2-21}$$

式中，$\tilde{\boldsymbol{E}}(Q)=(\tilde{\boldsymbol{E}}_0/r_0)\exp(\mathrm{i}kr_0)$，为孔径 Σ 内各点的复振幅分布。

2. 菲涅耳近似

式(5.2-21)被积函数中的 r 虽然不可以取为 z_1，但对具体衍射问题还可以作更精确的近似。为此，在孔径平面和观察屏平面分别取直角坐标系(x, y)和(x_1, y_1)，因此 r 可以写成

$$r=\sqrt{z_1^2+(x_1-x)^2+(y_1-y)^2}=z_1\left[1+\left(\frac{x_1-x}{z_1}\right)^2+\left(\frac{y_1-y}{z_1}\right)^2\right]^{1/2} \tag{5.2-22}$$

式中，(x, y)和(x_1, y_1)分别是孔径平面上任一点 Q 和观察屏平面上考察点 P 的坐标值。对上式作二项式展开，得到

$$r=z_1\left\{1+\frac{1}{2}\frac{(x_1-x)^2+(y_1-y)^2}{z_1^2}-\frac{1}{8}\left[\frac{(x_1-x)^2+(y_1-y)^2}{z_1^2}\right]^2+\cdots\right\} \tag{5.2-23}$$

如果取这一级数的前若干项来近似地表示 r，那么近似的精度将取决于项数的多少，还取决于孔径、观察屏上的考察范围和距离 z_1 的相对大小。显然，z_1 越大，就可以用越少的项数来达到足够的近似精度。当 z_1 大到使得第三项以后各项对位相 kr 的作用远小于π，即

$$\frac{k}{8}\frac{[(x_1-x)^2+(y_1-y)^2]^2}{z_1^3}\ll \pi \tag{5.2-24}$$

或者

$$z_1^3\gg\frac{1}{4\lambda}[(x_1-x)^2+(y_1-y)^2]^2 \tag{5.2-25}$$

第三项以后各项便可以忽略，此时可只取前两项来表示 r，即

$$r=z_1\left[1+\frac{1}{2}\frac{(x_1-x)^2+(y_1-y)^2}{z_1^2}\right]=z_1+\frac{x_1^2+y_1^2}{2z_1}-\frac{xx_1+yy_1}{z_1}+\frac{x^2+y^2}{2z_1} \tag{5.2-26}$$

这一近似称为菲涅耳近似。观察屏置于这一近似成立的区域所观察到的衍射现象称为菲涅耳衍射。可见，菲涅耳衍射是观察屏在距离衍射屏不是太远时所观察的衍射现象。

在菲涅耳近似条件下，P 点的光场复振幅为

$$\tilde{E}(x_1,y_1)=\frac{\exp(\mathrm{i}kz_1)}{\mathrm{i}\lambda z_1}\iint_{\Sigma}\tilde{E}(x,y)\exp\left\{\frac{\mathrm{i}k}{2z_1}\left[(x_1-x)^2+(y_1-y)^2\right]\right\}\mathrm{d}x\mathrm{d}y \tag{5.2-27}$$

由于在 Σ 之外，复振幅 $\tilde{E}(x,y)=0$，所以式(5.2-27)亦可写为对整个 xy 面的积分：

$$\tilde{E}(x_1,y_1)=\frac{\exp(\mathrm{i}kz_1)}{\mathrm{i}\lambda z_1}\int_{-\infty}^{+\infty}\int_{-\infty}^{+\infty}\tilde{E}(x,y)\exp\left\{\frac{\mathrm{i}k}{2z_1}\left[(x_1-x)^2+(y_1-y)^2\right]\right\}\mathrm{d}x\mathrm{d}y \tag{5.2-28}$$

式中，$\tilde{E}(x,y)$ 是孔径平面的复振幅分布。如果把上式中的二次项展开，则可以得到

$$\begin{aligned}\tilde{E}(x_1,y_1)=&\frac{\exp(\mathrm{i}kz_1)}{\mathrm{i}\lambda z_1}\exp\left[\frac{\mathrm{i}k}{2z_1}\left(x_1^2+y_1^2\right)\right]\int_{-\infty}^{+\infty}\int_{-\infty}^{+\infty}\tilde{E}(x,y)\exp\left[\frac{\mathrm{i}k}{2z_1}(x^2+y^2)\right]\times\\&\exp\left[-\mathrm{i}2\pi\left(\frac{x_1}{\lambda z_1}x+\frac{y_1}{\lambda z_1}y\right)\right]\mathrm{d}x\mathrm{d}y\end{aligned} \tag{5.2-29}$$

如果令

$$C=\frac{1}{\mathrm{i}\lambda z_1}\exp\left[\mathrm{i}k\left(z_1+\frac{x_1^2+y_1^2}{2z_1}\right)\right],\quad u=\frac{x_1}{\lambda z_1},\quad \upsilon=\frac{y_1}{\lambda z_1} \tag{5.2-30}$$

则式(5.2-29)可写为

$$\tilde{E}(u,\upsilon)=C\int_{-\infty}^{+\infty}\int_{-\infty}^{+\infty}\tilde{E}(x,y)\exp\left[\frac{\mathrm{i}k}{2z_1}(x^2+y^2)\right]\exp[-\mathrm{i}2\pi(ux+\upsilon y)]\mathrm{d}x\mathrm{d}y \tag{5.2-31}$$

这一式子就是菲涅耳衍射的傅里叶积分表达式，它表明除了积分号前的一个与 x、y 无关的振幅和位相因子外，菲涅耳衍射的复振幅分布是孔径平面复振幅分布和一个二次位相因子乘积的傅里叶积分。由于参与变换的二次位相因子与 z_1 有关，因此菲涅耳衍射的场分布也与 z_1 有关，所以在菲涅耳衍射区域，位于不同 z_1 位置的观察屏将接收到不同的衍射图样。式(5.2-31)可以改写为傅里叶变换的形式，即

$$\tilde{E}(u,\upsilon)=C\mathscr{F}\left\{\tilde{E}(x,y)\exp\left[\frac{\mathrm{i}k}{2z_1}(x^2+y^2)\right]\right\} \tag{5.2-32}$$

式(5.2-32)是菲涅耳衍射的傅里叶变换表达式，菲涅耳衍射的复振幅分布是孔径平面复振幅分布和一个二次位相因子乘积的傅里叶变换。

3. 夫琅禾费近似

在菲涅耳近似中，式(5.2-26)的第二项和第四项分别取决于观察屏上考察范围和孔径线度相对于 z_1 的大小；当 z_1 很大，而使得第四项对位相的贡献远小于 π 时，即

$$k\frac{(x^2+y^2)_{\max}}{2z_1}\ll\pi \tag{5.2-33}$$

或者

$$z_1\gg\frac{(x^2+y^2)_{\max}}{\lambda} \tag{5.2-34}$$

时，第四项便可以略去。虽然菲涅耳近似中的第二项也是一个比 z_1 小很多的量，但它比第

四项大得多。这是因为随着 z_1 的增大，衍射光波的范围将不断扩大，相应的考察范围也随着增大。所以，在满足式(5.2-33)的条件下，式(5.2-26)的 r 可以进一步近似地写成

$$r \approx z_1 + \frac{x_1^2 + y_1^2}{2z_1} - \frac{xx_1 + yy_1}{z_1} \tag{5.2-35}$$

这一近似称为夫琅禾费近似。观察屏置于这一近似成立的区域所观察到的衍射现象称为夫琅禾费衍射。可见，夫琅禾费衍射是光源和观察屏距离衍射屏都相当于无限远情况的衍射。

在夫琅禾费近似条件下，P 点的光场复振幅为

$$\tilde{E}(x_1, y_1) = \frac{\exp(\mathrm{i}kz_1)}{\mathrm{i}\lambda z_1}\exp\left[\frac{\mathrm{i}k}{2z_1}\left(x_1^2 + y_1^2\right)\right]\iint_{\Sigma}\tilde{E}(x, y)\exp\left[-\frac{\mathrm{i}k}{z_1}(xx_1 + yy_1)\right]\mathrm{d}x\mathrm{d}y \tag{5.2-36}$$

由于在 Σ 之外，复振幅 $\tilde{E}(x, y) = 0$，式(5.2-36)亦可写为对整个 xy 面的积分：

$$\tilde{E}(x_1, y_1) = \frac{\exp(\mathrm{i}kz_1)}{\mathrm{i}\lambda z_1}\exp\left[\frac{\mathrm{i}k}{2z_1}\left(x_1^2 + y_1^2\right)\right]\int_{-\infty}^{+\infty}\int_{-\infty}^{+\infty}\tilde{E}(x, y)\exp\left[-\mathrm{i}2\pi\left(\frac{x_1}{\lambda z_1}x + \frac{y_1}{\lambda z_1}y\right)\right]\mathrm{d}x\mathrm{d}y \tag{5.2-37}$$

利用式(5.2-30)，则式(5.2-37)可写为

$$\tilde{E}(u, \upsilon) = C\int_{-\infty}^{+\infty}\int_{-\infty}^{+\infty}\tilde{E}(x, y)\exp[-\mathrm{i}2\pi(ux + \upsilon y)]\mathrm{d}x\mathrm{d}y \tag{5.2-38}$$

式(5.2-38)就是夫琅禾费衍射的傅里叶积分表达式，它表明除了积分号前的一个与 x、y 无关的振幅和位相因子外，夫琅禾费衍射的复振幅分布是孔径平面复振幅分布的傅里叶积分。由于夫琅禾费衍射的场分布与 z_1 无关，所以在夫琅禾费衍射区域，位于不同 z_1 位置的观察屏将接收到相同的衍射图样。式(5.2-38)可以改写为傅里叶变换的形式，即

$$\tilde{E}(u, \upsilon) = C\mathscr{F}\left[\tilde{E}(x, y)\right] \tag{5.2-39}$$

式(5.2-39)是夫琅禾费衍射的傅里叶变换表达式，夫琅禾费衍射的复振幅分布是孔径平面复振幅分布的傅里叶变换。图 5.7 给出了菲涅耳衍射区和夫琅禾费衍射区的示意图。

图 5.7　菲涅耳衍射区和夫琅禾费衍射区示意图

本节推导了亥姆霍兹-基尔霍夫积分定理和菲涅耳-基尔霍夫衍射公式，并对基尔霍夫衍射公式进行了讨论，要点见表 5-2。

表 5-2　基尔霍夫标量衍射

亥姆霍兹-基尔霍夫积分定理	$\tilde{E}(P) = \frac{1}{4\pi}\iint_{\Sigma}\left\{\frac{\partial\tilde{E}}{\partial n}\left[\frac{\exp(\mathrm{i}kr)}{r}\right] - \tilde{E}\frac{\partial}{\partial n}\left[\frac{\exp(\mathrm{i}kr)}{r}\right]\right\}\mathrm{d}s$
菲涅耳-基尔霍夫衍射公式	$\tilde{E}(P) = \frac{E_0}{\mathrm{i}\lambda}\iint_{\Sigma}\frac{\exp(\mathrm{i}kr_0)}{r_0}\frac{\exp(\mathrm{i}kr)}{r}\left[\frac{\cos(\boldsymbol{n},\boldsymbol{r}) - \cos(\boldsymbol{n},\boldsymbol{r}_0)}{2}\right]\mathrm{d}s$

续表

菲涅耳衍射	$r = z_1 + \frac{x_1^2 + y_1^2}{2z_1} - \frac{xx_1 + yy_1}{z_1} + \frac{x^2 + y^2}{2z_1}$ $\tilde{E}(u,\upsilon) = C\int_{-\infty}^{+\infty}\int_{-\infty}^{+\infty}\tilde{E}(x,y)\exp\left[\frac{\mathrm{i}k}{2z_1}(x^2+y^2)\right]\exp[-\mathrm{i}2\pi(ux+\upsilon y)]\mathrm{d}x\mathrm{d}y$ $\tilde{E}(u,\upsilon) = C\mathscr{F}\left\{\tilde{E}(x,y)\exp\left[\frac{\mathrm{i}k}{2z_1}(x^2+y^2)\right]\right\}$
夫琅禾费衍射	$r = z_1 + \frac{x_1^2 + y_1^2}{2z_1} - \frac{xx_1 + yy_1}{z_1}$ $\tilde{E}(u,\upsilon) = C\int_{-\infty}^{+\infty}\int_{-\infty}^{+\infty}\tilde{E}(x,y)\exp[-\mathrm{i}2\pi(ux+\upsilon y)]\mathrm{d}x\mathrm{d}y$ $\tilde{E}(u,\upsilon) = C\mathscr{F}[\tilde{E}(x,y)]$

5.3　夫琅禾费衍射

通过上一节的讨论可以知道，夫琅禾费衍射形成的衍射场强度分布与 z_1 无关，因此，满足夫琅禾费衍射近似条件的区域将得到相同的衍射图样，这为它的应用提供了很好的条件和基础。本节将介绍产生夫琅禾费衍射的装置，并讨论透镜的位相变换作用。

【夫琅禾费】

5.3.1　夫琅禾费衍射装置

根据夫琅禾费近似可以知道，形成夫琅禾费衍射时，观察屏和衍射孔径之间的垂直距离 z_1 必须满足

$$z_1 \gg \frac{(x^2+y^2)_{\max}}{\lambda} \tag{5.3-1}$$

这一条件是相当苛刻的。例如，波长为 500nm 的光，照射直径为 2cm 的孔径，产生夫琅禾费衍射的距离 $z_1 = 200\text{m}$ 。考虑到透镜焦平面上的光可以认为是来自各个方向的平行光，因此，可以通过在衍射孔径后放置透镜的方式，在透镜焦平面上形成夫琅禾费衍射图样。透镜的作用可以用图 5.8 来说明。

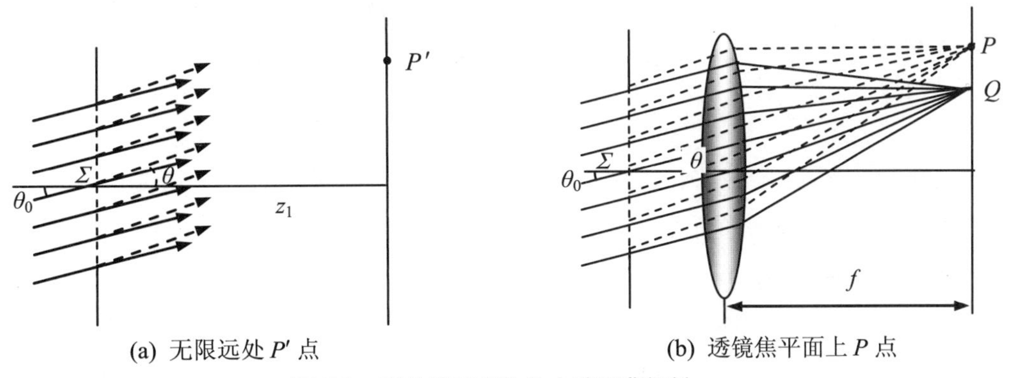

(a) 无限远处 P' 点　　(b) 透镜焦平面上 P 点

图 5.8　两种情况产生的夫琅禾费衍射

如图 5.8(a)所示，以 θ_0 入射到衍射孔径 Σ 上的光线(图中实线)，会有一部分光衍射到 θ 方向(图中虚线)上。在远离衍射孔径 Σ 的观察屏上的 P' 点的光场分布就是这些衍射光的叠加。如图 5.8(b)所示，如果在紧靠衍射孔径后面放置一个焦距为 f 的透镜，则对应于 θ 方向的衍射光波通过透镜后将会聚在焦平面上的 P 点，因此，图 5.8(b)上的 P 点与图 5.8(a)上的 P' 点对应。

在焦平面上观察到的衍射图样与没有透镜时在远场观察到的衍射图样相似，只是大小比例缩小为 f/z_1，衍射图样的相对强度的分布并没有变化。应当注意的是，由于是在焦平面上形成衍射图样，因此，衍射图样很清晰。

根据以上的讨论，通常采用图 5.9 所示的装置来产生和观察夫琅禾费衍射。这里假设单色点光源 S 发出的光波经透镜 L_1 准直后垂直地照射到孔径 Σ 上。孔径 Σ 的夫琅禾费衍射在透镜 L_2 的后焦平面上。

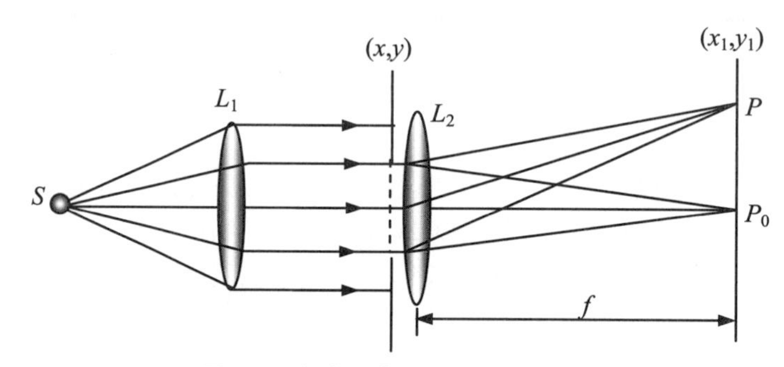

图 5.9　夫琅禾费衍射装置示意图

5.3.2　透镜的位相变换作用

如图 5.10 所示，设单色平面波自左向右入射到透镜，光波在紧靠透镜之前的平面上和紧靠透镜之后的平面上的复振幅分别为

$$\begin{cases}\tilde{E}(x,y)=E_0\exp[\mathrm{i}\delta_1(x,y)]\\ \tilde{E}'(x,y)=E_0\exp[\mathrm{i}\delta_2(x,y)]\end{cases} \tag{5.3-2}$$

显然，透镜对入射光波的位相改变就是 $\delta(x,y)=\delta_2(x,y)-\delta_1(x,y)$。为了求出 $\delta(x,y)$，下面考察在位置坐标 (x,y) 处光波通过透镜所产生的位相变化。

假设透镜是薄透镜，对于薄透镜可以认为光线在透镜之前平面上的入射点的坐标等于透镜之后平面上的出射点的坐标，即可以认为光线平行于光轴通过透镜。因此，光波在 (x,y) 处通过透镜出射的位相变化为

$$\delta(x,y)=k[\varDelta_1+\varDelta_2+n\varDelta(x,y)] \tag{5.3-3}$$

式中，$\varDelta_1$ 和 $\varDelta_2$ 分别是透镜前、后两个面与波面平面之间的距离；$\varDelta(x,y)$ 是边缘光束入射点处透镜的厚度，它随位置而变，因而 $\varDelta_1+\varDelta_2$ 也随位置而变；n 是透镜的折射率。由于

$$\varDelta_1+\varDelta_2+n\varDelta(x,y)=\varDelta_1+\varDelta_2+n[\varDelta_0-(\varDelta_1+\varDelta_2)]=n\varDelta_0-(n-1)(\varDelta_1+\varDelta_2) \tag{5.3-4}$$

式中，$\varDelta_0$ 是透镜中心的厚度，因此

$$\delta(x,y)=kn\varDelta_0-k(n-1)(\varDelta_1+\varDelta_2) \tag{5.3-5}$$

式(5.3-5)右边第一项是与 x、y 无关的常数，它不影响位相的空间分布，因而也不影响光波波面的形状，常常略去不予考虑。第二项随 $\Delta_1+\Delta_2$ 变化，由于 $\Delta_1+\Delta_2$ 是位置坐标的函数，因此 $\delta(x,y)$ 也是位置坐标的函数。从图 5.11 的几何关系可得

$$\Delta_1 = R_1 - \sqrt{R_1^2-(x^2+y^2)},\ \Delta_2 = (-R_2) - \sqrt{(-R_2)^2-(x^2+y^2)} \tag{5.3-6}$$

式中，R_1 和 R_2 分别是透镜前后两表面的曲率半径，并且根据几何光学中的符号规则，R_1 为正，R_2 为负。如果只考虑傍轴光线，以上两式可以近似地写为

【几何光学中的符号规则】

$$\Delta_1 \approx \frac{x^2+y^2}{2R_1},\ \Delta_2 \approx -\frac{x^2+y^2}{2R_2} \tag{5.3-7}$$

把式(5.3-7)代入式(5.3-5)，并略去 $kn\Delta_0$，得到

$$\delta(x,y) = -k(n-1)\left(\frac{1}{R_1}-\frac{1}{R_2}\right)\frac{x^2+y^2}{2} \tag{5.3-8}$$

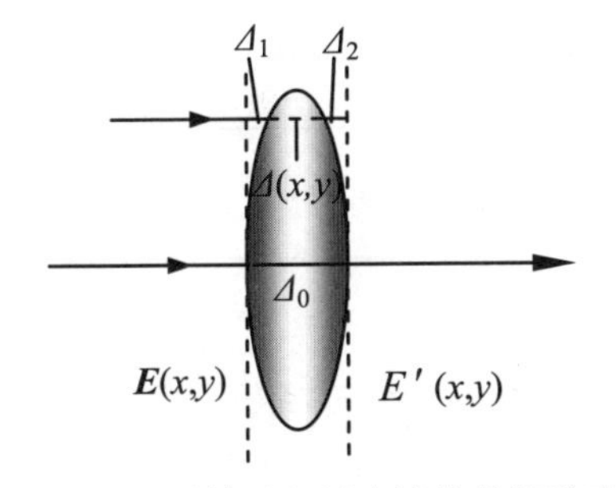

图 5.10　透镜对入射光波的位相改变

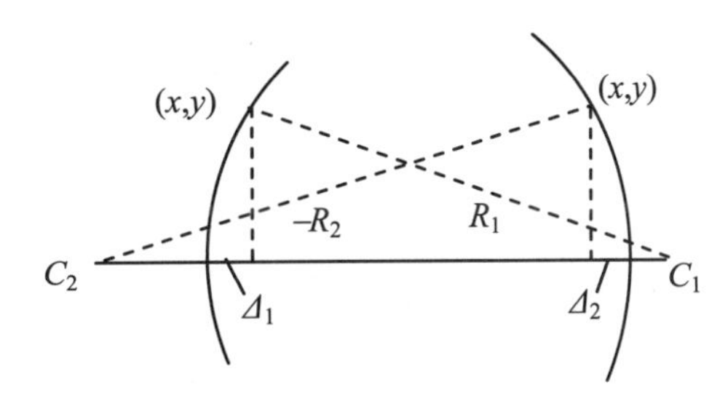

图 5.11　各量之间的几何关系

利用几何光学中的薄透镜焦距公式：

$$\frac{1}{f} = (n-1)\left(\frac{1}{R_1}-\frac{1}{R_2}\right)$$

可以把式(5.3-8)写为

$$\delta(x,y) = -k\frac{x^2+y^2}{2f} \tag{5.3-9}$$

因此，薄透镜的透射系数为

$$\tilde{t}(x,y) = \frac{\tilde{E}'(x,y)}{\tilde{E}(x,y)} = \exp\left[\mathrm{i}\delta(x,y)\right] = \exp\left(-\mathrm{i}k\frac{x^2+y^2}{2f}\right) \tag{5.3-10}$$

于是可以得到光波透过透镜以后的场分布为

$$\tilde{E}'(x,y) = \tilde{E}(x,y)\exp\left(-\mathrm{i}k\frac{x^2+y^2}{2f}\right) \tag{5.3-11}$$

光波从紧靠透镜的平面传播到后焦平面，这是菲涅耳衍射问题。根据式(5.2-31)，令其中的 $z_1=f$，可以得到

$$\tilde{E}(u,\upsilon)=C\int_{-\infty}^{+\infty}\int_{-\infty}^{+\infty}\tilde{E}'(x,y)\exp\left[\frac{\mathrm{i}k}{2f}(x^2+y^2)\right]\exp[-\mathrm{i}2\pi(ux+\upsilon y)]\mathrm{d}x\mathrm{d}y$$
$$=C\int_{-\infty}^{+\infty}\int_{-\infty}^{+\infty}\tilde{E}(x,y)\exp\left[-\frac{\mathrm{i}k}{2f}(x^2+y^2)\right]\exp\left[\frac{\mathrm{i}k}{2f}(x^2+y^2)\right]\exp[-\mathrm{i}2\pi(ux+\upsilon y)]\mathrm{d}x\mathrm{d}y$$
$$=C\int_{-\infty}^{+\infty}\int_{-\infty}^{\infty}\tilde{E}(x,y)\exp[-\mathrm{i}2\pi(ux+\upsilon y)]\mathrm{d}x\mathrm{d}y \tag{5.3-12}$$

可见式(5.3-12)与式(5.2-38)相同。因此，利用图 5.9 所示装置可以在近处即透镜后焦平面上得到衍射屏的远场夫琅禾费衍射。式(5.3-12)称为夫琅禾费衍射积分，可以看出，观察屏上的光振动分布是衍射屏上的光振动分布的傅里叶变换。式(5.3-12)可以写为

$$\tilde{E}(u,\upsilon)=C\mathscr{F}[\tilde{E}(x,y)] \tag{5.3-13}$$

可见，只要知道了衍射屏上的光振动分布的具体形式，并掌握了傅里叶变换的运算规则，便可以解决夫琅禾费衍射问题。在下一节中，将介绍傅里叶变换及其运算规则。

本节介绍了产生夫琅禾费衍射的装置，并讨论了透镜的位相变换作用，要点见表 5-3。

表 5-3　夫琅禾费衍射

夫琅禾费衍射条件	透镜的位相变换	衍射屏上光振动
$z_1 \gg \dfrac{(x^2+y^2)_{\max}}{\lambda}$	$\exp[\mathrm{i}\delta(x,y)]=\exp\left(-\mathrm{i}k\dfrac{x^2+y^2}{2f}\right)$	$\tilde{E}'(x,y)=\tilde{E}(x,y)\exp\left(-\mathrm{i}k\dfrac{x^2+y^2}{2f}\right)$

5.4　处理衍射用傅里叶变换和有关函数

用积分来处理衍射问题往往是相当复杂的，用傅里叶变换处理衍射问题则比较简单，为了熟练地运用傅里叶变换处理衍射问题，本节将介绍常用函数的傅里叶变换对，傅里叶变换的基本规则、卷积及其性质，以及δ函数及其性质。

5.4.1　傅里叶变换简介

由傅里叶积分给出的函数变换

$$F(k)=\int_{-\infty}^{+\infty}f(x)\exp(-\mathrm{i}kx)\mathrm{d}x \tag{5.4-1}$$

称为 $f(x)$ 的傅里叶变换，而

$$f(x)=\frac{1}{2\pi}\int_{-\infty}^{\infty}F(k)\exp(\mathrm{i}kx)\mathrm{d}k \tag{5.4-2}$$

称为 $F(k)$ 的傅里叶逆变换。

把空间角频率 k 写为 $2\pi u$ ，u 为空间频率，傅里叶变换关系又可以写为

$$F(u)=\int_{-\infty}^{+\infty}f(x)\exp(-\mathrm{i}2\pi ux)\mathrm{d}x \tag{5.4-3}$$

和

$$f(x)=\int_{-\infty}^{\infty}F(u)\exp(\mathrm{i}2\pi ux)\mathrm{d}u \tag{5.4-4}$$

二维傅里叶变换关系是一维傅里叶关系的推广，公式为

$$F(u,\upsilon)=\int_{-\infty}^{+\infty}\int_{-\infty}^{+\infty}f(x,y)\exp[-\mathrm{i}2\pi(ux+\upsilon y)]\mathrm{d}x\mathrm{d}y \tag{5.4-5}$$

和

$$f(x,y)=\int_{-\infty}^{+\infty}\int_{-\infty}^{+\infty}F(u,\upsilon)\exp[\mathrm{i}2\pi(ux+\upsilon y)]\mathrm{d}u\mathrm{d}\upsilon \tag{5.4-6}$$

式中，u 和 υ 是二维空间函数 $f(x,y)$ 沿 x 方向和 y 方向的空间频率；$F(u,\upsilon)$ 是频谱函数。与一维的情形类似，称 $F(u,\upsilon)$ 为 $f(x,y)$ 的傅里叶变换，$f(x,y)$ 是 $F(u,\upsilon)$ 的傅里叶逆变换。

通常，为书写方便，也把 $f(x,y)$ 的傅里叶变换记为

$$F(u,\upsilon)=\mathscr{F}[f(x,y)] \tag{5.4-7}$$

把 $F(u,\upsilon)$ 的傅里叶逆变换记为

$$f(x,y)=\mathscr{F}^{-1}[F(u,\upsilon)] \tag{5.4-8}$$

5.4.2　常用函数的傅里叶变换对

从 5.2 节的讨论可以知道，菲涅耳衍射和夫琅禾费衍射都与衍射屏上光振动函数的傅里叶变换有关。因此，掌握一些常用函数的傅里叶变换对，对于处理和计算衍射问题十分重要。表 5-4 给出了常用函数的傅里叶变换对，这些公式在许多傅里叶变换教科书中都有详细证明，这里仅引用其结果。表 5-4 左边是空间坐标函数，又称原函数；右边是对应的傅里叶变换式，又称谱函数。

表 5-4　常用函数的傅里叶变换对

原　函　数	谱　函　数	原　函　数	谱　函　数
A	$A\delta(u,\upsilon)$	$\cos(2\pi u_0x)$	$\frac{1}{2}[\delta(u-u_0)+\delta(u+u_0)]$
$A\delta(x,y)$	A	$\frac{1}{2}[\delta(x-x_0)+\delta(x+x_0)]$	$\cos(2\pi ux_0)$
$\delta(x\pm x_0,y\pm y_0)$	$\exp[\pm\mathrm{i}2\pi(ux_0+\upsilon y_0)]$	$\sin(2\pi u_0x)$	$\frac{1}{2\mathrm{i}}[\delta(u-u_0)-\delta(u+u_0)]$
$\exp[\pm\mathrm{i}2\pi(u_0x+\upsilon_0y)]$	$\delta(u\mp u_0,\upsilon\mp\upsilon_0)$	$\frac{\mathrm{i}}{2}[\delta(x-x_0)-\delta(x+x_0)]$	$\sin(2\pi ux_0)$
$\mathrm{rect}(x)\mathrm{rect}(y)$	$\mathrm{sinc}(u)\mathrm{sinc}(\upsilon)$	$\mathrm{sgn}(x)\mathrm{sgn}(y)$	$\frac{1}{\mathrm{i}\pi u}\cdot\frac{1}{\mathrm{i}\pi\upsilon}$
$\mathrm{sinc}(x)\mathrm{sinc}(y)$	$\mathrm{rect}(u)\mathrm{rect}(\upsilon)$	$\frac{1}{\mathrm{i}\pi x}\cdot\frac{1}{\mathrm{i}\pi y}$	$\mathrm{sgn}(u)\mathrm{sgn}(\upsilon)$
$\Lambda(x)\Lambda(y)$	$\mathrm{sinc}^2(u)\mathrm{sinc}^2(\upsilon)$	$\mathrm{step}(x)$	$\frac{1}{2}\delta(u)+\frac{1}{\mathrm{i}2\pi u}$
$\mathrm{sinc}^2(x)\mathrm{sinc}^2(y)$	$\Lambda(u)\Lambda(\upsilon)$	$\frac{1}{2}\delta(x)-\frac{1}{\mathrm{i}2\pi x}$	$\mathrm{step}(u)$
$\mathrm{comb}(x)\mathrm{comb}(y)$	$\mathrm{comb}(u)\mathrm{comb}(\upsilon)$	$\mathrm{gaus}(x)\mathrm{gaus}(y)$	$\mathrm{gaus}(u)\mathrm{gaus}(\upsilon)$
$\mathrm{circ}\left(\sqrt{x^2+y^2}\right)$	$\frac{J_1\left(2\pi\sqrt{u^2+\upsilon^2}\right)}{\sqrt{u^2+\upsilon^2}}$	$\exp[-\pi(x^2+y^2)]$	$\exp[-\pi(u^2+\upsilon^2)]$

5.4.3 傅里叶变换定理

傅里叶变换定理给出了傅里叶变换相关运算的基本规则，若 $\mathscr{F}[f(x,y)]=F(u,\upsilon)$ 和 $\mathscr{F}[g(x,y)]=G(u,\upsilon)$，则傅里叶变换常用的基本定理如下，它们的证明从略。

1. 线性定理

设 a、b 是任意常数，则

$$\mathscr{F}[af(x,y)\pm bg(x,y)]=aF(u,\upsilon)\pm bG(u,\upsilon) \tag{5.4-9}$$

即两个函数的线性组合的傅里叶变换，等于它们各自傅里叶变换的线性组合。

2. 缩放定理

对于任意非零实数 a 和 b，有

$$\mathscr{F}[f(ax,by)]=\frac{1}{ab}F\left(\frac{u}{a},\frac{\upsilon}{b}\right) \tag{5.4-10}$$

这个定理说明空间域中坐标 (x,y) 的压缩(或放大)，将导致频率域中坐标 (u,υ) 的放大(或压缩)，并且频谱的幅度发生总体变化。

3. 相移定理

对于任意实数 x_0 和 y_0，有

$$\mathscr{F}[f(x\pm x_0,y\pm y_0)]=F(u,\upsilon)\exp[\pm \mathrm{i}2\pi(ux_0+\upsilon y_0)] \tag{5.4-11}$$

这个定理说明函数在空间域中的平移，将带来频率中的一个线性相移。

4. 平移定理

对于任意实数 u_0 和 υ_0，有

$$\mathscr{F}\{f(x,y)\exp[\pm \mathrm{i}2\pi(u_0x+\upsilon_0y)]\}=F(u\mp u_0,\upsilon\mp\upsilon_0) \tag{5.4-12}$$

这个定理说明函数在空间域中的相移，将带来频率中的一个线性平移。

5. 卷积定理

对于函数卷积和函数乘积的傅里叶变换，有

$$\mathscr{F}[f(x,y)\otimes g(x,y)]=F(u,\upsilon)G(u,\upsilon) \tag{5.4-13}$$

和

$$\mathscr{F}[f(x,y)g(x,y)]=F(u,\upsilon)\otimes G(u,\upsilon) \tag{5.4-14}$$

式中，$\otimes$ 号表示两个函数的卷积运算。卷积定理表明，两个相关函数卷积的傅里叶变换等于各自傅里叶变换的乘积；两个相关函数乘积的傅里叶变换等于各自傅里叶变换的卷积。

6. 两次变换定理

在函数的各个连续点上，有

$$\mathscr{F}\mathscr{F}^{-1}[f(x,y)]=\mathscr{F}^{-1}\mathscr{F}[f(x,y)]=f(x,y) \tag{5.4-15}$$

和

$$\mathscr{F}\mathscr{F}[f(x,y)]=\mathscr{F}^{-1}\mathscr{F}^{-1}[f(x,y)]=f(-x,-y) \tag{5.4-16}$$

式(5.4-15)表明，一个函数经过傅里叶变换和逆变换，或者经过逆变换和傅里叶变换后还是原函数。式(5.4-16)则表明，一个函数经过两次傅里叶变换或两次逆变换后，会变成坐标反转的原函数。

7. 共轭变换定理

共轭函数的傅里叶变换为

$$\mathscr{F}[f^*(x,y)] = F^*(-u,-\upsilon) \tag{5.4-17}$$

式(5.4-17)表明，对共轭函数进行傅里叶变换将得到坐标反转的原函数傅里叶变换的共轭。

5.4.4　卷积及其性质

1. 卷积

函数 $f(x)$ 和 $g(x)$ 的卷积运算表示为 $f(x)\otimes g(x)$，它定义为如下积分：

$$f(x)\otimes g(x) = \int_{-\infty}^{+\infty} f(\xi)g(x-\xi)\mathrm{d}\xi \tag{5.4-18}$$

对于二维函数 $f(x,y)$ 和 $g(x,y)$，其卷积为

$$f(x,y)\otimes g(x,y) = \int_{-\infty}^{+\infty}\int_{-\infty}^{+\infty} f(\xi,\eta)g(x-\xi,y-\eta)\mathrm{d}\xi\,\mathrm{d}\eta \tag{5.4-19}$$

2. 卷积的性质

1) 线性性质

设有函数 $f(x,y)$、$g(x,y)$ 和 $h(x,y)$，且 a 和 b 是任意常数，则有

$$[af(x,y)+bg(x,y)]\otimes h(x,y) = af(x,y)\otimes h(x,y) + bg(x,y)\otimes h(x,y) \tag{5.4-20}$$

式(5.4-20)表明，两个函数的和与第三个函数的卷积等于它们各自卷积的和。

2) 交换律性质

$$f(x,y)\otimes g(x,y) = g(x,y)\otimes f(x,y) \tag{5.4-21}$$

式(5.4-21)表明，两个函数的卷积与它们的先后次序无关。

3) 位移不变性

若 $f(x,y)\otimes g(x,y) = h(x,y)$，则

$$f(x-x_1,y-y_1)\otimes g(x,y) = h(x-x_1,y-y_1) \tag{5.4-22}$$

式(5.4-22)表明，平移函数的卷积仍然得到一个平移函数。

4) 结合律性质

$$[f(x,y)\otimes g(x,y)]\otimes h(x,y) = f(x,y)\otimes[g(x,y)\otimes h(x,y)] \tag{5.4-23}$$

式(5.4-23)表明，多个函数的卷积也与它们的先后次序无关。

5) 缩放性质

若 $f(x,y)\otimes g(x,y) = h(x,y)$，则

$$f(ax,by)\otimes g(ax,by) = \frac{1}{|ab|}h(ax,by) \tag{5.4-24}$$

式(5.4-24)表明，两个缩放函数的卷积，将是整体放缩的缩放函数。

5.4.5 δ函数及其性质

1. δ函数的定义

δ函数是物理学家狄拉克(Dirac)引入的一个广义函数，它不是普通意义下的函数，二维的δ函数定义为

$$\delta(x,y)=\begin{cases}\infty & (x=y=0)\\ 0 & (x\neq 0, y\neq 0)\end{cases} \tag{5.4-25}$$

并且有

$$\int_{-\infty}^{+\infty}\int_{-\infty}^{+\infty}\delta(x,y)\mathrm{d}x\mathrm{d}y=1 \tag{5.4-26}$$

在光学中，δ函数可以用来描述点光源的复振幅分布和光强分布。

2. δ函数的性质

1) δ函数的卷积性质

$$f(x,y)\otimes\delta(x,y)=\delta(x,y)\otimes f(x,y)=f(x,y) \tag{5.4-27}$$

式(5.4-27)表明，任何连续函数均可以被看作函数自身与δ函数的卷积，从光学观点来看，连续分布在xy平面上的复振幅函数$\tilde{E}(x、y)$可以看作是连续密排的点源或点集。

2) δ函数的平移性质

$$f(x,y)\otimes\delta(x\pm x_0,y\pm y_0)=f(x\pm x_0,y\pm y_0) \tag{5.4-28}$$

式(5.4-28)表明，某函数与δ函数的平移函数进行卷积运算，相当于把原函数进行了平移。

3) δ函数的傅里叶变换性质

$$\mathscr{F}[\delta(x,y)]=1 \tag{5.4-29}$$

式(5.4-29)表明，对δ函数作傅里叶变换，相当于对δ函数进行积分，其值为1。

4) δ函数的缩放性质

$$\delta(ax,by)=\frac{1}{|ab|}\delta(x,y) \tag{5.4-30}$$

式(5.4-30)表明，δ函数在空间域里的缩放相当于对δ函数的放缩。

5) δ函数的筛选性质

$$\int_{-\infty}^{+\infty}\int_{-\infty}^{+\infty}\delta(x-x_0,y-y_0)f(x,y)\mathrm{d}x\mathrm{d}y=f(x_0,y_0) \tag{5.4-31}$$

式(5.4-31)表明，δ函数在整个变量区间移动时，就可以把待测函数的曲线显示出来。

6) δ函数的乘积性质

$$\delta(x-x_0,y-y_0)f(x,y)=\delta(x-x_0,y-y_0)f(x_0,y_0) \tag{5.4-32}$$

式(5.4-32)表明，平移的δ函数与某函数相乘等于δ函数的平移函数与某函数自变量取平移量相乘。

7) δ函数的分离变量性质

$$\delta(x,y)=\delta(x)\delta(y) \tag{5.4-33}$$

式(5.4-33)表明，二维δ函数可以表示为两个一维δ函数的乘积。

5.5　照明函数和孔径函数的具体表达形式

为了求出夫琅禾费衍射积分，必须知道衍射屏上的光振动分布的具体表达形式。在衍射屏上的光振动分布由照明光源和衍射孔径的性质决定，可以写成

$$\tilde{E}(x,y)=e(x,y)t(x,y) \tag{5.5-1}$$

式中，$e(x,y)$ 称为照明函数(illuminating function)，$t(x,y)$ 称为孔径函数(aperture function)。本节将讨论常用照明函数和孔径函数的具体表达形式。

5.5.1　照明函数的具体表达形式

1. 单色平面波垂直照射衍射屏

当振幅为 E_0，波矢为 $\boldsymbol{k}$ 的平面波入射到 $z=0$ 的衍射屏上时，照明函数可以表示为

$$e(x,y)=E_0\exp[\mathrm{i}k(k_{x0}x+k_{y0}y)] \tag{5.5-2}$$

在垂直入射时，$k_{x0}=k_{y0}=0$，因此

$$e(x,y)=E_0 \tag{5.5-3}$$

如果入射平面波的振幅为单位振幅，则有

$$e(x,y)=1 \tag{5.5-4}$$

2. 单色平面波倾斜照射衍射屏

当振幅为 E_0，波矢为 $\boldsymbol{k}$ 的平面波在 xOz 平面内，并与 z 轴成 θ_0 角倾斜入射到 $z=0$ 的衍射屏上时，如图 5.12 所示，照明函数可以表示为

$$e(x,y)=E_0\exp(\mathrm{i}k\sin\theta_0 x)=E_0\exp\left(\mathrm{i}2\pi\frac{\sin\theta_0}{\lambda}x\right) \tag{5.5-5}$$

令 $\dfrac{\sin\theta_0}{\lambda}=u_0$，则有

$$e(x,y)=E_0\exp(\mathrm{i}2\pi u_0 x) \tag{5.5-6}$$

3. 单色点光源在衍射屏中心轴线上

如图 5.13 所示，点光源的振幅为 E_0，与衍射屏之间的距离为 z_0，则照明函数可以表示为

$$e(x,y)=\frac{E_0}{r_0}\exp(\mathrm{i}kr_0) \tag{5.5-7}$$

式中，$r_0{}^2=x^2+y^2+z_0^2$，因此

$$r_0=z_0\left(1+\frac{x^2+y^2}{z_0^2}\right)^{1/2}\approx z_0+\frac{x^2+y^2}{2z_0} \tag{5.5-8}$$

因此

$$e(x,y)=\frac{E_0}{z_0}\exp(\mathrm{i}kz_0)\exp\left(\mathrm{i}k\frac{x^2+y^2}{2z_0}\right) \tag{5.5-9}$$

忽略常数项，则可以得到

$$e(x,y)=\exp\left(\mathrm{i}k\frac{x^2+y^2}{2z_0}\right) \tag{5.5-10}$$

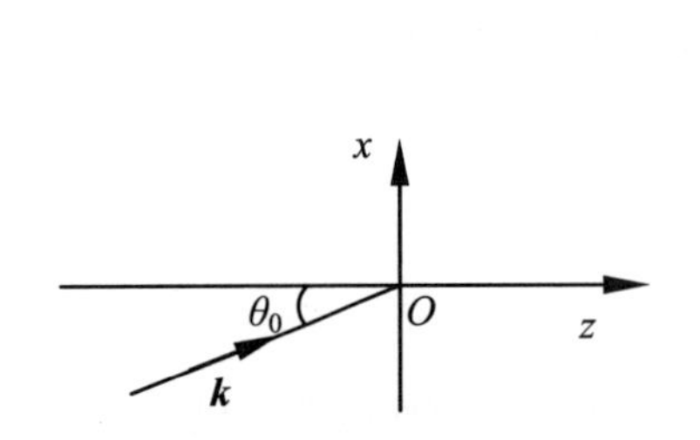

图 5.12　倾斜入射

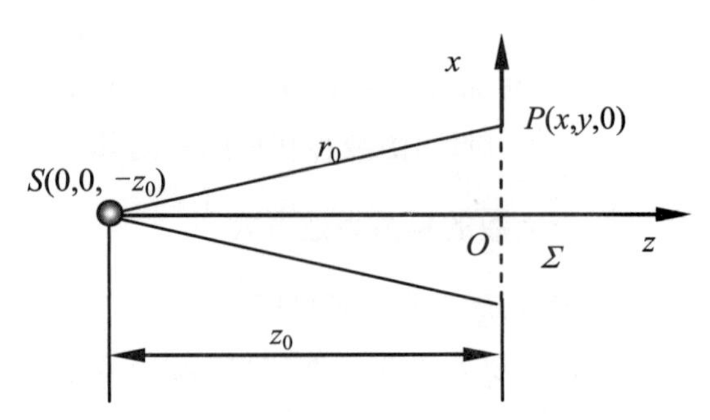

图 5.13　轴线上单色点光源照射衍射屏

4. 单色点光源在衍射屏中心轴外

如图 5.14 所示，因为 $r_0^2=(x+b)^2+y^2+z_0^2$，因此，有

$$\begin{aligned} r_0&=z_0\left[1+\frac{(x+b)^2+y^2}{z_0^2}\right]^{1/2}\\ &\approx z_0+\frac{(x+b)^2+y^2}{2z_0}\\ &=z_0+\frac{b^2}{2z_0}+\frac{bx}{z_0}+\frac{x^2+y^2}{2z_0} \end{aligned} \tag{5.5-11}$$

忽略常数项，则可以得到

$$e(x,y)=\exp\left(\mathrm{i}k\frac{bx}{z_0}\right)\exp\left(\mathrm{i}k\frac{x^2+y^2}{2z_0}\right) \tag{5.5-12}$$

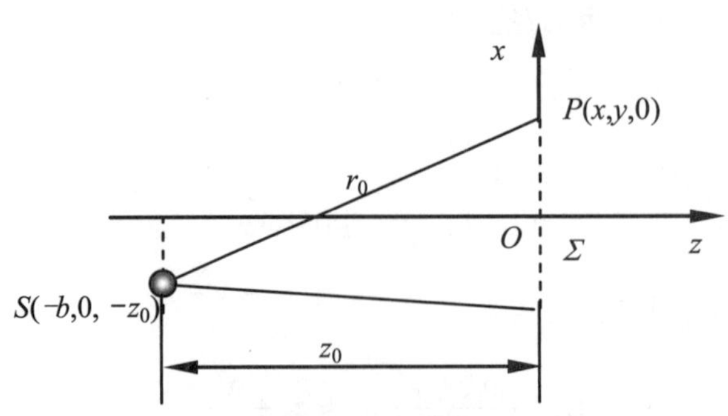

图 5.14　轴线外单色点光源照射衍射屏

5.5.2　常用函数的定义及其傅里叶变换频谱

1．矩形函数

矩形函数定义为

$$\mathrm{rect}\left(\frac{x-x_0}{a}\right)=\begin{cases}1, & \left|\dfrac{x-x_0}{a}\right|\leqslant\dfrac{1}{2}\\ 0, & \text{其他}\end{cases} \tag{5.5-13}$$

它表示以 x_0 为中心，宽度为 a，高度为 1 的矩形。当 $x_0=0$，$a=1$ 时，式(5.5-13)写为 $\mathrm{rect}(x)$，它是以 $x=0$ 为对称轴，宽度和高度均为 1 的矩形，其函数图像和傅里叶变换图形如图 5.15 所示。二维矩形函数可以表示为两个一维矩形函数的乘积：

$$\mathrm{rect}\left(\frac{x-x_0}{a}\right)\mathrm{rect}\left(\frac{y-y_0}{b}\right)$$

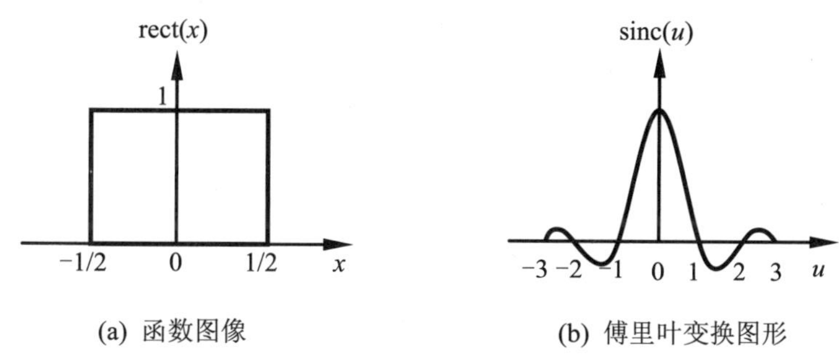

图 5.15　矩形函数及其傅里叶变换图形

2．sinc 函数

sinc 函数定义为

$$\mathrm{sinc}\left(\frac{x-x_0}{a}\right)=\frac{\sin\pi\left[(x-x_0)/a\right]}{\pi\left[(x-x_0)/a\right]} \tag{5.5-14}$$

它表示函数在 $x=x_0$ 处有最大值 1，零点位于 $x-x_0=\pm ma\ (m=1, 2, \cdots)$。当 $x_0=0$，$a=1$ 时，式(5.5-14)写为 $\mathrm{sinc}(x)$，它的函数图像和傅里叶变换图形如图 5.16 所示。

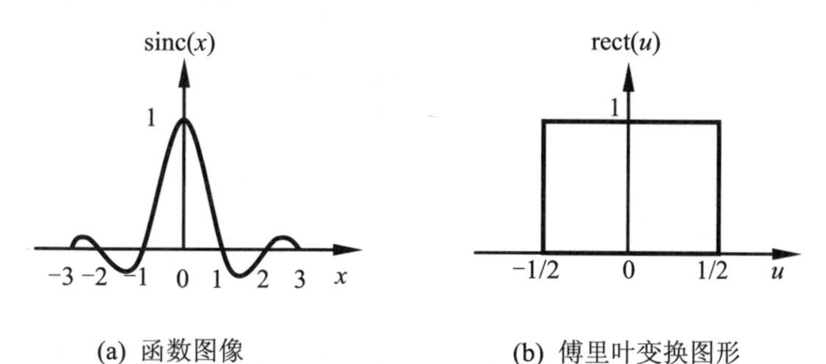

图 5.16　sinc 函数及其傅里叶变换图形

3. 符号函数

符号函数定义为

$$\operatorname{sgn}(x)=\begin{cases}1, & x>0\\ 0, & x=0\\ -1, & x<0\end{cases} \tag{5.5-15}$$

它的函数图像和傅里叶变换图形如图 5.17 所示。

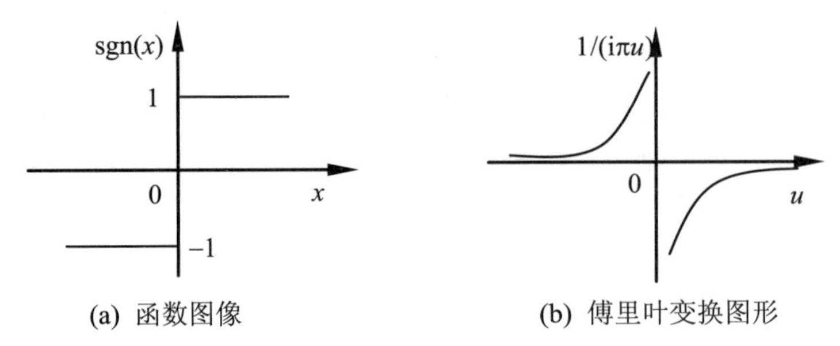

(a) 函数图像　(b) 傅里叶变换图形

图 5.17　符号函数及其傅里叶变换图形

4. 三角函数

三角函数定义为

$$\Lambda\left(\frac{x}{a}\right)=\begin{cases}1-\left|\frac{x}{a}\right|, & |x|\leqslant a\\ 0, & \text{其他}\end{cases} \tag{5.5-16}$$

它表示以原点为中心，底边长度为 $2a$，高度为 1 的等腰三角形。当 $a=1$ 时，式(5.5-16)写为 $\Lambda(x)$，它的函数图像和傅里叶变换图形如图 5.18 所示。

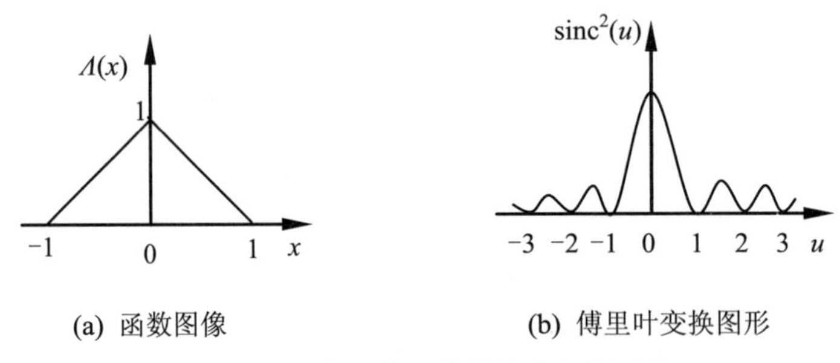

(a) 函数图像　(b) 傅里叶变换图形

图 5.18　三角函数及其傅里叶变换图形

5. δ 函数

一维 δ 函数定义为

$$\delta(x)=\begin{cases}\infty, & x=0\\ 0, & x\neq 0\end{cases} \tag{5.5-17}$$

δ 函数是描述诸如质点、点电荷、点光源以及瞬时脉冲等物理模型的工具，它的函数图像和傅里叶变换图形如图 5.19 所示。

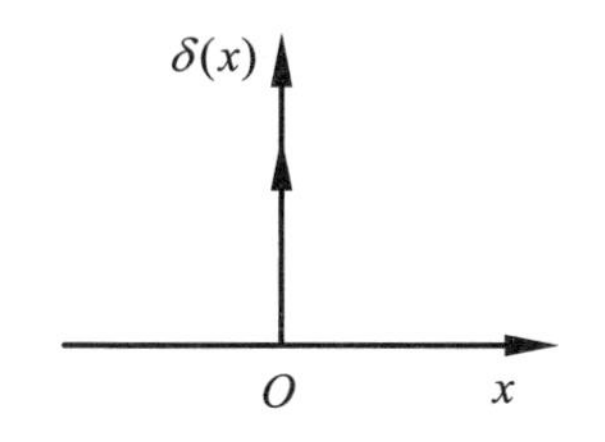

(a) 函数图像

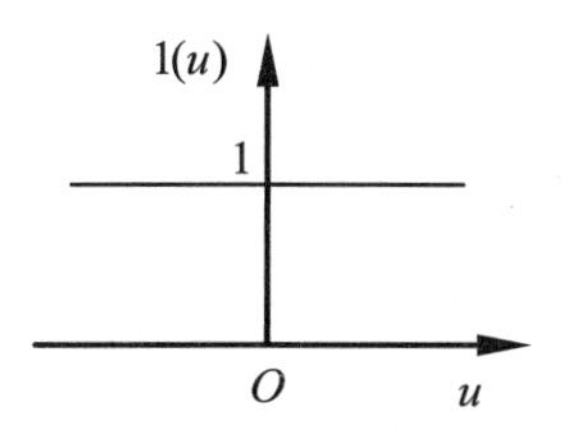

(b) 傅里叶变换图形

图 5.19　δ 函数及其傅里叶变换图形

6. 梳状函数

梳状函数定义为

$$\mathrm{comb}(x)=\sum_{n=-\infty}^{\infty}\delta(x-n) \tag{5.5-18}$$

它表示间隔为 1 的 δ 函数的无穷序列，其函数图像和傅里叶变换图形如图 5.20 所示。

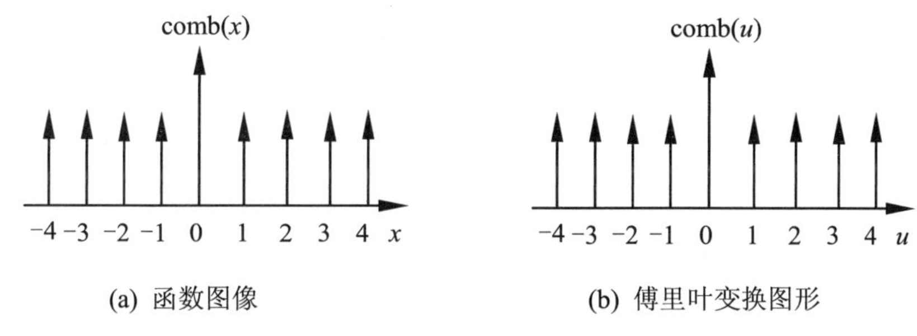

(a) 函数图像　　(b) 傅里叶变换图形

图 5.20　梳状函数及其傅里叶变换图形

7. 圆域函数

圆域函数定义为

$$\mathrm{circ}\left(\frac{\sqrt{x^2+y^2}}{a}\right)=\mathrm{circ}\left(\frac{r}{a}\right)=\begin{cases}1, & \sqrt{x^2+y^2}\leqslant a\\ 0, & \text{其他}\end{cases} \tag{5.5-19}$$

它的函数图像和傅里叶变换图形如图 5.21 所示。

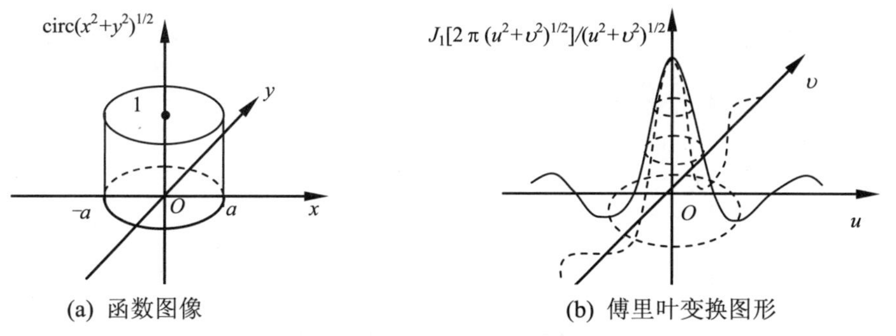

(a) 函数图像　　(b) 傅里叶变换图形

图 5.21　圆域函数及其傅里叶变换图形

8. 高斯函数

高斯函数定义为

$$\mathrm{gaus}(x)=\exp(-\pi x^{2}) \tag{5.5-20}$$

它的函数图像和傅里叶变换图形如图 5.22 所示。

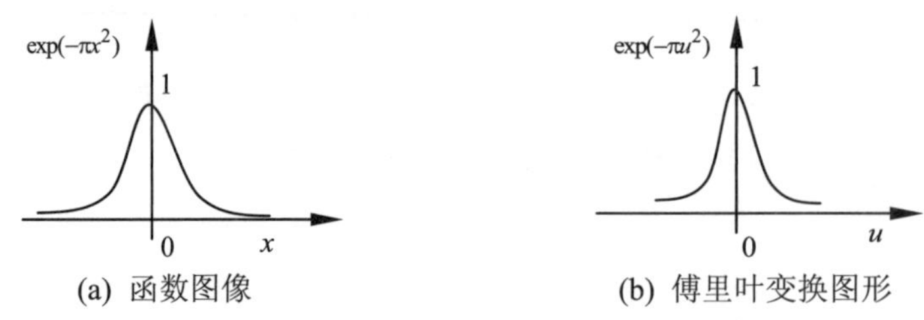

图 5.22 高斯函数及其傅里叶变换图形

9. 洛伦兹函数

洛伦兹函数定义为

$$g(x)=\frac{A}{a^{2}+x^{2}} \tag{5.5-21}$$

洛伦兹函数的图像和傅里叶变换图形如图 5.23 所示。

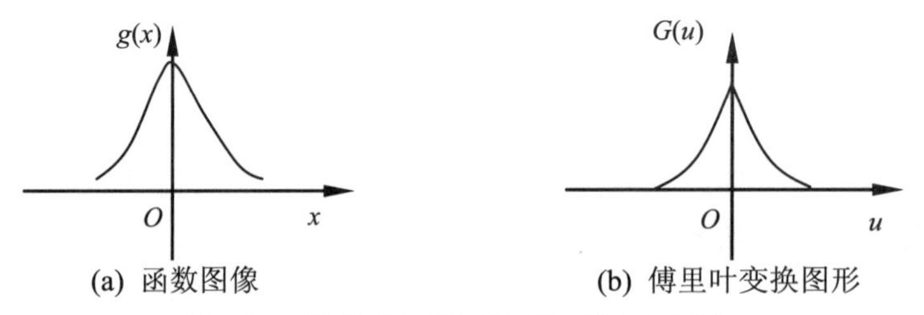

图 5.23 洛伦兹函数及其傅里叶变换图形

10. 过阻尼函数

过阻尼函数定义为

$$g(x)=\begin{cases}A\exp(-bx), & x\geqslant 0\\ 0, & x<0\end{cases} \tag{5.5-22}$$

过阻尼函数的频谱为洛伦兹函数，过阻尼函数的图像和傅里叶变换图形如图 5.24 所示。

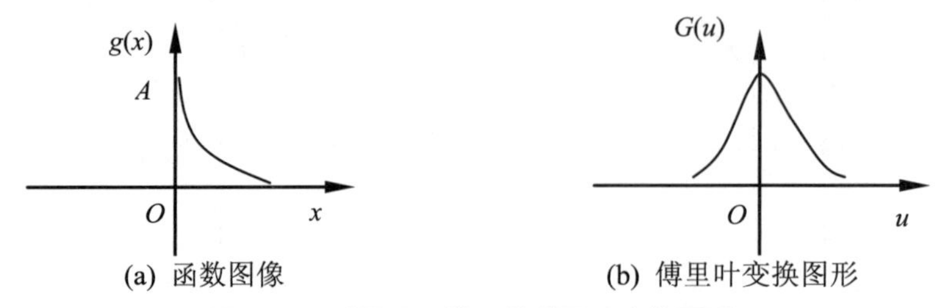

图 5.24 过阻尼函数及其傅里叶变换图形

5.5.3　孔径函数的具体表示

根据常用函数的定义，并利用δ函数和卷积的相关性质，可以将不同的衍射孔径表示为各种函数形式，将这些函数称为孔径函数。以下是不同的衍射孔径的孔径函数。

1. 宽度为 a，并且平行于 y 轴的无限长狭缝

$$t(x,y)=\mathrm{rect}\left(\frac{x}{a}\right) \tag{5.5-23}$$

2. 宽度为 a，中心间距为 d，并且平行于 y 轴的双狭缝

$$t(x,y)=\mathrm{rect}\left(\frac{x}{a}\right)+\mathrm{rect}\left(\frac{x-d}{a}\right)=\mathrm{rect}\left(\frac{x}{a}\right)+\mathrm{rect}\left(\frac{x}{a}\right)\otimes\delta(x-d) \tag{5.5-24}$$

或

$$t(x,y)=\mathrm{rect}\left(\frac{x-\frac{d}{2}}{a}\right)+\mathrm{rect}\left(\frac{x+\frac{d}{2}}{a}\right)=\mathrm{rect}\left(\frac{x}{a}\right)\otimes\left[\delta\left(x-\frac{d}{2}\right)+\delta\left(x+\frac{d}{2}\right)\right] \tag{5.5-25}$$

3. 宽度为 a，中心间距为 d，并且平行于 y 轴的光栅

$$\begin{aligned}t(x,y)&=\mathrm{rect}\left(\frac{x}{a}\right)+\mathrm{rect}\left(\frac{x-d}{a}\right)+\mathrm{rect}\left(\frac{x-2d}{a}\right)+\cdots\\&=\mathrm{rect}\left(\frac{x}{a}\right)\otimes\sum_{m=0}^{N-1}\delta(x-md)\end{aligned} \tag{5.5-26}$$

4. 边长为 a 的正方形孔

$$t(x,y)=\mathrm{rect}\left(\frac{x}{a}\right)\mathrm{rect}\left(\frac{y}{a}\right) \tag{5.5-27}$$

5. 边长分别为 a 和 b 的矩形孔，边长 a 平行于 y 轴，边长 b 平行于 x 轴

$$t(x,y)=\mathrm{rect}\left(\frac{x}{a}\right)\mathrm{rect}\left(\frac{y}{b}\right) \tag{5.5-28}$$

6. 半径为 a 的圆孔

$$t(x,y)=\mathrm{circ}\left(\frac{\sqrt{x^2+y^2}}{a}\right)=\mathrm{circ}\left(\frac{r}{a}\right) \tag{5.5-29}$$

7. 内半径为 a，外半径为 b 的圆环孔

$$t(x,y)=\mathrm{circ}\left(\frac{r}{b}\right)-\mathrm{circ}\left(\frac{r}{a}\right) \tag{5.5-30}$$

8. 半径为 a 的圆孔内接正方形遮光屏

$$t(x,y)=\mathrm{circ}\left(\frac{r}{a}\right)-\mathrm{rect}\left(\frac{x}{\sqrt{2}a}\right)\mathrm{rect}\left(\frac{y}{\sqrt{2}a}\right) \tag{5.5-31}$$

9. 边长为 a 的正方形孔内切圆盘

$$t(x,y)=\mathrm{rect}\left(\frac{x}{a}\right)\mathrm{rect}\left(\frac{y}{a}\right)-\mathrm{circ}\left(\frac{2r}{a}\right) \tag{5.5-32}$$

10. 平行于 y 的直边

$$t(x,y)=\mathrm{step}(x)=\begin{cases}1, & x\geqslant 0\\ 0, & x<0\end{cases} \tag{5.5-33}$$

11. 在 x 大于 0 方向，半径为 a 的半圆孔

$$t(x,y)=\mathrm{circ}\left(\frac{\sqrt{x^2+y^2}}{a}\right)\mathrm{step}(x) \tag{5.5-34}$$

12. x 方向宽度为 a，y 方向宽度为 b 的十字狭缝

$$t(x,y)=\mathrm{rect}\left(\frac{x}{a}\right)+\mathrm{rect}\left(\frac{y}{b}\right)-\mathrm{rect}\left(\frac{x}{a}\right)\mathrm{rect}\left(\frac{y}{b}\right) \tag{5.5-35}$$

5.6 利用傅里叶变换处理夫琅禾费衍射

从理论上讲，只要能写出衍射屏上的复振幅分布函数，便可以利用傅里叶变换法求出光透过孔径后在衍射场观察屏上的夫琅禾费衍射光强分布。本节将通过举例来说明如何利用傅里叶变换方法来处理夫琅禾费衍射问题。

5.6.1 单缝衍射

1. 振幅为 E_0 的平面波垂直照射宽度为 a 的单狭缝，求单狭缝夫琅禾费衍射的光强分布

因为入射光是振幅为 E_0 的平面波，所以照明函数可以写为 $e(x,y)=E_0$；又因为衍射屏为宽度为 a 的单狭缝，所以孔径函数可以写为 $t(x,y)=\mathrm{rect}(x/a)$。因此，衍射屏上的复振幅分布函数为

$$\tilde{E}(x,y)=e(x,y)t(x,y)=E_0\mathrm{rect}\left(\frac{x}{a}\right) \tag{5.6-1}$$

由于观察屏上的复振幅分布函数是衍射屏上的复振幅分布函数的傅里叶变换，因此，观察屏上的复振幅分布函数为

$$\tilde{E}(u,\upsilon)=C\mathscr{F}[\tilde{E}(x,y)]=C\mathscr{F}\left[E_0\mathrm{rect}\left(\frac{x}{a}\right)\right]=CE_0a\mathrm{sinc}(au) \tag{5.6-2}$$

因此，单狭缝夫琅禾费衍射的光强分布为

$$I=\left|\tilde{E}(u,\upsilon)\right|^2=\left[CE_0a\mathrm{sinc}(au)\right]^2=I_0\left[\mathrm{sinc}(au)\right]^2 \tag{5.6-3}$$

式中，$I_0=(CE_0a)^2$。单狭缝衍射光强分布如图 5.25 所示。

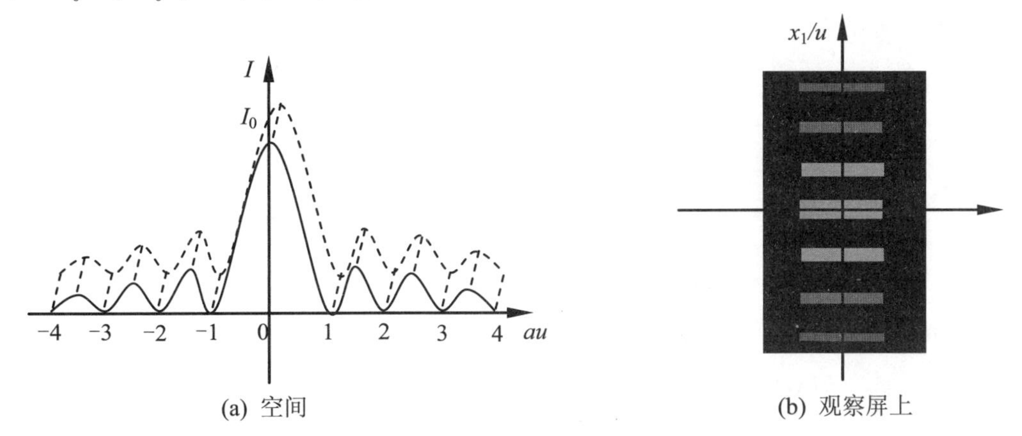

(a) 空间　　(b) 观察屏上

图 5.25　单狭缝夫琅禾费衍射的光强分布

由式(5.6-3)可知

$$au=\begin{cases}0，有极大值\\ m\ (m=\pm1,\pm2,\cdots)，有极小值\end{cases}\tag{5.6-4}$$

由于$u=x_1/(\lambda f)=\sin\theta/\lambda$，因此

$$\begin{cases}x_1=0，有极大值\\ x_1=\dfrac{m\lambda f}{a}，有极小值\end{cases}\tag{5.6-5}$$

或

$$\begin{cases}\sin\theta=0，有极大值\\ \sin\theta=\dfrac{m\lambda}{a}，有极小值\end{cases}\tag{5.6-6}$$

令$x=\pi au$，可以得到

$$\frac{I}{I_0}=\left[\frac{\sin x}{x}\right]^2\tag{5.6-7}$$

在两个暗点之间有一个次极大，它的位置由

$$\frac{\mathrm{d}}{\mathrm{d}x}\left[\left(\frac{\sin x}{x}\right)^2\right]=0\tag{5.6-8}$$

决定，即

$$\tan x=x\tag{5.6-9}$$

这一方程可以利用图解法求解。如图 5.26 所示，在同一坐标系中分别作曲线$y=x$和$y=\tan x$，其交叉点即为方程的解。

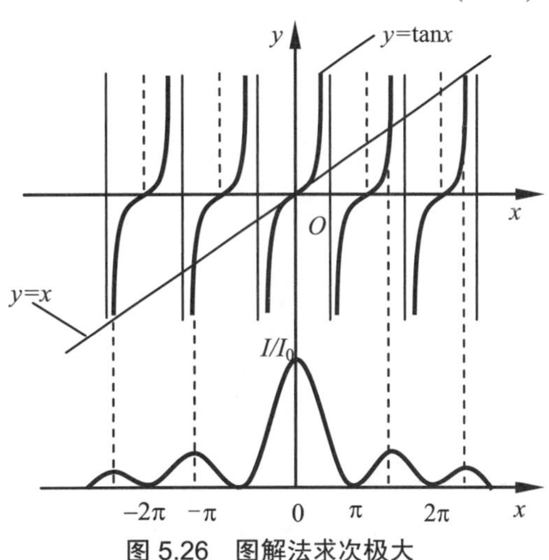

图 5.26　图解法求次极大

2. 振幅为 E_0 的平面波在 xOz 平面内，并且与 z 轴的夹角为 θ_0，入射到宽度为 a 的单狭缝，求此时单狭缝夫琅禾费衍射的光强分布

因为振幅为 E_0 的平面波在 xOz 平面内，并且与 z 轴的夹角为 θ_0，所以照明函数可以写为

$$e(x,y)=E_0\exp(\mathrm{i}2\pi u_0x)$$

又因为衍射屏仍为宽度为 a 的单狭缝，所以孔径函数可以写为

$$t(x,y)=\mathrm{rect}\left(\frac{x}{a}\right)$$

因此，衍射屏上的复振幅分布函数为

$$\tilde{E}(x,y)=e(x,y)t(x,y)=E_0\mathrm{rect}\left(\frac{x}{a}\right)\exp(\mathrm{i}2\pi u_0x) \tag{5.6-10}$$

因此，观察屏上的复振幅分布函数为

$$\begin{aligned}\tilde{E}(u,\upsilon)&=C\mathscr{F}[\tilde{E}(x,y)]=C\mathscr{F}\left[E_0\mathrm{rect}\left(\frac{x}{a}\right)\exp(\mathrm{i}2\pi u_0x)\right]\\&=CE_0\mathscr{F}\left[E_0\mathrm{rect}\left(\frac{x}{a}\right)\right]\otimes\mathscr{F}[\exp(\mathrm{i}2\pi u_0x)]\\&=CE_0a\mathrm{sinc}(au)\otimes\delta(u-u_0)=CE_0a\mathrm{sinc}[a(u-u_0)]\end{aligned} \tag{5.6-11}$$

因此，光强分布为

$$I=\left|\tilde{E}(u,\upsilon)\right|^2=(CE_0a)^2\mathrm{sinc}^2[a(u-u_0)]=I_0\mathrm{sinc}^2[a(u-u_0)] \tag{5.6-12}$$

式中，$I_0=(CE_0a)^2$。可以看到

$$a(u-u_0)=\begin{cases}0，有极大值\\ m\ (m=\pm1,\pm2,\cdots)，有极小值\end{cases} \tag{5.6-13}$$

由于 $u=\dfrac{x_1}{\lambda f}=\dfrac{\sin\theta}{\lambda}$，$u_0=\dfrac{\sin\theta_0}{\lambda}$，因此

$$\begin{cases}x_1=f\sin\theta_0，有极大值\\ x_1=\dfrac{m\lambda f}{a}+f\sin\theta_0，有极小值\end{cases} \tag{5.6-14}$$

或

$$\begin{cases}\sin\theta=\sin\theta_0，有极大值\\ \sin\theta=\dfrac{m\lambda}{a}+\sin\theta_0，有极小值\end{cases} \tag{5.6-15}$$

由以上的分析可以看出，当光倾斜入射时，观察屏上的光强分布和衍射条纹图样并没有改变，只是极大值和极小值的位置发生变化。

5.6.2 双缝衍射

当单位振幅平面波垂直照射宽度为 a、中心间距为 d，且平行于 y 轴的双狭缝上时，得到的双狭缝夫琅禾费衍射的光强分布是怎样的？

因为入射光是单位振幅平面波，所以照明函数可以写为 $e(x,y)=1$；又因为衍射屏为宽度为 a、中心间距为 d 的双狭缝，所以，当 y 轴取在一个缝的中心时，孔径函数可以写为

$$t(x,y)=\mathrm{rect}\left(\frac{x}{a}\right)+\mathrm{rect}\left(\frac{x-d}{a}\right)=\mathrm{rect}\left(\frac{x}{a}\right)+\mathrm{rect}\left(\frac{x}{a}\right)\otimes\delta(x-d) \tag{5.6-16}$$

当 y 轴取在两个缝的中心时，孔径函数可以写为

$$t(x,y)=\mathrm{rect}\left(\frac{x-\frac{d}{2}}{a}\right)+\mathrm{rect}\left(\frac{x+\frac{d}{2}}{a}\right)=\mathrm{rect}\left(\frac{x}{a}\right)\otimes\left[\delta\left(x-\frac{d}{2}\right)+\delta\left(x+\frac{d}{2}\right)\right] \tag{5.6-17}$$

因此，衍射屏上的复振幅分布函数可以有两种表达形式：

$$\tilde{E}(x,y)=e(x,y)t(x,y)=\mathrm{rect}\left(\frac{x}{a}\right)+\mathrm{rect}\left(\frac{x}{a}\right)\otimes\delta(x-d) \tag{5.6-18}$$

或

$$\tilde{E}(x,y)=e(x,y)t(x,y)=\mathrm{rect}\left(\frac{x}{a}\right)\otimes\left[\delta\left(x-\frac{d}{2}\right)+\delta\left(x+\frac{d}{2}\right)\right] \tag{5.6-19}$$

两者会得到相同的结果，下面取前者进行讨论，则观察屏上的复振幅分布函数为

$$\begin{aligned}\tilde{E}(u,\upsilon)&=C\mathscr{F}\left[\tilde{E}(x,y)\right]=C\mathscr{F}\left[\mathrm{rect}\left(\frac{x}{a}\right)+\mathrm{rect}\left(\frac{x}{a}\right)\otimes\delta(x-d)\right]\\&=C\left\{a\mathrm{sinc}(au)+\mathscr{F}\left[\mathrm{rect}\left(\frac{x}{a}\right)\right]\cdot\mathscr{F}[\delta(x-d)]\right\}\\&=C\left\{a\mathrm{sinc}(au)+a\mathrm{sinc}(au)\cdot\exp(-\mathrm{i}2\pi ud)\right\}\\&=Ca\mathrm{sinc}(au)\left[1+\exp(-\mathrm{i}2\pi ud)\right]\end{aligned} \tag{5.6-20}$$

令 $2\pi ud=\delta$，则

$$\begin{aligned}\tilde{E}(u,\upsilon)&=Ca\,\mathrm{sinc}(au)[1+\exp(-\mathrm{i}\delta)]\\&=Ca\,\mathrm{sinc}(au)\left[\exp\left(-\mathrm{i}\frac{\delta}{2}\right)\exp\left(\mathrm{i}\frac{\delta}{2}\right)+\exp\left(-\mathrm{i}\frac{\delta}{2}\right)\exp\left(-\mathrm{i}\frac{\delta}{2}\right)\right]\\&=Ca\,\mathrm{sinc}(au)\exp\left(-\mathrm{i}\frac{\delta}{2}\right)\left[\exp\left(\mathrm{i}\frac{\delta}{2}\right)+\exp\left(-\mathrm{i}\frac{\delta}{2}\right)\right]\\&=2Ca\,\mathrm{sinc}(au)\cos\left(\frac{\delta}{2}\right)\exp\left(-\mathrm{i}\frac{\delta}{2}\right)\\&=2Ca\,\mathrm{sinc}(au)\cos(\pi\mathrm{d}u)\exp(-\mathrm{i}\pi\mathrm{d}u)\end{aligned} \tag{5.6-21}$$

因此，双狭缝夫琅禾费衍射的光强分布为

$$I=\left|\tilde{E}(u,\upsilon)\right|^2=(2Ca)^2\mathrm{sinc}^2(au)\cos^2(\pi\mathrm{d}u)=4I_0[\mathrm{sinc}(au)\cos(\pi\mathrm{d}u)]^2 \tag{5.6-22}$$

式中，$I_0=(Ca)^2$，式(5.6-22)表明，双狭缝夫琅禾费衍射的光强分布由两个因子决定：一个是单缝衍射因子 $\mathrm{sinc}^2(au)$，它表示宽度为 a 的单缝的夫琅禾费衍射的光强分布；另一个是 $4C^2a^2\cos^2(\delta/2)$，它表示位相差为 δ 的两光束产生的干涉图样的光强度分布。所以，可

以把双缝夫琅禾费衍射图样理解为单缝的夫琅禾费衍射图样和双光束干涉图样的组合，它是衍射和干涉两个因素共同作用的结果。

双光束干涉因子和单缝衍射因子所对应的曲线如图 5.27(a)和图 5.27(b)所示，双狭缝夫琅禾费衍射的光强分布如图 5.27(c)所示。

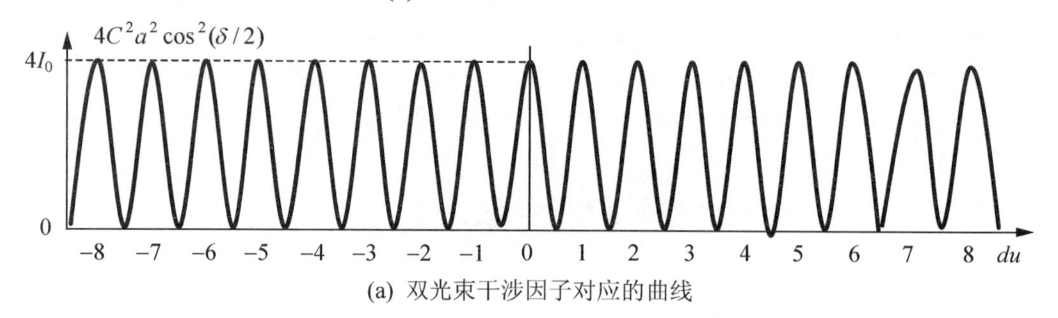

(a) 双光束干涉因子对应的曲线

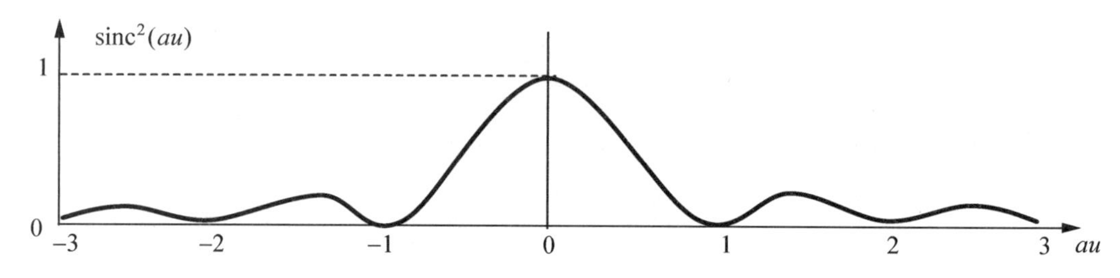

(b) 单缝衍射因子所对应的曲线

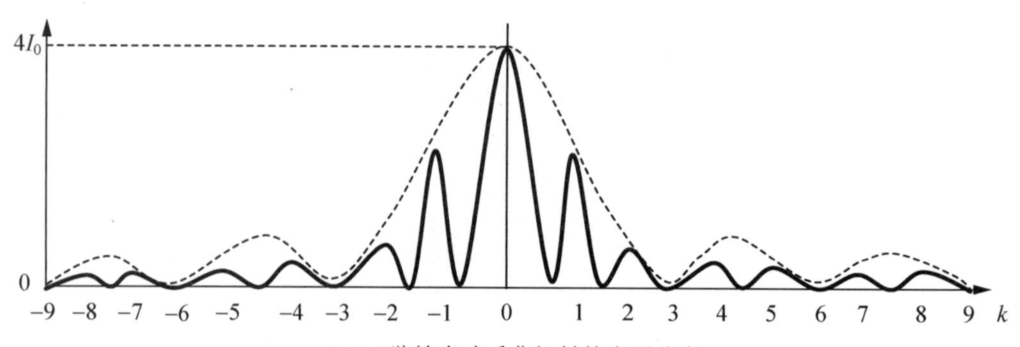

(c) 双狭缝夫琅禾费衍射的光强分布

图 5.27　双狭缝夫琅禾费衍射的光强分布

可以看出，双光束干涉因子乘上单缝衍射因子后各级干涉极大地发生变化，这表明亮纹的强度受到衍射因子的调制。当干涉极大正好与衍射极小的位置重合时，强度将被调制为零，对应的亮纹也就消失了，这种现象称为缺级。易见，当 $d/a=k$，k 为整数时，$\pm k, \pm 2k, \pm 3k, \cdots$ 出现缺级。图 5.27(c)是 $d=3a$ 的情况。

5.6.3　矩形孔衍射

如果振幅为 E_0 的平面波垂直照射矩形孔，矩形孔的长边平行于 x 轴，长度为 a，短边平行于 y 轴，长度为 b，那么矩形孔夫琅禾费衍射的光强分布是怎样的？

因为入射光是振幅为 E_0 的平面波，所以照明函数为 $e(x,y)=E_0$；又因为衍射屏为长边平行于 x 轴、长度为 a，短边平行于 y 轴、长度为 b 的矩形孔，所以孔径函数可以写为

$$t(x,y)=\mathrm{rect}\left(\frac{x}{a}\right)\mathrm{rect}\left(\frac{y}{b}\right)$$

因此，衍射屏上的复振幅分布函数为

$$\tilde{E}(x,y)=e(x,y)t(x,y)=E_0\mathrm{rect}\left(\frac{x}{a}\right)\mathrm{rect}\left(\frac{y}{b}\right) \tag{5.6-23}$$

由于观察屏上的复振幅分布函数是衍射屏上的复振幅分布函数的傅里叶变换，因此，观察屏上的复振幅分布函数为

$$\tilde{E}(u,\upsilon)=C\mathscr{F}\left[\tilde{E}(x,y)\right]=C\mathscr{F}\left[E_0\mathrm{rect}\left(\frac{x}{a}\right)\mathrm{rect}\left(\frac{y}{b}\right)\right]=CE_0ab\mathrm{sinc}(au)\mathrm{sinc}(b\upsilon) \tag{5.6-24}$$

因此，矩形孔夫琅禾费衍射的光强分布为

$$I=\left|\tilde{E}(u,\upsilon)\right|^2=\left[CE_0ab\mathrm{sinc}(au)\mathrm{sinc}(b\upsilon)\right]^2=I_0\left[\mathrm{sinc}(au)\mathrm{sinc}(b\upsilon)\right]^2 \tag{5.6-25}$$

式中，$I_0=(CE_0ab)^2$。观察屏上矩形孔的衍射条纹如图 5.28 所示。由单缝衍射的式(5.6-5)可以知道，相邻两个暗点之间的距离为

$$\Delta x=\frac{f\lambda}{a} \quad 和 \quad \Delta y=\frac{f\lambda}{b} \tag{5.6-26}$$

因此，矩形孔衍射中央亮光斑在 x、y 轴上的位置是

$$x_1=\pm\frac{f\lambda}{a} \quad 和 \quad y_1=\pm\frac{f\lambda}{b} \tag{5.6-27}$$

所以，中央亮光斑的面积为

$$S_0=\frac{4f^2\lambda^2}{ab} \tag{5.6-28}$$

式(5.6-28)表明，中央亮光斑的面积与矩形孔面积成反比，在相同波长入射的情况下，衍射孔越小，中央亮光斑越大，相应地中央亮光斑处的光强度越小。

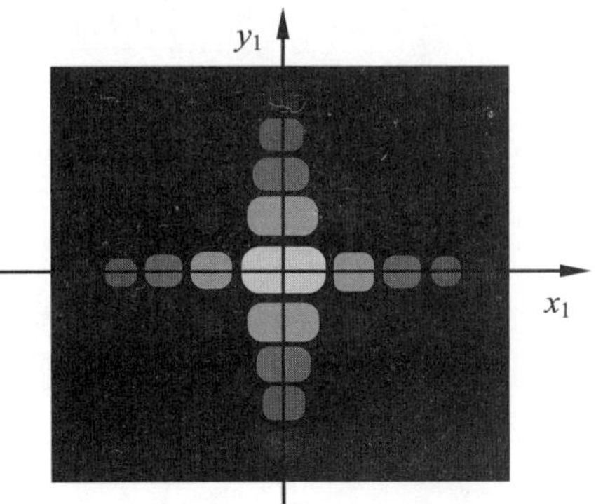

图 5.28 矩形孔衍射图样

5.6.4 圆孔衍射

如果振幅为 E_0 的平面波垂直照射半径为 a 的圆孔，那么圆孔夫琅禾费衍射的光强分布是怎样的?

因为入射光是振幅为 E_0 的平面波，所以照明函数为 $e(x,y)=E_0$；又因为衍射屏是半径为 a 的圆孔，所以孔径函数可以写为

$$t(x,y)=\mathrm{circ}\left(\frac{r}{a}\right)$$

因此，衍射屏上的复振幅分布函数为

$$\tilde{E}(x,y)=e(x,y)t(x,y)=E_0\mathrm{circ}\left(\frac{r}{a}\right) \tag{5.6-29}$$

因此，观察屏上的复振幅分布函数为

$$\tilde{E}(u,\upsilon)=C\mathscr{F}[\tilde{E}(x,y)]=C\mathscr{F}\left[E_0\mathrm{circ}\left(\frac{r}{a}\right)\right]$$
$$=\frac{CE_0aJ_1(2\pi aw)}{w}=\frac{2\pi aCE_0aJ_1(2\pi aw)}{2\pi aw} \tag{5.6-30}$$

式中，$w=\sqrt{u^2+\upsilon^2}$。令 $z=2\pi aw$，可以得到

$$\tilde{E}(u,\upsilon)=\frac{2\pi aCE_0aJ_1(z)}{z} \tag{5.6-31}$$

因此，光强分布为

$$I=\left|\tilde{E}(u,\upsilon)\right|^2=(2\pi CE_0a^2)^2\left[\frac{J_1(z)}{z}\right]^2=I_0\left[\frac{2J_1(z)}{z}\right]^2 \tag{5.6-32}$$

式中，$I_0=(\pi CE_0a^2)^2$。圆孔夫琅禾费衍射的光强分布如图 5.29 所示。因为

$$J_1(z)=\sum_{m=0}^{\infty}(-1)^m\frac{1}{m!(m+1)!}\left(\frac{z}{2}\right)^{2m+1}=\frac{z}{2}-\frac{1}{2}\left(\frac{z}{2}\right)^3+\frac{1}{2!3!}\left(\frac{z}{2}\right)^5-\cdots \tag{5.6-33}$$

则

$$\frac{I}{I_0}=\left[\frac{2J_1(z)}{z}\right]^2=\left[1-\frac{1}{2!}\left(\frac{z}{2}\right)^2+\frac{1}{2!3!}\left(\frac{z}{2}\right)^4-\cdots\right]^2 \tag{5.6-34}$$

由式(5.6-34)可知，圆孔夫琅禾费衍射图样为里疏外密同心圆环，如图 5.30 所示。

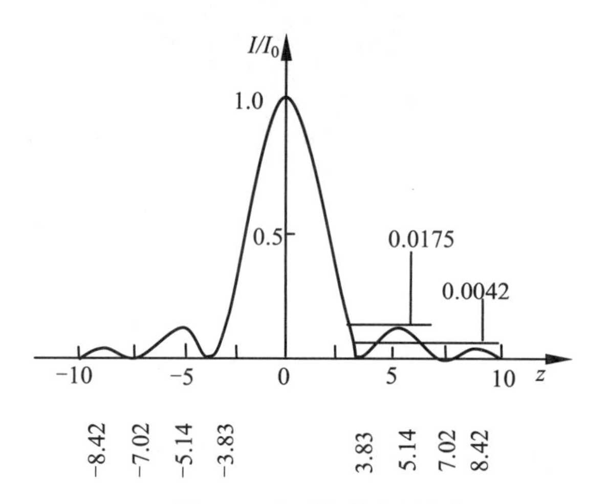

图 5.29　圆孔衍射光强分布

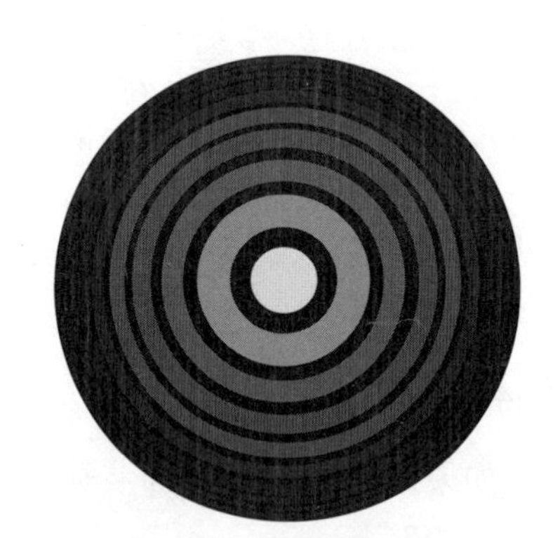

图 5.30　圆孔衍射图样

当 $z=0$ 时，$I=I_0$，即当 $z=0$ 时有主极大。因此，对应轴上 P_0 点为亮斑。当 $J_1(z)=0$ 时，$I=0$，这时 z 值决定了衍射暗环的位置。由式(5.6-33)可以算得第一暗环时 $z=3.833\approx1.22\pi$，因此，由式(5.6-34)可以算得中央亮斑处的光强 $I=0.8378I_0$。这个亮斑称为爱里斑。

由 $z=2\pi aw=1.22\pi$，$w=\sqrt{u^2+\upsilon^2}$，$u=x_1/(\lambda f)$ 和 $\upsilon=y_1/(\lambda f)$，可以得到爱里斑半径为

$$r_1 = \frac{0.61\lambda f}{a} \tag{5.6-35}$$

或以角半径表示为

$$\theta_1 = \frac{0.61\lambda}{a} \tag{5.6-36}$$

爱里斑的面积为

$$S_1 = \frac{(0.61\pi\lambda f)^2}{S} \tag{5.6-37}$$

式中，S 为圆孔的面积。可见，圆孔越小，爱里斑越大，衍射现象越明显。只有在 $S = 0.61\pi\lambda f$ 时，$S_1 = S$。

5.6.5　圆盘衍射

当单位振幅平面波垂直照射半径为 a 的圆盘时，圆盘夫琅禾费衍射的光强分布会是怎样的？

因为入射光是单位振幅平面波，所以照明函数为 $e(x,y)=1$；又因为衍射屏是半径为 a 的圆盘，所以孔径函数为

$$t(x,y) = 1 - \mathrm{circ}\left(\frac{r}{a}\right)$$

因此，衍射屏上的复振幅分布函数为

$$\tilde{E}(x,y) = e(x,y)t(x,y) = 1 - \mathrm{circ}\left(\frac{r}{a}\right) \tag{5.6-38}$$

因此，观察屏上的复振幅分布函数为

$$\begin{aligned}\tilde{E}(u,\upsilon) &= C\mathscr{F}[\tilde{E}(x,y)] = C\mathscr{F}\left[1 - \mathrm{circ}\left(\frac{r}{a}\right)\right] \\ &= C\left[\delta(u,\upsilon) - \frac{aJ_1(2\pi aw)}{w}\right] = C\left[\delta(u,\upsilon) - \frac{\pi a^2 2J_1(z)}{z}\right]\end{aligned} \tag{5.6-39}$$

式中，$w = \sqrt{u^2+\upsilon^2}$，$z = 2\pi aw$。因此，圆盘夫琅禾费衍射的光强分布为

$$I = \left|\tilde{E}(u,\upsilon)\right|^2 = C^2\left[\delta(u,\upsilon) - \frac{\pi a^2 2J_1(z)}{z}\right]^2 \tag{5.6-40}$$

因为 $\delta(u,\upsilon)$ 除了中心处不为零外，其他各处全为零，而 $2J_1(z)/z$ 在中心处为 1，因此

$$I_{z=0} = C^2[\infty - \pi a^2]^2 \tag{5.6-41}$$

$$I_{z>0} = C^2\left[\frac{\pi a^2 2J_1(z)}{z}\right]^2 \tag{5.6-42}$$

$$\frac{I}{I_0} = \left[\frac{2J_1(z)}{z}\right]^2 \tag{5.6-43}$$

式中，$I_0 = (\pi Ca^2)^2$。可见，圆盘夫琅禾费衍射仍然是里疏外密同心圆环，而且中心处为亮斑。

5.7 衍射光栅

【光栅】

所谓光栅就是由大量全同单元按照一定的周期结构排列而成的光学元件。光栅一般是通过在平板玻璃或金属板上刻划出一道道等宽、等间距的刻痕制成的。随着光栅理论和技术的发展，光栅的衍射单元已不再是通常意义下的狭缝了，广义上可以把光栅定义为：能使入射光的振幅或位相，或者两者同时产生周期性空间调制的光学元件。衍射光栅是一种应用非常广泛、非常重要的光学元件，通常讲的衍射光栅都是基于夫琅禾费多缝衍射效应进行工作的。

根据光栅的工作方式可以把光栅分为两类：一类是透射光栅，另一类是反射光栅。如果按其对入射光的调制作用来分类，又可分为振幅光栅和位相光栅。

现在通用的透射光栅是在平板玻璃上刻划出一道道刻痕制成的，刻痕处不透光，无刻痕处是透光的狭缝。反射光栅是在金属反射镜面上刻划出一道道刻痕制成的，刻痕处发生漫反射，未刻痕处在反射方向发生衍射。这两种光栅只对入射光的振幅进行调制，改变了入射光的反射系数或透射系数的分布。

光栅最重要的应用是作为分光元件，即把复色光分为单色光，它可以应用于由远红外到真空紫外的全部波段。此外，还可以用于长度和角度的精密测量，本节主要通过光栅衍射来讨论光栅的分光作用。

5.7.1 光栅衍射

振幅为 E_0 的平面波在 xOz 平面内，并且与 z 轴的夹角为 θ_0，入射到具有 N 个狭缝的光栅上，如图 5.31 所示。设每个狭缝宽度为 a，相邻狭缝中心间距为 d，那么，光通过该光栅以后产生的夫琅禾费衍射的光强分布是怎样的？

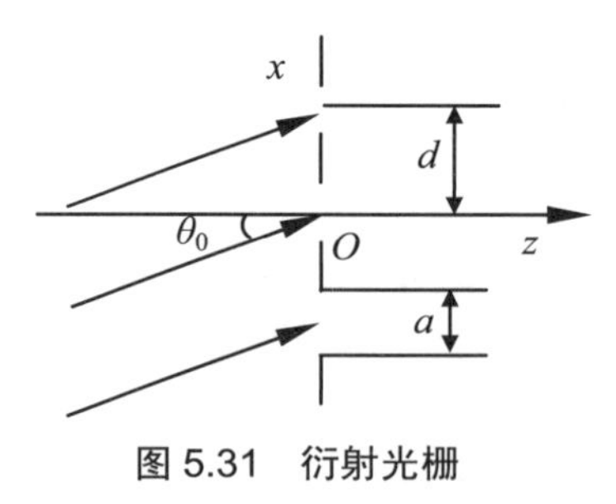

图 5.31 衍射光栅

因为振幅为 E_0 的平面波在 xOz 平面内，并且与 z 轴的夹角为 θ_0，所以照明函数可以写为 $e(x,y)=E_0\exp(\mathrm{i}2\pi u_0 x)$；又因为衍射屏为狭缝宽度为 a、中心间距为 d、具有 N 个狭缝的光栅，所以孔径函数可以写为

$$\begin{aligned} t(x,y) &= \mathrm{rect}\left(\frac{x}{a}\right)+\mathrm{rect}\left(\frac{x-d}{a}\right)+\mathrm{rect}\left(\frac{x-2d}{a}\right)+\cdots+\mathrm{rect}\left[\frac{x-(N-1)d}{a}\right] \\ &= \mathrm{rect}\left(\frac{x}{a}\right)\otimes\sum_{m=0}^{N-1}\delta(x-md) \end{aligned} \tag{5.7-1}$$

因此，衍射屏上的复振幅分布函数为

$$\tilde{E}(x,y)=e(x,y)t(x,y)\ =E_0\mathrm{rect}\left(\frac{x}{a}\right)\otimes\sum_{m=0}^{N-1}\delta(x-md)\ \exp(\mathrm{i}2\pi u_0 x) \tag{5.7-2}$$

因此，观察屏上的复振幅分布函数为

$$\begin{aligned} \tilde{E}(u,\upsilon) &= C\mathscr{F}[\tilde{E}(x,y)]=C\mathscr{F}\left[E_0\mathrm{rect}\left(\frac{x}{a}\right)\otimes\sum_{m=0}^{N-1}\delta(x-md)\exp(\mathrm{i}2\pi u_0 x)\right] \\ &= CE_0\left\{\mathscr{F}\left[\mathrm{rect}\left(\frac{x}{a}\right)\right]\cdot\mathscr{F}\left[\sum_{m=0}^{N-1}\delta(x-md)\right]\right\}\otimes\mathscr{F}[\exp(\mathrm{i}2\pi u_0 x)] \\ &= CE_0\left[a\mathrm{sinc}(au)\cdot\sum_{m=0}^{N-1}\exp(-\mathrm{i}2\pi m d u)\right]\otimes\delta(u-u_0) \\ &= CE_0 a\mathrm{sinc}\left[a(u-u_0)\right]\cdot\sum_{m=0}^{N-1}\left[-\mathrm{i}2\pi md(u-u_0)\right] \end{aligned} \tag{5.7-3}$$

令 $2\pi d(u-u_0)=\phi$，则

$$\begin{aligned} \sum_{m=0}^{N-1}\exp\left[-\mathrm{i}2\pi md(u-u_0)\right] &= \sum_{m=0}^{N-1}\exp(-\mathrm{i}m\phi) \\ &= 1+\exp(-\mathrm{i}\phi)+\exp(-\mathrm{i}2\phi)+\cdots+\exp[-\mathrm{i}(N-1)\phi] \\ &= \frac{1-\exp(-\mathrm{i}N\phi)}{1-\exp(-\mathrm{i}\phi)}=\frac{\exp\left(-\mathrm{i}\frac{N}{2}\phi\right)\left[\exp\left(\mathrm{i}\frac{N}{2}\phi\right)-\exp\left(-\mathrm{i}\frac{N}{2}\phi\right)\right]}{\exp\left(-\mathrm{i}\frac{\phi}{2}\right)\left[\exp\left(\mathrm{i}\frac{\phi}{2}\right)-\exp\left(-\mathrm{i}\frac{\phi}{2}\right)\right]} \\ &= \exp\left[-\mathrm{i}(N-1)\frac{\phi}{2}\right]\frac{\sin\left(\frac{N}{2}\phi\right)}{\sin\left(\frac{\phi}{2}\right)} \end{aligned}$$

因此可以得到

$$\sum_{m=0}^{N-1}\exp[-\mathrm{i}2\pi md(u-u_0)]=\exp[-\mathrm{i}\pi(N-1)d(u-u_0)]\frac{\sin\left[N\pi d(u-u_0)\right]}{\sin\left[\pi d(u-u_0)\right]} \tag{5.7-4}$$

这样，观察屏上的复振幅分布函数可以写为

$$\tilde{E}(u,\upsilon)=\ CE_0 a\mathrm{sinc}\left[a(u-u_0)\right]\cdot\ \exp\left[-\mathrm{i}\pi(N-1)d(u-u_0)\right]\frac{\sin\left[N\pi d(u-u_0)\right]}{\sin\left[\pi d(u-u_0)\right]} \tag{5.7-5}$$

因此，光强分布为

$$I=\left|\tilde{E}(u,\upsilon)\right|^2=(CE_0 a)^2\mathrm{sinc}^2\left[a(u-u_0)\right]\ \frac{\sin^2\left[N\pi d(u-u_0)\right]}{\sin^2\left[\pi d(u-u_0)\right]} \tag{5.7-6}$$

可以看出，当 $N=2$ 时，式(5.7-6)化为双缝衍射的强度公式。式(5.7-6)包含两个因子：单缝衍射因子 $\text{sinc}^2\left[a(u-u_0)\right]$ 和多光束干涉因子 $\sin^2\left[N\pi d(u-u_0)\right]/\sin^2\left[\pi d(u-u_0)\right]$，表明光栅衍射是衍射和干涉两种效应共同作用的结果。单缝衍射因子只与单缝本身的性质有关，而多光束干涉因子来源于狭缝的周期性排列，因此，如果有 N 个性质相同的缝在一个方向上周期地排列起来，或者 N 个其他形状的孔径在一个方向上周期地排列起来，它们的夫琅禾费衍射图样的光强分布式中将出现这个因子。这样，只要把单衍射孔径的衍射因子求出来，将它乘上多光束干涉因子，便可以得到这种孔径周期性排列的夫琅禾费衍射图样的光强分布。

光栅夫琅禾费衍射的光强分布如图 5.32 所示(图中对应 N=4，d=3a 的情况)。

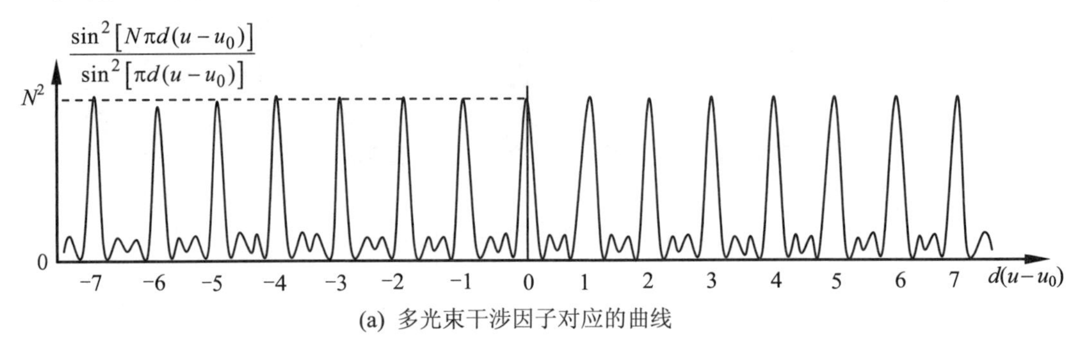

(a) 多光束干涉因子对应的曲线

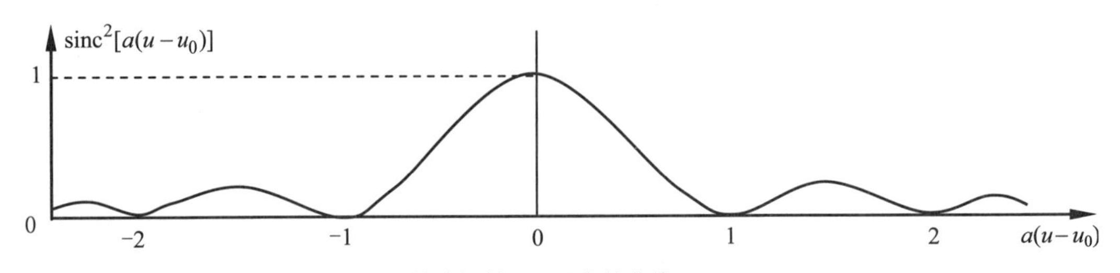

(b) 单缝衍射因子对应的曲线

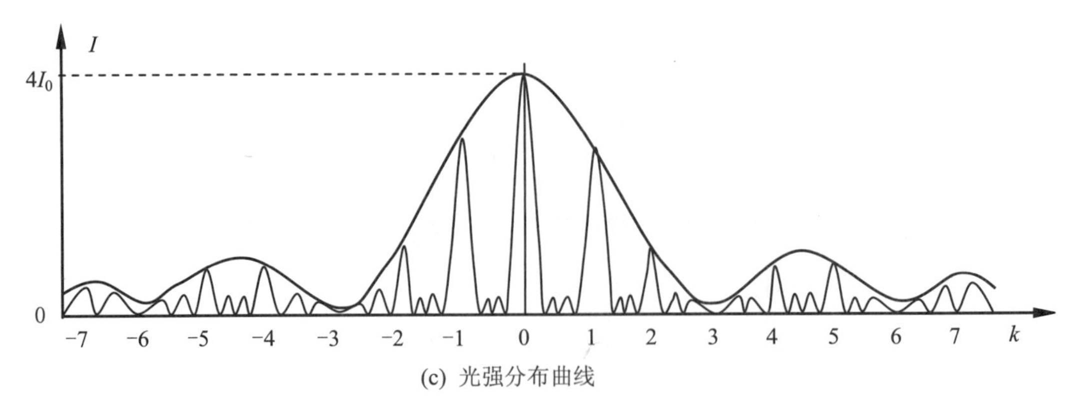

(c) 光强分布曲线

图 5.32 光栅夫琅禾费衍射的光强分布

1. 光栅衍射主极大

从多光束干涉因子可以看出，当 $d(u-u_0)=\pm m\ (m=0,1,2,\cdots)$ 时，多光束干涉因子为极大值，其数值为 N^2，称这些极大值为主极大，则光栅衍射主极大强度为

$$I_{\max}=I_0N^2\operatorname{sinc}^2[a(u-u_0)] \tag{5.7-7}$$

式中，$I_0=(CE_0a)^2$。可见，光栅衍射主极大强度是单缝衍射在各级主极大位置上所产生强度的 N^2 倍，其中零级主极大的强度最大，等于 N^2I_0。在式(5.7-7)中，如果对应于某一级主极大的位置，$\operatorname{sinc}^2[a(u-u_0)]=0$，那么该级主极大的强度也降为零，这级主极大就消失了，这就是前面所讲的缺级。

由于 $u=\dfrac{\sin\theta_m}{\lambda}$，$u_0=\dfrac{\sin\theta_0}{\lambda}$，因此，由 $d(u-u_0)=\pm m$ 可以得到

$$d\left(\frac{\sin\theta_m}{\lambda}-\frac{\sin\theta_0}{\lambda}\right)=\pm m \tag{5.7-8}$$

即

$$\sin\theta_m-\sin\theta_0=\pm\frac{m\lambda}{d} \tag{5.7-9}$$

式(5.7-9)称为光栅方程。光栅方程还可以写为

$$\sin\theta_m=\sin\theta_0\pm\frac{m\lambda}{d} \tag{5.7-10}$$

式中，θ_m 是光栅面法线与 m 级衍射极大之间的夹角。当 $m=0$ 时，$\theta_m=\theta_0$，说明零级衍射光的方向与入射光的方向一致。

另外，由 $u=x_1/\lambda f$ 还可以得到

$$d\left(\frac{x_1}{\lambda f}-\frac{\sin\theta_0}{\lambda}\right)=\pm m \tag{5.7-11}$$

即

$$x_1-f\sin\theta_0=\pm\frac{m\lambda f}{d} \tag{5.7-12}$$

式(5.7-12)还可以写为

$$x_{1m}=f\sin\theta_0\pm\frac{m\lambda f}{d} \tag{5.7-13}$$

式中，x_{1m} 是 m 级衍射极大与衍射屏中心的距离。

下面从相邻光束光程差来推导更普遍的光栅方程。如图 5.33(a)和图 5.33(b)所示，当平行光以入射角 θ_0 斜入射到光栅上时，光线 1 比光线 2 超前 $d\sin\theta_0$，在离开光栅时，光线 2 比光线 1 超前 $d\sin\theta$，所以这两支光的光程差为

$$\varDelta=d\sin\theta-d\sin\theta_0 \tag{5.7-14}$$

对于图 5.33(c)和图 5.33(d)所示的情况，光线 1 总比光线 2 超前，因此，光程差为

$$\varDelta=d\sin\theta+d\sin\theta_0 \tag{5.7-15}$$

将上面两式合并一式表示，即得到产生极大值的条件为

$$d(\sin\theta \pm \sin\theta_0) = m\lambda \qquad (m = 0, \pm 1, \pm 2 \cdots) \tag{5.7-16}$$

当考察的入射光和衍射光位于光栅面法线的同一侧时，上式取正号；当考察的入射光和衍射光位于光栅面法线的异侧时，上式取负号。

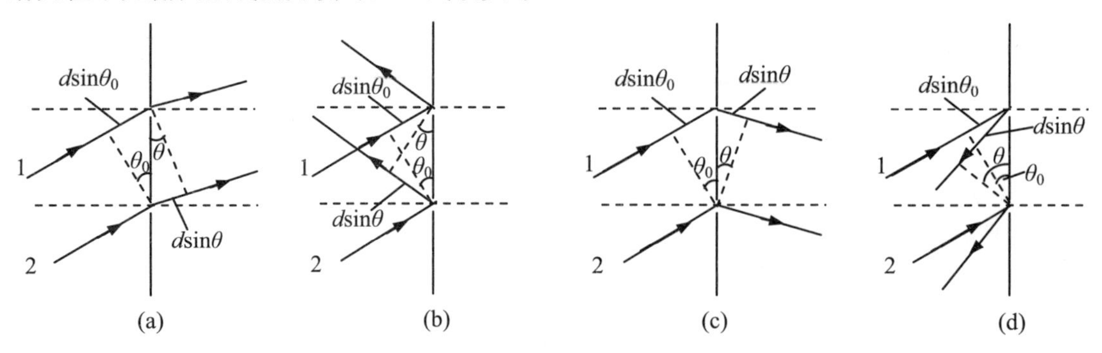

图 5.33　光栅的衍射

2. 光栅衍射极小

从多光束干涉因子还可以看出，当 $Nd(u-u_0) = \pm m'$ $(m' \neq 0, N, 2N, 3N, \cdots)$ 时，多光束干涉因子有极小值，光强为零。由 $Nd(u-u_0) = \pm m'$，可以得到

$$d(u-u_0) = \pm\frac{m'}{N} \tag{5.7-17}$$

亦即

$$d\left(\frac{\sin\theta_{m'}}{\lambda} - \frac{\sin\theta_0}{\lambda}\right) = \pm\frac{m'}{N} \tag{5.7-18}$$

因此有

$$\sin\theta_{m'} - \sin\theta_0 = \pm\frac{m'\lambda}{Nd} \tag{5.7-19}$$

式(5.7-19)还可以写为

$$\sin\theta_{m'} = \sin\theta_0 \pm \frac{m'\lambda}{Nd} \tag{5.7-20}$$

式中，$\theta_{m'}$ 是 m' 级衍射极小的衍射角。相邻两个衍射极小之间的角间距 $\Delta\theta$ 可由下式求得

$$\sin\theta_{m'+1} - \sin\theta_{m'} = \sin(\theta_{m'} + \Delta\theta) - \sin\theta_{m'} = \frac{\lambda}{Nd} \tag{5.7-21}$$

当 $\Delta\theta$ 较小时，式(5.7-21)可以写为 $\cos\theta_{m'} \cdot \Delta\theta = \dfrac{\lambda}{Nd}$，因此

$$\Delta\theta = \frac{\lambda}{Nd\cos\theta_{m'}} \tag{5.7-22}$$

由式(5.7-10)和式(5.7-20)可以得到，光栅衍射零级主极大与一级极小之间的角间距，也就是零级主极大的半角宽度为

$$\Delta\theta_{0,1'} = \frac{\lambda}{Nd\cos\theta_{1'}} \tag{5.7-23}$$

式(5.7-23)表明，狭缝数越多，零级主极大的角宽度越小。图 5.34 给出了单缝和 5 种多缝的衍射图样。

另外，由 $u = x_1/\lambda f$ 还可以得到

$$d\left(\frac{x_{1m'}}{\lambda f} - \frac{\sin\theta_0}{\lambda}\right) = \pm\frac{m'}{N} \tag{5.7-24}$$

即

$$x_{1m'} - f\sin\theta_0 = \pm\frac{m'\lambda f}{Nd} \tag{5.7-25}$$

式(5.7-25)还可以写为

$$x_{1m'} = f\sin\theta_0 \pm \frac{m'\lambda f}{Nd} \tag{5.7-26}$$

式中，$x_{1m'}$ 是 m' 级衍射极小与衍射屏中心的距离。

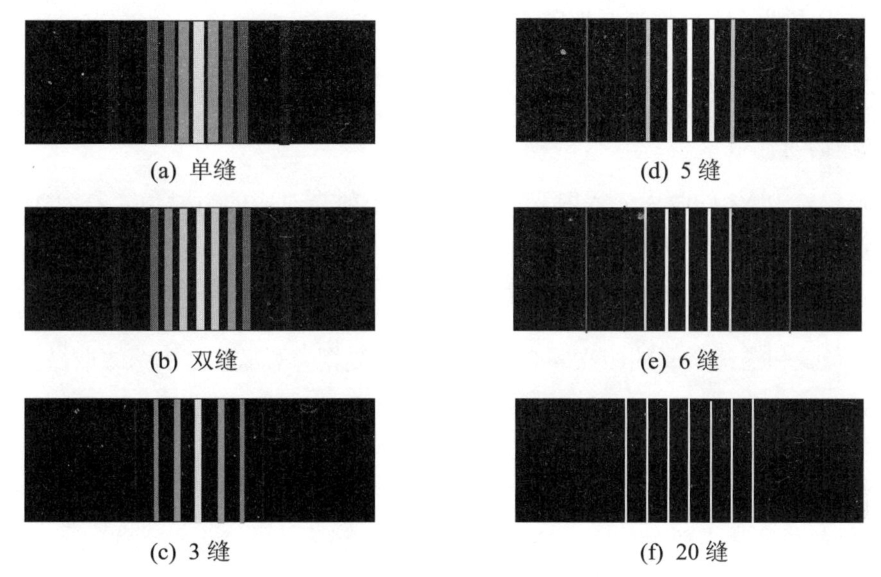

(a) 单缝　(d) 5 缝　(b) 双缝　(e) 6 缝　(c) 3 缝　(f) 20 缝

图 5.34　单缝和多缝的夫琅禾费衍射图样

3. 光栅衍射次极大

比较式(5.7-8)和式(5.7-18)可知，在两个主极大之间有 $N-1$ 个极小，而在两个极小之间应当有一个极大，这些极大称为次极大。因此，在两个主极大之间有 $N-2$ 个次极大，次极大的位置可以通过对式(5.7-6)求极值确定。

令 $\pi d(u-u_0) = \alpha$，则式(5.7-6)可以写为

$$I = I_0\frac{\sin^2 N\alpha}{\sin^2\alpha} \tag{5.7-27}$$

令式(5.7-27)右边对 α 的一阶导数等于零，即

$$\frac{\mathrm{d}}{\mathrm{d}\alpha}\left(\frac{\sin^2 N\alpha}{\sin^2\alpha}\right) = 0 \tag{5.7-28}$$

可以得到

$$\tan N\alpha = N\tan\alpha \tag{5.7-29}$$

这是一个超越三角方程。作 $y=\tan N\alpha$ 和 $y=N\tan\alpha$ 的正切曲线，它们的交点就是这个方程的解。

也可以近似地由 $\sin^2 N\alpha=1$ 求得。例如，在 $m=0$ 和 $m=1$ 级主极大之间，次极大的位置出现在

$$N\alpha \approx \frac{3\pi}{2}, \frac{5\pi}{2}, \cdots, \frac{(2N-3)\pi}{2} \tag{5.7-30}$$

共有 $N-2$ 个。当 $N\alpha\approx 3\pi/2$ 时，衍射强度为

$$I = I_0\frac{\sin^2 N\alpha}{\sin^2\alpha} = \frac{I_0}{\sin^2\alpha} \approx \frac{I_0}{\alpha^2} = N^2 I_0\left(\frac{2}{3\pi}\right)^2 = 0.045 I_{\max} \tag{5.7-31}$$

即一级次极大的强度只有零级主极大强度的 4.5%。同样，次极大的宽度随着 N 的增大而减小，当 N 很大时，它们将与强度零点混成一片，成为衍射图样的背景。

5.7.2 光栅的分光本领

1. 光栅的角色散本领

如果波长差为 $\Delta\lambda$ 的两束光入射光栅后，同级衍射光对应的衍射角之差为 $\Delta\theta$，则定义角色散本领(angular dispersion power)为

$$G_\theta = \frac{\Delta\theta}{\Delta\lambda} \tag{5.7-32}$$

它与光栅常数 d 和谱线所属的级次 m 的关系可以由光栅方程式(5.7-9)两边取微分得到，即

$$G_\theta = \frac{m}{d\cos\theta_m} \tag{5.7-33}$$

上式表明，光栅的角色散本领与级次 m 成正比，与光栅常数 d 成反比。

2. 光栅的线色散本领

若波长差为 $\Delta\lambda$ 的两束光入射光栅后，同级衍射光在透镜焦平面上对应的距离之差为 Δl，则定义线色散本领(linear dispersion power)为

$$G_l = \frac{\Delta l}{\Delta\lambda} \tag{5.7-34}$$

由于线间距和角间距之间的关系近似为

$$\Delta l = f\cdot\Delta\theta \tag{5.7-35}$$

式中，f 是物镜的焦距。因此

$$G_l = f\frac{m}{d\cos\theta_m} \tag{5.7-36}$$

由上式得知，在角色散相同的情况下，为了使不同波长的光分得开一些，一般采用长焦距物镜。

角色散和线色散是光谱仪器的重要指标，光谱仪器的色散越大，就越容易将两条靠得

很近的谱线分开。由于实用光栅通常每毫米有几百甚至几千条刻线，因此，光栅具有很大的色散本领。

如果在衍射角不大的地方记录光栅光谱，$\cos\theta$ 近似为一个常数，所以色散是均匀的，这种光谱称为匀排光谱。测定这种光谱的波长时，可用线性内插法。这也是光栅光谱相对于棱镜光谱的优点之一。

3. 光栅的色分辨本领

分辨本领(colour resolving power)是光谱仪器的一个重要指标。光谱仪的分辨本领都是指光谱仪分辨两个波长差很小的谱线的能力。

如果两个波长由于色散所分开的距离正好使一条谱线的强度极大值和另一条谱线极大值边上的极小值重合，那么根据瑞利判据，这两条谱线刚好可以分辨。这时的波长差 $(\Delta\lambda)_m$ 就是光栅所能分辨的最小波长差，而光栅的分辨本领定义为

$$G=\frac{\lambda}{(\Delta\lambda)_m} \tag{5.7-37}$$

由于每一个主极大自身都有一个半角宽度 $\Delta\theta_m$，因此，角间距为 $\Delta\theta$ 的两个主极大之间会发生强度分布的重叠现象，把 $\Delta\theta_m=\Delta\theta$ 作为可以分辨两条谱线的判据，据此可以求出可分辨两条谱线对应的最小波长差 $(\Delta\lambda)_m$。

根据式(5.7-22)谱线的半宽度以及式(5.7-32)和式(5.7-33)光栅的角色散表达式，可以得到

$$\frac{\lambda}{Nd\cos\theta_m}=\frac{m(\Delta\lambda)_m}{d\cos\theta_m} \tag{5.7-38}$$

因此得到

$$(\Delta\lambda)_m=\frac{\lambda}{mN} \tag{5.7-39}$$

则光栅的分辨本领为

$$G=mN \tag{5.7-40}$$

上式表明，光栅的分辨本领正比于光谱级次 m 和光栅的刻划数 N，与光栅常数 d 无关。

通常光栅所使用的光谱级次并不高 $(m=1\sim3)$，但是光栅的刻划数很大，因此，光栅的分辨本领仍然很高。例如，对于每毫米 1000 线的光栅，若光栅宽度为 60mm，则在一级光谱中的分辨本领为 $G=mN=1\times60\times1000=60000$，它对于 $\lambda=600\text{nm}$ 的红光，所能分辨的最小波长差为 $\Delta\lambda=0.001\text{nm}$，即在 $\lambda=600\text{nm}$ 附近，相差 0.001nm 的两种波长的光是该光谱仪器的分辨极限。

光栅和法布里-珀罗标准具的分辨本领都很高，但它们的高分辨本领来自不同的途径：光栅来源于刻画数 N 很大，而法布里-珀罗标准具来源于高干涉级。

4. 光栅的自由光谱范围

图 5.35 所示为一种光源在可见光区的光栅光谱。除了零级谱线外，各级光谱都是按照

紫色谱线在内，红色谱线在外排列。可以看出，从第二级光谱开始，发生了邻级光谱重叠现象。把光谱不重叠区域称为光谱仪器的自由光谱范围。容易得到，在波长λ的$m+1$级谱线和波长$\lambda+(\Delta\lambda)_f$的$m$级谱线重叠时，是不会发生波长在$\lambda$到$\lambda+(\Delta\lambda)_f$之内的不同级谱线重叠的。因此，光谱不重叠区域所对应的波长差$\Delta\lambda$可以由$m[\lambda+(\Delta\lambda)_f]=(m+1)\lambda$确定，即

$$(\Delta\lambda)_f=\frac{\lambda}{m} \tag{5.7-41}$$

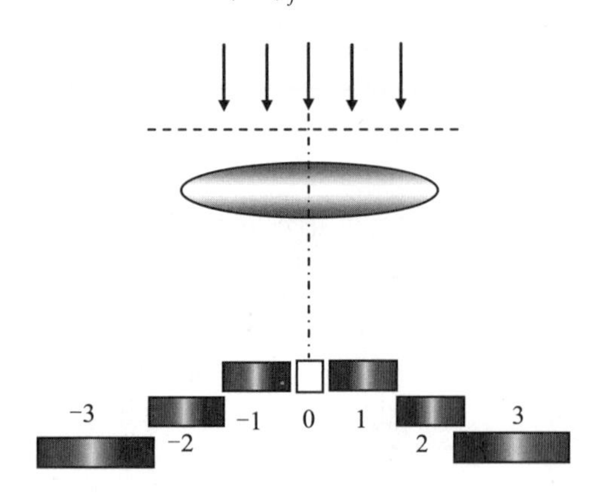

图 5.35　可见光区的光栅光谱

式(5.7-41)表明，只要波长为λ的入射光的谱线宽度小于$\Delta\lambda$，则它的第m级衍射就不会发生衍射级重叠现象。由于光栅使用的光谱级很小，所以它的自由光谱范围很大，可达几百纳米，因此，它可以在宽阔的光谱区域内使用。而法布里-珀罗标准具在使用时的干涉级很高，只能在很窄的光谱区域内使用。

5.8　闪 耀 光 栅

从 5.7.2 节的讨论知道，透射光栅的分辨本领和色散本领与光谱的级次成正比。但是，光强度的分布却是级次越小光强度越大。特别是没有色散的零级占了能量的很大部分，但又不能用来做光谱分析，这对于光栅的应用是很不利的。有没有办法使光的能量转移到需要的级次上去呢？闪耀光栅就很好地解决了这个问题。本节将介绍闪耀光栅的结构及其分光原理。

5.8.1　闪耀光栅的结构

目前闪耀光栅大部分是平面反射光栅，其截面如图 5.36 所示。这种光栅是以磨光了的金属板或镀上金属膜的玻璃板为坯子，用楔形钻石刀头在上面刻画出一系列等间距的锯齿状槽面而制成。锯齿的周期为 d，槽面的宽度为 a，槽面与光栅面之间的夹角，或者说它们的法线 n 和 N 之间的夹角θ_b称为闪耀角。

由于槽面与光栅平面不平行，因此，从单个槽面衍射的零级主极大和各个槽面之间干涉的零级主极大分开，从而使光能量从干涉零级主极大转移并集中到某一级光谱上去。

在这种结构中，光栅干涉主极大方向是以光栅面法线方向 N 为其零级方向，而衍射的中央主极大方向则是由槽面法线方向 n 等其他因素决定。对于按 θ_0 角入射的平行光束 A 来说，其单个槽面衍射中央主极大方向为其槽面镜面的反射方向 B。此时的 B 方向光很强，就如同光滑表面反射的耀眼的光一样，所以称为闪耀光栅。

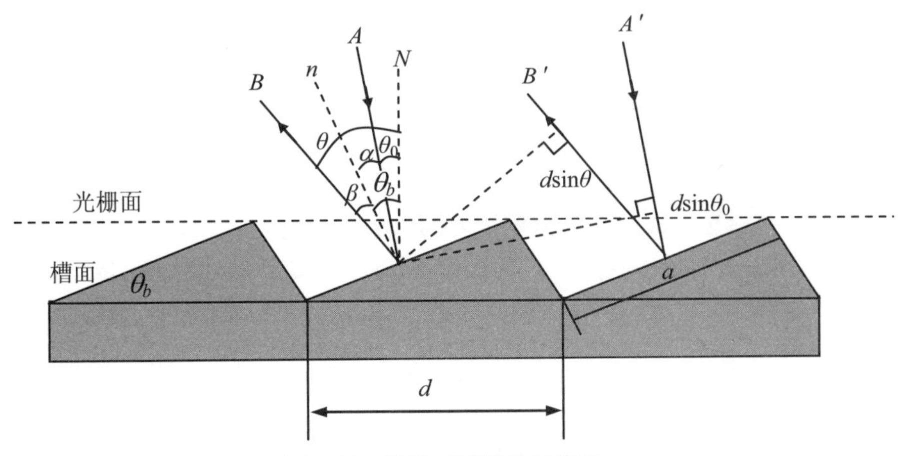

图 5.36　闪耀光栅结构示意图

5.8.2　闪耀光栅的分光原理

根据光栅方程，相邻两个槽面之间反射和入射方向的光程差为

$$d(\sin\theta + \sin\theta_0) = m\lambda \tag{5.8-1}$$

式(5.8-1)可以改写为

$$2d\sin\left(\frac{\theta+\theta_0}{2}\right)\cos\left(\frac{\theta-\theta_0}{2}\right) = m\lambda \tag{5.8-2}$$

根据图 5.36 中的角度关系，有 $\alpha = \theta_b - \theta_0$，$\beta = \theta - \theta_b$。因为 $\alpha = \beta$，因此有

$$\theta + \theta_0 = 2\theta_b，\ \theta - \theta_0 = 2\alpha \tag{5.8-3}$$

这样，式(5.8-2)又可以写为

$$2d\sin\theta_b\cos\alpha = m\lambda \tag{5.8-4}$$

这就是单槽衍射中央主极大方向，同时也是第 m 级干涉主极大方向所应当满足的关系式。

当光沿着槽面法线 n 方向入射，有 $\alpha = \beta = 0$，这时单个槽面衍射的零级主极大对应于入射光的反方向。但对光栅面来说，有 $\theta = \theta_0 = \theta_b$，因此在这种情况下，式(5.8-4)可以简化为

$$2d\sin\theta_b = m\lambda_M \tag{5.8-5}$$

式(5.8-5)称为主闪耀条件，λ_M 称为该光栅的闪耀波长，m 是相应的闪耀级次。假设一块闪耀光栅对波长 λ_b 的一级光谱闪耀，则式(5.8-5)变为

$$2d\sin\theta_b = \lambda_b \tag{5.8-6}$$

由式(5.8-6)可以看出，对波长 λ_b 的一级光谱闪耀的光栅，也对 $\lambda_b/2$，$\lambda_b/3$ 的二级和三级光谱闪耀。不过，通常所称某光栅的闪耀波长是指在上述照明条件下的一级闪耀波长 λ_b。

当光沿着光栅面法线 N 方向入射，则 $\alpha = \theta_b$，式(5.8-4)写为

$$d\sin 2\theta_b = m'\lambda_N \tag{5.8-7}$$

式(5.8-7)也称为主闪耀条件，λ_N 称为该光栅的闪耀波长，m' 是相应的闪耀级次。假设一块闪耀光栅对波长为 λ_c 的一级光谱闪耀，则式(5.8-7)变为

$$d\sin 2\theta_b = \lambda_c \tag{5.8-8}$$

由式(5.8-8)可以看出，对波长 λ_c 的一级光谱闪耀的光栅，也对 $\lambda_c/2$ 和 $\lambda_c/3$ 的二级和三级光谱闪耀。

综上所述，两种入射方式都可以使单槽面衍射的零级方向成为多个槽间干涉的非零级，从而产生高衍射效率的色散，克服了多缝光栅的缺点。又因为闪耀光栅的槽面宽度近似等于刻槽周期，即 $a \approx d$，此时，单槽衍射中央主极大方向正好落在一级谱线上，所以其他级次(包括零级)的光谱都几乎与单槽衍射的极小位置重合，致使这些级次光谱的强度很小，这就是说，在总能量中它们所占的比例甚少，而大部分能量(80%以上)都转移并集中到一级光谱上，如图 5.37 所示。

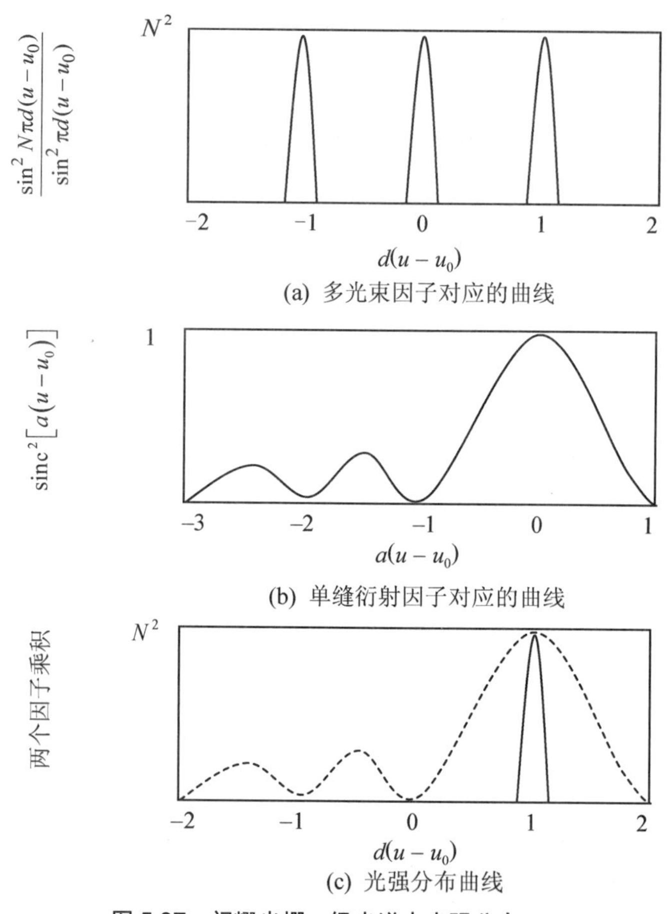

(a) 多光束因子对应的曲线

(b) 单缝衍射因子对应的曲线

(c) 光强分布曲线

图 5.37　闪耀光栅一级光谱中光强分布

显然，闪耀光栅在同一级光谱中只对闪耀波长产生极大光强度，而对于其他波长不能产生极大光强度。但是，由于单槽面衍射的零级主极大到极小有一定的宽度，所以闪耀波长附近一定的波长范围内的谱线也有相当大的光强度，因而闪耀光栅可用于一定的波长范围。

由于闪耀光栅具有很高的衍射效率，因此很适合对弱光光谱进行分析，另外，在激光调谐技术中，利用闪耀光栅可以改变激光器的输出波长。

小　　结

本章首先从惠更斯原理出发，对惠更斯-菲涅耳原理进行了推导。对于形状复杂的衍射孔径，利用惠更斯-菲涅耳原理进行积分计算相当困难，并很难得到精确的解，可以利用菲涅耳波带法对圆孔等规则孔径的衍射进行计算。

本章分析了基尔霍夫如何从微分波动方程出发，利用场论中的格林定理，得到了亥姆霍兹-基尔霍夫积分定理；菲涅耳如何将该定理运用到衍射孔径中，得到菲涅耳-基尔霍夫衍射公式。该公式是惠更斯-菲涅耳原理较完善的数学表达式，它将空间任意一点的光场与其周围任一封闭曲面上的各点光场建立起了联系，得到了菲涅耳公式没有确定的倾斜因子的具体表达形式，建立起了光的衍射理论。

本章通过基尔霍夫衍射公式的近似得到菲涅耳衍射和夫琅禾费衍射，这两种衍射在观察屏上所形成的衍射强度分布都与衍射屏上光振动分布函数的傅里叶变换有关。但菲涅耳衍射强度分布与观察屏的位置有关，而与夫琅禾费衍射强度分布和观察屏的位置无关，一般是在透镜焦平面上形成衍射强度分布，因此，更具有实际应用价值。

本章还介绍了傅里叶变换、常用函数的傅里叶变换对、傅里叶变换定理、卷积和 δ 函数的性质、照明函数和孔径函数的具体表示，这些为利用傅里叶变换处理夫琅禾费衍射奠定了基础。最后，利用傅里叶变换处理了单缝衍射、双缝衍射、矩形孔衍射、圆孔衍射、圆盘衍射和光栅夫琅禾费衍射。

应 用 实 例

应用实例 5-1　根据图 5.3 的几何关系，(1) 推导第 n 个半波带半径 r_n 与半波带数目 n 之间的关系；(2) 如果波长为 532nm 的光波垂直入射半径为 1mm 的圆孔，在 1m 处形成焦点，则半波带数目是多少？

解：(1) 由图 5.3 的几何关系可知

$$r_n = r_0 \sin\phi = r_0\sqrt{1-\cos^2\phi}$$

在△SQP 中，利用余弦定理得到

$$\cos\phi = \frac{(r_0+z_1)^2 + r_0^2 - r^2}{2r_0(r_0+z_1)} = \frac{(r_0+z_1)^2 + r_0^2 - \left(z_1 + n\dfrac{\lambda}{2}\right)^2}{2r_0(r_0+z_1)} = \frac{2r_0^2 + 2r_0 z_1 - nz_1\lambda - \left(n\dfrac{\lambda}{2}\right)^2}{2r_0(r_0+z_1)}$$

由于 $n\lambda \ll r_0$， z_1，因此将 $(n\lambda)^2$ 忽略，得到

$$r_n = r_0\sqrt{1-\left[\frac{2r_0^2+2r_0 z_1 - nz_1\lambda}{2r_0(r_0+z_1)}\right]^2} = r_0\sqrt{1-\left[1-\frac{nz_1\lambda}{2r_0(r_0+z_1)}\right]^2} \approx \sqrt{\frac{nr_0 z_1\lambda}{r_0+z_1}}$$

上式可以进一步写为

$$\frac{1}{r_0}+\frac{1}{z_1}=\frac{n\lambda}{r_n^2}$$

当观察屏由近及远移动时，即 z_1 增加时，半波带数目 n 时而为奇数，时而为偶数，观察屏上时而为亮点，时而为暗点，可见，沿纵向衍射场呈现周期性变化。上式与透镜的成像公式很相似，因此，又习惯写成

$$\frac{1}{r_0}+\frac{1}{z_1}=\frac{1}{f}$$

式中，$f=r_n^2/(n\lambda)$，称为波带片的焦距。如果采用平面波照明，则有

$$r_n=\sqrt{nz_1\lambda}$$

(2) 由上式可得

$$n=\frac{r_n^2}{z_1\lambda}=\frac{1.6^2}{1000\times 532\times 10^{-6}}\approx 4.8$$

因此，半波带数目为 5 个。

应用实例 5-2 在夫琅禾费双缝衍射装置中，波长为 532nm 的光波垂直照射宽度为 0.01mm、间距为 0.05mm 的双缝，若会聚透镜的焦距为 50cm，求：(1)衍射条纹的间距；(2)发生缺级的级次。

解：(1) 因为光波垂直照射双缝，因此，衍射形成 $m+1$ 级和 m 级亮纹的条件分别为

$$d\sin(\theta+\Delta\theta)=(m+1)\lambda$$

和

$$d\sin\theta=m\lambda$$

上两式相减，并注意到 θ 和 $\theta+\Delta\theta$ 都很小，得到

$$d\Delta\theta=\lambda$$

衍射条纹的间距为

$$e=f\Delta\theta=\frac{\lambda f}{d}=\frac{532\times 10^{-6}\times 50\times 10}{0.05}\text{mm}=5.32\text{mm}$$

(2) 由于 $d/a=0.05/0.01=5$，因此，发生缺级的级次为 5、10、15、…

应用实例 5-3 波长为 633nm 的 He-Ne 激光垂直入射到一块刻缝密度为 500 线/mm、有效宽度为 50mm 的光栅上，求衍射第一极大和第二极大对应的衍射角和半角宽度。

解：根据光栅方程式(5.7-9)，可以得到

$$\sin\theta_1=\frac{\lambda}{d}=633\times 10^{-6}\times 500=0.3165$$

$$\sin\theta_2=\frac{2\lambda}{d}=0.6330$$

因此，衍射第一极大和第二极大对应的衍射角分别为

$$\theta_1=18.45^\circ$$

$$\theta_2=39.27^\circ$$

根据式(5.7-22)可以得到两个极大对应的半角宽度分别为

$$\Delta\theta_1 = \frac{\lambda}{D\cos\theta_1} = \frac{633}{50\times10^6\times\cos18.45^\circ}\text{rad} \approx 1.33\times10^{-5}\text{rad}$$

$$\Delta\theta_2 = \frac{\lambda}{D\cos\theta_2} = \frac{633}{50\times10^6\times\cos39.27^\circ}\text{rad} \approx 1.64\times10^{-5}\text{rad}$$

应用实例 5-4　波长为 532nm 的平行光照射刻缝密度为 500 线/mm 的光栅，求垂直照射和与光栅面成 60° 角照射时最多分别能观察到几条谱线。

解：(1) 根据光栅方程式(5.7-9)，垂直照射时有

$$d\sin\theta = m\lambda$$

当 $\sin\theta = 1$ 时，观察到的谱线数目最多，为

$$m = \frac{d}{\lambda} = \frac{1}{500\times532\times10^{-6}} \approx 3.8$$

即可以观察到 7 条。

(2) 根据光栅方程式(5.7-9)，与光栅面成 60° 角照射时有

$$d(\sin\theta + \sin30^\circ) = m\lambda$$

同样，当 $\sin\theta = 1$ 时，观察到的谱线数目最多，为

$$m = \frac{d(1+\sin30^\circ)}{\lambda} = \frac{1.5}{500\times532\times10^{-6}} \approx 5.6$$

即可以观察到 11 条。

应用实例 5-5　波长为 532nm 的激光垂直入射到一块刻缝密度为 800 线/mm、有效宽度为 50mm 的光栅上，设聚焦物镜的焦距为 1000mm，求该光栅一级光谱的角色散本领、线色散本领和分辨本领。

解：利用式(5.7-33)，光栅一级光谱的角色散本领为

$$G_{1\theta} = \frac{1}{d\cos\theta_1} = \frac{1}{d\sqrt{1-\sin^2\theta_1}} = \frac{1}{\sqrt{d^2-\lambda^2}} = \frac{1}{\sqrt{(10^6/800)^2-532^2}}\text{rad/nm}$$

$$\approx 0.884\times10^{-3}\text{rad/nm}$$

利用式(5.7-35)，光栅一级光谱的线色散本领为

$$G_{1l} = f\frac{1}{d\cos\theta_1} = fG_{1\theta} = 1000\times0.884\times10^{-3}\text{mm/nm} = 0.884\text{mm/nm}$$

利用式(5.7-39)，光栅一级光谱的分辨本领为

$$G = mN = 1\times50\times800 = 40000$$

习　　题

5.1　用波长为 0.53μm 的激光测一单缝宽度，若观察屏上衍射条纹左右两个第 5 级极小的距离是 5cm，屏和缝的距离是 5m，求缝宽。

5.2　在不透明细丝的夫琅禾费衍射图样中，测得暗条纹的间距为 1.5mm，所用透镜焦距为 300mm，光波波长为 632.8nm，求细丝的直径。

5.3　考察宽 a=8.8×10^{-3} cm、双缝间隔 $d=7\times10^{-2}$ cm、波长为 632.8nm 的双缝衍射，在中央极大值两侧的两个衍射极小值之间，将出现多少个干涉极小值？若屏离开双缝 457.2cm，计算条纹宽度。

5.4　在双缝夫琅禾费衍射中，所用波长 λ=632.8nm，透镜焦距 f=50cm，观察到相邻亮条纹之间的距离 e=1.5mm，并且第 4 级亮纹缺级。试求：(1)双缝的间距和缝宽；(2)第 1、2、3 级亮纹的相对强度。

5.5　用波长为 632.8nm 的 He-Ne 激光照射一光栅，已知该光栅的缝宽 a=0.012mm，不透明部分宽度 b=0.03mm，缝数 N=1000 条。试求：(1)中央峰的角宽度；(2)中央峰内干涉主极大的数目；(3) 谱线的半角宽度。

5.6　已知一光栅的光栅常数 $d=2.5\mu\text{m}$，缝数为 N=20000 条。求此光栅的第一、二、三级光谱的分辨本领；并求波长为 0.53 μm 的绿光的二级、三级光谱的衍射角度。

5.7　一光栅宽为 5cm，每毫米内有 400 条刻线。当波长为 0.53 μm 的平行光垂直入射时，第 4 级衍射光谱处在单缝衍射的第一极小位置。试求：(1)每缝的宽度；(2)第二级衍射光谱的半角宽度；(3) 第二级可分辨的最小波长差。

5.8　波长 $\lambda=0.53\mu\text{m}$ 的绿光，垂直照射直径 D=2.5mm 的小圆孔，与孔相距 1m 处放一屏幕。试求：(1)屏幕上正对圆孔中心的 P 点是亮点还是暗点；(2)要使 P 点变成与(1)相反的情况，至少要把屏幕移动多少距离。

5.9　一波带片离点光源 2m，点光源发出光的波长 $\lambda=0.53\mu\text{m}$，波带片成点光源的像于 2.5m 远的地方，求波带片第 1 个波带和第 2 个波带的半径是多少。

5.10　一波带片主焦点的强度约为入射光强度的10^3倍，在 400nm 的紫光照射下主焦距为 80cm。试求：(1)波带片应有几个开带；(2)波带片的半径是多少。

5.11　如图 5.38 所示，波长为 $\lambda=500$nm 的单色光源 S 放置在离光阑 1m 远的地方，光阑上有一个内、外半径分别为 0.5mm 和 1mm 的通光环，观察点 P 离光阑 1m(SP 连线通过圆环中心并垂直于圆环平面)时，求 P 点的光强和没有光阑时的光强之比是多少。

5.12　选择适当的坐标系，求出图 5.39 所示衍射屏的夫琅禾费衍射图样的强度分布。设衍射屏由单位振幅的平面波垂直照射。

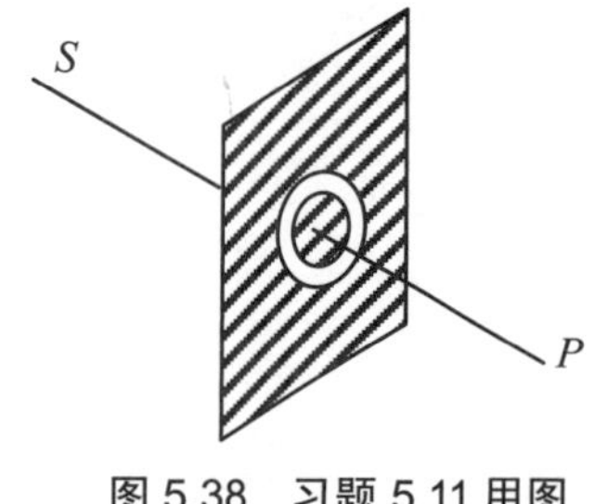

图 5.38　习题 5.11 用图

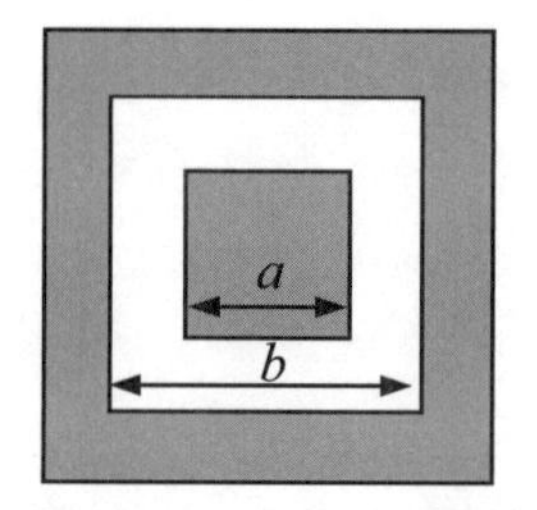

图 5.39　习题 5.12 用图

5.13　选择适当的坐标系，求出图 5.40 所示衍射屏的夫琅禾费衍射图样的光强分布。设衍射屏由振幅为 E_0 的平面波垂直照射。

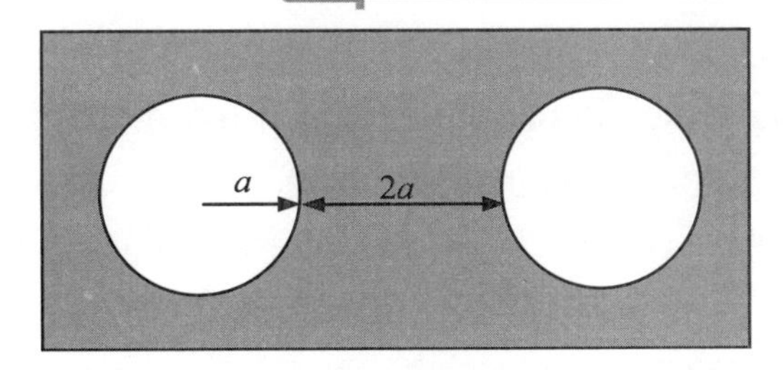

图 5.40 习题 5.13 用图

5.14 选择适当的坐标系，求出图 5.41 所示衍射屏的夫琅禾费衍射图样的强度分布。设衍射屏由单位振幅平面波倾斜照射。入射光在 xOz 平面内且与 z 轴夹角为 θ_0。

5.15 有一多缝衍射屏如图 5.42 所示，总缝数为 $2N$，缝宽为 a，缝间不透明部分的宽度依次为 a 和 $3a$。选择适当的坐标系，求单位振幅平面波正入射情况下，遮住偶数缝和全开放时的夫琅禾费衍射强度分布。

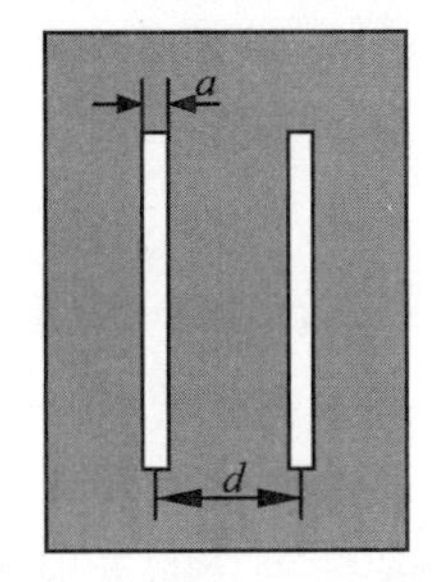

图 5.41 习题 5.14 用图

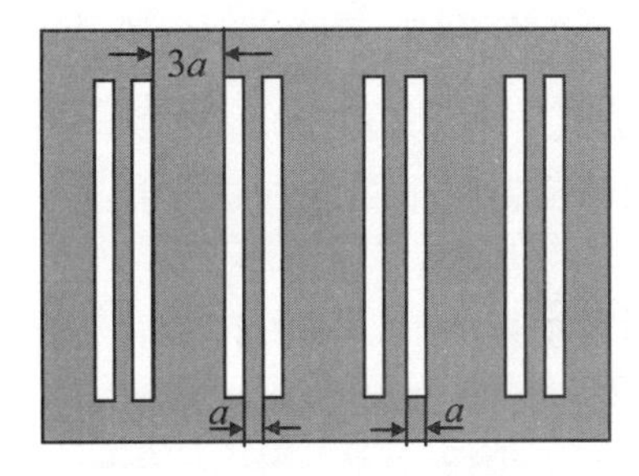

图 5.42 习题 5.15 用图

5.16 选择适当的坐标系，求出图 5.43 所示的光栅衍射的夫琅禾费衍射图样的光强分布。设光栅缝数为 $2N$，缝宽为 a，缝间不透明部分的宽度为 $2a$，单位振幅平面波在 xOz 平面内且与 z 轴夹角为 θ_0。

5.17 选择适当的坐标系，求出图 5.44 所示的圆环孔的夫琅禾费衍射强度分布。设单位振幅平面波垂直入射，并求出 $a=2b$ 时圆环衍射与半径为 a 的圆孔衍射图样的中心强度之比。

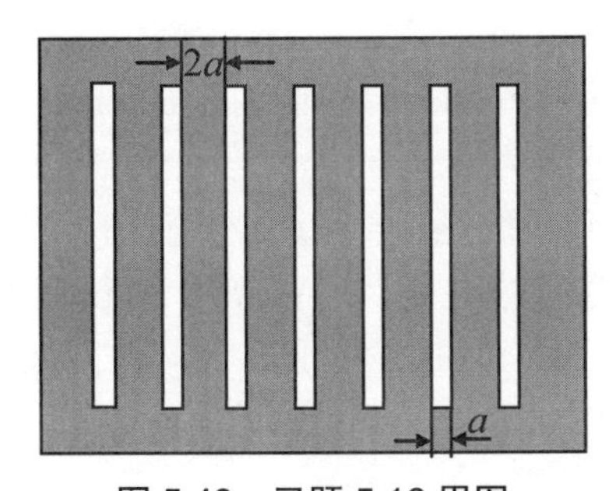

图 5.43 习题 5.16 用图

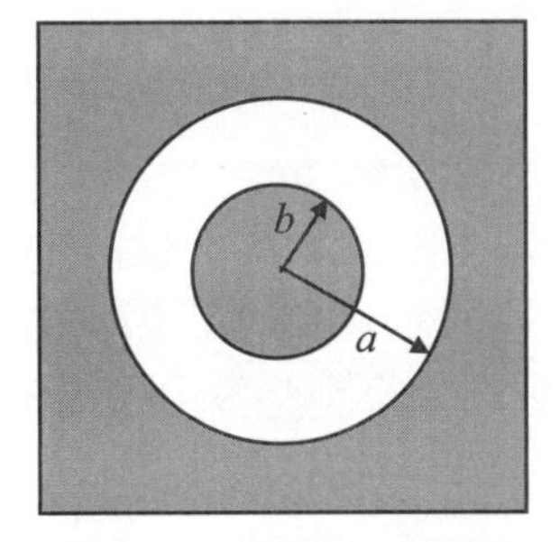

图 5.44 习题 5.17 用图

5.18 求位于 xOy 平面上的圆盘的夫琅禾费衍射光强分布。设圆盘的半径为 a，单位振幅平面波沿 xOz 平面入射且与 z 轴的夹角为 θ_0。

5.19 求矩形孔的夫琅禾费衍射光强分布，设矩形孔边长为 a 和 b，并分别在 x 和 y

方向，振幅为 E_0 的平面波沿 xOz 平面入射且与 z 轴的夹角为 θ_0。

5.20　选择适当的坐标系，求出图 5.45 所示的正方形孔内切圆盘的夫琅禾费衍射光强分布。设正方形边长为 a，振幅为 E_0 的平面波垂直入射。

5.21　选择适当的坐标系，求出图 5.46 所示的半圆形孔的夫琅禾费衍射。设单位振幅平面波垂直入射。

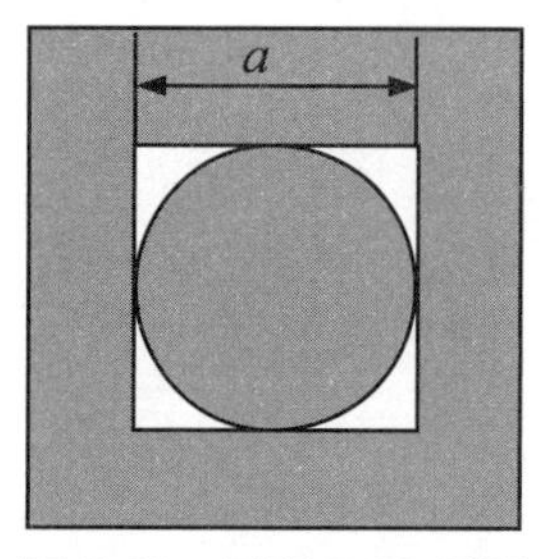

图 5.45　习题 5.20 用图

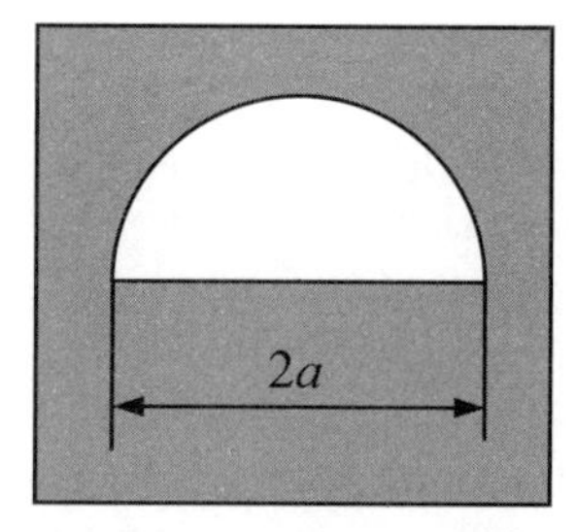

图 5.46　习题 5.21 用图

5.22　半径为 a 的圆孔内接一个正方形遮光屏构成衍射屏，求其夫琅禾费衍射强度分布，设单位振幅平面波垂直入射。

5.23　在宽度为 a 的单狭缝上覆盖着振幅透射系数 $t(x)=\cos(\pi x/a)$ 的膜片，用单位振幅平面波垂直照射，试求其夫琅禾费衍射光强分布，并和无膜片时的光强分布作比较。

5.24　衍射屏由两块正交叠合的光栅构成，其振幅透射系数分别为 $t(x)=1+\cos 2\pi u_0 x$ 和 $t(y)=1+\cos 2\pi \upsilon_0 y$，用单位振幅平面波垂直照射，求这一光栅组合的夫琅禾费衍射图样的强度分布。

5.25　如果要求一个 50 条/mm 的低频光栅在第二级光谱中能分辨钠黄光双线 589nm 和 589.6nm，此光栅的有效宽度至少为多少？

5.26　某光源发射波长为 650nm 的谱线，经检测发现它是双线，如果在 9×10^5 条刻线光栅的第三级光谱中刚好能分辨开此双线，求其波长差为多少。

5.27　用一个常数为 2.5×10^{-5}mm、宽度为 30mm 的光栅，分析 500nm 附近的光谱。试求：(1) 第一级光谱的角色散；(2) 若透镜焦距为 50cm，第一级光谱的线色散；(3) 第一级光谱能分辨的最小波长差。

5.28　一个光栅光谱仪给出了如下性能参数：物镜聚焦 1050mm，刻画面积 60mm×40mm，一级闪耀波长为 365nm，刻线密度为 1200 线/mm，色散为 0.8nm/mm，一级理论分辨率为 7.2×10^4。根据以上数据，求：(1)该光谱仪能分辨的最小波长差；(2)该光谱仪的角散射本领；(3)光谱仪的闪耀角，闪耀方向与光栅面法线之间的夹角；(4)与该光谱仪匹配的记录介质的分辨率至少为多少(线/mm)。

第6章

光的偏振理论与应用

教学目的与要求

- 掌握偏振光的基本概念
- 掌握偏振光的获得方法和检验方法
- 掌握偏振光学元件的种类、特点和应用
- 掌握偏振光和偏振光学元件的琼斯矩阵表示
- 了解物质的旋光效应及其应用
- 了解磁光效应及其应用
- 了解电光效应及其应用

本章引言

在日常生活中，人们见到的太阳光、灯光等，它们的振动矢量相对于传播方向是对称的，也就是说，在与光的传播方向垂直的截面上，各个方向上的振动矢量都是相同的，这种光称为自然光。偏振光是指光波的振动矢量相对于传播方向而言不具有对称性，也就是说，在与光的传播方向垂直的截面上，各个方向上的振动矢量都是不尽相同的。偏振光是介质对自然光的反射、折射、吸收和散射等作用而产生的。偏振光可以分为线偏振光、圆偏振光和椭圆偏振光。

偏振光通过某些介质时，光振动矢量的方向会发生旋转，这种现象称为旋光效应。光振动矢量旋转的方向和角度与介质的结构、密度、浓度以及光通过介质的距离有关，也与入射光的频率、波长有关。因此，在实际应用中，根据光通过介质以后，其旋转的方向和角度的变化，可以测量入射光波的波长；判断介质的结构；测量介质的密度或浓度。

线偏振光通过置于磁场中的介质时，光振动矢量的方向也会发生旋转，这种现象称为磁光效应。光振动矢量旋转的方向和角度与介质的结构、光通过介质的距离和磁场的强度有关。因此，在实际应用中，常常利用磁场旋光现象与光的传播方向无关的特点制作单通光闸。

当受到外界电场的影响时，单轴晶体会变为双轴晶体，导致线偏振光在其中的传播特性发生变化，这种现象称为电光效应。由于输出光的强度与所加的信号电压有关，因此，在光电子技术中经常用电光效应对激光进行调制。图 6.0 所示是利用光的偏振和电光效应制成的一种实用的微型组合一体化电光 Q 开关。

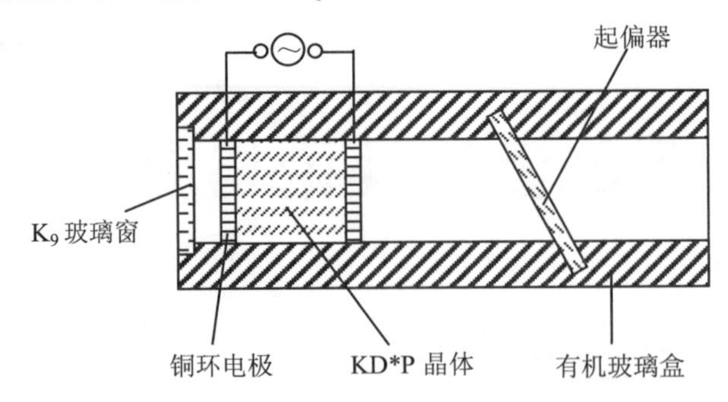

图 6.0 实用微型组合一体化电光 Q 开关结构示意图

本章将在介绍偏振光的种类和特点之后，分析获取偏振光的方法，在此基础上，讨论偏振光的叠加，偏振光学元件的种类、特点。最后将讲述与偏振光相关的旋光效应、磁光效应和电光效应。

6.1 偏振光概述

为了讨论问题方便，人们将光分成两类，一类是光振动强度在空间各个方向都相同的自然光(natural light)；另一类是某一方向的振动比其他方向占优势的偏振光(polarized light)。本节将讨论自然光和偏振光的特点、偏振光的获取、偏振光的偏振度以及马吕斯(Malus)定律。

【反射和折射光的偏振】

6.1.1 自然光与偏振光

1. 自然光

光波是横波，即光波电场矢量的振动方向垂直于光的传播方向。通常，光源发出的光波，其光波电场矢量的振动在垂直于光的传播方向上作无规则取向，但统计结果显示，在空间所有可能的方向上，光波电场矢量的分布可看作是机会均等的，它们的总和与光的传播方向是对称的，即光波电场矢量具有轴对称性、均匀分布、各方向振动的振幅相同，这种光就称为自然光，如图 6.1(a)所示。自然光可以看作是具有一切可能的振动方向的许多光波的总和，这些振动同时存在或迅速且无规则地相互代替。如果用两个光波电场矢量相互垂直、位相没有关联的线偏振光来代替自然光，并且让这两个线偏振光的强度都等于自然光总光强的一半，可以得到完全相同的结果。因此，一束自然光可分解为两束振动方向相互垂直的、等幅的、不相干的线偏振光。

自然光在传播过程中，如果受到外界的作用，造成各个振动方向上的强度不等，使某一方向的振动比其他方向占优势，所造成的这种光称为部分偏振光，如图 6.1(b)所示。

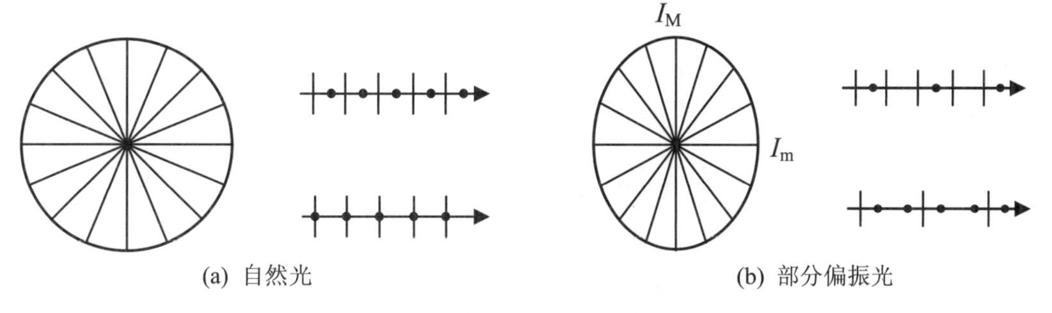

(a) 自然光　　(b) 部分偏振光

图 6.1　自然光和部分偏振光

2. 偏振光

偏振光是指光波电场矢量的振动方向不变，或具有某种规则的变化的光波。麦克斯韦的电磁理论阐明了光波是一种横波，即它的光波电场矢量始终是与传播方向垂直的，亦即光波具有偏振性。如果在光波中，光波电场矢量的最大值随位相改变，而振动方向在传播过程中保持不变，这种光称为线偏振光(linearly polarized light)，如图 6.2(a)所示。线偏振光的光波电场矢量与传播方向组成的面就是线偏振光的振动面，它是一个平面，因此线偏振光又称为平面偏振光。如果光波在传播过程中光波电场矢量的最大值不变，而振动方向绕传播轴均匀地转动，光波电场矢量端点的轨迹是一个圆，这种光称为圆偏振光(circularly polarized light)，如图 6.2(b)所示。如果光波在传播过程中光波电场矢量的大小和振动方向都有规律地变化，光波电场矢量端点的轨迹是一个椭圆，这种光称为椭圆偏振光(elliptically polarized light)，如图 6.2(c)所示。

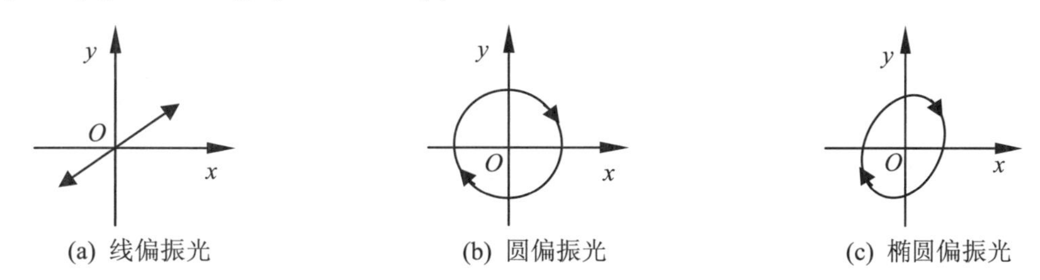

(a) 线偏振光　　(b) 圆偏振光　　(c) 椭圆偏振光

图 6.2　线偏振光、圆偏振光和椭圆偏振光示意图

6.1.2　获得偏振光的方法

获得偏振光的方法归纳起来有 4 种：一是利用布儒斯特片和布儒斯特片堆，二是利用二向色性材料，三是利用各向异性晶体，四是利用散射介质。

1. 布儒斯特片和布儒斯特片堆产生偏振光

由 1.8 节的讨论知道，考虑自然光在介质分界面上的反射和折射时，可以把它分解为两部分，一部分是光波电场矢量平行于入射面的 P 波，另一部分是光波电场矢量垂直于入射面的 S 波。由于这两个波的反射系数不同，因此，反射光和折射光一般地就成为部分偏振光。当入射光的入射角等于布儒斯特角时，反射光成为线偏振光。根据这一原理，可以

利用玻璃片来获得线偏振光。在一般情况下，只用一片玻璃来获得强反射的线偏振光或高偏振度的折射光是很困难的。在实际应用中，经常采用“片堆”来达到上述目的。“片堆”是由一组平行的玻璃片(或其他透明的薄片，如石英片等)叠在一起构成的，如图 6.3 所示。

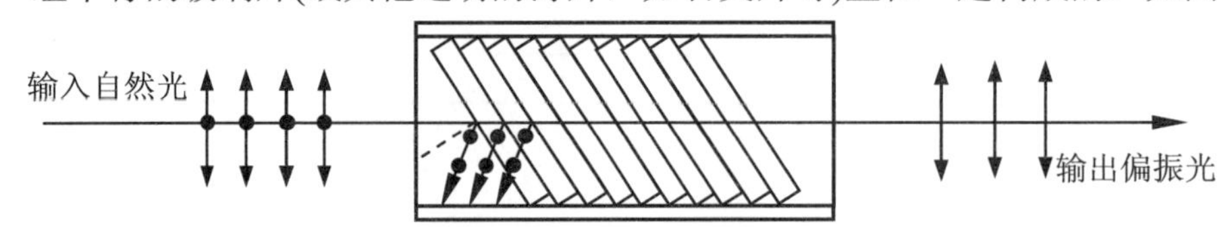

图 6.3　用“片堆”获得线偏振光示意图

它是将玻璃片放在圆筒内，使玻璃片表面法线与圆筒中心轴构成布儒斯特角。当自然光沿圆筒中心轴入射并通过“片堆”时，因透过“片堆”的折射光连续不断地以相同的状态入射和折射，每通过一次界面，都从折射光中反射掉一部分垂直纸面振动的分量，最后使通过“片堆”的透射光接近为一个平行于入射面的线偏振光。同时，反射偏振光的强度也比较大。

按照“片堆”的原理，可以制成介质膜偏振器件，如图 6.4 所示。介质膜偏振器件是把一块立方棱镜沿着对角面切开，并在两个切面上交替地镀上光学厚度为 1/4 波长的高折射率的膜层和低折射率的膜层，再胶合成立方棱镜。

在介质膜偏振器件中，高折射率膜层就相当于图 6.3 中的玻璃片，而低折射率膜层则相当于玻璃片之间的空气层，所镀膜层放大图如图 6.5 所示。为了使偏振光具有最大的偏振度，应当使光线在相邻膜层界面上的入射角都等于布儒斯特角。从图 6.5 容易看出：

$$n\sin 45^\circ = n_2\sin\theta \tag{6.1-1}$$

$$\tan\theta = \frac{n_1}{n_2} \tag{6.1-2}$$

式中，n 是玻璃的折射率；n_1 和 n_2 分别是冰晶石和硫化锌的折射率；θ 是光线在硫化锌膜层的折射角，亦即在硫化锌和冰晶石界面上的入射角。从以上两式可以得到

$$n^2 = \frac{2n_1^2 n_2^2}{n_1^2 + n_2^2} \tag{6.1-3}$$

这是玻璃的折射率和两种介质膜的折射率之间应当满足的关系式。

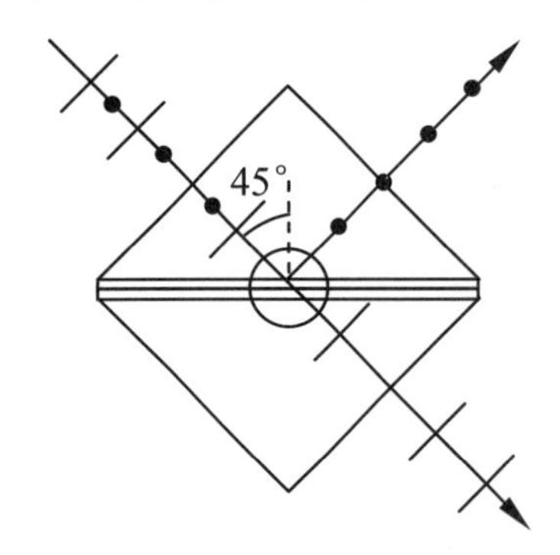

图 6.4　介质膜偏振器件结构示意图

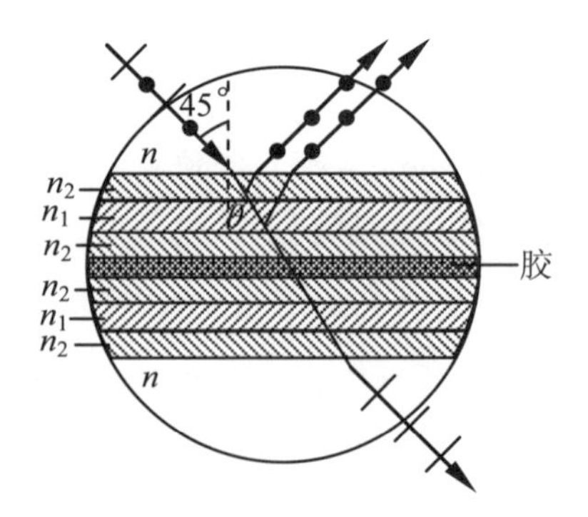

图 6.5　介质膜偏振器件膜层结构示意图

由于玻璃和介质膜的折射率是随着波长改变的，因此，在用自然光时，为了使各种波长的光都获得最大的偏振度，就应当让各种波长的折射率都满足式(6.1-3)，这就要求玻璃的色散必须与介质膜的色散适当地配合。

在介质膜偏振器件中，如果镀膜的层数很多，介质膜偏振器件产生的反射光和透射光的偏振度会很高。目前，介质膜偏振器件的抗光伤阈值可以达到几百兆瓦，而且可以使 P 分量的透射率大于 99%，S 分量的反射率大于 98%，使其成为激光调 Q 技术中常用的一种优质偏振器件。

2. 二向色性材料产生偏振光

二向色性是指某些各向异性的晶体对不同振动方向的偏振光有不同的吸收系数的性质。在天然晶体中，电石气具有最强烈的二向色性。1mm 厚的电石气可以把一个方向振动的光全部吸收，使透射光成为振动方向与该方向垂直的线偏振光。一般地，晶体的二向色性还与光波的波长有关，因此，振动方向相互垂直的两束线偏振自然光通过晶体后会呈现出不同的颜色。这是二向色性这个名称的由来。

目前广泛使用的获得线偏振光的器件是一种人造的偏振片，称为 *H* 偏振(H-polarization)片或二向色型偏振片，如图 6.6 所示。它就是利用二向色性获得线偏振光的，其制作方法是，把聚乙烯醇薄膜在碘溶液中浸泡后，在较高的温度下拉伸 3～4 倍，再烘干。浸泡过的聚乙烯醇薄膜经过拉伸后，碘-聚乙烯醇分子沿着拉伸方向规则地排列起来，形成一条条导电的长链。碘中具有导电能力的电子能够沿着长链方向运动。入射光波电场中沿着长链方向的分量推动电子，对电子做功，因而被强烈吸收；而在垂直于长链方向的分量对电子不做功，能够透过。这样透射光就成为线偏振光。偏振片允许透过的电矢量的方向称为它的透光轴，显然，偏振片的透光轴垂直于拉伸方向。

图 6.7 所示为 *H* 偏振片的透射率与波长的关系。曲线 1 表示单片偏振片的透射率；曲线 2 表示两片偏振片的透光轴互相平行时的透射率；曲线 3 表示两片偏振片的透光轴互相垂直时的透射率。由图 6.7 可见，当波长为 500nm 的自然光通过两片叠合的 *H* 偏振片时，如果它们的透光轴互相平行，透过率可达 36%；如果它们的透光轴互相垂直，透射率不到 1%。

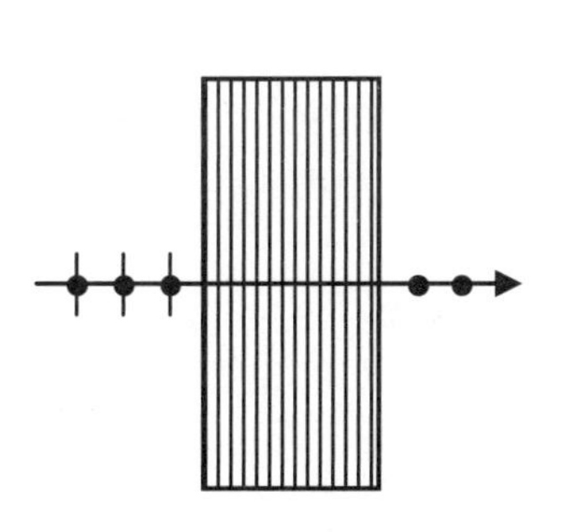

图 6.6　二向色型偏振片示意图

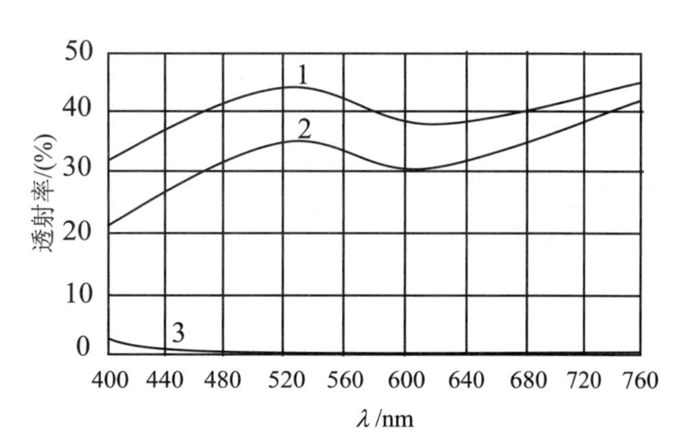

图 6.7　偏振片的透射率与波长的关系

3. 各向异性晶体产生偏振光

在第 2 章中已经介绍，当一束单色光从折射率为 n_1 的介质中以 θ_1 角入射到晶体的界面上时，一般地，可以产生两束振动方向相互垂直的折射光，分别称为 o 光和 e 光，它们对应的折射率分别为 n_o 和 $n_e(\theta)$，两束折射光满足的折射定律为

$$n_1 \sin\theta_1 = n_o \sin\theta_{2o} \tag{6.1-4}$$

$$n_1 \sin\theta_1 = n_e(\theta)\sin\theta_{2e} \tag{6.1-5}$$

式中，θ_{2o} 和 θ_{2e} 是两束折射光波矢的折射角，θ 是 e 光波矢与光轴的夹角。由于 $n_o \neq n_e(\theta)$，则 $\theta_{2o} \neq \theta_{2e}$，所以两束折射光将被分开，从而获得两束振动方向相互垂直的线偏振光。由于一般晶体的 θ_{2o} 和 θ_{2e} 相差很小，因此两束线偏振光分开的角度很小，不利于实际应用。在 6.3 节中，将讨论如何设计出实用的晶体双折射偏振器件。

4. 散射介质产生偏振光

在 3.4 节中学习到，当自然光在散射介质中传输时，通过偏振片在与光的传播方向相垂直的方向上观察，可以看到散射光是线偏振光；在与光的传播方向成一定角度的方向上观察，可以看到散射光是部分偏振光。

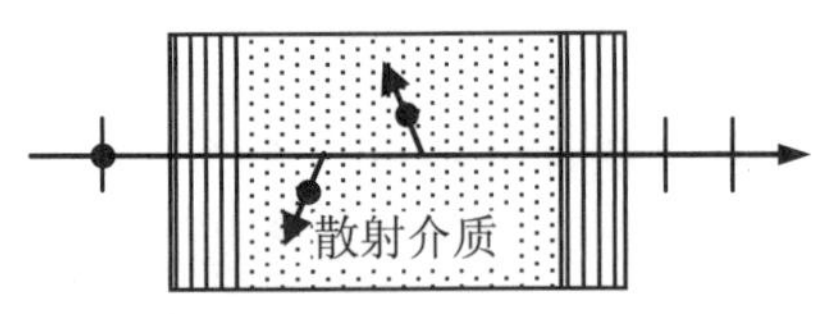

图 6.8　散射介质产生线偏振光示意图

如图 6.8 所示，使一束单色光入射到晶体的界面上时，产生两束振动方向相互垂直的折射光，然后使这两束光通过散射介质，由于散射介质对两束光的散射不同，从而获得两束线偏振光。

6.1.3　偏振度

光的偏振态是无法用仪器直接显示或人眼看出的。对于光偏振态的判断，要凭借光通过偏振元件以后透射光强的变化而获得。如果一个偏振片面对一束光旋转一周，获得光强极大值为 I_M，光强极小值为 I_m，则入射光的偏振度(degree of polarization)被定义为

$$p = \frac{I_M - I_m}{I_M + I_m} \tag{6.1-6}$$

对于自然光或圆偏振光，各个方向的强度都相等，$I_M = I_m$，故 $p = 0$。对于线偏振光，$I_m = 0$，$p = 1$。对于部分偏振光和椭圆偏振光，$0 < p < 1$。偏振度的数值越接近 1，光束的偏振化程度越高。对于自然光与圆偏振光或部分偏振光与椭圆偏振光的区分，仅凭借一个偏振片作为检偏器是不够的，还要借助其他偏振元件才能完成(详见 6.3 节)。

可以证明，对于由 N 片玻璃片组成的片堆，透射光的偏振度为

$$p_N = \frac{1-\left[4n_1^2 n_2^2 (n_1^2 + n_2^2)^{-2}\right]^{2N}}{1+\left[4n_1^2 n_2^2 (n_1^2 + n_2^2)^{-2}\right]^{2N}} \tag{6.1-7}$$

若取 $n_1=1$，$n_2=1.5$，则当 N 分别为 1、5、10、20 时，透射光的偏振度分别为 0.163、0.675、0.928、0.997。可见，当玻璃片很多时，透射光也接近线偏振光。

6.1.4　马吕斯定律与消光比

对于线偏振光器件，总是希望它的偏振度能达到 1，其对自身产生的偏振光的透射率越大越好，而且在适用波段有高的抗光伤阈值。对自身产生的偏振光的透射率和抗光伤阈值可通过直接测量而得到，但是测量偏振度却不是很容易的事，一般用消光比来衡量。当自然光入射到上面介绍的偏振光器件时，出射的偏振光的振动方向是确定的，把偏振光器件允许光矢量透过的方向称为偏振光器件的透光轴。当自然光垂直通过两个同样的偏振光器件时，称第一个偏振光器件为起偏器(polarizer)，第二个为检偏器(analyzer)。起偏器的作用是把自然光变成振动方向与其透光轴一致的线偏振光，若检偏器的透光轴与起偏器的透光轴平行，则起偏器产生的线偏振光可以通过检偏器，若检偏器的透光轴与起偏器的透光轴垂直，则起偏器产生的线偏振光不能通过检偏器，称此状态为消光。在图 6.9 所示的实验装置中，P_1 和 P_2 就是两片相同的偏振片，前者用来产生偏振光，后者用来检验偏振光。

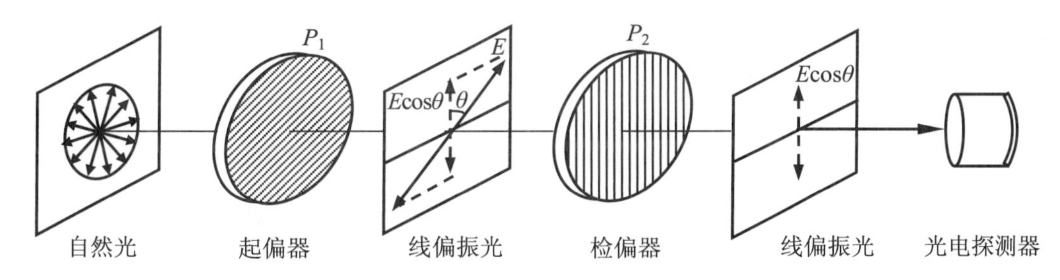

图 6.9　验证马吕斯定律和测定消光比的实验装置示意图

当它们相对转动时，透过两片偏振片的光强就随着两偏振片的透光轴夹角的变化而变化，如果偏振片是理想的(即自然光通过偏振片后成为完全的线偏振光)，当它们的透光轴互相垂直时，透射光强应该为零。当夹角为其他值时，透射光强由下式决定：

$$I = I_0 \cos^2\theta \tag{6.1-8}$$

式中，I_0 是两偏振片的透光轴平行时的透射光强，θ 是两偏振片的透光轴之间的夹角。式(6.1-8)所表示的关系称为马吕斯(Malus)定律。

实际的偏振器件往往是不理想的，自然光透过后得到的不是完全的线偏振光，而是部分偏振光。因此，即使两个偏振器的透光轴相互垂直，透光强度也不为零。把这时的最小透光强度与两个偏振器光轴互相平行时的最大透射光强之比称为消光比，它是衡量偏振器件质量的重要参数，消光比越小，偏振器件产生的偏振光的偏振度越高，人造偏振片的消光比约为 10^{-3}。

从上述实验装置可以看到，用来产生偏振光的器件都可以用来检验偏振光。通常把产生偏振光的器件称为起偏器，把检验偏振光的器件称为检偏器。

本节讨论了自然光和偏振光的特点、偏振光的获取、偏振光的偏振度以及马吕斯定律，要点见表 6-1。

表 6-1 偏振光

种　类	获得方法	偏振度	马吕斯定律
线偏振光、圆偏振光、椭圆偏振光	利用布儒斯特片堆；利用二向色性材料；利用各向异性晶体；利用散射介质	$p=\dfrac{I_M-I_m}{I_M+I_m}$	$I=I_0\cos^2\theta$

6.2 正交偏振光的叠加

在第1章中，已经讨论了传播方向和振动方向相同、频率相同或不同的两束单色波的叠加，本节将讨论频率相同、传播方向相同、振动方向相互垂直的两束单色波的叠加所形成的椭圆偏振光，并分析几种特殊情况。

6.2.1 椭圆偏振光

设由光源 S_1 和 S_2 发出的频率相同、振动方向相互垂直的两束单色波沿着 z 轴传播。如果一个波的振动方向平行于 x 轴，另一个波的振动方向平行于 y 轴。两个光源到 z 轴方向上任一点 P 处的距离分别为 z_1 和 z_2，则两个光波在 P 点产生的光振动可以写为

$$E_x=E_{x0}\cos(kz_1-\omega t) \tag{6.2-1}$$

$$E_y=E_{y0}\cos(kz_2-\omega t) \tag{6.2-2}$$

式中，E_{x0} 和 E_{y0} 分别是两个光波在 P 点处的振幅，根据叠加原理，在 P 点的合振动为

$$\boldsymbol{E}=\boldsymbol{x}_0E_x+\boldsymbol{y}_0E_y=\boldsymbol{x}_0E_{x0}\cos(kz_1-\omega t)+\boldsymbol{y}_0E_{y0}\cos(kz_2-\omega t) \tag{6.2-3}$$

可以看出，合振动的大小和方向一般是随着时间变化的，合矢量末端的运动轨迹可以由式(6.2-1)和式(6.2-2)消去参数 t 求得。为此，令 $\alpha_1=kz_1$，$\alpha_2=kz_2$，代入式(6.2-1)和式(6.2-2)并展开得到

$$\frac{E_x}{E_{x0}}=\cos\omega t\cos\alpha_1+\sin\omega t\sin\alpha_1 \tag{6.2-4}$$

$$\frac{E_y}{E_{y0}}=\cos\omega t\cos\alpha_2+\sin\omega t\sin\alpha_2 \tag{6.2-5}$$

以 $\cos\alpha_2$ 乘式(6.2-4)，以 $\cos\alpha_1$ 乘式(6.2-5)，然后把两式相减，得到

$$\frac{E_x}{E_{x0}}\cos\alpha_2-\frac{E_y}{E_{y0}}\cos\alpha_1=\sin\omega t\sin(\alpha_1-\alpha_2) \tag{6.2-6}$$

以 $\sin\alpha_2$ 乘式(6.2-4)，以 $\sin\alpha_1$ 乘式(6.2-5)，然后把两式相减，得到

$$\frac{E_x}{E_{x0}}\sin\alpha_2-\frac{E_y}{E_{y0}}\sin\alpha_1=\cos\omega t\sin(\alpha_2-\alpha_1) \tag{6.2-7}$$

把式(6.2-6)和式(6.2-7)平方相加，可以得到合矢量末端的运动轨迹方程式为

$$\frac{E_x^2}{E_{x0}^2}+\frac{E_y^2}{E_{y0}^2}-2\frac{E_xE_y}{E_{x0}E_{y0}}\cos(\alpha_2-\alpha_1)=\sin^2(\alpha_2-\alpha_1) \tag{6.2-8}$$

式(6.2-8)可以改写为

$$\frac{E_x^2}{E_{x0}^2}+\frac{E_y^2}{E_{y0}^2}-2\frac{E_xE_y}{E_{x0}E_{y0}}\cos\delta=\sin^2\delta \tag{6.2-9}$$

式中，$\delta=\alpha_2-\alpha_1$，是两个光波在 P 点处的位相差。式(6.2-9)是关于 E_x 和 E_y 的二元二次方程，因为 E_x 和 E_y 的系数都是正的，所以一般来说，这是一个椭圆方程，表示合矢量末端的运动轨迹是一个椭圆。椭圆的形状由位相差 δ 和 E_{x0}、E_{y0} 决定。

6.2.2　偏振椭圆分析

图 6.10 是根据式(6.2-9)画出的与几种不同 δ 对应的偏振椭圆的形状。

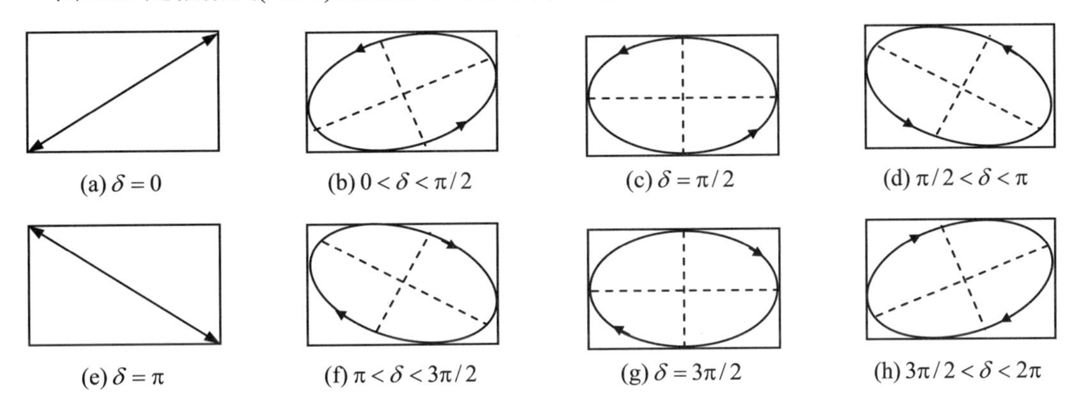

(a) $\delta=0$　(b) $0<\delta<\pi/2$　(c) $\delta=\pi/2$　(d) $\pi/2<\delta<\pi$

(e) $\delta=\pi$　(f) $\pi<\delta<3\pi/2$　(g) $\delta=3\pi/2$　(h) $3\pi/2<\delta<2\pi$

图 6.10　位相差 δ 取不同值时的偏振椭圆

1. 线偏振光

当 $\delta=\pm m\pi$ $(m=0,1,2,\cdots)$ 时，式(6.2-9)可以化为

$$E_y=\pm\frac{E_{y0}}{E_{x0}}E_x \tag{6.2-10}$$

当 m 为偶数时，式(6.2-10)取正号，表示合矢量末端的运动轨迹是在Ⅰ、Ⅲ象限内的直线，此时为线偏振光。当 m 为奇数时，式(6.2-10)取负号，表示合矢量末端的运动轨迹是在Ⅱ、Ⅳ象限内的直线，此时也为线偏振光。线偏振光的解析表达式为

$$\boldsymbol{E}=\boldsymbol{E}_0\cos(\boldsymbol{k}\cdot\boldsymbol{r}-\omega t) \tag{6.2-11}$$

线偏振光的分量形式为

$$\boldsymbol{E}_x=\boldsymbol{E}_{x0}\cos(\boldsymbol{k}\cdot\boldsymbol{r}-\omega t)\text{，}\quad \boldsymbol{E}_y=\boldsymbol{E}_{y0}\cos(\boldsymbol{k}\cdot\boldsymbol{r}-\omega t+\delta) \tag{6.2-12}$$

式中，$\delta=0,\ \pi$，线偏振光的倾角满足

$$\tan\theta=\frac{E_{y0}}{E_{x0}} \tag{6.2-13}$$

2. 圆偏振光

当 $\delta=\pm m\pi/2$ $(m=1,3,5,\cdots)$ 时，式(6.2-9)可以化为

$$\frac{E_x^2}{E_{x0}^2}+\frac{E_y^2}{E_{y0}^2}=1 \tag{6.2-14}$$

这是一个标准的椭圆方程，若在这种情况下同时有 $E_{x0}=E_{y0}=E_0$，则由式(6.2-14)得到

$$E_x^2+E_y^2=E_0^2 \tag{6.2-15}$$

表示合矢量末端的运动轨迹是一个圆，因此合成光波是圆偏振光。圆偏振光的解析表达式为

$$\boldsymbol{E}=\boldsymbol{E}_x+\boldsymbol{E}_y \tag{6.2-16}$$

圆偏振光的分量形式为

$$\boldsymbol{E}_x=\boldsymbol{E}_0\cos(\boldsymbol{k}\cdot\boldsymbol{r}-\omega t),\quad \boldsymbol{E}_y=\boldsymbol{E}_0\cos(\boldsymbol{k}\cdot\boldsymbol{r}-\omega t+\delta) \tag{6.2-17}$$

式中，两个分量的振幅均为 E_0，$\delta=\pm\pi/2$ 。当 $\delta=\pi/2$ 时，合成的结果为左旋圆偏振光；当 $\delta=-\pi/2$ 时，合成的结果为右旋圆偏振光。

3. 椭圆偏振光

由式(6.2-9)可以知道，随着 δ 和 E_{x0}、E_{y0} 的变化，椭圆的形状也在发生变化。也就是说，光矢量末端运动轨迹在垂直传播方向的平面上的投影一般为椭圆，故称为椭圆偏振光。在某一时刻，传播方向上各点对应的光矢量末端分布在一条螺旋线上，螺旋线的空间周期等于光波的波长，如图 6.11 所示。

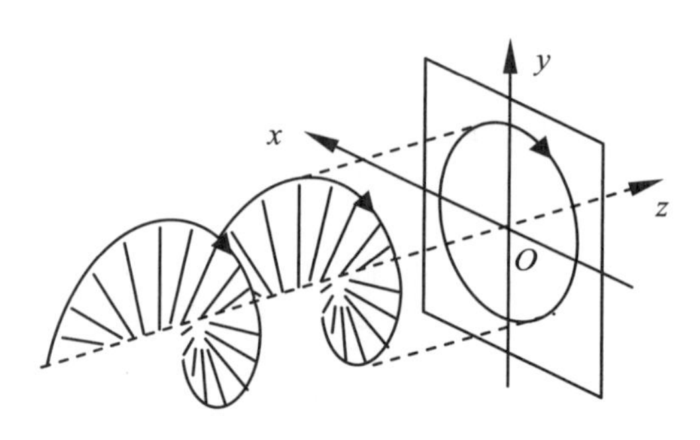

图 6.11　椭圆偏振光

椭圆偏振光与圆偏振光的区别在于两个正交分量的振幅不相等，椭圆偏振光的分量形式为

$$\boldsymbol{E}_x=\boldsymbol{E}_{x0}\cos(\boldsymbol{k}\cdot\boldsymbol{r}-\omega t),\quad \boldsymbol{E}_y=\boldsymbol{E}_{y0}\cos(\boldsymbol{k}\cdot\boldsymbol{r}-\omega t+\delta) \tag{6.2-18}$$

当 $\delta=\pm\pi/2$ 时为正椭圆，对应图 6.10(c)和图 6.10(g)。当 $\delta\neq\pm\pi/2$ 时为斜椭圆，对应图 6.10(b)、图 6.10(d)、图 6.10(f)和图 6.10(h)。事实上，式(6.2-18)包含了圆偏振光和线偏振光的情况。即当 $\delta=\pm\pi/2$ ，$E_{x0}=E_{y0}$ 时对应圆偏振光；当 $\delta=0,\ \pi$ 时对应线偏振光。

根据合矢量旋转方向的不同，可以将椭圆(或圆)偏振光分为右旋和左旋两种。通常规定，对着光的传播方向看去，合矢量是顺时针方向旋转时，偏振光是右旋的，反之是左旋的。在右旋椭圆偏振光的情况下，光矢量的末端构成的螺旋线的旋转方向与光传播方向成左手螺旋系统，而在左旋椭圆偏振光的情况下，光矢量的末端构成的螺旋线的旋转方向与光传播方向成右手螺旋系统。

当$0<\delta<\pi$时，有$\sin\delta>0$，此时图 6.10 中的箭头是向着逆时针方向旋转的，所以为左旋偏振光；而当$\pi<\delta<2\pi$时，有$\sin\delta<0$，此时图 6.10 中的箭头是向着顺时针方向旋转的，所以为右旋偏振光。

本节对椭圆偏振光的产生条件和所满足的方程进行了讨论，并对线偏振光和圆偏振光进行了分析。本节的要点列于表 6-2。

表 6-2　椭圆偏振光

产生条件	所满足的方程	线偏振光	圆偏振光
频率相同、传播方向相同、振动方向相互垂直的两束单色波的叠加	$\frac{E_x^2}{E_{x0}^2}+\frac{E_y^2}{E_{y0}^2}-2\frac{E_xE_y}{E_{x0}E_{y0}}\cos\delta=\sin^2\delta$	$\delta=0,\ \pi$ $E_y=\pm\frac{E_{y0}}{E_{x0}}E_x$	$\delta=\pm\pi/2$ $E_x^2+E_y^2=E_0^2$

6.3　偏振器件

在光学和光电子技术应用中，经常需要偏振度很高的平面偏振光。在一般情况下，平面偏振光都是通过偏振器件对入射光进行分解而得到的。本节将讨论产生偏振光的器件——偏振棱镜、波片和补偿器，并讲述利用偏振器件对入射光的偏振性进行检验的方法。

6.3.1　偏振棱镜

偏振棱镜是利用晶体的双折射现象而制成的偏振器件，比较重要的偏振棱镜有尼科耳棱镜(Nicol prism)、格兰棱镜(Glan prism)和沃拉斯顿棱镜(Wollaston prism)等。

1. 尼科耳棱镜

尼科耳棱镜的制作方法如图 6.12 所示。取一块长度约为宽度 3 倍的优质方解石晶体，将两端面磨去一部分，使平行四边形 $AECF$ 中的 71° 角减小到 68°，变为 $A'EC'F$，然后将晶体沿着垂直于 $A'EC'F$ 及两端面的平面 $A'BC'D$ 切开，把切开的面磨成光学平面，再用加拿大树胶胶合起来，并将周围涂黑，就成了尼科耳棱镜。

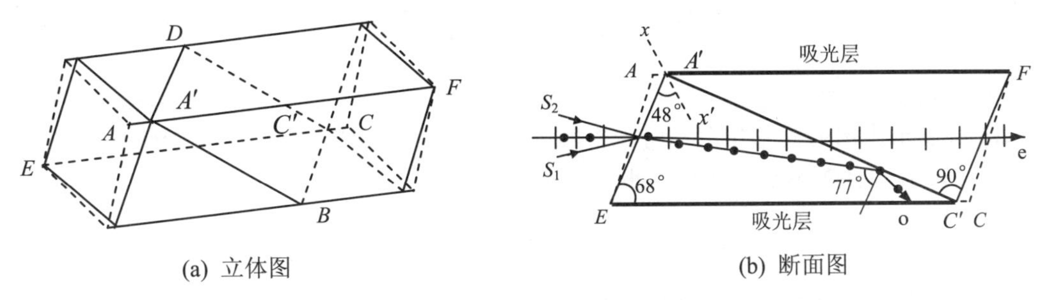

(a) 立体图　(b) 断面图

图 6.12　尼科耳棱镜示意图

尼科耳棱镜的光轴方向 xx' 在平面 $A'EC'F$ 内，断面(即胶合面)垂直于这个平面，$A'C'$ 是它们的交线。光轴位于图面内，和入射端面 $A'E$ 所成的角为 48°。

加拿大树胶是一种各向同性的物质，它的折射率 n 比寻常光的折射率小，但比非常光的折射率大。例如，对于 $\lambda=589.3\text{nm}$ 的钠黄光来说，方解石晶体 n_o=1.6584，n_e=1.4864；加拿大树胶 n=1.53。因此，o 光和 e 光在胶合层反射的情况是不同的。对于 o 光来说，它是由光密介质(方解石)到光疏介质(胶层)，在这个条件下有可能发生全反射。发生全反射的临界角为

$$\theta_c=\sin^{-1}\left(\frac{n}{n_o}\right)=\sin^{-1}\left(\frac{1.53}{1.6584}\right)\approx 68°$$

当自然光沿棱镜的长边方向入射时，入射角为 22°，o 光的折射角约为 13°，因此，在胶层的入射角约为 77°，比临界角大，发生全反射，被棱镜壁吸收。对于 e 光，它是由光疏介质到光密介质，因此，不发生全反射，可以透过胶层从棱镜的另一端射出。显然，所透射出的偏振光的光矢量与入射面平行。

尼科耳棱镜的孔径角约为±14°。如图 6.12(b)所示，当入射光在 S_1 侧的孔径角超过 14°时，o 光在胶层上的入射角就小于临界角，不发生全反射；当入射光在 S_2 侧的孔径角超过 14°时，由于 e 光的折射率增大而与 o 光同时发生全反射，结果没有光从棱镜中射出。因此，尼科耳棱镜不适用于高度会聚或发散的光束。

2. 格兰棱镜

尼科耳棱镜的出射光束与入射光束不在一条直线上，这在仪器中会带来不便。格兰棱镜是为了改进尼科耳棱镜的这个缺点而设计的。

图 6.13 是格兰棱镜的断面图，它也用方解石制成，不同之处在于端面与底面垂直，光轴既平行于端面也平行于斜面，亦即与图面垂直。当光垂直于端面入射时，o 光和 e 光均不发生偏折，它们在斜面的入射角就等于棱镜斜面与直角面的夹角 θ。选择 θ 使得对于 o 光来说，入射角大于临界角，发生全反射而被棱镜壁的涂层吸收；对于 e 光来说，入射角小于临界角能够透过，从而射出一束线偏振光。

组成格兰棱镜的两块直角棱镜之间可以用加拿大树胶胶合，这时 θ 角约为 76.5°，孔径角约为±13°。用加拿大树胶胶合有两个缺点：一是对紫外光的吸收能力很强，二是胶合层容易被大功率的激光束所破坏。在这两种情况下往往用聚四氟乙烯薄膜作为两块棱镜斜面的垫圈，一方面可以产生空气层，另一方面也具有使斜面微调平行的作用。这时 θ 角约为 38.5°，孔径角约为±7.5°。

当一束激光从棱镜通过，除了产生偏振外，出射光束与入射光束还会有微量平移。由图 6.14 可以求出出射光束相对入射光束的平移距离。在△ABO 中，$L=AO\sin(\theta_e-\theta_i)$，在△$ACO$ 中，$H=AO\cos\theta_e$，所以，平移距离为

$$L=\frac{H\sin(\theta_e-\theta_i)}{\cos\theta_e} \tag{6.3-1}$$

式中，H 为空气隙的厚度，θ_i 为入射角，θ_e 为 e 光的折射角。只要 H 比较薄，平移距离 L 是很小的，可以认为光束沿原路径传播。

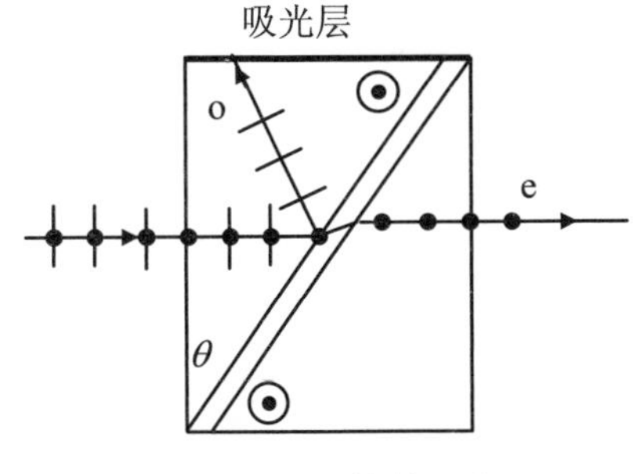

图 6.13　格兰棱镜示意图

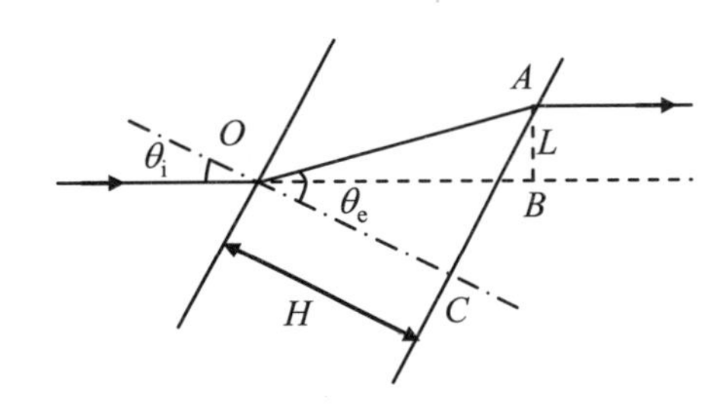

图 6.14　平移距离示意图

3. 沃拉斯顿棱镜

沃拉斯顿棱镜能产生两束互相分开的、光矢量互相垂直的线偏振光。如图 6.15 所示，它是由两块直角方解石棱镜胶合而成的。这两块棱镜的光轴互相垂直，又都平行于各自的表面。

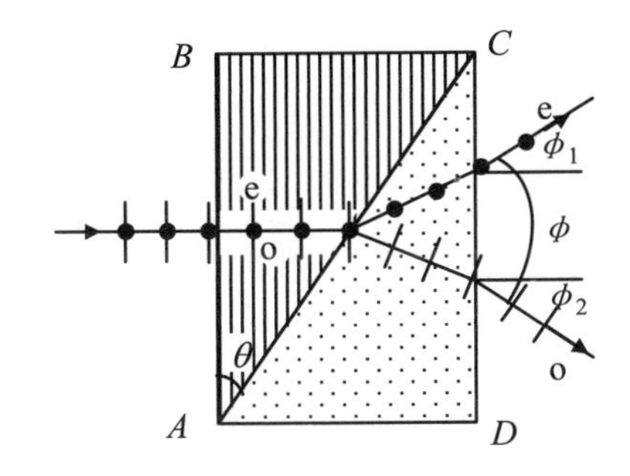

图 6.15　沃拉斯顿棱镜示意图

当一束很细的自然光垂直入射到 AB 面上时由第一块棱镜产生的 o 光和 e 光不分开，但以不同的速度前进。由于第二块棱镜的光轴相对于第一块棱镜转过了 90°，因此在界面 AC 处，o 光和 e 光发生了转化。在第一块棱镜中的 o 光，在第二块棱镜中却成了 e 光。由于方解石的 $n_o>n_e$，这样 o 光通过界面时是从光密介质进入光疏介质，因此将远离界面法线传播；而 e 光通过界面时是从光疏介质进入光密介质，因此将靠近界面法线传播，结果两束光在第二块棱镜中分开。这样经过 CD 面再次折射，由沃拉斯顿棱镜射出的是两束按一定角度分开、光矢量互相垂直的线偏振光。不难证明，当棱镜顶角 θ 不是很大时，两束光差不多对称地分开，它们之间的夹角为

$$\phi = 2\sin^{-1}\left[(n_o - n_e)\tan\theta\right] \tag{6.3-2}$$

4. 其他偏振棱镜

除了上面讲述的 3 种棱镜外，人们还根据实际的需要，设计出其他偏振棱镜，如图 6.16 所示。图 6.16(a)是洛匈(Rochon)棱镜；图 6.16(b)是塞纳蒙特(Se’narmont)棱镜；图 6.16(c)是福斯特(Foster)棱镜；图 6.16(d)是格兰-汤姆逊(Glan-Thomson) 棱镜。

洛匈棱镜 o 光和 e 光的分离角约为 10°；塞纳蒙特棱镜 o 光和 e 光的分离角略小于洛

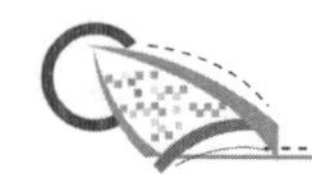

闷棱镜；福斯特棱镜可以使 o 光和 e 光从两个垂直面输出；格兰-汤姆逊棱镜 o 光和 e 光虽然不是以 90° 分开，但分离角也很大，而且 o 光的损耗比福斯特棱镜小很多。

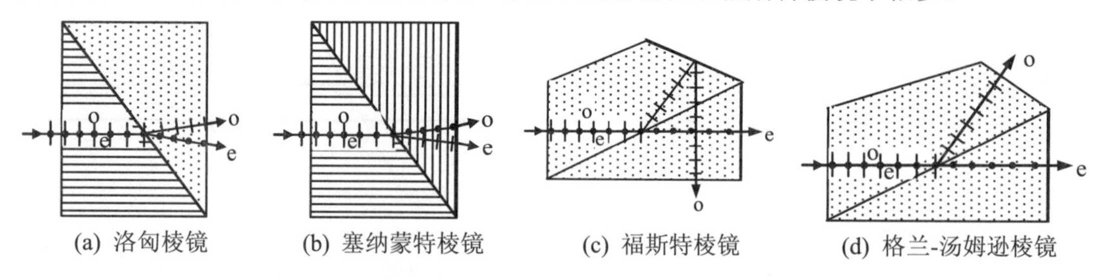

图 6.16 其他偏振棱镜示意图

6.3.2 波片

如图 6.17 所示，由起偏器获得的线偏振光垂直入射到由单轴晶体制成的平行平面波片上，晶片的光轴与其表面平行，设为 y 轴方向。从以前的讨论可以知道，入射的线偏振光将分解为 o 光和 e 光，它们的光矢量分别沿 x 轴和 y 轴。

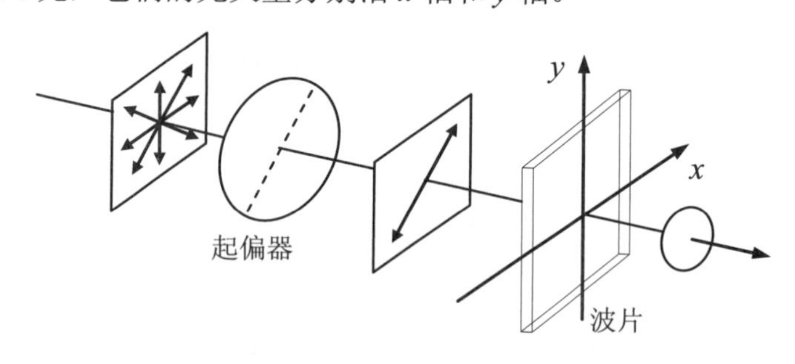

图 6.17 线偏振光通过波片

习惯上把两轴中的一个称为快轴，另一个称为慢轴，亦即光矢量沿着快轴的那束光传播速度快，光矢量沿着慢轴的那束光传播速度慢。例如，对于负单轴晶片，e 光比 o 光速度快，所以光轴方向是快轴，与之垂直的方向是慢轴。由于 o 光和 e 光在晶片内的速度不同，它们通过晶片后产生一定的位相差。设晶片的厚度为 d，则位相差为

$$\delta = \frac{2\pi}{\lambda}\left|n_{\mathrm{o}} - n_{\mathrm{e}}\right| d \tag{6.3-3}$$

这种能使光矢量相互垂直的两支线偏振光产生位相相对延迟的晶片，称为波片或位相延迟片。根据 6.2.1 节的讨论可以知道，这样两束光矢量相互垂直且具有一定位相差的线偏振光，叠加结果一般为椭圆偏振光。椭圆的形状、方位和旋转方向随位相差而改变。

1. 1/4 波片

如果波片产生的光程差为

$$\varDelta = \left|n_{\mathrm{o}} - n_{\mathrm{e}}\right| d = \left(m + \frac{1}{4}\right)\lambda \tag{6.3-4}$$

式中，m 为整数，则这样的波片称为 1/4 波片(quarter-wave plant)。当入射的线偏振光的光

矢量与波片的快轴或慢轴成 45° 角时，通过 1/4 波片后得到圆偏振光。反过来，1/4 波片可以使圆偏振光或椭圆偏振光变成线偏振光。值得注意的是，如果使偏振片的透光轴与 1/4 波片的光轴之间的夹角为 45° ，并组装成一个器件，用来产生圆偏振光，这个器件称为圆偏振器。

2. 半波片

如果波片产生的光程差为

$$\varDelta = |n_o - n_e| d = \left(m + \frac{1}{2}\right)\lambda \tag{6.3-5}$$

式中，m 为整数，则这样的波片称为半波片(half-wave plant)或 1/2 波片。圆偏振光通过半波片后仍然为圆偏振光，但是，旋转方向改变。线偏振光通过半波片后仍然为线偏振光，但是光矢量的方向改变。如果入射的线偏振光的光矢量与波片的快轴或慢轴的夹角为 α，则通过晶片后光矢量向着快轴或慢轴的方向转过 2α 角。

3. 全波片

如果波片产生的光程差为

$$\varDelta = m\lambda \tag{6.3-6}$$

式中，m 为整数，则这样的波片称为全波片(one-wave plant)。值得注意的是，所谓 1/4 波片、1/2 波片或全波片都是针对某一特定的波长而言的。这是因为一个波片所产生的光程差一般是随波长改变的，因此，式(6.3-4)～式(6.3-6)都只对某一特定的波长成立。例如，若波片产生的光程差为 560nm，那么对波长为 560nm 的光来说，它是全波片。这种波长的线偏振光通过以后仍然为线偏振光。但对其他波长的光来说，它不是全波片，其他波长的线偏振光通过以后一般得到椭圆偏振光。

6.3.3 补偿器

1. 巴俾涅补偿器

波片只能产生固定的位相差，补偿器可以产生连续改变的位相差。最简单也是最重要的一种补偿器是巴俾涅补偿器(Babinet's compensator)。如图 6.18 所示，它由两个方解石或石英制成的楔形块组成。这两个楔形块的光轴相互垂直。

对照图 6.15 可见，巴俾涅补偿器与沃拉斯顿棱镜很相似。当线偏振光垂直入射时，分成光矢量相互垂直的两个分量。由于巴俾涅补偿器的楔角很小(2° ～3°)，厚度也不大，所以这两个分量的传播方向基本相同。设光在第一个楔形块中通过的距离为 d_1，在第二个楔形块中通过的距离为 d_2。光矢量沿第一个楔形块中的光轴方向的那个分量在第一个楔形块中属于 e 光，在第二个楔形块中却属于 o 光。它在补偿器中的总光程差为($n_e d_1 + n_o d_2$)；用同样方法可以得

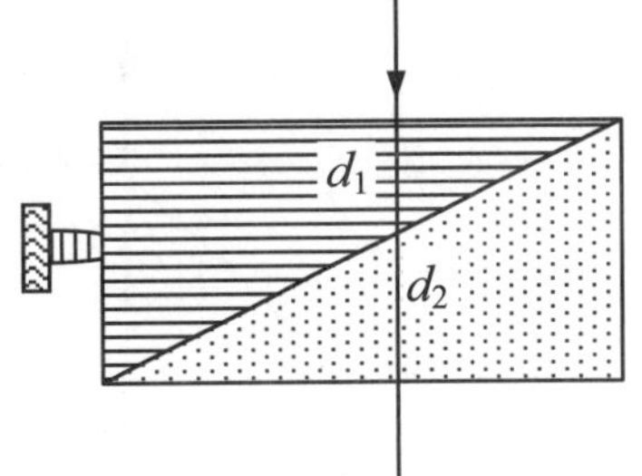

图 6.18　巴俾涅补偿器示意图

出光程差，光矢量沿第二个楔形块中的光轴方向的那个分量在补偿器中的总光程差为$(n_o d_1+n_e d_2)$。两个矢量之间的位相差为

$$\delta=\frac{2\pi}{\lambda}\left[\left(n_e d_1+n_o d_2\right)-\left(n_o d_1+n_e d_2\right)\right]=\frac{2\pi}{\lambda}\left(n_e-n_o\right)\left(d_1-d_2\right) \tag{6.3-7}$$

当用测微丝杆推动第一个楔形块向右移动时，对于同一条入射光线来说，d_1-d_2会发生变化，δ也随之改变。因此，调整d_1-d_2，可以得到任意的δ值。

2. 索累补偿器

巴俾涅补偿器的缺点是必须使用极细的入射光束，因为宽光束的不同部分会产生不同的位相差。采用图6.19所示的索累补偿器(Soleil's compensator)可以弥补这个不足。这种补偿器是由两个光轴平行的石英楔形块和一个石英平行平面薄板组成的。

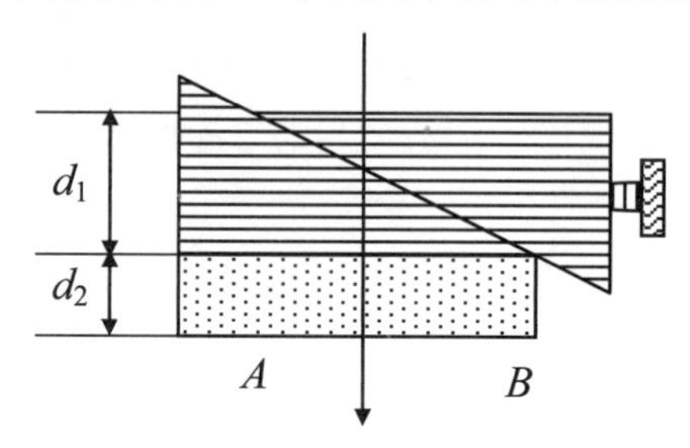

图6.19 索累补偿器示意图

石英薄板的光轴与两个石英楔形块的光轴相互垂直。上面的楔形块可以用测微丝杆进行移动，从而改变光线通过两个石英楔形块的总厚度d_1。对于某一确定的d_1，可以在相当宽的范围内(图6.19中AB宽度内)获得相同的δ值。

显然，利用上述补偿器可以在任何波长上产生所需要的波片；可以补偿及抵消一个元件的自然双折射；可以在一个光学器件中引入一个固定的延迟偏置；或经校准定标后，可以用来测量待求波片的位相延迟。

6.3.4 偏振光检验

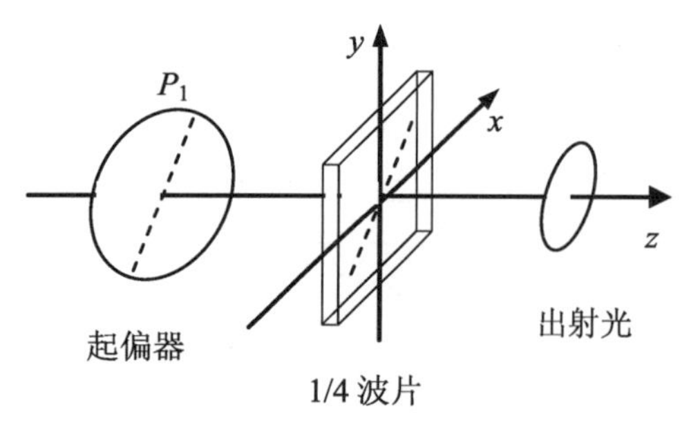

图6.20 线偏振光通过1/4波片

关于产生线偏振光、圆偏振光和椭圆偏振光的相位条件和振幅条件已经在6.2.2节进行了讨论，问题是如何实现相应的条件。通过对波片的讨论已经知道，当一束线偏振光通过一个1/4波片时(图6.20)，出射光有可能是线偏振光、圆偏振光和椭圆偏振光。对于它们的检验，只要在图6.20的光路中1/4波片的后面加入一个偏振片P_2即可。以z为轴，旋转偏振片P_2，如果出现消光位置，则被检验光为线偏振光；如果输出光强始终

不变，则被检验光为圆偏振光；如果输出光强出现极大值和极小值，则被检验光为椭圆偏振光。

应当注意的是，上述检验的前提是已知 1/4 波片输出为偏振光。如果事先不知道被检验的光是偏振光还是自然光，用上述的检验方法就不能准确判定了，因为自然光通过偏振片也没有光强变化，部分偏振光通过偏振片光强也会出现极大值和极小值。下面来讨论任意入射光的检验方法。

1. 对线偏振光的检验

对于线偏振光的检验非常简单，只要在光路中加入一个偏振片即可。以光的传输方向为轴，旋转偏振片，如果出现消光位置，则被检验光为线偏振光。

2. 对圆偏振光的检验

对于圆偏振光的检验仅仅加入一个偏振片是不够的，因为圆偏振光或自然光的偏振度为零，因此，当所要检验的光为圆偏振光或自然光时，转动偏振片时出射的光强始终不变，这时，在偏振片的前面再插入 1/4 波片情况就不同了。如图 6.21(a)所示，如果入射光是圆偏振光，它经过 1/4 波片以后必然成为线偏振光，于是在偏振片转动过程中，透射光将出现消光现象。如图 6.21(b)所示，如果入射光是包含大量的、不同取向、彼此不相关的线偏振光的自然光，它经过 1/4 波片以后仍然为自然光，于是在偏振片转动过程中，透射光将不会出现消光现象。

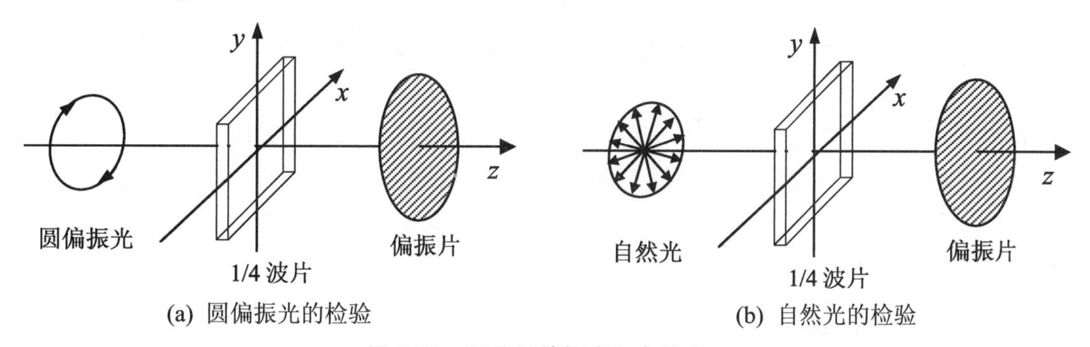

图 6.21　区分圆偏振光和自然光

3. 对椭圆偏振光的检验

椭圆偏振光和部分偏振光的偏振度介于 0 和 1 之间，因此，当所要检验的光为椭圆偏振光或部分偏振光时，转动偏振片时出射的光都会出现光强极大和极小，但无消光位置。因此，仅用一个偏振片无法区分入射光是椭圆偏振光还是部分偏振光。但是，利用偏振片可以确定光强的极大和极小位置，利用图 6.21 所示的装置，将 1/4 波片插入偏振片的前面并使其快慢轴方向与光强的极大和极小位置一致。如果入射光是椭圆偏振光，则它通过 1/4 波片后将变成线偏振光，转动偏振片过程中，透射光将出现消光现象。如果入射光是部分偏振光，则它通过 1/4 波片后还是部分偏振光，转动偏振片过程中，透射光将不会出现消光现象。入射光的检验方法见表 6-3。

表 6-3 入射光的检验方法

入射光 \ 现象 \ 元件	偏振片	1/4 波片+偏振片
线偏振光	出现消光现象	出现消光现象
圆偏振光	光强不变	出现消光现象
自然光	光强不变	不消光，光强不变
椭圆偏振光	光强变化	出现消光现象
部分偏振光	光强变化	不消光，光强变化

本节讨论了产生偏振光的器件——偏振棱镜、波片和补偿器，并讲述了利用偏振器件对入射光的偏振性进行检验的方法。本节要点见表 6-4。

表 6-4 偏振元件

主要偏振棱镜	尼科耳棱镜，格兰棱镜，沃拉斯顿棱镜，洛匈棱镜，塞纳蒙特棱镜，福斯特棱镜，格兰-汤姆逊棱镜
波　　片	1/4 波片，1/2 波片，全波片
补偿器	巴俾涅补偿器，索累补偿器

6.4 偏振光与偏振器件的矩阵表示

在光学中运用矩阵方法，可以使某些复杂的光学问题变得简洁方便，并便于计算机来进行运算，因此，这种方法的运用日益得到重视。通过矩阵运算就可以推断偏振光经由偏振器构成的光学系统后出射的偏振态。这一节将讲述偏振光和偏振器件的矩阵表示法，并说明如何用矩阵来描述偏振器件的物理特性。

6.4.1 偏振光的矩阵表示

由 6.2 节的讨论可以知道，沿 z 方向传播的任何一种偏振光，不管是线偏振光、圆偏振光还是椭圆偏振光，都可以表示为光矢量分别沿 x 轴和 y 轴的两个线偏振光的叠加：

$$\boldsymbol{E} = \boldsymbol{x}_0 E_x + \boldsymbol{y}_0 E_y = \boldsymbol{x}_0 E_{x0} \exp[\mathrm{i}(\alpha_1 - \omega t)] + \boldsymbol{y}_0 E_{y0} \exp[\mathrm{i}(\alpha_2 - \omega t)] \tag{6.4-1}$$

这两个线偏振光有确定的振幅比 E_{y0}/E_{x0} 和位相差 $\delta = \alpha_2 - \alpha_1$。也就是说，任意一种偏振光光矢量都可以用沿 x 轴和 y 轴的两个分量，将其表示为

$$\begin{cases} E_x = E_{x0} \exp\left[\mathrm{i}(\alpha_1 - \omega t)\right] \\ E_y = E_{y0} \exp\left[\mathrm{i}(\alpha_2 - \omega t)\right] \end{cases} \tag{6.4-2}$$

这两个分量的振幅比和位相差决定该偏振光的偏振态。当省去式(6.4-2)中的公共位相因子 $\exp(\mathrm{i}\omega t)$ 时，式(6.4-2)可以用复振幅表示为

$$\begin{cases}\tilde{E}_x = E_{x0}\exp(\mathrm{i}\alpha_1) \\ \tilde{E}_y = E_{y0}\exp(\mathrm{i}\alpha_2)\end{cases} \tag{6.4-3}$$

这样一来，任意一种偏振光可以用由它的光矢量的两个分量构成的一列矩阵表示，这一列矩阵称为琼斯矢量(Jones vector)，记作

$$\boldsymbol{E} = \begin{bmatrix}\tilde{E}_x \\ \tilde{E}_y\end{bmatrix} = \begin{bmatrix}E_{x0}\exp(\mathrm{i}\alpha_1) \\ E_{y0}\exp(\mathrm{i}\alpha_2)\end{bmatrix} \tag{6.4-4}$$

偏振光的强度是它的两个分量的强度之和，即

$$I = \left|\tilde{E}_x\right|^2 + \left|\tilde{E}_y\right|^2 = E_{x0}^2 + E_{y0}^2 \tag{6.4-5}$$

因为人们研究的往往是强度的相对变化，所以可以把表示偏振光的琼斯矢量归一化，即用$\sqrt{E_{x0}^2 + E_{y0}^2}$除式(6.4-4)中的两个分量，得到

$$\boldsymbol{E} = \frac{1}{\sqrt{E_{x0}^2 + E_{y0}^2}}\begin{bmatrix}E_{x0}\exp(\mathrm{i}\alpha_1) \\ E_{y0}\exp(\mathrm{i}\alpha_2)\end{bmatrix} \tag{6.4-6}$$

此外，为了使琼斯矢量能够表示两个分量的振幅比和位相差，可以把式(6.4-6)中两个分量的共同因子提到矩阵外：

$$\boldsymbol{E} = \frac{E_{x0}\exp(\mathrm{i}\alpha_1)}{\sqrt{E_{x0}^2 + E_{y0}^2}}\begin{bmatrix}1 \\ E_0\exp(\mathrm{i}\delta)\end{bmatrix} \tag{6.4-7}$$

式中，$E_0 = E_{y0}/E_{x0}$，$\delta = \alpha_2 - \alpha_1$。通常人们只关心相对位相差，因而式(6.4-7)中的公共位相因子$\exp(i\alpha_1)$可以弃去不写。于是得到归一化形式的琼斯矢量为

$$\boldsymbol{E} = \frac{E_{x0}}{\sqrt{E_{x0}^2 + E_{y0}^2}}\begin{bmatrix}1 \\ E_0\exp(\mathrm{i}\delta)\end{bmatrix} \tag{6.4-8}$$

任一种偏振光都可以用归一化形式的琼斯矢量表示。下面讲述几种偏振光的琼斯矢量表示方法。

1. 振幅为E_0且光矢量与x轴成θ角的线偏振光

光矢量在x和y方向的两个分量分别为：$\tilde{E}_x = E_0\cos\theta$，$\tilde{E}_y = E_0\sin\theta$，因此，该光的强度为$\left|\tilde{E}_x\right|^2 + \left|\tilde{E}_y\right|^2 = E_0^2$，由式(6.4-6)可以得到光矢量与$x$轴成$\theta$角的线偏振光的归一化形式的琼斯矢量为

$$\boldsymbol{E} = \frac{1}{E_0}\begin{bmatrix}E_0\cos\theta \\ E_0\sin\theta\end{bmatrix} = \begin{bmatrix}\cos\theta \\ \sin\theta\end{bmatrix} \tag{6.4-9}$$

当$\theta = 0^\circ$时，由式(6.4-9)得到光矢量沿x轴方向的线偏振光的归一化形式的琼斯矢量为

$$\boldsymbol{E} = \begin{bmatrix}1 \\ 0\end{bmatrix} \tag{6.4-10}$$

当$\theta = 90^\circ$时，由式(6.4-9)得到光矢量沿y轴方向的线偏振光的归一化形式的琼斯矢量为

$$\boldsymbol{E}=\begin{bmatrix}0\\1\end{bmatrix} \tag{6.4-11}$$

当 $\theta=\pm45^\circ$ 时，由式(6.4-9)得到光矢量与 x 轴方向成 $\pm45^\circ$ 角的线偏振光的琼斯矢量为

$$\boldsymbol{E}=\frac{1}{\sqrt{2}}\begin{bmatrix}1\\\pm1\end{bmatrix} \tag{6.4-12}$$

2. 振幅为 E_x 和 E_y 的左、右旋椭圆偏振光

光矢量在 x 和 y 方向的两个分量分别为 $\tilde{E}_x=E_{x0}$，$\tilde{E}_y=E_{y0}\exp[\pm\mathrm{i}(\pi/2)]$，因此，该光的强度为 $|\tilde{E}_x|^2+|\tilde{E}_y|^2=E_{x0}^2+E_{y0}^2$，由式(6.4-6)可以得到左、右旋椭圆偏振光归一化形式的琼斯矢量为

$$\boldsymbol{E}=\frac{1}{\sqrt{E_{x0}^2+E_{y0}^2}}\begin{bmatrix}E_{x0}\\E_{y0}\exp\left(\pm\mathrm{i}\dfrac{\pi}{2}\right)\end{bmatrix}=\frac{E_{x0}}{\sqrt{E_{x0}^2+E_{y0}^2}}\begin{bmatrix}1\\\pm\mathrm{i}E_{y0}/E_{x0}\end{bmatrix} \tag{6.4-13}$$

当 $E_{x0}=E_{y0}$ 时，由式(6.4-12)得到左、右旋圆偏振光归一化形式的琼斯矢量分别为

$$\boldsymbol{E}=\frac{1}{\sqrt{2}}\begin{bmatrix}1\\\mathrm{i}\end{bmatrix},\quad \boldsymbol{E}=\frac{1}{\sqrt{2}}\begin{bmatrix}1\\-\mathrm{i}\end{bmatrix} \tag{6.4-14}$$

用同样的方法可以求出表示其他偏振态的琼斯矢量，结果见表 6-5。

表 6-5　一些偏振态的琼斯矢量

偏振态		琼斯矢量	偏振态		琼斯矢量
线偏振光	光矢量沿 x 轴	$\begin{bmatrix}1\\0\end{bmatrix}$	圆偏振光	左旋	$\frac{1}{\sqrt{2}}\begin{bmatrix}1\\\mathrm{i}\end{bmatrix}$
	光矢量沿 y 轴	$\begin{bmatrix}0\\1\end{bmatrix}$			
	光矢量与 x 轴成$\pm45^\circ$	$\frac{1}{\sqrt{2}}\begin{bmatrix}1\\\pm1\end{bmatrix}$		右旋	$\frac{1}{\sqrt{2}}\begin{bmatrix}1\\-\mathrm{i}\end{bmatrix}$
	光矢量与 x 轴成$\pm\theta$	$\begin{bmatrix}\cos\theta\\\pm\sin\theta\end{bmatrix}$			

把偏振光用琼斯矢量表示，特别方便于计算两个或多个给定的偏振光叠加的结果。将琼斯矢量简单地相加便可以得到这种结果。例如，两个振幅和位相相同，光矢量分别沿 x 轴和 y 轴的两个线偏振光的叠加，用琼斯矢量来计算就是

$$\begin{bmatrix}1\\0\end{bmatrix}+\begin{bmatrix}0\\1\end{bmatrix}=\begin{bmatrix}1\\1\end{bmatrix} \tag{6.4-15}$$

结果表明合成波是一个光矢量与 x 轴成 45° 角的线偏振光波，它的振幅是叠加单个波光振幅的 $\sqrt{2}$ 倍。又如，两个振幅相等、右旋圆偏振光和左旋圆偏振光的叠加，可以表示为

$$\frac{1}{\sqrt{2}}\begin{bmatrix}1\\-\mathrm{i}\end{bmatrix}+\frac{1}{\sqrt{2}}\begin{bmatrix}1\\\mathrm{i}\end{bmatrix}=\frac{2}{\sqrt{2}}\begin{bmatrix}1\\0\end{bmatrix} \tag{6.4-16}$$

可以看出，合成波是一个光矢量沿 x 轴方向的线偏振光波，它的振幅是圆偏振光波振幅的两倍。

6.4.2　偏振器件的矩阵表示

偏振光通过偏振器件后，它的偏振态会发生变化。如果入射光的偏振态用 $\boldsymbol{E}_{\mathrm{i}}=\begin{bmatrix}E_{\mathrm{i}x}\\E_{\mathrm{i}y}\end{bmatrix}$ 表示，透射光的偏振态用 $\boldsymbol{E}_{\mathrm{t}}=\begin{bmatrix}E_{\mathrm{t}x}\\E_{\mathrm{t}y}\end{bmatrix}$ 表示，则偏振器件起着两者之间的变换作用。假定这种变换是线性的，也就是说透射光的两个分量 $E_{\mathrm{t}x}$ 和 $E_{\mathrm{t}y}$ 是入射光的两个分量 $E_{\mathrm{i}x}$ 和 $E_{\mathrm{i}y}$ 的线性组合：

$$\begin{cases}\boldsymbol{E}_{\mathrm{t}x}=g_{xx}E_{\mathrm{i}x}+g_{xy}E_{\mathrm{i}y}\\\boldsymbol{E}_{\mathrm{t}y}=g_{yx}E_{\mathrm{i}x}+g_{yy}E_{\mathrm{i}y}\end{cases} \tag{6.4-17}$$

式中，g_{xx}、g_{xy}、g_{yx}和g_{yy} 是复常数。把上式写成矩阵形式：

$$\begin{bmatrix}E_{\mathrm{t}x}\\E_{\mathrm{t}y}\end{bmatrix}=\begin{bmatrix}g_{xx}&g_{xy}\\g_{yx}&g_{yy}\end{bmatrix}\begin{bmatrix}E_{\mathrm{i}x}\\E_{\mathrm{i}y}\end{bmatrix} \tag{6.4-18}$$

因此，一个偏振器件可以用一个矩阵表示，把矩阵 $\boldsymbol{G}=\begin{bmatrix}g_{xx}&g_{xy}\\g_{yx}&g_{yy}\end{bmatrix}$ 称为该器件的琼斯矩阵。下面讨论几个不同偏振器件的琼斯矩阵。

1. 透光轴与 x 轴成 θ 角的线偏振器

如图 6.22 所示，入射光在 x 轴和 y 轴上的两个分量分别为 $E_{\mathrm{i}x}$ 和 $E_{\mathrm{i}y}$ 。入射光通过线偏振器后，$E_{\mathrm{i}x}$ 和 $E_{\mathrm{i}y}$ 透出的部分分别为 $OA=E_{\mathrm{i}x}\cos\theta$ 和 $OB=E_{\mathrm{i}y}\sin\theta$ ，它们在 x 轴和 y 轴上的线性组合就是 $E_{\mathrm{t}x}$ 和 $E_{\mathrm{t}y}$ ，即

$$\begin{cases}E_{\mathrm{t}x}=E_{\mathrm{i}x}\cos\theta\cos\theta+E_{\mathrm{i}y}\sin\theta\cos\theta\\E_{\mathrm{t}y}=E_{\mathrm{i}x}\cos\theta\sin\theta+E_{\mathrm{i}y}\sin\theta\sin\theta\end{cases} \tag{6.4-19}$$

写成矩阵形式，为

$$\begin{bmatrix}E_{\mathrm{t}x}\\E_{\mathrm{t}y}\end{bmatrix}=\begin{bmatrix}\cos^2\theta&\dfrac{\sin(2\theta)}{2}\\\dfrac{\sin(2\theta)}{2}&\sin^2\theta\end{bmatrix}\begin{bmatrix}E_{\mathrm{i}x}\\E_{\mathrm{i}y}\end{bmatrix} \tag{6.4-20}$$

所以该线偏振器的琼斯矩阵(Jones matrix)为

$$\boldsymbol{G}=\begin{bmatrix}\cos^2\theta&\dfrac{\sin(2\theta)}{2}\\\dfrac{\sin(2\theta)}{2}&\sin^2\theta\end{bmatrix} \tag{6.4-21}$$

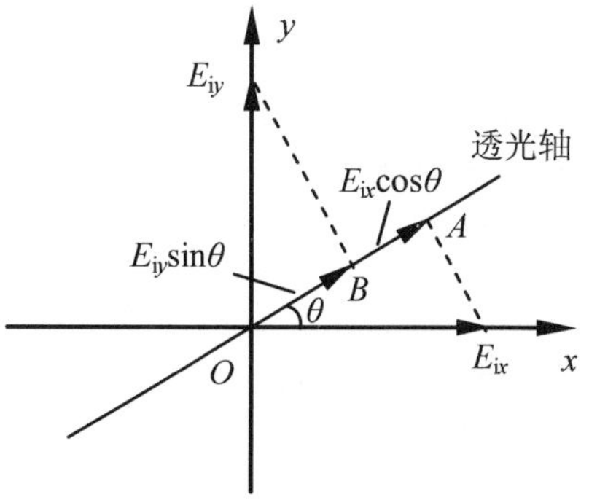

图 6.22　透光轴与 x 轴成 θ 角的线偏振器

当 $\theta=0^\circ$ 时，由式(6.4-21)得到透光轴在 x 方向的线偏振器的琼斯矩阵为

$$G=\begin{bmatrix}1 & 0\\0 & 0\end{bmatrix}$$

当 $\theta=90°$ 时，由式(6.4-21)得到透光轴在 y 方向的线偏振器的琼斯矩阵为

$$G=\begin{bmatrix}0 & 0\\0 & 1\end{bmatrix}$$

当 $\theta=\pm45°$ 时，由式(6.4-21)得到透光轴与 x 方向成 $\pm45°$ 角的线偏振器的琼斯矩阵为

$$G=\frac{1}{2}\begin{bmatrix}1 & 1\\1 & 1\end{bmatrix}，\quad G=\frac{1}{2}\begin{bmatrix}1 & -1\\-1 & 1\end{bmatrix}$$

2. 快轴与 x 轴成 θ 角，产生的位相差为 δ 的波片

如图 6.23 所示，入射光在 x 轴和 y 轴上的两个分量分别为 E_{ix} 和 E_{iy}，则 E_{ix} 和 E_{iy} 在波片快轴和慢轴上分量和为

$$\begin{cases}E'_{ix}=E_{ix}\cos\theta+E_{iy}\sin\theta\\E'_{iy}=E_{ix}\sin\theta-E_{iy}\cos\theta\end{cases}\tag{6.4-22}$$

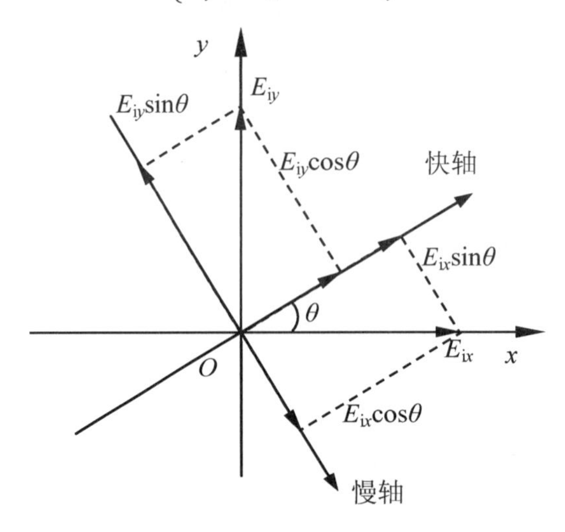

图 6.23 快轴与 x 轴成 θ 角波片

写成矩阵形式，为

$$\begin{bmatrix}E'_{ix}\\E'_{iy}\end{bmatrix}=\begin{bmatrix}\cos\theta & \sin\theta\\\sin\theta & -\cos\theta\end{bmatrix}\begin{bmatrix}E_{ix}\\E_{iy}\end{bmatrix}\tag{6.4-23}$$

因此，偏振光通过波片后，在快轴和慢轴上的复振幅为

$$E''_{ix}=E'_{ix}，\quad E''_{iy}=E'_{iy}\exp(i\delta)\tag{6.4-24}$$

写成矩阵形式，为

$$\begin{bmatrix}E''_{ix}\\E''_{iy}\end{bmatrix}=\begin{bmatrix}1 & 0\\0 & \exp(i\delta)\end{bmatrix}\begin{bmatrix}E'_{ix}\\E'_{iy}\end{bmatrix}=\begin{bmatrix}1 & 0\\0 & \exp(i\delta)\end{bmatrix}\begin{bmatrix}\cos\theta & \sin\theta\\\sin\theta & -\cos\theta\end{bmatrix}\begin{bmatrix}E_{ix}\\E_{iy}\end{bmatrix}\tag{6.4-25}$$

因此，透射光的琼斯矢量的分量为

$$\begin{cases} E_{tx} = E''_{ix}\cos\theta + E''_{iy}\sin\theta \\ E_{ty} = E''_{ix}\sin\theta - E''_{iy}\cos\theta \end{cases} \tag{6.4-26}$$

写成矩阵形式，为

$$\begin{bmatrix} E_{tx} \\ E_{ty} \end{bmatrix} = \begin{bmatrix} \cos\theta & \sin\theta \\ \sin\theta & -\cos\theta \end{bmatrix} \begin{bmatrix} E''_{ix} \\ E''_{iy} \end{bmatrix} \tag{6.4-27}$$

将式(6.4-25)代入上式，得到

$$\begin{bmatrix} E_{tx} \\ E_{ty} \end{bmatrix} = \begin{bmatrix} \cos\theta & \sin\theta \\ \sin\theta & -\cos\theta \end{bmatrix} \begin{bmatrix} 1 & 0 \\ 0 & \exp(\mathrm{i}\delta) \end{bmatrix} \begin{bmatrix} \cos\theta & \sin\theta \\ \sin\theta & -\cos\theta \end{bmatrix} \begin{bmatrix} E_{ix} \\ E_{iy} \end{bmatrix} \tag{6.4-28}$$

因此，快轴与 x 轴成 θ 角，产生的位相差为 δ 的波片的琼斯矩阵为

$$\boldsymbol{G} = \begin{bmatrix} \cos\theta & \sin\theta \\ \sin\theta & -\cos\theta \end{bmatrix} \begin{bmatrix} 1 & 0 \\ 0 & \exp(\mathrm{i}\delta) \end{bmatrix} \begin{bmatrix} \cos\theta & \sin\theta \\ \sin\theta & -\cos\theta \end{bmatrix} \tag{6.4-29}$$

当 $\theta = 0^\circ$ 时，由式(6.4-29)得到快轴在 x 方向的波片的琼斯矩阵为

$$\boldsymbol{G} = \begin{bmatrix} 1 & 0 \\ 0 & -1 \end{bmatrix} \begin{bmatrix} 1 & 0 \\ 0 & \exp(\mathrm{i}\delta) \end{bmatrix} \begin{bmatrix} 1 & 0 \\ 0 & -1 \end{bmatrix} = \begin{bmatrix} 1 & 0 \\ 0 & \exp(\mathrm{i}\delta) \end{bmatrix} \tag{6.4-30}$$

当 $\theta = 90^\circ$ 时，由式(6.4-29)得到快轴在 y 方向的波片的琼斯矩阵为

$$\boldsymbol{G} = \begin{bmatrix} 0 & 1 \\ 1 & 0 \end{bmatrix} \begin{bmatrix} 1 & 0 \\ 0 & \exp(\mathrm{i}\delta) \end{bmatrix} \begin{bmatrix} 0 & 1 \\ 1 & 0 \end{bmatrix} = \begin{bmatrix} 1 & 0 \\ 0 & \exp(-\mathrm{i}\delta) \end{bmatrix} \tag{6.4-31}$$

当 $\theta = 45^\circ$ 时，由式(6.4-29)得到快轴与 x 方向成 45° 角的波片的琼斯矩阵为

$$\boldsymbol{G} = \frac{1}{2}\begin{bmatrix} 1 & 1 \\ 1 & -1 \end{bmatrix} \begin{bmatrix} 1 & 0 \\ 0 & \exp(\mathrm{i}\delta) \end{bmatrix} \begin{bmatrix} 1 & 1 \\ 1 & -1 \end{bmatrix} = \begin{bmatrix} 1+\exp(\mathrm{i}\delta) & 1-\exp(\mathrm{i}\delta) \\ 1-\exp(\mathrm{i}\delta) & 1+\exp(\mathrm{i}\delta) \end{bmatrix} \tag{6.4-32}$$

利用 $\exp(\mathrm{i}\delta) = \cos\delta + \mathrm{i}\sin\delta$，上式可以改写为

$$\boldsymbol{G} = \cos\left[\frac{\delta}{2}\right] \begin{bmatrix} 1 & -\mathrm{i}\tan(\delta/2) \\ -\mathrm{i}\tan(\delta/2) & 1 \end{bmatrix} \tag{6.4-33}$$

当 $\theta = -45^\circ$ 时，由式(6.4-29)得到快轴与 x 方向成 -45° 角的波片的琼斯矩阵为

$$\boldsymbol{G} = \frac{1}{2}\begin{bmatrix} 1 & -1 \\ -1 & -1 \end{bmatrix} \begin{bmatrix} 1 & 0 \\ 0 & \exp(\mathrm{i}\delta) \end{bmatrix} \begin{bmatrix} 1 & -1 \\ -1 & -1 \end{bmatrix} = \begin{bmatrix} \exp(\mathrm{i}\delta)+1 & \exp(\mathrm{i}\delta)-1 \\ \exp(\mathrm{i}\delta)-1 & \exp(\mathrm{i}\delta)+1 \end{bmatrix} \tag{6.4-34}$$

同样利用 $\exp(\mathrm{i}\delta) = \cos\delta + \mathrm{i}\sin\delta$，上式可以改写为

$$\boldsymbol{G} = \cos\left[\frac{\delta}{2}\right] \begin{bmatrix} 1 & \mathrm{i}\tan(\delta/2) \\ \mathrm{i}\tan(\delta/2) & 1 \end{bmatrix} \tag{6.4-35}$$

对于 1/4 波片，$\delta = \pi/2$。由式(6.4-30)和式(6.4-31)得到快轴在 x 方向和 y 方向的 1/4 波片的琼斯矩阵分别为

$$\begin{cases} \boldsymbol{G} = \begin{bmatrix} 1 & 0 \\ 0 & \mathrm{i} \end{bmatrix} \\ \boldsymbol{G} = \begin{bmatrix} 1 & 0 \\ 0 & -\mathrm{i} \end{bmatrix} \end{cases} \tag{6.4-36}$$

由式(6.4-33)和式(6.4-35)得到快轴与 x 方向成 ±45° 角的 1/4 波片的琼斯矩阵分别为

$$\begin{cases} \boldsymbol{G}=\dfrac{1}{\sqrt{2}}\begin{bmatrix} 1 & -\mathrm{i} \\ -\mathrm{i} & 1 \end{bmatrix} \\ \boldsymbol{G}=\dfrac{1}{\sqrt{2}}\begin{bmatrix} 1 & \mathrm{i} \\ \mathrm{i} & 1 \end{bmatrix} \end{cases} \tag{6.4-37}$$

对于半波片，$\delta=\pi$。由式(6.4-30)和式(6.4-31)得到快轴在 x 方向和 y 方向的半波片的琼斯矩阵都为

$$\boldsymbol{G}=\begin{bmatrix} 1 & 0 \\ 0 & -1 \end{bmatrix} \tag{6.4-38}$$

由式(6.4-33)和式(6.4-35)得到快轴与 x 方向成 ±45° 角的半波片的琼斯矩阵均为

$$\boldsymbol{G}=\begin{bmatrix} 0 & 1 \\ 1 & 0 \end{bmatrix} \tag{6.4-39}$$

在光学技术中，常使线偏振片的透光轴与 1/4 波片的光轴之间的夹角为 45°，并叠在一起组成圆偏振器。如果用透光轴与 x 方向成 45° 角的线偏振器和快轴在 x 方向的 1/4 波片组合，则构成左旋圆偏振器，其琼斯矩阵为

$$\boldsymbol{G}=\begin{bmatrix} 1 & 0 \\ 0 & \mathrm{i} \end{bmatrix}\cdot\frac{1}{2}\begin{bmatrix} 1 & 1 \\ 1 & 1 \end{bmatrix}=\frac{1}{2}\begin{bmatrix} 1 & 1 \\ \mathrm{i} & \mathrm{i} \end{bmatrix} \tag{6.4-40}$$

如果用透光轴与 x 方向成 45° 角的线偏振器和快轴在 y 方向的 1/4 波片组合，则构成右旋圆偏振器，其琼斯矩阵为

$$\boldsymbol{G}=\begin{bmatrix} 1 & 0 \\ 0 & -\mathrm{i} \end{bmatrix}\cdot\frac{1}{2}\begin{bmatrix} 1 & 1 \\ 1 & 1 \end{bmatrix}=\frac{1}{2}\begin{bmatrix} 1 & 1 \\ -\mathrm{i} & -\mathrm{i} \end{bmatrix} \tag{6.4-41}$$

常用偏振器件的琼斯矩阵见表 6-6。

表 6-6　一些偏振器件的琼斯矩阵

器　件		琼斯矩阵	器　件		琼斯矩阵
线偏振器	透光轴在 x 方向	$\begin{bmatrix} 1 & 0 \\ 0 & 0 \end{bmatrix}$	1/4 波片	快轴在 x 方向	$\begin{bmatrix} 1 & 0 \\ 0 & \mathrm{i} \end{bmatrix}$
	透光轴在 y 方向	$\begin{bmatrix} 0 & 0 \\ 0 & 1 \end{bmatrix}$		快轴在 y 方向	$\begin{bmatrix} 1 & 0 \\ 0 & -\mathrm{i} \end{bmatrix}$
	透光轴与 x 轴成 ±45°	$\dfrac{1}{2}\begin{bmatrix} 1 & \pm1 \\ \pm1 & 1 \end{bmatrix}$		快轴与 x 轴成 ±45°	$\dfrac{1}{\sqrt{2}}\begin{bmatrix} 1 & \mp\mathrm{i} \\ \mp\mathrm{i} & 1 \end{bmatrix}$
	透光轴与 x 轴成 θ 角	$\begin{bmatrix} \cos^2\theta & \sin(2\theta)/2 \\ \sin(2\theta)/2 & \sin^2\theta \end{bmatrix}$			

续表

<table>
<tr><th colspan="2">器　件</th><th>琼斯矩阵</th><th colspan="2">器　件</th><th>琼斯矩阵</th></tr>
<tr><td rowspan="3">一般波片(产生位相差 δ)</td><td>快轴在 x 方向</td><td>$\begin{bmatrix}1 & 0\\0 & \exp(\mathrm{i}\delta)\end{bmatrix}$</td><td rowspan="3" colspan="2">各向同性位相延迟片产生位相延迟 ϕ</td><td rowspan="3">$\begin{bmatrix}\exp(\mathrm{i}\phi) & 0\\0 & \exp(\mathrm{i}\phi)\end{bmatrix}$</td></tr>
<tr><td>快轴在 y 方向</td><td>$\begin{bmatrix}1 & 0\\0 & \exp(-\mathrm{i}\delta)\end{bmatrix}$</td></tr>
<tr><td>快轴与 x 轴成±45°</td><td>$\cos\left(\dfrac{\delta}{2}\right)\begin{bmatrix}1 & \mp\mathrm{i}\tan(\delta/2)\\\mp\mathrm{i}\tan(\delta/2) & 1\end{bmatrix}$</td></tr>
<tr><td rowspan="2">1/2 波片</td><td>快轴在 x 或 y 方向</td><td>$\begin{bmatrix}1 & 0\\0 & -1\end{bmatrix}$</td><td rowspan="2">圆偏振器</td><td>左旋</td><td>$\dfrac{1}{2}\begin{bmatrix}1 & 1\\\mathrm{i} & \mathrm{i}\end{bmatrix}$</td></tr>
<tr><td>快轴与 x 轴成±45°</td><td>$\begin{bmatrix}0 & 1\\1 & 0\end{bmatrix}$</td><td>右旋</td><td>$\dfrac{1}{2}\begin{bmatrix}1 & 1\\-\mathrm{i} & -\mathrm{i}\end{bmatrix}$</td></tr>
</table>

6.4.3　琼斯矩阵的应用

当已知偏振元件的琼斯矩阵，光波通过偏振器件后的偏振态可以很方便地计算出来。下面举几个实例来说明琼斯变换的基本方法。

(1) 快轴在 x 方向的半波片插入与 x 轴成 θ 角的线偏振光中，出射光的偏振态的琼斯矩阵为

$$\begin{bmatrix}E_{tx}\\E_{ty}\end{bmatrix}=\begin{bmatrix}1 & 0\\0 & -1\end{bmatrix}\begin{bmatrix}\cos\theta\\\sin\theta\end{bmatrix}=\begin{bmatrix}\cos\theta\\-\sin\theta\end{bmatrix}=\begin{bmatrix}\cos(-\theta)\\\sin(-\theta)\end{bmatrix}$$

可见，出射光是与 x 轴成 $-\theta$ 角的线偏振光，即入射线偏振光旋转了 2θ 。

(2) 快轴在 x 方向的 1/4 波片插入左旋圆偏振光中，出射光的偏振态的琼斯矩阵为

$$\begin{bmatrix}E_{tx}\\E_{ty}\end{bmatrix}=\begin{bmatrix}1 & 0\\0 & \mathrm{i}\end{bmatrix}\cdot\frac{1}{\sqrt{2}}\begin{bmatrix}1\\\mathrm{i}\end{bmatrix}=\frac{1}{\sqrt{2}}\begin{bmatrix}1\\-1\end{bmatrix}$$

可见，出射光是与 x 轴成 -45° 角的线偏振光。

(3) 快轴在 y 方向的 1/4 波片插入与水平轴成 θ 角的线偏振光中，出射光的偏振态的琼斯矩阵为

$$\begin{bmatrix}E_{tx}\\E_{ty}\end{bmatrix}=\begin{bmatrix}1 & 0\\0 & -\mathrm{i}\end{bmatrix}\begin{bmatrix}\cos\theta\\\sin\theta\end{bmatrix}=\begin{bmatrix}\cos\theta\\-\mathrm{i}\sin\theta\end{bmatrix}$$

可见，当 $\theta\neq45^\circ$ 时出射光为右旋椭圆偏振光，当 $\theta=45^\circ$ 时出射光为右旋圆偏振光。

(4) 左旋圆偏振器插入与 x 轴成 45° 角的线偏振光中，出射光的偏振态琼斯矩阵为

$$\begin{bmatrix}E_{tx}\\E_{ty}\end{bmatrix}=\frac{1}{2}\begin{bmatrix}1 & 1\\\mathrm{i} & \mathrm{i}\end{bmatrix}\cdot\frac{1}{\sqrt{2}}\begin{bmatrix}1\\1\end{bmatrix}=\frac{1}{\sqrt{2}}\begin{bmatrix}1\\\mathrm{i}\end{bmatrix}$$

可见，出射光为左旋圆偏振光。

(5) 左旋圆偏振器插入与 x 轴成 -45° 角的线偏振光中，出射光的偏振态琼斯矩阵为

$$\begin{bmatrix}E_{tx}\\E_{ty}\end{bmatrix}=\frac{1}{2}\begin{bmatrix}1 & 1\\\mathrm{i} & \mathrm{i}\end{bmatrix}\cdot\frac{1}{\sqrt{2}}\begin{bmatrix}1\\-1\end{bmatrix}=\frac{1}{2\sqrt{2}}\begin{bmatrix}0\\0\end{bmatrix}$$

可见，此时将会出现消光现象。

在复杂的光路中，如图 6.24 所示，如果偏振光相继通过 n 个偏振器件，它们的琼斯矩阵分别为 $\boldsymbol{G}_1$、$\boldsymbol{G}_2$、…、$\boldsymbol{G}_n$，则透射光的琼斯矢量为

$$\boldsymbol{E}_{\mathrm{t}}=\boldsymbol{G}_n\cdots\boldsymbol{G}_2\boldsymbol{G}_1\boldsymbol{E}_{\mathrm{i}} \tag{6.4-42}$$

由于矩阵运算不满足交换律，所以上式中矩阵相乘的顺序不能颠倒。

图 6.24　偏振光相继通过 n 个偏振器件

(6) 当光矢量在 x 方向的线偏振光相继通过快轴在水平方向和垂直方向的 1/4 波片，出射光的偏振态琼斯矩阵为

$$\begin{bmatrix}E_{\mathrm{t}x}\\E_{\mathrm{t}y}\end{bmatrix}=\begin{bmatrix}1&0\\0&\mathrm{i}\end{bmatrix}\begin{bmatrix}1&0\\0&-\mathrm{i}\end{bmatrix}\begin{bmatrix}1\\0\end{bmatrix}=\begin{bmatrix}1&0\\0&1\end{bmatrix}\begin{bmatrix}1\\0\end{bmatrix}=\begin{bmatrix}1\\0\end{bmatrix}$$

可见，出射光仍然为原来的线偏振光。

(7) 光矢量与 x 轴方向成 θ 角的线偏振光相继通过两个快轴在水平方向的 1/4 波片，出射光的偏振态琼斯矩阵为

$$\begin{bmatrix}E_{\mathrm{t}x}\\E_{\mathrm{t}y}\end{bmatrix}=\begin{bmatrix}1&0\\0&\mathrm{i}\end{bmatrix}\begin{bmatrix}1&0\\0&\mathrm{i}\end{bmatrix}\begin{bmatrix}\cos\theta\\\sin\theta\end{bmatrix}=\begin{bmatrix}1&0\\0&-1\end{bmatrix}\begin{bmatrix}\cos\theta\\\sin\theta\end{bmatrix}=\begin{bmatrix}\cos\theta\\-\sin\theta\end{bmatrix}$$

可见，出射光是与 x 轴成 $-\theta$ 角的线偏振光，这表明，两个 1/4 波片相当于一个 1/2 波片。

偏振光通过 1/4 波片和 1/2 波片后的偏振态见表 6-7。

表 6-7　偏振光通过波片后的偏振态

入射光偏振态	出射光偏振态			入射光偏振态	出射光偏振态		
	通过快轴在 x 方向 1/4 波片	通过快轴在 y 方向 1/4 波片	通过 1/2 波片		通过快轴在 x 方向 1/4 波片	通过快轴在 y 方向 1/4 波片	通过 1/2 波片

6.5　偏振光的干涉

前面讨论了振动方向相互垂直的两束线偏振光的叠加现象，在一般情况下，它们叠加形成椭圆偏振光。现在讨论两束振动方向相互平行的相干线偏振光的叠加，这种叠加会产生干涉现象。从干涉现象来说，这种偏振光的干涉与第 4 章讨论的自然光的干涉相同，但实验装置不同：自然光的干涉是通过分振幅法和分波前法获得两束相干光进行干涉；而偏振光的干涉则是利用晶体的双折射效应，将同一束光分成振动方向相互垂直的两束线偏振光，再经过检偏器将其振动方向引到同一方向上进行干涉，也就是说，通过晶片和一个检偏器即可观察到偏振光的干涉现象。偏振光的干涉可以分为两类：平行偏振光的干涉和会聚偏振光的干涉。

6.5.1　平行偏振光的干涉

如图 6.25 所示，当自然光垂直通过偏振片 P_1 后获得与 P_1 透光轴平行的线偏振光，再通过晶片变成两束振动方向相互垂直、有一定位相差的线偏振光，再经过偏振片 P_2，又变成两束位相差恒定、振动方向平行于 P_2 透光轴的线偏振光，在观察屏上可以看到干涉图样。

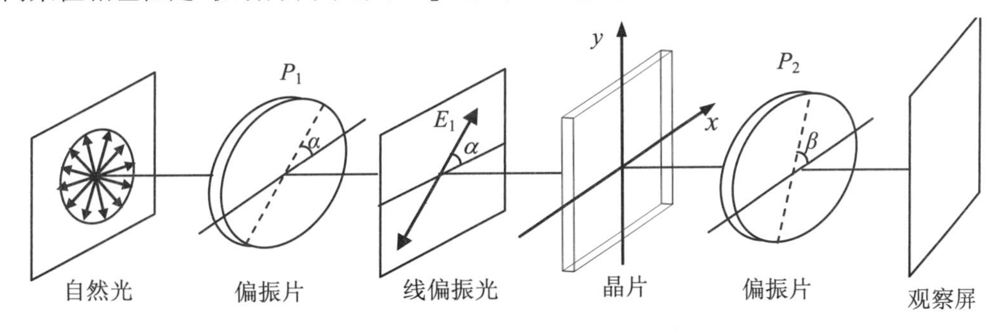

图 6.25　平行偏振光干涉装置示意图

如图 6.26 所示，设晶片的快轴和慢轴分别沿 x 轴和 y 轴方向，偏振片 P_1 的透光轴与 x 轴的夹角为 α，偏振片 P_2 的透光轴与 x 轴的夹角为 β，透过偏振片 P_1 的线偏振光的振幅为 E_1。当 P_2 在 y 轴右侧时，E_{1x} 和 E_{1y} 在 P_2 上的投影是同向的，如图 6.26(a)所示；当 P_2 在 y 轴左侧时，E_{1x} 和 E_{1y} 在 P_2 上的投影是反向的，如图 6.26(b)所示。

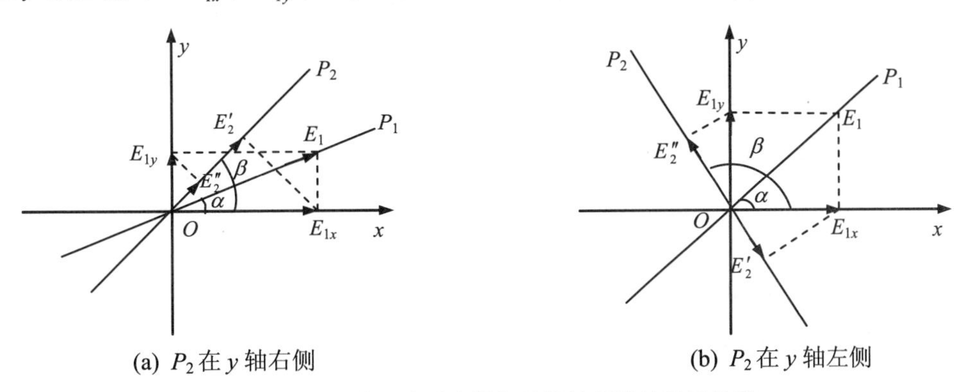

图 6.26　偏振片透光轴与晶片快慢轴的位置关系

图 6.26(a)中，E_1 在晶片快慢轴上的投影分别为

$$\begin{cases} E_{1x} = E_1 \cos\alpha \\ E_{1y} = E_1 \sin\alpha \end{cases} \tag{6.5-1}$$

这两个分量通过晶片后的位相差为

$$\delta = \frac{2\pi}{\lambda}|n_o - n_e| d \tag{6.5-2}$$

式中，d 为晶片的厚度；n_o、n_e 对应晶片快、慢轴的折射率。

由于偏振片 P_2 的透光轴与 x 轴的夹角为 β，因此通过 P_2 后两束光的振幅分别为

$$\begin{cases} E_2' = E_{1x}\cos\beta = E_1\cos\alpha\cos\beta \\ E_2'' = E_{1y}\sin\beta = E_1\sin\alpha\sin\beta \end{cases} \tag{6.5-3}$$

透出来的这两个分量的振动方向相同，位相差恒定，因而发生干涉。干涉场强度分布为

$$I = E_1^2(\cos\alpha\cos\beta)^2 + E_1^2(\sin\alpha\sin\beta)^2 + 2E_1^2\sin\alpha\cos\alpha\sin\beta\cos\beta\cos\delta \tag{6.5-4}$$

将

$$\cos\delta = 1 - 2\sin^2\frac{\delta}{2} = 1 - 2\sin^2\left(\frac{\pi|n_o - n_e|d}{\lambda}\right)$$

和

$$I_1 = E_1^2$$

代入式(6.5-4)，可以得到

$$I = I_1\cos^2(\alpha-\beta) - I_1\sin 2\alpha\sin 2\beta\sin^2\left(\frac{\pi|n_o - n_e|d}{\lambda}\right) \tag{6.5-5}$$

上式中的第一项是马吕斯定律规定的强度分布，这一项形成干涉场中的背景光；第二项是由于晶体各向异性所引起的强度分布，这一项与光波的波长及晶片的厚度有关。当用单色光照明时，如果晶片的厚度不均匀，一般会出现亮暗条纹。每一个条纹都与晶片的等厚线相对应。当用自然光照明时，由于不同波长的光的干涉效应不同，干涉图样将呈现彩色。下面分析不同条件下干涉场的强度分布。

1) $\alpha - \beta = \pm\pi/2$

此时，两个偏振片的透光轴正交，式(6.5-5)中的第一项等于零，这时背景光消失了，此时干涉场的强度分布为

$$I_\perp = I_1\sin^2 2\alpha\sin^2\left(\frac{\pi|n_o - n_e|d}{\lambda}\right) = I_1\sin^2 2\alpha\sin^2\left(\frac{\delta}{2}\right) \tag{6.5-6}$$

上式表明，干涉场的强度分布与通过偏振片 P_1 的强度有关，与偏振片 P_1 的透光轴与 x 轴的夹角 α 有关，还与两个正交偏振光通过晶片后的位相差 δ 有关。下面分别以 α 和 δ 为变量进行讨论。

(1) 当 $\alpha = m\pi/2\ (m = 0, 1, 2, 3, \cdots)$ 时，即第一个偏振片的透光轴与晶片的快慢轴之一重合时，有 $\sin 2\alpha = 0$，可得到

$$I_\perp = 0 \tag{6.5-7}$$

此时，干涉场的强度分布为零，与位相差δ无关，称此现象为消光现象。当把晶片旋转一周时，将出现 4 个消光位置。

(2) 当$\alpha=(2m+1)\pi/4\ (m=0,1,2,3,\cdots)$时，即第一个偏振片的透光轴位于晶片的快慢轴中间时，有$\sin 2\alpha=\pm 1$，可得到

$$I_{\perp}=I_1\sin^2\left(\frac{\delta}{2}\right) \tag{6.5-8}$$

此时，干涉场的强度分布有极大值。当把晶片旋转一周时，也将出现 4 个最亮位置。当用白光照明时，所观察到的彩色是最鲜明的。在研究晶片时，一般总是使两个偏振片的相对位置处于正交状态。

由式(6.5-8)可见，当用自然光照明时，所观察到的颜色(干涉色)是由光程差决定的。反过来，从干涉色也可以确定光程差。因此，对于任何单轴晶体，只要测出它的厚度和双折射率中的任一值，再将它夹在正交的两偏振器之间，观察它的干涉色，利用干涉色与光程差对照表，即表 6-8，便可以求得另一个值。

表 6-8　干涉色与光程差对照表

光程差/nm		干涉色 $P_1\perp P_2$	干涉色 $P_1/\!/P_2$	光程差/nm		干涉色 $P_1\perp P_2$	干涉色 $P_1/\!/P_2$
第一级	0	黑	亮	第二级	565	绛红	亮绿
	40	金属灰	亮		575	紫	绿黄
	97	岩灰	鹅黄		589	靛蓝	金黄
	158	灰蓝	鹅黄		664	天蓝	橙
	218	淡灰	黄褐		728	浅青蓝	褐橙
	234	亮绿	褐		747	绿	洋红
	259	亮	鲜红		826	亮绿	鲜绛红
	267	淡黄	洋红		843	黄绿	紫绛红
	275	淡麦黄	暗红褐		866	绿黄	紫
	281	麦黄	紫		910	纯黄	靛蓝
	306	黄	靛蓝		948	橙	暗蓝
	332	亮黄	天蓝		998	亮红橙	绿蓝
	430	褐黄	灰蓝		1101	暗紫红	绿
	505	红橙	淡蓝绿		1128	亮绿紫	黄绿
	536	火红	亮绿		1151	靛蓝	土黄
	551	暗红	黄绿		1258	浅蓝	肉色

(3) 当$\delta=2m\pi\ (m=0,1,2,3,\cdots)$时，$\sin^2(\delta/2)=0$，即晶片产生的位相差为$2\pi$的整数倍时，干涉场的强度为零。也就是说，如果此时改变α，则任何位置输出光强均为零。

(4) 当$\delta=(2m+1)\pi\ (m=0,1,2,3,\cdots)$时，$\sin^2(\delta/2)=1$，即晶片产生的位相差为$\pi$的奇数倍时，干涉场的强度有极大值：

$$I_{\perp}=I_1\sin^2(2\alpha) \tag{6.5-9}$$

如果此时晶片处于最亮位置$\alpha=(2m+1)\pi/4$，则α和δ对干涉场强度的贡献都最大，从而得到最大干涉场强度为

$$I_{\perp}=I_1 \tag{6.5-10}$$

2) $\alpha=\beta$

此时，两个偏振片的透光轴平行，式(6.5-5)中的第一项最大为I_1，此时干涉场的强度分布为

$$I_{//}=I_1-I_1\sin^2 2\alpha\sin^2\left(\frac{\pi|n_o-n_e|d}{\lambda}\right)=I_1-I_1\sin^2 2\alpha\sin^2\left(\frac{\delta}{2}\right) \tag{6.5-11}$$

与式(6.5-6)比较可以知道，$I_{//}$和$I_{\perp}$的极值条件刚好相反。

(1) 当$\alpha=m\pi/2\ (m=0,1,2,3,\cdots)$时，即第一个偏振片的透光轴与晶片的快慢轴之一重合时，有$\sin 2\alpha=0$，得到

$$I_{//}=I_1 \tag{6.5-12}$$

此时，干涉场的强度最大。也就是说，由第一个偏振片产生的线偏振光通过晶片时不发生双折射，并按照原线偏振态通过第二个偏振片。

(2) 当$\alpha=(2m+1)\pi/4\ (m=0,1,2,3,\cdots)$时，即第一个偏振片的透光轴位于晶片的快慢轴中间时，有$\sin 2\alpha=\pm1$，得到透射光的强度为

$$I_{//}=I_1-I_1\sin^2\left(\frac{\delta}{2}\right) \tag{6.5-13}$$

(3) 当$\delta=2m\pi\ (m=0,1,2,3,\cdots)$时，$\sin^2(\delta/2)=0$，即晶片产生的位相差为$2\pi$的整数倍时，干涉场的强度有最大值，即

$$I_{//}=I_1 \tag{6.5-14}$$

(4) 当$\delta=(2m+1)\pi\ (m=0,1,2,3,\cdots)$时，$\sin^2(\delta/2)=1$，即晶片产生的位相差为$\pi$的奇数倍时，干涉场的强度有极小值，即

$$I_{//}=I_1-I_1\sin^2(2\alpha) \tag{6.5-15}$$

如果$\alpha=(2m+1)\pi/4$，则α和δ对干涉场强度的贡献都最小，从而得到最小干涉场强度为

$$I_{//}=0 \tag{6.5-16}$$

由式(6.5-6)和式(6.5-11)，可以得到

$$I_{\perp}+I_{//}=I_1 \tag{6.5-17}$$

上式实际上表示两个偏振片的透光轴正交和平行时干涉色是互补的。

综上所述，当用单色光照射厚度一定、光轴平行于表面的晶片时，位相差δ可以看作是恒定的。在图6.26中，以光的传播方向为轴，转动晶片，即改变α角，则当α为0、$\pi/2$、π、$3\pi/2$中的任一值时，$I_{//}$最强，$I_{\perp}$最弱；当α为$\pi/4$、$3\pi/4$、$5\pi/4$、$7\pi/4$中的任一值时，$I_{\perp}$最强，$I_{//}$最弱。

6.5.2 会聚偏振光的干涉

会聚偏振光的干涉原理如图6.27所示。将光轴垂直于表面的晶片放置在两个正交的偏振片之间，并使晶片的光轴平行于透镜的主轴。从光源S发出的光被透镜L_1准直为平行光，

通过偏振片 P_1 后被透镜 L_2 会聚在晶片 C 上，再用透镜 L_3 将经过晶片 C 的光变为平行光，并入射到偏振片 P_2 中，经过透镜 L_4 成像于观察屏 M 上。

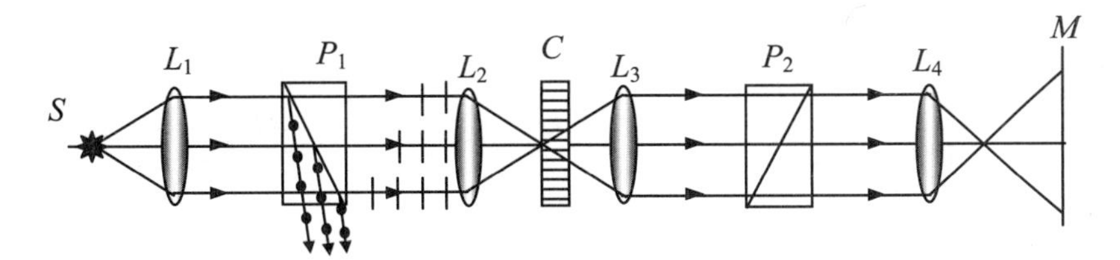

图 6.27　会聚偏振光干涉原理示意图

会聚偏振光经过晶片的情形如图 6.28 所示，沿着光轴方向入射的那一条居中光线不发生双折射，对于其他光线，因为与光轴有一定的夹角，则会发生双折射。

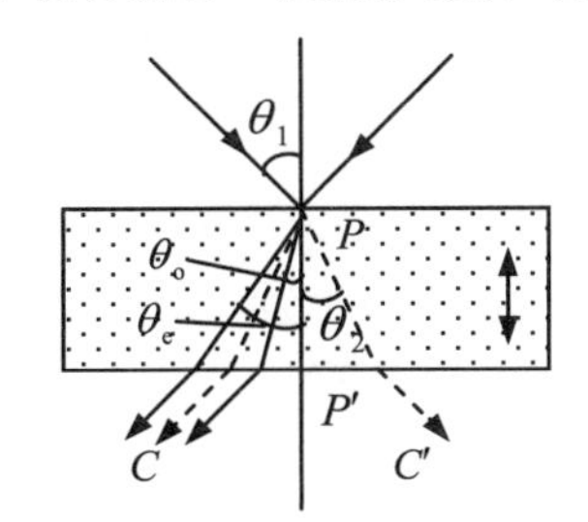

图 6.28　会聚偏振光经过晶片示意图

从同一条入射光线分出的 o 光和 e 光在射出晶片后仍然是平行的，因此在透过偏振片 P_2 后就会会聚在观察屏 M 上的同一点。由于 o 光和 e 光在晶片中的速度不同，在射出晶片后就有一定的位相差，因为都经过偏振片 P_2 射出，在观察屏 M 上会聚时振动方向也相同，因此可以发生干涉。

设对于同一个入射角 θ_1，在晶片内 o 光和 e 光的折射角分别为 θ_o 和 θ_e，则通过厚度为 d 的晶片后，o 光和 e 光之间的位相差为

$$\delta = \frac{2\pi}{\lambda} \cdot d\left(\frac{n_o}{\cos\theta_o} - \frac{n'_e}{\cos\theta_e}\right) \tag{6.5-18}$$

式中，n'_e 是随着方向而变化的，但由于一般所用会聚光束的顶角不大，因此也可以认为是一个定值，而且 o 光的主折射率 n_o 和 e 光的主折射率 n_e 相差不大。如果近似地认为 θ_o 和 θ_e 相等，并用 θ_2 表示，则上式可以近似地写为

$$\delta = \frac{2\pi}{\lambda} \cdot \frac{d}{\cos\theta_2}(n_o - n_e) \tag{6.5-19}$$

由此可见，位相差完全由 θ_2 来决定。图 6.29 所示是晶片的后表面，光由 P 点到达该表面上某一圆周 $BCB'C'$ 上各点时，折射角 θ_2 都是相等的，因此，折射出来的 o 光和 e 光的位相差都是相等的。对应于会聚光束中不同的入射角 θ_1，也就是对应于晶片中不同的折射角 θ_2，即不同的圆周，δ 各有不同的值。可见，同一锥面上入射的光在同一锥面上出射，如图 6.30 所示。

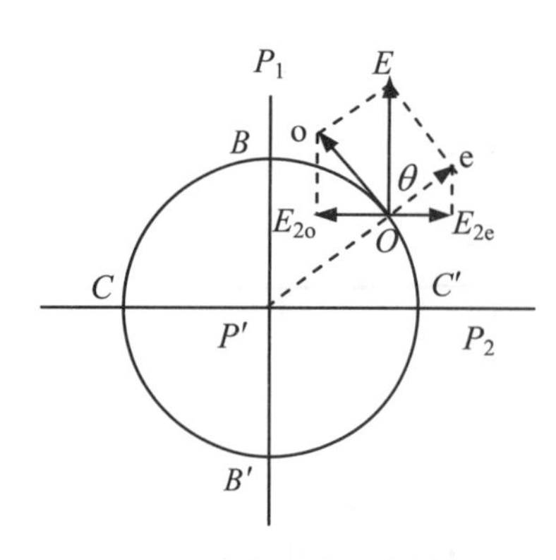

图 6.29　光在晶片后表面的轨迹

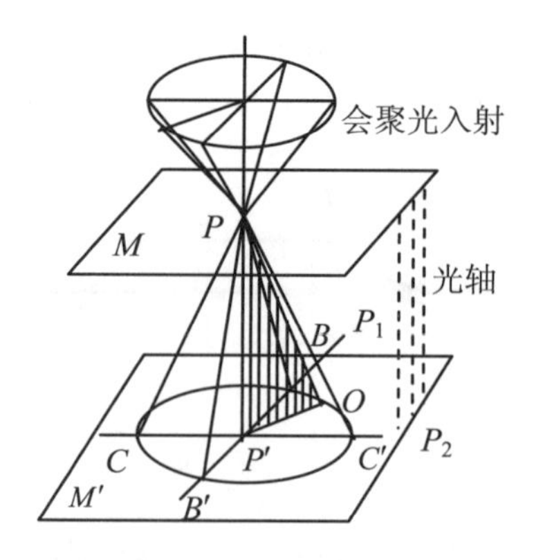

图 6.30　入射光与出射光

根据式(6.5-5)，当$\delta=\pm 2m\pi$时，通过检偏器后的光强为$I_{\perp}=0$，干涉条纹将是一组同心暗环。当$\delta=\pm(2m+1)\pi$时，$I_{\perp}=I_1\sin^2 2\alpha$，干涉条纹将是一组同心亮环。

应当注意的是，随着光线入射角的增大，在晶片中经过的距离增加，而且 e 光的折射率差也增加，所以光程差随着入射角非线性地上升，从中心向外干涉环将变得越来越密。这些干涉环称为等色线。还应当注意的是，参与干涉的两束光的振幅是随着入射面相对于正交的两偏振片的透光轴的方位而改变的。这是由于在同一圆周上，由光线与光轴所构成的主平面的方向是逐点改变的。在图 6.29 中，光轴与图面垂直，到达某一点的光线与光轴所构成的主平面就是通过该点沿半径方向并垂直于图面的平面。例如，在 O 点，$P'O$ 平面就是主平面；在 B 点，$P'B$ 平面就是主平面等。参与干涉的 o 光和 e 光的振幅随着主平面的方位而改变。下面来分析在 O 点的 o 光和 e 光的振幅。到达 O 点的光在通过偏振片 P_1 时，它的光矢量是沿着透光轴 P_1 方向即 OE 方向的。在晶片中它分解为在主平面 $P'O$ 上的 e 光分量和垂直于主平面的 o 光分量，然后经过偏振片 P_2 时，再投影到 P_2 透光轴上。它们的大小为

$$E_{2o}=E_{2e}=E\sin\theta\cos\theta \tag{6.5-20}$$

式中，θ 为 $P'O$ 与偏振片 P_1 的透光轴之间的夹角。当入射面趋近于偏振片 P_1 或偏振片 P_2 的透光轴时，即 O 点趋近于 B 或 C、B'、C' 时，θ 趋近于 $0°$ 或 $90°$，E_{2o}和E_{2e} 都趋近于零。因此，在干涉图样中会出现暗的十字形，如图 6.31(a)所示，通常把这个十字称为十字刷。

(a) 两个偏振片的透光轴垂直

(b) 两个偏振片的透光轴平行

图 6.31　会聚偏振光干涉图样

正如平行偏振光的干涉一样，如果使两个偏振片的透光轴平行，则干涉图样与 P_1、P_2 正交时的图样互补，这时暗十字刷变成亮十字刷，如图 6.31(b)所示。对于用自然光照射的干涉图样，各圆环的颜色将变成它的互补色。如果晶片的光轴与表面不垂直，当晶片旋转时，十字刷的中心会打圈。如果把晶片切成它的表面与光轴平行，则干涉条纹是双曲线形的。另外，由于这种情况下的光程差比较大，应当用单色光照明，用自然光将看不到干涉条纹。

6.6　物质的旋光效应

1811 年，阿喇果发现单色的平面偏振光垂直地入射到光轴垂直于入射界面的石英薄片时，透射出来的光虽然仍是平面偏振光，但它的振动面相对于原入射光的振动面旋转了一个角度。进一步的实验还发现，旋转的角度随着石英片厚度的增加而增加。之后，比奥(Biot)在一些蒸汽和液态物质中也观察到了同样的现象。平面偏振光的振动面通过物质后发生旋转的现象称为物质的旋光效应，能够使平面偏振光的振动面发生旋转的物质称为旋光物质。本节将讨论物质的旋光效应及其应用。

【旋光效应】

6.6.1　物质的旋光效应概述

现在知道，除了石英晶体以外，辰砂、氯化钠、松节油和结晶糖溶液也都具有旋光性。迎着光的传播方向看去，如果光通过旋光物质后振动面是顺时针旋转的，称为右旋；如果光的振动面是逆时针旋转的，称为左旋。对于同一种旋光物质，可能存在旋光性相反的两种结构，称它们为旋光异构体。例如，石英有左旋石英晶体和右旋石英晶体，这两种石英晶体的结构互为镜像对称。研究发现，光通过异构体后旋转的角度相同，但方向不同。有些异构体有着不同的性能，在氯霉素的旋光异构体中，左旋氯霉素是有疗效的，而右旋氯霉素是无疗效的，是否是因为人体吸收系统对左右旋物质具有选择性，还是病毒对左右旋物质具有选择性有待进一步研究。

实验表明，振动面的旋转角度 ϕ 正比于旋光体的长度 L，对于旋光晶体，它们之间的关系可以写为

$$\phi = \alpha L \tag{6.6-1}$$

式中，α 称为旋光率，数值上等于光通过单位长度所引起振动面旋转的角度。对于波长为 589.3nm 的光，石英晶体的旋光率为 21.7° /mm，表明通过 3mm 厚的石英晶片，光的振动面将旋转约 65° 。对于由旋光物质和非旋光物质组成的旋光溶液，其关系可以写为

$$\phi = [\alpha]AL \tag{6.6-2}$$

式中，$[\alpha]$ 称为比旋光率，数值上等于光通过单位长度、单位浓度的溶液所引起振动面旋转的角度；A 为旋光溶液的浓度。在实际应用中，可以根据振动面旋转的角度来确定溶液的浓度。例如，将装有蔗糖溶液的容器放置在两个正交的偏振片之间，如图 6.32 所示，通过测出振动面的旋转角度就可以确定溶液中糖的浓度。这是一种快速、准确检测溶液中旋光物质浓度的方法。

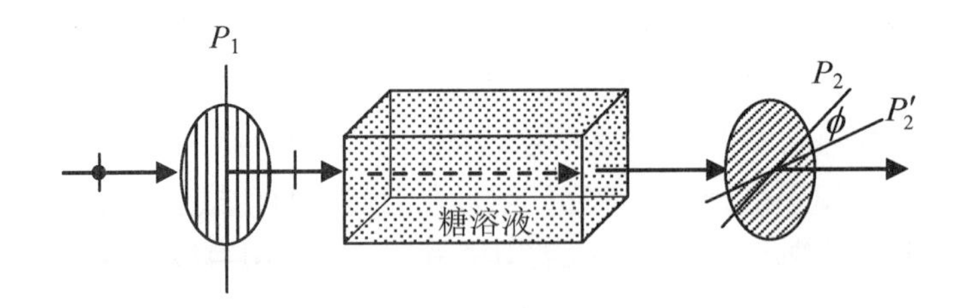

图 6.32　量糖计原理示意图

实验证明，对于一定的波长，振动面旋转的角度正比于光通过旋光体的长度，不同波长的光通过同一旋光体后，振动面的旋转角度却不相同。这种旋转角度随着波长发生变化的现象称为旋光色散。图 6.33 给出了光通过石英晶体后旋转角度随着波长变化的曲线。将图 6.32 所示装置中的糖溶液换成石英晶体，并采用白光照射，就会在旋光体的出射端或 P_2 入射端面看到彩色图样分布，如图 6.34 所示。当转动任一个偏振片时，透过 P_2 的光会变换色彩。

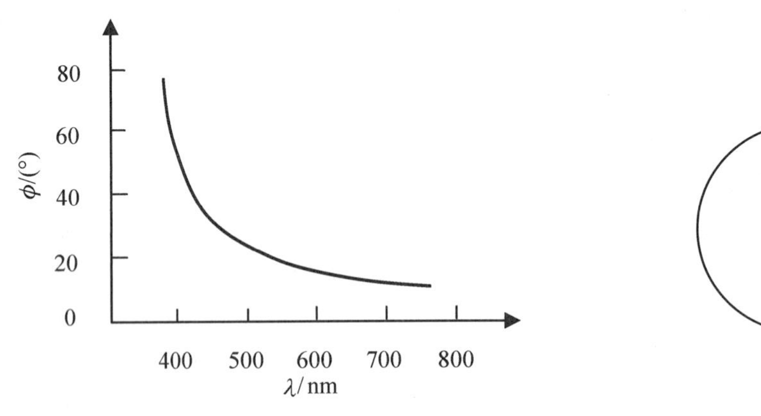

图 6.33　旋转角度随着波长变化的曲线

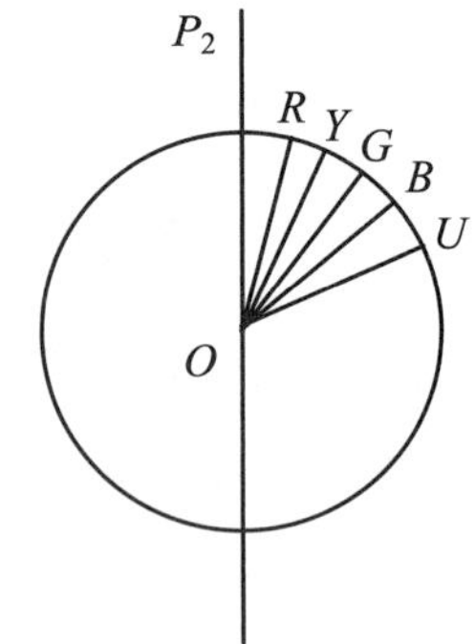

图 6.34　P_2 上的光分布

表 6-9 给出了石英晶体旋光率与波长的对应关系。

表 6-9　石英晶体旋光率与波长的对应关系

波长/nm	旋光率/(° /mm)	波长/nm	旋光率/(° /mm)	波长/nm	旋光率/(° /mm)
226.5	210.9	435.8	41.55	589.3	21.72
250.3	153.9	467.8	35.60	643.8	18.02
303.4	95.02	486.1	32.76	670.8	16.54
340.4	72.45	508.5	29.73	728.1	13.92
404.7	8.95	546.1	25.54	794.8	11.59

应当注意的是，旋光物质具有自然旋光性，也就是说，一束平面偏振光自左向右透过旋光体时，若其振动面发生右旋，再经过反射镜后又自右向左透过旋光体，其振动面仍然发生右旋，这样振动面又恢复到原来的方向。

6.6.2　物质旋光效应的解释

对于物质旋光效应，菲涅耳在 1825 年给出了唯象的解释。菲涅耳认为：可以把进入旋光体的平面偏振光看作是右旋圆偏振光和左旋圆偏振光的组合，这两个圆偏振光在旋光体中传播的速度不同，即 $\upsilon_{\mathrm{R}} \neq \upsilon_{\mathrm{L}}$，折射率也不相同，即 $n_{\mathrm{R}} \neq n_{\mathrm{L}}$。物质的左右旋特性取决于两个圆偏振光中速度快的一个。

图 6.35 为旋光体旋光示意图。

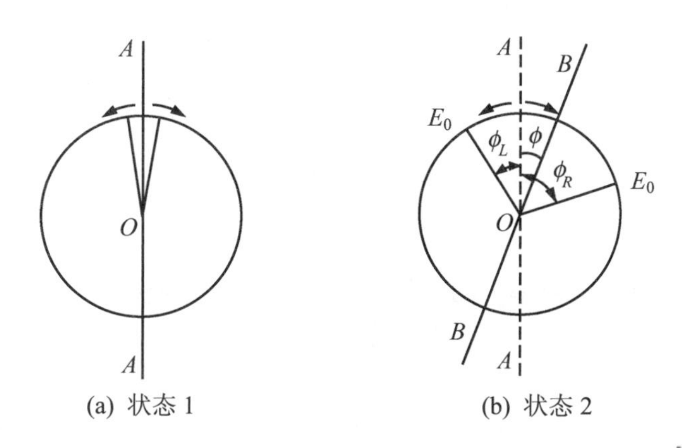

(a) 状态 1　　(b) 状态 2

图 6.35　旋光示意图

设垂直于图面，通过 O 点向着读者传播的平面偏振光在进入旋光体时沿着 AA 方向振动，其振幅等于 $2E_0$，如图 6.35(a)所示。该振动可以用振幅等于 E_0，同时进入旋光体的顺时针和逆时针的两束圆偏振光来代替，它们的振幅矢量末端沿着半径为 R 的圆周分别按相反方向匀速转动，在刚进入旋光体时两束圆偏振光的振幅矢量对于 AA 是对称的。如果顺时针的圆偏振光在旋光体中的传播速度大于逆时针的圆偏振光的速度，在达到旋光体内某一点时，前者的位相将比后者超前，也就是说前者振幅矢量按照顺时针转过的角度 ϕ_{R} 大于后者按照逆时针转过的角度 ϕ_{L}，如图 6.35(b)所示。因此，两个振幅矢量不再对于 AA 对称，而是相对于 BB 对称了。因此，在旋光体内的这一点处，由两束圆偏振光合成的平面偏振光不再沿着 AA 方向转动，而变成沿着 BB 方向转动了，如果振动面转过的角度为 ϕ，则有

$$\phi = \frac{\phi_{\mathrm{R}} - \phi_{\mathrm{L}}}{2} \tag{6.6-3}$$

式中，ϕ_{R} 和 ϕ_{L} 都是时间的函数，设偏振光进入旋光体的深度为 L，则有

$$\phi_{\mathrm{R}} = \omega\left(t - \frac{L}{\upsilon_{\mathrm{R}}}\right), \quad \phi_{\mathrm{L}} = \omega\left(t - \frac{L}{\upsilon_{\mathrm{L}}}\right) \tag{6.6-4}$$

式(6.6-4)代入式(6.6-3)，可以得到

$$\phi = \frac{\pi L}{\lambda}\left(n_{\mathrm{L}} - n_{\mathrm{R}}\right) \tag{6.6-5}$$

由式(6.6-5)可以知道，如果 $n_L > n_R$，即右旋圆偏振光传播得快，则旋光体为右旋。反之为左旋。式(6.6-5)表明，旋转角与光通过旋光体的长度成正比，与光的波长成反比。

对于旋光效应，菲涅耳又用组合棱镜进行了验证。菲涅耳组合棱镜如图 6.36 所示。图中 1、3 为右旋石英，2 为左旋石英，其光轴都垂直于第一块棱镜的光入射表面。平面偏振光束垂直入射到棱镜组时，进入 1 并不发生折射，但被分解成速度不同的左、右旋圆偏振光。

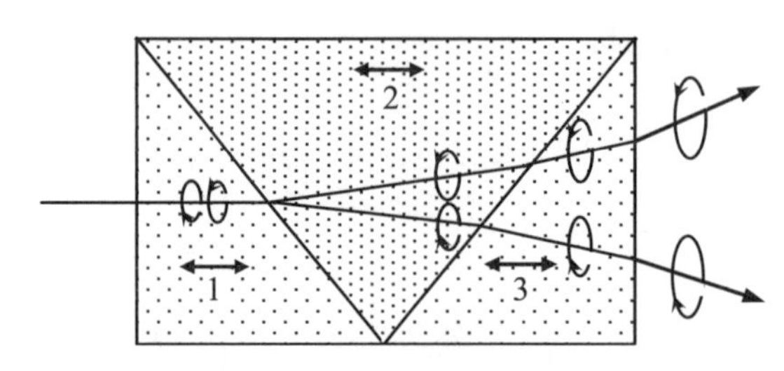

图 6.36　菲涅耳组合棱镜

由于两束圆偏振光的折射率不同，从右旋棱镜射到左旋棱镜上时，对于右旋圆偏振光来说是从光疏介质射向光密介质；对于左旋圆偏振光来说是从光密介质射向光疏介质。因此，菲涅耳组合棱镜能够把左、右旋圆偏振光分离开来。由于棱镜测量交替变换，致使两束圆偏振光逐渐向相互分离的方向折射，最后从棱镜组透射出左、右旋圆偏振光。

6.6.3　科纽棱镜

由于旋光效应的存在，光通过具有旋光特性的光学元件以后往往会产生含有左、右旋圆偏振光的双折射，如图 6.37(a)所示。实验表明，对于钠黄光，一个顶角为 60° 的石英棱镜，其左、右旋圆偏振光之间的夹角为 27″，因此，一条谱线被分成了两条，这在精密的光谱仪器中是不允许的。为了避免旋光所造成的影响，科纽用左旋和右旋石英做成 30° 的棱镜，然后将它们胶合成 60° 的棱镜，如图 6.37(b)所示。科纽棱镜将左、右旋圆偏振光的传播速度在左旋和右旋石英棱镜中做了交换，一个先慢后快，一个先快后慢，这样，左旋棱镜产生的双折射被右旋棱镜纠正，使最终的透射光不发生双折射，从而更能准确地反映入射光的光谱。

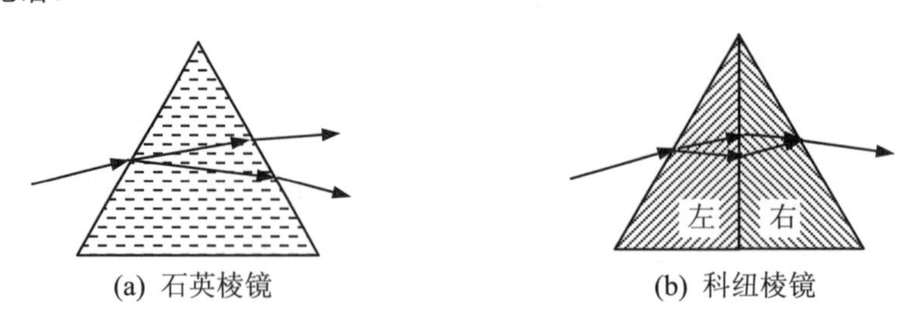

图 6.37　石英棱镜和科纽棱镜

当前，在一些精密的光学仪器中，许多透镜也依据科纽棱镜的原理制成。

6.7　磁 光 效 应

在 6.6 节中了解到，平面偏振光在旋光体中传播时，平面偏振光的振动面会发生旋转。1846 年，法拉第(Faraday)发现，平面偏振光通过处于通电螺线管磁场中不具有旋光性的物质(如玻璃、二硫化碳、汽油等)时，振动面也会发生旋转，这种现象称为磁致旋光效应或法拉第效应。法拉第效应是人们发现光和电磁场之间有内在联系的第一个现象，在物理学史上有着特别重要的意义。本节将讨论法拉第效应及其应用。

【磁光效应】

6.7.1　法拉第效应

图 6.38 为观察法拉第效应的实验装置示意图。在两个正交的偏振片 P_1 和 P_2 之间放置一个螺线管，管内有玻璃或水，甚至可以是空气。未通电流时，平面偏振光不能透过 P_2，表明平面偏振光通过螺线管时其振动面不发生旋转。当螺线管通电后，则偏振光有一部分透过 P_2，这表明平面偏振光通过螺线管时其振动面发生了旋转，再把 P_2 旋转一定的角度，使偏振光不能透过，则 P_2 所转过的角度即等于平面偏振光的振动面所转过的角度。

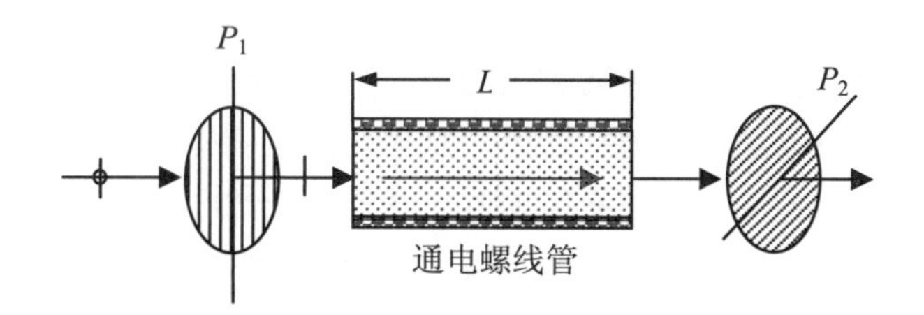

图 6.38　法拉第效应示意图

实验表明，振动面所转过的角度 ϕ 与偏振光在物质中通过的距离 L 和磁感应强度 B 成正比。它们之间的关系可以写为

$$\phi = VBL \tag{6.7-1}$$

式中，V 是与物质有关的常数，称为维尔德常数(Verdet constant)，其单位为 (′)/(T·m) [分/(特·米)]。表 6-10 给出了一些物质的维尔德常数。

表 6-10　一些物质的维尔德常数

物　质	V/[(′)/(T·m)]	物　质	V/[(′)/(T·m)]	物　质	V/[(′)/(T·m)]
水	1.31×10^4	丙酮	1.109×10^4	磷	13.26×10^4
磷酸冕牌玻璃	1.61×10^4	氯化钠	3.59×10^4	水晶	1.66×10^4
轻火石玻璃	3.17×10^4	乙醇	1.112×10^4	空气	6.27
二硫化碳	4.23×10^4	二氧化碳	1.31×10^4	金刚石	1.2×10^4

磁致旋光的旋光方向取决于外加磁场的方向，而与光的传播方向无关，即法拉第效应

具有不可逆性，这与旋光体的自然旋光不同。也就是说平面偏振光通过旋光体时，如果振动面是右旋的，那么，从旋光体出来的透射光经过镜面反射沿原路返回时仍然是右旋的，振动面将回到初始位置。但是，只要磁场的方向不变，平面偏振光往返两次通过磁光介质时，振动面的转角将加倍。根据法拉第效应的这一性质，可以使光多次通过磁光介质来增大旋光的角度。

6.7.2 磁致旋光效应的解释

洛伦兹的电子论认为：组成物质的原子或分子内的带电粒子在准弹性力的作用下，在平衡位置附近以一定的固有频率进行振动。一方面，当物质受到光照射时，物质发生极化，带电粒子按照入射光的频率作受迫线性振动。这个线性振动可以被分解为左旋圆偏振光和右旋圆偏振光的合成。另一方面，在加入磁场以后，电子又将受到一个洛伦兹力的作用。因此，如果左旋圆偏振光的电子受到一个指向中心的洛伦兹力，使其左旋角速度有所增加，则右旋圆偏振光的电子将受到一个背向中心的洛伦兹力，使其右旋角速度有所减少。这样，左旋圆偏振光和右旋圆偏振光在磁场作用下就有了不同的传播速度，从而造成偏振面的旋转。

6.7.3 法拉第效应应用举例

1. 光隔离器

利用磁致旋光方向与光的传播方向无关的特点，可以制成光隔离器(又称为单通光闸)。光隔离器的作用是只允许光从一个方向通过，而不允许光从相反方向通过。在激光放大器系统中，为了防止光路中各个光学端面的反射光对发光光源产生干扰，往往在各个放大级之间放置光隔离器。图 6.39 为光隔离器的示意图。

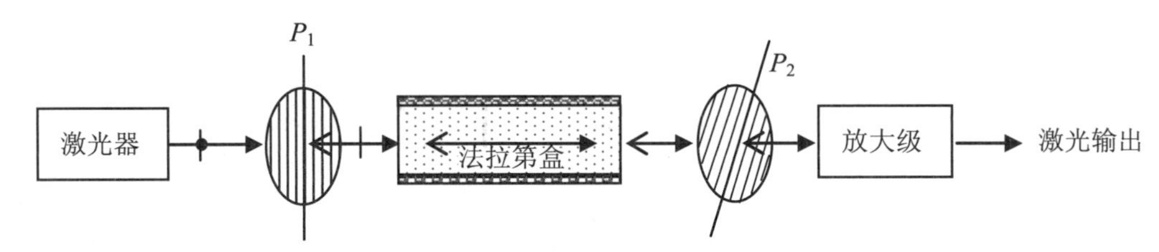

图 6.39 光隔离器示意图

图 6.39 中，偏振片 P_1 与 P_2 透光轴成 45° 角，且 P_1 转到 P_2 是顺时针的。透调整磁感应强度 B，使从法拉第盒出来的光振动面相对偏振片 P_1 顺时针转过 45°，于是，正好能够通过偏振片 P_2；对于从放大级反射回来，透过偏振片 P_2 传播到偏振片 P_1 的光也沿着顺时针方向转过 45°，从而振动面与 P_1 透光轴垂直，因此，反射光被隔离而不能通过 P_1，从而实现光的单向传输。

2. 自动检测

在图 6.32 所示的量糖计原理图中加入法拉第盒，如图 6.40 所示，就可以制成自动量糖计(saccharo meter)。

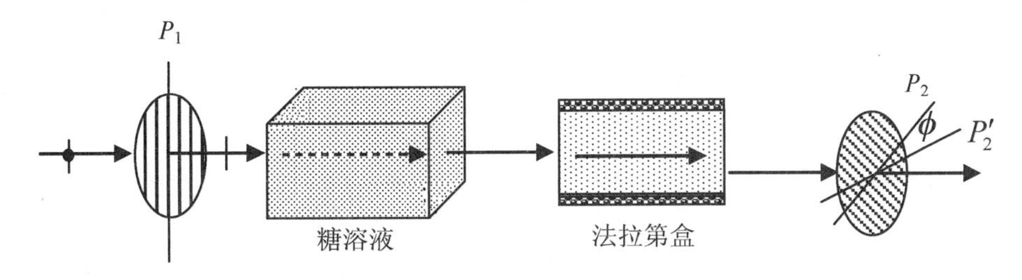

图 6.40　自动量糖计原理图

图 6.32 所示的量糖计是依靠偏振片 P_2 的转动来测量平面偏振光通过糖溶液后振动面的转动角度，再根据式(6.6-2)算出糖溶液的浓度。在图 6.40 所示的装置中，正交的两个偏振片 P_1 和 P_2 始终固定不动。当透过 P_1 的平面偏振光通过糖溶液时，振动面将发生转动，会有光从 P_2 透过。调节法拉第盒中的电流，让振动面向相反方向转过相同的角度，使光无法从 P_2 透过，此时，测出消光时螺线管中的电流，就可以得到振动面转动的角度。对浓度、转角和电流之间的关系进行标定，就可以实现浓度的自动检测。

3. 磁光调制器

利用图 6.39 所示的装置可以制成一种磁光调制器。当改变通电螺线管中的电流时，就可以改变 P_2 上光振动面的位置，由 P_2 透射出的光强就会按照马吕斯定律发生相应的变化。也就是说，通过变换电信号可以实现对系统输出光强的控制。

6.8　电 光 效 应

在第 2 章已经讨论了光在各向异性介质中的传播规律，知道了光通过晶体时会产生双折射现象。这种双折射现象是由晶体自身的各向异性决定的，通常称为自然双折射或固有双折射。当受到外界电场的影响时，各向同性介质会变为各向异性，或者原本为单轴晶体的介质变为双轴晶体，它们结构上的变化，使光在其中的传播规律发生变化，这时，将产生与外场有关的双折射现象，这种双折射称为感应双折射，又称为电光效应。由于感应双折射可以人为地进行控制，因此，在光电子技术中有着广泛的应用。本节将讨论：电光效应的原理；KDP 晶体和 $LiNbO_3$ 晶体的电光效应；电光效应的应用。

【电光效应】

6.8.1　电致折射率变化

光波在介质中的传播规律受到介质折射率分布的制约，而折射率的分布又与其介电常数密切相关。理论和实验证明，介质的介电常数与晶体中的电荷分布有关，在晶体上施加电压之后，将引起束缚电荷的重新分布，并可能导致离子晶格的微小变形，其结果将引起介电常数的变化，最终导致晶体折射率的变化。所以，折射率成为外加电场的函数，这时晶体折射率可以用施加电场的幂级数表示，即

$$n = n_0 + \gamma E + \beta E^2 + \cdots \tag{6.8-1}$$

或写成

$$\Delta n = n - n_0 = \gamma E + \beta E^2 + \cdots \tag{6.8-2}$$

式中，γ和β是常量；n_0为未加电场时的折射率。在式(6.8-2)中，由右边第一项引起的折射率变化称为线性电光效应或泡克耳斯(Pockels)效应；由第二项引起的折射率变化称为二次电光效应或克尔(Kerr)效应。对于大多数电光晶体材料，一次效应要比二次效应显著。因此，下面只讨论线性电光效应。

在晶体未加电场时，主轴坐标系中，折射率椭球方程为

$$\frac{x^2}{n_x^2} + \frac{y^2}{n_y^2} + \frac{z^2}{n_z^2} = 1 \tag{6.8-3}$$

当晶体上加电场时，其折射率椭球就发生“变形”，椭球方程变为

$$\frac{x^2}{n_1^2} + \frac{y^2}{n_2^2} + \frac{z^2}{n_3^2} + \frac{2yz}{n_4^2} + \frac{2xz}{n_5^2} + \frac{2xy}{n_6^2} = 1 \tag{6.8-4}$$

比较以上两式可以知道，由于外电场的作用，折射率椭球方程各系数$(1/n^2)$随之发生线性变化，其变化量可以定义为

$$\Delta\left(\frac{1}{n_i^2}\right) = \sum_{j=1}^{3} \gamma_{ij} E_j \tag{6.8-5}$$

式中，γ_{ij}称为线性电光系数，$i = 1,2,\cdots,6$，$j = 1,2,3\,(x，y，z)$。上式可以用矩阵形式表示为

$$\begin{bmatrix} \Delta(1/n_1^2) \\ \Delta(1/n_2^2) \\ \Delta(1/n_3^2) \\ \Delta(1/n_4^2) \\ \Delta(1/n_5^2) \\ \Delta(1/n_6^2) \end{bmatrix} = \begin{bmatrix} \gamma_{11} & \gamma_{12} & \gamma_{13} \\ \gamma_{21} & \gamma_{22} & \gamma_{23} \\ \gamma_{31} & \gamma_{32} & \gamma_{33} \\ \gamma_{41} & \gamma_{42} & \gamma_{43} \\ \gamma_{51} & \gamma_{52} & \gamma_{53} \\ \gamma_{61} & \gamma_{62} & \gamma_{63} \end{bmatrix} \begin{bmatrix} E_x \\ E_y \\ E_z \end{bmatrix} \tag{6.8-6}$$

式中，E_x、E_y和E_z是电场沿x、y和z方向的分量；(γ_{ij})称为电光张量，每个元素的值由具体的晶体决定，它是表征感应极化强弱的量。

6.8.2 KDP 晶体的电光效应

KDP 晶体属于四角晶系，是负单轴晶体，因此有$n_x = n_y = n_o$，$n_z = n_e$，并且有$n_o > n_e$，这类晶体的电光张量为

$$(\gamma_{ij}) = \begin{bmatrix} 0 & 0 & 0 \\ 0 & 0 & 0 \\ 0 & 0 & 0 \\ \gamma_{41} & 0 & 0 \\ 0 & \gamma_{52} & 0 \\ 0 & 0 & \gamma_{63} \end{bmatrix} \tag{6.8-7}$$

而且$\gamma_{41}=\gamma_{52}$，因此这一类晶体独立的电光系数只有γ_{41}和γ_{63}，将式(6.8-7)代入式(6.8-6)可以得到

$$\begin{cases}\Delta(1/n_1^2)=0\\ \Delta(1/n_2^2)=0\\ \Delta(1/n_3^2)=0\\ \Delta(1/n_4^2)=\gamma_{41}E_x\\ \Delta(1/n_5^2)=\gamma_{41}E_y\\ \Delta(1/n_6^2)=\gamma_{63}E_z\end{cases} \tag{6.8-8}$$

将式(6.8-8)代入式(6.8-4)，可以得到

$$\frac{x^2}{n_o^2}+\frac{y^2}{n_o^2}+\frac{z^2}{n_e^2}+2\gamma_{41}yzE_x+2\gamma_{41}xzE_y+2\gamma_{63}xyE_z=1 \tag{6.8-9}$$

由上式可以看出，外加电场导致折射率椭球方程中出现交叉项，这说明加电场之后，椭球的主轴不再与x、y和z轴平行，因此，必须找一个新的坐标系，使式(6.8-9)在该坐标系中主轴化，这样才能确定电场对光传播的影响。为了简单起见，将外加电场的方向平行于z轴，即$E_z=E$，$E_x=E_y=0$，于是上式变为

$$\frac{x^2}{n_o^2}+\frac{y^2}{n_o^2}+\frac{z^2}{n_e^2}+2\gamma_{63}xyE=1 \tag{6.8-10}$$

为了找一个新的坐标(x',y',z')，使椭球方程中不出现交叉项，即具有如下形式：

$$\frac{x'^2}{n_{x'}^2}+\frac{y'^2}{n_{y'}^2}+\frac{z'^2}{n_{z'}^2}=1 \tag{6.8-11}$$

式中，x'、y'和z'为加电场之后椭球主轴的方向，通常称为感应主轴；$n_{x'}$、$n_{y'}$和$n_{z'}$是新坐标系中的主折射率，由于式(6.8-10)中的x和y是对称的，因此可以将x坐标和y坐标绕z轴旋转α角，于是从旧坐标到新坐标的变换关系为

$$\begin{cases}x=x'\cos\alpha-y'\sin\alpha\\ y=x'\sin\alpha-y'\cos\alpha\\ z=z'\end{cases} \tag{6.8-12}$$

将式(6.8-12)代入式(6.8-10)，可以得到

$$\left(\frac{1}{n_o^2}+\gamma_{63}E\sin2\alpha\right)x'^2+\left(\frac{1}{n_o^2}-\gamma_{63}E\sin2\alpha\right)y'^2+\frac{1}{n_e^2}z'^2+2\gamma_{63}E\cos2\alpha\, x'y'=1 \tag{6.8-13}$$

令交叉项为零，即$\cos2\alpha=0$，得到$\alpha=45^\circ$，则上式变为

$$\left(\frac{1}{n_o^2}+\gamma_{63}E\right)x'^2+\left(\frac{1}{n_o^2}-\gamma_{63}E\right)y'^2+\frac{1}{n_e^2}z'^2=1 \tag{6.8-14}$$

式(6.8-14)就是 KDP 晶体沿z轴加电场之后的新椭球方程。该方程表明 KDP 型晶体的z切割晶片在外加电场之后，由原来的单轴晶体变成了双轴晶体。其折射率椭球与xOy面的截线由原来的圆变成了现在的主轴在 45° 方向上的椭圆，如图 6.41 所示。椭球主轴的半长度由下式决定：

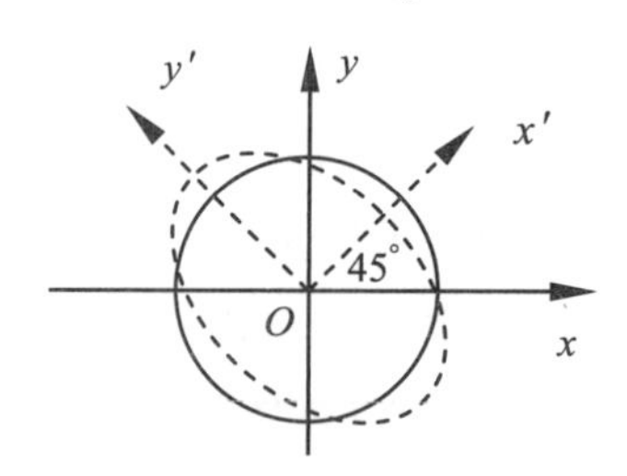

图 6.41　加电场前后折射率椭球与 xOy 面的截线变化

$$\begin{cases} \dfrac{1}{n_{x'}^2} = \dfrac{1}{n_o^2} + \gamma_{63}E \\ \dfrac{1}{n_{y'}^2} = \dfrac{1}{n_o^2} - \gamma_{63}E \\ \dfrac{1}{n_{z'}^2} = \dfrac{1}{n_e^2} \end{cases} \tag{6.8-15}$$

由于 γ_{63} 很小($10^{-10}\,\text{cm/V}$)，而 $\gamma_{63}E \ll 1/n_o^2$，利用 $\mathrm{d}(1/n^2) = -(2/n^3)\mathrm{d}n$，即 $\mathrm{d}n = -(n^3/2)\mathrm{d}(1/n^2)$，得到

$$\begin{cases} \Delta n_x = -n_o^3\gamma_{63}E/2 \\ \Delta n_y = n_o^3\gamma_{63}E/2 \\ \Delta n_z = 0 \end{cases} \tag{6.8-16}$$

因此，有

$$\begin{cases} n_{x'} = n_o - n_o^3\gamma_{63}E/2 \\ n_{y'} = n_o + n_o^3\gamma_{63}E/2 \\ n_{z'} = n_e \end{cases} \tag{6.8-17}$$

可见，$n_{x'} < n_{y'}$，因此，光沿 x' 方向的传播速度大于沿 y' 方向的传播，通常把 x' 方向称为快轴，y' 方向称为慢轴。

6.8.3　$LiNbO_3$ 晶体的电光效应

$LiNbO_3$ 晶体属于三角晶系，同样为单轴晶体，因此，有 $n_x = n_y = n_o$，$n_z = n_e$，此类晶体的电光张量为

$$(\gamma_{ij}) = \begin{bmatrix} 0 & \gamma_{12} & \gamma_{13} \\ 0 & \gamma_{22} & \gamma_{23} \\ 0 & 0 & \gamma_{33} \\ 0 & \gamma_{42} & 0 \\ \gamma_{51} & 0 & 0 \\ \gamma_{61} & 0 & 0 \end{bmatrix} \tag{6.8-18}$$

而且，$\gamma_{12} = -\gamma_{22} = -\gamma_{61}$，$\gamma_{13} = \gamma_{23}$，$\gamma_{42} = \gamma_{51}$，因此这一类晶体独立的电光系数只有 γ_{12}、γ_{13} 和 γ_{33}，将式(6.8-18)代入式(6.8-6)可以得到

$$\begin{cases}\Delta(1/n_1^2)=\gamma_{12}E_y+\gamma_{13}E_z\\ \Delta(1/n_2^2)=\gamma_{22}E_y+\gamma_{23}E_z=-\gamma_{12}E_y+\gamma_{13}E_z\\ \Delta(1/n_3^2)=\gamma_{33}E_z\\ \Delta(1/n_4^2)=\gamma_{42}E_y\\ \Delta(1/n_5^2)=\gamma_{51}E_x=\gamma_{42}E_x\\ \Delta(1/n_6^2)=\gamma_{61}E_x=-\gamma_{12}E_x\end{cases} \tag{6.8-19}$$

将式(6.8-19)代入式(6.8-4)可以得到 $LiNbO_3$ 晶体在外加电场后的感应折射率椭球方程为

$$\begin{aligned}&\left(\frac{1}{n_o^2}+\gamma_{12}E_y+\gamma_{13}E_z\right)x^2+\left(\frac{1}{n_o^2}-\gamma_{12}E_y+\gamma_{13}E_z\right)y^2+\left(\frac{1}{n_e^2}+\gamma_{33}E_z\right)z^2+\\ &2\gamma_{42}yzE_y+2\gamma_{42}xzE_x-2\gamma_{12}xyE_x=1\end{aligned} \tag{6.8-20}$$

可见，$LiNbO_3$ 晶体在外加电场之后，椭球的形状也发生了变化。下面具体讨论在不同方向加外电场时，主轴折射率的变化。

1. 外加电场的方向平行于 z 轴

此时，$E_z=E$，$E_x=E_y=0$，于是式(6.8-20)变为

$$\left(\frac{1}{n_o^2}+\gamma_{13}E\right)x^2+\left(\frac{1}{n_o^2}+\gamma_{13}E\right)y^2+\left(\frac{1}{n_e^2}+\gamma_{33}E\right)z^2=1 \tag{6.8-21}$$

式(6.8-21)所表示的椭球方程中没有交叉项，因此，沿 z 轴外加电场时，$LiNbO_3$ 晶体的 3 个主轴方向并没有改变，即仍为单轴晶体，但主轴折射率却发生了改变，分别为

$$\begin{cases}\dfrac{1}{n_{x'}^2}=\dfrac{1}{n_o^2}+\gamma_{13}E\\ \dfrac{1}{n_{y'}^2}=\dfrac{1}{n_o^2}+\gamma_{13}E\\ \dfrac{1}{n_{z'}^2}=\dfrac{1}{n_e^2}+\gamma_{33}E\end{cases} \tag{6.8-22}$$

感应引起的折射率变化一般很小，即 $n_{x'}=n_{y'}\approx n_o$，$n_{z'}\approx n_e$，式(6.8-22)可以改写为

$$\begin{cases}n_{x'}=n_o-n_o^3\gamma_{13}E/2\\ n_{y'}=n_o-n_o^3\gamma_{13}E/2\\ n_{z'}=n_e-n_e^3\gamma_{33}E/2\end{cases} \tag{6.8-23}$$

因此，光沿着 z 轴方向传播时，并不产生电光位相延迟。但是，当光沿着 x 或 y 轴方向传播时，就会产生位相延迟：

$$\delta=\frac{2\pi}{\lambda}(n_o-n_e)L+\frac{\pi EL}{\lambda}(n_e^2\gamma_{33}-n_o^2\gamma_{13}) \tag{6.8-24}$$

式中，L 是光经过晶体的长度。可见，沿着 z 轴方向加外电场时，位相延迟 δ 会受到自然双折射的影响。

2. 外加电场的方向垂直于 z 轴

此时，$E_z=0$，E_x，$E_y\neq 0$。式(6.8-20)变为

$$\left(\frac{1}{n_o^2}+\gamma_{12}E_y\right)x^2+\left(\frac{1}{n_o^2}-\gamma_{12}E_y\right)y^2+\frac{1}{n_e^2}z^2+2\gamma_{42}yzE_y+2\gamma_{42}xzE_x-2\gamma_{12}xyE_x=1 \tag{6.8-25}$$

式(6.8-25)所示的椭球方程中有交叉项，表明外加电场使单轴晶体变成了双轴晶体。为了求出光沿着 z 轴方向传播时的位相变化，需要确定 x' 和 y' 方向的折射率，因此，令上式中的 $z=0$，得到式(6.8-25)在 xOy 面的截线方程为

$$\left(\frac{1}{n_o^2}+\gamma_{12}E_y\right)x^2+\left(\frac{1}{n_o^2}-\gamma_{12}E_y\right)y^2-2\gamma_{12}xyE_x=1 \tag{6.8-26}$$

利用式(6.8-12)，得到 x' 和 y' 满足的方程为

$$\begin{aligned}&\left(\frac{1}{n_o^2}+\gamma_{12}E_y\cos 2\alpha+\gamma_{12}E_x\sin 2\alpha\right)x'^2+\left(\frac{1}{n_o^2}-\gamma_{12}E_y\cos 2\alpha-\gamma_{12}E_x\sin 2\alpha\right)y'^2\\&+2(\gamma_{12}E_x\cos 2\alpha-\gamma_{12}E_y\sin 2\alpha)x'y'=1\end{aligned} \tag{6.8-27}$$

令交叉项等于零，则有

$$E_x\cos 2\alpha=E_y\sin 2\alpha \tag{6.8-28}$$

即

$$\tan 2\alpha=\frac{E_x}{E_y} \tag{6.8-29}$$

如果外加电场 E 与 x 轴的夹角为 β，则有

$$E_x=E\cos\beta,\quad E_y=E\sin\beta \tag{6.8-30}$$

即

$$\tan\beta=\frac{E_y}{E_x} \tag{6.8-31}$$

由式(6.8-29)和式(6.8-31)，可知

$$2\alpha+\beta=90^\circ \tag{6.8-32}$$

将式(6.8-30)代入式(6.8-27)，得到

$$\left[\frac{1}{n_o^2}+\gamma_{12}E(\sin\beta\cos 2\alpha+\cos\beta\sin 2\alpha)\right]x'^2+\left[\frac{1}{n_o^2}-\gamma_{12}E(\sin\beta\cos 2\alpha+\cos\beta\sin 2\alpha)\right]y'^2=1 \tag{6.8-33}$$

亦即

$$\left[\frac{1}{n_o^2}+\gamma_{12}E\sin(2\alpha+\beta)\right]x'^2+\left[\frac{1}{n_o^2}-\gamma_{12}E\sin(2\alpha+\beta)\right]y'^2=1 \tag{6.8-34}$$

利用式(6.8-32)，得到

$$\left[\frac{1}{n_o^2}+\gamma_{12}E\right]x'^2+\left[\frac{1}{n_o^2}-\gamma_{12}E\right]y'^2=1 \tag{6.8-35}$$

从而得到感应主轴 x' 和 y' 方向的折射率为

$$\begin{cases} n_{x'} = n_o - n_o^3 \gamma_{12} E/2 \\ n_{y'} = n_o + n_o^3 \gamma_{12} E/2 \end{cases} \tag{6.8-36}$$

据此，可以求出光沿着 z 轴方向传播时的位相变化。

6.8.4　纵向电光效应和横向电光效应

1. 纵向电光效应

外加电场的方向与光的传播方向平行，这时的电光效应称为纵向电光效应。当一束线偏振光沿着 z 轴方向入射晶体，进入晶体后即分解为沿 x' 方向和沿 y' 方向的两个垂直偏振分量。当两者的折射率不同时，它们通过长度为 L 的晶体后将产生光程差，对于 KDP 晶体($LiNbO_3$ 晶体纵向电光效应不产生电光位相延迟)，有

$$\varDelta = (n_{y'} - n_{x'})L = n_o^3 \gamma_{63} EL \tag{6.8-37}$$

因此，这两个光波通过长度为 L 的晶体后产生的位相差，即电光位相延迟为

$$\delta = \frac{2\pi}{\lambda} n_o^3 \gamma_{63} EL = \frac{2\pi}{\lambda} n_o^3 \gamma_{63} V \tag{6.8-38}$$

式中，$V = EL$，它是沿 z 轴方向加的电压。可见，当晶体和光波确定以后，位相差仅取决于外加的电压，即只要改变电压，就能使位相差成比例地变化。

在式(6.8-38)中，当 $\delta = \pi$ 时，相应于两个垂直偏振光分量的光程差为半个波长，此时的外加电压称为半波电压，通常用 V_π 或 $V_{\lambda/2}$ 表示。由式(6.8-38)可以得到

$$V_{\lambda/2} = \frac{\lambda}{2n_o^3 \gamma_{63}} \tag{6.8-39}$$

可见，半波电压只与材料特性和波长有关，它是表征电光晶体性能的一个重要参数，这个电压越小越好。KDP 类晶体的电光系数以及对不同波长的折射率和半波电压见表 6-11。

表 6-11　KDP 类晶体的电光系数和半波电压

晶　体	$\gamma_{63}/(10^{-12}$m/V)	560nm		632.8nm		1064nm	
		n_o	$V_{\lambda/2}$/kV	n_o	$V_{\lambda/2}$/kV	n_o	$V_{\lambda/2}$/kV
ADP($NH_4H_2PO_4$)	8.5	1.526	9.2	1.53	1.2	1.51	1.6
KDP(KH_2PO_4)	10.5	1.512	7.6	1.51	1.0	1.49	1.4
$KD^*P(KD_2PO_4)$	26.5	1.522	3.4	1.51	0.35	1.49	0.5

从表 6-11 可以看出，KDP 类晶体纵向电光效应的半波电压都比较高，在实际应用中，一般都是采用多个晶体串联的方式来降低半波电压。

2. 横向电光效应

外加电场的方向与光的传播方向垂直，这时的电光效应称为横向电光效应。对于 KDP 晶体，通光方向与 z 轴相互垂直，沿 y' 方向入射的线偏振光，进入晶体后将分解为沿 x' 方向和 z 方向振动的两个分量。若晶体的厚度为 d，长度为 L，则从晶体射出的两个光波的

位相差为

$$\delta=\frac{2\pi}{\lambda}(n_{x'}-n_{z'})L=\frac{2\pi}{\lambda}L\left[(n_o-n_e)-\frac{1}{2}n_o^3\gamma_{63}E\right]=\frac{2\pi}{\lambda}L\left(n_o-n_e\right)-\frac{\pi}{\lambda}\frac{L}{d}n_o^3\gamma_{63}V \tag{6.8-40}$$

由此可见，KDP 晶体横向电光效应所产生的位相差包括两项：第一项是由于晶体本身的自然双折射引起的位相差；第二项是由于线性电光效应引起的位相差。

与纵向电光效应相比，横向电光效应有两个特点：一是电光位相延迟与晶体的长厚比 L/d 有关，因此，可以通过控制晶体的长厚比来降低半波电压；二是电光位相延迟与自然双折射有关，这意味着在没有外加电场时，通过晶体的两个线偏振光的分量之间就有位相差存在。由于自然双折射(n_o,n_e)受温度的影响严重，所以对位相差的稳定性影响很大。实验表明，对于 KDP 晶体，$\Delta\left(n_o-n_e\right)/\Delta T\approx1.1\times10^{-5}$/℃，632.8nm 的激光通过 30mm 的 KDP 晶体，在温度变化 1/℃时，将产生1.1π 的附加位相差。在实际应用中，除了尽量采取散热、恒温等一些措施，主要采用“组合调制器”的结构予以补偿。常用的补偿方式有两种：方式 1 是将两块完全相同的晶体的光轴互成 90° 串接排列，即一块晶体的 x' 和 z 轴分别与另一块晶体的 z 和 x' 轴平行，如图 6.42(a)所示；方式 2 是使一块晶体的 x' 和 z 轴与另一块晶体的 x' 和 z 轴反向平行排列，中间放置一块 1/2 波片，如图 6.42(b)所示。

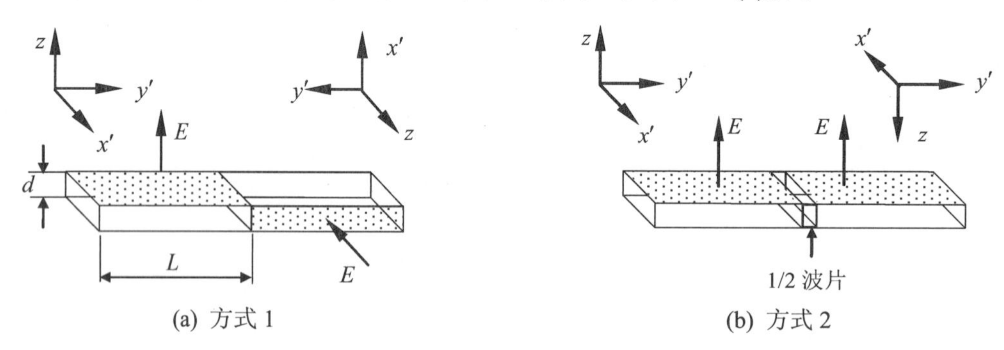

图 6.42　横向电光效应的两种补偿方式

这两种方式的补偿原理是相同的，都是使第一块晶体的 o 光进入第二块晶体后变成 e 光，第一块晶体的 e 光进入第二块晶体后变成 o 光，而且两块晶体的长度和温度环境相同，所以，由于自然双折射和温度变化引起的位相差互相抵消。因此，由第二块晶体射出的两束光中只存在由电光效应引起的位相差 δ 为

$$\delta=\frac{2\pi}{\lambda}\frac{L}{d}n_o^3\gamma_{63}V \tag{6.8-41}$$

相应的半波电压为

$$(V_{\lambda/2})_{横}=\frac{\lambda}{2n_o^3\gamma_{63}}\frac{d}{L}=(V_{\lambda/2})_{纵}\frac{d}{L} \tag{6.8-42}$$

可见，KDP 晶体电光效应横向半波电压是纵向半波电压的 d/L 倍，减小 d 、增加 L 可以降低半波电压。但由于运用 KDP 晶体横向电光效应必须采取补偿措施，结构复杂，对两块晶体的加工精度要求很高，因此，一般只是在特别需要较低半波电压时才使用。

对于 $LiNbO_3$ 晶体横向电光效应有两种情况。

1) 在 z 方向加外电场 E，光沿着 x 或 y 轴方向传播

此种情况，经过长为 L 的晶体后产生的位相延迟为

$$\delta=\frac{2\pi}{\lambda}(n_o-n_e)L+\frac{\pi EL}{\lambda}(n_e^2\gamma_{33}-n_o^2\gamma_{13}) \tag{6.8-43}$$

它与 KDP 晶体横向电光效应所产生的位相延迟类似。

2) 在 xOy 面内加外电场 E，光沿着 z 轴方向传播

由式(6.8-36)得到，经过厚度为 L 的晶体后产生的位相延迟为

$$\delta=\frac{2\pi}{\lambda}\left(n_{y'}-n_{x'}\right)L=n_o^3\gamma_{12}EL=\frac{n_o^3\gamma_{12}VL}{d} \tag{6.8-44}$$

相应的半波电压为

$$V_{\lambda/2}=\frac{\lambda}{2n_o^3\gamma_{12}}\frac{d}{L} \tag{6.8-45}$$

由此可见，$LiNbO_3$ 晶体横向电光效应可以避免自然双折射的影响，同时半波电压较低，因此，$LiNbO_3$ 晶体作为电光元件时多采用此种方式。应当注意，外加电场的方向不同时，感应主轴的方向也会发生改变。根据式(6.8-28)，当电场沿着 x 轴方向时，即 $E_x=E$，$E_y=0$，则 $\alpha=45°$，也就是说，感应主轴 x'、y' 相对于 x、y 旋转了 45°。当电场沿着 y 轴方向时，即 $E_x=0$，$E_y=E$，则 $\alpha=0°$，也就是说，感应主轴 x'、y' 与 x、y 方向一致。

6.8.5　电光效应应用

在一般情况下，沿 x' 方向和沿 y' 方向的两个垂直偏振分量具有一定位相差，它们合成为椭圆偏振光。根据式(6.5-6)，对于 KDP 晶体椭圆偏振光的强度为

$$I=I_0\sin^2\left(\frac{\delta}{2}\right)=I_0\sin^2\left(\frac{\pi n_o^3\gamma_{63}V}{\lambda}\right) \tag{6.8-46}$$

对于 $LiNbO_3$ 晶体椭圆偏振光的强度为

$$I=I_0\sin^2\left(\frac{\pi n_o^3\gamma_{12}V}{\lambda}\right) \tag{6.8-47}$$

式中，I_0 是入射线偏振光的强度。从上两式可以看出，当晶体上所加的电压从 0 变化到 $V_{\lambda/2}$ 时，位相差也就随着从 0 变化到 π，光强也会从 0 变化到 I_0。光强与电压或位相差的关系如图 6.43 所示，可见，通过改变电压就可以对输出光强和位相进行调制，从而实现对光的控制。

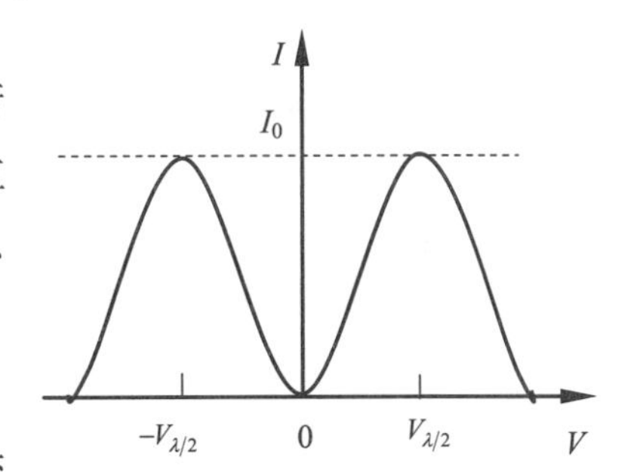

图 6.43　光强与电压的关系

1. 电光强度调制

图 6.43 定量地反映了晶体的透过率随外加电场的变化关系。可见，透过率与外加电场的关系是非线性的，如果不选择合适的工作点，就会使调制光强发生畸变，但在 $V_{\pi/2}$ 附近有一直线部分，即光强与电压成线性关系，因此要设法使调制器工作在直线部分。为此要在晶体前放置一个

1/4 波片，并使它的快、慢轴与入射线偏振光的振动方向成 45° 角。这样，偏振光在射到晶体前，它的两个等幅正交的分量就已经有了固定的$\pi/2$位相差，即将调制器的工作点移到了直线部分。这时，只要加在调制器上的电压的幅度不太大，输出光强的调制频率就等于外加电压的频率，输出光强的变化规律也与信号电压呈线性关系。上述过程可以在理论上得到说明，可设

$$\delta=\frac{\pi}{2}+\delta_{\mathrm{m}}\sin\omega_{\mathrm{m}}t \tag{6.8-48}$$

式中，$\pi/2$ 是 1/4 波片产生的固定位相差；δ_{m} 是调制电压为 V_{m} 时的位相差，显然 $\delta_{\mathrm{m}}=\pi(V_{\mathrm{m}}/V_{\pi})$，将式(6.8-48)代入式(6.8-46)得到

$$I=I_0\sin^2\left(\frac{\pi}{4}+\frac{\delta_{\mathrm{m}}\sin\omega_{\mathrm{m}}t}{2}\right)=\frac{I_0}{2}[1+\sin(\delta_{\mathrm{m}}\sin\omega_{\mathrm{m}}t)] \tag{6.8-49}$$

当 $\delta_{\mathrm{m}}\ll1$ 时，上式可以改写为

$$I=\frac{I_0}{2}(1+\delta_{\mathrm{m}}\sin\omega_{\mathrm{m}}t) \tag{6.8-50}$$

因此，输出光强度与 $\delta_{\mathrm{m}}\sin\omega_{\mathrm{m}}t$ 有一个线性关系。

2. 电光开关

在晶体的出射端放置一个检偏器，其透光轴与起偏器的透光轴成 90°，在晶体上未加电压时，检偏器对光起阻挡作用，电光开关处于关闭状态；当在晶体上加上半波电压时，由于电光效应使线偏振光的光矢量旋转了 90°，此时电光开关处于打开状态。调 Q 开关激光器(Q switched laser)就是根据晶体的电光效应制成的。电光开关的开关时间很短(约为10^{-9}s)、效率高，目前在激光调 Q 技术中有着广泛的应用。

小　　结

本章在介绍了偏振光和自然光的特征、获得偏振光的方法之后，讨论了衡量偏振程度的物理量——偏振度，并介绍了透过两片偏振片的光强随着两片偏振片的透光轴的夹角的变化而变化的马吕斯定律。

本章通过讨论正交偏振光的叠加，给出了产生线偏振光、椭圆偏振光和圆偏振光的条件。介绍了产生偏振光的元件——偏振棱镜、波片和补偿器，并讲述了利用偏振器件对入射光的偏振性进行检验的方法。

本章介绍了偏振光和偏振光学元件的琼斯矩阵表示，利用琼斯矩阵可以方便地计算偏振光通过偏振器件之后的偏振态。之后，讨论了平行偏振光和会聚偏振光的干涉。本章还讨论了物质的旋光效应、磁光效应和电光效应以及这些效应在一些领域中的应用。

应 用 实 例

应用实例 6-1　一束自然光以布儒斯特角从空气入射到折射率为 1.52 的玻璃片上，求透射光的偏振度。

解：根据式(6.1-6)，偏振度可以表示为

$$p=\frac{I_M-I_m}{I_M+I_m}=\frac{I_{2P}-I_{2S}}{I_{2P}+I_{2S}}=\frac{1-I_{2S}/I_{2P}}{1+I_{2S}/I_{2P}}$$

利用式(1.9-42)和式(1.9-44)，可以将上式改写为

$$p=\frac{1-T_S I_{1S}/T_P I_{1P}}{1+T_S I_{1S}/T_P I_{1P}}$$

因为入射光为自然光，则有 $I_{1S}=I_{1P}$，由式(1.9-42)和式(1.9-44)可得到 $T_S/T_P=(t_S/t_P)^2$，因此，上式可以进一步改写为

$$p=\frac{1-(t_S/t_P)^2}{1+(t_S/t_P)^2}$$

当入射角为布儒斯特角时，利用式(1.9-22)和式(1.9-24)可得到

$$t_S=\frac{2n_1^2}{n_1^2+n_2^2}$$

$$t_P=\frac{n_1}{n_2}$$

因此，得到

$$p=\frac{1-(t_S/t_P)^2}{1+(t_S/t_P)^2}=\frac{1-[2n_1n_2/(n_1^2+n_2^2)]^2}{1+\left[2n_1n_2/(n_1^2+n_2^2)\right]^2}=\frac{1-[2\times1\times1.52/(1+1.52^2)]^2}{1+[2\times1\times1.52/(1+1.52^2)]^2}\approx0.086$$

应用实例 6-2　在两个正交的线偏振器 P_1 和 P_2 之间插入一个线偏振器 P，线偏振器 P 的透光轴与水平方向成 30°，设入射该系统的自然光的强度为 I_0，求透过该系统的光强。

解：因为自然光透过线偏振器 P_1 后的光强为 $I_0/2$，因此，根据马吕斯定律得到透过线偏振器 P 后的光强为

$$I=\frac{I_0}{2}\cos^2 60°=\frac{1}{8}I_0$$

再根据马吕斯定律，得到透过线偏振器 P_2 后的光强为

$$I_{out}=\frac{I_0}{8}\cos^2 30°=\frac{3}{32}I_0$$

应用实例 6-3　一束波长为 589.3nm 的钠黄光正入射到图 6.15 所示的用方解石制成的沃拉斯顿棱镜上，棱镜的顶角为 30°，$n_e=1.4864$，$n_o=1.6548$。求出射的两个线偏振光的夹角。

解：设光束到达胶合面时两束折射光的折射角为 θ_1 和 θ_2，根据折射定律有

$$n_e\sin30°=n_o\sin\theta_1$$

$$n_o\sin30°=n_e\sin\theta_2$$

因此，得到

$$\sin\theta_1=\frac{1.4864}{1.6584}\times\sin30°\Rightarrow\theta_1=26.62°$$

$$\sin\theta_2=\frac{1.6584}{1.4864}\times\sin30°\Rightarrow\theta_2=33.90°$$

设两光束到达出射面时两束折射光的折射角为 ϕ_1 和 ϕ_2，根据折射定律有

$$n_o \sin(30° - 26.62°) = \sin\phi_1$$
$$n_e \sin(30° - 33.90°) = \sin\phi_2$$

因此，得到

$$\sin\phi_1 = 1.6584 \times \sin 3.38° \Rightarrow \phi_1 = 5.61°$$
$$\sin\phi_2 = 1.4864 \times \sin(-3.90°) \Rightarrow \phi_2 = -5.80°$$

出射的两个线偏振光的夹角为

$$\phi = \phi_1 - \phi_2 = 11.41°$$

也可以利用式(6.3-2)计算出射的两个线偏振光的夹角：

$$\phi = 2\sin^{-1}\left[(n_o - n_e)\tan\theta\right] = 2\sin^{-1}\left[(1.6584 - 1.4864)\tan 30°\right] \Rightarrow \phi = 11.41°$$

应用实例 6-4 设入射线偏振光的振动矢量与 x 轴的夹角为 45°，求该偏振光通过快轴在 x 方向的 1/4 波片后的偏振态。

解：由于光矢量与 x 轴成 45° 的线偏振光的琼斯矩阵为 $\frac{1}{\sqrt{2}}\begin{bmatrix}1\\1\end{bmatrix}$，快轴在 x 方向的 1/4 波片的琼斯矩阵为 $\begin{bmatrix}1 & 0\\0 & \mathrm{i}\end{bmatrix}$，因此，出射光的偏振态为

$$\begin{bmatrix}E_{tx}\\E_{ty}\end{bmatrix} = \begin{bmatrix}1 & 0\\0 & \mathrm{i}\end{bmatrix}\cdot\frac{1}{\sqrt{2}}\begin{bmatrix}1\\1\end{bmatrix} = \frac{1}{\sqrt{2}}\begin{bmatrix}1\\\mathrm{i}\end{bmatrix}$$

即出射光为左旋圆偏振光。

应用实例 6-5 对于波长为 396.8nm 的紫光，石英晶体有 $n_R = 1.55810$，$n_L = 1.55821$，对于波长为 762.0nm 的红光，石英晶体有 $n_R = 1.53914$，$n_L = 1.53920$，计算紫光和红光通过厚度为 1mm 的右旋石英晶体后所旋转的角度。

解：根据式(6.6-5)可以得到紫光和红光通过右旋石英晶体后所旋转的角度分别为

$$\phi = \frac{\pi L}{\lambda}(n_L - n_R) = \frac{180° \times 10^6}{396.8} \times (1.55821 - 1.55810) = 49.90°$$
$$\phi = \frac{\pi L}{\lambda}(n_L - n_R) = \frac{180° \times 10^6}{762.0} \times (1.53920 - 1.53914) = 14.17°$$

由式(6.6-5)可以知道，如果 $n_L > n_R$，则右旋圆偏振光传播得快。

习　题

6.1 一束自然光在 30° 角下入射到玻璃-空气界面，玻璃的折射率为 n=1.54。试求：(1)反射光的偏振度；(2)玻璃-空气界面的布儒斯特角；(3)在布儒斯特角下入射时透射光的偏振度。

6.2 一束椭圆偏振光表示为 $\boldsymbol{E}(z,t) = \boldsymbol{x}_0 E_0 \cos(kz - \omega t) + \boldsymbol{y}_0 E_0 \cos\left(kz - \omega t - \frac{\pi}{4}\right)$，试求偏振椭圆的方位角和椭圆长半轴和短半轴的大小。

6.3　确定由 $E_x(z,t)=E_0\cos\left[\omega(z/c-t)\right]$ 和 $E_y(z,t)=E_0\cos\left[\omega(z/c-t)+(5/4)\pi\right]$ 合成光波的偏振态。

6.4　一束自然光以 60° 角入射到空气-玻璃分界面上，试求：(1)反射率；(2)反射光和透射光的偏振度。

6.5　一个右旋圆偏振光在 60° 角下入射到空气-玻璃界面(n=1.5)，试决定反射光波和透射光波的偏振状态。

6.6　云母片对波长为 589.3nm 的钠黄光的 3 个主折射率分别为 1.5601、1.5936 和 1.5977。用它制成 1/4 波片、1/2 波片和全波片的厚度应为多少？

6.7　利用偏振片观察偏振光时，当偏振片绕入射光方向旋转到某一位置上时透射光强为极大，然后再将偏振片旋转 30°，发现透射光强为极大的 4/5。试求该入射偏振光的偏振度 p 及该光内自然光与线偏振光光强之比。

6.8　一束波长为 $\lambda_2=0.7065\mu\text{m}$ 的左旋、正椭圆偏振光入射到相应于 $\lambda_1=0.4046\mu\text{m}$ 的方解石 1/4 波片上，方解石对 λ_1 和 λ_2 光的折射率分别为 $n_o=1.6183$，$n_e=1.4969$ 和 $n'_o=1.6254$，$n'_e=1.4836$。试求出射光束的偏振态。

6.9 厚 0.025mm 的方解石晶片，其表面平行于光轴，放置在正交偏振器之间，晶片的主截面与它们成 45°。试问：(1) 在可见光范围内哪些波长的光不能通过？(2) 若转动第二个偏振器，使其振动方向与第一个偏振器平行，哪些波长的光不能通过？

6.10　对于波长为 0.5893 μm 的光，石英的主折射率为 $n_o=1.544$，$n_e=1.553$，用一石英薄片产生一束椭圆偏振光，要使椭圆的长轴或短轴在光轴方向上，长、短轴之比为 2∶1，而且是左旋的，求石英片的厚度。

6.11　两块偏振片，透光轴方向夹角为 60°，中间插入一块 1/4 波片，波片主截面平分上述夹角。光强为 I_0 的光从第一个偏振片入射，求通过第二个偏振片后的光强。

6.12　如图 6.44 所示，将一块 $\lambda/2$ 波片放在正交的偏振片之间，起偏器透光轴平行于 x 轴，检偏器透光轴平行于 y 轴。$\lambda/2$ 波片的快轴方向与 x 轴夹角为 α，用一束单色光正入射通过该系统，从起偏器出射光波振幅为 E_0，光强为 I_0。完成：(1) 当 $\lambda/2$ 波片绕系统光轴旋转一周时，说明出射光强 I 和波片转角 α 之间是什么关系；(2) 求 I 取极大值和极小值时 $\lambda/2$ 波片的透光轴方向；(3) 定性描述当分别用全波片和一块 $\lambda/4$ 波片代替 $\lambda/2$ 波片时，所观察到的现象。

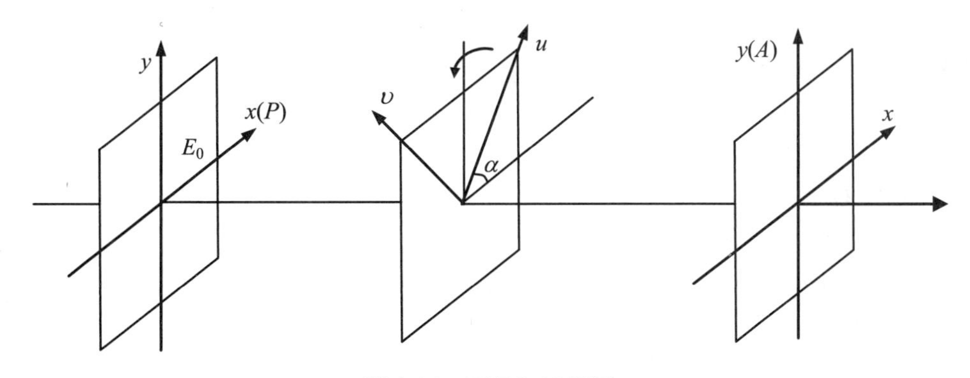

图 6.44　习题 6.12 用图

6.13　为了测定波片的位相延迟角 δ，可利用图 6.45 所示的装置，使一束自然光相继通过起偏器、待测波片、1/4 波片和检偏器。当起偏器的透光轴和 1/4 波片的快轴沿 x 轴、待测波片的快轴与 x 轴成 45° 角时，从 1/4 波片透出的是线偏振光，用检偏器确定它的振动方向便可得到待测波片的位相延迟角。试用琼斯计算法说明这一测量原理。

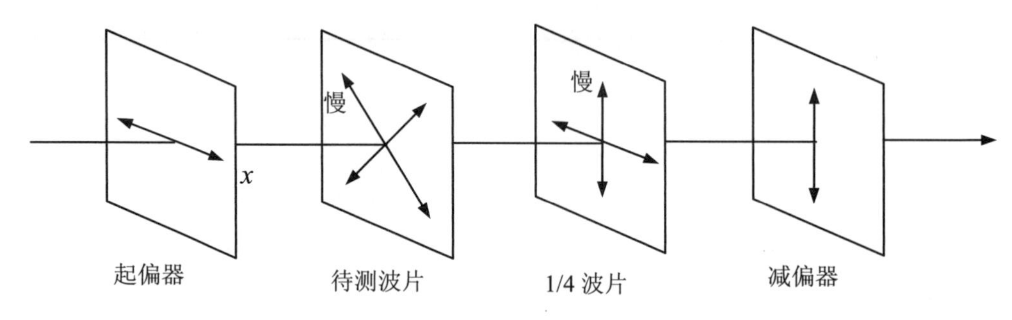

图 6.45　习题 6.13 用图

6.14　让一束椭圆偏振光先后通过一个 1/4 波片和一个偏振片，在转动偏振的过程中出现了消光。此时 1/4 波片和偏振片透光轴之间的夹角为 30°，求入射椭圆偏振光的长短轴之比。

6.15　两个偏振片 P_1 和 P_2 透光轴之间的夹角为 30°，在两者之间插入一个 1/4 波片，其光轴方向在 30° 角的平分线上。设入射光为振幅为 E_0 的单色自然光，试求：(1)从波片出射的 o 光和 e 光的振幅；(2) o 光和 e 光投影于 P_2 透光轴方向的振幅；(3)通过 P_2 的光强度。

6.16　在两个正交的偏振片 P_1 和 P_2 之间插入一个 1/4 波片，其光轴与偏振片 P_1 透光轴方向成 60° 角。强度为 I_0 单色自然光入射于该系统，求通过 P_2 的光强度。

6.17　已知石英对钠黄光的旋光率为 $\alpha = 21.75°/\text{mm}$，求左、右旋圆偏振光传播于该石英晶体时沿光轴方向的折射率差。

6.18　在两个正交的偏振片 P_1 和 P_2 之间插入一个旋光率为 $\alpha = 24°/\text{mm}$ 的石英旋光晶片，可以消除波长为 550nm 的黄绿光。试求：(1)该石英晶片的最小厚度；(2)两个偏振片 P_1 和 P_2 的透光轴平行时，晶片的最小厚度？

6.19　一块旋光率为 $\alpha = 21.75°/\text{mm}$ 的石英片的表面垂直于光轴，正好抵消了长度为 10cm、体积浓度为 0.20g/cm^3 的麦芽糖管对钠黄光所产生的旋光效应。麦芽糖的旋光比率为 $\alpha = 144°/(\text{dm}\cdot\text{g}\cdot\text{cm}^{-3})$，求石英片的厚度。

6.20　用长度为 20cm 的某种液体观察法拉第效应，当加上 0.8T 的磁场时，测得线偏振光的振动面旋转了 60°，求该液体的维尔德常数。

6.21　用维尔德常数为 $30(\text{rad}/\text{T}\cdot\text{m})$、长度为 5cm 的重火石玻璃棒作为光学隔离器，问需要加多大的磁场？

6.22　LiNbO_3 晶体在 $\lambda = 0.53\mu\text{m}$ 时，$n_\text{o}=2.29$，电光系数 $\gamma_{22} = 3.4\times10^{-12}\text{m/V}$。试讨论沿横向加压，光沿纵向传播时的光电延迟和相应的半波电压。

6.23　一块 KDP 晶体，L=3cm，d=1cm。在波长 $\lambda = 0.53\mu\text{m}$ 时，$n_\text{o} = 1.51$，$n_\text{e} = 1.47$，$r_{63} = 10.5\times10^{-12}\text{m/V}$。相位延迟 $\delta = \pi/2$ 时，试求该晶体在纵向和横向分别运用时外加电压的大小。

术语汉-英索引

abbe number 阿贝数 6.1
absolute index of refraction 绝对折射率 1.2
absolute permeability 绝对磁导率 1.1
absolute permittivity 绝对电容率 1.1
absolute velocity 绝对速度 1.2
absorbing crystal 吸收晶体 2.1 及其后
absorbing medium 吸收介质 3.1
absorption 吸收 3.1 及其后
absorption band 吸收带 3.2
absorption coefficient 吸收系数 3.2 及其后
absorption cross-section 吸收截面 3.2
absorption curve 吸收曲线 3.1
absorption factor 吸收因子 3.2
absorption frequency 吸收频率 3.1
absorption index 吸收指数(衰减指数) 3.2
absorption jump 吸收跃迁 3.2
absorption line 吸收线 3.2
absorption method 吸收法 3.2
absorption spectrometer 吸收光谱仪 3.2
absorption spectrum 吸收光谱 3.2
absorptive 吸收的 3.2
absorptive power 吸收本领 3.2
Airy formula 爱里公式 4.7
amplitude 振幅 1.3 及其后
amplitude division 分振幅(振幅分割) 4.1
amplitude vector 振幅矢量 1.3
analyzer 检偏器 6.1 及其后
angle dispersion of grating 光栅角色散 5.7
angle dispersion of prism 棱镜角色散 5.7
angle of deviation 偏向角 4.2
angle of minimum deviation 最小偏向角 4.2
angle of diffraction 衍射角 5.1 及其后
angle of polarizing 起偏角 1.9
angular dispersion 角色散 3.3
angular frequency 角频率 1.3
anisotropic crystal 各向异性晶体 2.1
anisotropic medium 各向异性介质 1.1
anisotropy 各向异性 2.1 及其后
annular aperture 环孔 5.6
anomalous dispersion 反(异)常色散 3.3
antireflection film 减反射膜 4.9
aperture 孔，孔径 5.1
area of coherence 相干区域 4.2
azimuth of vibration 振动方位角 4.2

Babinet's compensator 巴比涅补偿器 6.3
backward scattering 后方散射 3.4
Beer's law 比尔定律 3.2
Bessel functions 贝塞尔函数 5.5
biaxial crystal 双轴晶体 2.1 及其后
Billet's split lens 比累剖开透镜 4.2
biprism 菲涅耳棱镜 4.2
birefringence 双折射 2.1 及其后
birefringent crystal 双折射晶体 2.1 及其后
blazed grating 闪耀光栅 5.8
boundary condition 边界条件 1.7 及其后
boundary layer 边界层 1.7
boundary surface 边界面 1.7
boundary value 边界值 1.3
boundary value problem 边界值问题 1.7
Brewster angled window 布儒斯特角窗 1.9
Brewster law 布儒斯特定律 1.9
Brewster's angle 布儒斯特偏振角 1.9
brightness 亮度 1.3
Brillouin scattering 布里渊散射 3.4

Cauchy's dispersion formula 柯西色散公式 3.3
charge density 电荷密度 1.1

circular aperture　圆孔　5.6
circular polarization light　圆偏振光　6.1
clockwise　顺时针的　6.2
clockwise rotation　顺时针旋转　6.2
coefficient of induction　感应系数　6.8
coefficient of reflection　反射系数　1.9
coherence　相干性　4.2
coherence length　相干长度　4.5
coherence time　相干时间　4.5
coherent　相干的　4.5
coherent light　相干光　4.1 及其后
coherent waves　相干光波　4.1 及其后
commutative law　交换律　5.4
compensating method　补偿法　6.8
compensation　补偿　4.6, 6.8
compensator　补偿片(器)　4.6, 6.3
complementary colors　互补色　4.3, 6.5
complete polarization　完全偏振　6.1
complex amplitude　复振幅　1.3 及其后
complex dielectric constant　复介电常数　1.11
complex refraction index　复折射率　1.11
complex representation　复数表示　1.3
complex vector　复矢量　1.11
Compton effect　康普顿效应　0
Compton scattering　康普顿散射　3.4
concave grating　凹面光栅　5.7
concave lens　凹透镜　4.8
concave mirror　凹镜　4.8
conduction current　传导电流　1.1
conductivity　电导率　1.1，1.11
conducting medium　导电介质　1.11
conical refraction　锥形折射　2.9，2.10
conical refraction in crystal　晶体锥形折射　2.9
conjugate function　共轭函数　1.3
conjugate wave　共轭波　1.3
conservation of energy　能量守恒　1.9
convergent lens　聚光透镜　4.6
convergent pencil of rays　会聚光束　2.10
convex lens　平凸透镜　4.6
convex mirror　凸镜　4.6
convolution　卷积　5.4
coordinate system　坐标系　1.3, 1.4
cophasal surface　等相面(波面)　1.3, 1.4
corpuscular theory　微粒说　0
critical angle　临界角　1.9
critical condition　临界条件　1.9
criticality　临界　1.9
crooked　弯曲的　4.8
crooked line　曲线　3.1
crossed nicols　正交尼科耳棱镜　6.3
crystal　晶体　2.1 及其后
crystal class　晶类　2.1
crystal optics　晶体光学　2.1
crystal orientation　晶体取向　2.1
crystal parameter　晶体参数　2.1
crystal plane　晶面　2.1 及其后
crystal plate　晶片　6.3
crystal structure　晶体结构　2.1
crystal symmetry　晶体对称　2.1
crystal system　晶系　2.1
crystalline dispersion　晶体色散　3.3
crystallographic axis　晶轴　2.1
cubic lattice　立方晶格　2.1
cubic structure　立方结构　2.1
cubic system　立方系　2.1
current density　电流密度　1.7
curvature　曲率　4.6
cylindrical coordinates　柱面坐标　1.4
cylindrical function　圆柱函数　1.4
cylindrical lens　柱面透镜　4.2
cylindrical wave　柱面波　1.4

dark line spectrum　吸收光谱　3.2
de Broglie wave　德布罗意波　0
de Broglie wavelength　德布罗意波长　0
degree of coherence　相干度　4.5
degree of depolarization　去偏振度　6.1
degree of polarization　偏振度　6.1 及其后
delta function　δ函数　5.4
depth of penetration　穿透深度　1.10，1.11
dichroic polarizer　二向色偏振器　6.1
dichroism　二向色性　6.1
dielectric　电介质；电介质的　1.1 及其后
dielectric absorption　电介质吸收　3.2

dielectric constant 介电常数 1.1 及其后
dielectric dispersion 电介质色散 3.3
dielectric film 介质膜 4.9
dielectric susceptibility 介电极化率 1.1
dielectric tensor 介电张量 2.1 及其后
dielectrics 电介质 1.1 及其后
differential equations 微分方程 1.1
diffracted ray 衍射光线 5.1 及其后
diffracted wave 衍射波 5.1 及其后
diffraction 衍射 5.1 及其后
diffraction at annular aperture 环孔衍射 5.6
diffraction by a black screen 黑屏衍射 5.6
diffraction efficiency 衍射效率 5.1
diffraction figure 衍射图 5.1 及其后
diffraction fringes 衍射条纹 5.1 及其后
diffraction function 衍射函数 5.5
diffraction gratings 衍射光栅 5.7
diffraction integrals 衍射积分 5.2
diffraction patterns 衍射图样 5.1 及其后
diffraction ring 衍射环 5.6
diffraction spectrograph 衍射光栅摄谱仪 5.7
diffraction spectrum 衍射光谱 5.7
Dirac's function 狄拉克函数 5.3
direction of polarization 偏振方向 6.2
direction of vibration 振动方向 4.1 及其后
dispersing prism 色散棱镜 3.3
dispersion 色散 3.3 及其后
dispersion by prism 棱镜色散 3.3
dispersion curves 色散曲线 3.1
dispersion formula 色散公式 3.1
dispersion medium 色散介质 3.1
dispersion relations 色散关系 3.1
dispersion of polarization 偏振色散 6.7
dispersive power 色散本领 3.3 及其后
distribution function 分布函数 5.5
divergent pencil of rays 发散光束 1.4
Doppler effect 多普勒效应 3.4
double layer 双层 4.10
double lens 双透镜 4.2
double mirror 双反射镜 4.2
double prisms 双棱镜 4.2
double reflection 双反射 2.9
double refraction 双折射 2.1 及其后
dual transformation 对偶变换 2.3
duality rule in crystal optics 晶体光学中的对偶性法则 2.3

electric current density 电流密度 1.1
electric dipole 电偶极子 3.1
electric dipole moment 电偶极矩 3.1
electric dipole radiation 电偶极辐射 3.1
electric displacement 电位移 1.1
electric energy density 电能密度 1.9
electric field 电场 1.1 及其后
electric field strength 电场强度 1.1 及其后
electric polarization 电极化强度 1.1
electric susceptibility 电极化率 1.1
electric vector 电矢量 1.3
electromagnetic field 电磁场 1.1 及其后
electromagnetic induction 电磁感应 1.1
electromagnetic theory 电磁理论 1.1
electromagnetic unit 电磁单位 1.1
electromagnetic wave 电磁波 1.2 及其后
electromotive force 电动势 1.1
electron diffraction 电子衍射 0
electron theory 电子论 3.1
electron theory of metals 金属电子论 1.11
electrostatic field 静电场 1.1
ellipsoid of rotation 转动椭球 2.4
ellipsoid of wave normals 波法线椭球 2.6
elliptic polarization 椭圆偏振 6.1 及其后
elliptically polarized light 椭圆偏振光 6.1
elliptically polarized wave 椭圆偏振波 6.1
energy density 能量密度 1.9
energy propagation in medium 能量在介质中的传播 1.9
energy(ray) velocity 能量(光线)速度 2.2
entrance angle 入射角 1.8 及其后
envelope 包络 1.6
equation of ray 光线方程 2.7
evanescent wave 倏逝波 1.10
experimental facilities 实验装置 4.2
external conical refraction 外锥形折射 4.10
extinction 消光 6.3
extinction coefficient 消光系数 3.2

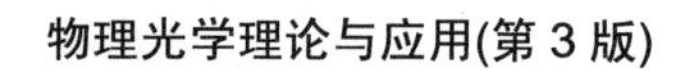

extraordinary rays 非常光线 2.1
extraordinary wave 非常波 2.1 及其后

Fabry-Perot etalon 法布里-珀罗标准具 4.8
Fabry-Perot fringes 法布里-珀罗条纹 4.8
Fabry-Perot interferometer 法布里-珀罗干涉仪 4.8
far field pattern 远场图样 4.2，5.3
far infrared 远红外区 1.2
far infrared radiation 远红外辐射 1.2
far infrared rays 远红外线 1.2
far ultraviolet 远紫外区 1.2
far ultraviolet radiation 远紫外辐射 1.2
far ultraviolet rays 远紫外线 1.2
Faraday 法拉第 6.7 及其后
Faraday cell 法拉第盒 6.7
Faraday constant 法拉第常数 6.7
Faraday effect 法拉第效应 6.7
faraday rotation 磁致旋光 6.7
Faraday's law 法拉第定律 6.7
film 膜 4.9
fine structure of spectral lines 光谱线精细结构 4.8
flow of energy 能流 1.1
flux density 通量密度 1.1
flux of light 光通量 1.1
flux of radiation 辐射通量 1.1
focal distance 焦距 4.3
focal length 焦距 4.3
focal plane 焦平面 4.3
focal surface 焦面 4.3
focusing lens 聚焦透镜 4.3
Fourier integral 傅里叶积分 5.2，5.4
Fourier series 傅里叶级数 5.4
Fourier transformation 傅里叶变换 5.4 及其后
Fraunhofer diffraction 夫琅禾费衍射 5.2，5.3
Fraunhofer line 夫琅禾费谱线 3.2
free current density 自由电流密度 1.1
free spectral range 自由光谱范围 4.8
frequency 频率 1.2 及其后
frequency counter 频率计数器 4.6
frequency of visible light 可见光频率 1.2
frequency spectrum 频谱 5.4
Fresnel diffraction 菲涅耳衍射 5.2
Fresnel equation of wave normals 菲涅耳波法线方程 5.1
Fresnel formulae 菲涅耳公式 1.9
Fresnel formulae for light propagation in crystals 光在晶体中传播的菲涅耳公式 2.3
Fresnel integrals 菲涅耳积分 5.2
Fresnel-Kirchhoff diffraction formula 菲涅耳-基尔霍夫衍射公式 5.2
Fresnel lens 菲涅耳透镜 5.1
Fresnel mirrors 菲涅耳双面镜 4.2
Fresnel prism 菲涅耳棱镜 4.2
Fresnel ray equation 菲涅耳光线方程 2.3
Fresnel rhomb 菲涅耳菱体 1.10
Fresnel zone 菲涅耳带 5.1 及其后
Fresnel zone construction 菲涅耳带作图法 5.1
Fresnel's biprism 菲涅耳双棱镜 4.2
Fresnel's zone plate 菲涅耳波带片 5.1
fringes of equal inclination 等倾条纹 4.3
fringes of equal thickness 等厚条纹 4.4
fundamental law 基本定律 1.8 及其后
fundamental theorem 基本定理 1.8
fundamental unit 基本单位 1.1
fused quartz 熔融石英 3.2

geometrical optics 几何光学 5.3
Glan-Foucault prism 格兰-傅科棱镜 6.3
Glan prism 格兰棱镜 6.1
Glan-Thomson prism 格兰-汤姆逊棱镜 6.3
glass 玻璃 4.9 及其后
grating 光栅 5.7 及其后
grating constant 光栅常数 5.7 及其后
grating equation 光栅方程 5.7 及其后
grating spectrograph 光栅摄谱仪 5.7
grating spectrometer 光栅光谱仪 5.7
grating spectrum 衍射光谱 5.2
Green's function 格林函数 1.1
group velocity 群速度 1.6 及其后

half-intensity width 半强度宽度 4.8
half width 半宽度 4.8
half wavelength plate 半波片 5.1
halfwidth 半值宽度 4.8

Hamiltonian operator　哈密顿算符　1.1
Helmholtz equation　亥姆霍兹方程　1.3
Helmholtz-Kirchhoff integral theorem　亥姆霍兹-基尔霍夫积分定理　5.2
homogeneous distribution　均匀分布　1.1
homogeneous medium　均匀介质　1.1
H-polarization　H 偏振　6.1
Huygens eyepiece　惠更斯目镜　5.1
Huygens-Fresnel principle　惠更斯-菲涅耳原理　5.1
Huygens' principle　惠更斯原理　5.1
hyperfine structure　超精细结构　4.8
hyperfunction　超越函数　5.6

identity parameter　晶体参数　2.1
incidence angle　入射角　1.8 及其后
incident light　入射光　1.8 及其后
incident plane　入射面　1.8 及其后
incident ray　入射光线　1.8 及其后
incident wave　入射波　1.8 及其后
inclination factor　倾斜因子　5.1
incoherence　非相干性　4.5
incoherent light　非相干光　4.5
incoherent scattering　非相干散射　3.4
index ellipsoid　折射率椭球　2.4 及其后
index of refraction　折射率　1.1 及其后
induced current　感应电流　1.1
induced electromotive force　感应电动势　1.1
induction field　感应磁场　1.1
infrared rays　红外线　1.2
infrared spectrum　红外光谱　1.2
inhomogeneous wave　非均匀波　1.10
integral equations　积分方程　1.1
intensity　强度　1.3 及其后
intensity of light　光强度　1.3 及其后
intensity of magnetic field　磁场强度　1.1
intensity of magnetization　磁化强度　1.1
interference　干涉　4.1 及其后
interference color　干涉色　6.5
interference filter　干涉滤光片　4.10
interference fringe　干涉条纹　4.2
interference of equal inclination　等倾干涉　4.3
interference of equal thickness　等厚度干涉　4.4
interference of light　光的干涉　4.1 及其后
interference of polarized light　偏振光的干涉　6.5
interferometer　干涉仪　4.6
inter conical refraction　内锥形折射　2.9，2.10
interpolation formula　内插公式　5.1
intrinsic permeability　固有磁导率　1.1
intrinsic frequency　固有频率　3.1
isochromatic line　等色线　6.5
isoclinal line　等倾线　4.3
isotropic crystal　各向同性晶体　2.1 及其后
isotropic material　各向同性物质　1.1 及其后

Jones matrix　琼斯矩阵　6.4
Jones vector　琼斯矢量　6.4

Kirchhoff 's law　基尔霍夫定律　5.2
Kirchhoff diffraction integral　基尔霍夫衍射积分　5.2
Kirchhoff diffraction theory　基尔霍夫衍射理论　5.2

Lambert's law　朗伯定律　3.2
Laplacian operator　拉普拉斯算符　1.2
laser　激光　2.6，4.8
lattice constant　晶格常数　2.1
lattice element　晶格单元　2.1
lattice parameter　晶格参数　2.1
left hand rule　左手定则　1.3
left handed crystal　左旋晶体　6.6
left handed quartz　左旋石英　6.6
left handed system　左手系　6.2
level distribution　能级分布　4.8
level spacing　能级间距　4.8
level width　能级宽度　4.8
lifetime　寿命　4.8
light beam　光束　1.1
light beam deflection　光束偏转　6.7，6.8
light cone　光锥　2.10
light energy　光能　1.9
light field　光场　1.1 及其后
light intensity　光强　1.3 及其后
light propagation in crystal　光在晶体中传播　2.2
light ray　光线　2.2 及其后
light source　光源　1.4 及其后

light spot 光斑 4.6
light velocity 光速 1.2
light vibration 光振动 1.3
light wave 光波 1.1 及其后
line absorption 线性吸收 3.2
line broadening 谱线变宽 5.4
line source 线光源 1.4
linear dichroism 线性二色性 6.1
linear polarization light 线偏振光 6.1
linear transformation 线性变换 5.4
linear velocity 线速度 2.2
linearly polarized light 线偏振光 6.1
localization fringes 定域条纹 4.3
long focus lens 长焦距透镜 2.10
long wave 长波 4.10
Lorentz force 洛伦兹力 1.1
Lorentz-Lorenz formula 洛伦兹-洛伦茨公式 3.1
Lorentz theory of electrons 洛伦兹电子论 3.1
low frequency 低频 1.11
luminous flux 光通量 1.1
luminous 亮度 1.3
luminous energy 光能 1.1
luminous intensity 发光强度 1.1
luminous flux density 光通量密度 1.1

Mach-Zehnder interferometer 马赫-泽德干涉仪 4.6
magnetic conductance 磁导 1.1
magnetic energy density 磁能密度 1.1
magnetic field 磁场 1.1 及其后
magnetic field energy 磁场能量 1.9
magnetic field intensity 磁场强度 1.1
magnetic induction 磁感强度 1.1
magnetic substance 磁性物质 1.1
magnetic susceptibility 磁极化率 1.1
magnetic vector 磁矢量 1.1
material equations 物质方程 1.1 及其后
matrix 矩阵 2.1, 6.4
Maxwell relations 麦克斯韦关系 1.2
Maxwell's equations 麦克斯韦方程 1.1 及其后
mean velocity 平均速度 1.1
medium 介质 1.1
metal 金属 1.11
metal optics 金属光学 1.11
metallic reflection 金属反射 1.11
metallic thin film 金属薄膜 1.11
Michelson interferometer 迈克尔逊干涉仪 4.6
Mie scattering 米氏散射 3.4
minimum 极小值 4.2
minimum deviation 最小偏向角 4.2
molecular beam scattering 分子束散射 3.4
molecular scattering 分子散射 3.4
monochromatic light 单色光 1.3 及其后
monochromatic wave 单色波 1.3 及其后
monochromaticity 单色性 1.3 及其后
monoclinic system 单斜晶系 2.1
monocrystal 单晶 2.1
multilayer 多层膜 4.10
multiple beam interference 多光束干涉 4.7
multiple reflection 多次反射 4.7
multiple refraction 多次折射 4.7
multiple scattering 多次散射 3.4

natural light 自然光 6.1
natural oscillation 固有振荡 3.1
natural vibration 固有振动 3.1
natural wavelength 固有波长 3.1
negative uniaxial crystal 负单轴晶体 2.4
Newton rings 牛顿环 4.6
Nicol prism 尼科耳棱镜 6.3
non clastic collision 非弹性碰撞 3.4
non coherent scattering 非相干散射 3.4
non destructive inspection 非破坏性检查 4.8
non destructive testing 非破坏性检测 4.8
non linearity 非线性 6.8
non localized fringes 非定域条纹 4.2
nonlinear light scattering 非线性光散射 3.4
nonlinear optical element 非线性光学元件 6.8
nonlinear optics 非线性光学 6.8
normal surface 法线曲面 2.6
normal dispersion 正常色散 3.3
numerical aperture 数值孔径 5.5

objective glass 物镜 5.3
objective lens 物镜 5.3

Ohm's law 欧姆定律 1.1
optic axis 光轴 2.1 及其后
optic axis of wave normal 波法线光轴 2.10
optic ray axis 光线光轴 2.10
optical activity 旋光性 6.6
optical distance 光程 4.2
optical filter 滤光片 4.10
optical glass 光学玻璃 3.2
optical interference 光的干涉 4.1
optical isomer 旋光异构体 6.6
optical path length 光程长度 4.2
optical phenomenon 光学现象 3.1
optical rotatory dispersion 旋光色散 6.6
optical rotatory power 旋光本领 6.6
optical spectrometer 光谱仪 4.8 及其后
optical spectrum 光谱 4.8 及其后
optical switch 光学开关 6.6，6.7
optical system 光学系统 4.2 及其后
optical thickness 光学厚度 4.7
optical waveguide 光波导 1.10
optical wedge 光楔 4.4
optically isotropic crystal 光学各向同性晶体 2.1
optics 光学 1.1 及其后
optoelectronic technique 光电子技术 6.8
optoelectronics 光电子学 6.8
order of diffraction 衍射级 5.1 及其后
order of interference 干涉级 4.2 及其后
ordinary rays 寻常射线 2.1
ordinary wave 寻常波 2.1
orifice 小孔 2.1
orthonormbic crystal 正交晶体 2.1
orthorhombic lattice 斜方晶格 2.1
orthorhombic system 斜方晶系 2.1

partial coherence 部分相干 4.5
partial polarization 部分偏振 6.1 及其后
partial polarized 部分偏振光 6.1 及其后
particle 粒子 3.1
particle concentration 粒子浓度 3.2
penetration depth 穿透深度 1.10，1.11
perfectly elastic collision 完全弹性碰撞 3.4
perfectly inelastic collision 完全非弹性碰撞 3.4
period 周期 1.3 及其后
permeability 磁导率 1.1
phase angle 相位角 4.2
phase difference 位相差 4.2
phase grating 位相衍射光栅 5.7
phase shift 相移 1.10
phase velocity 相速度 1.3
photoelastic effect 光弹性效应 6.8
photoelectric effect 光电效应 6.8
photoelectron 光电子 6.8
photographic camera 照相机 4.3
photographic emulsion 照相乳胶 1.5
Planck's constant 普朗克常数 0
plane concave lens 平凹透镜 4.3
plane convex lens 平凸透镜 4.3
plane grating 平面光栅 5.7
plane mirror 平面镜 4.2
plane of incidence 入射面 1.8 及其后
plane of observation 观察屏 4.2 及其后
plane of polarization 偏振面 6.1
plane of vibration 振动面 4.1
plane polarized light 平面偏振光 6.1
plane polarized wave 平面偏振波 1.3
plane wave 平面波 1.3
polarisation angle 布儒斯特偏振角 1.9
polarizability 极化率 1.1
polarization 极化 1.1 及其后
polarization by reflection 反射偏振 1.9
polarization by scattering 散射偏振 3.4
polarization ellipse 偏振椭圆 6.1
polarization interferometer 偏振干涉仪 6.5
polarized light 偏振光 6.1 及其后
polarizer 起偏器，偏振器 6.1
polarizing angle 偏振角 6.1
polarizing prism 偏振棱镜 6.3
polaroid 偏光片 6.1 及其后
polychromatic wave 多色波 1.6
positive uniaxial crystal 正单轴晶体 2.5
power density 功率密度 1.9
Poynting vector 坡印亭矢量 1.1
principal plane 主平面 2.1 及其后
principal cross-section 主截面 2.1 及其后

principle of interference　干涉原理　4.1
prism　棱镜　4.2及其后
prism angle　棱镜角　4.2
propagation constant　传播常数　1.2
propagation velocity　传播速度　1.2
pulse interval　脉冲间隔　4.8
pulse laser　脉冲激光　4.8
pulse length　脉冲宽度　4.8
pulse width　脉冲宽度　4.8
Pyrex glass　派热克斯玻璃　3.2

Q switched laser　调Q开关激光器　6.8
quantum optics　量子光学　0
quantum theory　量子论　0
quarter-wave plate　1/4波片　6.3
quartz　水晶　6.3
quartz glass　石英玻璃　3.2
quartz plate　水晶片　3.2
quasi monochromatic light　准单色光　1.6

radiant intensity　辐射强度　3.1
radius　半径　3.1
Raman effect　拉曼效应　3.4
Raman microprobe　拉曼微探针　3.4
Raman scattering　拉曼散射　3.4
Raman shift　拉曼位移　3.4
Raman spectroscopy　拉曼光谱学　3.4
Raman spectrum　拉曼谱　3.4
ray axis　光线光轴　2.10
ray ellipsoid　光线椭球　2.7
ray of light　光线　2.2及其后
ray optics　光线光学　2.2
ray surface　光线曲面　2.8
ray velocity　光线速度　2.2
Rayleigh criterion　瑞利判据　4.8
Rayleigh scattering　瑞利散射　3.4
rectangular aperture　矩孔　5.6
reflectance　反射率　1.9及其后
reflected light　反射光　1.8及其后
reflected ray　反射线　1.8
reflected wave　反射波　1.8及其后
reflecting layer　反射层　1.8
reflecting losses　反射损失　1.9
reflecting material　反射物质　1.8
reflecting medium　反射介质　1.8
reflecting surface　反射表面　1.8
reflection　反射　1.8及其后
reflection at metal surface　金属面的反射　1.10
reflection law　反射定律　1.8
reflection coefficient　反射系数　1.9
reflection grating　反射光栅　5.7
reflection profile　反射曲线　1.9
reflectivity　反射率　1.9
reflectivity of dielectric film　介质膜反射率　4.9
reflectivity of dielectric film multilayer　多层介质膜反射率　4.10
refracting medium　折射介质　1.8
refraction　折射　1.8及其后
refraction at metal surface　金属面的折射　1.11
refraction law　折射定律　1.8及其后
refractive index　折射率　1.2及其后
relative permeability　相对磁导率　1.1
relative refractive index　相对折射率　1.1
relative velocity　相对速度　1.1
resolving power　分辨本领　4.8
resonance　共振　3.2
resonance absorption　共振吸收　3.2
resolution limit　分辨极限　4.8
resolving power　分辨本领(分辨力)　4.8
resonance frequency　共振频率　3.2
rhombic lattice　斜方晶格　2.1
rhombic system　斜方系　2.1
right hand rule　右手定则　1.1
right handed crystal　右旋晶体　6.6
right handed quartz　右旋石英　6.6
rotatory power　旋光本领　6.6

saccharometer　量糖计　6.6
scalar quantity　标量　5.2
scalar theory　标量理论　5.2
scattered radiation　散射辐射　3.4
scattered light　散射光　3.4及其后
scattered wave　散射波　3.4
scattering　散射　3.4及其后

scattering angle 散射角 3.4
scattering center 散射中心 3.4
scattering chamber 散射室 3.4
scattering coefficient 散射系数 3.4
scattering cross-section 散射断面 3.4
scattering factor 散射因子 3.4
scattering formula 散射公式 3.4
scattering lcngth 散射距离 3.4
scattering medium 散射介质 3.4
secondary wave 次波 5.1
selection 选择 3.2
selective absorption 选择性吸收 3.2
Sellmeir's dispersion formula 塞耳迈尔色散公式 3.3
slit aperture 狭缝 4.2
Snell's law 斯涅耳定律 1.8
Soleil's compensator 索累补偿器 6.3
source of light 光源 1.4 及其后
spatial frequency 空间频率 1.3
specific conductivity 电导率 1.1
spectral line 谱线 4.8
spectral line width 谱线宽度 4.8
spectral range 光谱范围 4.8
spectral range of an interferometer 干涉仪的光谱范围 4.8
spectroscopic analysis 光谱分析 3.4
spectroscopy 光谱学 3.4
spectrum 光谱 3.4
speed of propagation 传播速度 1.2
spherical coordinates 球坐标 1.3
spherical lens 球面透镜 4.3
spherical wave 球面波 1.4
standing waves 驻波 1.5
static field 稳恒场 1.1
stationary waves 驻波 1.5
Stokes reversible relation 斯托克斯倒逆关系 1.9
straight edge diffraction 直边衍射 5.5
surface charge density 表面电荷密度 1.1
surface current density 表面电流密度 1.1
surface of constant phase 等位相面 1.3
susceptibility 极化率 1.1

telluric line 大气吸收谱线 3.2
temperature 温度 6.8
temperature effect 温度效应 6.8
tensor 张量 2.1
tensor product 张量乘积 2.1
tetragonal system 正方系 2.1
tetrahedral angle 四面角 2.1
theory of electrons 电子论 3.1
theory of scattering 散射理论 3.4
thermal absorption 热吸收 3.2
thermal motion 热运动 3.2
thermo-diffusion 热扩散 3.2
thickness 厚度 4.4
thin film 薄膜 4.3 及其后
thin lens 薄透镜 5.3
total energy 总能量 1.9 及其后
total intensity 总强度 1.9
total reflecting prism 全反射棱镜 1.10
total reflection 全反射 1.10
tourmaline 电气石 6.6
train of waves 波列 4.5
transformation 变换 5.4
transition 跃迁 3.1
translation invariance 平移不变性 5.4
translation motion 平移 5.4
transmission coefficient 透射系数 1.9
transmission grating 透射光栅 5.7
transmission 透射 1.8 及其后
transmittance 透射率 1.8
transversal wave 横波 1.3
transverse electric wave 横电波 1.3
transverse field 横场 1.3
transverse magnetic wave 横磁波 1.3
transverse wave 横波 1.3 及其后
triclinic system 三斜系 2.1
two beam interference 双光束干涉 4.1

ultraviolet rays 紫外线 1.2
ultraviolet spectrum 紫外光谱 1.2
uniaxial crystal 单轴晶体 2.1
uniform medium 均匀介质 1.1
unpolarized 非偏振光 6.1

useful area　有效面积　4.5

vector　矢量　1.3 及其后
vector waves　矢量波　1.3
velocity of light　光速　1.2 及其后
velocity of propagation　传播速度　1.2
Verdet constant　维尔德常数　6.7
visibility　可见度　4.5
visible light　可见光　1.2 及其后
visible spectrum　可见光谱　1.2

water wave　水波　5.1
wave character of light　光的波动性　1.2
wave equations　波动方程　1.2
wave-front　波面　1.3 及其后
wave-front division　波阵面分割　4.1
wave loop　波腹　1.5
wave motion　波动　1.2
wave node　波节　1.5
wave normal　波面法线　2.7
wave normal velocity　波面法线速度　2.8
wave number　波数　1.3 及其后
wave vector　波矢量　1.3
wave optics　波动光学　0
wave packet　波包　1.6
wave particle duality　波粒二象性　0
wave propagation　波的传播　1.2 及其后
wave propagation in conductor(metal)　波在导体(金属)中的传播　1.11
wave properties　波动性　1.2
wave surface　波面　1.3 及其后
wave theory of light　光的波动论　1.2
wave train　波列　4.5
wave vector　波矢量　1.3 及其后
wave velocity　波速　1.2
wave zone　波带　5.1
wavelength　波长　1.2
whole-wave plate　全波片　6.3 及其后
Wiener’s experiment　维纳实验　1.5
wind channel　风洞　4.8
wind tunnel　风洞　4.8
Wollaston prism　沃拉斯顿棱镜　6.3

习题参考答案

第 1 章　习题参考答案

1.1　光波电矢量的振动方向与 x 轴成 120° 角，光波的传播方向与 x 轴成 210° 角，

$E_0 = 4\text{V/m}$，$k = 2/\text{m}$，$\upsilon = 3\times10^8\text{m/s}$，$\nu = \dfrac{3}{\pi}\times10^8\text{Hz}$，$\lambda = \pi\text{m}$

1.2　$E_0 = 10\text{V/m}$，$\nu = 5\times10^{14}\text{Hz}$，$\lambda = 390\text{nm}$，$n = 1.538$

1.3　(1) $E_0 = 1\text{V/m}$，$\nu = 10^{14}\text{Hz}$，$\lambda = 3\mu\text{m}$，$\delta_0 = \dfrac{\pi}{3}$；(2) 光波的传播方向沿 z 方向，光波的振动方向沿 y 方向；(3) $\boldsymbol{B} = -3.3\times10^{-9}E_y$

1.4　(1) $T = 10^{-6}\text{s}$，$\lambda = 300\text{m}$；

(2) $\boldsymbol{E} = 0.08\cos\left[2\pi\left(\dfrac{1}{300}z - 10^6 t\right)\right]$，$\boldsymbol{B} = \dfrac{0.08}{3\times10^8}\cos\left[2\pi\left(\dfrac{1}{300}z - 10^6 t\right)\right]$；

(3) $8.4\times10^{-6}(\text{V/m})^2$

1.5　$E_x = 3\times10^5\cos\left[4\pi\times10^8(z - 3\times10^8 t)\right]$

1.6　500nm

1.7　$r_\text{S} = -0.3034$，$t_\text{S} = 0.6966$

1.8　证明(略)

1.9　−56.54°，84.23°

1.10　$r_\text{S} = 0.2$，$r_\text{P} = -0.2$，$t_\text{S} = t_\text{P} = 1.2$；$R_\text{S} = R_\text{P} = 0.04$，$T_\text{S} = T_\text{P} = 0.96$

1.11　$n = 1.63$

1.12　(1) 证明(略)；(2) $2\beta = 68.16°$

1.13　(1) 证明(略)；(2) $2\beta = 66.48°$

1.14　$I_{\text{r1}} = 0.04I_0$，$I_{\text{t1}} = 0.922I_0$，$I_{\text{r2}} = 0.037I_0$，$I_{\text{t2}} = 0.0015I_0$

1.15　$E = 10\cos(50°7' - 2\pi\times10^{15}t)$

1.16　$E = 2a\cos\left(\dfrac{k\Delta z}{2}\right)\sin\left[k\left(z + \dfrac{\Delta z}{2}\right) - \omega t\right]$

1.17 $I_{z=0}=4\times10^4\cos^2(10^8\pi t)$，$I_{z=1}=4\times10^4\cos^2\left(\frac{\pi}{3}-10^8\pi t\right)$

1.18 $E=-2E_0\sin kz\sin\omega t$

1.19 证明(略)

1.20 (1) $\upsilon_g=\frac{1}{2}\upsilon$；(2) $\upsilon_g=\frac{3}{2}\upsilon$；(3) $\upsilon_g=\left(1-\frac{2b}{n\lambda^2}\right)\upsilon$；(4) $\upsilon_g=2\upsilon$

第2章 习题参考答案

2.1 (1) $\frac{I_o}{I_e}=\frac{n_o}{3n_e}$；(2) $\frac{I_o}{I_e}=\frac{n_o}{n_e}$；(3) $\frac{I_o}{I_e}=\frac{3n_o}{n_e}$

2.2 (1) 1.73°；(2) 0.132mm

2.3 光沿 $x(y)$轴传播：$n_1=1.512$，$n_2=1.470$；与光轴成 30° 角：$n_1=1.512$，$n_2=1.50$

2.4 (1) −5.65，负号表示 e 光线较其波矢远离光轴；
(2) o 光的振动方向垂直于其主平面，e 光的振动方向平行于其主平面；
(3) 1.7π

2.5 证明(略)

2.6 $\tan\theta_e'=\frac{n_o^2-n_e^2}{2n_e^2}$，光路图(略)

2.7 证明(略)，$\tan\alpha_{max}=\frac{n_e^2-n_o^2}{2n_on_e}$

2.8 证明(略)

2.9 6.28mm

2.10 (1) $\frac{x^2+y^2}{1.54^2}+\frac{z^2}{1.58^2}=1$，$\frac{x^2+y^2}{1.58^2}+\frac{z^2}{1.54^2}=1$，$x^2+y^2+z^2=1.54^2$；
(2) 光沿 $x(y)$轴传播：$n_1=1.54$，$n_2=1.58$，$\upsilon_1=1.948\times10^8$m/s，$\upsilon_2=1.898\times10^8$m/s；
光沿 z 轴传播：$n_1=n_2=1.54$，$\upsilon_1=\upsilon_2=1.948\times10^8$m/s；
(3) 光与光轴成 30°、45° 和 60° 角时，e 光折射率分别为 $n(30°)=1.55$、$n(45°)=1.56$和$n(60°)=1.57$

2.11 0.74°

2.12 证明(略)，$\theta_{min}=41.58°$

2.13 26°54′，能产生双折射

2.14 5cm

2.15 −36′

2.16 11.4°

2.17 25.238°，28.323°

2.18 1°10′，光路图(略)

2.19 (1) 1.72°；(2) 0.264mm

2.20 $\frac{E_o}{E_e} \approx 0.36$，$\frac{I_o}{I_e} \approx 0.16$

2.21 (1) $L_o = 1.314\text{mm}$，$L_e = 1.332\text{mm}$；(2) 233.5°

2.22 4.16°

2.23 $15.12\mu\text{m}$

2.24 7.16mm

2.25 6.31°，41.84°，48.16°

2.26 $13'$

2.27 $20^\circ 15'$

2.28 (1) $-5\ 7'$；(2) 0.1338mm

第 3 章　习题参考答案

3.1 10m

3.2 $n = 1.55$

3.3 $A = 1.504$，$B = 4.168 \times 10^3 \text{nm}^2$；$n = 1.52$，$\frac{\text{d}n}{\text{d}\lambda} = -7.257 \times 10^{-5} \text{nm}^{-1}$

3.4 4.61cm，3.22cm，1.39cm

3.5 14.5%

3.6 $s = 0.01596\text{cm}^{-1}$，$\alpha = 0.0021\text{cm}^{-1}$

3.7 2∶3

3.8 $-2.34 \times 10^{-2} \text{rad}/\mu\text{m}$

3.9 自然光，部分偏振光，线偏振光

3.10 (略)

3.11 (1) $A = 1.575$，$B = 1.464 \times 10^4 \text{nm}^2$；(2) $n = 1.617$，$\text{d}n/\text{d}\lambda = -1.431 \times 10^{-4} \text{nm}^{-1}$

3.12 502.9nm，474.0nm，512.8nm，465.5nm，517.8nm，461.5nm

3.13 (1) 100%；(2) 92%

3.14 41m

3.15 1m^{-1}，$2 \times 10^8 \text{m/s}$

3.16 (1) $n = 1.45$，$\frac{\text{d}n}{\text{d}\lambda} = -8.3 \times 10^{-5} \text{nm}^{-1}$；(2) $\upsilon_g = 2.02 \times 10^8$

3.17 $1.84 \times 10^8 \text{m/s}$，$1.74 \times 10^8 \text{m/s}$

第 4 章　习题参考答案

4.1 (1) $e = 1.33\text{mm}$；(2) $\delta = 9.48\text{rad}$；(3) 10%

4.2 $t = 0.017\text{mm}$

4.3 (1) $t=\frac{m\lambda}{n-1}$时有最大值， $t=\frac{(2m+1)\lambda}{2(n-1)}$时有最小值；(2) $I=16I_0\cos^2\left[\frac{\pi t}{\lambda}(n-1)\right]$

4.4 $\lambda=750\text{nm}$

4.5 $e=0.76\text{mm}$，$N=16$

4.6 $e=0.352\text{mm}$，$N=21$

4.7 $e=1.6\text{mm}$，$N=33$

4.8 $d=0.037\text{mm}$

4.9 (1) $d=\frac{\lambda}{2}\cdot\frac{D}{e}$；(2) $h=125.56\text{nm}$

4.10 证明(略)

4.11 $R=510.77\text{mm}$

4.12 $m=224$， $m=137$

4.13 证明(略)

4.14 (1) 暗斑；(2) 13.55mm；(3) 0.7mm

4.15 (1) $m=40.5$；(2) $\theta_5=0.713\text{rad}$

4.16 $F=80,\ 360,\ 9800$；$\Delta\delta=0.4472,\ 0.2108,\ 0.0404$；$S\approx14,\ 30,\ 156$

4.17 (1) $(\Delta\lambda)_{\max}=6.67\times10^{-2}\text{nm}$， $(\Delta\lambda)_{\min}=4.29\times10^{-4}\text{nm}$；(2) $m_0=9481.67$；
(3) $m_5=9477$；(4) $m_5'=9477.5$

4.18 $T_{\max 0.9}=1$， $T_{\min 0.9}=0.0028$， $T_{\max 0.05}=1$， $T_{\min 0.05}=0.8186$， $T_{\max}=0.96$， $T_{\min}=0$

4.19 $m_0=10^4$，$\lambda=499.99\text{nm}$

4.20 (1) 39；(2) 355nm

4.21 $h_{\max}=52.52\text{nm}$，$h_{\min}=105\text{nm}$，$R_{\max}=0.33$，$R_{\min}=0.04$

4.22 (1) 0.0075；(2) 0.0107；(3) 0.0137；(4) 0.0207

4.23 $\lambda=458\text{nm}$， $\lambda=687\text{nm}$

4.24 59.04，0.0503

4.25 (1) $\lambda_0=608\text{nm}$；(2) $\lambda_1=574\text{nm}$；(3) $\lambda_3=538\text{nm}$

4.26 (1) 0.9626；(2) 0.9631

4.27 0.88，0.986，0.9995

4.28 600nm

4.29 0.06nm

4.30 $8.6\text{mm}<h<59.6\text{mm}$

第 5 章　习题参考答案

5.1 0.53mm

5.2 0.127mm

5.3 16，0.4mm

5.4 (1) $d = 0.21\text{mm}$， $a = 0.05\text{mm}$；(2) $0.81I_0$， $0.4I_0$， $0.09I_0$

5.5 (1) 0.121rad；(2) 7；(3) $1.85\times10^{-5}\text{rad}$

5.6 $G_1 = 2\times10^4$，$G_2 = 4\times10^4$，$G_3 = 6\times10^4$；$\theta_2 = 25.1°$， $\theta_3 = 39.5°$

5.7 (1) $6.25\times10^{-4}\text{mm}$；(2) 10^{-5}rad；(3) $1.25\times10^{-2}\text{nm}$

5.8 (1) 亮点；(2) $d = 0.037\text{mm}$

5.9 0.767mm，1.085mm

5.10 (1) 16；(2) 3.2mm

5.11 4∶1

5.12 $I_0\left[b^2\text{sinc}(bu)\text{sinc}(b\upsilon) - a^2\text{sinc}(au)\text{sinc}(a\upsilon)\right]^2$

5.13 $I_0\left[\dfrac{J_1(z)}{z}\cos(2\pi ua)\right]^2$

5.14 $I_0\left\{\text{sinc}\left[a(u-u_0)\right]\text{sinc}\left[\pi d(u-u_0)\right]\right\}^2$

5.15 $I_0\text{sinc}^2(au)\cdot\left|\dfrac{\sin 6\pi Nau}{\sin 6\pi au}\right|^2$， $4I_0\text{sinc}^2(au)\cos^2(2\pi au)\cdot\left|\dfrac{\sin 6\pi Nau}{\sin 6\pi au}\right|^2$

5.16 $I_0\text{sinc}^2\left[a(u-u_0)\right]\cos^2\left[3\pi a(u-u_0)\right]\cdot\left|\dfrac{\sin 3\pi Na(u-u_0)}{\sin 3\pi a(u-u_0)}\right|^2$

5.17 3∶1

5.18 $I_0\left[\delta(u-u_0) - 2\pi a^2\dfrac{J_1(z)}{z}\right]^2$

5.19 $I_0\text{sinc}^2\left[a(u-u_0)\right]\text{sinc}^2(b\upsilon)$

5.20 $I_0\left[\text{sinc}(au)\text{sinc}(a\upsilon) - \pi\dfrac{J_1(z)}{2z}\right]^2$

5.21 $I_0\left[\dfrac{J_1(z)}{z}\right]^2 \otimes \left[\dfrac{1}{4}\delta^2(u) + \dfrac{1}{4\pi^2u^2}\right]$

5.22 $I_0\left[\pi\dfrac{J_1(z)}{z} - \text{sinc}(\sqrt{2}au)\text{sinc}(\sqrt{2}a\upsilon)\right]^2$

5.23 $I_0\left[\text{sinc}\left(u+\dfrac{\pi}{2}\right) + \text{sinc}\left(u-\dfrac{\pi}{2}\right)\right]^2$

5.24 $I_0\left[\text{sinc}^2(u) + \dfrac{1}{4}\text{sinc}^2(u+u_0) + \dfrac{1}{4}\text{sinc}^2(u-u_0)\right]\cdot\left[\text{sinc}^2(\upsilon) + \dfrac{1}{4}\text{sinc}^2(\upsilon+\upsilon_0) + \dfrac{1}{4}\text{sinc}^2(\upsilon-\upsilon_0)\right]$

5.25 10mm

5.26 $2.4\times10^{-4}\text{nm}$

5.27 (1) $4\times10^{-4}\text{rad/nm}$；(2) 0.2mm/nm；(3) 0.042nm

5.28 (1) 0.005nm；(2) $4'/\text{nm}$；(3) $\theta_b = \Delta\theta = 12°39'$；(4) 200 线/mm

第6章　习题参考答案

6.1　(1) 0.94；(2) 33°；(3) 0.09

6.2　$\phi = 45°$，$1.31E_0$，$0.542E_0$

6.3　左旋椭圆偏振光，椭圆长轴与 x 轴倾斜135°

6.4　(1) 0.0892；(2) 0.9798

6.5　左旋椭圆偏振光，右旋椭圆偏振光

6.6　$d_{\min} = 3.92\mu m$，$d_{\min} = 7.84\mu m$，$d_{\min} = 15.7\mu m$

6.7　2∶3，2∶1

6.8　左旋椭圆偏振光

6.9　(1) 390.8nm、429.9nm、477.6nm、537.3nm、614.1nm、716.5nm；
(2) 409.4nm、452.5nm、505.7nm、573.2nm、661.3nm、781.6nm

6.10　$d_{\min} = 0.06mm$

6.11　$0.31I_0$

6.12　(略)

6.13　$\theta = \dfrac{\delta}{2}$

6.14　$\dfrac{E_o}{E_e} = 1.73$

6.15　(1) $E_o = 0.18E_0$，$E_e = 0.68E_0$；(2) $E_o = 0.05E_0$，$E_e = 0.66E_0$；(3) $I_2 = 0.44I_0$

6.16　$0.19I_0$

6.17　$\Delta n \approx 7.121 \times 10^{-5}$

6.18　(1) 7.5mm；(2) 3.75mm

6.19　$d = 1.32mm$

6.20　$V = 6.54rad/(T \times m)$

6.21　$B = 0.523T$

6.22　$\varphi = 0.466 \times 10^{-3} V_2 \dfrac{l}{d}$，$V_{\lambda/2} = 6.74 \times 10^3 \dfrac{d}{l} V$

6.23　$V_{纵} = 7.33kV$，$V_{横} = 2.44kV$

参 考 文 献

蓝信钜，等，2000．激光技术[M]．北京：科学出版社．
梁铨廷，1960．物理光学[M]．北京：机械工业出版社．
梁柱，2005．光学原理教程[M]．北京：北京航空航天大学出版社．
刘晨，2007．物理光学[M]．合肥：合肥工业大学出版社．
玻恩，沃耳夫，2005．光学原理：第 7 版．[M]．杨葭荪，等译．北京：电子工业出版社．
石顺祥，张海兴，刘劲松，2000．物理光学与应用光学[M]．西安：西安电子科技大学出版社．
宋贵才，2014．现代光学[M]．北京：北京大学出版社．
姚启钧原著．华东师范大学光学教材编写组改编，1981．光学教程[M]．北京：人民教育出版社．
赵建林，2002．高等光学[M]．北京：国防工业出版社．
钟锡华，2003．现代光学基础[M]．北京：北京大学出版社．